高等院校环境类卓越工程师培养系列教材

固体废物处理与处置

主　编　李登新

副主编　甘　莉　刘仁平　谢　慧　关　杰

主　审　韩　伟

中国环境出版集团·北京

图书在版编目（CIP）数据

固体废物处理与处置/李登新主编. —北京：中国环境出版集团，2014.7（2019.7 重印）
（高等院校环境类卓越工程师系列教材）
ISBN 978-7-5111-1781-6

Ⅰ. ①固…　Ⅱ. ①李…　Ⅲ. ①固体废物处理—高等学校—教材　Ⅳ. ①X705

中国版本图书馆 CIP 数据核字（2014）第 056088 号

出 版 人　武德凯
策划编辑　葛　莉
责任编辑　葛　莉　董蓓蓓
责任校对　尹　芳
封面设计　彭　杉

出版发行　**中国环境出版社集团**
　　　　　（100062　北京市东城区广渠门内大街 16 号）
　　　　　网　　　址：http://www.cesp.com.cn
　　　　　电子邮箱：bjgl@cesp.com.cn
　　　　　联系电话：010-67112765（编辑管理部）
　　　　　　　　　　010-67113412（教材图书出版中心）
　　　　　发行热线：010-67125803，010-67113405（传真）
印　　刷　北京中科印刷有限公司
经　　销　各地新华书店
版　　次　2014 年 7 月第 1 版
印　　次　2019 年 7 月第 2 次印刷
开　　本　787×1092　1/16
印　　张　25.5
字　　数　620 千字
定　　价　39.00 元

编者的话

随着国民经济向高端制造业转型，高等教育对工科类人才的创新能力和实践能力提出了更高的要求。建设人力资源强国是我国可持续发展的战略支撑。《教育部关于实施卓越工程师教育培养计划的若干意见》（教高[2011]1号）指出，卓越工程师教育培养的主要目标是"面向工业界、面向世界、面向未来，培养造就一大批创新能力强、适应经济社会发展需要的高质量各类型工程技术人才，为建设创新型国家、实现工业化和现代化奠定坚实的人力资源优势，增强我国的核心竞争力和综合国力。以实施卓越计划为突破口，促进工程教育改革和创新，全面提高我国工程教育人才培养质量，努力建设具有世界先进水平、中国特色的社会主义现代高等工程教育体系，促进我国从工程教育大国走向工程教育强国。"

为适应我国当前工程师教育的发展形势，响应教育部实施的卓越工程师教育培养计划，配合国家环境专业综合改革方案，培养造就一大批创新能力强、适应经济社会发展需要的高质量工程技术人才，迫切需要编写出版符合新的专业（评估、认证）规范和卓越工程师计划要求的新教材。

鉴于此，中国环境出版社联合教育部环境特色专业、卓越计划高校，成立了由高等院校教师和企业、研究院所、行业协会、培训机构的专家共同组成的教材编审委员会，在反复学习、深刻领会教育部《卓越工程师教育培养计划》、《国家中长期教育改革和发展规划纲要（2010—2020 年）》、《教育部关于实施卓越工程师教育培养计划的若干意见》（教高[2011]1 号）和《国家中长期人才发展规划纲要（2010—2020 年）》等文件的基础上，开发了这套《环境类卓越工程师培养系列教材》，希望能为环境类卓越工程师的培养作出积极贡献，成为环境工程卓越工程师教学标准体系和课程标准体系的载体，助力实现国家卓越工程师教育、培养一大批能够适应和支撑产业发展、创新型工程人才和具有国际竞争力的工程人才的目标。

该系列教材注重能力培养。与现有教材相比，更加突出对学生应用创新能力的培养；在教材内容和结构上，充分考虑知识与能力的关系，加大工程实践应用的比重，特别是与生产实践联系紧密的学科进行教材探索；同时开发相配套的实验教材，切实培养学生的环境工程实践能力、综合运用交叉学科知识的能力和科技创新能力。

该系列教材突出校企联合。卓越工程师计划就是要强化主动服务行业企业需求的意识，创新高校与行业企业联合培养人才的机制，作为培养人才的重要载体，该套教材将从教学源头引入企业的参与，让学校教师、企业专家共同讨论，吸取企业一线最直接的建议和意见，引入企业生产实践中的典型案例，摒弃以往教材中理论与实践脱节的现象，使教材内容更加突出应用性、创新性和时代感。

《环境类卓越工程师培养系列教材》可作为高等院校环境工程、环境科学、给排水专业、资源环境类及相关专业的本科教材，也可作为高职高专相关专业的选用教材，还可供有关工程技术人员学习参考。

中国环境出版社

2014 年 7 月

序　言

固体废物对环境的污染以及造成的资源浪费，是当今世界环境保护和资源保护的主要问题之一。联合国环境规划署曾将固体废物控制列为全球重大环境问题。固体废物的产生与排放，涉及领域很广，来源于各行各业，且量大、种类繁多、成分十分复杂，对其实行管理、减量化、无害化和资源化是一项复杂的系统工程。

本教材以大工程教育为背景，以多专业知识融合为前提，以提高学生工程思维能力、丰富知识体系、能力结构为创新点，守正创新、系统和规范。在教材内容和结构上，充分考虑知识与能力的关系，及时筛选补充与时俱进的新内容。教材中增加工程实践中应用的实际案例，培养学生的工程实践能力、综合运用交叉学科知识和科技创新能力，以及分析问题、解决问题的能力。

目前在教材选用上总是存在着或多或少的不足，特别是应用创新型本科教材，各版本之间、各院校之间差别更大，以学科理论体系为主导的编排方式，比比皆是。本教材是以应用创新工程型本科人才培养为目标，重点突出实际应用能力和创新能力的培养，特别是在污染控制、环境管理与规划、工艺选择与技术比较等方面与生产实践联系紧密，而且有相应的实验教材相配套。我们在现有教材的基础上，进行了深入的总结和研究，经过多方调研和编写组成员的多次讨论，拟定了新的教材编写内容，联合国内几所高校和相关企业进行了研讨，确定了以工程能力培养为中心的基本目标，符合卓越工程师培养计划的基本要求。

本教材主要内容包括固体废物管理与"三化"的基本原理，固体废物的来源、组成、分类和性质，城市固体废物、行业固体废物、危险固体废物等的产生方式、污染途径、处理处置技术和资源化利用技术，固体废物最终处置清洁生产方案等；并针对以上内容有目的地设计了典型案例，通过过程原理、设备特征、技术方法和工艺流程及技术比较与优选等案例分析，培养学生的工程实践能力。

参加本教材编著工作的（按篇章顺序）有：东华大学李登新、福建师范大学甘莉（第一篇）；河北科技大学刘仁平、山东农业大学谢慧、上海第二工业大学关杰（第二篇）；上海第二工业大学关杰、浙江工商大学龙於洋、华东交通大学刘雪梅、江西农业大学罗运阔、北京华新绿源环保产业发展有限公司张海青（第四篇、第五篇）。福建师范大学钱庆荣教授，西安交通大学梁继东，上海理工大学徐苏云，东华大学许士洪、季严荣、时鹏辉、李洁冰、李玉龙、苏瑞景、段元东、吕伟、周婉媛、邵先涛、孙秀枝、尹佳音、王倩、伊玉、陆钧皓和纪豪等为本教材相关章节提供或收集了部分技术资料，并进行了审核、校对等大量技术工作。全书由李登新统编、整理，并对部分篇、章进行了修改、增补和调整。在编著过程中得到了中国环境出版社的大力支持，书中引用了国内外出版的书籍、期刊、标准和规范，引用了众多已发表的最新科技成果、硕士论文、博士论文有关内容及中国环境科学学会环境工程分会论文集等；引用了国内外专利技术，在此一并致谢。

希望本教材能够对从事环境保护的固体废物处理与资源化的决策人员、科技人员和大专院校师生以及从事环境保护研究和技术开发有关人员有所裨益。

本教材限于编著者水平，不当之处敬请指正。

编著者

2014 年 3 月 26 日

目　录

第一篇　绪　论

第二篇　城市垃圾的综合利用工程

第四篇 危险废物的无害化及综合利用工程

第五篇 固体废物最终处置

第一篇 绪 论

本篇介绍固体废物有关基本概念，固体废物管理体系，国家、区域和企业固体废物管理的实践，固体废物处理与处置原理及技术等内容；通过学习，重点掌握固体废物相关的基本概念、国内外固体废物管理体系、管理方式和处理处置技术概况；掌握固体废物处理处置技术评价方法；了解国家、区域、企业固体废物管理异同点。

第一章 固体废物基本概念

1. 固体废物

《中华人民共和国固体废物污染环境防治法》规定的固体废物是指由人类生产建设、日常生活和其他活动中产生出来的，对产生者来说是不能用或暂时不能用、要抛弃的污染环境的固态、半固态的废弃物质。包括在工业、交通等生产活动中产生的工业固体废物，在城市日常生活或者为城市日常生活提供服务的活动中产生的城市生活垃圾和列入国家危险废物名录中的危险废物。

2. 危险固体废物

危险固体废物特指有害废物，具有易燃性、腐蚀性、反应性、传染性、毒性和放射性等特性，来源于各种有危险废物产生的企业生产、人类生活等活动。从危险废物的特性看，它对人体健康和环境保护潜伏着巨大危害，如引起或助长死亡率增高；或使严重疾病的发病率增高；或在管理不当时给人类健康或环境造成重大急性（即时）或潜在危害等。

3. "3化" 原则

减量化（decrease decrement）、资源化（resource）和无害化（innocuity）。

4. "3R" 原则

通过遵循固体废物减少产生（reduce）原则，降低环境污染及资源永续利用的目的；遵循再利用（reuse）、再循环（recycle）原则实现节约资源。

5. "3C" 原则

清洁生产（clean）、综合利用（cycle）、妥善控制（control）固体废物的原则。

6. 清洁生产

通过改变原材料、改进生产工艺、更换产品和绿色服务等来减少或避免固体废物的产生。

7. 全过程管理

将固体废物的产生—收集—运输—综合利用—处理—贮存—处置每个环节作为全过程进行控制，对固体废物的全过程及有关环节实行控制管理和开展污染防治。由于这一原则涉及从固体废物的产生到最终处置的全过程，也称为"从摇篮到坟墓"的管理原则。

8. 生活垃圾

指在日常生活或为日常生活提供服务活动中产生的固体废物，以及法律、行政法规视作城市生活垃圾的固体废物。

9. 城市生活垃圾

城市生活垃圾也称城市固体废物，城市居民家庭、城市商业、餐饮业、旅馆业、旅游业、服务业以及市政环卫系统、城市交通系统、文教机关团体、行政事业、工矿企业等单位排出的固体废物（主要包括厨余物、废纸屑、废塑料、废橡胶制品、废编织物、废金属、玻璃、陶瓷碎片、庭院废物、废旧家用电器、废旧家具器皿、废办公用品、废日杂用品、废建筑材料等）。

10．固体废物处理

指利用不同的物化（如粉碎、压缩、干燥、蒸发、焚烧和氧化等）或生化（如消化分解、吸收）技术，将固体废物转化为便于运输、贮存、利用以及最终处置的另一种形体或结构物质过程。

11．固体废物处置

指对已无回收价值或确属不能再利用的固体废物采取长期置于与生物圈隔离地带的技术措施，是解决固体废物最终归宿的手段，故也称为最终处理技术。

第二章 固体废物的来源、特征及分类

第一节 固体废物的来源、特征与环境问题

一、固体废物的来源

固体废物来自人类活动很多环节，主要包括生产、生活、自然灾害、战争等过程的一些环节。表 2-1 列出了各类发生源产生的主要固体废物，可见不同来源的固体废物性质也不同。同时，也要求有关从业者必须关注固体废物产生的源头，借用清洁生产全过程的理念从事固体废物管理，实现固体废物减量化、资源化和无害化。

表 2-1　各类发生源产生的主要固体废物

发生源	产生的主要固体废物
矿业	矿石、尾矿、金属、废木、砖瓦、砂石等
冶金、金属结构、交通、机械等工业	金属、渣、砂石、模型、芯、陶瓷、涂料、管道、绝热和绝缘材料、粘结剂、污垢、废木、塑料、橡胶、纸、各种建筑材料、烟尘等
建筑材料工业	金属、水泥、黏土、陶瓷、石膏、石棉、砂、石、纸、纤维等
食品加工业	肉、谷物、蔬菜、硬壳果、水果、烟草等
石油化工工业	化学药剂、金属、塑料、橡胶、陶瓷、沥青、污泥油毡、石棉、涂料等
电器、仪器仪表等工业	金属、玻璃、木、橡胶、陶瓷、化学药剂、研磨料、陶瓷、绝缘材料等
纺织服装工业	布头、纤维、金属、橡胶、塑料等
造纸、木材、印刷等工业	刨花、锯末、碎木、化学药剂、金属填料、塑料等
居民生活	食物、垃圾、纸、木、布、庭院植物修建物、金属、玻璃、塑料、陶瓷、燃料灰渣、脏土、碎砖瓦、废器具、粪便、杂品等
商业、机关	同上，另有管道、碎砌体、沥青、其他建筑材料，含有易爆、易燃腐蚀性、放射性废物以及废汽车、废电器、废器具等
市政维护	脏土、碎砖瓦、树叶、死禽畜、金属、锅炉灰渣、污泥等
农业	秸秆、蔬菜、水果、果树枝皮、糠粃、任何禽畜粪便、农药等
核工业和放射性医疗单位	金属、含放射性废渣、粉尘、污泥、器具和建筑材料等

二、固体废物的特征

固体废物一般具有以下特征：①空间性。废物仅仅在某一个过程和某一个方面没有使用价值，并非在所有过程和一切方面都没有使用价值，某个过程产生的废物往往会是另一过程的原料。②时间性。严格意义上讲，"资源"和"废物"是相对的，不仅生产、加工过程会产生大量被丢弃的物质，即使是任何产品或商品经过长期使用后都将变成废物。因此，固体废物处理处置和资源化将是以后面对的问题和任务。③持久危害性。由于固体废物成分多样性和复杂性，有机物和无机物、金属和非金属、有毒物和无毒物、有味和无味、单一物和聚合物等，固体废物的环境自然净化过程是长期、复杂和难以控制的，它比废水和废气对人们生活环境的危害更深远、更持久。④再生低成本性。一般来说，利用固体废物再生的过程要比利用自然资源生产产品的过程更能节能、省事、省费用。

三、固体废物的环境问题

固体废物环境问题有"四最"：①最具综合性的环境问题，固体废物的污染同时伴随着水污染和大气污染问题。②最难处置的环境问题，固体废物在"三废"中最难处置，所含成分相当复杂，其物理性状也千变万化，没有废水、废气处置那么简单。③最晚受到重视的环境问题。④最贴近生活的环境问题。

第二节　固体废物的分类

固体废物的分类方法很多，按其组成可分为有机废物和无机废物；按其危害状况可分为危险废物（氰化尾渣、含汞废物等，见危险废物名录）、有害废物（指腐蚀、腐败、剧毒、传染、自燃、锋刺、放射性等废物）和一般废物；按其形态可分为固体废物（块状、粒状、粉状）、半固态废物（废机油等）和非常规固态废物（含有气态或固态物质的固态废物，如废油桶、含废气态物质、污泥等）；按其来源可分为工业固体废物、矿业固体废物、农业固体废物、城市生活垃圾、危险固体废物、放射性废物和非常规来源固体废物。

一、工业固体废物

工业固体废物是指工业生产过程和工业加工过程中产生的废渣、粉尘、碎屑、污泥等。

（一）冶金固体废物

冶金固体废物主要是指各种金属冶炼过程中排出的残渣，如高炉渣、钢渣、铁合金渣、铜渣、锌渣、镍渣、铬渣、镉渣、汞渣、赤泥等。

（二）燃料灰渣

燃料灰渣是指煤炭开采、加工、利用过程中排出的煤矸石、粉煤灰、烟道灰、页岩灰等。

（三）化学工业固体废物

化学工业固体废物是指化学工业生产过程中产生的种类繁多的工艺渣。如硫铁矿烧渣、煤造气炉渣、油造气炭黑、黄磷炉渣、磷泥、磷石膏、烧碱盐泥、纯碱盐泥、化学矿山尾矿渣、蒸馏釜残渣、废母液、废催化剂等。

（四）石油工业固体废物

石油工业固体废物是指石油开采、炼油和油品精制过程中排出的固体废物，如碱渣、酸渣以及炼厂污水处理过程中排出的浮渣、含油污泥等。

（五）矿业固体废物

矿业固体废物主要包括废石和尾矿。废石是指各种金属、非金属矿山开采过程中从主矿上剥离下来的各种围岩，尾矿是在选矿过程中提取精矿以后剩下的尾渣。

（六）粮食、食品工业固体废物

粮食、食品工业固体废物是指粮食、食品加工过程中排弃的谷屑、下脚料、渣滓等。

（七）其他

此外，尚有机械和木材加工工业产生的碎屑、边角下料，刨花、纺织、印染工业产生的泥渣、边料等。

二、农业固体废物

农业固体废物是指农业生产、畜禽饲养、农副产品加工以及农村居民生活活动排出的废物，如植物秸秆、人和禽畜粪便等。

三、城市生活垃圾

城市生活垃圾是指居民生活、商业活动、市政建设与维护、机关办公等过程产生的固体废物。

（一）居民生活垃圾

城市是产生生活垃圾最为集中的地方，主要包括厨余垃圾、废纸、织物、家用什具、玻璃陶瓷碎片、废电器制品、废塑料制品、煤灰渣、废交通工具等。

（二）城建渣土

城建渣土包括废砖瓦、碎石、渣土、混凝土碎块等。

（三）商业及办公固体废物

商业固体废物包括废纸、各种废旧的包装材料、丢弃的主、副食品等。

（四）粪便

工业先进国家城市居民产生的粪便，大都通过下水道输送到污水处理厂处理。我国情况不同，有些城市下水处理设施少，粪便需要收集、清运，是城市固体废物的组成部分。

（五）河道淤泥

河道淤泥是河道自然过程形成的底泥，由于水含量高，含有重金属、有机质等污染物，任意堆放会产生臭气，必然会对周边环境造成二次污染。

四、放射性废物

放射性废物包括核燃料生产、加工，同位素应用，核电站、核研究机构、医疗单位、放射性废物处理设施产生的废物，如尾矿、污染的废旧设备、仪器、防护用品，含放射性的废树脂、水处理污泥以及蒸发残渣。

五、危险废物

危险废物是指具有各种毒性、易燃性、爆炸性、腐蚀性、化学反应性和传染性的废物，分 49 大类共 600 多种，成分复杂，对生态环境和人类健康构成了严重威胁。被称为动植物和人类生存"杀手"的废电池、废灯管和医院的特种垃圾，都列入了国家危险废物名录。

六、非常规来源固体废物

来自自然灾害、军事工业、战争、航空航天业等的固态废物。

思考题

1. 固体废物排放会引起哪些环境问题？
2. 固体废物分类原则是什么？怎样才能做好城市垃圾的分类？
3. 固体废物危害人类和环境的途径有哪些？
4. 固体废物与废水、废气本质区别有哪些？有哪些共同点？

第三章 固体废物管理措施与技术政策

固体废物管理是指运用环境管理的理论和方法，通过法律、经济、技术、教育和行政等手段，鼓励废物资源化利用和控制废物污染环境，促进经济与环境的可持续发展。

第一节 固体废物行政管理体系

一、国内行政管理体系

以环境保护主管部门为主，结合有关的工业主管部门以及城市建设主管部门，共同对固体废物实行全过程管理，国内固体废物行政管理结构见图 3-1。

（一）环境保护部门管理体系

环境保护部是中国政府管理环境的行政机关，下设环境规划、科研、教育宣传、自然保护、大气污染防治、水污染防治、政策立法、标准、固体废物管理、放射性物质管理、有毒物质管理、外事活动与行政事务等机构。另外，还设有直属单位，如环境科学研究院、环境保护监测总站、环境规划院、环境报社和环境出版社等事业机构。除台湾省外，各省市自治区和计划单列市均建有环境保护局（厅），海南省建有国土环境资源厅；各省辖市、地区及县、县级市基本均已建有环境保护局或专职机构，具体负责当地环保工作。在该系统，地方环境保护机构一般受地方政府和上一级环境保护局的双重领导。对于固体废物的管理工作各级环保局设立污防处或污控科，省级以上环保部门设固体废物管理中心，统一对固体废物收集、运输和"三化"进行系统管理，各部门具体工作职责见图 3-1。

（二）非环保部门环境管理体系

我国有关部门大都已建有相应环保机构以承担环境管理工作，如国土资源部负责土地资源及矿产资源的保护，水利部负责水资源的保护，农业部负责农业环境和水生生物的保护，国家林业局负责森林资源和野生动植物的保护等，还有一些行业协会等建有以管理环境、治理污染为目的的职能机构，军队从中央军委到各大军兵种及地方军区、军分区建有环境保护办公室，军工企业也建有相应环保机构，环境保护部与有关部委的环境保护机构之间，主要是指导、协调的工作关系。即我国内地的环境管理已基本形成体系化、网络化的格局。国务院环境保护行政主管部门是我国环境管理体系的最高领导机构，各地方及各部、委、局的环境保护行政主管部门是本地方、本系统环境管理的领导机构。地方、部门环境保护行政主管部门大都设有相应办事机构，具体承担环境管理工作。其中，住建部城建司市容环卫处负责全国环卫行业管理，各省住建厅（省建委）及其下属机构环卫局（环卫处）负责辖区环卫工作；环保部及其下属机构负责工业固体废物管理。国家其他部门及其下属机构中没有环境、环卫、资源等相关部门协助环保行政部门的固体废物管理工作。

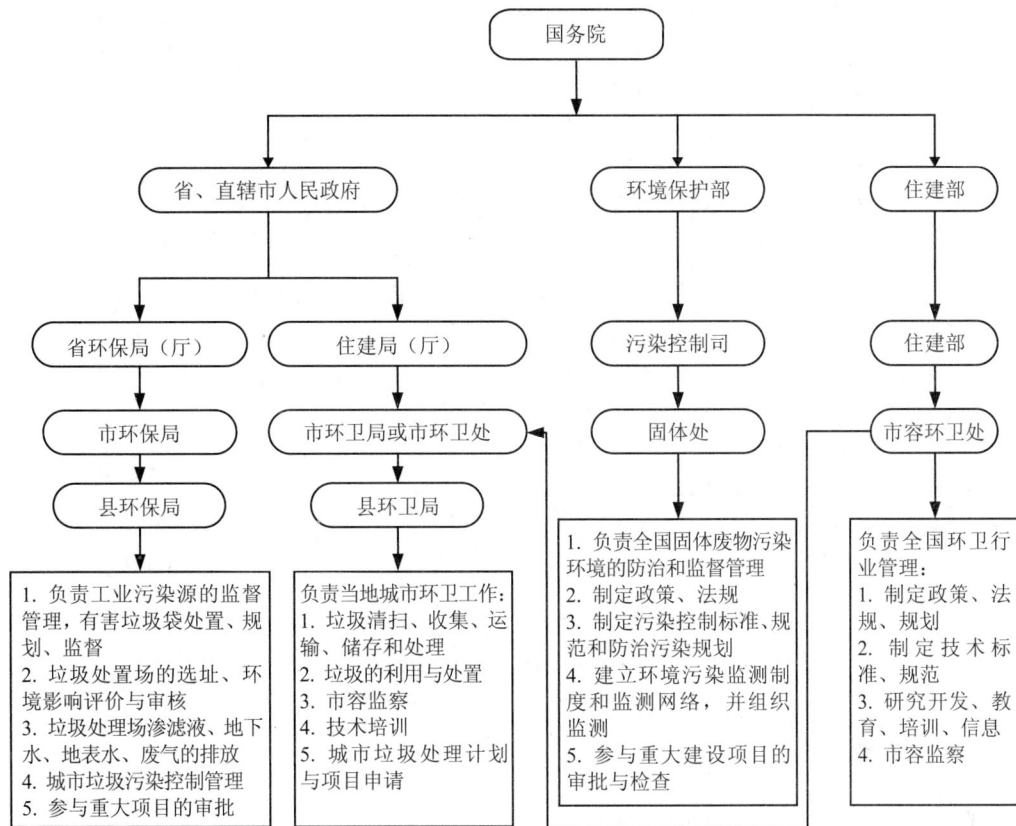

图 3-1　国内固体废物行政管理结构

环境管理是现代行政管理的重要内容之一。环境问题的综合性、广泛性和潜在性决定了环境管理必须是系统化、规范化的统一管理，管理体制由此成为环境管理的核心问题。

二、发达国家行政管理体系

（一）美国环境保护局

美国环境保护局（U.S. Environmental Protection Agency，EPA 或 USEPA），是美国联邦政府的一个独立行政机构，主要负责维护自然环境和保护人类健康不受环境危害影响。EPA 由美国总统尼克松提议设立，在获得国会批准后于 1970 年 12 月 2 日成立并开始运行。在 EPA 成立之前，联邦政府没有组织机构可以协同和谐地应对危害人体健康及破坏环境的污染问题。环保局局长由美国总统直接指派，直接对美国白宫负责。EPA 不在内阁之列，但与内阁各部门同级。EPA 现有全职雇员大约 18 000 名，所辖机构包括华盛顿总局、10

个区域分局和超过 17 个研究实验所。

EPA 在美国的环境科学、研究、教育和评估方面具有领导地位。虽然 EPA 的机构遍布各州，但是每个州都设有自己的环境管理机构，不隶属于 EPA，但接受 EPA 区域办公室的监督检查。除非联邦法律有明文规定，州环保局才与 EPA 合作。各个州的环境管理机构向州政府负责，依照州的法律独立履行职责，管理机构人员由各个州自行决定，负责人、预算与联邦的机制相似，由州长提名、州议会审核批准生效。各个州的环境管理机构在执行环境政策过程中出现的冲突由地方法院裁决，见图 3-2。

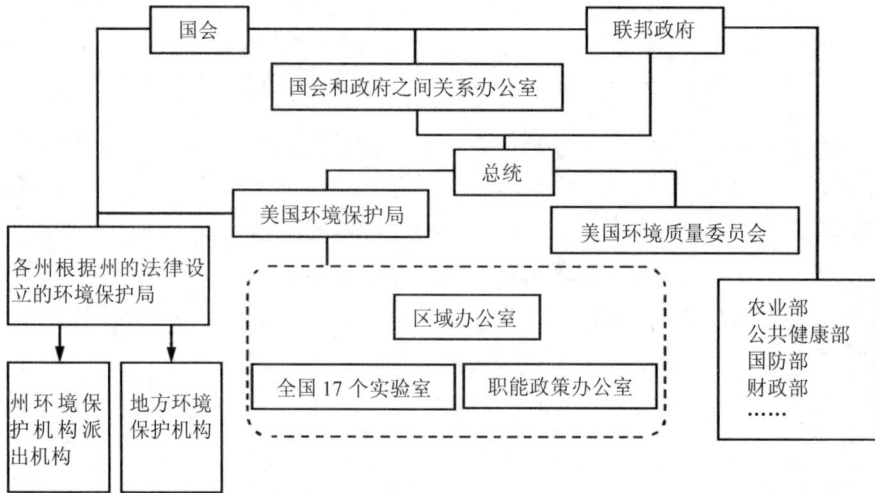

图 3-2 美国的环境管理体系

（二）发达国家固体废物行政管理模式

不同国家有不同的固体废物管理方式，但一般都是市场引导企业、政府调控市场。温哥华 GVRD 固体废物管理体系（Greater Vancouver Regional District Solid Waste System）代表政府行使管理职责，政府定价并负责向居民收费，设施由政府投资建设，垃圾收集、运输、处置由市场运作，GVRD 代表政府，根据法律、规范确定标书的要求和内容，并通过招标、投标的形式，确定建设和运营的企业；而旧金山阿拉美达郡固体废物管理体系（Waste Management at Alameda County）则是一种政府特许的专利经营模式，即在政府监管下，由私人资本通过投标，获取政府特许的专利经营权来经营，政府给予企业一定的专利经营年限，保障它们的盈利率，收费标准由政府确定，企业自己向居民收费，通过合同形式承担生活垃圾管理服务责任。环卫设施企业投资建设，自行运营、管理，完全实行市场化运作机制。虽然两种管理模式不同，但最终体现了一个特点，就是政府调控市场。

第二节 固体废物管理法律体系

固体废物的处理和利用有悠久的历史，早在公元前 3000—前 1000 年古希腊米诺斯文明时期，克里特岛的首府诺萨斯就有将垃圾覆土埋入大坑的处理。但大部分古代城市的固体废物都是任意丢弃，年复一年，甚至将城市埋没，有的城市是后来在废墟上重建的。英国巴斯城的现址，比它在古罗马时期的原址高出 4～7 m。为了保护环境，古代有些城市颁布过管理垃圾的法令。古罗马的一个标志台上写着"垃圾必须倒往远处，违者罚款"；1384 年英国颁布禁止把垃圾倒入河流的法令；苏格兰大城市爱丁堡 18 世纪设有大废料场，将废料分类出售；1874 年英国建成世界上第一座焚化炉，垃圾焚化后，将余烬填埋；1875 年英国颁布《公共卫生法案》，规定由地方政府负责集中处置垃圾。最早的处置方法主要是填埋或焚烧。中国、印度等亚洲国家，自古以来就有利用粪便和垃圾堆肥的处置方法。进入 20 世纪后，随着生产力的发展，人口进一步向城市集中（美国 100 年前 80% 的人口在农村，现在 80% 的人口在城市），消费水平迅速提高，固体废物排出量急剧增加，成为严重的环境问题。20 世纪 60 年代中期以后，环境保护受到重视，污染治理技术迅速发展，形成一系列处置方法。70 年代以来，美国、英国、德国、法国、日本等由于废物放置场地紧张，处理费用浩大，加之资源缺乏，提出了"资源循环"的概念。为了加强固体废物的管理，许多国家设立了专门的管理机关和科学研究机构，研究固体废物的来源、性质、特征及其对环境的危害，开发固体废物的处置、回收、利用技术，制定管理措施以及各种规章和环境标准，出版有关书刊。固体废物处理、处置和利用，逐步成为环境工程学的重要组成部分。

一、国内法律体系

（一）我国固体废物处理的历史沿革

关于对固体废物的处理，最早见诸政府文件是在 1987 年 6 月 17 日第 14 号决定通过的《关于危险废物环境无害管理的开罗准则和原则》，随后 1989 年 3 月 22 日在巴塞尔签署的《控制危险废物越境转移及其处置巴塞尔公约》也对固体废物越境转移问题作了详细的规定。该公约经全国人大常委会批准，1992 年 5 月 5 日起对中国生效。就国内而言，1979 年城建部门正式接管城市环境卫生工作，中国对城市生活废物管理问题的研究由此开始。随后在 1989 年 12 月 26 日，《中华人民共和国环境保护法》由第七届全国人民代表大会常务委员会第十一次会议通过，在该法中针对固体废物污染问题作出了相关规定。在《控制危险废物越境转移及其处置巴塞尔公约》签订后，为履行国际承诺，全国人大常委会于 1995 年 10 月 30 日颁布了《中华人民共和国固体废物污染环境防治法》，并于 1996 年 4 月 1 日起执行。该法是我国防治固体废物污染环境的第一部专项法律，规定了许多新的管理原则、制度和措施。此后，针对固体废物污染的法律法规和部委规章逐步出台，共同构成了有关固体废物处理的法律体系。

（二）我国关于固体废物处理的法律体系

1. 国际公约

《控制危险废物越境转移及其处置巴塞尔公约》《关于持久性有机污染物（POPs）的斯德哥尔摩公约》等。

2．法律

《中华人民共和国宪法》《中华人民共和国环境保护法》《中华人民共和国刑法》《中华人民共和国固体废物污染环境防治法》《中华人民共和国清洁生产促进法》《中华人民共和国环境影响评价法》等一系列法律。

3．法规

《城市市容和环境卫生管理条例》《排污费征收使用管理条例》《建设项目环境保护管理条例》《医疗废物管理条例》等。

4．部委规章

①生活垃圾处理及污染防治技术政策（2000 年），建设部；②环境卫生质量标准（1997 年），建设部；③城市生活垃圾管理办法（2007 年），建设部；④城市建筑垃圾管理规定（2005 年），建设部；⑤城市道路和公共场所清扫保洁管理办法（1994 年），建设部；⑥危险废物污染防治技术政策（2001 年），国家环境保护总局；⑦医疗废物专用包装物、容器标准和警示标识规定（2003 年），国家环境保护总局；⑧废电池污染防治技术政策（2003 年），国家环境保护总局；⑨城市放射性废物管理办法（1987 年），国家环境保护局；⑩环境保护行政处罚办法（1999 年），国家环境保护总局；⑪废物进口环境保护管理暂行规定（1996 年），国家环境保护局、对外贸易经济合作部、海关总署、国家工商行政管理局、国家进出口商品检验局；⑫资源综合利用电厂（机组）认定管理办法（2000 年），国家经贸委；⑬建设项目竣工环境保护验收管理办法（2001 年），国家环境保护总局。

5．地方性规范文件

地方性规范文件是指各地方立法机关制定或认可的，其效力无法遍及全国，而只能在地方区域内发生法律效力的规范性法律文件，如《北京市生活垃圾管理条例（草案）》《福建省固体废物污染环境防治若干规定》等。

以上法律、法规、规章和管理条例具有时效性。

二、国外法律体系

不同国家均形成自己的法律体系，如美国有关法律法规：《固体废物处置法》（RC9R-A）（1984）（或称《资源保护和回收法》）、《全面环境责任承担赔偿和义务法》（CERCLA）（1986）、《危险废物识别条例》、《危险废物产生者条例》、《危险废物运输者条例》、《危险废物设施所有者和营运人条例》等，其他国家与之相比有异同点。

第三节　固体废物的政府环境管理实践

一、分类管理

分类管理重点是分类方法及其对应的分类目的。我国常用的大小类分类方法在国外常见，也有利于固体废物综合利用。目前，许多国家都对固体废物实施分类管理，并且都把有害废物作为重点，依据专门制定的法律和标准实行严格管理。

（一）名录法

"名录法"是根据实践经验，将有害废物的品名列成一览表，将非有害废物列成排除表，用以表明某种废物属于有害废物或非有害废物，再由国家管理部门以立法形式予以公布。此法让人一目了然，方便使用。

（二）鉴别法

"鉴别法"是在专门立法中对有害废物的特性及其鉴别分析方法以"标准"的形式予以规定，依据鉴别分析方法，测定废物的特性，如易燃性、腐蚀性、反应性、放射性、传染性、浸出毒性以及其他毒性等，进而判定其属于有害废物或非有害废物。

二、建立固体废物管理法律体系是政府废物管理的主要武器

（一）综合法强调固体废物的全过程管理

建立固体废物管理法规是废物管理的主要方法，我国《中华人民共和国固体废物污染环境防治法》、美国《资源保护和回收法》等综合法强调固体废物的全过程管理。如美国的《资源保护和回收法》强调设计和运行必须保证有害废物得到妥善管理，对于非有害废物的资源化也作出了较全面的规定；《全面环境责任承担赔偿和义务法》强调处置有害废物的责任和义务。英国《污染控制法》有专门的固体废物条款。日本的《废物处理和清扫法》，对一般废物和产业废物（包括有害废物）的处理和处置都有明确的规定和严格要求。德国制定有相当完备的各种环境保护法律，要求相当严格。例如，按照其《垃圾处理法》，对于玻璃、塑料、铝合金罐、保鲜包装品、石油及天然制品等造成的垃圾要课以重税；依照法律对污染案件实行处罚，1987 年全联邦受到处罚的环境污染案件 17 930 件中，垃圾案件占 5 930 件。

《中华人民共和国固体废物污染环境防治法》于 1994 年正式颁布，并在 2004 年进行了修订。在此之前的 10 余年中根据我国国民经济和社会发展计划以及《中华人民共和国环境保护法》关于我国环境保护的目标和要求，陆续制定了一部分固体废物应用方面应予控制的污染含量标准；对于固体废物的基础研究如本地调查等，也颇有成效，取得了许多宝贵的基础数据，这些都为我国废物法规的建立奠定了较好的基础。

（二）"资源综合利用法"强调自然资源和废物资源的综合利用

资源综合利用包括经济建设中所需自然资源的综合开发，工业生产过程中原材料、能源及"三废"的综合利用，生产、流通、消费过程中废旧物资的再生利用。"资源综合利用法"是我国资源综合利用法律体系中的基本法。其中，对于生产过程中废物的排放，从宏观角度要作出限制。如制定严格的消耗定额和投入产出比例，以促进原材料的合理利用；对工农业生产过程中废物的处理要作出原则规定，如要求生产者认真执行以综合利用为基础的"资源化"、"减量化"和"无害化"政策，采取综合利用技术措施，提高资源、能

源的综合利用率；对于已经产生的废物，要采取技术措施进行回收和利用，促进其转化为社会产品或可供再利用的资源和能源；对于生产和消费过程中产生的废物回收加工利用，也要作出规定，进一步贯彻国家关于再生资源充分回收、合理利用、先利用后回炉的工作方针。

（三）"固体废物环境标准体系"是政府从事固体废物管理的科学依据

国内外初步形成了包括固体废物监测、固体废物污染控制标准、固体废物综合利用污染物排放、危险废物鉴别等的标准，但需要完善"固体废物环境标准体系"，对固体废物实行全面的、有效的管理。设想的这一"标准"群，一般包括以下内容：基础标准、方法标准（包括采样方法、特性试验方法和分析方法）、标准样品标准、鉴别分类指标标准、容器标准、储存标准、适用于生产者标准、收集运输标准、综合利用标准、处置处理标准（包括堆放标准化、卫生填埋标准、安全填埋标准、深地层处置标准、生化解毒标准）等。

（四）国际公约控制有害废物越境转移

1989 年 3 月 22 日，联合国环境规划署在瑞士巴塞尔召开的"关于控制危险废物越境转移全球公约全权代表大会"上，通过了一部国际条约《控制危险废物越境转移及其处置巴塞尔公约》，公约中规定控制的有害废物共 45 类，特别考虑的废物类别共 2 类，同时列出了有害废物"危险特性的清单"共 13 种特性。公约主要内容包括：尽量减少有害废物的产生及其转移条件，如各国有权禁止有害废物进口；建立一整套有害废物越境转移通知制度；对于未经进口国、进境国同意或伪造进口国、越境国同意，或转移物与文件所列不符，均被视为非法。这是一部国际间控制有害废物污染转嫁的法律，我国是签约国之一，需要加强防范，以保证公约在我国疆域内的贯彻实施。

三、固体废物管理的技术政策

20 世纪 80 年代中期，我国明确提出并确认以"资源化"、"无害化"、"减量化"作为控制固体废物的基本技术政策，并明确在今后较长的时间内都应以"减量化"为主。

第四节　固体废物的区域环境管理

由于固体废物、水、大气等环境要素具有自然流动性，一些环境问题常常跨越行政边界，呈现出区域整体性特征。我国经济社会迅猛发展，但同时不少地区不同程度地出现了由灰霾、光化学污染、酸雨等组成的区域性大气复合污染。环境问题的区域整体性以及环境与社会经济耦合的复杂性给现行的环境管理模式带来了巨大挑战。

一、现行区域环境管理模式的局限性

整体来看，我国现行区域环境管理模式具有 3 个基本特征：属地管理、部门管理和行

政管理。这些特征曾在我国地方环境保护工作中发挥了积极作用，但是在社会经济进一步发展的新阶段，尤其面临区域性环境问题时，这种管理模式的局限性逐渐凸显。

（一）属地管理

各地方政府的环境行政主管部门负责本辖区环境保护工作的监督管理，即为属地管理，显然这样的管理模式对区域外部的环境问题无能为力。但跨区域固体废物转移和倾倒、流域水污染、区域大气污染等区域性环境问题不会因为人为的行政区划管理而消失，环境污染的负外部性与环境保护的正外部性客观存在。因此当采用基于属地管理的环境管理模式解决区域性环境问题时，会存在如下局限：虽然部分地方政府都做好了自己的环境保护工作，但是仍然可能没有解决区域性环境污染问题，主要原因在于污染物存在着跨区域的空间传输，其他地区的环境污染或者环境保护工作直接影响到当地的空气环境质量；区域环境问题的解决需要从区域整体角度进行综合分析、统筹规划，优化配置各项投入，而各自为政的做法由于信息不充分而使得资金投入的效率低下，难以达到社会最优；各地方政府之间存在经济发展上的横向竞争，而区域的整体环境在某种意义上是公共物品，每个地方政府都有利用区域环境来获得自身经济增长的动机，这样导致的结果就是区域环境问题可能被忽视。

（二）部门管理

这种体制存在部门之间权限不清、管理机构重叠、部门管理职能交叉、管理错位等多种不尽合理之处。对于环境问题而言，这种部门管理方式主要存在以下局限：单一环境问题的多头管理局面，使多个部门与某个环境问题直接相关，每个部门可能提出的解决思路与方案常常是基于自身的部门利益，结果导致社会资源难以优化配置，造成不必要的浪费；在地方政府的管理体系中，以经济建设为中心的发展思路使得部分经济主管部门成为强势部门，这些部门的行政资源较多，话语权也相对较大，而环境管理部门相对弱势不利于环境问题的解决；部门之间缺乏协调机制，容易导致决策片面性，有时不同部门的政策可能存在冲突，这使得难以从环境、经济、社会效益的整体角度出发综合做出科学决策并实施。

（三）行政管理

当前我国的环境保护工作客观上存在着片面强调政府行为、自上而下的决策和执行方，弱化乃至忽视企业主体和社会公众的现象，这种传统的命令-控制型环境管理模式已不适于应对具有复杂性和利益主体多元性的区域环境问题。其局限性表现如下：由于地方环保部门隶属于地方政府，这使得地方官员的个人意志对环境保护工作影响过大，容易造成只注重发展经济、不注意保护环境的局面；作为直接排放污染物的行为主体，企业很少参与环境政策的制定，处于被动接受政府环境管制的地位；社会公众较少参与环境管理，由于信息的不对称，导致部分污染事件相关利益主体之间的冲突容易激化，甚至可能引发群体性事件。

现行的3个区域环境管理模式各有其局限之处。属地管理方式对区域外部的问题无能为力、资源配置不佳；部门管理方式存在部门之间权限不清、管理机构重叠等问题；行政管理方式下，地方官员的个人意志对环境保护工作的影响过大。

二、基于"三位一体"的管理模式

基于我国当前区域环境形势日益恶化的状况和现行环境管理模式的局限及未来的发展趋势,学者建议采用"三位一体"的区域环境管理模式,也就是要实现"从属地管理到协商管理、从部门管理到整合管理、从行政管理到公共管理"的三个转变。

(一)从属地管理到协商管理

针对属地管理在解决区域性环境问题上的局限性,利用当前我国区域经济一体化不断深入的良好契机,进行环境管理制度创新,明确区域内各行政主体对环境污染负有"共同但有区别的责任",在互利互信的基础上实现协商管理。

协商管理是特定经济区域内各地方政府之间为了共同防治区域性环境问题、改善环境质量、提高区域层面社会经济发展综合实力而采用的一种新型环境管理模式。相对于传统的"属地/行政区环境管理",具有责任共担、权责对等、协调统筹等特点。

从发达国家的经验来看,欧洲的长距离跨界空气污染公约是较为成功的案例。欧洲的长距离跨界空气污染公约(Convention on Long-range Transboundary Air Pollution,CLRTAP)签署于 1979 年,连同其后续的 8 个基于不同污染物控制协议促进了欧洲、美国和加拿大在长距离跨界大气污染物减排方面的合作,使 1980—1996 年欧洲的二氧化硫排放量减少了一半。

以区域固体废物污染控制为例,作为利益相关者的各地方政府可以在以下方面展开协商:污染物的削减方案、污染治理的资金比例以及各地区经济发展规划(包括污染密集型产业的区域环境联合批准等)。在具体操作过程中,要通过建立科学的、具有公信力的模型或者数量方法来明确各方责任,并结合地方经济发展水平和环境支付意愿,在上一级政府的指导下开展协商管理。在协商过程中,要特别遵循发展权与环境权相协调,在污染物削减负荷分配中要注意效率优先兼顾公平等原则。

(二)从部门管理到整合管理

这是地方政府中那些相关主管行政管理部门为了共同防治环境问题、改善环境质量而进行综合决策的新型环境管理模式。相对于传统的部门管理,整合管理具有统筹兼顾环境-经济-社会效益、最大限度地避免决策片面性、协作保障环境政令顺畅实施等特点。通过整合与环境直接或间接相关的各部门的职能,建立信息沟通和共享机制,在包括地区发展规划制订、信息共享、违法行为协查等方面建立协调机制,有效应对与社会经济高度耦合的环境问题。

关于环境方面的整合管理,国际上也有一些成功实践。如德国的"共同部级规则程序"、意大利的"112 号部门协调关系法案"等。由于有了这种整体协调制度,环保部门与其他部门之间的沟通便较为顺畅,有利于环境问题的最终解决。

就具体实践来说,整合管理的重点在于在明确各管理主体的基础上识别整合管理的对象,其主要内容包括:①产业发展的全过程。从地区的产业发展规划或战略到企业层面的生产、污染物排放,再到污染物末端治理控制和再资源化的全过程都需要体现出整合管理多管齐下的特色；②相关主管部门的政策整合。多部门有效协调不仅能保证从污染的产生和消除两方面进行控制，还有利于采用多元化管理手段和机制。如金融财政部门可以针对性地设计和创新与大气污染控制相关的绿色信贷政策，约束大气污染密集型产业的发展、鼓励清洁技术创新等。

（三）从行政管理到公共管理

公共管理是当前环境管理的一个发展方向。公共管理包含着广泛的政治、经济和社会结构，应当是一个由广大利益主体共同参与的、开放的、分权制衡的过程。从政府职能重塑角度来讲，公共管理要求政府职能由管制型向服务型转变，提供以环境公共服务为中心，以公众满意度为目标和评价标准的服务。

区别于原来单纯强调政府作用的自上而下的环境行政管理制度，公共管理的参与者不仅包括地方政府，还包括企业、公众、非政府组织等。建立区域环境问题的公共管理模式，可以考虑从以下方面展开：强化公众在环境管理中的参与程度，提高行政机制的透明度，实行行政公开化，使更多公民了解政府环境决策的过程，提高公众参政议政的积极性和主动性，通过多样化的公众参与方式，保障与某一具体环境管理事务相关的公众都能参与到决策中；充分发挥企业在环境决策中的作用，在制定环境政策时充分听取企业或企业协会的意见和建议，确保制定的环境政策在企业层面具有较强的可执行性。

协商管理突破了属地管理在解决区域性环境问题上的局限性；整合管理可以有效应对与社会经济高度耦合的环境问题；公共管理以提供环境公共服务为中心，以公众满意度作为目标和评价标准。

三、体制上建立区域环境管理保障机制

为确保"三位一体"新型区域环境管理模式的实施，需要从体制上建立保障机制。

（一）有效的组织机构

考虑到环境的跨行政区域性特点，应由相关利益主体协商设立较高级别的整合协调机构，以此作为区域内地方政府间以及环境管理相关部门间的沟通及信息交流平台。例如，欧洲 CLRTAP 的成功很大程度上得益于高效的组织保障，通过建立组织架构完善、职责明确的履约委员会，定期审查各缔约方根据各项议定书规定提交报告的情况并审议缔约方的未履约案件；委员会还可以向执行机构提交建议，以促进跨界大气污染物的减排履约更好地进行。针对我国突出的区域环境问题，可以考虑设立区域环境管理委员会，下设决策机构和执行机构。其中决策机构由相关地方政府与更高级别政府的相关职能部门组成，负责区域环境合作协议的协调和实施；执行机构则直接向决策机构负责，执行具体事务。其成员应包括各地方政府下属的环境管理相关职能部门。区域环境管理委员会的主要职责应包括：制订相关协议，明确规定各参与方的具体义务并做出决策；制订和调整区域环境规划；组织地方政府制订实施污染整治计划并监督其实施；审批年度工作计划与相关财务问题；加强参与方及各相关部门、机构合作等。

（二）科学的决策支持

由于区域环境污染的空间外部性，不同地区之间污染物的跨界影响是区域协调的科学基础，因此需要一套具有良好公信力的科学决策体系。地方政府间的污染削减负荷分配、经济发展规划的制订也都需要科学支撑体系。欧洲 CLRTAP 实施中，EMEP（欧洲长距离空气污染物传播的监测和评估计划）就担当了科学决策支持的重要角色。EMEP 主要负责为 CLRTAP 及其协议提供包括大气监测与模拟、排放清单、综合评价模拟等相关科学信息，其主导开发的综合评估模型在欧洲跨界空气污染削减相关政治协商，以及履约委员会对缔约方的履约审核中发挥着至关重要的作用。

首先要由相关利益主体协商设立较高级别的整合协调机构，以此作为区域内地方政府间以及环境管理相关部门间的沟通及信息交流平台；其次还需要一套具有良好公信力的科学决策体系作为基础。

第五节　企业的固体废物管理实践

一、企业环境管理基础

（一）企业环境管理的概念

工业污染是我国环境污染的主要来源，人类社会的工业企业活动是使环境生产所遭受巨大压力的直接原因。对这种行为进行管理，具有两个方面的含义：一方面是企业作为管理的主体对企业内部进行自身管理，另一方面是企业作为管理的对象而被其他管理主体如政府职能部门所管理。企业作为管理的主体对企业内部进行自身管理，就是企业的自律、自我约束的控制自己的行为，自觉主动采取防治污染的措施。通过企业的"自我决策、自我控制、自我管理"方式，把环境管理融入企业全面管理之中。企业只有管理好自己，才可能符合政府职能部门的要求；明确政府职能部门的要求，才能推动企业环境管理的工作。

（二）企业环境管理的内容

企业环境管理内容的核心是要把环境保护融入企业经营管理的全过程之中，实行清洁生产，争取获得环境认证，生产"绿色"产品，树立"绿色企业"的良好形象。一是建立内部的环境管理规章制度体系；二是对生产过程中产生的废物进行环境管理；三是转变生产方式，在清洁生产的全过程中进行固体废物管理。企业环境管理的内容就是工业污染的综合防治，具体包括：①企业环境管理对策；②采用新技术、新工艺，减少有害废物的排放；③对废旧产品进行回收处理及循环利用；④通过环境认证，树立"绿色企业"的良好形象。

（三）工业企业环境管理的体制

在企业内部从领导、职能科室到某基层单位，在污染预防与治理，资源节约与再生，环境设计与改进以及遵守政府的有关法律法规等方面建立全套各种规定、标准、制度甚至操作规程等，并有相应的监督检查制度，以保证在企业生产经营的各个环节中得到执行。我国企业一般实行的是企业厂长（或经理）领导下的分工负责制。该管理体制的实质是，厂长或经理是企业环境保护工作的领导者，对企业的环境保护负责，其他副厂长各自负责分管范围内的环境保护工作，总工程师对企业环境保护防治技术负领导责任，各职能科室按业务范围明确其环保职责，环境管理部门在主管厂长领导下负责组织协调，并负责全厂的环境质量监控，对基层环保工作进行监督考核，在企业的车间，班组建立和健全环保岗位责任制，逐级把环境管理落实到岗位个人，实现领导与群众监督相结合，专业管理与群众管理相结合。

二、企业固体废物管理案例

（一）某公司固体废物管理办法

1. 主题内容与适用范围

本办法规定了公司固体废物的管理职责、基本内容与要求、检查与考核等相关事宜，本办法适用于公司产生的固体废物的管理与控制，包括造气炉渣、电厂炉渣、粉煤灰、煤矸石、煤泥及建筑和生活垃圾。本办法不适用于公司危险废物的管理控制与处置。

2. 引用政策规定

引用国家、地方有关法律法规和部门规章，如《中华人民共和国环境保护法》《中华人民共和国固体废物污染环境防治法》《一般工业固体废物贮存、处置场污染控制标准》等。

3. 术语

引用第一章有关的概念，如固体废物、工业固体废物和危险废物等术语。

4. 管理职能

环保化验中心负责对公司区域内固体废物污染防治工作实行统一监督管理。各部、室、分厂负责本单位生产、办公和生活过程中产生的固体废物的分类、收集等工作。公安处负责固体废物运输车辆的监督检查与管理工作。安全管理部负责固体废物收集、贮存、运输、利用、处置过程中的安全防护工作，并对从业人员进行安全培训和提供符合要求的劳动保护用品。其他相关部门按照各自的职责，协同做好固体废物的监管及污染防治工作。

5. 基本内容与要求

（1）固体废物的产生。

公司产生的固体废物主要包括炉渣、粉煤灰、煤矸石、煤泥、建筑垃圾、生活垃圾等。炉渣主要由造气分厂造气炉与热电分厂锅炉产生，粉煤灰由热电分厂锅炉产生，煤矸石和煤泥主要由选煤分厂产生。

（2）固体废物的收集和存放。

公司各相关部室、分厂应按固体废物的种类分类，设置临时放置点、废物箱，并设置明显标志。固体废物产生后，应按不同类别和相应要求及时放置到临时存放场所或废物箱。临时的存放场所，应具备防泄漏、防扬散等设施或措施。必要时，一般固体废物可分区进行存放，如废纸箱、废瓶罐、废纸、金属边角料等放入一般可回收废物指定区域或存放箱；已经报废不能使用的设备放入报废设备区；不可回收的废物放入不可回收垃圾区域或垃圾桶内。一般可回收固体废物应及时送交物管中心废品回收库贮存管理。需特殊贮存或处置的一般可回收固体废物应根据实际情况合理贮存或处理，如公司粉煤灰和电厂炉渣需在公司贮灰坝内进行贮存。禁止向固体废物贮存场所以外的区域抛撒、倾倒、堆放、填埋或排放固体废物。禁止将一般固体废物和危险废物混合收集、贮存。

（3）固体废物的处理。

固体废物应严格按照《中华人民共和国固体废物污染环境防治法》等相关法律法规进行处理。在生产、办公和生活过程中产生的一般固体废物的处理应优先考虑资源的再利用。选煤分厂产生的矸石、煤泥直接送到热电分厂作为锅炉燃料使用。造气炉渣部分进行综合利用，如公司自用或附近村屯道路维修等，其余部分无偿转给其他公司进行销售。电厂产生的粉煤灰和部分炉渣采用水力除灰除渣的方式，输送到贮灰坝贮存，其余炉渣进行综合利用或无偿转给其他公司进行销售。公司自行可回收的废物（报废设备及金属边角料等）由各单位安排人员整理，再移交物管中心废品回收库贮存，统一进行处理。公司不可回收的废物与生活垃圾等，由环卫部门或受委托单位统一运送到镇政府城建局指定的垃圾堆放点进行定点堆放，环保化验中心负责监督检查。

（4）固体废物的登记、台账管理。

粉煤灰、电厂炉渣、造气炉渣、煤泥等工业固体废物产生单位，应按公司《环境保护管理标准》规定向环保化验中心报送产生的种类、数量及去向，上报应准确、及时，上报材料应由部门领导签字并加盖单位公章。工业固体废物产生单位、贮存单位应按要求建立固体废物台账。环保化验中心负责对各单位工业固体废物台账进行日常检查，各单位应予以配合。

（5）检查与考核。

本办法由环保化验中心进行考核，考核结果纳入公司《绩效管理考核标准》，经营管理部定期组织检查本办法执行情况。

（二）某公司清洁生产管理办法

1. 主题内容与适用范围

本办法规定了公司清洁生产的管理职责、基本内容与要求、检查与考核等相关事宜，适用于公司清洁生产管理工作。

2. 适用法律法规

《中华人民共和国清洁生产促进法》《清洁生产审核暂行办法》和行业清洁生产标准等。

3. 术语

清洁生产审核是指按照一定程序，对生产和服务过程进行调查和诊断，找出能耗高、物耗高、污染重的原因，提出减少有毒有害物料的使用、产生，降低能耗、物耗以及废物产生的方案，进而选定技术经济及环境可行的清洁生产方案。

4．管理职责

公司成立由总经理担任组长的清洁生产领导小组，负责公司的清洁生产促进工作和清洁生产审核工作。环保化验中心负责组织、协调公司内的清洁生产促进工作和清洁生产审核工作。环保化验中心组织开展清洁生产的宣传和培训，提高员工清洁生产意识，培养清洁生产管理和技术人员。生产部、技术部、机动设备部和各生产单位负责清洁生产方案的可行性的分析，提出合理化建议，确保方案的技术、经济及可行性。公司生产单位应依据《中华人民共和国清洁生产促进法》的规定，组织、实施清洁生产，不断完善管理。实施清洁生产审核单位应编制无费、低费方案，不断改善管理，并根据技术、经济的可行性向公司清洁生产领导小组提供高费方案。各单位按照各自的职责，负责有关的清洁生产促进工作和清洁生产审核工作。

5．基本内容与要求

公司新建、改建和扩建项目应优先采用资源利用率高以及污染物产生量少的清洁生产技术、工艺和设备。公司在进行技术改造过程中，应当采取清洁生产措施，包括采用资源利用率高、污染物产生量少的工艺和设备；对生产过程中产生的废物、废水和余热等进行综合利用或者循环使用；采用能够达到国家或者地方规定的污染物排放标准和污染物排放总量控制指标的污染防治技术。建筑工程应当采用节能、节水等有利于环境与资源保护的建筑设计方案、建筑和装修材料、建筑构配件及设备。企业应在经济技术可行的条件下对生产和服务过程中产生的废物、余热等自行回收利用。公司各生产单位和部室应对生产过程中的资源消耗以及废物的产生情况进行监测，并根据需要向公司清洁生产领导小组提出实施清洁生产审核。

6．考核与检查

本办法由环保化验中心进行考核，考核结果纳入公司《绩效管理考核标准》，经营管理部定期组织检查本办法执行情况。

（三）某公司危险废物管理办法

1．主题内容与适用范围

本办法规定了公司危险废物的管理职责、措施及检查与考核等相关事宜。本办法适用于公司危险废物管理工作。

2．引用政策规定

《中华人民共和国环境保护法》《中华人民共和国固体废物污染环境防治法》《国家危险废物名录》《危险化学品安全管理条例》《危险废物贮存污染控制标准》《危险废物焚烧污染控制标准》和《危险废物转移联单管理办法》。

3．术语

本办法所称危险废物，是指列入国家危险废物名录或者根据国家规定的危险废物鉴别标准和鉴别方法认定的具有危险特性的废物，以及国家标准规定的按危险废物处理的废物。危险废物贮存是指危险废物再利用或无害化处理和最终处置前的存放行为。贮存设施是指按规定设计、建造或改建的专门用于存放危险废物的设施。集中贮存是指危险废物集中处理、处置设施中所附设的贮存设施和区域性的集中贮存设施。容器是指按标准要求盛载危险废物的器具。焚烧是指焚化燃烧危险废物使之分解并无害化的过程。

4．管理职责

环保化验中心负责对公司区域内危险废物污染防治工作实施统一监督管理，负责公司在化验分析生产过程中所使用的剧毒、易致毒等危险化学药品、过期药品及剧毒废液的监督管理工作。公安处负责剧毒、易致毒药品采购、运输、储存、领取、使用、销毁的监督、检查、指导工作，负责运输押运工作。安全管理部负责公司危险化学品相关法律、法规宣传教育，以及从业人员安全培训工作，定期对危险化学品（剧毒品、易致毒品等危险化学品）进行安全检查，负责为危险化学品从业人员提供符合要求的劳动保护用品。物管中心负责危险废物的储存和保管工作。其他相关部门应按照各自的职责，协同做好危险废物的监管及污染防治工作。

5．管理措施

（1）危险废物交接与资料档案建立。

公司产生的危险废物主要包括废催化剂、废矿物油、废保温棉等，各类危险废物应及时送交物管中心贮存管理，送交时，分厂与物管中心之间应建立相应的交接手续，环保化验中心定期检查。凡产生危险废物的单位，应尽量减少危险废物的产生。产生废物应按公司《环境保护管理标准》规定，每月及时向环保化验中心报送产生时间、种类、数量及去向。凡产生危险废物的单位，应按要求建立危险废物台账，并严格、准确填写，环保化验中心将不定期进行检查，各单位应予以配合。环保化验中心及各单位化验室在化验过程中产生的剧毒残液、过期化学药品，由环保化验中心牵头，使用单位提出处理申请，公安处、物管中心参与，共同对废液及过期化学药品进行回收称量和鉴定，共同确认结果后签字存档，共同填写相关移交记录，将确认的危险废物送物管中心专用库房保存，物管中心每月将库存数量上报环保化验中心。

（2）危险废物处置方案。

产生危险废物的单位，应按照公司环境保护管理的相关规定对危险废物进行管理；贮存、利用、处置不符合公司规定的，由公司环保化验中心责令限期改正；逾期不改正或未达到改正要求的，环保化验中心依据公司环境保护管理标准进行处罚；造成重大环境污染触犯法律的，移交司法机关依法进行处理。产生危险废物的单位应制定危险废物意外事故的防范措施和应急预案，并按照危险废物应急预案要求定期组织应急演练，演练方案、会议纪要、记录应齐全、完整、详细。危险废物由物管中心负责统一贮存，环保化验中心、公安处、安全管理部对其进行监督管理，定期进行检查。物管中心按要求建立危险废物贮存台账，每月向环保化验中心报送当月危险废物贮存量、处置量及新增产生量（需填写称重后准确数量），报表应由部门领导签字并加盖单位公章。

（3）危险废物贮存要求。

各危险废物产生单位临时贮存点由各分厂负责管理，并建立危险废物贮存台账，每月向环保化验中心报送当月危险废物贮存量及新增产生量，报表应由部门领导签字并加盖单位公章。环保化验中心负责对危险废物贮存台账进行日常检查，各产生单位予以配合。危险废物必须按照危险废物特性分类贮存。危险废物的贮存设施、场所以及危险废物的容器和包装物，必须在明显位置设置危险废物识别标志。危险废物的贮存设备和设施必须具有防渗漏、防扬撒、防雨淋等功能。贮存危险废物的场所、设施、设备、容器及其他物品转作他用的，应进行安全性处置，否则，必须按危险废物进行处理。禁止向危险废物贮存场所以外的区域抛撒、倾倒、堆放、填埋或排放危险废物。禁止混合收集、贮存性质不相容或未经安全处置的危险废物。严禁将危险废物混入非危险废物中贮存。贮存危险废物的单位应制订危险废物意外事故的防范措施和应急预案，按照危险废物应急预案要求定期组织应急演练，演练方案、演练会议纪要、演练记录必须齐全、完整、详细。

（4）危险废物处置及要求。

危险废物处置必须严格按照《中华人民共和国固体废物污染环境防治法》《危险废物转移联单管理办法》等相关法律法规进行处理。任何单位及个人严禁私自处置危险废物。环保化验中心根据危险废物贮存情况向主管经理提出处置请示，由物管中心负责办理危险废物处置审批单，由合同管理部门会同纪审监察部等相关部门对处置厂家的资质和价格共同确定后，环保化验中心负责向市环境保护局固体废物管理中心提供处理厂家危险废物经营许可证及相关材料，申请办理危险废物转移联单；公安处负责危险废物运输过程中的押运工作。每次处置危险废物的种类、数量应由物管中心、环保化验中心、公安处、纪审监察部及相关部门同时到现场进行确认。运输工具应具有危险货物运输许可证，运输前，并经当地环保部门现场检查确认后，方可进行运输处置。物管中心与运输及处置部门应建立转移交接手续，交接后危险废物方可出库。处置结束后，环保化验中心应在 10 日内将危险废物转移联单第二联及时返还当地环保局及市环保局。危险废物销毁后的原始凭证由环保化验中心负责管理，复印件由参与部门各存一份备查。公司内部自行处置利用的危险废物由处置利用单位负责管理，建立危险废物自行处置利用台账，每月向公司环保化验中心报送当月危险废物接收量和自行利用处置量，报表应由部门领导签字并加盖单位公章。环保化验中心负责对危险废物自行利用处置台账进行日常检查，各处置和利用单位予以配合。物管中心及各分厂与公司内部自行利用处置单位应建立危险废物转移交接手续，环保化验中心将定期进行监督检查。

（5）危险废物运输。

危险废物的运输必须由有危险货物运输许可证的车辆运输。运输危险废物时，运输工具必须配备防火、防淋湿、防扬撒等安全防护设施，并在明显位置设置危险货物运输标志，环保化验中心及当地环保局负责检查。禁止将危险废物与其他货物及无关人员在同一运输工具上载运。禁止在运输途中抛撒、丢弃危险废物或擅自改变到达地点。

6．考核与检查

本办法由环保化验中心进行考核，考核结果纳入公司《绩效管理考核标准》，经营管理部定期组织检查本办法的执行情况。

7．附录

附录 A　公司危险废物管理流程简图（略）。

附录 B　危险废物管理台账及报表（略）。

思考题

1．举例说明国内外环境管理组织结构和管理方法的异同点。

2．举例说明国内外固体废物有关的法律体系的异同点；给出我国有关固体废物法律体系修改和完善的建议和意见。

3．固体废物的区域管理有何特点？如何提高固体废物区域管理效率？

4．调查了解宝钢集团有限公司的固体废物产生和管理现状，设计大型企业固体废物管理方法。

5．危险废物管理有哪些特点？

第四章　固体废物处理与处置

第一节　固体废物处理与处置方法

固体废物处理与处置是指将固体废物转变，使之适于运输、利用、贮存或最终处置的过程。其处理方法主要有：物理处理、化学处理、生物处理、热处理、固化处理和最终处置等。

一、物理处理

物理处理是指通过浓缩或相变改变固体废物的结构，使之成为便于运输、贮存、利用或处置的形态。物理处理方法包括压实、破碎、分选、增稠、吸附、萃取、吸附等，作为回收固体废物中有价物质的重要手段。

二、化学处理

化学处理是指通过化学方法破坏固体废物中的有害成分从而达到无害化，或将其转变为适于进一步处理、处置的形态，化学方法一般适合于处理成分单一的固体废物。化学方法包括氧化、还原、中和、化学沉淀和化学溶出等。有些有害固体废物，经过化学处理还可能富含毒性成分的残渣，还需对残渣进行解毒或安全处置。

三、生物处理

生物处理是利用微生物分解固体废物中可降解的有机物，从而达到无害化或综合利用的目的。固体废物经过生物处理，在容积、形态、组成等方面，均发生了重大变化，因而便于运输、储存、利用和处置。生物处理方法包括好氧处理、厌氧处理、兼氧处理。

四、热处理

热处理是通过高温破坏或改变固体废物组成和结构，达到减容、无害化或综合利用的目的，热处理方法包括焚烧、热解、焙烧及烧结等。

五、固化处理

固化处理是采用固化基材将废物固定或包覆起来以降低其对环境的危害，因而能较安全地运输和处置的一种处理过程。固化处理的主要对象是危险废物和放射性废物。

六、最终处置

固体废物最终处置是指将固体废物焚烧和用其他改变固体废物的物理、化学、生物特性的方法，达到减少已产生的固体废物数量、缩小固体废物体积、减少或者消除其危险成分的活动，或者将固体废物最终置于符合环境保护规定要求的填埋场的活动。

处置方法包括海洋处置和陆地处置两大类。海洋处置包括深海投弃和海上焚烧；陆地处置包括土地耕作、工程库或贮留池贮存、土地填埋和深井灌注等。

第二节　固体废物处理处置基本原则、管理方法和制度

固体废物虽然为污染物质，但若管理和处理处置方法合理，也会变为资源，为此国内外总结了一些固体废物处理处置的基本原则，包括"三化"原则、清洁生产原则、全过程管理原则、分类分级管理原则、3C 原则、3R 原则等。

一、固体废物处理处置基本原则

（一）"三化"原则

（1）无害化。固体废物无害化处理的基本任务是将固体废物通过工程处理，以达到不损害人体健康、不污染周围自然环境的目的。通俗地讲，无害化处理就是将固体废物中的有毒有害物质，通过物理、化学和生物措施进行处理，从而达到消除有毒有害物质的目的。目前，废物无害化处理工程已发展为一门崭新的工程技术，例如具有我国特点的"粪便高温厌氧发酵处理工艺"，在国际上一直处于领先地位。

（2）减量化。减量化包括两个方面的含义：减少废物的排出量和减少废物的重量或体积。据估计，目前我国矿物资源利用率仅为 50%～60%，能源利用率为 30%。这就意味着我国矿物资源有 40%～50%没有发挥生产效益而变成了废物，既污染环境，又浪费了大量的宝贵资源。减少工矿企业产生废物的措施和方法有：①改革产品设计，开发原材料消耗少、能耗低的新产品；改革工艺，强化管理，减少浪费，减少产品的单位物能耗量。②提高产品质量，延长产品寿命，尽可能减少产品废弃的概率和更换次数。③开发可多次重复利用的制品，如包装食品的容器、瓶类。固体废物的焚烧、压实等也是一种减量化措施。例如，生活垃圾采用焚烧法处理以后，体积可减少 80%～90%，残渣则便于运输和处置。

（3）资源化。固体废物的资源化，是通过各种方法（分拣、筛选、提取等工艺）从固体废物中回收或制取有价值的物质和能源，将废物转化为本部门或者其他产业部门的新生产要素，或者直接利用固体废物作为其他工艺的原料，同时达到保护环境的目的。相对于自然资源来说，固体废物属于二次资源。资源和废物的概念是相对的，一个车间或部门的废物，可能正好是另一个车间或部门的资源或原材料；任何固体废物中所包含的元素或化合物，都可以成为人类社会实践活动的生产资料或原材料。废物资源化是解决固体废物问题的根本方法。

目前，我国废物资源化已取得很大进展，主要有：①作工业原料。如从尾矿和废金属渣中回收金属元素，利用含铝量高的煤矸石制作铝铵矾、三氧化二铝、聚合铝、二氧化硅等，从剩余滤液中提取锗、镓、铀、钒、钼等稀有金属。废旧金属、废塑料、废纸、废橡胶的回收利用更是非常普遍。②回收能源。如用煤矸石作沸腾炉燃料用于发电，每年可节约大量优质煤。用煤矸石也可制造煤气。垃圾焚烧发电及有机废物分解回收燃料油、沼气等。③作为土壤改良剂或肥料。如粉煤灰可改良黏质、酸性土壤，钢渣可作磷肥等。④直接利用。如各种包装材料、玻璃瓶等均可直接回收利用。⑤作建筑材料。利用矿渣、炉渣和粉煤灰可制作水泥、砖、保温材料、道路或地基的垫料等。

我国是一个发展中国家，面对经济建设的巨大需求与资源不足的严峻局面，推行固体废物资源化，不但可为国家节约投资、降低能耗和生产成本，还可以减少自然资源的开采，并且治理环境，维持生态系统良性循环，是一项强国富民的有效措施。

关于控制固体废物的基本技术政策，概括起来可总结为"无害化"是基本要求，"减量化"是目前废物处理的主要途径，"资源化"是固体废物处理的发展方向。

（二）清洁生产原则

固体废物处理与处置的清洁生产理念包含两个方面：一是指在固体废物的产生过程中提倡清洁生产的理念，从原料、生产、管理、技术、固体废物产生和服务等各个环节执行清洁生产理念；二是在固体废物处理与处置过程中提倡清洁生产理念，即在固体废物处理处置全过程中，实施清洁生产。

（三）全过程管理原则

全过程管理原则是对固体废物从产生到运输直至最后的处理、贮存和处置等过程实行全面的、综合的、封闭的管理，做到少扩散或不扩散，并使其最终得到安全处置。

（四）分类分级管理原则

分类分级管理原则是根据固体废物的不同特性，将固体废物分成危险固体废物和非危险固体废物两类加以管理。

（五）"3R"原则

减少（Reduce）废物产量、再利用（Reuse）废物、循环利用（Recycle）废物，三个英文单词第一个字母都是 R，因此简称"3R"原则。

（1）减少废物产量。

节约 1 t 纸可少产生 1 t 垃圾，少生产 400 t 左右造纸黑液，少产生 $2.4×10^4$ m^3 废气，少砍伐一片树林，少消耗相应数量的煤、电、碱等。近年来，北方地区大田中推广地膜覆盖技术，聚乙烯、聚氯乙烯薄膜有 20%～30% 残留在土地中。此外，随着塑料工业的发展，日常生活用品中有许多是塑料制品，如塑料袋、一次性餐具、饮料瓶、饮水杯等，这些废弃物到处乱扔不仅影响市容，而且由于聚乙烯、聚丙烯、聚氯乙烯等塑料很难降解，混入土壤中几十年不变质，破坏了土壤结构及作物从土壤中吸收水分和营养成分的途径，从而影响农业生产。把由塑料造成的污染称为"白色污染"。为了防止白色污染继续蔓延，应禁止使用超薄塑料袋。同时积极推广使用能迅速降解的淀粉塑料、水溶塑料、光解塑料等。

（2）再利用废物。

在日本，垃圾再利用相当普遍，许多商品包装上都有"再生"标志。按照包装上的提示，消费后的垃圾是分类抛弃于垃圾箱内的，环卫工人处理城市垃圾，首先回收其中可利用的废旧物资，如废纸、废金属、旧织物、玻璃、塑料等。果皮、菜叶、泔水等则可加工为饲料。垃圾经过焚烧体积大大缩小，同时可消灭各种病原体，能把一些有毒有害的物质转化为无害物质。日本的垃圾焚烧率高达 90% 以上，技术人员测算发现，1 kg 垃圾相当于 0.2 kg 煤所产生的热量。有的诸如塑料类经过加工为再生塑料制品，实在无法利用的集中填埋，覆土造地，保护环境。近年来，日本采用高压压缩垃圾，制成垃圾块填海造地。

（3）循环利用废物。

是指充分利用垃圾中的各种有用成分，合理开发二次资源。废弃物的充分回收利用必须建立在垃圾分类基础上，垃圾经过分类，才可将有用物资进行分类回收。在固体废物最终处置前，尽量实现有用物资的直接回收利用，这样不仅有利于减少源头垃圾产生量，促进废旧物资的循环利用，而且可以降低垃圾处理费用，简化垃圾处理工艺组合和机械设备的配备，减轻垃圾处理的难度。有关专家曾做过测定，每回收利用 1 t 废旧物资，可节约自然资源近 120 t，节约标煤 1.4 t，还可减少近 10 t 的垃圾处理量。根据国家有关部门估算，我国每年还有几百万吨废钢铁、废纸未回收利用；每年扔掉的 60 多亿支废干电池中就有 7 万 t 锌、16 万 t 二氧化锰、1 200 多 t 铜；每年生产 1 万多吨牙膏皮，回收率仅为 30%，故废旧回收业被经济学家称为"第二矿业"。除了对无机物的回收、提取、利用外，还可对垃圾进行堆肥等微生物过程处理，将堆肥产品用于农田种植、动物饲养、水产养殖和土地改良，达到回收垃圾中有机物的目的。利用垃圾焚烧发电供热，作为另一种资源回收形式，在世界上已被广泛采用。北京市一年产生的 450 万 t 垃圾就是 90 万 t 煤，而且烧结后的炉渣还可以制砖，做到物尽其用。垃圾是放错了地方的资源。以固体废弃物处理为龙头的环保工业，已经成为全球经济新的增长点。

（六）固体废物最小量化管理原则

固体废物最小量化的目的，是使需要贮存、运输、处理、处置的固体废物降低到最小程度。固体废物最小化基本技术包括原料管理：对原料贮存进行合理管理，用无害原料代替有害原料；减容技术：减少废物体积或消纳废物的方法和措施；工艺改造：在生产过程中降低废物数量；再循环回收利用；进行废物交换，使废物体积减小，降低其危害性。

二、固体废物管理方法

1. 废物转移跟踪方法

废物从产生直至最终处置，每个环节都被监督管理起来。实施废物转移跟踪管理的核心是，废物在其拥有者之间发生的每一次转移，都必须有废物提供者填写废物转移报告，分送废物运输者、接收部门，并且接受废物检查，执行信息反馈。废物转移报告中必须包括产废源自身情况、运输部门等信息。因此，转移过程中，产生者、收集者以及运输、处理者三者之间承担的责任和义务一目了然，采用废物转移跟踪管理制度，确保废物得到最终安全处理处置。废物转移跟踪管理技术在北美、西欧和澳大利亚等工业发达国家和地区普遍使用。

2. 固体废物交换管理方法

20 世纪 70 年代初，荷兰创造了世界上第一个固体废物交换机构，该机构利用信息技术实现固体废物资源合理配置；德国化学工业协会建立的废物交换中心使参与的各大公司获益匪浅，1978 年欧共体相继成立了欧洲国家废物交换市场；目前，美国、加拿大已成立并正在运行的，就有 20 多个废物减缓中心；日本在 20 世纪 80 年代初开始实施废物交换计划。废物交换的优点有：降低处理处置费用、节省原料、保护环境与公众健康以及加强了行业间的合作。

3. 废物管理信息系统

发达国家建立并运行的废物管理信息系统，在世界各国得到推广并应用广泛。废物管理信息系统主要功能有：提供产废企业、废物承运者、处理处置者的信息资料；废物流资料，包括废物流代码、废物类型、理化特性、产废工艺等；各种收费数据；对废物转移进行跟踪管理。英国和美国都有一套完整的废物管理信息系统。

三、固体废物管理制度

取得合法经营许可证，经营者须向主管当局书面申请。申请书内容主要有：①拟接收的废物种类、性质、成分、数量；②对拟接收废物的贮存、处理、处置方式，以及时间、速度、周期、比例等；③贮存、处理、处置方式和处置设施情况所在地点；④贮存、处理和处置费用。

思考题

1. 固体废物处理的基本原理有哪些？
2. 举例说明如何利用清洁生产原理实现固体废物"三化"？
3. 我国固体废物处理"三化"原则基本内涵是什么？
4. 针对不同类型固体废物，设计利用它们实现"三化"的技术？
5. 固体废物处理与处置技术有哪些？
6. 如何给不同特征的固体废物配备合理的处理处置方式？

7．比较各固体废物处理与处置技术。

8．危险废物的鉴别方法及危险废物的特性是什么？

9．明确"3R""3C"的含义。

10．针对我国固体废物的管理现状，你有何建议？

第五章 固体废物管理、处理与处置方案的优选

第一节 固体废物管理、处理与处置的技术评价

一、评价方法

固体废物管理与处理处置技术评价是一项涵盖垃圾收集、运输、处理、最终处置等诸多环节的系统工程，要实现全面分析，确定环境、经济、社会效益相统一的技术路线，需要系统的分析评价方法。具体的垃圾处理系统评价，常常采用定性与定量相结合的分析方法，常见的有多目标层次分析法（MDA）、费用效益分析法（CBA）、生命周期评价法（LCA），这些方法都在实践中获得了应用。

（一）多目标层次分析法

多目标层次分析法（MDA）的基本原理是确定一系列可供选择的处理方式与一组评价目标，同时确定这些目标的权重，然后依据评价目标为各处理方案评分，最后对各方案进行综合比较以确定最终方案。鉴于处理多目标问题上的难度，需要将其进一步简化，根据简化思路的不同，形成了不同的多目标层次分析方法。较典型的有 Brans 等提出的 PROME-THEE、Saaty 提出的层次分析法（AHP）以及 Roy 提出的 ELECTRE Ⅲ方法。Karagiannidis 等设置了有关环境政策、环境影响、经济效益、技术和资源保护 5 个方面的 24 个目标，对希腊雅典地区的 5 种生活垃圾综合处理方案应用 ELECTRE Ⅲ进行了排序，结果选择了分类收集纸类、玻璃和铝并建造 3 座填埋场这一综合方案。利用此评价方法可以对城市生活垃圾管理问题提出总体的和针对区域的改进意见。

（二）费用效益分析法

费用效益分析法（CBA）是系统评价的经典方法之一，其原理是通过权衡各种备选项目的全部预期费用和全部预期效益的现值来评价这些备选项目，以作为决策者进行选择和决策的一种方法。环境费用效益分析，是费用效益分析理论与环境科学结合的产物，是全面评价某项活动综合效益的一种方法。其基本思路是，在分析某项活动的经济、环境效益的基础上，通过一定的技术手段，将环境效益转换为经济效益，然后将环境效益和经济效益相加，求得综合经济效益。若该项活动有利于改善环境质量，则环境效益为正值，反之，则为负值。Leu 等运用费用效益分析对我国台湾桃园县的生活垃圾回收项目进行了评估。

若仅计算经济效益，回收中心 3 年才能盈利，若考虑生活垃圾减量带来的环境效益，回收项目第二年就有较大的盈余。

（三）生命周期评价法

生命周期评价法（Life Cycle Assessment，LCA），有时也称为生命周期分析、生命周期方法、"摇篮到坟墓"、生态衡算等，是一种评价产品、工艺过程或活动从原材料的采集和加工到生产、运输、销售、使用、回收、养护、循环利用和最终处置整个生命周期产生的环境负荷方法。

目前，生命周期评价尚属动态概念，不同国家或组织对生命周期评价的理解不甚一致，国际标准化组织（ISO）和国际环境毒理学与化学学会（SETAC）的定义具有权威性。ISO 14040 对生命周期评价法的定义是：汇总和评价一个产品、过程（或服务）体系在其整个生命周期期间所有及产出对环境造成的和潜在的影响的方法。生命周期评价是对产品、生产工艺以及活动对环境的压力进行辨识和量化。其目的在于评估能量和物质利用以及废物排放对环境的影响，寻求改善环境影响的机会以及如何利用这种机会。这种评价贯穿于产品、工艺和活动的整个生命周期，包括原材料的提取与加工，产品制造、运输以及销售，产品的使用、再利用和维护，废物循环和最终废物弃置。

产品的生命周期一般分为四个阶段：生产（包括原料的利用）、销售及运输、使用和后处理，在每个阶段产品以不同的方式和程度影响着环境，其目的在于评价上述过程对环境（生态环境、资源消耗以及人类健康）的影响程度，寻求降低环境污染的改进方向和技术手段。

二、几种方法的比较

在具体策略过程中，这些评价方法具有不同特点。MDA：采用先分解后综合的思想，综合考虑经济因素和非经济因素，整理和综合人们的主观判断，使定性分析与定量分析有机结合，实现定量化决策。但决策过程中各目标权重的确定取决于决策者的意愿偏好，带有一定主观性；而且其计算过程较为繁琐。CBA：垃圾管理项目这样的环境相关问题的评价往往涉及不同利益集团，他们的目标不同，信息也不对称，在具体应用过程中很难操作；此外它允许用经济收益来弥补环境方面的损失，使问题过于简单化，最终将垃圾管理项目或计划导向追求经济利益最大化，牺牲了环境与社会标准。LCA：应用过程必须考虑垃圾处理可能产生的影响的方方面面，需要非常详尽的分析。这样虽然使其应用显得十分复杂，但是作为一种具有应用价值的环境管理工具，LCA 不仅是对当前的环境冲突进行量化分析，而且还是一种全过程的环境管理工具，对被研究系统从"摇篮到坟墓"全过程涉及的环境问题进行评价。LCA 评价围绕城市生活垃圾处理系统的环境负荷计算环境影响潜值，考虑生活垃圾处理各个阶段的环境影响平衡。

第二节　城市生活垃圾处理系统的生命周期评价

一、评价目标和服务对象

对某市城市生活垃圾处理方式做生命周期评价，通过计算、对比分析不同城市生活垃圾处理方式的环境负荷，可以使城市生活垃圾管理者了解现有处理方式的优缺点，又可为新的垃圾处理运营管理者提供合适的城市生活垃圾处理处置技术方案。

在城市生活垃圾的生命周期评价中，考虑采取四种不同的城市生活垃圾处理方式（卫生填埋、高温堆肥、焚烧和资源化综合处理）所带来的不同程度的环境影响，研究范围包括以城市生活垃圾的产生作为起点，经历收集、运输以及最终处理处置的整个环节。其中，整个系统的输入部分为城市生活垃圾、资金、能源等；输出部分则为回收物、能量以及排放至大气和水体中的污染物。目前，某市人均城市生活垃圾产量为 1.21 kg/（人·d），因此每人每年产生垃圾量（亦称功能单位）为 442 kg/（人·a）。

二、清单分析

城市生活垃圾生命周期清单分析就是对城市生活垃圾处理系统的输入和输出做量化分析，即对处理工艺过程、产品等做生命周期的评价，对城市生活垃圾处理过程中整个系统的资源利用、能源消耗以及污染物（包括废水、废气、废渣以及其他环境污染物）的排放做量化考核的过程。清单分析的核心就是建立以功能单位为基准的输入和输出参数清单。

某市城市生活垃圾处理目前主要有四种方式，分别为卫生填埋、焚烧、高温堆肥和综合处理。表5-1 所示为典型的生命周期评价清单分析表。

表 5-1　城市生活垃圾处理的 LCA 评价清单分析矩阵

项目		城市生活垃圾处理的生命周期阶段				
		收集和运输	物质回收及利用	卫生填埋	高温堆肥	焚烧
物质	输入	—	—	各种废弃物	生物可降解有机物	易燃垃圾
	输出	—	废纸、金属、塑料等	—	—	—
能量	输入	燃料、动力	燃料、动力	燃料、电力	动力	电、燃料、热能
	输出	—	—	—	—	NO_x、SO_x、Cl
污染物排放		飘尘、汽车尾气	粉尘及有害病菌	CH_4、CO_2等，渗滤液	CH_4、NH_3、CO_2等	污水、烟尘、灰渣

三、影响评价

主要对清单分析中所列出的物质、能源消耗以及污染组分排放所造成的环境负荷进行定性和定量评价。

1. 影响类型

除了考虑常用的全球变暖、臭氧层破坏等全球尺度的因素之外，还要根据实际应用的情况，以及所在地的生态环境问题等进行综合，决定影响类型划分方案，如表 5-2 所示。

表 5-2　LCA 分类体系

序号	环境影响类型	影响区
1	全球变暖	全球
2	富营养化	区域
3	酸化	区域
4	光化学臭氧合成	区域
5	生态毒性	局地

2. 影响评价模型

根据国际环境毒理与环境化学学会（SETAC）和国际标准化组织（ISO）关于生命周期评价阶段的概念框架，建立评价模型框架，通常 LCA 模型框架的建立包含以下四个技术步骤：①计算环境影响潜值，通过计算得出各种排放污染物对各类环境影响类型潜在贡献的大小；②数据标准化，计算整个社会活动所导致的环境污染潜值；③环境影响加权，对标准化后的环境影响潜值进行加权计算，计算过程中需要注意，各环境影响类型重要性级别不同，则权重级别不同，从而得出相对影响潜值；④进行环境影响负荷的计算。

（1）环境影响潜值计算。

环境影响潜值是整个系统对某一类环境影响类型有贡献的所有环境排放影响的总和，即：

$$EP(j) = \sum EP(j)_i + \sum Q_i \cdot PF(j)_i \tag{5-1}$$

式中，$EP(j)$——产品或服务对第 j 种环境影响潜力的贡献值；

$EP(j)_i$——第 i 种排放物对第 j 种潜在环境影响的贡献值；

Q_i——第 i 种污染物的排放量；

$PF(j)_i$——第 i 种污染物对第 j 种环境影响潜力的当量因子。

（2）数据标准化。

对数据进行标准化主要有两个目的：第一，为各种不同的环境影响类型所贡献的环境影响潜值提供一个可以比较的统一标准；第二，为进一步深化评估提供依据。一般采用年全社会的环境潜在总影响作为标准化依据。

数据标准化过程必须选择同一时期的数据，例如统一选用 1990 年作为数据标准化的参考年。对于全球性环境影响类型采用全球尺度基准；对于地区性的环境影响类型则采用地区或国家的相对应的尺度标准；对于局地性的环境影响类型则采用国家或者某一地区相对应的基准。为了使得以上所述的三种环境影响类型在同一水平上进行比较，建立了标准人当量这个概念，也就是每年每人可产生的环境影响潜值，环境影响基准的计算式为：

$$NR(j)_{90} = \frac{EP(j)_{90}}{POP_{90}} \tag{5-2}$$

式中，$NR(j)_{90}$——1990 年全球或地区人均环境影响潜值；

　　　$EP(j)_{90}$——1990 年全球或地区总的环境影响潜值；

　　　POP_{90}——1990 年全球或者地区的人口数。

依据该基准，对环境影响潜值做标准化转化，标准化后的潜在环境影响如下：

$$NEP(j) = EP(j)\frac{1}{T \cdot NR(j)_{90}} \tag{5-3}$$

经过标准化计算处理转化后环境影响潜值的单位是：标准人当量。

（3）环境影响加权。

数据经过标准化处理后，往往会出现如下情况，对于两种不同类型的环境影响，其环境影响潜值可能在数值标准化之后是相同的，此时不能简单从数值上来说这两种不同类型环境影响所能带来的潜在环境影响是相当的。而需要对不同的环境影响类型按照其潜在影响的严重性进行排序，即对不同影响类型做加权计算分析，再进行比较。

经过加权的环境影响潜值如下：

$$WEP(j) = WF(j) \cdot NEP(j) \tag{5-4}$$

式中，$WF(j)$——第 j 种环境影响的权重因子；

　　　$NEP(j)$——标准化前的第 j 种环境影响潜值；

　　　$WEP(j)$——标准化后的第 j 种环境影响潜值。

常常采用"目标距离"的思想来确定权重，这种思想的原理就是利用一种环境效应当前的水平与目标所呈现水平（标准或容量）之间的差值来表征该环境效应严重性。通常可以选择政治目标、科学目标和管理目标等。例如政府削减目标（政治目标）、环境干扰的极限数量或者浓度（科学目标）以及各种排放标准、行业标准或者质量标准等。

权重确定计算公式如下：

$$WF(j)_{90} = EP(j)_{90}\frac{1}{EP(j)_{2013}} \tag{5-5}$$

式中，$EP(j)_{90}$——1990 年全球或地区总的环境影响潜值；

　　　$EP(j)_{2013}$——2013 年全球或地区总的环境影响潜值。

权重的大小反映了针对 1990 年的标准化基准水平要削减多少才能达到 2013 年控制的削减目标。权重越大则削减越快。当权重因子小于 1 时，表明 2013 年的排放目标较 1990 年的水平要高（注意，不是降低总量）；当权重因子等于 1 时，表明 2013 年的排放目标与 1990 年的水平持平；当权重因子大于 1 时，表明 2013 年总的排放量下降到低于 1990 年的水平。所以，经加权后的环境影响潜值计算公式如下：

$$WEP(j) = WF(j) \times EP(j)_{product}\frac{1}{EP(j)} \tag{5-6}$$

四、环境影响负荷的计算

经加权处理后环境影响潜值更加具有客观可比性，并且可以反映各环境影响潜值的相对重要性，因此可以将其综合为一个指标来反映所研究系统在其整个生命周期中对环境所造成的压力大小，即称作环境影响负荷（EIL）。计算公式如下（其单位为标准人当量）：

$$EIL = \sum WEP(j) = \sum \frac{EP(j)_{90}}{EP(j)_{2013}} \times \frac{EP(j)}{EP(j)_{90}} = \sum \frac{\Sigma Q(j)_i \cdot EF(j)_i}{ER(j)_{2013}} \qquad (5\text{-}7)$$

式中，$WEP(j)$——加权后的环境影响潜值；

$EF(j)_i$——第 i 种排放物质对第 j 种环境影响的当量因子；

$ER(j)_{2013}$——2013 年（目标年）的环境影响潜值基准；

$Q(j)_i$——第 i 种物质的排放量。

针对城市生活垃圾处理方式的生命周期评价研究，环境影响类型如下：j ={全球变暖、富营养化、酸化、光化学臭氧合成、生态毒性}。

我国定量的标准人当量基准反映了人均对某种特定环境影响潜值的贡献。我国采用的权重因子和标准化基准是由中科院生态环境研究中心依据我国特定的条件所建立的，作为城市生活垃圾处理系统评价依据，表 5-3 所示为中国环境影响潜值标准人当量基准值和权重。

表 5-3   中国环境影响潜值标准人当量基准值和权重

环境影响类型		东部 ERp	中部 ERp	西部 ERp	全国 ERp	基准单位	中国 WF$_{2013}$
全球性影响	全球变暖	8 700				kg/（人·a）*	0.83
区域性影响	富营养化	59	62	69	62	kg/（人·a）*	0.73
	酸化	35	33	41	36	kg/（人·a）*	0.73
	光化学臭氧合成	0.76	0.63	0.48	0.65	kg/（人·a）*	0.53
地区性影响	生态毒性	358				m³ 土壤/（人·a）	1.99

注：①WF$_{2013}$ 为 2013 年削减目标所确定的权重，ERp 为 1990 年各地区及全国标准化人当量基准值；

②*以 CO$_2$ 当量计。

五、城市生活垃圾处理与处置方案比选

假定某市垃圾处理与处置方案为资源化综合利用回收 13.2%，填埋 2.1%，焚烧 17.4%，堆肥 68.3%，或者将垃圾 100%焚烧、填埋或堆肥，进而进行各类管理措施的生命周期评价。

根据生命周期评价影响分析，计算出各种垃圾处理方案的环境影响潜值，见表 5-4。在卫生填埋处理中，光化学臭氧合成的环境影响潜力贡献率最大，占 89.8%，这是因为，在卫生填埋过程中会排放大量 CH$_4$ 气体，而 CH$_4$ 气体是光化学臭氧合成的主要参与物，这就使得卫生填埋对光化学臭氧合成的环境影响贡献潜力最大；高温堆肥处理过程中，富营养化的贡献率最大，占 28.1%，这是由于高温堆肥过程中排放 NH$_3$、SO$_2$、NO$_2$ 和 H$_2$S 等气体所致；焚烧处理中，全球变暖的环境影响潜力贡献率最大，占 53.9%，主要由焚烧过

程中产生大量的 CO_2、NH_3 和卤代碳氢化合物等温室气体所引起；综合处理中，由于各类垃圾都经过重新分类整合，采用更加科学的方式进行处理，所以对各类环境类型的影响都比较均衡，其中全球变暖贡献率为 28.8%，富营养化的贡献率为 23.9%，酸化为 23.3%，光化学臭氧合成为 13.5%，生态毒性为 10.6%。

表 5-4　不同处理方案的环境影响潜力　　　　　单位：%

环境影响类型	卫生填埋	高温堆肥	焚烧处理	综合处理
全球变暖	0.006	21.8	53.9	28.8
酸化	0.4	25.5	11.6	23.3
富营养化	0.3	28.1	9.0	23.9
光化学臭氧合成	89.8	8.0	24.3	13.5
生态毒性	9.5	16.6	1.2	10.6

根据表 5-4 各项数据，可以判断各种处理处置方案的优缺点，特别是可以很好地预测各方案的环境影响，再结合技术经济评价，就可以对技术方案进行决策。

思考题

1．比较国内外固体废物管理体系、原则和技术的区别与联系。

2．收集国外固体废物管理案例并与国内固体废物管理进行对比分析。

3．固体废物管理涉及哪几类人，你认为各自的职责是什么？

4．调研我国固体废物管理和处理处置现状，并与国外相比较，撰写 1 000 字以上的调研报告。

5．固体废物的企业管理有哪些特点？

6．如何进行固体废物管理、处置和处理技术评价？

主要参考文献

[1]　郭军. 固体废物处理与处置[M]. 北京：中国劳动社会保障出版社，2010.

[2]　何品晶. 固体废物处理与处置资源化技术[M]. 北京：高等教育出版社，2011.

[3]　Christensen T. H. Solid waste technology and management[M]. New York：Wiley，2010.

[4]　宁平. 固体废物处理与处置[M]. 北京：高等教育出版社，2009.

第二篇　城市垃圾的综合利用工程

　　本篇介绍城市垃圾的组成、性质；垃圾分类收集、运输和储存工程；垃圾分选技术、工艺、设备及其应用；不同类型城市垃圾综合利用技术、工艺、设备及其应用；垃圾综合利用工程比选。通过学习，系统掌握城市垃圾性质与测试方法，城市垃圾分类收集、预处理和各类资源化工艺，并且掌握城市垃圾综合利用工艺方案比选。了解各类工艺方案技术经济评价和城市垃圾相关标准。

第六章 城市垃圾的来源、组分、性质与危害

城市垃圾主要是指城市居民的生活垃圾、商业垃圾、市政维护和管理中产生的垃圾、医疗垃圾以及非常规垃圾，不包括工厂排出的工业固体废物。城市垃圾的成分很复杂，但大致可分为有机物、无机物或可回收废品、不可回收废品等。属于有机物的垃圾主要是包装垃圾、厨余垃圾和动植物的废物，属于无机物的垃圾主要为炉灰、庭院灰土、碎砖瓦等，可回收的废品主要为金属、橡胶、塑料、废纸、玻璃等。由于工业的发展以及城市规模的不断扩大，当前世界上工业发达国家的城市垃圾数量剧增。从整体上讲，发达国家城市垃圾产量仍保持增长的趋势，但增长速度放缓。我国等发展中国家垃圾产生量则呈明显增长趋势，目前，我国每年排出城市生活垃圾大约 16 500 万 t，见表 6-1。

表 6-1 2000—2009 年我国城市生活垃圾产量　　　　　　　　　　单位：万 t

年份	2000	2001	2002	2003	2004	2005	2006	2007	2008	2009
生活垃圾产量	11 819	13 470	13 650	14 856	15 509	15 576	14 841	15 214	15 437	16 500

第一节 城市垃圾的来源与特点

一、垃圾来源

根据垃圾产生源不同，我国城市垃圾主要分为居民生活垃圾、街道保洁垃圾和集团（机关、学校、工厂、建筑业、环境行业和服务业）垃圾三大类。城市垃圾的构成主要受城市的规模、性质、地理条件、居民生活习惯、居民生活水平和民用燃料结构的影响。一般情况下，经济发达、生活水平较高的城市，有机物如厨余、纸张、塑料、橡胶的含量均较高。以燃煤为主的北方城市，受采暖期影响，垃圾中煤渣、沙石所占的份额较大。

二、垃圾特点

城市垃圾特点如下：

（1）增长速度快，产生量不均匀；成分复杂、多变，有机物含量高。

（2）主要成分为碳，其次为氧、氢、氮、硫等，组成成分范围：C 10%～20%、O 10%～

20%、H 1%~3%、N 0.5%~1.0%、S 0.1%~1.2%。

（3）组分易变：不同城市、同一城市不同功能区域的生活垃圾可能特性差异悬殊，同一地方的城市生活垃圾一年四季，一周七天，也会波动、变迁。雨季、风潮等将导致垃圾量与质的重大变异。特性波动不利于垃圾综合利用。

（4）不卫生：属不卫生固体废物，携带致病菌源，易污染环境，易滋生恶性物种。未分类收集的城市垃圾，可能含有危险废物。

（5）混杂程度高且灰分含量大。全民支持分类收集和实施强有力、大规模的集中分选，是实现城市垃圾大规模高效、洁净利用的基本前提，但是在当前国内社会、经济、市民环保意识与境界、技术条件下很难实现，所以在相当长的一段时期内，生活垃圾的混合收集还将持续。大气颗粒物含量、排尘污染源控制的实际困难和建设、开垦、裸土以及其他因素构成的环境灰分迁移，和建筑废物、工业垃圾的掺混，致使城市垃圾大量含灰和携灰，总体含灰率高达25%以上，不利于垃圾利用。

（6）水分高、热值低。受限于社会和经济发展水平以及生活习惯，国内城市生活垃圾水分可高达 60%，原因是城市生活垃圾中含有大量富含水分的厨余组分，一般含水量在60%或以上。同时，热值普遍在 5 860 kJ/kg 以下，掺混工业垃圾的城市生活垃圾，热值也均在 7 540 kJ/kg 以下，比劣质煤还低。

（7）产量分散且不宜远距离运输。虽然从固体废物角度而言城市生活垃圾的产量很大，且每年都在递增，但若将其作为一种可大规模开发的"资源"，城市生活垃圾的"贮藏"产生地点过于分散，每个"贮藏"产生区的产量过小，难以大规模利用。另外，餐厨垃圾一般需就地消纳，不宜未压缩、不密闭而长距离运输，否则易引起城市运输量增加、污染运输道路、增加处理处置费用等问题。

（8）无论作为物质资源与现行材料供给比较，还是作为燃料与常规燃料比较，城市垃圾均无优势可言。

（9）资源优势。城市垃圾含有纸类、废旧塑料、各种金属、玻璃、陶瓷、木、旧服装、旧鞋帽、废旧家具、颜料和建筑垃圾等，都是很好的原料，特别是电子垃圾中含有黄金、铜、稀土等，这些都是资源，但关键是如何将组成复杂、资源与有害物质集于一体进行分开。

第二节　城市垃圾的组成和性质

一、城市垃圾的组成

城市垃圾的组成非常复杂，并受多种因素影响。主要有：①自然环境；②气候条件；③城市发展规模；④居民生活习惯；⑤经济发展水平等。因此各国、各城市甚至各地区的城市垃圾组成都有所不同。表 6-2 列出了部分发达国家城市垃圾的组成情况，表 6-3 列出了我国部分城市垃圾的组成情况。

从表 6-2 和表 6-3 可以看出，发达国家垃圾组成特点是有机物多、无机物少，发展中国家则是无机物多、有机物少；在我国，南方城市较北方城市有机物多，无机物少。经济发达、生活水平较高的城市，有机物含量较高。

表 6-2　部分发达国家城市垃圾的组成　　　　　　　　　　　　　　单位：%

组成	国家								
	美国	英国	日本	法国	荷兰	瑞士	瑞典	意大利	比利时
食品垃圾	12	27	22.7	22	21	20	20.3	25	21
纸类	50	38	38.2	34	25	45	45	20	21
细碎物	7	11	21.1	20	20	20	5	25	26
金属	9	9	4.1	8	3	5	7	3	2
玻璃	9	9	7.1	8	10	5	7	7	4
塑料	5	2.5	7.3	4	4	3	9	5	9
其他	8	3.5	0.5	4	17	2	5	15	10
平均含水率	25	25.0	23	3.5	25	35	25	30	28
发热量/（kcal/lb）[*]	1 260	1 058.4	1 109	1 008	907.2	1 083.6	1 001	796	765.0

注：* 1kcal/lb≈9.2 kJ/kg。

表 6-3　我国部分城市的城市垃圾的组成　　　　　　　　　　单位：%（质量分数）

城市	有机废物					无机废物			
	厨余	废纸	纤维	竹、木制品	塑料、橡胶	废金属	玻璃、陶瓷	煤灰、水泥、碎砖	其他
北京	39.00	18.18	3.56		10.35	2.96	13.02	10.93	
上海	70.00	8.00	2.80	0.89	12.00	0.12	4.00	2.19	
广州	63.00	4.80	3.60	2.80	14.10	3.90	4.00	3.80	
深圳	58.00	7.91	2.80	5.19	13.70	1.20	3.20	8.00	
天津	50.11	5.53	0.68	0.74	4.81				
南京	52.00	4.90	1.18	1.08	11.20	1.28	4.09	20.64	3.00
无锡	41.00	2.90	4.98	3.05	9.83	0.90	9.47	25.29	2.58
常州	48.00	4.28	1.70	1.01	10.22	1.10	5.80	25.09	3.00
南通	40.05	4.20	1.72	1.31	8.90	0.82	5.10	34.40	3.50
合肥	44.97	3.57	2.98	2.52	10.22	0.80	4.24	28.40	2.30
九江	47.27	4.18	1.93	1.00	12.50	0.54	3.50	27.08	2.00
武汉	39.76	1.04	0.97	1.58	9.10	0.53	9.03	37.99	1.00
宜昌	29.54	1.22	0.73	1.05	1.18	0.41	8.03	55.84	2.00
重庆	38.76	1.04	0.97	1.58	9.10	0.53	9.03	37.99	1.00

二、城市垃圾的性质

城市垃圾的性质主要包括物理性质、化学性质、生物特性和感官性能等。其中感官性能是指垃圾的颜色、嗅味、新鲜或腐败的程度等，往往可通过感官直接判断。城市垃圾的物理性质与其组分有密切关系，组分不同，垃圾的性质也就不同，其物理性质通常用组分、含水率和容重来表示；城市垃圾的化学性质对选择加工处理和回收利用工艺十分重要，表示城市生活垃圾化学性质的参数主要有：挥发分、灰分、灰熔点、元素组成、固定碳及发热值；城市生活垃圾的生物特性包括两方面内容：①城市垃圾本身的生物性质及其对环境的影响；②城市垃圾不同组成进行生物处理的性能，即可生化性。

三、城市生活垃圾性质测试方法

样品取样方法标准：《城市生活垃圾采样和物理分析方法》（CJ/T 3039—1995）。

（一）热值测试

所谓热值是指单位质量的物质完全燃烧后，冷却到原来的温度所释放出来的热量，也称物质的发热值。根据燃烧产物中水分存在状态的不同，又分为高位发热值（以下简称高位热值）与低位发热值（简称低位热值）。

高位热值是指单位质量垃圾完全燃烧后，产物中的水分冷凝为 0℃的液态水时所释放出的热量，包含了水蒸气凝结放热；低位热值是指单位质量垃圾完全燃烧后，产物中的水分冷却到 20℃时所放出的热量。低位热值的实测是有困难的，但可以通过测定高位热值及其相关因子，应用公式换算得到。目前测定固体废物热值的方法主要是标准氧弹法。国内使用的仪器最好的为全自动热量计，其测得值为弹筒热值。弹筒热值减去燃烧产物中稀硫酸生成热、二氧化硫生成热以及稀硝酸生成热，即得到高位热值；再减去被测物质燃烧时产生的全部水分的蒸发热，即得到低位热值。待测样品烘干粉碎后测定的发热量叫做干基高位发热量；样品未经烘干的发热量叫做湿基高位发热量。湿基高位热值、干基高位热值、低位热值可通过公式进行转换。

（二）水分测试

直接法是通过干燥或化学反应后直接测出绝对含水量，精度高但费时。其中，标准干燥法是基准法，测量时不会改变样品质量，只须在常压下将样品加热烘干到 105℃左右，求出样品减少量。

间接法（仪器分析法，如水分计）是通过测量与水分变化相关的物理量变化，如电阻、介电常数来得到水分含量。

（三）挥发分测试

挥发分指垃圾中有机物和部分矿物质加热分解后的产物，不全是垃圾中固有成分，还有部分是热解产物，所以称挥发分产率。

挥发分高低与垃圾中的有机物质含量有关。在燃烧中，用其来确定锅炉的型号；在炼焦中，用其来确定配煤的比例；同时它更是气化和液化的重要指标。常使用分析基挥发分（V_{ad}）、干基挥发分（V_d）、干燥无灰基挥发分（V_{daf}）和收到基挥发分（V_{ar}）。

挥发分测试法：用预先在 900℃温度下灼烧至质量恒定的带盖瓷坩埚称取粒度小于 0.2mm 的空气干燥试样 1±0.01g（称准至 0.000 2g），然后轻轻振动坩埚，使试样摊平，盖上盖，放在坩埚架上。含有机质高的试样应预先压饼，并切成约 3mm 的小块。将马弗炉预先加热至 920℃左右，打开炉门，迅速将放有坩埚的架子送入恒温区并关上炉门，准确加热 7min。坩埚及架子放入后，炉温会有所下降，但必须在 3min 内使炉温恢复至

（900±10）℃，否则此试验作废。从炉子中取出坩埚，放在空气中冷却 5min 左右，移入干燥器中冷却至室温后称量。

（四）灰分测试

灰分指垃圾在燃烧后留下的残渣，不是垃圾中矿物质的总和，而是这些矿物质在分解后的残余物。正常的灰分指标有分析基灰分（A_{ad}）、干基灰分（A_d）等。

灰分测定法：测定用的样品须粉碎，通过 40 目筛，混合均匀后，取供试品，置灼热至恒重的坩埚中，称定重量（准确至 0.01 g），放在电炉上缓缓炽热，注意避免燃烧，至完全炭化时，逐渐升高温度，使其完全灰化并至恒重。根据残渣重量，计算样品中总灰分的百分数。

（五）硫的测试

将垃圾在 105℃烘干，经过高速粉碎机粉碎后放于干燥器保存备用。称取上述干燥粉末样品于聚四氟乙烯消解罐中，加 HNO_3，轻微振荡静置，再加 H_2O_2 后摇匀，安装好保护套、缩紧容器，连接温度探头，按程序升温进行微波消解。消解完毕后冷却至室温，取出内罐将消解液转移并定容，溶液澄清为淡黄色，同时作试剂空白对照。取上述样品溶液通过氢型强酸性阳离子交换树脂处理后取一定体积溶液放入比色管中，加入无水乙醇，Pb^{2+} 标准溶液，稀释、摇匀，经过高速离心机分离后，取上层清液，按原子吸收分光光度计的工作条件测量吸光度，同时做空白校正。

如果硫含量高，可以选择红外光谱法、分光光度法、电化学分析法、紫外分光光度法和紫外荧光法等。

（六）其他性质测试

城市生活垃圾全氮的测定见半微量开氏法（CJ/T 103—1999）。

其他各种性质测量标准如下：城市生活垃圾全钾的测定火焰光度法（CJ/T 105—1999）；城市生活垃圾产量计算及预测方法（CJ/T 106—1999）；城市生活垃圾采样和物理分析方法（CJ/T 3039—1995）；城市生活垃圾有机质的测定 灼烧法（CJ/T 96—1999）；城市生活垃圾总铬的测定 二苯碳酰二肼比色法（CJ/T 97—1999）；城市生活垃圾汞的测定 冷原子吸收分光光度法（CJ/T 98—1999）；城市生活垃圾 pH 的测定 玻璃电极法（CJ/T 99—1999）；固体废物浸出毒性浸出方法 翻转法（GB 5086.1—1997）；固体废物浸出毒性浸出方法 水平振荡法（GB 5086.2—1997）。

四、城市垃圾的成分

落叶、橘皮、竹片、破布、线手套、纸张、玻璃纸、塑料泡沫、塑料薄膜、编织袋、橡胶 11 种垃圾样品的工业分析以及国内外垃圾成分见表 6-4 至表 6-6。

表 6-4　常见垃圾成分和物性

名称	成分/%				热值/ (kJ/kg)
	水分	灰分	挥发分	碳含量	
落叶	19.403	3.29	73.318	4.05	14 939.22
橘皮	78.012	0.905	16.783	4.3	4 410.89
竹片	11.932	2.618	55.820	29.63	6 255.69
破布	8.728	3.131	81.087	7.054	16 028.1
线手套	5.970	1.644	74.365	18.021	6 102.78
纸张	6.1	1.43	78.12	14.35	16 626.4
玻璃纸	9.599	1.813	67.016	21.572	5 712.42
塑料泡沫	0.965	0.475	98.560	—	32 754.47
塑料薄膜	0.471	0.164	99.365	—	33 993.65
编织袋	0.010	6.066	79.100	14.824	20 506
橡胶	1.21	9.82	84.98	3.94	26 018

表 6-5　中国部分典型城市和地区垃圾的工业分析和元素分析

城市和地区	年份	工业分析/%				元素分析/%				
		水分	挥发分	固定碳	灰分	C_{ar}	H_{ar}	O_{ar}	S_{ar}	N_{ar}
青岛	1997	42.36	18.57	2.78	36.29	12.47	1.84	6.64	0.07	0.3
西安	1997	24.95	15.03	2.41	57.61	9.63	1.47	6.02	0.09	0.2
北京	1997	26.17	18.88	2.8	52.15	12.4	1.9	7.08	0.08	0.2
澳门	1992	39.19	42.87	5.43	12.51	27.10	3.69	16.62	0.16	0.7
浦东	1996—1997	51.58	27.3	4.15	16.97	18.46	2.62	9.86	0.08	0.4
武汉	1996	47.67	21.09	3.39	27.85	14.08	1.99	7.96	0.08	0.3
杭州	1997	51.56	18.9	3.04	26.5	12.27	1.75	7.43	0.09	0.4
宁波	1996—1997	49.09	19.83	3.11	27.97	12.76	1.83	7.89	0.08	0.3
台州	1992	34.46	42.03	5.3	18.21	28.83	4.04	13.79	0.13	0.5
广州	1996	53.50	21.37	3.36	21.77	13.98	1.97	8.28	0.08	0.4
深圳	1994	40.94	31.18	4.14	23.74	20.84	2.96	10.95	0.10	0.4

表 6-6　不同住户垃圾化学成分比较

住户	pH	含水率/%	N/%	P/%	K/%	灰分/%	烧失量/%	有机质/%	全硫/%
双气户	6.89	53.82	1.258	0.568	1.722	39.24	60.77	28.23	0.285
单气户	6.96	53.24	0.523	0.183	1.614	75.59	64.41	17.26	0.348
纯煤户	7.22	20.90	0.365	1.532	0.120	79.72	20.28	13.16	0.342

五、垃圾的危害

垃圾是人类生活的副产品，随着社会经济的迅速发展和城市人口的高度集中，垃圾的产量逐步增加，垃圾对人类生活和环境的主要危害是：

（1）占地过多。北京的垃圾堆放场地已有 4 500 余处，占地超过千余公顷。垃圾在自然界停留的时间也很长：烟头、羊毛织物 1～5 年；橘子皮 2 年；经油漆的木板 13 年；尼龙织物 30～40 年；皮革 50 年；易拉罐 80～100 年；塑料 100～400 年；玻璃 1000 年。为此，既要少制造垃圾，更要注重垃圾的分类，回收利用，变废为宝。少用一次性筷子、水杯、饭盒等制品，多用可重复使用的制品，减少消耗宝贵的森林资源；少用塑料袋，改用购物布袋，减少城市"白色污染"的危害；购买无氟冰箱、空调等环保电器，保护大气臭氧层；少用高浓度洗涤剂，使用无磷洗衣粉，减少水污染。

（2）污染空气。垃圾是一种成分复杂的混合物。在运输和露天堆放过程中，有机物分解产生恶臭，并向大气释放大量的氨、硫化物等污染物，其中含有机挥发气体达 100 多种，这些释放物中含有许多致癌、致畸物。塑料膜、纸屑和粉尘则随风飞扬形成"白色污染"。

（3）污染水体。垃圾中的有害成分易经雨水冲入地面水体，在垃圾堆放或填坑过程中还会产生大量的酸性和碱性有机污染物，同时将垃圾中的重金属溶解出来。垃圾污染源产生的渗出液经土壤渗透会进入地下水体；垃圾直接弃入河流、湖泊或海洋，则会引起更严重的污染。

（4）土壤渣土化。垃圾直接施用于农田，或仅经简易处理后用于农田会破坏土壤的团粒结构、理化性质和保水、保肥能力。特别是塑料袋、塑料布，如果埋在农田内，农作物的根就不能生长，农田就会减产。

（5）火灾隐患。垃圾中含有大量可燃物，在天然堆放过程中会产生甲烷等可燃气，遇明火或自燃易引起火灾。随着城市垃圾中有机质含量的提高和由露天分散堆放变为集中堆存，而在长期堆存中只采用简单覆盖致使垃圾产生沼气的危害日益突出，垃圾爆炸事故不断发生，造成重大损失。

（6）有害生物的巢穴。垃圾不但含有病原微生物，而且能为老鼠、鸟类及蚊蝇提供食物、栖息和繁殖的场所，也是传染疾病的根源。

综上所述，城市垃圾问题的严重性和迫切性显而易见，要让这些垃圾变废为宝，就要做好垃圾的回收和利用。回收 1 t 废纸可生产好纸 800 kg，可以少砍 17 棵大树，可节约一半以上的造纸能源，减少 35% 的水污染；1 t 废塑料至少能回炼 600 kg 汽油和柴油；用废玻璃再造玻璃，不仅可以节约石英砂、纯碱等原料，还可节电；用废金属冶炼金属可节约大量的能源消耗，还可减少空气污染；而一些果皮、蛋壳、菜叶、剩饭等厨房垃圾，可用堆肥发酵的方法处理，变成绿色肥料等。

思考题

1．列表说明国内外城市垃圾组成、性质和危害的异同点。
2．查阅资料，比较垃圾不同性质的测试方法，给出异同点。
3．通过查阅资料和利用所学知识，说明如何根据垃圾组成、性质选择垃圾处理技术。
4．城市垃圾有哪些危害人类和环境的途径？

第七章 城市垃圾分类、收集、运输与贮存

第一节 城市垃圾分类

一、分类

城市垃圾种类繁多、组成复杂、性质多样，因而分类方法多种，见表7-1。

表7-1 城市垃圾分类简表

分类方法	类别	意义
按可燃性	可燃性垃圾与不可燃性垃圾	为燃烧、热解和气化处理提供依据
按发热值	高热值垃圾与低热值垃圾	为燃烧、热解、气化处理提供依据
按生物质含量	高有机物含量垃圾与低有机物含量垃圾	为厌氧消化、堆肥化及其他生物处理提供依据
按处理处置方式（或资源回收利用）	第一类：可回收物（废纸、塑料、玻璃、金属、木材和布料五大类）；第二类：不可回收物	为资源回收、选择合适的处理处置方法提供依据
按产生或收集来源	食品垃圾（也称厨房垃圾）；普通垃圾，是城市生活垃圾中可回收利用的主要对象；庭院垃圾；清扫垃圾；商业垃圾；建筑垃圾；危险垃圾；其他垃圾	为垃圾分类、收集、加工转化、资源回收、选择合适的处理处置方法提供依据
按照综合利用详细分类	食品垃圾、纸类、金属、玻璃、塑料、轮胎、电池、木制品、废旧家电、报废汽车等	为垃圾分类、收集、加工转化、资源回收、选择合适的处理处置方法提供依据
按化学成分	有机垃圾与无机垃圾	为垃圾综合利用或无害化研究、设计、加工处理等提供依据

二、分类的趋向

（一）第一种分类：按可燃性

1. 可燃垃圾

厨余垃圾（菜叶、剩菜剩饭、蛋壳等"生垃圾"）、不能再生的纸类（餐巾纸，面积大于明信片的纸张属于"资源垃圾"）、木屑及其他（衣服、草、烟头、湿毛巾、尿不湿、宠物粪便、宠物用灰沙、干燥剂、抗氧化剂等）。

塑料瓶类：饮料、酒类、洗头香波、酱油、食用油、沙司、洗洁精等的塑料瓶。商品

的容器或包装袋、蛋糕、蔬菜的口袋，方便面的口袋，牙膏管，洋葱或橘子等的网眼口袋，超市购物袋；其他塑料：容器、包装以外的塑料，录像带、CD 片及其盒子，洗衣店的口袋，牙刷，圆珠笔，塑料玩具，海绵，鞋类等。

2．不可燃垃圾

陶瓷类（碗、陶瓷、砂锅等）、小型电器（熨斗、吹风机）、其他（耐热玻璃、化妆品的玻璃瓶、保温瓶、溜冰鞋、雨伞、热水瓶、电灯泡、一次性取暖炉、一次性和非一次性打火机、铝制品、金属瓶盖）、建筑类垃圾、煤渣等。

（二）第二种分类：按可回收性

1．可回收垃圾

生活中可回收垃圾主要有：①废纸：报纸、书本纸、包装用纸、办公用纸、广告用纸、纸盒等；注意纸巾和厕所纸由于水溶性太强不可回收；②塑料：各种塑料袋、塑料泡沫、塑料包装、一次性塑料餐盒餐具、硬塑料、塑料牙刷、塑料杯子、矿泉水瓶等；③玻璃：玻璃瓶和碎玻璃片、镜子、灯泡、暖瓶等；④金属：易拉罐、铁皮罐头盒、牙膏皮等；⑤布料：主要包括废弃衣服、桌布、毛巾、布包等；⑥废弃家电：主要包括废弃电视、冰箱、洗衣机等；⑦秸秆。

2．不可回收垃圾

可直接回收以外的垃圾基本上都是难以综合利用的垃圾，比如烟头、鸡毛、废电池、煤渣、建筑垃圾、油漆颜料、花草树叶、食品残留物（果皮、剩饭）等，但不代表完全不可回收。

需要注意的是，废电池、日光灯管、水银温度计、油漆筒、药品、化妆品等，都是有毒垃圾，需要特别处理。

（三）第三种分类：按危害性

1．有害垃圾

危险垃圾指存有对人体健康有害的重金属、有毒的物质或者对环境造成现实危害或潜在危害的废物。如废电池、废荧光灯管、水银温度计、废油漆桶、过期药品、灯管，还有易燃易爆物品、焚烧物等。

2．无害垃圾

无害垃圾是指有害垃圾以外的对外界环境不易产生直接或间接危害的其他垃圾。

三、国外垃圾分类

从源头减少垃圾的产生、废旧物品的再利用、垃圾的热利用和最终无害化处理处置，是世界各国解决城市垃圾问题的主要措施。在一些发达国家，城市垃圾的分类与回收工作做得相当好。

（一）日本

日本是世界上人均垃圾生产量较少的国家，每年只有 410 kg；同时，也是世界上城市垃圾分类回收做得最好的国家之一。日本的垃圾分类收集体系体现了政府与市民自治组织、市民之间的高度互动和配合。政府在设计制度时十分仔细、认真、科学、周到。

为了回收和综合利用，日本的垃圾大致分为可燃垃圾、塑料瓶类、可回收塑料、其他塑料、不可燃垃圾、资源垃圾、有害垃圾、大型垃圾八大类（图 7-1），但不同地区差别大。每一大类都有细致的分类指引，一个香烟盒，其纸盒外面包的塑料薄膜是塑料，封口处的那圈方便拆开的装置含有金属物质，盒子是纸，所以仅废弃的烟盒就要分 3 类，放在不同的垃圾袋中。

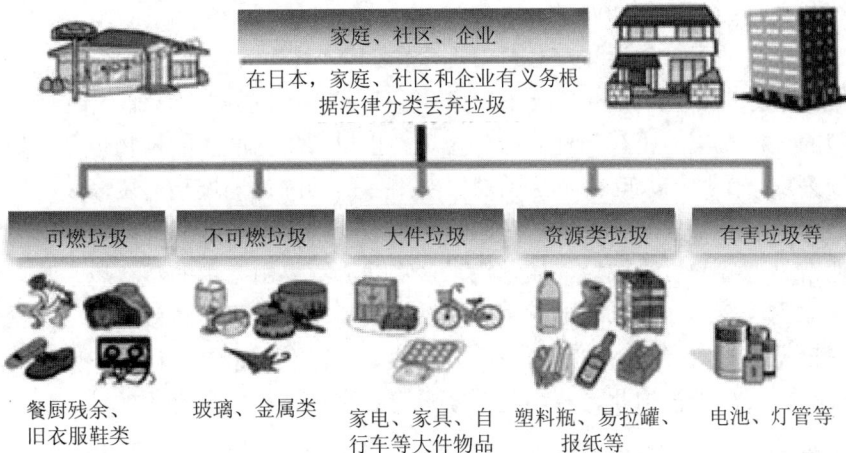

图 7-1　日本的垃圾分类示意图

日本大街上没有垃圾桶，垃圾要求在规定时间放到规定地方，这就是日本垃圾回收的"双规"办法，并且垃圾分类并不是千篇一律的，不同地方有不同的分类方法，大到不同的县（相当于中国的省），小到不同的社区，都会根据自己的特色制定符合实际的垃圾分类标准。垃圾收集日和时间取决于不同区域的具体情况。日本各市政府会给当地居民一个垃圾分类回收表，指导居民如何分类。此外，社区也会通知居民一周中哪一天收集哪种垃圾，让人们按规定投放。政府给市民不定期配发生活垃圾计划简报，只要计划有变，无论是多么小的变化，都会及时通知市民。

（二）美国

在美国，垃圾一般是按照产品性质来分的，一般分为四种：耐久性废弃物、非耐久性废弃物、包装废弃物、其他。到 2003 年，这四类废弃物的比例分别占 16.7%、26.3%、31.7%、25.3%。美国建立了较完善的垃圾分类收集制度和设施，分类收集日趋细化，手段日趋成熟，垃圾分类回收已进入社会生活的各个角落。美国政府鼓励民众把可回收垃圾分拣出来，为此还发放专门的垃圾桶，而放置生活垃圾的垃圾桶则需要自己购买，或者按照与垃圾公司的合同由垃圾公司提供。同时，小区或者个人跟垃圾处理公司签订合同，每月支付一定的费用，垃圾由垃圾公司收走。估算下来，一户普通家庭每月为了废水和固体垃圾而交的费用大约有五六十美元。经历几乎整整一代人的努力，美国大大小小的城镇都已经实现了垃圾分类。经过家庭的分类处理，美国垃圾的最终走向是：回收利用占 50%，填埋占 40%，焚烧占 10%。

（三）瑞士

瑞士各州垃圾分类标准不断更新、细化，分类越来越详尽，垃圾分类细致到必须出版一本专门小册子的程度。如苏黎世州政府颁发的垃圾分类手册厚达 108 页，内容详细，应有尽有。有关部门会发放垃圾分类宣传册，还有漂亮的挂历，上面标出了不同地区对不同类型垃圾的回收时间。瑞士的大部分城市对生活垃圾分类回收采取定额收费制度，个人处理垃圾必须使用在超市购买的专门垃圾袋，如果不用，就没人会运走这些垃圾。如果乱扔，则会面临罚款，最高可达到 200 瑞士法郎。

瑞士一般家庭的日常生活垃圾处理分为 10 多种，其中玻璃瓶、塑料瓶、电池、灯管、金属等，在倒掉之前必须冲洗干净放在一起，待积累到一定数量后，统一带到超市去处理，超市有专门的大柜收集。还有一种叫绿色垃圾，指日常生活产生的植物垃圾，如摘剩的蔬菜、剥下的菜皮、倒掉的茶叶等，这类垃圾要用专门的绿色垃圾塑料袋来装，然后倒入垃圾站指定的绿色垃圾箱里面。报纸和杂志这类垃圾要捆得整整齐齐后，放在垃圾站。家庭产生的其他常见无毒的生物垃圾，如骨头、食物残渣等要用专用的塑料袋来装，然后贴上交费标签，放到垃圾站。没有人随意用非垃圾专用袋来装垃圾，也没有人不贴交费标签。这一切都是自觉遵守的规则。瑞士的垃圾分类回收不仅在城市是这样，在偏远的农村也是这样。环境保护工作做得如此之好，是国家政府和全体居民共同努力的结果。

（四）德国

德国共有 16 个联邦州，每个州的垃圾分类有所不同，以首都柏林为例，大体上可分为五大类，分别是有机垃圾、轻型包装、纸制品、玻璃制品以及其他生活垃圾等。德国一般利用 4 种颜色的垃圾桶或储藏容器，实现垃圾的分类收集和分开处理。这 4 种颜色的垃圾桶分别是黄色垃圾袋、蓝色垃圾桶、绿色有机垃圾桶和黑桶（用于装不可回收垃圾）。其中，黄袋由政府免费派发，放入黄袋和蓝色、绿色垃圾桶中的垃圾并不需要支付垃圾处理费用。只有黑桶按照其体积大小来收费，分类不仔细就乱丢入黑桶的话，黑桶越大，要付的钱就越多。所有垃圾桶每周定期有垃圾工人来收。但是如果垃圾工人发现乱丢乱放垃圾，有权拒绝收走。

第二节　城市垃圾的收集、运输与贮存

固体废物的收运是一项困难而复杂的工作，特别是城市垃圾的收运更加复杂，由于产生垃圾的地点分散在每个街道、每幢住宅和每个家庭，并且垃圾的产生不仅有固定源，也有移动源，给垃圾的收运工作带来许多困难。

城市垃圾主要以城市生活垃圾为主，在对城市生活垃圾进行处理前，需要首先把存放在各产生点的垃圾按照细分类方法分类装袋收集起来，然后放到指定场所。垃圾收集与运输由垃圾分类存放、收集和中转运输三个环节组成。首先是垃圾存放，是指由垃圾产生者从产生源头将垃圾按照详细分类收集并存放到贮存设施中暂时贮存起来的过程；其次是垃圾的收集，是指用清运车辆沿一定路线收集和清运贮存设施中的垃圾并运至垃圾中转站，

或当近距离时直接送至垃圾处理处置场的过程；再次为垃圾的转运（或中转），是指垃圾运输距离较远时通过中转站将垃圾转载到大容量运输工具上，再运往远处的处理处置场。后两个环节需要运用最优化技术，将垃圾根据垃圾源位置及垃圾性质分配到不同处理场，以使成本降到最低。垃圾收运是城市生活垃圾处理的第一步，其特点是工作量大、耗资多、操作过程较为复杂。据统计，垃圾收运费用有时占到整个垃圾处理费用的50%～80%。城市生活垃圾收运的原则是：首先应满足环境卫生的要求，其次要使收运费用最低，还要有利于后续的处理处置。

一、城市垃圾的收集

我国城市垃圾的收集工作是分开进行的，商业垃圾与建筑垃圾原则上都是单位自行清除，粪便的收集按其住宅有无卫生设施分成两种情况：具有卫生设施的住宅，居民粪便的小部分进入污水处理厂作净化处理，大部分直接排入化粪池；没有卫生设施而使用公共厕所的居民粪便由环卫专业队伍负责清除运输，运出市区后，经密封发酵后做肥料使用。

我国大多数城市的生活垃圾收集都是采用传统的收集方法，一般是从垃圾产生源送到垃圾收集点，统一由环卫工人将收集点的垃圾用垃圾车集中到转运站，然后用转运车辆将转运站的垃圾运到郊外的最终处理场或填埋场处置，形成收集—转运—集中处理的固定模式。对于大型团体产生的大宗生活垃圾一般由本单位自设容器收集，送往转运站或处理场。而医院垃圾由于其特殊性，通常要由医院进行必要处理后，再送到处置场所。

目前我国处于分类收集的探索阶段，仅个别城市作为垃圾分装和上门收集的试点，大多数城市仍主要采用传统的混合收集方式收集生活垃圾，混合收集方式按照收集的程序和所使用工具的不同，分为定点收集、定时收集两种方式。

（一）定点收集方式

定点收集方式是指收集容器放置在固定的收集地点，是一天中的全部或大部分时间可供居民使用的收集方式，为现在最常见的垃圾收集方式。定点收集方式按所使用的收集工具的不同可分为容器式和构筑物式。

1. 容器式

容器式即使用可移动的垃圾容器作为收集工具。收集容器多半是桶式的，有圆形和方形两种。收集容器既要容积适度，与清运车上的自动倾倒设备相匹配，以便收运过程实现机械化，同时还应注意容器的结构材质，以保证使用性能和寿命。

2. 构筑物式

构筑物一般为砖或水泥结构，样式各异，容积为 $5\sim10\ m^3$，不密封，使用寿命长，费用低。但在高峰季节会发生垃圾满溢的情况，与周围环境敞开接触，易造成周围环境卫生状况的恶化。另外，清运时难度较大，不利于机械化。大楼型居住区的垃圾楼道收集方式是构筑物式的一种特殊形式，垃圾楼道是高层建筑物中的一条垂直通道，居住家庭只需将垃圾就近投进垃圾通道内即可。垃圾落入底层的垃圾间，然后再由专门的垃圾收集工作人员从垃圾间把垃圾转运到垃圾收集点或者直接送到城市垃圾中转点。这种垃圾清运方式方便居民，大大节约了劳动量，实现了容量化。在国外，某些城市采用管道方式运送垃圾，以此解决中高层住宅垃圾清运问题。这种方法一般利用气流系统，将住宅楼内的垃圾直接通过管道从住宅区运送到设在远处的垃圾中转站或处理场。这一清运方式运行过程清洁卫生，可节约人力资源，在一定程度上提高了城市环境卫生条件。但是，该套清运系统前期投资比较高，相关技术还有待提高，目前应用并不广泛。

（二）定时收集方式

垃圾定时收集方式是指垃圾收运车以固定的时间和路线行驶于居民区中，并收集路旁居民的垃圾，而不设置固定的垃圾收集点的收集方式。其收集容器有专用容器与普通容器两种。

1. 专用容器

专用容器是配合高级住宅区独家独院式的生活方式而设置的，是一种小型移动式垃圾桶或是一次性袋式垃圾容器。

2. 普通容器

普通容器一般为小型的垃圾收集车（1 t 以下的汽车或人力拖车）。每天定时定线路巡回于收集路线上（一般一天 1～2 次），居民将垃圾定时定点倒入车内完成收运过程然后运往转运站。在转运站集中到一定数量后再运输。

（三）分类收集

垃圾分类收集即先根据本地区的垃圾组成情况，将垃圾分成几个分类组，居民在投放垃圾时，按其类别放入有明显标志的垃圾袋内，然后再送到收集点放入相应的容器中，而收运人员也将其分类运输，最后按不同性质回收和处理，完成垃圾清运的过程。一般将垃圾分为可回收废品、大型垃圾、易腐性有机物和一般无机物等几个主要类别。其中，可回收废品组还可根据需要分成玻璃、磁性或非磁性金属、塑料等成分，目前分类收集的废物有纸、塑料、橡胶、金属、玻璃、破布等。

二、城市垃圾的贮存

由于城市垃圾产生量具有一定的不均匀性及随意性，因此，城市公共场所、居民家庭以及垃圾中转站等地方需配备一定数量的垃圾贮存容器或设施，对垃圾进行科学贮存管理。

（一）垃圾贮存方式

城市垃圾的贮存分为家庭贮存、单位贮存、公共贮存和中转站贮存四种方式。

1. 家庭贮存

我国城市家庭生活垃圾的贮存容器多为塑料垃圾桶、金属垃圾桶、塑料袋和纸袋。为了减少垃圾桶藏污和清洗工作，人们已逐步开始使用塑料垃圾袋和纸质垃圾袋。塑料和纸质垃圾袋使用比较方便，卫生清洁，搬运轻便。特别是纸质垃圾袋可以使用回收废纸为原料制造，实现循环利用，具有很好的环保效益，其缺点是比较易燃，且输送、处理成本较高。

2. 单位贮存

包括城市各类企事业单位的垃圾贮存管理。根据《中华人民共和国固体废物污染环境防治法》第三十二条规定：企业事业单位对其产生的不能利用或者暂时不能利用的工业固体废物，必须按照国务院环境保护行政主管部门的规定建设贮存或处置设施、场所。此款法律条文明确规定了城市企事业单位对本单位产生的垃圾具有科学贮存保管的责任和义务。

3. 公共贮存

此类垃圾贮存是城市垃圾贮存应用的主要部分，诸如城市街道、公园、广场等公共场所都需要配备一定数量的垃圾贮存容器。

4. 中转站贮存

垃圾中转站是为了适应城市垃圾收集及清运管理工作需要而设的垃圾暂时贮存场所，因此，在垃圾中转站必须设置专门贮存垃圾的大型贮存设施。对于各类城市垃圾源，应该根据产生垃圾的种类、数量、性质以及贮存时间长短等因素，确定合理的贮存方式，选择合适的垃圾贮存容器，并且科学地规划贮存容器的放置地点和数量。

（二）垃圾贮存容器

1. 城市垃圾贮存容器的一般要求

对储存容器有以下要求：①城市垃圾贮存容器应具有一定的密封隔离性能，防止在容器存放、搬运过程中产生垃圾外泄，污染公共卫生；②城市垃圾贮存容器应具有足够的耐压强度，保证在垃圾投放和倾倒过程中，垃圾贮存容器不会破损；③城市垃圾贮存容器所用制作材料应与所装垃圾相容，不与垃圾进行反应而产生新的污染物；④城市垃圾贮存容器应耐腐蚀和难燃烧，满足垃圾类型多样性，防止火灾发生；⑤城市垃圾贮存容器应使用方便、美观耐用，造价适宜，便于机械化装车。

金属和塑料是垃圾贮存容器常见的制作材料，金属垃圾容器结实耐用，不易损坏，但是笨重而价高；塑料容器轻而经济，但不耐热，使用寿命较短。目前，国内外已经有许多地方使用纸袋作为垃圾贮存容器（如家用的为 60～70 L，商业和单位用的常为 110～120 L），垃圾装入纸袋封口后处理。纸质垃圾袋的最大优点是易于自然降解，对环境危害小，还可回收利用，应用前景很好。

2. 垃圾贮存容器类型

垃圾贮存容器分为容器式和构筑物式两大类。其中，构筑物式垃圾贮存容器主要存在于垃圾转运站和一些公共垃圾集装点，目前已逐步被活动的垃圾贮运设备所取代。

容器式垃圾贮存容器应用范围广泛，这类贮存容器的分类方法很多，常见的有按使用方式分为固定式和活动式；按容器形状分为方形、圆形和柱形等；按制造材料分为塑料和金属；按贮存时间长短分为临时和长时间；按容量大小分为小型、中型和大型等。

对于家庭贮存，我国除少数城市（如深圳、珠海等）规定使用一次性塑料袋外，通常由家庭自备旧桶、箩筐、簸箕等容器；对于公共贮存，常见的有固定式砖砌垃圾箱、活动式带车轮的垃圾桶、铁制活底卫生箱、车厢式集装箱等；对于街道贮存，除使用公共贮存容器外，还配置大量供行人丢弃废纸、果壳、烟蒂等物的各种类型的垃圾箱（筒）；对于单位贮存，则由产生者根据垃圾量及收集者的要求选择合适的垃圾贮存容器类型。

3. 容器设置数量

公共场所垃圾容器数量多少与服务范围面积大小、居民人数、垃圾类型、垃圾人均产量、垃圾容重、容器大小和收集频率等因素有关。

（三）垃圾分类贮存

分类贮存是根据各类城市垃圾的种类、性质、数量以及处理工艺等因素，由垃圾产生者或环卫部门将垃圾分为不同种类进行贮存管理。分类贮存的最大优点是有利于垃圾的资源化利用，可以在一定程度上减少城市垃圾的处理成本，还可以降低某些垃圾对环境存在的潜在危害。常见的分类贮存方式有如下几种。

1．二类贮存

按可燃垃圾（主要是纸类、木材和塑料等）和不可燃垃圾（金属、玻璃等）分开贮存。其中塑料通常作为不可燃垃圾，有时也作为可燃垃圾贮存。

2．三类贮存

按可燃物（塑料除外）、塑料、不燃物（玻璃、陶瓷、金属等）三类分开贮存。

3．四类贮存

按可燃物类（塑料除外）、金属类、玻璃类、塑料陶瓷及其他不燃物四类分开贮存。金属类和玻璃类回收利用。

4．五类贮存

除上述四类外，再挑出含重金属的干电池、日光灯管、水银温度计等危险废物作为第五类单独贮存收集。

开展城市垃圾的分类贮存，是今后垃圾贮存的主要发展方向，同时也是减少投资提高回收物料纯度的好方法。目前我国进行垃圾分类贮存的城市不多。进行分类贮存时，需要设置不同垃圾贮存容器（如不同颜色的纸袋、塑料袋或塑胶容器），以便存放不同类别的垃圾。在美国大多数城市已规定城市居民家庭必须放置两个垃圾容器，一个贮存厨余垃圾，另一个贮存其他生活垃圾。

三、城市垃圾的收运

（一）城市垃圾收运的概念

垃圾收运是城市垃圾管理系统中最复杂、耗资最大的阶段。我国垃圾清运一般采用车辆运输，运输计划是垃圾运输过程的运转纲要。运输计划的选择参数主要是收运频率、使用的工具和运输路线。其中收运频率指的是收运车运走收集点垃圾的频率，使用工具的选择主要为车辆吨位和车辆收集方式。

制订运输计划时首先要确定服务区的垃圾产量并通过收集点的分布将其分解为每个收集点的垃圾收集量，然后根据居民卫生要求确定收运频率和车辆收集方式（机械或人工装车），再根据服务区内道路条件和所需运输量确定车辆吨位和车辆台数，最终决定运输路线。

通常将以下原则作为判断运输线路是否合理的准则：①运输线路不应分离或重叠，由同一区域的街道组成的运输线路应封闭。②收运队中每个运输线路总的收集加运输时间应相等。③运输路线的起始点应尽量靠近车库或停车场，同时必须考虑交通量大的街道和单行道路。④对交通量大的街道，不应在高峰时间收运。⑤对于单行道的情况最好从街道的上行端开始收运，沿着下行方向工作，以形成环状工作路径。⑥对于只有一个开口的街道的收运工作可以按交叉道路的收运来考虑，因为它们都需要收运车回环通过而完成收运。对这些街道应在该街道与主路连接的路口出现在收运车的右侧时收集，这样可以使车辆的左转次数降到最低限度。对这样的街道的收集必须由正向进入，反向驶出来完成，车辆行驶的路径是一个 U 形。⑦如果收集区是一座小山，收集车应沿山的周边在山下收集。⑧收集路线上的地势较高地段应位于运输路线的开始处。⑨对于一次只收集街道一侧的垃圾的线路，运输路线应安排为沿着街区的顺时针旋转。⑩对于一次同时收集街道两侧垃圾的情况，运输线路在作顺时针回环以前，尽量以长直径的路径穿过街道的交叉处。⑪对于收运区内地形特殊的街区，应采用特别的收运方法。

城市生活垃圾运输的方式可分为短途运输和长途运输两种。短途运输是采用垃圾收集车从收集点直接运到垃圾处理场或中转站的垃圾运输；长途运输是采用垃圾收集车将垃圾收集后送到垃圾中转站，再由大型的垃圾运输车将垃圾运往垃圾处理场。

（二）城市垃圾的收运规划

1. 城市垃圾收运规划内容

一个科学有效、实用的城市垃圾收运规划必然是建立在以下几个基础上的：城市的经济发展水平；城市居民的环保意识；对城市垃圾特性、质量、现状的了解、掌握及预测其在若干年（规划年限）内的变化情况；城市垃圾收运技术、政策的要求和对城市垃圾处置的政策、技术及发展要求。因此，制定规划时，必须考虑政治、经济、社会发展历史、人文环境、技术可靠性、先进性及处理未来不确定因素的灵活性等。编制一个城市垃圾收运规划应包括以下主要内容：①规划的目的和意义；②规划的范围；③现状的调查和预测；④设施选址；⑤工艺方案；⑥环境评价；⑦投资及运营费估算；⑧规划的评审。

对任何现有城市垃圾收运设施现状调查应收集下列有关资料：设施位置，已使用年限，设备设施类型、设备设施规模和数量、人员配置、运行费用、管辖单价等。在收集以上资料的基础上，应对现有设备设施的运行效率和存在问题作出客观评价，以确定在未来时间内，是否需要对其进行改造与重建。

2. 城市垃圾收运设施的选址

选址常是规划过程中最难解决的问题。重要的收运设施的地址选择必须符合规划要求，包括安全性、环境、社会、政治及技术制约等因素。选址工作的目标应与总体规划相一致，主要包括：①对人体健康的危害最小；②广大公众接受程度最高；③对环境的影响最小；④成本最低。对人体健康的危害、对环境产生的影响以及公众的可接受性，是选址过程中必须考虑的重要因素，在某些情况下，它们的重要性可能出现矛盾冲突。例如，在环境影响起主导地位的情况下，此时影响相对较小的健康因素就应让位于前者；同样，成本因素更为重要时，对成本问题的考虑将取代此时影响相对较小的健康因素和环境因素。

随着我国经济的发展、人民生活水平的提高，农村乡镇垃圾收运必将提到议事日程。在这种情况下，通常需要几个地区或地方政府的互相合作，因为每个地区、地方政府的财力是有限的，无法建设技术含量高、科学、先进、投资大的收运设施。只有统一设置垃圾收运系统，才能降低垃圾收运成本。对某一垃圾收运设施来说，在同等技术水平下，处理量相对小则意味着单位垃圾的处理成本更高。因此，城市垃圾收运设施的规模化、大型化和跨地区营运已成为总的发展趋势。

3. 收运系统模式设计

一般步骤如下：①进行城市垃圾产量、成分统计及预测，以及垃圾分布及预测。②按照可持续发展要求，制定城市垃圾处理规划，包括处理工艺的确定、处理场的布点及处理能力确定。③按照整洁、卫生、经济、方便、协调原则确定生活垃圾收集方式。④按照经济、协调原则确定是否采用中转。城市垃圾中转运输设施的建设和设备选型要根据城市的总体规划、环卫专业规划、垃圾清运量、城市经济发展水平和垃圾运输距离等因素来考虑。⑤按照经济、协调原则及城市基本情况（如道路等）配置系统硬件。⑥根据经济、协调及系统硬件的特性制定作业规程。

收运系统模式设计一般需要有一个反复过程，通过各种因素的比较和权衡，最后获得最佳垃圾收运模式。对垃圾收运系统的评价涉及以下几个方面：①与系统前后环节的配合。合理的收运系统应有利于垃圾由产生源向系统的转移，而且具有卫生、方便、省力的优点。收运系统与垃圾处理之间应协调，其中包括工艺协调、接合点协调。工艺协调指的是收集系统必须与所在城市所采用的垃圾处理工艺协调，必须根据具体的处理工艺来确定收集的方式等。而接合点的协调是指收运系统与垃圾处理场所接合点的协调，通常为垃圾运输（或中转）车辆与处理场卸料点的配合。②环境影响的评价既应严格避免系统对外部环境的影响，包括垃圾的二次污染、嗅觉污染、噪声污染和视觉污染等，也要保证系统内部作业环境的优良。③劳动条件的改善。一个合理的收运系统应最大限度地解放劳动力，降低操作工人的劳动强度，改善劳工条件。因此，合理的收运系统应具有较高的机械化、自动化和智能化程度。④经济性评价。经济性是评价一个收运系统优劣的重要指标。其量化的综合评价指标是收运单位量垃圾的费用，简称单位收运费。影响单位收运费的因素很多，主要有收运方式，运输距离，收运系统设备的配置情况及管理体系、制度等。

（三）城市垃圾的收运规划模型

通过研究不同收集方式所需要的车辆数量、装载量及机械化装卸程度、清运次数、时间、工作人员数量和所需的工作日数，建立一套数学模型，在大量积累经验数据的基础上，可以推测在系统状况发生变化时，对于设备、人力和运转方式的需求程度。常用的收集系统分为拖曳容器系统和固定容器系统。

（1）拖曳容器系统。拖曳容器系统是指将某集装点装满的垃圾连容器一起运往转运站或处理处置场，卸空后再将空容器送回原处（传统法）或下一个集装点（改进法）。收集成本的高低，主要取决于收集时间的长短，因此对收集操作过程的不同单元时间进行分析，可以建立设计数据和关系式，求出某区域垃圾收集耗费的人力和物力，从而计算收集成本。可以将收集操作过程分为4个基本用时，即装载时间、运输时间、卸车时间和非收集时间（其他用时）。

（2）固定容器系统。固定容器收集系统是指用垃圾车到各容器集装点装载垃圾，容器倒空后固定在原地不动，车装满后运往转运站或处理处置场。固定容器收集法的一次行程中，装车时间是关键因素。因为装车有机械操作和人工操作之分，故计算方法也略有不同。图7-2为固定容器收集操作路线图。

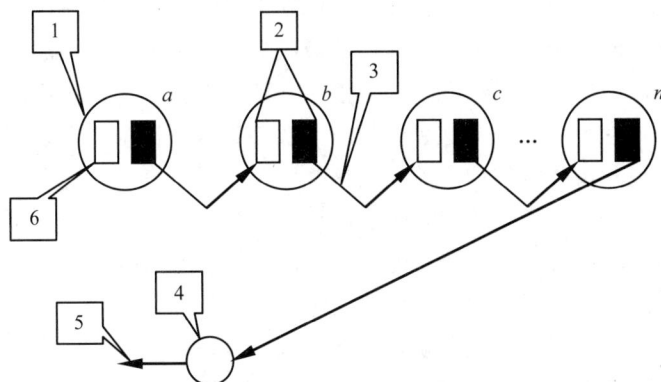

图 7-2　固定容器收集路线

1. 垃圾集装点；2. 将容器内的垃圾装入收集车；3. 驶向下一个收集点；

4. 中转站、加工站或处置场；5. 卸空的收集车进行新的装运或回库；6. 车库来的空车行程开始

（四）城市垃圾收运规划的优化方法

收运系统的优化分为以下 5 个过程：①使居民将垃圾从家庭运到垃圾桶的过程。②垃圾装车的过程，对于有压缩装置的车辆还包括压缩过程。③垃圾车按收集路线对垃圾桶内垃圾进行收集的过程。④垃圾由各个垃圾存放点运到垃圾场或转运站的过程。⑤垃圾由各转运站运送到处理处置设施的过程。路线优化的主要问题是如何使收集车辆通过一系列的单行线或双行线线路行驶，从而获得整个行驶路线距离最短的效果。

（五）城市垃圾的收运设施与设备

根据垃圾的性质不同，一般使用不同的收集容器进行收集。收集容器（collection container）是盛装各类固体废物的专门容器，分为城市垃圾收集容器和工业废物收集容器。城市垃圾收集容器主要有垃圾袋、桶、箱，其规格、尺寸应与收集车辆相匹配；工业废物的收集容器种类较多，主要有废物桶和集装箱。危险废物的收集容器往往与其运输容器结合在一起，一并进行。

1. 车辆

车辆是最常用的设备，采用车辆运输时，要充分考虑车辆与收集容器的匹配、装载的机械化、车身的密闭、对废物的压缩方式、转运站类型、收集运输路线及道路交通情况等。收集车辆主要有普通敞篷车、无压缩密闭车、压缩密闭车和集装箱车。

按装车形式大致可分为前装式、侧装式、后装式、顶装式、集装箱直接上车等形式。车身大小按载重量分，额定量为 10～30 t，装载垃圾有效容积为 6～25 m^3。

（1）简易自卸式收集车。简易自卸式收集车适宜于固定容器收集法作业，一般需配以叉车或铲车，便于在车厢上方机械装车。自卸式收集车常见的有两种形式：一是罩盖式自卸收集车，这种车辆为了防止输送途中垃圾飞散，使用防水帆布盖或框架式玻璃钢罩盖，后者可通过液压装置在装入垃圾前启动罩盖，密封程度较高；二是密封式自卸车，即车厢为带盖的整体容器，顶部开有数个垃圾投入口。

（2）活动斗式收集车。活动斗式收集车主要用于移动容器收集法作业，这种收集车的车厢作为活动敞开式贮存容器，平时放置在垃圾收集点。由于车厢贴地且容量大，适合于贮存装载大件垃圾，故也称为多功能车，目前在我国大多数城市使用广泛。

（3）桶式侧装式密封收集车。这种收集车一般装有液压驱动提升装置，装载垃圾时，利用液压驱动提升装置将地面上配套的垃圾桶提升至车厢顶部，由倒入口倾翻，然后空桶送回原处，完成收集过程。国外这类车的机械化程度高，具有很高的工作效率，一个垃圾桶的卸料用时不到 10 s。另外，这类车提升架悬臂长、旋转角度大，可以在相当大的作业区内抓取垃圾桶，车辆不必对准垃圾桶停放，十分灵活方便。

（4）后装式压缩收集车。这种车是在车厢后部开设投入口，一般自带压缩推板装置，能够满足体积大、密度小的垃圾收集工作，并且在一定程度上减轻了垃圾对环境造成二次污染的可能性。这种车与手推车收集垃圾相比，工效提高了 6 倍以上，大大减轻了环卫工人的劳动强度，缩短了工作时间。另外，为满足中老年人和小孩倒垃圾，该车的垃圾投入口距地面较低，方便了群众。另外，为了收集狭小里弄、小巷内的垃圾，许多城市还配有数量甚多的人力手推车、人力三轮车和小型机动车作为辅助的垃圾清运工具。

2．船舶

使用船舶可运输大量垃圾，成本低、运输量大，一般采取集装箱运输方式。水运垃圾转运站一般需要设在河流或者运河边，垃圾收集车可将垃圾直接卸入停靠在码头的驳船里。在运输过程中特别要防止由于废物泄漏对河流的污染。

3．管道

管道运输方式是近年来发展起来的运输方式，在一些发达国家部分实现了实用化。它是一种以气体或液体为载体的通过封闭管道输送垃圾的运输方式。虽然其发展仅有几十年的历史，但由于它具有效率高、占地少、无污染、安全可靠和可合理配置的优点，具有很大的应用前景。分为空气输送和水力输送：空气输送分为真空管道气压容器运输和压送运输方式；水力输送分为水力管道输送和水力容器式管道输送。

（六）城市垃圾的收运工艺与设计

垃圾清除阶段的操作，不仅是指对各废物产生源贮存的垃圾进行集中和集装，还包括收集清除车辆至终点的往返运输和在终点的卸料等全过程。这一阶段在收运管理系统中最复杂，其耗资也最大。对垃圾的收集过程进行系统分析与优化，可以节省大量的人力、物力和运行成本。一般常用的收集工艺系统有拖曳容器系统和固定容器系统。

1．拖曳容器系统

拖曳容器系统是从收集点将装满垃圾的容器用牵引车拖曳到处置场（或转运站、处理场）倒空后再送回原收集点，车子再开到第二个垃圾桶放置点，如此重复直至一天工作结束。即当开车去第一个垃圾桶放置点时，同时带去一只空垃圾桶，以替换装满垃圾的垃圾桶，待拖到处置场出空后又将此空垃圾桶送到第二个垃圾桶放置点，重复至收集线路的最后一个垃圾桶被拖到处置场出空为止，牵引车带着这只空垃圾桶回到调度站。拖曳容器系统的收集过程如图 7-3 和图 7-4 所示。

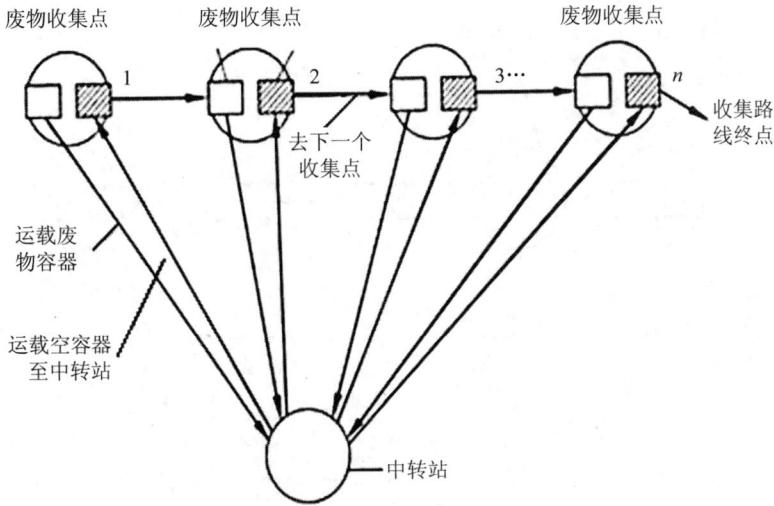

图 7-3　拖曳容器系统传统收集方式

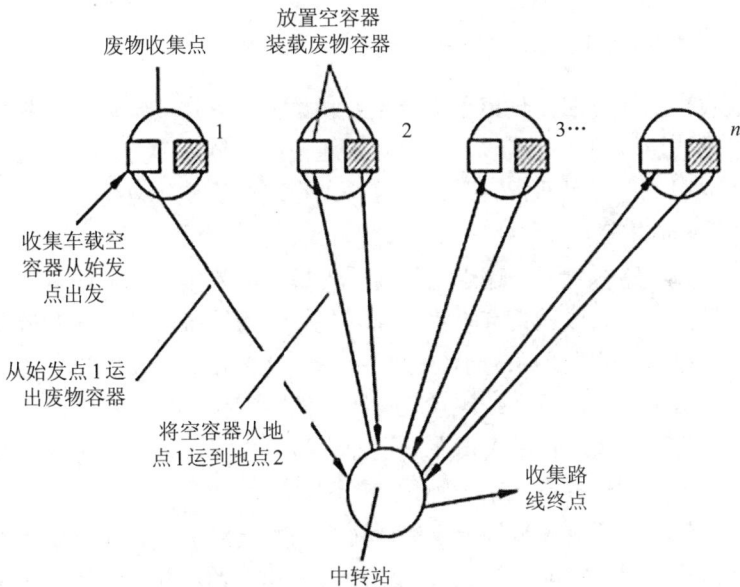

图 7-4　拖曳容器系统改进收集方式

收运成本的高低，主要取决于时间的长短。根据操作过程的不同可以建立设计数据和关系式，求出某区域垃圾收集耗费的人力和物力，从而计算收集成本。可以将收集操作过程分为 4 个基本用时，即装载时间、运输时间、卸车时间和非收集时间。

2．固定容器系统

固定容器系统中垃圾桶放在固定的收集点，垃圾车从调度站出来将垃圾桶中垃圾出空，垃圾桶放回原处，垃圾车开到第二个收集点重复操作，直至垃圾车装满或工作日结束，将垃圾车开到处置场出空垃圾车，垃圾车开回调度站。固定容器收集过程如图 7-5 所示。

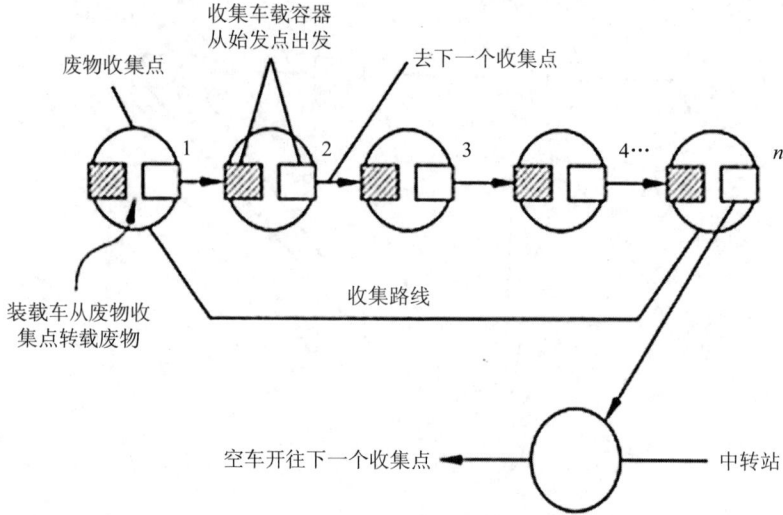

图 7-5　固定容器系统收集过程

（七）城市垃圾收运路线的确定

在城市垃圾收集操作方法、收集车辆类型、收集劳力、收集次数和作业时间等确定以后，就应该着手设计垃圾的收运路线，以便有效地使用车辆和劳力，提高工作效率。合理的收运路线在一定程度上可以非常有效地提高城市垃圾收运水平。

1．垃圾收运路线方案

（1）为每天按固定路线收运，这也是目前采用最多的收集方案。环卫人员每天按照预设固定路线进行收集工作。该法具有收集时间固定、路线长短可以根据人员和设备进行调整的特点，但同时存在的缺点是人力设备使用效率较低，并且在人力和设备出现故障时会影响收集工作的正常进行，而且当线路垃圾产生量发生变化时，不能及时调整收集线路。

（2）是大路线收运。允许收集人员在一定的时间段内，自己决定何时何地进行哪条路线的收集工作。此方案的优缺点与第一种方案的相同。

（3）是车辆满载法，环卫人员每天收集运输车辆的最大承载量的垃圾。该方案的优点是可以减少垃圾运输时间，能够比较充分地利用人力和设备，并且适用于所有收集方式；缺点是不能准确预测车辆满承载量相当于多少居民住户或企事业单位的垃圾产生量。

（4）是采用固定工作时间的方法。收集人员每天在规定的时间内工作。这样可以比较充分地利用有关的人力和物力，但是由于规律性不明显，一般人员很少了解本地垃圾收集的具体时间。

收集线路的设计需要经过设计、试运行、修正、确定等步骤才能完成，并且只有经过一段时间运行实践后，才能确定下来。由于各个城市的实际情况各不相同，即使在同一个城市，城市垃圾的分布、种类、数量等也随着时间的发展而不断发生改变。所以，垃圾收运路线也应随着城市的发展，不断完善，以满足垃圾收运工作的实际需要和变化。

一条完整的收运路线不但包括垃圾收集车在指定的街区内所遵循的实际收集路线，还包括收集车装满垃圾后，把垃圾运往垃圾转运站（或处理处置场）需走过的地区或街区的路线。图 7-6 为某一街区垃圾收运路线示意图。

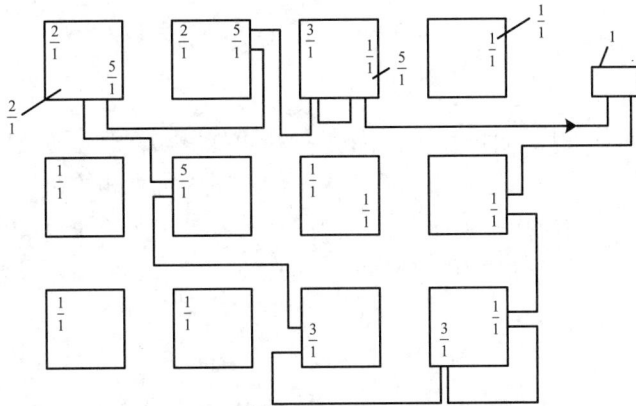

图 7-6　某街区垃圾收运路线

注：图中 N/M——N 代表容器数，M 代表频次（次/周）；如 $\frac{2}{1}$ 指的是该收集点放 2 个容器，每周收运 1 次。

2. 路线设计步骤

路线设计分为 4 步：

（1）在商业、工业或住宅区的大型地图上标出每个垃圾桶的放置点，垃圾桶的数量和收集频率（如果是固定容器系统还应标出每个放置点垃圾产生量）。根据面积大小和放置点的数目，将地区划分成长方形和方形的小面积，使之与工作所使用的面积相符合。

（2）根据这个平面图，将每周收集相同频率的收集点的数目和每天需要出空的垃圾桶数目列出一张表。若是固定容器系统，以每日收集垃圾量来平衡制表。

（3）从调度站或垃圾停车场开始设计每天的收集路线。在设计线路时应考虑以下因素：①收集地点和收集频率应与现存的法规制度一致；②收集人员的多少应与车辆类型与现实条件相协调；③线路的开始与结束应邻近主要道路，尽可能地利用地形和自然疆界作为线路的疆界；④在陡峭地区，线路的开始应在道路倾斜的顶端，下坡时收集，便于车辆滑行；⑤线路上最后收集的垃圾桶应离处置场的位置最近；⑥交通拥挤地区的垃圾应尽可能地安排在一大早开始收集；⑦垃圾量大的产生地应安排在一天的开始时收集；⑧如果可能，收集频率相同而垃圾量小的收集点应在同一天收集或同一旅程一并收集。利用这些因素可以制定出效率高的收集线路。

（4）当各种初步路线设计出来后，应对垃圾桶之间的平均距离进行计算。应使每条线路所经过的距离基本相等或相近。如果相差太大应当重新设计。若不止一辆收集车辆时，应使驾驶员的负荷平衡。在研究探索较合理的实际路线时，须考虑以下几点：①每个作业日每条线路限制在一个地区，尽可能紧凑，没有断续或重复的路线；②平衡工作量，使每个作业、每条路线的收集和运输时间都合理地大致相等；③收集路线的出发点从车库开始，要考虑交通繁忙和单行街道的因素；④在交通拥挤时，避免在繁忙的街道上收集垃圾。

为了提高废物的收运效率，使总的收运费用达到最小可能值，各废物产生源（或转运站）如何向各处置场（或处理场）合理分配运输垃圾量是值得探讨的问题。此类收运路线的优化问题实际上是寻找一条从收集点到转运站或处理处置设施的最优路线。对一个区域系统或一个大的城区，确定一条优化的宏观运输路线，对整个垃圾处理和处置系统的效率和成本都会产生较大的影响。

（八）设计垃圾收运路线原则

设计垃圾收运路线的原则有：①收运路线应尽可能紧凑，避免重复或断续；②应能平衡工作量，使每个作业阶段、每条路线的收集和清运时间大致相等；③应避免在交通拥挤的高峰时间段收集、清运垃圾；④应当首先收集地势较高地区的垃圾；⑤起始点最好位于停车场或车库附近；⑥在单行街道收集垃圾，起点应尽量靠近街道入口处，沿环形路线进行垃圾收集工作。

第三节　危险废物收运

危险废物产生于工、农、商业各生产部门乃至家庭生活，其来源甚为广泛。2009 年，我国危险废物产生量为 1 429.8 万 t，综合利用量（含往年利用和贮存量）、贮存量、处置量分别为 830.7 万 t、218.9 万 t、428.2 万 t。1996—2003 年，全国危险废物累计贮存量已达到 3 056.9 万 t；加上 2004—2009 年每年新增 200 万～300 万 t 贮存量，到 2009 年年底累计贮存量已达到 4 500 万～4 800 万 t。其中，医疗废物每年产生量在 100 万 t 左右。

我国针对危险废物的废弃和处置有严格的管理制度，包括申报登记制度、经营许可证制度、转移联单制度。

由于危险废物固有的危害特性，在其收集、运输和贮存期间必须注意进行不同于一般废物的特殊管理。对于工业企业产生的危险废物，其收集的主体为企业内部的专业机构。对于社会源产生的危险废物（如废铅酸蓄电池、部分日光灯管及部分家用化学品的包装容器等）和特殊的危险废物（如多氯联苯、医院临床废物），其收集的主体为持有环境保护部门颁发的经营许可证的专业公司。危险废物收集的主体对各自工作范围内人员保护、操作安全及环境影响负责。

一、危险废物的管理

危险废物的处理处置原则为减量化、资源化和无害化，并要求将废物的产生、收集、运输、利用、贮存、处理处置等所有废物运动过程所涉及的各个环节都作为污染源来进行管理。整个管理过程实行申报登记制度、转移联单制度和经营许可证制度。其管理体系应包括以下几个方面：①废物产生、分类、标志；②运输；③综合利用；④贮存和交换；⑤预处理；⑥焚烧；⑦焚烧监测；⑧安全处置；⑨填埋场渗滤液处理、处理场管理和监测等。

二、危险废物的接收

为对进入危险废物处理处置场的废物进行有效管理，应该设计设置地磅及废物分检室，收运进入"处置场"的废物经地磅称量后，由废物分检室接收人员根据废物"转移联单"制度进行接收登记，经过鉴别分类后的废物分别运往各车间进行处理或直接填埋，需要暂时贮存或性质不明的废物转入废物暂存区存放。

三、危险废物的暂存

（一）储存的废物种类及数量

废物暂存仓库主要是暂时存放有一定利用价值但由于量少或回收工艺还不成熟的工业危险废物，待条件许可，将废物交换至其他单位利用，或将研究开发合适的工艺进行废物的综合利用。废物贮存前需做明确标志，记录废物名称、性质、状态、数量、存放时间等，并记录存档。不同性质的废物分开存放，严格避免废物之间产生反应。一般根据项目的实际情况，确定暂时储存的废物及其废物量。

（二）主要设备及车间配置

根据废物的存放量，设置危险废物暂存仓库 1 座。其中，剧毒品废物临时暂存区、预留剧毒品废物处理场地、危险废物存放区和料桶清洗间等。暂存仓库配备平衡重式蓄电池叉车，料桶清洗间配置 QL-280 型高压清洗机。

四、危险废物的运输

危险废物的形态较为复杂，需选择合适的装运工具并制定合理的收运计划和应急预案，统筹安排废物收运车辆，优化车辆的运行线路。在收运过程中应特别避免收运途中发生意外事故造成二次污染，并制定必要的应急处理计划。对于盛装废物的容器或包装材料应适于所盛废物，并要有足够的强度，装卸过程中不易破损，保证废物运输过程中不扬撒、不渗漏、不释出有害气体和臭味。

一般"处置场"所接收的危险废物范围较广，收集点多，运输距离较远。根据危险废物的物理、化学性质的不同，"处置场"设计中配备不同的盛装容器、运输车和专职人员，定期及时地将其由危险废物产生地直接送往"处置场"。

五、危险废物的入场要求

根据国家《危险废物填埋污染控制标准》以及相应的国际规范，危险废物在进入"处置场"时需进行必要的鉴别、检验和分类。危险废物的安全填埋应执行废物入场控制标准。

（1）原则上符合《危险废物鉴别标准》（GB 5085），被判定为危险废物的才能进入"处置场"；

（2）填埋废物不含任何有机溶剂、挥发性物质及放射性物质；

（3）具有下列情况的废物必须进行预处理后才能进场填埋。①废物浸出液中任何一种有害成分浓度超过危险废物入场控制限值（表7-2）的。②废物本身具有反应性、腐蚀性、易燃性、急性毒性和传染性的。③两种（或两种以上）废物相混合，或废物与衬层接触具有不相容性反应的。

表 7-2　填埋场危险废物入场控制限值

单位：mg/L

编号	控制项目	控制限值
1	有机汞	0.001
2	汞及其化合物（以总汞计）	0.25
3	铅（以总铅计）	5.0
4	镉（以总镉计）	0.50
5	总铬	12.0
6	六价铬	2.50
7	铜及其化合物（以总铜计）	75.0
8	锌及其化合物（以总锌计）	75.0
9	铍及其化合物（以总铍计）	0.2
10	钡及其化合物（以总钡计）	150.0
11	镍及其化合物（以总镍计）	15.0
12	砷及其化合物（以总砷计）	2.5
13	无机氟化物（不包括氟化钙）	100.0
14	氰化物（以 CN 计）	5.0

在地磅房设置危险废物分检室，配备接收人员，从各收集点收运来的危险废物进入"处置场"后，接收人员根据"转移联单"制度进行接收登记，经过鉴别分类后的危险废物根据其性质分别运往各车间进行预处理或进入填埋场直接填埋，有回收价值的废物送回收工段（还没上回收工段的则暂时送暂存仓库贮存）；燃烧热值高的废物及危害性较大必须焚烧处理的废物送焚烧车间；需要稳定化/固化处理后填埋的废物送稳定化/固化车间；废酸液、废碱液及乳化液送物化车间预处理后进入污水处理车间；经分析符合安全填埋场入场标准的废物直接送填埋场。在各处理车间都设计了应急储存功能（如为工艺调整、设备检修以及其他天气变化停工提供调节容量）。

六、医疗废物的收运与接收

（一）医疗废物收集运输方案

医疗废物收集运输方案设计和设备配置与服务范围和区域人口状况、废物总量、废物成分、废物收运模式、废物清运高峰期、运距、废物处理方式以及道路状况等因素有关。在500 张床位以上的医院放 660 L 的流动式带盖收集箱，500 张床位以下 100 张床位以上放 240 L 的收集箱。诊所、卫生所、动物医院放 120 L 的收集箱，收集箱统一由处置场配置。

确定运输路线的总原则是尽量避开上下班高峰期、尽量避开交通拥堵道路，运输车辆的配备与医疗废物产生量应相符，并兼顾安全性和经济性，保证医疗机构产生的医疗废物能在 24 小时内安全、及时、全部运送到"处置场"，特定情况下不超过 48 小时。

（二）医疗废物收集设施

医疗废物包装器材包括利器盒、包装袋和周转箱，其中利器盒、包装袋由医疗废物产生单位准备，而周转箱则由处置中心统一配置。2003 年国家环境保护总局、卫生部以环发 [2003]188 号文发布了《医用废物专用包装物、容器标准和警示标识规定》（以下简称《规定》），具体要求如下：

1. 利器盒

利器盒用于盛装医疗废物中的锐器，一次性使用，使用时密封，使用后焚毁，正常使用情况下可防止锐器撒漏，可防被锐器刺穿，封口后，在不破坏情况下不能被再次打开。利器盒应为黄色并标明"损伤性废物"警示标志。利器盒为硬质材料制造但不得使用聚氯乙烯（PVC）材料制造。

2. 包装袋

包装袋用于医疗废物的包装，一次性使用，使用后焚毁。包装袋应按装纳医疗废物类别标注不同颜色，并标明诸如"感染性废物"字样的警示标志。包装袋可采用线型低密度聚乙烯（LLDPE）或聚乙烯（LLPPE+LDPE）制造，也可采用中密度聚乙烯（MDPE）或高密度聚乙烯（HDPE）混合制造，但不得使用聚氯乙烯（PVC）制造。包装袋最大容积为 $0.1 \, m^3$，推荐尺寸为 450 mm×500 mm×0.15 mm（厚）（采用 LLPPE 或 LLDPE+LDPE 制造）或 450 mm×500 mm×0.08 mm（厚）（采用 MDPE 或 HDPE 制造时），其机械性能应符合《规定》的有关要求。

3. 周转箱

周转箱箱体采用高密度聚乙烯（HDPE），箱盖采用高密度聚乙烯（HDPE）与聚丙烯（PP）共混或专用材料制造，可以多次使用。周转箱为黄色并注明医疗废物专用警示标志。周转箱是医疗废物收集运输中的最小监控单位，在周转箱上标有"医疗废物"和 WHO 通用符号，并在指定位置处标有固定的信息条码，该条码是物流条码，该条码表明医疗废物的种类、产生医疗废物的医疗卫生机构等信息。规格：各医疗卫生单位产生的医疗废物数量不同，应该配置不同规格的周转箱，但不同的规格将增加上料设备的复杂程度及设备费用，本设计选用《规定》建议的规格，即长×宽×高=600 mm×500 mm×400 mm。

（三）医疗废物运输设施

1. 转运车

转运车除承担医疗废物的运输外，还应将医疗废物周转箱返送至医疗卫生单位。①转运车的技术要求：转运车选用由冷藏车改装的专用货车。驾驶室与货厢完全隔开并应配备专用的箱子，箱子中装有消毒机械、消毒剂、收集工具、包装袋及个人卫生防护用品等。车厢为白色或银灰色并带有医疗废物运转车专用标志。两侧开门，便于叉车装卸。②转运车规格与数量：转运车规格的确定取决于收集地区不同规模医疗单位的数量分布、交通条件、运输成本等因素。选用大、小两种规格的车辆。大型车主要负责量大且较集中的医疗机构的医疗废物的集运，而小型运车应负责量小且较分散的医疗机构的医疗废物的集运。其车辆规格如下：大型：规格为 4.5 t 的专用医疗废物转运车，车厢容积 15 m^3，每车可装载周转箱 4 层，每层 24 箱，共计 96 箱，每箱装 20 kg，每车可装载医疗废物 1.92 t。小型：规格为 2.5 t 的专用医疗废物转运车，车厢容积 10 m^3，每车可装载周转箱 4 层，每层 16 箱，共计 64 箱，每箱装 20 kg，每车可装载医疗废物 1.28 t。人口密集、道路车流量大的区域内的医疗废物宜在行人及车流较少的晚班集运。按每天运 1 次计算，共计需要装载量转运车 2 辆。考虑车辆出勤率、应急抢险等因素，共需转运车 3 辆，其中大型车 1 辆，小型车 2 辆。另外小型车备用 2 辆。

2. 医疗废物收运车辆配置

医疗废物收运车辆配置为 4.5 t 专用医疗废物转运车 1 辆，2.5 t 专用医疗废物转运车 4 辆。

3. 医疗垃圾冷藏库

（1）冷藏库建设规模。根据《医疗废物焚烧技术要求》："医疗废物集中处置厂要配备医疗废物冷藏贮存设施"。医疗垃圾的冷藏贮存设施与医疗废物预处理区可以合并建设。根据项目的实际情况，确定医疗垃圾冷藏贮存设施的贮存量。

（2）主要设备及车间配置。从各医疗机构收运来的医疗废物进入处置中心后，接收人员根据"转移联单"制度进行接收登记，在卸货区域由人工卸至焚烧车间或医疗垃圾冷藏库。另外，根据物料性质，需设置料桶堆放区和料桶清洗区。医疗废物尽可能在当天焚烧。在焚烧设施需要检修或出现紧急事故等情况时，医疗废物进行冷藏贮存。卸料区域和冷藏库设有隔离设施和报警装置，冷藏库地面和 1.0 m 高的墙裙进行防渗处理，地面具有良好的排水性能。冷藏库全封闭、微负压，并设有应急事故排风扇。

七、剧毒化学品的临时贮存

（一）贮存要求

（1）剧毒化学品必须贮存在经公安部门批准设置的专门的剧毒化学品仓库中，未经批准不得随意设置剧毒化学品贮存仓库。

（2）贮存剧毒化学品的仓库，必须建立严格的出入库管理制度。

（3）遇火、遇热、遇潮能引起燃烧、爆炸或发生化学反应，产生有毒气体的剧毒化学品不得在露天或在潮湿、积水的建筑物中贮存。

（4）贮存易燃、易爆剧毒化学品的建筑，必须安装避雷设备。

（5）贮存剧毒化学品的建筑必须安装通风设备，并设有导除静电的接地装置。

（6）贮存剧毒化学品的建筑物、区域内严禁吸烟和使用明火。

（7）剧毒化学品不准和其他类物品同贮，必须单独隔离限量贮存，仓库不准建在城镇，还应与周围建筑、交通干道、输电线路保持一定安全距离。

（二）贮存规模

在剧毒化学品的处理上，除农药、鼠药可以焚烧处理外，其余剧毒品废物数量以暂存为主，待条件许可或形成一定的处理规模后再进行处理或综合利用。根据实际情况，剧毒化学品的贮存规模按 200 t 设计。

（三）车间配置

剧毒化学品仓库拟与危险废物暂存库合并建设，并在危险废物暂存库中设计 3 个牢固的剧毒品仓库。其中 1 个为固体剧毒物品仓库，1 个为液体剧毒物品仓库，另外 1 个为氰化物仓库。占地面积分别为 60 m^2、96 m^2、60 m^2，同时预留剧毒化学危险品处置用地 300 m^2。此外，要建保安值班室及其休息室，根据要求，库区与值班室应保持 25 m 的直线距离；库旁养 2～3 条狼狗协助守库。

第四节 垃圾收运设备选型

一、垃圾桶

垃圾桶按材质分为不锈钢垃圾桶、塑料垃圾桶、陶瓷垃圾桶、水泥垃圾桶、纸浆垃圾桶、木质垃圾桶和环保材料垃圾桶。在我们日常生活中，最为常见的是不锈钢垃圾桶、塑料垃圾桶、木质垃圾桶。按功能分为分类垃圾箱，收集医疗、废纸、废电池等不同类型垃圾的垃圾箱，具备恶臭气味处理、渗滤液吸附或回收、自动冲洗、自动压缩、智能翻盖、语音提示等功能的多功能垃圾桶（图 7-7）。

（a）透气垃圾桶　　（b）带烟灰缸垃圾桶　　　（c）废旧轮胎制成的垃圾桶

（d）室内豪华大理石垃圾桶　（e）可移动式垃圾桶　（f）节超声波感应器，桶口自动闭合垃圾桶

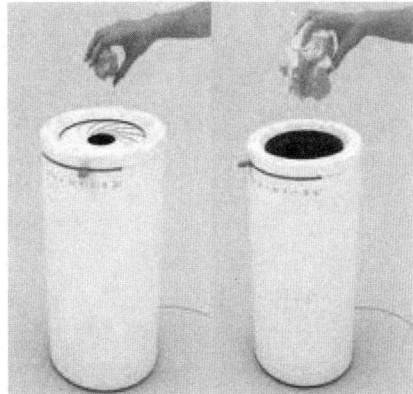

图 7-7　不同功能的垃圾桶

二、垃圾车

垃圾车主要用于市政环卫及大型厂矿运输各种垃圾，尤其适用于运输小区生活垃圾，并可将装入的垃圾压缩、压碎，使其密度增大，体积缩小，大大地提高了垃圾收集和运输的效率。

垃圾车按使用方式分为自卸式垃圾车、摆臂式（地坑地面两用型）垃圾车、密封式垃圾车、挂桶式垃圾车、拉臂式垃圾车、压缩式垃圾车、车厢可卸式垃圾车、后装卸式垃圾车等（图 7-8）。摆臂式垃圾车：由底盘、垃圾箱（斗）、摆臂减速缓冲油缸等组成，其特点是垃圾箱能与车体分开，实现一车与多个垃圾箱的联合使用；挂桶式自装卸垃圾车：采用链条和液压油缸联动装置，实现对垃圾半提升和翻转，将多处垃圾斗内的垃圾自动收入车厢，并可自卸；车厢可卸式垃圾车：广泛用于城市街道、学校垃圾处理，可一车配多个垃圾斗，各个垃圾点放置多个垃圾斗，带自卸功能，液压操作，倾卸垃圾方便。

按品牌分为东风系列垃圾车、解放系列垃圾车、北汽福田系列垃圾车、江铃系列垃圾车等。

按车型分为微型垃圾车、小型垃圾车、中型垃圾车、重型垃圾车、单桥垃圾车、双桥垃圾车、平头垃圾车、尖头垃圾车等。

按品种分为小霸王垃圾车、多利卡垃圾车、三平柴垃圾车、145 垃圾车、153 垃圾车、1208 垃圾车、长安微型垃圾车等。

图 7-8　垃圾车

三、垃圾中转站

（一）垃圾中转站组成和功能

现代化的垃圾中转站主要分为垃圾筛分车间和垃圾转运车队，筛分车间是中转站的生产核心。居民区的生活垃圾由清运车辆运输到中转站，首先在地磅房进行称重计量，将数据输入计算机。清运车辆经现场调度员指挥将将垃圾卸入指定料仓，利用料仓底部的传送带将垃圾送入筛分车间。筛分车间对称分为 A、B 两条生产线，生产线可以分别或同时使用。混合的原生垃圾经筛分按照粒径大小被分成四个部分：0～15 mm；15～60 mm；60 mm 以上；被电磁铁分离出来的金属。上述四类垃圾根据其特性运往不同的处理点。

（二）垃圾中转站的形式

1．集装箱压缩式转运方式

即各种不同类型的垃圾收集车辆到达中转站内，将垃圾卸到垃圾地坑里，地坑内装有推板，将垃圾推到垃圾压缩机内，通过压缩机边压边进入垃圾集装箱内。装满后，此垃圾与专用集装箱及半挂车，由牵引车拉到垃圾处理场去，本身集装箱半挂车带有液压推板装置，由牵引车提供动力源，将垃圾自行卸于处理场。

2．预压打包式转运方式

垃圾在中转站被压实打包，以铁丝捆扎码垛，最后由转运车运往处理场。这种形式的中转站要求垃圾含水量低，只能处理袋装垃圾。

3．传送带式转运方式

即各种不同类型的垃圾车进站后，在坑道型地坑边将垃圾卸于坑底传送带上，垃圾被传送带送至垃圾转运车集装箱内，最后运至处理场，这种形式的最大不足是运行费用高、故障率高，而且垃圾露天存放，环境污染、蚊蝇和臭气问题较严重。

4．开顶直接装载式转运方式

该种形式是直接在集装箱上开顶，垃圾收集车直接在顶上卸料，在一些中、小型中转站有时应用，其主要缺点是垃圾几乎没有压实，运输效益低，不能允许数辆收集车同时卸料，而且装载过程不密封，环境污染和蚊蝇、臭气问题较为严重。

5．抓斗直装式转运方式

收集车从三层向二层倾倒垃圾，由推土机推至转向抓斗附近，再由转向抓斗抓起装入转运车集装箱内。该种形式的最大不足在于二层空间环境极为恶劣，效率也较低。

6．机碎式转运方式

垃圾送到中转站内，经过机械将垃圾搅碎，然后运去处理场，这样的中转站投资昂贵，处理垃圾较慢，除特殊的要求外，目前较少地方采用。

图 7-9　垃圾中转站

（三）垃圾中转站建造要求

1. 中转站选址原则

中转站的选址应符合城市总体规划和城市环境卫生行业规划的要求，中转站的位置宜选在靠近服务区域的中心或垃圾产量最多的地方，中转站应设置在交通方便的地方。在具有铁路及水运便利条件的地方，当运输距离较远时，宜设置铁路及水路运输垃圾中转站。

2. 中转站的规模

垃圾转运量，应根据服务区域内垃圾高产月份平均日产量的实际数据确定。无实际数据时，可按下式计算：

$$Q = \delta nq/1\,000 \qquad\qquad (7\text{-}1)$$

式中，Q——中转站的日转运量，t/d；

n——服务区域的实际人数；

q——服务区域居民垃圾人均日产量，kg/（人·d），按当地实际资料采用；无当地资料时，垃圾人均日产量可采用 1.0～1.2 kg/（人·d），气化率低的地方取高值，气化率高的地方取低值；

δ——垃圾产量变化系数，按当地实际资料采用，如无资料时，δ 值可采用 1.3～1.4。

第五节　垃圾收运最新进展

一、由生产者完成详细分类收集并尽可能资源化模式

早在 1998 年，台北市首先实施垃圾强制分类制度，并分两阶段向全台湾地区逐步推广。2005 年 10 个县市政策跟进，2008 年 25 个县市纳入垃圾强制分类的实施范围，完成改革。我国台湾地区生活垃圾主要分 3 类：第 1 类是可回收资源垃圾并详细分类，比如饮料铝罐、塑料包材、报刊纸类、玻璃瓶罐、电子产品、废光盘等 33 项资源，分别用不同的垃圾袋由生产者自动分类。第 2 类是厨余垃圾，生熟厨余、剩菜剩饭等，果皮菜渣也要作为厨余垃圾回收。厨余垃圾又分为喂猪用和堆肥用。第 3 类是一般垃圾，不属于上面的那些就是一般垃圾。除此之外旧家具、旧电器等需专业人员上门回收。在 2005 年之前，台湾地区实行垃圾费随袋征收时，垃圾分类只属自愿性质；而 2005 年 1 月 1 日起，顺利过渡到强制分类制度。不分类则拒收、处罚，违规人士将被处以 1 200～6 000 新台币不等罚款。台湾地区城市和乡村的街头都设置很多旧衣捐赠箱，大多由"慈济"宗教团体或一些社会福利机构放置。家中旧衣服都可以洗净后放到里面，这些团体会定期回收，之后捐助给需要帮助的人群或地区。

广州市借鉴该经验，实施垃圾装袋由环卫工人按时按路段收集、不落地制度。未来广州垃圾分类的技术路线为："第一，干湿分开，实现分类投放、分类收集、分类运输、分类处理；第二，按袋计量；第三，专袋投放；第四，垃圾不落地，按时段、路段实行；第

五，厨余垃圾单独统收统运。"

二、管道式收集输送模式

真空管道垃圾收集系统指通过预先铺设好的管道系统，利用负压技术将生活垃圾抽送至中央垃圾收集站，再由压缩车运送至垃圾处置场。这种负压气力收集是一种自成体系的收集系统，由倾卸垃圾的通道、输送管道、机械中心和收集中转站等组成。

该模式的优缺点如下：

优点：垃圾流密封、隐蔽，与人流完全隔离，有效地杜绝了收集过程中的二次污染，包括臭味、蚊蝇、噪声和视觉污染；显著降低了垃圾收集劳动强度，提高了收集效率，优化了环卫工人的劳动环境；取消了手推车、垃圾桶、箩筐等传统垃圾收集工具，基本避免了垃圾运输车辆穿行于居住区，减轻了交通压力和环境污染；垃圾收集、压缩可以全天候自动运行，垃圾含水率不受雨季影响，有利于填埋场、焚烧厂的稳定运行；可利用 1 套公共管道收集系统自动分别收集可回收和不可回收垃圾。

缺点：一次性投资大；对系统的维护和管理要求较高；不易从源头实现详细分类收集并资源化，后续投资大，难推行。

思考题

1．国内外城市垃圾分类的出发点有何异同？

2．分析我国为何一直实行混合收集垃圾？你有何建议？

3．垃圾收集路线如何设计？全班同学合力完成你所在城市某个区的垃圾收路线设计；如果按照日本的分类方式收集垃圾，又该如何设计收运路线呢？

4．比较垃圾收集方式的优缺点。

5．垃圾收运设备如何选择？请你设计更合理的运输工具。

6．危险废物的收集、运输和临时储存，与一般垃圾有何区别？

7．如何进行垃圾中转站的选址？

第八章 城市垃圾预处理原理及工艺

城市垃圾的种类多种多样，其形状、大小、结构及性质也各不相同。为了把它们转变为适于运输、处理、利用和最终处置的形式，必须采用物理处理方法，主要包括压实、粉碎和分选、浓缩脱水等工艺过程将城市垃圾单体解离或分成适当的粒级，以回收利用多种有价组分，达到充分利用城市垃圾的目的，或使固体废物减容或压成块体，以利于运输、贮存、焚烧、综合利用或填埋处置。

第一节 压实原理与工艺

一、压实原理与评价指标

（一）压实原理与目的

收集来的城市垃圾大多数是处于自然堆放的蓬松集合体状态，表观体积比较大，且无一定形状。为了便于后续处理工序，必须对其进行压实处理。大多数城市垃圾是由不同颗粒及其间的孔隙组成的集合体。一堆自然堆放的城市垃圾的表观体积是废物颗粒的有效体积和孔隙体积之和。当对城市垃圾实施压实操作时，随着压力的增大，孔隙体积减小，表观体积也随之减小，而容积密度增大。因此，城市垃圾的压实可以看做是消耗一定能量、提高废物容积密度的过程。当城市垃圾受到外界压力时，各颗粒间相互挤压、变形或破碎，从而达到重新组合的效果。城市垃圾的压实又称压缩，是利用机械方法对城市垃圾施加压力，增加其聚集程度和容积密度、减小其表观体积的处理方法。城市垃圾经压实处理后，减容增重，便于装卸运输，有利于确保运输安全与卫生，降低运输成本，提高运输和管理效率，并可制取高密度惰性块料，便于贮存、填埋或作建筑材料使用。

（二）评价指标

为判断压实效果，比较压实技术与压实设备的效率，常用下述指标来表示废物压实程度。

1. 空隙比、空隙率 e

城市垃圾可设想为各种固体物质颗粒及颗粒间充满空隙的集合体。由于固体颗粒本身空隙较大，而且许多固体物料有吸收能力和表面吸附能力，因此，废物中水分主要存在于固体颗粒中，而不存在于空隙中，水分不占体积。故城市垃圾的总体积 V_m 就等于包括水

分在内的固体颗粒体积 V_S 与空隙体积 V_V 之和，即

$$V_m = V_S + V_V \tag{8-1}$$

则废物的空隙比或空隙率 e 可定义为

$$e = V_V / V_m \tag{8-2}$$

空隙比或孔隙率越低，表明压实程度越高，相应的容重越大，空隙率是评价堆肥化工艺供氧、透气性及焚烧过程物料与空气接触效率的重要参数。

2. 压实比 r

压实比可定义为

$$r = V_f / V_m \tag{8-3}$$

V_f 表示压实后体积，$r \leqslant 1$，r 越小，说明压实效果越好。

3. 压实倍数 n

压实倍数可定义为

$$n = V_m / V_f \qquad (n \geqslant 1) \tag{8-4}$$

n 与 r 互为倒数，显然，n 越大，说明压实效果越好，工程上用 n 更普遍。

二、压实器及其选择

压实器分移动式和固定式两种。移动式压实器一般安装在收集垃圾车上，接收废物后即进行压实，随后送往处置场地；固定式压实器一般设在工厂内部、废物中转站、高层住宅垃圾滑道的底部等场合。这两类压实器的工作原理大体相同，主要由容器单元和压实单元两部分组成。容器单元负责接收废物；压实单元具有液压或气压操作的压头，利用高压使废物致密化。

（一）水平式压实器

图 8-1 为水平式压实器示意图。该装置一般为正方形或长方形的钢制容器，装备有一个可沿水平方向移动的压头。将废物送入供料漏斗，用手动或光电装置启动水平压头把废物压进钢制容器内，压成坯块，使其致密化和定型化，然后将坯块推出。推出过程中，坯块表面的杂乱废物受破碎杆作用而被破碎，不致妨碍坯块移出。但它用作生活垃圾压实器时，为了防止垃圾中有机物腐烂对它的腐蚀，要求在压实器的四周涂覆沥青予以保护。这种压实器常作为中转站固定压实操作使用。

（二）三向垂直式压实器

图 8-2 是适合于压实散金属废物的三向垂直式压实器示意图。该装置具有三个相互垂直的压头，金属等废物被置于容器单元内，而后依次启动 1、2、3 三个压头，逐渐使城市垃圾的空间体积缩小，容积密度增大，最终将城市垃圾压实为一块密实的块体。压实后尺

寸一般为 200~1 000 mm。这种压实器适于压实散的垃圾。

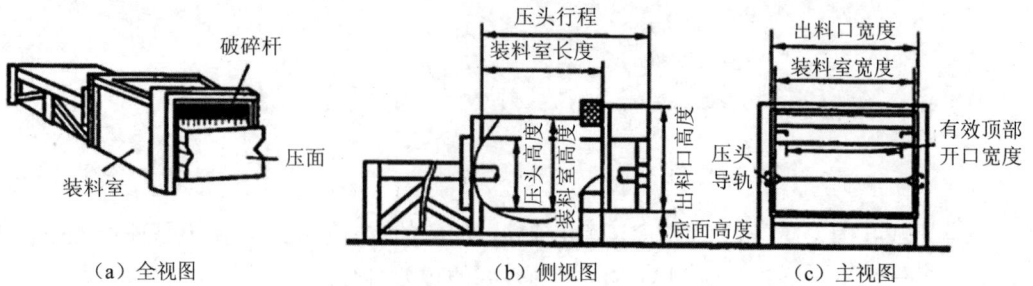

（a）全视图　　　（b）侧视图　　　（c）主视图

图 8-1　水平压头压实器

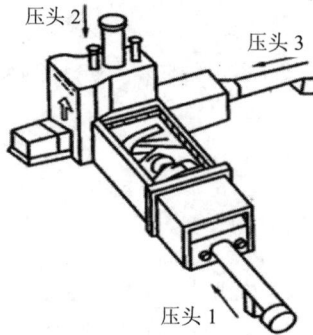

图 8-2　三向垂直式压实器

（三）回转式压实器

图 8-3 为回转式压实器示意图。该装置装备有一个平板型压头并铰联在容器的一端，借助液压缸驱动。废物装入容器单元后，先按水平压头 1 的方向压缩废物，然后按箭头的运动方向驱动旋转压头 2，最后按水平压头 3 的方向将废物压成一定尺寸的块体排出。这种压实器适用于压实体积小、自重较轻的城市垃圾。

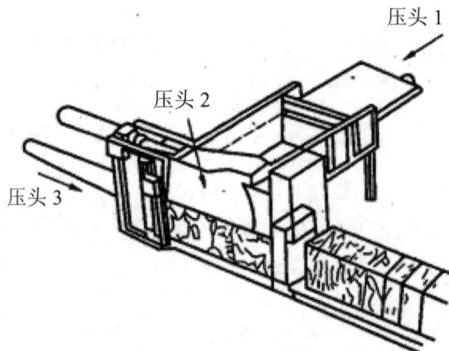

图 8-3　回转式压实器

（四）袋式压实器

袋式压实器是将废物装入袋内，压实填满后立即移走，换上一个空袋。该装置适用于工厂中某些组分比较均匀的城市垃圾，压缩比一般为 3～7。填充密度因废物的原始成分而异，一般为 0.29～0.96 g/cm^3。袋式压实器的优点是：压实的废物轻便，单人即可搬运；压实的废物外形一致，尺寸均匀，填埋处置方便。

（五）城市垃圾高层压实器

1. 压实器

图 8-4 为城市垃圾高层压实器的工作示意图。图（a）为压缩循环开始，从滑道中落下的垃圾进入料斗。图（b）为压缩臂全部缩回处于起始状态，垃圾充入压缩室内。图（c）为压缩臂全部伸展状态，垃圾被压入容器中。随着垃圾不断充入，最后在容器中压实，将压实的垃圾装入袋内。为了最大限度地减容、获得较高的压缩比，应尽可能选择性能参数能满足实际压实要求的压实器。

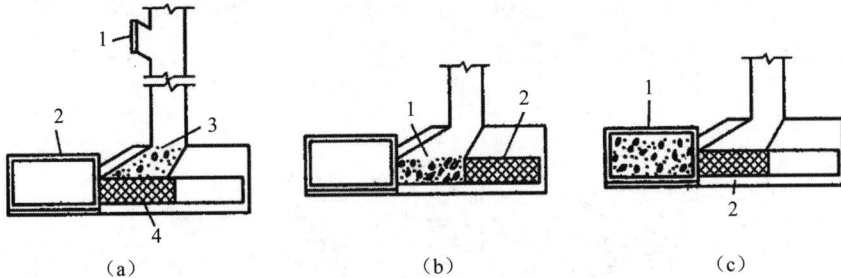

图 8-4 高层住宅垃圾滑道下的压实器

（a）1. 垃圾投入口；2. 容器；3. 垃圾；4. 压臂 （b）1. 垃圾；2. 压臂全部缩回

（c）1. 已压实的垃圾；2. 压臂

2. 压实器的主要性能参数

（1）装载面的尺寸。应足够大，以便能容纳用户所产生的最大件废物。如果压实器的容器用垃圾车装填，为了操作方便，就要选择至少能够处理一车垃圾的压实器。压实器的装载面的尺寸一般为 0.765～9.18 m^2。

（2）循环时间。是指压头的压面从装料箱把废物压入容器，然后再完全缩到原来的位置，准备接收下一次装载废物所需要的时间。循环时间变化范围很大，通常为 20～60 s。

（3）压实器压面压力。通常是根据某一具体压实器的额定作用力来确定，额定作用力是指作用在压头的全部高度和宽度上的压力。固定式压实器的压面压力一般为 0.1～0.35MPa。

（4）压面的行程。是指压面压入容器的深度，压头进入压实容器中越深，装填就越有效越干净，为防止压实废物填埋时返弹回装载区，要选择行程长的压实器，现行的各种压实容器的实际进入深度为 10.2～66.2 cm。

（5）体积排率。即处理率，它等于压头每次压入容器的可压缩废物体积与每小时机器的循环次数之积。通常要根据废物产生率来确定。

压实器与容器匹配最好是由同一厂家制造，这样才能使压实器的压面行程、循环时间、体积排率以及其他参数相互协调。如果两者不相匹配，若选择不能承受高压的轻型容器，在压实操作的较高压力下，容器很容易发生膨胀变形。此外，在选择压实器时，还应考虑与预计使用场所相适应，要保证轻型车辆容易进出装料区和容器装卸提升位置。

三、压实流程

城市垃圾是否需要压实处理以及压实程度如何，都要根据具体情况而定，选择合理的压实流程，以利于后续处理。若垃圾压实后会产生水分，不利于分离其中的纸张、破布等，则不应进行压实处理；对于要分类处理的混合垃圾一般也不过分压实。如果对垃圾只作填埋处理，则需要进行深度压实。图8-5为国外垃圾高度压实处理典型工艺流程的一种。首先将垃圾装入四周垫有铁丝网的容器内，送入压实机压缩成块（压力16～20MPa，压缩比为5），然后将垃圾压缩块浸入熔融的沥青浸渍池内（180～200℃），涂浸沥青防漏，冷却固化后经运输皮带装入汽车运往垃圾填埋场。压实产生的污水经油水分离器进入活性污泥处理系统，处理后的水经灭菌后再排放。

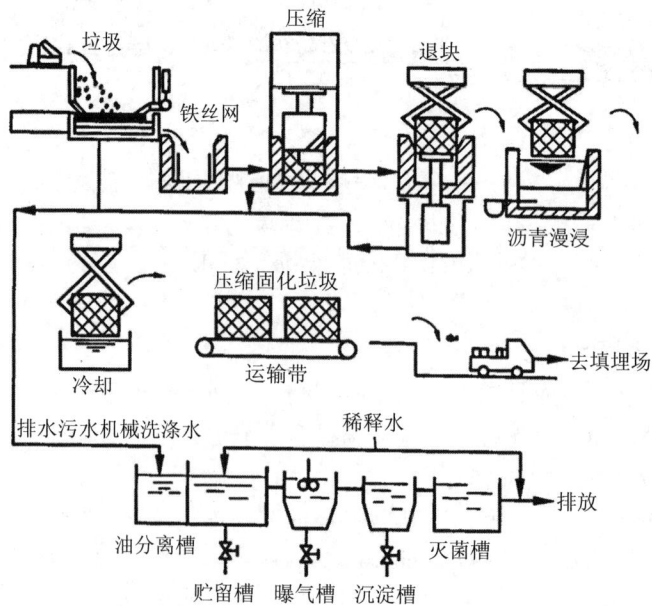

图 8-5　废物压实流程

第二节　粉碎原理与工艺

一、粉碎原理与目的

城市垃圾大多物质组成、结构、性能复杂且不均匀，体积庞大，难以处理。在许多情况下，城市垃圾的处理和资源化利用对其粒度都有较严格的要求。因此，减小城市垃圾的颗粒尺寸对处理利用系统的可靠性极为重要。粉碎就是用外力克服城市垃圾物质点间的内聚力，使大块废物变成碎散细小颗粒的工艺过程。粉碎作业可分为破碎、磨碎和超细粉碎三个阶段。城市垃圾的粉碎处理往往只进行破碎和磨碎两个阶段。破碎是将大块废物碎裂成小块的过程；磨碎是将小块废物分裂成细粉的过程。城市垃圾经破碎和磨碎后，粒度一般变得细小而均匀，有利于后续处理和利用，主要表现在以下几个方面：①使城市垃圾的体积变小，便于压实、运输和贮存。高密度填埋处置时，压实密度高而均匀，可加快覆土还原。②城市垃圾中连生在一起的异种物质得到单体分离，为分选提供适宜的入选粒度，以便有效回收废物中的有用组分。③使城市垃圾粒径均一，比表面积增大，提高焚烧、热解、熔融固化等处理的稳定性和热效率。④防止粗大、锋利的城市垃圾损坏分选、焚烧和热解等设备或炉膛。⑤为城市垃圾下一步加工和利用做准备。例如，用废建筑物质制磷肥、生产水泥等，都要求把它们粉碎到一定细度才能利用。

二、粉碎方法和流程

（一）粉碎的施力方式

城市垃圾的粉碎方法有干法、湿法和半湿法三种，湿法和半湿法粉碎兼有粉碎和分级分选处理的功能。干法粉碎按所施外力不同，可分为机械能粉碎和非机械能粉碎两种。机械能粉碎利用破碎工具，如破碎机的齿板、锤子等对城市垃圾施力而将其破碎。非机械能粉碎是利用电能、热能等对城市垃圾施力破碎，如低温破碎、热力破碎、减压破碎和超声波破碎等。目前，广泛应用的是机械能粉碎，常用破碎机的破碎作用方式有挤压、劈裂、弯曲、冲击、磨剥和剪切等，如图8-6所示。

选择破碎方法时，需视城市垃圾的机械强度，特别是废物的硬度而定。对于脆硬性废物，宜采用劈碎、冲击、挤压破碎。对于柔硬性废物，如废钢铁、废汽车、废器材和废塑料等，在常温下用传统的破碎机难以破碎，压力只能使其产生较大的塑性变形而不断裂。这时，宜采用其低温变脆的性质而有效地破碎，或是采用剪切、冲击破碎。当废物体积较大，不能直接将其装入破碎机时，需先将其切割或压缩到可以装入破碎机进料口的尺寸，再送入破碎机内破碎。对于含有大量废纸的城市垃圾，可采用半湿式和湿式破碎。破碎机破碎城市垃圾时，往往都有两种或两种以上的破碎力同时作用于固体废物，如压碎和折断、冲击破碎和磨剥等。

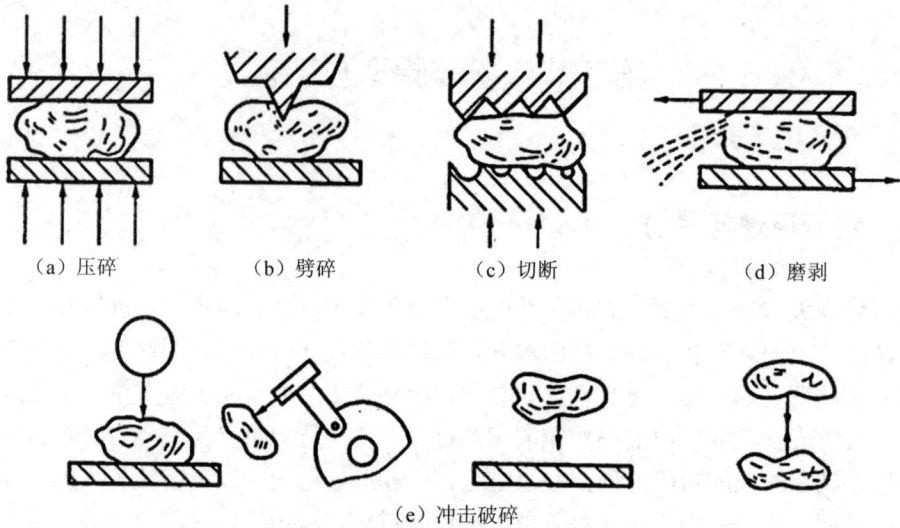

（a）压碎　　　　　（b）劈碎　　　　　（c）切断　　　　　（d）磨剥

（e）冲击破碎

图 8-6　常用破碎机的破碎作用方式

（二）破碎比和破碎段

1. 破碎比和破碎段的概念

在破碎过程中，原废物粒度与破碎产物粒度的比值称为破碎比。破碎比表示废物颗粒度在破碎过程中减少的倍数，即表征被破碎的程度。破碎机的能量消耗和处理能力都与破碎比有关。破碎比的计算方法有以下两种。工程设计中，破碎比（i）常采用废物破碎前的最大粒度（$D_{\max}$）与破碎产物的最大粒度（$d_{\max}$）之比来计算：

$$i = \frac{D_{\max}}{d_{\max}} \tag{8-5}$$

这一破碎比称为极限破碎比。通常，根据最大物料直径来选择破碎机给料口的宽度 b。在科研和理论研究中常采用废物破碎前的平均粒度（D_{cp}）与破碎产物的平均粒度（d_{cp}）之比来计算：

$$i = \frac{D_{cp}}{d_{cp}} \tag{8-6}$$

这一破碎比称为真实破碎比，能较真实地反映废物的破碎程度。一般破碎机的平均破碎比为 3～30。磨碎机的破碎比可达 40～400 以上。城市垃圾每经过一次破碎机或磨碎机称为一个破碎段。如果要求的破碎比不大，则一段破碎即可。但对有些城市垃圾的分选工艺，如浮选、磁选等，因为要求入料的粒度很细，破碎比很大，所以往往根据实际需要将几台破碎或磨碎机依次串联起来组成破碎流程。对城市垃圾进行多次（段）破碎，其总破碎比等于各段破碎比（i_1，i_2，…，i_n）的乘积，即：

$$i = i_1, \ i_2, \ i_3, \ \cdots, \ i_n \tag{8-7}$$

破碎段数是决定破碎工艺流程的基本指标，它主要取决于破碎废物的原始粒度和最终粒度。破碎段数越多，破碎流程越复杂，工程投资也相应增加。因此，条件允许的话，应尽量减少破碎段数。影响城市垃圾粉碎程度的因素，除粉碎设备的性能外，主要还有城市垃圾的物相组成和显微结构特点，表现为城市垃圾的机械强度和硬度。

2. 影响破碎比的因素

（1）机械强度。城市垃圾的机械强度是指城市垃圾抗破碎的阻力，通常用静载下测定的抗压强度为衡量标准。一般地，抗压强度大于 250 MPa 者称为坚硬城市垃圾；抗压强度为 40～250 MPa 者称为中硬城市垃圾；抗压强度小于 40 MPa 者称为软城市垃圾。机械强度越大的城市垃圾，破碎越困难。城市垃圾的机械强度与其颗粒粒度有关，粒度越小的废物颗粒，其宏观和微观裂隙比大粒度颗粒要小，因此机械强度越高，破碎越困难。

（2）硬度。城市垃圾的硬度是指城市垃圾抵抗外力机械侵入的能力。一般硬度越大的城市垃圾，其破碎难度越大。城市垃圾的硬度有两种表示方法。一种是对照矿物硬度确定。矿物的硬度可按莫氏硬度分为十级，其由软到硬排列顺序如下：滑石、石膏、方解石、萤石、磷灰石、长石、石英、黄玉、刚玉和金刚石，各种城市垃圾的硬度可通过与这些矿物相比较来确定。另一种是按废物破碎时的性状确定。按废物在破碎时的性状，城市垃圾可分为最坚硬物料、坚硬物料、中硬物料和软质物料四种。在需要破碎的废物中，大多数机械强度较低，硬度较小，较容易破碎。但也有些城市垃圾在常温下呈现较高的韧性和塑性（外力作用下变形，除去外力后又恢复原状的性质），难以破碎，如橡胶、塑料等，对这部分城市垃圾需采用特殊的破碎方法才能有效地破碎。

（三）破碎流程

根据城市垃圾的性质、颗粒大小、要求达到的破碎比和选用的破碎机类型，每段破碎流程可以有不同的组合方式，其基本的工艺流程如图 8-7 所示。

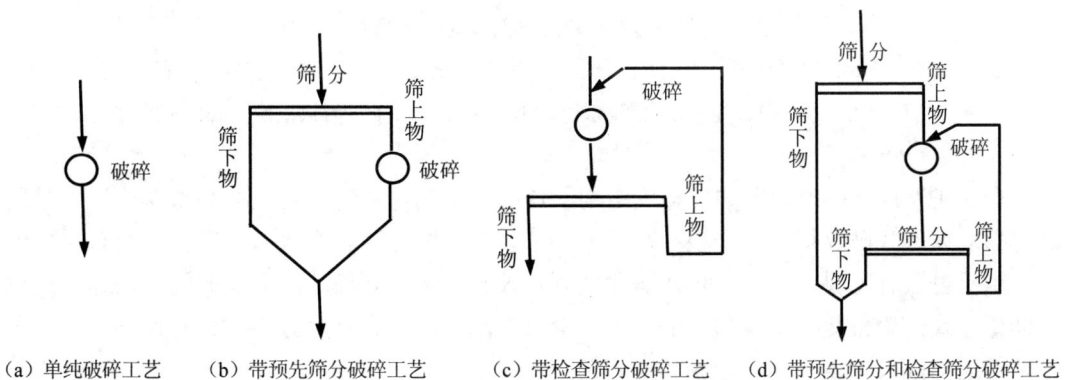

（a）单纯破碎工艺　　（b）带预先筛分破碎工艺　　（c）带检查筛分破碎工艺　　（d）带预先筛分和检查筛分破碎工艺

图 8-7　破碎的基本工艺流程

三、破碎设备及工艺

城市垃圾破碎常用的破碎机包括颚式破碎机、锤式破碎机、冲击式破碎机、剪切式破碎机、辊式破碎机和粉磨机。每种类型还包括多种不同的结构形式，各种形式的破碎机械的应用范围也不尽相同。

（一）颚式破碎机

颚式破碎机是一种古老的挤压型破碎设备，但由于构造简单、制造容易、维修方便，至今仍广泛应用于冶金、建材和化工等行业。它适用于破碎坚硬和中硬、腐蚀性强的废物，既可用于粗碎，又可用于中细碎。颚式破碎机的主要部件为固定颚板和可动颚板，根据可动颚板的运动特性可分为简单摆动型与复杂摆动型两种。

图 8-8 为简单摆动型颚式破碎机结构示意图。皮带轮带动偏心轴旋转时，偏心顶点牵动连杆上下运动，也就牵动前后推力板做舒张及收缩运动，从而使动颚时而靠近固定颚，时而又离开固定颚。动颚靠近固定颚时就对破碎腔内的物料进行压碎、劈碎及折断。破碎后的物料在动颚后退时靠自重从破碎腔落下。

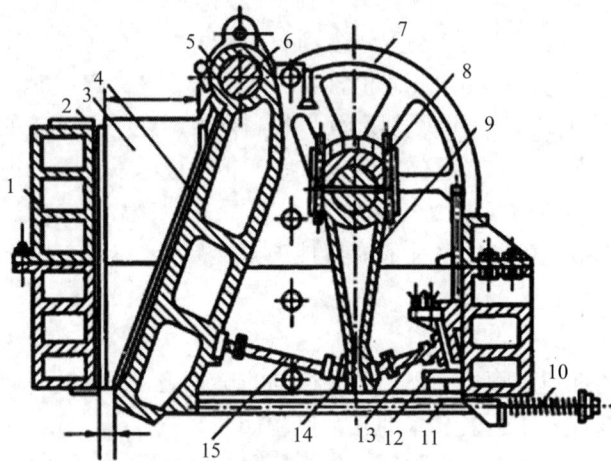

图 8-8 简单摆动型颚式破碎机

1. 机架；2、4. 破碎齿板；3. 侧面衬板；5. 可动颚板；6. 心轴；7. 飞轮；8. 偏心轴；
9. 连杆；10. 弹簧；11. 拉杆；12. 砌块；13. 后推力板；14. 肘板支座；15. 前推力板

图 8-9 为复杂摆动型颚式破碎机结构示意图。从构造上看，复杂摆动型颚式破碎机比简单摆动型颚式破碎机少了一根动颚悬挂的心轴，动颚与连杆合为一个部件，没有垂直连杆，轴板也只有一块。可见，复杂摆动型颚式破碎机构造更简单。但动颚的运动却较简单摆动型颚式破碎机复杂，动颚在水平方向上有摆动，同时在垂直方向上也有运动，是一种复杂的运动，故称复杂摆动型颚式破碎机。

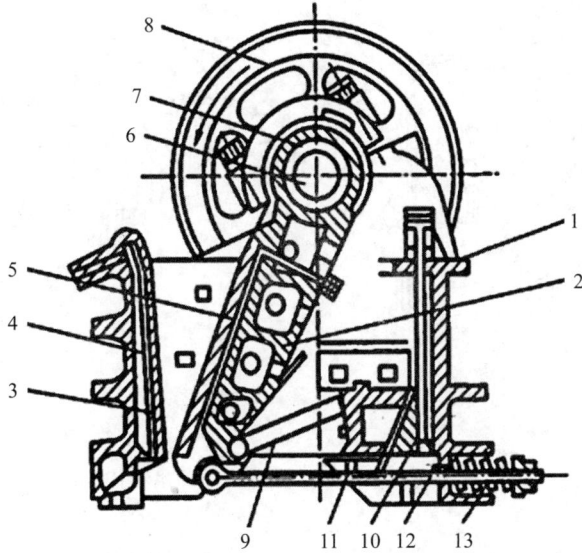

图 8-9　复杂摆动型颚式破碎机

1. 机架；2. 可动颚板；3. 固定颚板；4、5. 破碎齿板；6. 偏心转动轴；7. 轴孔；8. 飞轮；

9. 肘板；10. 调节楔；11. 楔块；12. 水平拉杆；13. 弹簧

　　复杂摆动型颚式破碎机的破碎产品粒度较细，破碎比大（一般可达 4～8，简单摆动型仅为 3～6）。复杂摆动型动颚上部行程较大，足以满足废物破碎时所需要的破碎量。动颚向下运动时有促进排料的作用，因而规格相同时，复杂摆动型比简单摆动型破碎机的生产率高 20%～30%。但是动颚垂直行程大，使领板磨损加快。

（二）锤式破碎机

　　锤式破碎机是最常用的一种工业破碎设备，大多为旋转式，有一个电动机带动的大转子，按转子数目可分为单转子锤式破碎机和双转子锤式破碎机两类。单转子破碎机根据转子的转动方向又可分为可逆式（转子可两个方向转动）和不可逆式（转子只能一个方向转动）两种；按主轴方向可分为卧轴和立轴两种，常见的是卧轴锤式破碎机，即水平轴式破碎机。水平轴由两端的轴承支持，原料借助重力或用输送机送入。转子下方装有算条筛，算条缝隙的大小决定了破碎后颗粒的大小。图 8-10 为不可逆式单转子卧轴锤式破碎机结构示意图。该机主体破碎部件是多排重锤和破碎板。锤子以铰链方式装在各圆盘之间的销轴上，可以在销轴上摆动。电动机带动由主轴、圆盘、销轴及锤头构成的转子高速旋转。破碎板固定在机架上，可通过推力板调整它与转子之间的空隙大小。需要破碎的城市垃圾从上部进料口给入机内，立刻遭受高速旋转的重锤冲击与破碎板间的磨切作用，完成破碎过程，并通过下面的筛板排除粒度小于筛孔的破碎物料，大于筛孔的物料被阻留在筛板上继续受到锤头的冲击和研磨，最后通过筛板排出。

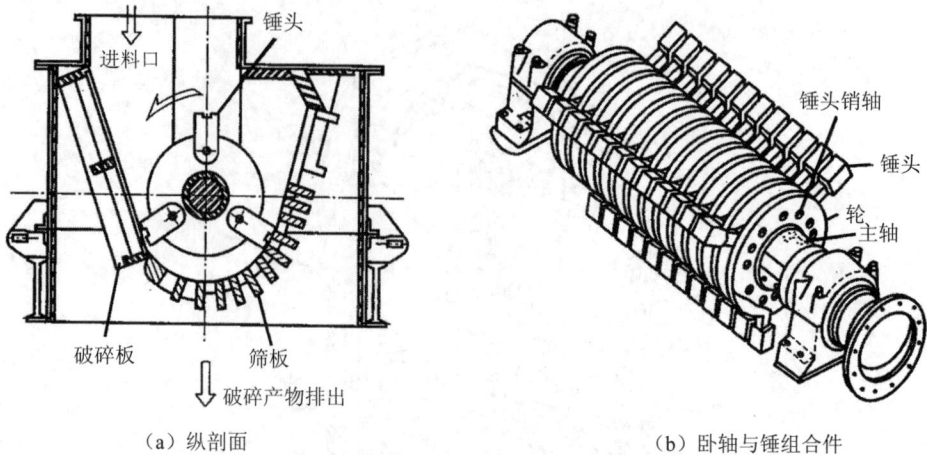

（a）纵剖面　　　　　　　　　　　（b）卧轴与锤组合件

图 8-10　不可逆式单转子卧轴锤式破碎机结构示意图

锤式破碎机主要用于破碎中等硬度且腐蚀性弱、体积较大的城市垃圾，如矿业城市垃圾、硬质塑料、干燥木质废物以及废弃的金属家用器物等，还可用于破碎含水分和油质的有机物、纤维结构物质、石棉水泥废料及回收石棉纤维和金属切屑等。目前，专门用于破碎城市垃圾的锤式破碎机有以下几种。

（1）Hammer Mills 型锤式破碎机，它的机体由压缩机和锤碎机两部分组成。这种锤碎机用于破碎废汽车等粗大城市垃圾。大型城市垃圾先经压缩机压缩，再给入锤式破碎机破碎。

（2）BDJ 型锤式破碎机，它有两种类型（BDJ 型和 BTD 型），分别用于破碎不同的城市垃圾。BDJ 型普通锤式破碎机转子转速 1 500r/min，处理量为 7～55 t/h，主要用于破碎家具、电视机、电冰箱、洗衣机、厨房用具等大型废物，破碎块可达到 0.50 mm 粗细左右，该机设有旁路，不能破碎的废物由旁路排出。BTD 型是破碎金属切屑的锤式破碎机，其锤子呈钩形，工作时给金属切屑施加剪切、拉撕等作用使其破碎，可使金属切屑的松散体积减小 3～8 倍，便于运输。

（3）Novorotor 型双转子锤式破碎机，这种破碎机具有两个旋转方向的转子，转子下方均装有研磨板。废物自右方给料口送入机内，经破碎后，细颗粒借风力由上部的旋风分级板排出。该机破碎比较大，可达 300。

（三）冲击式破碎机

冲击式破碎机是一种新型高效破碎设备，破碎比大，适应性广，可以破碎中硬、软、脆、韧性、纤维性废物，且构造简单、外形尺寸小、安全方便、易于维护。冲击式破碎机主要有 Universa 型和 Hazemag 型两种，如图 8-11 所示。

Universa 型冲击式破碎机有两个板锤，一般利用楔块或液压装置固定在转子的槽内，冲击板用弹簧支承，由一组钢条组成（约 10 个）。冲击板下面是研磨板，后面有筛条。当要求的破碎产品粒度为 40 mm 时，仅用冲击板即可，研磨板和筛条可以拆除；当要求粒度为 20 mm 时，需装上研磨板；当要求粒度较小或软物料且容重较轻时，则冲击板、研磨板和筛条都应装上。由于研磨板和筛条可以装上或拆下，因而对各种城市垃圾的破碎适应性都较强。Hazemag 型冲击式破碎机装有两块反击板，形成两个破碎腔。转子上安有两个坚硬的板锤。机体内表面装有特殊钢衬板，用于保护机体不受损坏。这种破碎机主要用于破碎家具、电视机、杂器等生活废物。对于破布、金属丝等废物可通过月牙形、齿状打击刀和冲击板间隙进行挤压和剪切破碎。

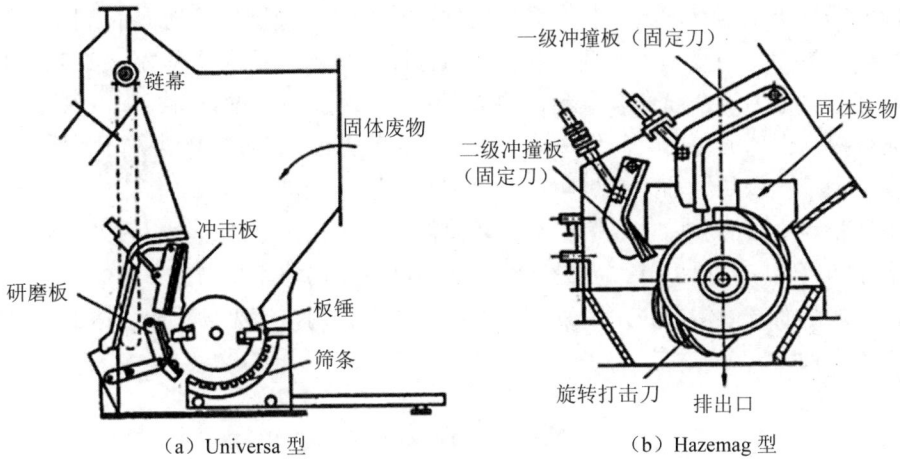

图 8-11　冲击式破碎机

（四）剪切式破碎机

剪切式破碎机是以剪切作用为主的破碎机，它是靠一组固定刀与一组（或两组）活动刀之间的剪切作用，将城市垃圾破碎成适宜的形状和尺寸。剪切式破碎机属于低速破碎机，转速一般为 20～60 r/min。根据活动刀的运动方式，剪切式破碎机可分为往复式与回转式两种。前者适合于破碎松散的片、条状废物；后者适合于破碎家庭生活垃圾。

对于剪切式破碎机，不论需破碎的废物硬度如何、是否有弹性，破碎总是发生在切割边之间。刀片宽度或旋转剪切破碎机的齿面宽度（约为 0.1 mm）决定了废物尺寸减小的程度。若废物黏附于刀片上时，则破碎不能充分进行。为了确保纺织品类或城市垃圾中体积庞大的废物能快速地供料，可以使用水压等方法，将其强制供向切割区域。实践证明，在剪切破碎机运行前，最好预先人工去除坚硬的大块物体，如金属块、轮胎及其他不可破碎废物，以确保系统正常有效地运行。

（五）辊式破碎机

辊式破碎机主要靠剪切和挤压作用进行破碎。根据辊子的特点，可将辊式破碎机分为光辊破碎机和齿辊破碎机两种。光辊破碎机的辊子表面光滑，主要作用为挤压与研磨，可用于硬度较大的城市垃圾的中碎与细碎。齿辊破碎机辊子表面有破碎齿牙，主要作用为劈裂，可用于破碎脆性或韧性较大的废物。辊式破碎机能耗低、产品过粉碎程度小、构造简单、工作可靠。但其破碎效果不如锤式破碎机，运行时间长，设备较为庞大。

（六）粉磨机

粉磨对于城市垃圾、矿山废物和许多工业废物来说，是一种非常重要的粉碎方式，在固体废物的处理与利用中也得到了广泛的应用，如煤矸石制砖、生产水泥、硫酸渣制造炼铁球团、回收金属等。通常，粉磨有三个目的：①对废物进行最后一段粉碎，使其中各种物相单体分离，为下一步分选创造条件；②对多种废物原料进行粉磨，同时起到混合均化的作用；③制造废物粉末，增加比表面积，加速物料化学反应的速度。

常用的粉磨机主要有球磨机和自磨机两种，图 8-12 为球磨机的构造示意图。球磨机由圆柱形筒体、端盖、中空轴颈、轴承和传动大齿圈组成。筒体内装有直径为 25～150 mm 的钢球，其装入量为整个筒体有效容积的 25%～50%。筒体内壁设有衬板，除防止筒体磨损外，兼有提升钢球的作用。筒体两端的中空轴颈一方面起轴颈的支撑作用，使球磨机的全部重量经中空轴颈传给轴承和机座；另一方面起给料和排料的漏斗作用。电动机通过联轴器和小齿带动大齿圈和筒体缓缓转动。当筒体转动时，在摩擦力、离心力和衬板共同作用下，钢球和废物被衬板提升。当提升到一定高度后，钢球和废物在自身力作用下，自由泻落和抛落，从而对筒体内底角区废物产生冲击研磨作用，使废物粉碎，达到磨碎细度要求后，由风机抽出。

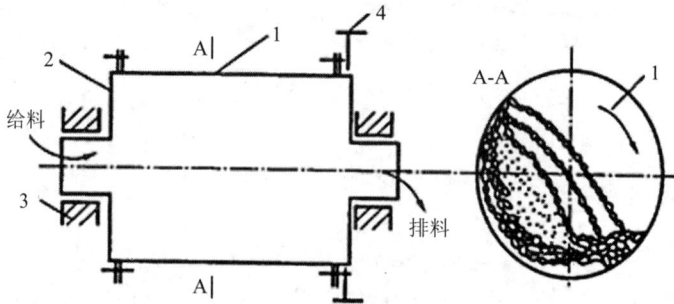

图 8-12　球磨机的构造示意图

1. 筒体；2. 端盖；3. 轴承；4. 大齿轮

自磨机又称无介质磨机，有干磨和湿磨两种。图 8-13 为干式自磨机的工作原理示意图。干式自磨机由给料斗、短筒体、传动部分和排料斗等部件构成。给料粒度一般为 300～400 mm，一次磨细到 0.1 mm 以下，破碎比可达 3 000～4 000，比不磨机等有介质磨机大数十倍。

对于一些常温下难以破碎的城市垃圾，如废旧橡胶、塑料、含纸垃圾等，常采用特殊设备和方法，如低温破碎和湿式破碎等方法进行破碎。

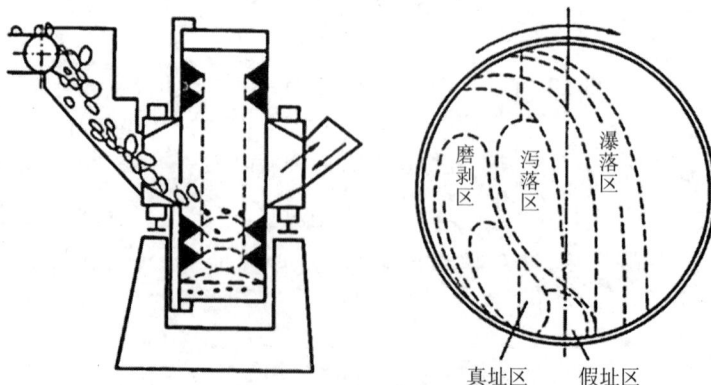

图 8-13　干式自磨机的工作原理图

（七）低温破碎机

对于在常温下难以破碎的城市垃圾，如塑料、汽车轮胎、包覆电线、废家用电器等，可利用其低温变脆的性能而有效地加以破碎。也可利用不同物质脆化温度的差异进行选择性破碎及分选，即低温破碎技术。例如聚乙烯（PE）脆化点−55～100℃，聚氯乙烯（PVC）脆化点−20～5℃，聚丙烯（PP）的脆化点为−135～95℃，对于含有此3种材料的混合物，只需控制适宜的温度，因为液氮温度低、无毒、无爆炸危险，故常使用液氮控温。但制造液氮需消耗大量能量，故价格昂贵。低温破碎机工艺流程如图8-14所示。将城市垃圾，如钢丝胶管、汽车轮胎、塑料薄膜和家用电器等复合制品，先投入到预冷室预冷，然后再进入浸没冷却装置，脱落粉碎。破碎产物再入各种分选设备进行分选。

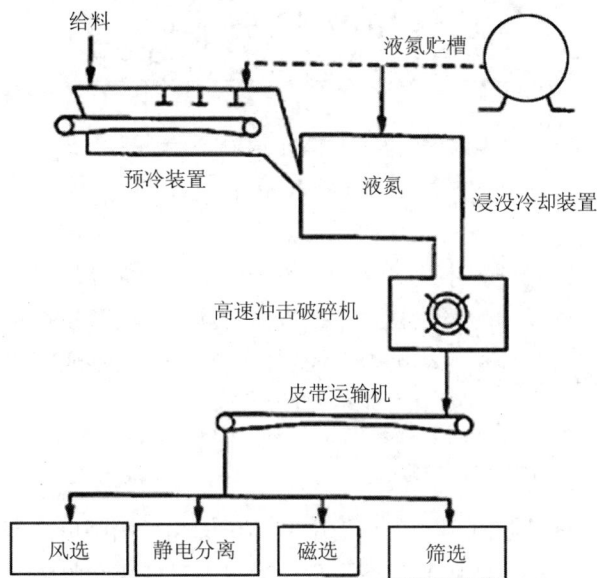

图8-14　低温破碎机工艺流程

低温破碎与常温破碎相比有明显的优点：动力消耗减到1/4以下，噪声约降低7 dB，振动减轻1/5～1/4；破碎后的同种物质粒径均一，形状相同，便于分离；复合材料经破碎后，分离性能好，资源回收率高，回收的材质纯度高。

（八）湿式破碎机

湿式破碎机是为回收城市垃圾中大量纸类物质而研制的一种破碎技术。它是将含纸垃圾投入到特殊破碎机内和大量水流一起剧烈搅拌、破碎成浆液的过程，从而可以回收垃圾中的纸纤维，图8-15是湿式破碎机的构造示意图。该破碎机为一立式转筒装置，圆形槽底设有许多筛孔，筛上叶轮装有六只破碎刀。含纸垃圾经传送带送入破碎机内，在水流和破碎刀急速旋转、搅拌下破碎成浆状，浆体由底部筛孔流出，经固液分离器把其中的残渣分出，纸浆送到纤维回收工序，进行洗涤、过筛脱水。将分离出纤维素后的有机残渣与城市地下水污泥混合脱水至50%，送到焚烧炉焚烧处理，回收热能。在破碎机内未能破碎和未通过筛孔的金属、陶瓷类物质从机器的侧口排出，通过提斗送到传送带上，在传送过程中用磁选器将铁和非铁类物质分开。

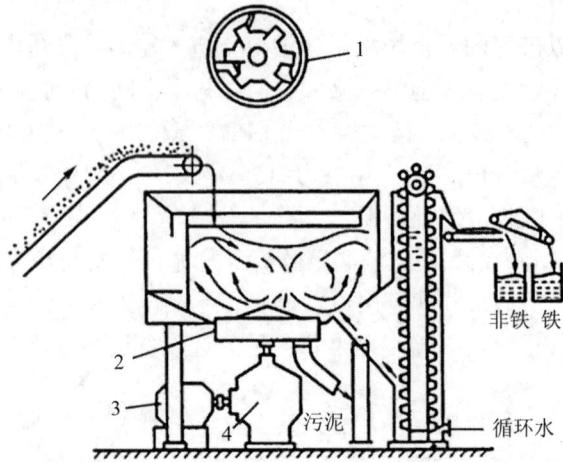

图 8-15 湿式破碎机的构造示意图

1. 叶轮；2. 筛；3. 电动机；4. 减速机

为了降低湿式破碎的处理成本，垃圾一般要经前处理，提高垃圾中纸类的含量。湿式破碎有明显的优点：垃圾成均匀浆状物，可按流体处理；不会孳生蚊蝇、无恶臭、比较卫生；噪声低、无爆炸和粉尘等危害；可用于处理化学物质、矿物质等废物；可从垃圾中回收纸类、玻璃、铁、有色金属，剩余污泥可作肥料。

（九）半湿式选择性破碎分选机

半湿式选择性破碎分选是利用城市垃圾中各种不同物质的强度和脆性差异，在一定湿度下破碎成不同粒度的碎块，然后通过不同孔径筛网进行分离回收的过程，该过程兼有破碎和筛分两种功能，图 8-16 是半湿式选择性破碎分选机的结构示意图。半湿式选择性破碎分选机由两段不同筛孔的外旋转圆筒筛、筛内与之反向旋转的破碎板组成。垃圾给入圆筒筛上部，并随筛壁上升，而后在重力作用下抛落，同时被反向旋转的破碎板撞击，垃圾中脆性物质，如玻璃、陶瓷、瓦片等首先破碎成细小块状，通过第一段筛网分离排出。剩余垃圾进入第二段筛网，此时喷射水分，中等粒度的纸类变成浆状从第二段筛网排出，从而回收纸浆。最后剩余的纤维类、竹林类、橡胶、皮革、金属等物质从终端排出，再进入重力分选装置，按密度分为金属类、皮革类和塑料膜三大类。这些类别的物质还可以进一步分选，例如，利用磁选从金属类中分出铁等。

半湿式选择性破碎分选技术有如下特点：能在同一台设备中同时进行城市垃圾的破碎和分选作业；可有效地回收有用物质；易破碎的废物首先破碎并及时排出，不会产生过粉碎现象；能耗低，处理费用低。

综观上述粉碎机械的特点，选择垃圾粉碎设备类型时，综合考虑下列因素：①所需要的破碎能力；②城市垃圾的性质（如物相组成、显微结构特点、强度、硬度、密度、形状、颗粒大小、含水率等）；③对粉碎产品粒径大小、粒度组成、形状的要求；④供料方式。

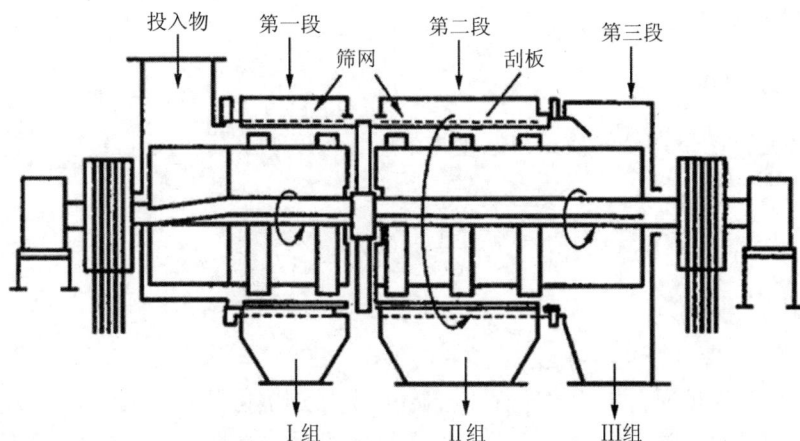

图 8-16　半湿式选择性破碎分选机的结构示意

第三节　城市垃圾的分选

　　城市垃圾分选是根据城市垃圾中不同物相组分的物理性质和表面特性的差异采用相应的工艺措施将其分别分离的过程。废物分选主要是根据不同物相组分的粒度、密度、磁性、电性、光电性、摩擦性及表面润湿性等差异进行的。相应地，常用的分选方法有人工分选、筛分、重力分选、磁力分选、电力分选、涡流分选、光电分选、摩擦分选、弹性分选和浮选等。许多城市垃圾含有多种可回收利用的有价成分，如城市垃圾中含有废纸、废橡胶、废塑料、废玻璃、废钢铁和非铁金属等有用组分。有目的地分选出这些有用组分，可达到充分利用城市垃圾的目的，或者分离出不利于后续处理处置工艺要求的组分。

　　分选效果的好坏通常用回收率表示。回收率是指单位时间内某一排料口中排出的某一组分的量与进入分选机的此组分量之比。但回收率并不能完全说明分选效果，还应考虑某一组分在同一排料口排出物中所占的分数，即纯度。回收率又因分选方法的不同而有不同的含义。如对筛分来说，回收率又称为筛分效率。

一、筛分

（一）筛分原理

　　筛分是利用不同筛孔尺寸的筛子将松散城市垃圾分成不同粒度级别的分选方法。经筛分，城市垃圾中大于筛孔的粗粒物料留在筛面上，小于筛孔的细粒物料通过筛面，完成粗、细物料分离过程。废物的筛分过程包括物料分层和细粒物料透筛两个阶段。物料分层是完成分离的条件，细粒透筛是分离的目的。为实现筛分过程，要求入选废物在筛面上有适当的运动。一方面使筛面上的物料处于松散状态，使废物能按粒度分层，粗颗粒位于上层，细颗粒位于下层，并透过筛孔。另一方面物料和筛子的运动能使堵在筛孔上的颗粒脱离筛面，有利于颗粒通过筛孔。

（二）筛分效率

筛分效率是指筛下产品的质量与原废物中所含粒度小于筛孔尺寸的物料质量之比，用百分数表示，即：

$$J = \frac{Q_1}{Q_0} \times 100\% \qquad (8\text{-}8)$$

式中，J——筛分效率，%；

Q_1——筛下产品的质量，kg；

Q_0——城市垃圾原料中所含粒径小于筛孔尺寸的物料质量，kg。

影响筛分效率的因素有很多，主要有城市垃圾的性质、筛分设备的性能及筛子的操作条件。

1. 城市垃圾的性质

影响筛分效率的垃圾性质主要有垃圾颗粒的形状、大小、含水量等。废物中"易筛粒"（粒度小于筛孔尺寸 3/4）的颗粒含量越多，筛分效率越低。废物颗粒形状呈多面体和球形最易筛分，片状或条状颗粒在筛子震动时易于转到物料上层，较难透筛。当废物含水率高时，筛分效率得到提高；当含泥量高时，易使细粒结团难以透筛。

2. 筛分设备的性能

筛分设备的性能有：①筛孔大小一定的情况下，同样尺寸筛孔的方形筛孔比圆形筛孔的筛分效率要高，故一般多采用方形筛孔的筛网。但当筛分粒度较小且片状颗粒较多时，宜采用圆形筛孔的筛网，以避免方形孔的四角附近发生颗粒粘连；当物料的粒度较小且片状颗粒较少时，宜采用长方形筛孔，可以提高筛分效率。②筛子的运动方式与强度对筛分效率有较大的影响，一种城市垃圾采用不同运动类型的筛子进行筛分时，其筛分效率如表8-1 所示。③筛面在生产量及物料沿筛面运动效率恒定的情况下，筛面的宽度越大，料层厚度就越薄，有利于细颗粒通过物料层到达筛面，可提高效率。如果筛面的长度太大，则筛分的时间就长。通常筛面长度与宽度之比为 2.5～3。④利用筛面倾角筛分时，倾角过小不起作用；倾角过大，颗粒通过筛孔困难，致使筛分效率降低。为了便于筛上产品的排出，一般筛面倾角以 15°～25°为宜。

表 8-1　不同运动类型筛子的筛分效率

筛子类型	固定筛	转筒筛	摇动筛	振动筛
筛分效率/%	50～60	60	70～80	90 以上

3. 筛子的操作条件

在筛分操作中应注意连续均匀给料，给料方向最好顺着物料沿筛面的运动方向，使物料沿整个筛面宽度铺成一薄层，既充分利用筛面，又便于细粒透筛，可以提高筛子的处理能力和筛分效率。

（三）筛分设备

根据筛分原理而设计的筛分设备，种类繁多。城市垃圾处理常用的筛分设备有固定筛、滚筒筛、振动筛等。

1. 固定筛

固定筛是由平行排列的钢条或钢棒组成的，有棒条筛和格筛两种。棒条筛由平行排列的棒条组成，筛孔尺寸应为筛下粒度的 1.1～1.2 倍，一般不小于 50 mm，棒条宽度应大于城市垃圾中最大块度的 2.5 倍，主要用于粗碎和中碎作业的前处理，安装倾斜角应大于物料对筛面的摩擦角，一般为 30°～35°，以保证物料能够沿筛面下滑。格筛由纵横平行排列的两组格条组成，一般安装在粗碎机之前，以保证入料块度适宜。通常采用水平式安装。固定筛构造简单，无运动部件，设备制作费用低，维修方便，在城市垃圾筛分中广泛使用。

2. 滚筒筛

滚筒筛亦称转筒筛，在城市垃圾分选中广泛使用。筛面为带孔的圆柱形筒体或截头的圆锥体（图 8-17）。在传动装置带动下，筛筒绕轴缓缓旋转（转速 10～15 r/min）。为使废物在筒内沿轴线方向前进，筛筒的轴线应倾斜 30°～35°安装。城市垃圾由筛筒的高端给入，被旋转的筒体带起，当达到一定高度后因重力作用自行落下，如此不断地做起落运动，使小于筛孔尺寸的细粒透筛，而筛上产品则逐渐移到筛的低端排出。滚筒筛已广泛用于城市垃圾的分选。美国新奥尔良州安装的全美最大滚筒筛，长度为 13.72 m，内径为 3 m，最大筛孔直径为 126 mm。

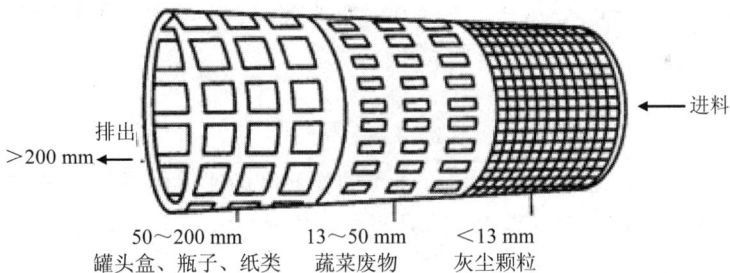

图 8-17　滚筒筛

3. 振动筛

振动筛是利用机械带动筛箱运动从而实现筛分物料的目的。振动筛的特点是振动方向与筛面垂直或近似垂直，振动频率为 600～3 600 r/min，振幅 0.5～1.5 mm。物料在振动力的作用下在筛面发生离析现象，密度大而粒度小的颗粒穿过密度小而粒度大的颗粒间的空隙，进入下层到达筛面，加速了筛分进程。振动筛的倾角一般为 8°～40°，由于筛面强烈振动，消除了筛孔堵塞现象，提高了筛分效率，有利于细粒物料的筛分，可用于粗粒、中粒、细粒（0.1～0.15 mm）废物的筛分，还可用于脱水振动和脱泥筛分。振动筛主要有惯性振动筛和共振筛两种。惯性振动筛的构造和工作原理如图 8-18 所示。

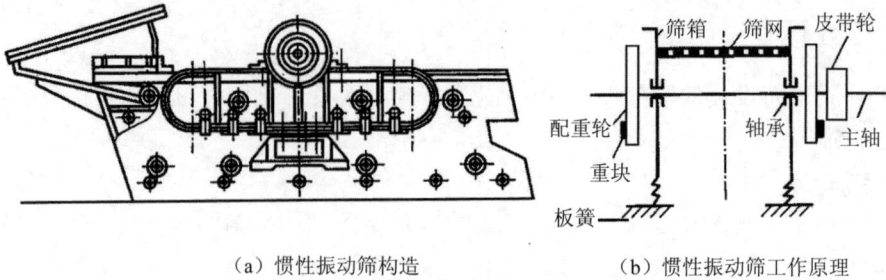

（a）惯性振动筛构造　　　　　　　（b）惯性振动筛工作原理

图 8-18　惯性振动筛构造和工作原理示意图

惯性振动筛是通过由不平衡体的旋转产生的离心惯性力使筛箱产生振动的一种筛子。当电机带动皮带轮高速旋转时，配重轮上的重块产生离心惯性力，其水平分力使弹簧横向变形，由于弹簧横向刚度大，水平分力被横向刚度所吸收。而垂直分力则垂直于筛面通过筛箱作用于弹簧，强迫弹簧做拉伸及压缩的强迫运动。因此，筛箱的运动轨迹为椭圆或近似于圆。由于该种筛子的激振力是离心惯性力，故称为惯性振动筛。共振筛是利用连杆上装有弹簧的曲柄连杆机构驱动，使筛子在共振状态下进行筛分。当电动机带动装在下机体上的偏心轴转动时，轴的偏心使连杆做往复运动。连杆通过弹簧将作用力传给筛箱，与此同时下机体也受到相反的作用力，使筛箱和下机体沿倾斜方向振动，但它们的运动方向相反，故达到动力平衡。筛箱、弹簧及下机体组成一个弹性系统。当该弹性系统固有的自振频率与传动装置的强迫振动频率接近或相同时，使筛子在共振状态下筛分，故称为共振筛。共振筛具有处理能力大、筛分效率高、耗电少以及结构紧凑等优点，因此应用很广，不仅适于废物的中细粒的筛分，还可用于废物分选作业的脱水、脱重介质和脱泥筛分等。

二、重力分选

重力分选也称重选，是根据城市垃圾中不同物质间的密度差异进行分选的方法。不同密度的物质颗粒在运动介质中受重力、介质动力和机械力的作用，颗粒群产生松散分层并迁移分离，从而得到不同密度的产品。

（一）重力分选原理

重力分选过程都是在介质中进行的，常用介质有水、空气、重液和悬浮液。重液是密度大于水的液体，悬浮液是由水及悬浮其中的固体颗粒组成的两相液体。由物理学可知，在真空中不同性质（密度、形状、体积等）的物相颗粒的运动状态（运动方向、速度、加速度等）是完全相同的，因此，不能依据重力作用使它们彼此分离。然而在介质中则完全不同，介质对运动的物质颗粒有浮力和阻力作用，不同性质颗粒物的运动状态不同，因而可以把它们彼此分离。重力分选过程中物质颗粒的基本运动形式是在介质中沉降。物质颗粒在介质中沉降时受物质颗粒重力和介质阻力作用。在一定介质中，对一定物质而言其重力是一定的，而阻力则与物质颗粒的沉降速度有关。在物质颗粒开始沉降的最初阶段，由于介质阻力很小，物质颗粒在其重力作用下加速沉降。随着沉降速度的增加，介质的阻力也增加。随着介质阻力的增加，物质颗粒的沉降加速度随之减小。经过一定时间后，加速度就减小到零。此时，物质颗粒就以一定的速度沉降。这种速度称为沉降末速度。沉降末速度受很多因素的影响，其中最重要的是物质的密度、粒度和形状，介质的密度和黏度。在一定的介质中，物质颗粒的粒度和密度越大，沉降末速度就越大，若不同物质的粒度相同，则密度大的末速度就大，优先沉降。实践表明，重力分选必须在运动的介质中进行。只有在运动的介质中，紧密的物料床层才能得到松散，分层才得以进行。同时借助运动介质流将已经分选的产物及时地运出去，这样分选过程才能连续有效地进行。

重力分选中介质的运动形式有以下几种：

①垂直运动：包括连续上升介质流、间断上升介质流、上升与下降交替介质流；

②水平运动：包括倾角较小的斜面介质流；

③回转运动：包括不同方向的回转介质流。

（二）重力分选分类和设备

根据分选介质及其运动形式，重力分选可分为风力分选、重介质分选、跳汰分选、摇床分选和溜槽分选等。

1. 风力分选

风力分选又称风选或气流分选，是城市垃圾分选中最常使用的一种方法。风选是以空气为分选介质，在气流作用下使城市垃圾中不同物质颗粒按密度和粒度进行分选的一种方法。风选的基本原理是气流能将较轻的物料向上带走或沿水平方向被带向较远的地方，而重物料则由于上升气流不能支持它而沉降，或由于惯性沿水平方向被抛到较近的地方。前者称为"竖向气流风选"，后者称为"水平气流风选"。被气流带走的轻物料一般用旋流器进一步从气流中分离出来。按工作气流的主流方向，风选设备可分为水平气流风选机（卧式风力分选机）和上升气流风选机（立式风力分选机）两种。

（1）卧式风力分选机。

卧式风力分选机的结构和工作原理如图 8-19 所示。城市垃圾经粉碎和圆筒筛筛分后，获得粒度较均一的物料，被均匀定量地给入机内，当废物在机内下落时，被鼓风机鼓入的水平气流吹散，城市垃圾中不同密度的组分则沿着不同运动轨迹分别落入重质组分、中重质组分和轻质组分收集槽中。卧式风力分选机构造简单，维修方便，但分选精度不高，故一般很少单独使用，常与粉碎、筛分、立式风力分选机组成联合处理工艺。

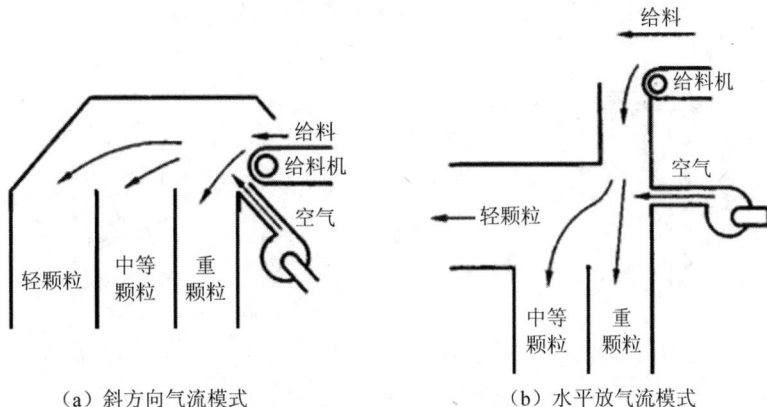

（a）斜方向气流模式　　　　（b）水平放气流模式

图 8-19　卧式风力分选机

（2）立式风力分选机。

立式风力分选机的结构和工作原理如图 8-20 所示，图（a）为从底部通入上升气流的曲折形风力分选机，图（b）为从顶部抽吸的曲折形风力分选机。经粉碎的城市垃圾从中部均匀定量地给入风力分选机。物料在上升气流作用下，各组分按密度进行分离。重组分从底部排出，轻组分从顶部排出，经旋风分离器（即旋流器）进行气固分离。立式风选机分选精度比卧式风选机高。

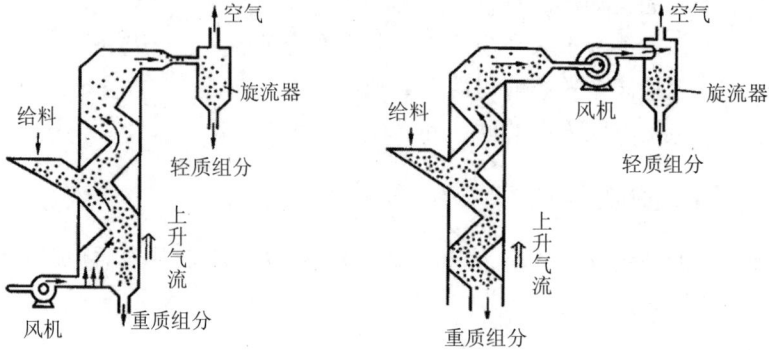

（a）底部进风的曲折形风力分选机　　　（b）顶部抽吸的曲折形风力分选机

图 8-20　立式曲折形风力分选机

风选机能分选出轻、重组分的一个重要条件，就是要使气流在分选筒内产生湍流和剪切力，以打散废物团块，从而达到较好的分选效果。为此需对传统的分选筒进行改进，采用锯齿形、振动式或回转式分选筒的气流通道，让气流通过一个垂直放置且具有一系列直角或 60°转折的筒体（图 8-21）。当通过筒体的气流速度达到一定值后，即可在整个空间形成完全的湍流状态，废物团块进入湍流后即被破碎，轻颗粒进入气流的上部，重颗粒则从一个转折落到下一个转折。在沉降过程中，气流对于没有被分散的城市垃圾团块继续施加破碎作用。重颗粒沿管壁下滑到转折点后，即受到上升气流的冲击，此时对于不同速度和质量的颗粒将出现不同后果，质量大和速度大的颗粒将进入下一个转折，而下降速度慢的轻颗粒则被上升气流所裹带。因此每个转折实际上起到了一个单独分选机的作用。经改进后的锯齿形气流分选机分选筒体为上大下小的锥形，使气流速度从下到上逐渐降低。逐渐变小的气流速度大大减少了由上升气流所夹带的重颗粒的数量。

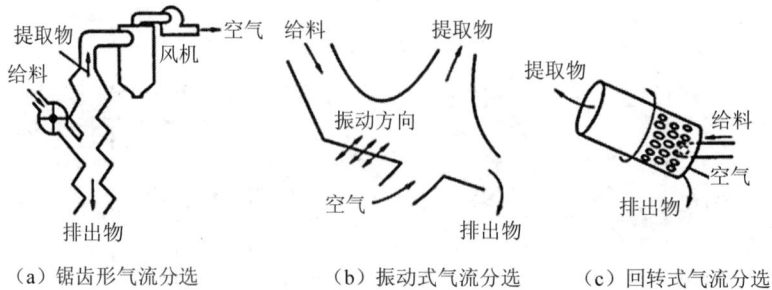

（a）锯齿形气流分选　　　（b）振动式气流分选　　　（c）回转式气流分选

图 8-21　转折式筒体风力分选机

　　有时可以将其他的分选手段与风力分选在一个设备中结合起来，例如振动式风力分选机[如图 8-21（b）所示]和回转式分选机[如图 8-21（c）所示]。前者是兼有振动和风力分选的作用；后者实际上兼有圆筒的筛分作用和风力分选的作用。

　　风选是比较简单的传统分离方法，目前已被广泛用于城市垃圾的分选。一般城市垃圾风选不单独使用，必须与其他处理方法组合，只作为处理系统中的一个单元。城市垃圾风选大多采用破碎—筛选—风选的联合流程，如图 8-22 所示。垃圾在分选前需先破碎到一定粒度，自然或加热干燥，使含水率小于 45%，然后定量均匀地输入卧式风选机，在 20 m/s 的风速气流作用下，垃圾粗分选为重质、中重质和轻质三类。重质为金属、陶瓷、玻璃、瓦砾等；中重质为木质、硬塑料类；轻质为纸类、纤维类。再把分离后的垃圾分别送入立式曲折形分选机，进入曲折风选分离器后，垃圾沿角度为 60°、长度为 28 cm 的折壁下滑，在自下而上的高速气流作用下，轻质的纸类等有机物从分选器上方排出，重质的金属、玻璃、陶瓷等无机物沿各段斜面逐渐下落，最后从分选器底部排出。经过分选，轻质有机物的纯度可达 96.7%，回收率为 95.6%；重质物中无机物纯度为 87.4%，回收率为 57.8%。

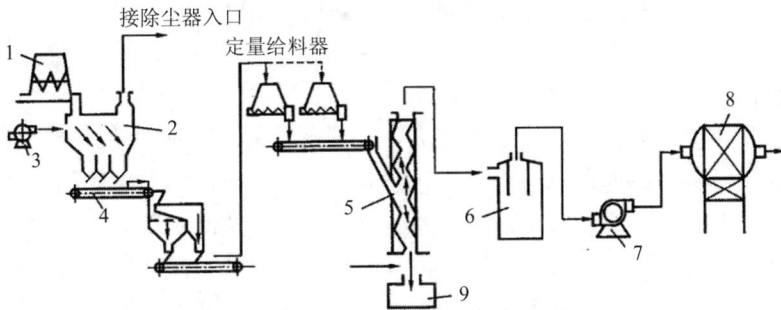

图 8-22　城市垃圾两级风选流程

1. 料斗；2. 卧式风选器；3. 鼓风机；4. 振动筛；5. 风选器；6. 有机物贮槽；

7. 抽风机；8. 除尘器；9. 无机物贮槽

2. 重介质分选

　　通常将密度大于水的介质称为重介质，在重介质中分选出城市垃圾中不同密度物质颗粒的方法称为重介质分选。所选用的重介质密度介于城市垃圾中轻物料密度和重物料密度之间。

　　凡是颗粒密度大于重介质密度的重物料都下沉，颗粒密度小于重介质密度的轻物料都上浮。分选是按阿基米德浮力原理进行的，完全是静力作用过程，介质的运动和颗粒的沉降不再是分层的主要作用因素。分选主要取决于颗粒的密度，而受颗粒形状及大小的影响不大，因此它的分选精度很高，可以分选密度差很小（$0.1 \sim 0.05$ g/cm^3）的物质颗粒，而且处理能力也大。重介质有重液和重悬浮液两类，重液是一些可溶性的高密度盐的溶液（如氯化锌等）或高密度的有机液体（如四氯化碳、三溴甲烷等），重悬浮液是由水和悬浮于其中的固体颗粒构成的。用于配制悬浮液的物质比较多，如勃土、重晶石硅铁、磁铁矿等。重液配制的密度一般为 $1.25 \sim 3.4$ g/cm^3。

　　常见的重介质分选设备是鼓形重介质分选机，其构造和原理如图 8-23 所示。该设备外形是一圆筒形转鼓，由四个辊轮支撑，通过圆筒腰间的大齿轮由传动装置带动旋转，在圆筒的内壁沿纵向设有扬板，用于提升重产物到溜槽内。圆筒水平安装，城市垃圾和重介质一起由圆筒一端给入，在向另一端流动过程中，密度大于重介质的颗粒沉于槽底，由扬板提升落入溜槽内，排出槽外成为重产物；密度小于重介质的颗粒随重介质流入圆筒溢流口，排出成为轻物料。鼓形重介质分选机适用于分离粒度较粗（40～60 mm）的城市垃圾，可用于分离多种金属，特别是从废金属混合物中回收铝。重介质分选工艺通常包括重介质制备、废物分选、介质回收与再生等操作单元。

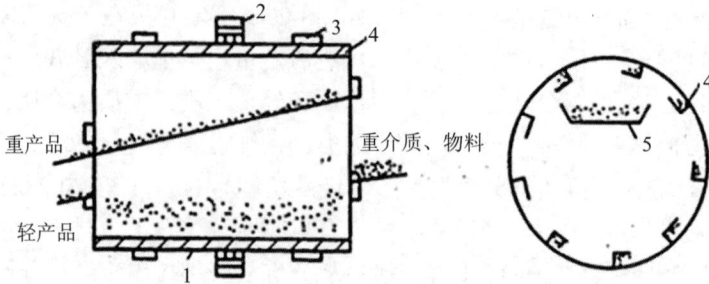

图 8-23 鼓形重介质分选机的构造和原理图

1. 圆筒形转鼓；2. 大齿轮；3. 辊轮；4. 扬板；5. 溜槽

3. 跳汰分选

跳汰分选是在垂直变速介质流中按密度分选城市垃圾的一种方法。经粉碎后混合废物中不同密度的颗粒群，在垂直脉动运动的介质流中按密度分层，大密度的颗粒群（重质组分）位于下层，小密度的颗粒群（轻质组分）位于上层，从而实现分离的目的。在实际分选过程中，物料不断地送入跳汰机，轻质物料不断分离出并被淘汰掉。根据分选所用介质水、空气、重介质，跳汰分选分为水力跳汰、风力跳汰、重介质跳汰三种。目前，城市垃圾分选多用水力跳汰。图 8-24 是跳汰分选机的工作原理示意图，机体的主要部分是固定水箱，它被隔板分成两个室，右为活塞室，左为跳汰室。活塞室中的活塞由偏心轮带动做上下往复运动，使筛网附近的水产生上下交变水流。物料给到筛网上，在上下交变水流的作用下，物料按密度分层，密度大的在下层（重产物），密度小的在上层（轻产物）。在城市垃圾分选中跳汰法主要用于混合金属的分离回收。

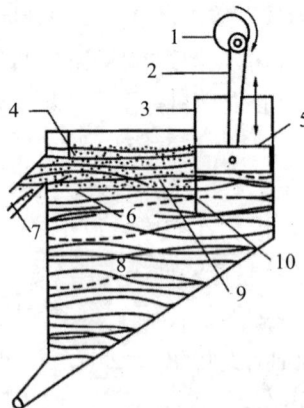

图 8-24 跳汰分选机的工作原理示意图

1. 偏心轮；2. 活塞；3. 活塞缸室；4. 轻物质；5. 隔膜；6. 筛网；

7. 重物质排放；8. 水箱；9. 重物质；10. 隔板

4．摇床分选

摇床分选是在一个倾斜的床面上，借助于床面的不对称往复运动和薄层斜面水流的综合作用，使细粒城市垃圾按密度差异在床面上呈扇形分布而进行分选的一种方法。在摇床分选设备中最常用的是平面摇床，如图 8-25 所示。平面摇床主要由床面、机架和传动机构组成。摇床床面近似呈梯形，横向有 $1°\sim5°$ 的倾斜。在倾斜床面的上方设置有给料槽和给水槽，床面上铺有耐磨层（如橡胶等），沿纵向布置有床条，床条高度从传动端向对侧逐渐降低，并沿一条斜线逐渐趋向于零，整个床面由机架支承。床面横向坡度借机架上的调坡装置调节，床面由传动装置带动进行往复不对称运动。

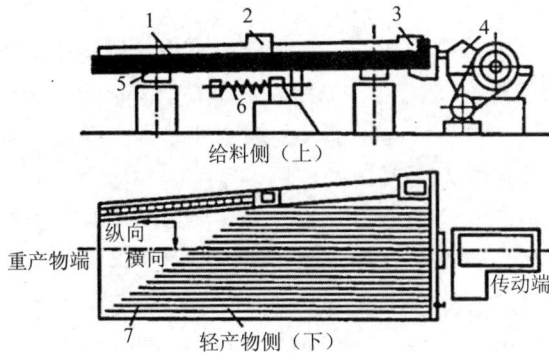

图 8-25　摇床结构示意图

1. 床面；2. 给水槽；3. 给料槽；4. 床头；5. 滑动支撑；6. 弹簧；7. 床条

摇床分选过程是给水槽给入冲洗水，布满横向倾斜的床面，并形成均匀的斜面薄层水流。当城市垃圾颗粒给入往复摇动的床面时，颗粒群在重力、水流冲力、床层摇动产生的惯性力以及摩擦力等综合作用下，按密度差产生松散分层，不同密度的颗粒以不同的速度沿床面纵向和横向运动。因此，它们的合速度偏离摇动方向的角度也不同，致使不同密度颗粒在床面上呈现扇形分布，从而达到分选的目的（图 8-26）。摇床按密度差异分选不同性质的废物颗粒，但颗粒的形状和大小对分选精度也有影响，因此，进入摇床的物料应先进行水力分级，然后再对不同粒级分别分选。目前摇床分选主要用于从含硫铁矿较多的煤矸石中回收硫铁矿、从硫铁矿烧渣中回收赤铁矿和从经破碎后的废电路板中回收金属，是一种分选精度很高的单元操作。

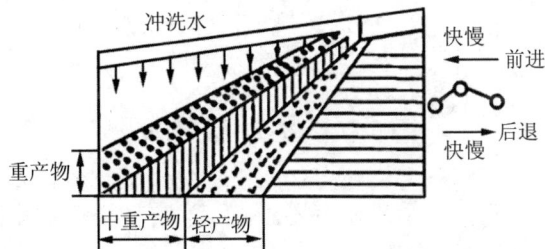

图 8-26　摇床上颗粒分带情况示意图

三、磁力分选

磁力分选有两种类型，一种是传统意义上的磁选，即电（永）磁力分选，主要用于清除物料中的磁性杂质以保护后续设备免遭损坏，或用于铁矿石的精选和从城市垃圾中回收铁磁性黑色金属材料。另一种是近 20 年来发展起来的磁流体分选，可用于城市垃圾焚烧灰以及堆肥产品中铁、铜、铝、锌、铅等金属的回收。

（一）磁选

磁选是利用城市垃圾中各种物质的磁性差异在不均匀磁场中进行分选的一种方法。城市垃圾按磁性可分为强磁性、中磁性、弱磁性和非磁性等不同组分，磁选过程如图 8-27 所示。当城市垃圾进入磁选机后，由于各组分的磁性差异，受到的磁力作用也不相同。磁性物质的颗粒被磁化，受到磁力（$F_磁$）的作用，克服了与磁力方向相反的所有机械力（包括重力、离心力、摩擦力、水流动力等）的合力（$F_机$），吸在磁选机的圆筒上，并随之被转筒带到排料端排出，成为磁性产品。非磁性废物颗粒，由于不受磁力作用，在机械合力作用下，由磁选机底部排料管排出，成为非磁性产品，完成磁选过程。上述过程表明，为了保证磁性颗粒与非磁性颗粒的分离，必须使作用在磁性颗粒上的磁力大于与其方向相反的所有机械力的合力，否则，磁选目的不能实现。磁选机的种类很多，分类方法也很多。根据磁场强度的强弱把磁选机分为弱磁场磁选机和强磁场磁选机。前者适用于强磁性废物的分选，后者适用于弱磁性废物的分选。目前，城市垃圾处理系统中最常用的磁选设备主要有带式磁选机和磁鼓式磁选机两种。

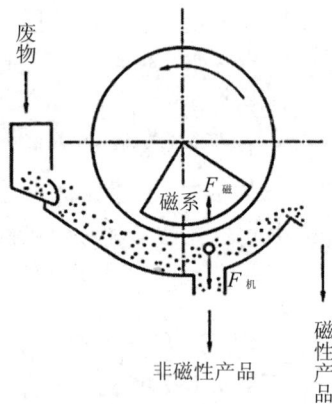

图 8-27　磁选过程示意图

1. 带式磁选机

图 8-28 是带式磁选机的工作原理示意图。在传送带上方配有固定磁铁，用于吸着来自破碎机的城市垃圾中的磁性物质，当吸着的磁性物质被传动皮带送到非磁性区时，就会自动掉落下来。

2. 磁鼓式磁选机

图 8-29 是磁鼓式磁选机的工作原理示意图。将一个悬挂式的磁鼓装在一台物料传

送机的一端。用传送带输送城市垃圾，入选物料进入磁鼓的磁场以后，磁性物质被磁鼓吸着，并随磁鼓转动，到达非磁性区脱落，非磁性物质由于未被磁鼓吸着而与磁性物质分开。

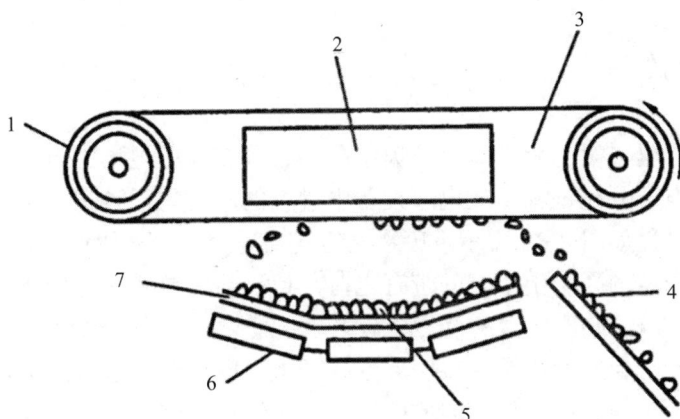

图 8-28　带式磁选机

1. 传动皮带机；2. 悬挂式固定磁铁；3. 非磁性区；4. 磁性物质；5. 破碎废物；6. 滚轴；7. 传送带

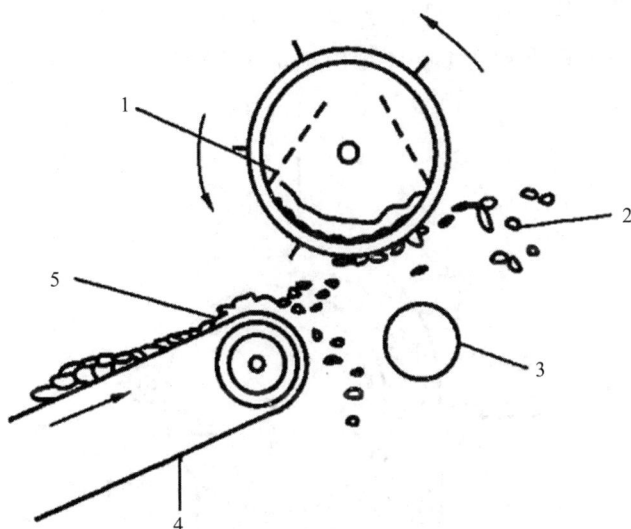

图 8-29　磁鼓式分选机

1. 固定式磁铁；2. 磁性物质；3. 记录纸；4. 传送带；5. 固体废物

（二）磁流体分选

磁流体是指某种能够在磁场或磁场与电场联合作用下磁化，呈现似加重现象，对颗粒产生磁浮力作用的稳定分散液。磁流体通常采用强电解质溶液、顺磁性溶液和铁磁性胶体悬浮液。似加重后的磁流体仍然具有原来的物理性质，如密度、流动性、黏滞性等。磁流体分选是利用城市垃圾各组分的磁性和密度的差异或磁性、导电性和密度的差异，使不同组分分离。当城市垃圾中各组分间的磁性差异小而密度或导电性差异较大时，采用磁流体可以有效地进行分离。根据分选原理和介质不同，磁流体分选可分为磁流体动力分选和磁流体静力分选两种。当要求分选精度高时采用静力分选，当固体废物中各组分间电导率差异大时采用动力分选。

四、电力分选

电力分选简称电选，是利用城市垃圾中各种组分在高压电场中电性的差异而实现分选的一种方法。电选分离过程是在电选设备中进行的。废物颗粒在电晕静电复合电场电选设备中的分离过程如图 8-30 所示。废物由给料斗均匀地给入辊筒，随着辊筒的旋转，废物颗粒进入电晕电场区，由于空间带有电荷，使导体颗粒和非导体颗粒都获得负电荷（与电晕电极的电性相同），导体颗粒一边荷电，一边又把电荷传给辊筒（接地电极），且放电速度快。因此，当废物颗粒随辊筒旋转离开电晕电场区而进入静电场区时，导体颗粒的剩余电荷少；而非导体颗粒则因放电速度慢，致使剩余电荷多。导体颗粒进入静电场后不再继续获得负电荷，但仍继续放电，直至放完全部负电荷，并从辊筒上得到正电荷而被辊筒排斥，在电力、离心力和重力的综合作用下，其运动轨迹偏离辊筒，而在辊筒前方落下，偏向电极的静电引力作用更增大了导体颗粒的偏离程度；非导体颗粒由于有较多的剩余负电荷，将与辊筒相吸，被吸附在辊筒上，带到辊筒后方，被毛刷强制刷下；半导体颗粒的运动轨迹则介于导体颗粒和非导体颗粒之间，成为半导体产品落下，从而完成电选分离过程。

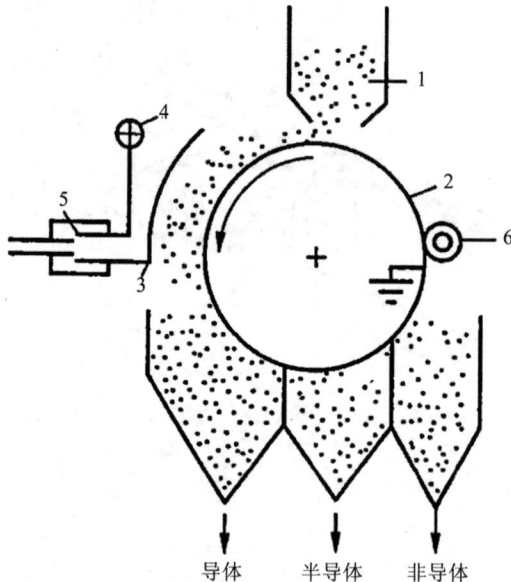

图 8-30　电选分离过程示意图
1. 给料斗；2. 辊筒电极；3. 电晕电极；4. 偏向电极；5. 高压绝缘子；6. 毛刷

（一）静电分选机

图 8-31 是辊筒式静电分选机的构造和原理示意图。将含有铝和玻璃的废物通过电振给料器均匀地给到带电辊筒，铝为良导体，从辊筒电极获得相同符号的大量电荷，因而被辊筒电极排斥落入收集槽内；玻璃为非导体，与带电辊筒接触被极化，在靠近辊筒一端产生相反的束缚电荷，被辊筒吸住，随辊筒带至后面被毛刷强制刷落进入玻璃收集槽，从而实现铝与玻璃的分离。

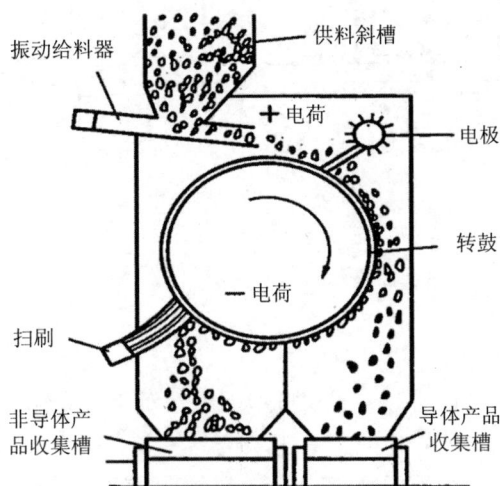

图 8-31 辊筒式静电分选机

（二）高压电选机

YD-4 型高压电选机的构造如图 8-32 所示。该机特点是具有较宽的电晕电场区、特殊下料装置和防积灰漏电措施，整机密封性能好；采用双筒并列式，结构合理、紧凑，处理能力大，效率高；高压电选机（又名静电分离机），是利用物料导电性能的差异，在高压电晕电场与高压静电电场相结合的复合电场中，在电力和机械力的作用下，实现对物料的分离。对导体加强了静电极的吸引力，对非导体加强了斥力。经过挑选、破碎、磨粉后的金属和非金属混合物或其他导体和非导体混合物，从进料漏斗中下到圆筒上面，圆筒旋转带物料进入高压电极和圆筒接地电极之间电晕电场中，导电性能良好的颗粒在与接地电极表面接触时，能较快地将导电良好的金属颗粒所带电荷经圆筒电极传走，在旋转圆筒带来的离心力和自重力的作用下，脱离圆筒电极，落入导体颗粒的接料槽中。导电性能较弱的非金属或非导体颗粒，在与圆筒接触时，很难传走它们所带的电荷。由于异性电荷相互吸引而吸附在圆筒表面，随圆筒转动带至圆筒后面被圆辊毛刷刷下，落入非导体颗粒接料槽中。高压电选机又分为单辊型（铝塑分离机，电子垃圾处理设备）、双辊型、三辊型、四辊型及多辊型电选机。

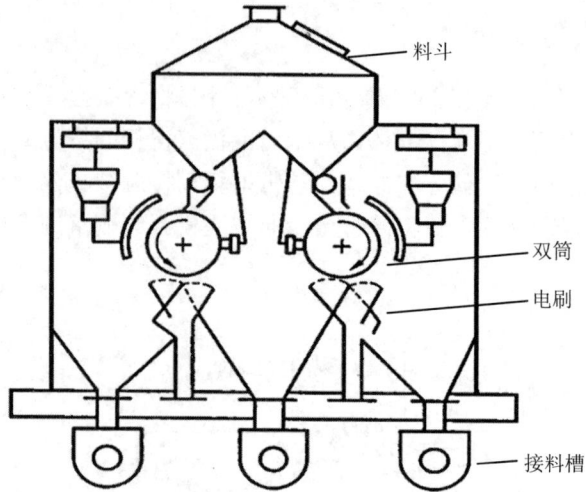

图 8-32 高压电选机

五、涡流分选

从工业和生活废料中回收非铁金属，典型的处理对象有废铜、废铝电力电缆、铝制品、汽车切片、非铁金属碎屑、印刷电路板、电子废品、多金属混合物、铝渣等，可以用涡流分选方法。涡流分选基于两个重要物理现象：一个随时间而变的交变磁场总是伴生一个交变电场；载流导体产生磁场，涡流分选机里面配置的条状磁铁轮子的高速旋转，产生变化的磁场，由于旋转速度高，其磁场变化很大。在这个磁铁轮的外面就有物料输送皮带轮。物料由这个输送带上面输送过来，当物料到了高速变化的磁场轮子时，由于磁场的变化，物料中的导体上产生涡电流，涡电流产生磁场。根据楞次定律，这个涡电流所产生磁场的方向总是抵制导体本身磁场的变化，即导体的磁场方向和磁铁轮子的磁场方向相反。如铝、铜、镁等不带磁性的导体在这个相互排斥磁场作用下，向远处飞出。带磁性的铁等被带磁性的轮子吸引而带到一定距离（向轮子下方和后方）之后落下。另外，不是导体的非铁物料和玻璃瓶子、塑料等就到端部靠重力落下。这样，铝分离机可以把物料分离为三种成分，即铝、铜是一种，带磁性的铁为另一种，不是导体又不是铁的成分为第三种，涡流分选示意图见图 8-33。

六、浮选

浮选是依据不同物料表面性质的差异，在浮选药剂的作用下，借助于气泡的浮力，从物料悬浮液中分选物料的过程。浮选法的关键是要使浮选的物料颗粒吸附于气泡上。一定浓度的料浆，加入各种浮选药剂后，经充分搅拌和通入空气，在浮选机内产生大量的弥散气泡，并与呈悬浮状态的颗粒相碰撞，一部分可浮性好的颗粒附着在气泡上，上浮至液面，另一部分物料仍留在料浆内，此时，把液面上的泡沫刮出，形成泡沫产物，从而达到物料分离的目的。

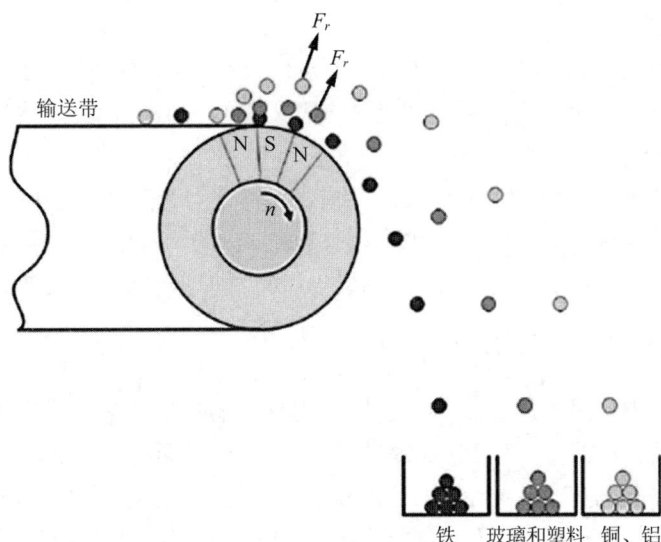

图 8-33　涡流分选示意图

浮选法所分离的物质与其密度无关，主要取决于其表面的润湿性。城市垃圾中有些物质表面的疏水性较强，容易吸附在气泡上，而另一些物质表面亲水，不易吸附在气泡上。物质表面的亲水、疏水性能，可以通过浮选药剂的作用而加强。因此，在浮选工艺中，正确选择、使用浮选药剂是调整物质可浮性的主要外因条件。

（一）浮选药剂

在浮选过程中要加入某些药剂，以改变颗粒表面或浮选介质的特性，来提高分选效率。浮选药剂的种类很多，根据其在浮选过程中的作用，可分为捕收剂、起泡剂、抑制剂、活化剂、介质调整剂五大类。

1. 捕收剂

凡能选择性地作用于城市垃圾颗粒表面，使颗粒表面疏水性增强的有机物质，称捕收剂。良好的捕收剂应满足以下要求：①具有较高的选择性，最好只对某一种物质具有捕收能力；②捕收作用强，具有足够的活性；③来源广，价格低；④易溶于水，无毒、无臭，成分稳定，不易挥发变质等。常用的捕收剂有黄药、黑药、油酸、煤油等。

2. 起泡剂

在浮选过程中为了产生大量而稳定的气泡，必须向浮选料浆中添加起泡剂。浮选用的起泡剂应具有下列性能：①用量少，能形成量多、分布均匀、大小适宜、韧性适当和强度不大的气泡；②有良好的流动性，适当的水溶性，无毒、无腐蚀性，便于使用；③无捕收作用，对料浆的 pH 值变化和料浆中物质颗粒有较好的适应性。常用的起泡剂有松油、松醇油、脂肪醇等。

3. 抑制剂

抑制剂的作用是削弱非选物质颗粒与捕收剂之间的作用，抑制其可浮性，增大其与欲选物质颗粒之间的可浮性差异，提高分选过程的选择性。常用的抑制剂有石灰、氯化钾（钠）、重铬酸钾、硫酸锌、硫化钠等。

4．活化剂

凡能促进捕收剂与欲选物质颗粒的作用，从而提高欲选物质颗粒可浮性的药剂均称为活化剂，其作用称为活化作用。常用的活化剂有无机盐、酸类、硫化钠等。

5．介质调整剂

介质调整剂的主要作用是调整浆体的性质，使料浆对某些物质颗粒的浮选有利，而对另一些物质颗粒的浮选不利。例如，用它调整料浆的离子组成、改变料浆的 pH 值、调整可溶性盐的浓度等。常用的介质调整剂有石灰、苛性钠、硫化钠、硫酸等。

（二）浮选设备

目前，国内外浮选设备类型很多，我国使用最多的是机械搅拌式浮选机（图 8-34），主要有叶轮式机械搅拌式浮选机和棒型机械搅拌式浮选机两种，此外，还有加压溶气浮选和曝气浮选。图 8-34 是机械搅拌式浮选机示意图。它由一排金属制的长方形浮选槽组成，每个浮选槽均由槽体、轴承、叶轮、稳流器以及刮板、凸台和传动装置所组成。其工作原理是利用叶轮回转时所产生的负压，经吸气管吸入空气，并弥散形成气泡。在叶轮强烈搅拌和抛射作用下，使空气泡与料浆充分混合。经捕收剂作用的有用颗粒，选择性地附着于气泡上，上浮至料浆面，由刮板刮入产品槽内，从而完成分选作业。

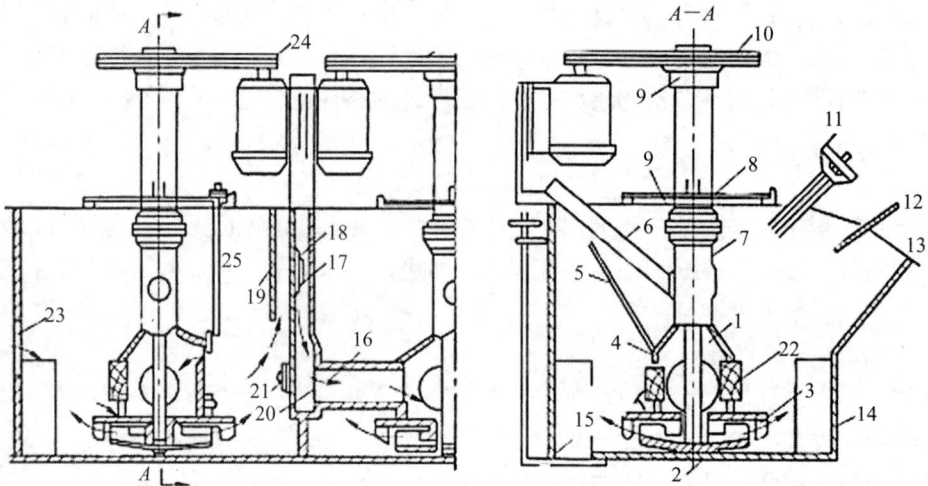

图 8-34　机械搅拌式浮选机

1. 主轴；2. 叶轮；3. 盖板；4. 连接管；5. 砂孔闸门丝杆；6. 进气管；7. 空气管；8. 座板；
9. 轴承；10. 皮带轮；11. 溢流闸门手轮及丝杆；12. 刮板；13. 泡沫溢流唇；14. 槽体；15. 放砂闸门；
16. 给矿管（吸浆管）；17. 溢流堰；18. 溢流闸门；19. 闸门壳（中间室外壁）；20. 砂孔；21. 砂孔闸门；
22. 中矿返回孔；23. 直流槽前溢流堰；24. 电机及皮带轮；25. 循环孔调节杆

（三）浮选工艺过程

1．料浆的调制

首先将废物经适当破碎、磨碎，得到粒度适宜、基本上解离成单体的颗粒，并尽量避免泥化。然后配制料浆，进入浮选机的料浆浓度必须调至符合浮选工艺的要求，否则将影响产品的纯度和回收率。

2. 加药调整

添加药剂的种类与数量，应根据欲选物质颗粒的性质，通过实验确定。一般在浮选前添加药剂总量的 60%～70%，其余则分几批在适当的工艺过程中添加。

3. 充气浮选

将调制好的料浆引入浮选机内，由于浮选机的充分搅拌作用，形成大量的弥散气泡，提供了颗粒与气泡碰撞接触的机会，可浮性好的颗粒附于气泡上而上浮形成泡沫层，经刮出收集、过滤脱水即为浮选产品；不能附于气泡的颗粒仍留在料浆内，经适当处理后废弃或作他用。

（四）浮选技术的应用

浮选是城市垃圾资源化的一种重要技术，在我国已用于从粉煤灰中回收炭、从煤矸石中回收硫铁矿、从焚烧炉灰渣中回收金属等。从粉煤灰中浮选回收精炭的工艺流程如图8-35 所示。浮选法的主要缺点是有些工业城市垃圾浮选前需要破碎和磨碎到一定的细度；浮选时要消耗一定数量的浮选药剂且易造成环境污染或需增加相配套的净化设施；还需要一些辅助工序，如浓缩、过滤、脱水、干燥等。因此，在生产实践中究竟采用哪一种分选方法应根据城市垃圾的性质，经过技术经济综合比较后确定。

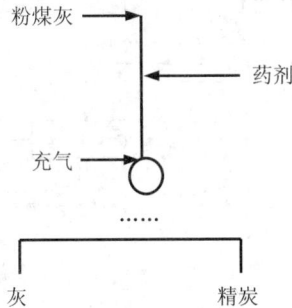

图 8-35　粉煤灰的浮选工艺流程

七、垃圾分选回收工艺系统

近 10 多年来，各发达国家已将再生资源的开发利用视为第二矿业，形成了一个新兴工业体系。目前，世界各国城市垃圾处理技术和方法有下列共同点。

（1）基本是"干式"回收有用组分，极少数在工艺过程的末端辅以"湿式"回收。

（2）通用工艺程序均为：原始垃圾破碎→分选→处理→回收。

（3）采用综合技术方法进行破碎、分选和回收，很少用单一的方法处理，有些国家还辅以光电等先进技术分离提纯。

（4）各处理工艺所能回收的产品有黑色金属、有色金属、纸浆、塑料、有机肥料、饲料、玻璃以及焚烧热等（图 8-36）。世界上已设计采用的垃圾处理工艺方案达数十种，图8-37 是其中一个较先进的分类回收工艺系统流程示意图。该系统分选回收的产品有：①黑色金属，如废铁块、马口铁皮等；②有色金属，如铜、铝、锌、铅等；③重质无机物，主要为轻质塑料薄膜、布类、纸类等。

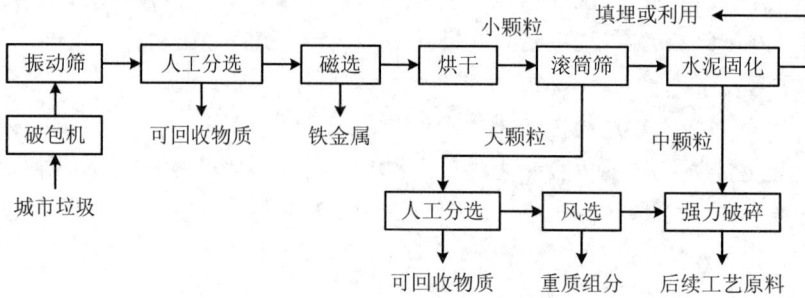

图 8-36　垃圾分选工艺 1

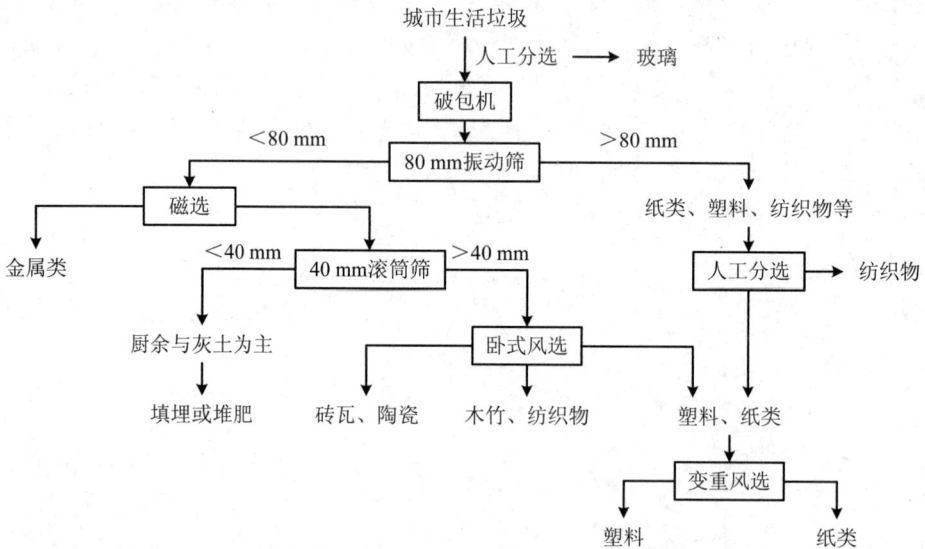

图 8-37　垃圾分选工艺 2

八、垃圾分选工艺优选

对垃圾分选工艺流程进行优选，是一项系统工程。人的经验、知识以及观点等因素，往往对优选结果有很大的影响。实际上，流程方案优选可以归结为方案排序问题；基于这种思路，采用系统工程中的层次分析法来探讨垃圾分选工艺流程优选问题。层次分析法（Analytical Hierarchy Process，AHP）是美国著名运筹学家、匹兹堡大学教授 T.L.Saaty 在 20 世纪 70 年代初提出来的，它把复杂问题中各种因素划分为相互联系的有序层次使之条理化，根据对一定客观现实的判断就每一层次的相对重要性给予定量表示，利用数学方法确定表达每一层次的全部元素相对重要性次序的权值，并通过排序结果，分析和解决问题。现有的垃圾分选工艺在技术、流程上存在差异，对不同的城市垃圾都有一定的分选能力。

那么对于经济、垃圾产生等情况差别大的城市，应该采用哪一种分选工艺为最合理呢？可采用层次分析法对其进行优化设计。

经过对分选工艺的初步遴选，确定 4 种预选工艺：流程 1（城市生活垃圾综合分选工艺 1，见图 8-36）；流程 2（只建立人工分拣平台，对可回收物质分拣后采用填埋与焚烧处理，见图 8-37）；流程 3（适合我国南方发达城市的分选工艺，见图 8-38）；流程 4（适合南方潮湿地区的垃圾分选工艺，见图 8-39）。

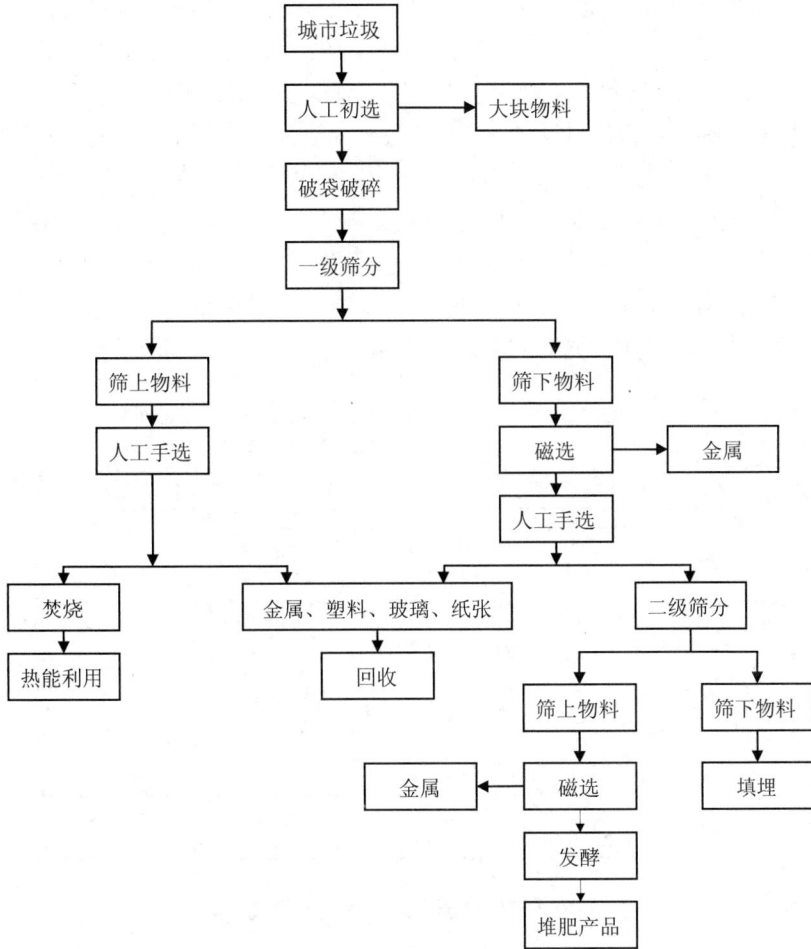

图 8-38　垃圾分选工艺 3

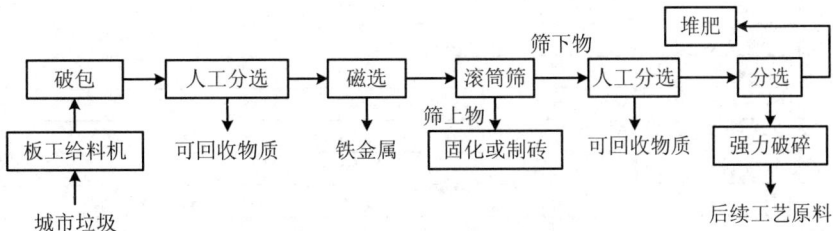

图 8-39　垃圾分选工艺 4

按整体和局部相结合、内部和外部相结合、近期和远期相结合、优化和决策相结合、需要和可能相结合的有关原则，拟定 3 个准则层，即环境效益 P_1、经济效益 P_2 和社会效益 P_3，与其对应的评价指标有：垃圾的分选效果指数 C_1 表示分选工艺使生活垃圾分选成适宜后续处理工艺的组分与回收物质组分的效果；后续填埋对环境影响指数 C_2 表示经过分选后生活垃圾进入填埋场相对于直接填埋对环境影响的改变；后续焚烧对环境影响指数 C_3 表示经过分选后生活垃圾再焚烧相对于直接焚烧对环境影响的改变；工艺设备投资指数 C_4 表示采用该工艺所需要的投资费用的倒数；二次污染的治理成本指数 C_5 表示分选工艺时产生的二次污染处理成本（包括分选时的噪声污染、灰尘以及污水处理成本）；每吨垃圾的分选费用 C_6 表示分选每吨垃圾所需要费用；回收资源的价值 C_7 表示分选出的材料进入市场所获得的利润；资源的重复利用率 C_8 表示在资源日益紧缺情况下，资源重复利用的社会效益；技术的成熟性 C_9，定性打分（完全成熟为 1.0）；运行管理的难易程度 C_{10}，定性打分。根据以上确定的指标体系建立的最优分选工艺流程递阶层次模型如图 8-40 所示。由专家结合该市的气候环境进行无干扰的独立判断，得出判断矩阵，对各判断矩阵求解，在得出各单排序结果后，求出各评价指标对总目标"最优分选工艺流程"的排序权重（表 8-2），根据总排序结果，可知分选工艺流程 3 方案为最优。

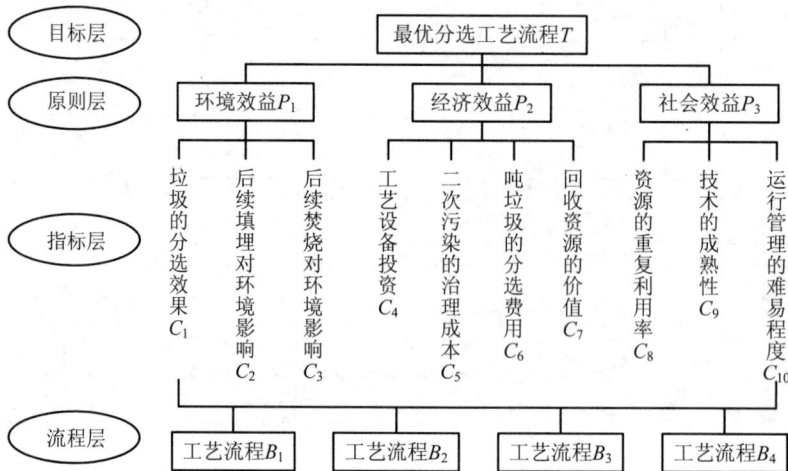

图 8-40　最优分选工艺流程递阶层次模型

表 8-2　专家评价打分表

项　　目	工艺流程 1	工艺流程 2	工艺流程 3	工艺流程 4
垃圾的分选效果	好	较好	较好	一般
后续填埋对环境影响	好	较好	好	一般
后续焚烧对环境影响	好	较好	好	一般
工艺设备的投资/万元	500	400	350	50
二次污染的治理成本	高	较高	较高	低
吨垃圾的分选费用	高	一般	一般	低
回收资源的价值	高	较高	较高	低
资源的重复利用率	好	较好	好	差
技术的成熟性	一般	适应性较强	适应性强	广泛
运行管理的难易程度	难	一般	一般	容易

第四节　城市垃圾的脱水、干燥技术与工艺

　　某些城市垃圾，如在处理城市污水和工业废水过程中产生的沉淀物和漂浮物，它们的重要特征是含水率高，且含有大量的有机物和丰富的氮、磷等营养物质，任意排入水体，将会大量消耗水体中的氧，导致水体水质恶化严重、影响水生生物的生存。此外，这些城市垃圾中还含有多种重金属、致病菌和寄生虫卵等有害物质，若处理不当，会传播疾病、污染土壤和作物，并通过生物链转嫁人类，成为"二次污染源"。因此，为使这些城市垃圾便于处理和利用，必须对其进行干燥脱水。

一、城市垃圾的脱水技术与工艺

（一）城市垃圾的含水量

　　城市垃圾的含水量通常有湿重和干重两种表示方法。在湿重测定方法中，样品中的湿度被表示为该物质湿重的百分比；在干重测定方法中，样品中的湿度 M 表示为该物质干重的百分比。在城市垃圾管理领域中湿重测定方法是最常用的：

$$M = \frac{W - W_d}{W} \times 100\% \tag{8-9}$$

式中，M——含水量，%；

　　　　W——提供的样品的初始重量，kg；

　　　　W_d——样品在 105℃ 干化后的重量。

（二）水分存在形式及其脱除方法

　　城市垃圾中厨余垃圾、污泥等含水率高，在处理与处置前需要进行脱水预处理。

1. 污泥脱水

　　在污水处理系统中直接从污水中分离出来的沉砂池和初沉池中的沉渣、隔油池和浮选池中的油渣、废水通过化学处理和生物化学处理产生的活性污泥和生物膜、高炉冶炼过程中排出的洗气灰渣、电解过程中排出的电解泥渣等，统称为污泥。污泥的种类较多，分类较复杂。按水的性质和水处理方法分为生活污水污泥、工业废水污泥和给水污泥；按污泥来源分为初次沉淀污泥、剩余污泥、熟污泥和化学污泥；按污泥成分和某些性质又可分为有机污泥和无机污泥，亲水性污泥和疏水性污泥；按污泥处理的不同阶段分为生污泥、浓缩污泥、消化污泥、脱水污泥和干化污泥等。污泥中水的存在形式有：①颗粒间隙水，存在于颗粒间隙中的水，约占城市垃圾中水分的 70%，需要浓缩分离。②毛细管结合水，在固体物质粒子间形成了一些小的毛细管，这种毛细管有裂纹形和楔形两种，其中充满的水为毛细水，约占污泥水分的 20%。③表面吸附水，这种水吸附在污泥颗粒表面，可随固形粒子同时移动，约占污泥水分的 7%，可采用加热方法排除。④内部水，内部水是指存在于污泥颗粒内部和微生物细胞膜内的水分，约占污泥水分的 3%。

污泥脱水方法有以下几种：

（1）重力浓缩法。重力浓缩法是最常用的一种污泥浓缩方法，利用自然的重力沉降作用，使污泥中的固体自然沉降而分离出间隙水。根据污泥的浓度与特性，重力沉降可分为自由沉降、絮凝沉降、拥挤沉降和压缩沉降四种类型。重力浓缩按运行方式可分为间歇式和连续式两种，前者用于小型污水处理厂，后者用于大型污水处理厂。

（2）间歇式浓缩法。在放空上清液后将污泥间歇给入，在浓缩池的不同高度设有上清液排放管，因而体积比连续式大，管理也较麻烦。连续式浓缩池一般设有中心管，稀污泥浆从中心管给入池内，在向四周缓慢流动过程中进行拥挤沉降与浓缩，固体粒子得到沉降分离，分离液由池表面周边溢流堰溢出，浓缩污泥从池底由刮泥机和泥浆泵排出。

（3）气浮浓缩法。气浮浓缩法是依靠大量微小气泡附着在颗粒上，形成颗粒-气泡结合体，进而产生浮力把颗粒带到水面达到浓缩的目的。气浮浓缩法适合于比重接近于1的污泥，如好氧消化污泥、接触稳定污泥、不经初次沉淀的延时曝气污泥以及一些工业的废油脂及油等。与重力浓缩相比，其浓缩程度高（污泥含水率由99.5%降至94%～96%），固体物质回收率高（可达99%），浓缩快，滞留时间短（约为重力浓缩所需时间的1/3），占地少，刮泥较方便；但基建和操作费用较高，管理较复杂，运行费用为重力浓缩的2～3倍。气浮浓缩按气泡产生方式的不同分为电解气浮、散气气浮和溶气气浮。污泥气浮浓缩主要采用溶气气浮法，又可分为加压气浮和真空气浮。

（4）离心浓缩法。离心浓缩法是利用固体颗粒和水的密度差异，在高速旋转的离心机中，固体颗粒和水分分别受到大小不同的离心力而使固液分离的过程。因离心力远大于重力，是重力的500～3 000倍，因此离心浓缩机占地面积小、造价低，但运行与机械维修费用高。目前用于污泥离心分离的设备主要有倒锥分离板型离心机和螺旋卸料离心机两种。污泥经浓缩处理后，含水率仍很高（95%～97%），体积还很大，因此需进行脱水和干燥。

2. 厨余垃圾脱水

厨余垃圾脱水采用连续螺旋挤压方式实现泔水分离，泔水处理设备是处理餐厨垃圾脱水的优质设备，经过该泔水处理设备处理后含水率低（仅为50%左右），外观呈蓬松状，无黏性，臭味降低，手挤不出水、撒手不成团。处理设备的工作步骤是将需要处理的泔水注入泔水处理设备内，再由绞龙将泔水逐渐推向机器的前方，同时不断提高机器前缘的压力，迫使物料中水分在边压带滤的作用下挤出网筛，流出排水管。分离出干物质是非常好的有机肥液，也可以排放到曝气池进行曝气环保处理。前缘压力不断增大，当大到一定程度时，就将出料口顶开并挤出挤压口，达到挤压出料的目的，干物质由出料口挤出。

二、城市垃圾的干燥技术与工艺

（一）干燥方法

1. 机械脱水法

机械脱水法就是通过对物料加压的方式，将其中一部分水分挤出。常用的有压榨、沉降、过滤、离心分离等。机械脱水法只能除去物料中部分自由水，结合水仍残留在物料中，因此，物料经机械脱水后含水率仍然很高，一般为40%～80%，机械脱水法是一种最经济但不一定最有效的方法。

2. 加热干燥法

加热干燥法利用热能加热物料，气化物料中的水分，因而需要消耗一定的热能。通常是利用空气来干燥物料，空气预先被加热送入干燥器，将热量传递给物料，气化物料中的水分，形成水蒸气，并随空气带出干燥器。物料经过加热干燥，能够除去物料中的结合水，达到产品或原料所要求的含水率。

3. 化学除湿法

化学除湿法是利用吸湿剂除去气体、液体、固体物料中的少量水分，由于吸湿剂的除湿能力有限，仅用于除去物料中的微量水分，因此生产中应用很少。在实际生产过程中，对于高湿物料一般均尽可能先用机械脱水法去除大量的自由水，之后再采用其他干燥方式进行干燥。

4. 生物干燥法

所谓生物干燥法，即是混合垃圾的生物预处理，是利用堆肥原理对预破碎的混合垃圾进行干燥脱水过程。在强制通风情况下，堆肥微生物利用混合垃圾中易腐有机物发酵产热，高温下通风加速水分挥发，混合垃圾水分显著下降，实现生物干燥效果。生物干燥可以有效降低混合垃圾的水分含量，垃圾低位热值可以升高 30%～40%。混合垃圾生物干燥后机械处理，通常是除去低热值成分和不可燃物质，获得高热值垃圾，使其更有利于燃烧。

（二）干燥工艺

1. 生物干燥

生物干燥工程技术是近 10 年发展起来的，德国称为生物稳定化（biological stabization）。在过程控制上，生物干燥不同于传统的堆肥工艺。传统的堆肥工艺需要把可生化降解的有机物充分氧化成腐殖质类物质，而生物干燥则是充分地利用生物反应放热来蒸发垃圾中的水分。生物干燥过程的最终目标，不是获得有营养的肥料，而是以最小反应时间、适度的生物氧化，实现处理后垃圾的最低含水率，目前德国和意大利有 4 座采用干燥稳定技术的设施正在进行 100% 的废物利用，年处理总量近 50 万 t。

垃圾焚烧厂实行垃圾入炉前在贮料坑内停留 2～3 天的经验做法，客观上起到了一定的生物干燥作用。据深圳环卫综合处理场的经验，对含水率在 60% 以上的低热值生活垃圾在焚烧前进行 2～3 天的堆酵，可沥除 12% 左右的渗滤液，整体减重约 20%，实际入炉垃圾低位热值增加 836 kJ/kg。通过控制含氧量、温度和调解通风量，1～2 周内可把垃圾的含水率降到 20% 以下。根据原含水量的不同，热值可提高 50%～250%。这对于降低垃圾焚烧成本、提高发电效率，有着显著的价值，生活垃圾的小规模生物干燥流程见图 8-41。

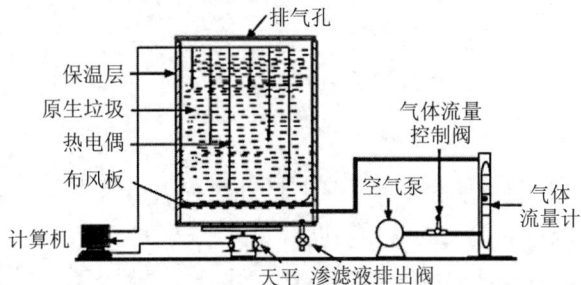

图 8-41　生物干燥工艺

2. 加热干燥

加热干燥方式有重力下落式干燥（竖井式、百叶窗式、百叶竖井复合式、瀑布式）；机械搅拌式干燥（回转式和管式转筒式、转子式、涡轮式、转盘式、盘式干燥塔、螺旋式、振动式）；流化床干燥（喷吹式、振动式、振吹式、单室式、多室式）；气流干燥（管式、旋风分离器式、空气喷泉式、综合式），常用的垃圾干燥方式为气流干燥。

（1）气流干燥设备。

气流干燥适合于处理粒径小、干燥过程主要由表面气化控制的物料。对于粒径小于 0.5～0.7 mm 的物料，不论初始含水量如何，一般都能将含水量降为 0.3%～0.5%。但由于物料在气流干燥器内的停留时间很短（一般只有几秒钟），不易得到含水量更低的干燥产品。如果有必要，则需后续其他低气速运行的干燥器。

气流干燥器主要由干燥管、旋风分离器和风机等部分组成（图 8-42）。湿物料经加料器连续加至干燥管下部，被高速热气流分散，在气固并流流动的过程中，进行热量传递和质量传递，使物料得以干燥。干燥的固体物料随气流进入旋风分离器，分离后收集起来，废气经风机排出。由于物料刚进入干燥管时上升速度为零，此时气体与颗粒之间的相对速度最大，颗粒密集程度也最高，故体积传热系数最高。在物料入口段（高度为 1～3 m），气体传给物料的热量可达总传热量的 1/2～3/4。在入口段以上，颗粒与气流之间的相对速度等于颗粒的沉降速度，传热系数小。因此，入口段是整个气流干燥器中最有效的区段。

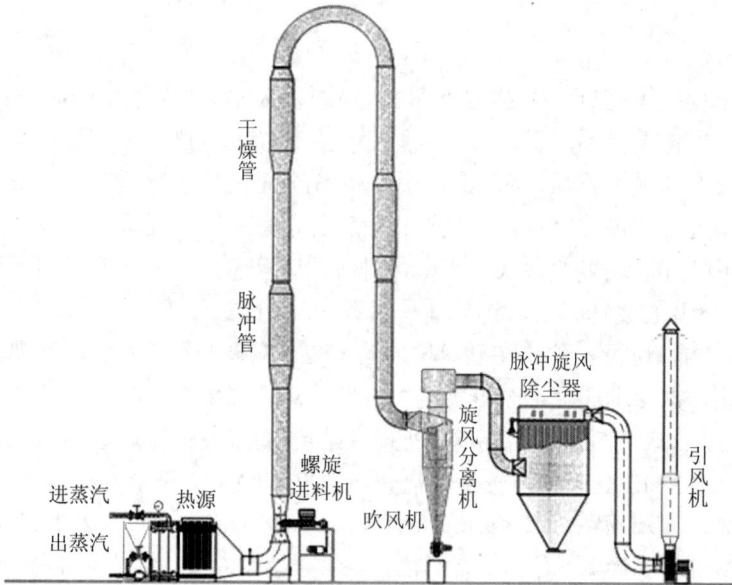

图 8-42　气流干燥设备

（2）气流干燥原理。

被加热的空气在管道内快速流动，湿物料进入管道后被高速气流带走向管道出口运行；这个过程中有对流传热传质的作用，同时水蒸气被蒸发。由于物料进入管道后被高速气流冲散，二者充分混合，通常在管道出口使用旋风分离器进行气固二相的分离。气流干燥一般干燥时间在 1 s 左右。

（3）气流干燥的优缺点。

气流干燥器在我国是一种应用最广泛、最久远的干燥器，目前已开发了不同的新型气流干燥器。由于干燥时间短，适合易高温变质物料的干燥；不适合粘性大的物料的干燥，管道一般超过 20 m，安装的限制制约了其发展。气流干燥器的主要缺点在于干燥管太高，为降低其高度，近年来出现了几种新型的气流干燥器：①多级气流干燥器。将几个较短的干燥管串联使用，每个干燥管都单独设置旋风分离器和风机，从而增加了入口段的总长度。②脉冲式气流干燥器。采用直径交替缩小和扩大的干燥管（脉冲管），由于管内气速交替变化，从而增大了气流与颗粒的相对速度。③旋风式气流干燥器。使携带物料颗粒的气流，从切线方向进入旋风干燥室，以增大气体与颗粒之间的相对速度，也降低了气流干燥器的高度。

在气流干燥器中，主要除去表面水分，物料的停留时间短，温升不高，所以适宜于处理热敏性、易氧化、易燃烧的细粒物料，但不能用于处理不允许损伤晶粒的物料。目前，气流干燥在制药、塑料、食品、化肥和染料等工业中应用较广。

思考题

1．为何要对城市垃圾进行压实、粉碎和分选？

2．城市垃圾在压实处理过程中会产生哪些效应和功效？

3．试说明城市垃圾高度压实处理的工艺流程。

4．如何选择粉碎的方法和设备？

5．试说明球磨机的粉磨原理。

6．试比较低温破碎和常温破碎的特点。

7．试说明湿法破碎的原理及适用范围。

8．筛分的主要功能是什么？有何作用？

9．如何计算筛分效率？影响筛分效率的因素有哪些？

10．城市垃圾处理常用的筛分设备有哪些？各有何特点？

11．试说明各种重力分选设备的工作原理和适用场合。

12．什么是磁流体分选？

13．试说明浮选的原理、常用药剂及其作用。

14．试举例说明如何选择城市垃圾分选回收工艺？

15．城市垃圾种类、性质和综合利用特点有哪些？

16．城市垃圾综合利用方式有哪些？

17．各类垃圾综合利用方案比选依据是什么？

18．假设你是环保局局长，你认为应如何设计某大型城市垃圾管理、处理和处置方案？

19．我国城市垃圾分类和回收体系不健全，或者效率不高，你认为如何建立适合中国特点的垃圾回收模式？

20．如何对城市垃圾管理水平、处理与处置水平进行环境、技术和经济评价？

第九章 城市垃圾综合利用工程

第一节 塑料综合利用

一、塑料的分选

塑料混合物的分选技术大致可分为以水为介质的湿法和以空气为介质的干法两种。一般认为，湿法比干法选别精度高。湿式分选主要是利用分选对象在水中的沉降速度不同来进行分选，沉降速度受物体的粒径、形状和密度等因素影响，除聚氯乙烯（PVC）（密度 $1.4~g/cm^3$）以外，其他塑料的密度与水的密度值相近。

（一）重力分选

在重力场中，塑料颗粒的沉降末速度非常低，要想获得高精度的分选是困难的。因此，可用离心分离机或者湿式旋流器进行选别，也可采用添加界面活性剂，使特定的塑料与气泡一起浮起的浮选法。这些湿法分选需要处理成本高的脱水、干燥及废水处理等工序。

（二）干式分选

干式分选有近红外分选、低温冷却粉碎分选、静电分选。红外线是波长 $800\sim2~500~nm$ 的光，它也具有可见光的特性，红外线照射在塑料上可得到与其种类相同的光谱（图 9-1）：红外线照射在皮带运输机上的块状塑料混合物时，如果探测器获得某种塑料如聚氯乙烯（PVC）的光谱，喷管喷出气流将其吹离混合料，用这种方法可以分选出各种塑料。但是，该法难以分离毫米以下的碎末，另外也难以分出薄的片状塑料或黑色塑料。也可用 X 射线光选法，通过检测出聚氯乙烯（PVC）中的氯所固有 X 射线来选出聚氯乙烯，可用该法将聚酯和聚氯乙烯（PVC）分离开。另外，也可用红外结合 X 射线的光选装置进行塑料分选。其示意如图 9-1 所示，用它可分选片状的塑料破碎物。

（三）静电分选

静电分选和摩擦带电分选，利用了电晕放电或摩擦带电使所研究的对象带电，用来分选带不同电荷电量的塑料颗粒。塑料带电的顺序如下：（带正电）聚苯乙烯＞聚乙烯＞聚丙烯＞聚对苯二甲酸乙二酯＞聚氯乙烯（PVC）（带负电）。因为聚氯乙烯（PVC）带最强的负电，所以它被吸引至装置的正极上而被分离出来。用电选法可分离不同的塑料，但是，电选受附着水分或湿度的影响比较大。

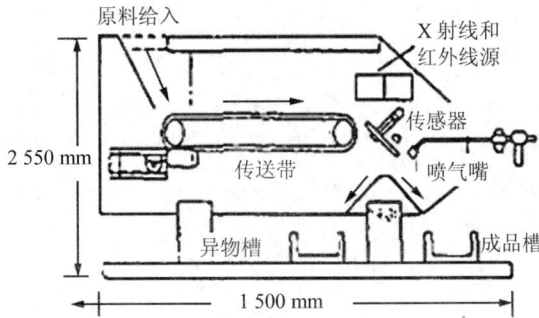

图 9-1　分选机

（四）风力风选

在风力摇床中，分选的对象自己形成流态化层，在有孔的振动床上分选原料。风从有孔的振动床下吹出，密度大或粒径大的颗粒分布在下层，而密度小或粒径小的颗粒分布在上层。在振动加速度和床底面的摩擦力作用下，下层的重颗粒向倾斜的振动床上侧运动。相反地，上层的轻颗粒与下层的重颗粒之间的摩擦力小，运动到振动床低的一侧，从而使两者分离（图 9-2）。可见，风力摇床的选别不仅利用了颗粒密度的差异，而且利用了颗粒的形状或摩擦系数的差异。

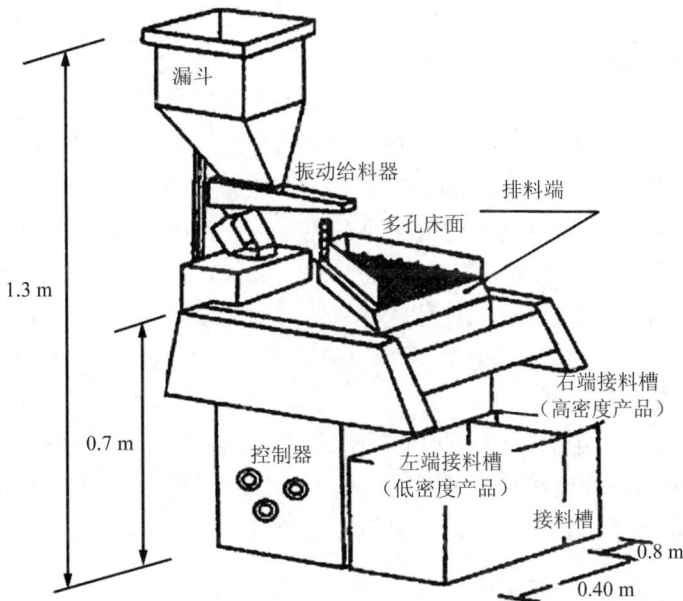

图 9-2　风力风选机

（五）温差分选

温差分选也称为低温分选，它是利用各种塑料具有不同的脆化温度来进行分选的方法。具体方法如下：将混杂的废旧塑料经一次粉碎后置于温度为-50℃的冷却器中冷却并粉碎，脆化温度在-50℃以上的塑料即被粉碎，经筛分后分出。尚未粉碎的塑料再置于温度为-100℃的冷却器中冷却粉碎，然后筛分出脆化的塑料，冷却剂采用液氮，可冷却至-140℃。如 PVC 与 PE，前者的脆化温度为-40℃左右，后者的脆化温度为-100℃以下，利用液化氮吸热冷却物料到-50℃左右，将混合物料送入粉碎机，PVC 脆化变成细块而 PE 却未被破碎，然后进行分离，但是此法成本太高，图 9-3 为低温粉碎装置示意图。

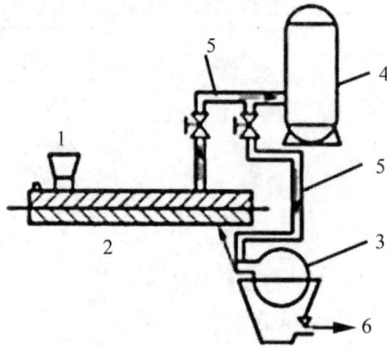

图 9-3 低温粉碎装置示意

1. 塑料投料口；2. 螺杆预冷器；3. 粉碎机；4. 液氮贮罐；5. 液氮；6. 氮气放出口

二、塑料的利用工程

随着世界塑料产量和用量的不断增加，产生的废旧塑料量触目惊心。废弃塑料造成的"白色污染"现象越来越严重，如废旧农用聚乙烯地膜，回收不利的情况下致使土地在几百年内都不能耕种；一次性快餐盒随处可见；还有各种各样的包装塑料袋满天飞，造成严重的视觉污染等。所以，加强废旧塑料资源的综合利用，不仅可以有效地减少"白色污染"，而且能够变废为宝，节约能源、保护环境。

（一）废旧塑料的分类

废旧塑料的主要种类有：聚乙烯（PE）、聚丙烯（PP）、聚苯乙烯（PS）、聚氯乙烯（PVC）等通用塑料；其他类型如聚对苯二甲酸乙二酯（PET）、聚氨酯（PU）和 ABS 废弃塑料等；还有一些塑料制品加工过程中产生的过渡料和边角料等废塑料。

（二）废旧塑料的处理技术

1. 焚烧法

废旧塑料的焚烧处理量大、减容性好、无害化彻底并可回收热能，因此被各国普遍采用。随着城市生活垃圾中废塑料比重日益增加，焚烧回收热能、发电的可能性越来越大。但焚烧的稳定性差、产生成分复杂的废气和大量毒性极强的污染物，对大气环境造成二次污染，如多氯二苯并二噁英（PCDDs）和多氯二苯并呋喃（PCDFs），因此要对燃烧排放的气体进行控制，防止二次污染物对大气环境的影响。另外，废旧塑料焚烧法还存在着投资大、设备损耗和维修运转费用高等问题，应该尽可能避免采用。城市垃圾中如果含有塑料，特别是含氯、含氟等类型的塑料，就必须将其分选去除，去除率也要达到国家标准《生活垃圾焚烧污染控制标准》（GB 18485—2001），才能将城市垃圾入炉焚烧。

2. 卫生填埋法

与焚烧法相比，废塑料的卫生填埋法具有建设投资少、运行费用低和回收沼气等优点，已成为现在世界各国广泛采用的废塑料最终处理方法。例如，北京市城区周围的几座大型现代化垃圾填埋场中，塑料垃圾填埋比重很大。在填埋过程中只要合理调度、操作机械化，就可以大幅度减少处理费用。存在的主要问题有：废旧塑料由于密度小、体积大，占用空间大；塑料废物难以降解，填埋后将成为永久垃圾；塑料中的添加剂析出后还会污染土壤和水体资源；目前填埋作业不规范、技术水平低，填埋场产生的渗滤液污染地下水、大气和土壤；同时该法填埋了大量可利用的废塑料，这与可持续利用背道而驰，未能从根本上解决废旧塑料的资源化问题。

3. 直接利用

废旧塑料的再生利用可分为直接再生利用和改性再生利用两大类。直接再生利用是指将回收的废旧塑料制品经过分类、清洗、破碎、造粒后直接加工成型。改性再生利用是指将再生塑料通过物理或化学方法改性（如复合、增强、接枝）后再加工成型。经过改性的再生塑料，机械性能得到改善或提高，可用于制作档次较高的塑料制品。

废旧塑料的清洗有两种方法：机械清洗和人工清洗。有些塑料制品回收后，只能使用人工清洗，而有些塑料制品可以使用机械清洗。机械清洗又分间歇式和连续式两种。

间歇式清洗：首先，将废旧塑料放入水槽中冲洗，并用塑料搅拌机器除去黏附在塑料表面的松散污垢，如砂子、泥土等，使之沉入槽底；若木屑和纸片很多，可在装有专用泵的沉淀池中进一步净化；对于附着牢固的污垢，如印刷油墨、涂有黏结剂的纸标签，可先人工拣出较大颗粒，再经过塑料粉碎机粉碎后放入热的碱水溶液槽中浸泡一段时间，然后通过机械搅拌使之相互摩擦碰撞，除去污物。最后将清洗后的粉碎废旧塑料送进离心机中甩干，并经两步热空气干燥至残留水分≤0.5%。

连续式清洗：废旧塑料由传送带送入塑料粉碎机进行粗粉碎，然后再送到大块分离段，砂石等沉入水底并定时被送走，上浮的物料经输送带送入湿磨机，随后进入沉淀池，所有比水重的物质均被分离出来，连最微小的颗粒也不例外，达到清洗的最佳效果。

清洗后废旧塑料不需要进行各种改性，直接将其塑化加工成型或与其他物质经过简单加工制成有用的制品。废旧塑料的这种直接再生制品已经广泛应用于农业、渔业、建筑业、工业和日用品等领域，废旧塑料的再生利用仍然具有广阔的前景。随着我国农膜、棚膜使用量的与日俱增，废旧农膜的回收利用也越来越受到国家及各地方政府的关注。目前对废农膜的直接利用方法有开炼法塑化与模压成型等，其可用来压制花盆、盘、垃圾桶等产品，达到废品回收利用的目的。其工艺流程为：废农膜→计量→塑炼→热熔坯→在模具中压制→整理→制品。

除了废旧 PE 外，其他废旧塑料制品如 PP、PVC 等同样可以采用直接利用生产再生料。如废聚 PP 制品中编织袋、打包带、捆扎绳、仪表盘、保险杆等最常见，其中 PP 再生打包带利用工艺如下：挤出塑化→打包带机头→冷却水箱→前牵伸辊→加热水箱→后牵伸辊→

轧花纹→卷取。

4. 改性再生利用

为了改善废旧塑料再生料的基本力学性能，满足专用制品的质量要求，可以采取各种改性方法对废旧塑料进行改性以达到或超过原塑料制品的性能。对废旧塑料的改性再利用是很有发展前景的途径，越来越受到人们的重视。

共混增溶改性回收技术：这种回收技术主要是将废塑料与其他塑料或物质共混，来提高废塑料的力学性能，制成有用的制品。在废旧 PP 中掺入质量分数为 10%～25%的 HDPE，其改性后的共混物的冲击强度比 PP 提高了 8 倍，且加工流动性增加，可适用于大型容器的注塑成型。对废尼龙-6 增强废 PP/胶粉复合材料进行了研究，结果发现废尼龙-6 短纤维起到了明显的增强作用，当黏合剂用量为短纤维用量的 20%，短纤维长度为 8mm、质量分数为 60%时，环氧化天然胶乳和 PP 接枝马来酸酐增容处理废 PP/胶粉体系的拉伸强度为 26.6 MPa。把短玻璃纤维（SGF）按 10%～40%的比例增强废旧 PP 可以显著提高废旧 PP 的拉伸强度，这种改性 PP 材料可以广泛用于汽车配件，如散热器零件、照明设备零件、蓄电池外壳、防护板衬里等。用 CPE 增溶废旧高密度聚乙烯（HDPE）和 PVC 共混物，能够大幅度提高共混物的拉伸性能。用偶联剂处理过的木纤维增强废旧 PE、PP 和 PVC，可大幅度提高制品的拉伸强度和冲击强度，用来制备塑料丝筒、容器等制品；它们还用碳酸钙填充废旧 PVC，制成性能良好的 PVC 钙塑材料，可制成塑料门窗用塑料加强筋等配件。

5. 化学改性回收利用技术

用化学改性的方法把废旧塑料转化成高附加值的其他有用材料，是当前废旧塑料回收技术研究的热门领域。用废旧热塑性塑料，按废塑料、混合溶剂、汽油、颜料+填料+助剂、改性树脂、树脂型增韧增塑剂的质量比等于 15：50：适量：0：3：0.5 至 30：60：适量：45：10：5 的比例可生产防锈、防腐漆，各色荧光漆等中、高档漆，其性能优良，附着力好，抗冲击力强，成本约为正规同类涂料的一半，且设备简单。按废聚苯乙烯、溶剂、增塑剂、填料质量比等于 30：50：3：1 至 40：60：4：2 的比例研制出了一种胶黏剂。该胶黏剂粘纸立即可干而且黏性特别好，可适用于粘信封、书籍等；粘玻璃效果非常好，浸酸浸碱 48 h 后无脱粘现象。用废聚苯乙烯塑料通过物理改性，制成性能优良的清漆、色漆、防锈底漆和建筑乳胶漆，用废旧塑料制漆既可解决大量废聚苯乙烯造成的环境问题，又获得了可供民用的几种不同类型的成本低廉的涂料，而且成本低于同类的醇酸漆。通过改性发泡等工序，用废弃聚烯烃塑料生产泡沫片和硬质板材，泡沫片用作旅游鞋、皮鞋和布鞋的原料，硬质板材则用作弹性地板的原料。

6. 热分解法

热分解技术的基本原理是，将废旧塑料制品中原树脂高聚物进行较彻底的大分子链分解，使其回到低分子量状态，而获得使用价值高的产品，该技术可分为高温分解和催化低温分解，前者一般在 600～900℃的高温下进行，后者则在低于 450℃甚至 300℃的较低温度下进行，该技术是对废旧塑料的较彻底的回收利用技术。高温裂解回收原料油的方法，由于需要在高温下进行反应，设备投资较大，回收成本高，并且在反应过程中有结焦现象，因此其应用受到了限制；而催化低温分解由于在相对较低的温度下进行，因此对其研究较活跃，并取得了一定的进展。

对低温煤焦油、催化剂与废旧塑料共熔油化，煤焦油的质量分数控制在 10%～15%，恒温回流温度控制在 300℃、反应时间 3 h 左右时转化率超过 85%，催化裂解得到汽油的质量有所提高，而且改善了废塑料的传热性能，减小了结焦现象。废聚苯乙烯在固体酸、固体碱和过渡金属氧化物存在的条件下进行裂解，催化性能由高到低的顺序为：固体碱、过渡金属氧化物、固体酸。

7. 废旧塑料与其他材料复合技术

废旧塑料的性能虽然有所降低，但其塑料性能还是存在的，可以将废旧塑料和其他材料复合，形成具有新性能的复合材料。利用回收农膜与木屑复合制成塑质木材，抗折强度为 20.8 MPa，该材料除了具有与天然木材一样可锯、刨、钉、粘等性能外，还具有耐潮、防蛀等优点，而且制造的灵活性强，既可挤压成板材、型材，也可一次模压成产品。采用稻草秸秆，经粉碎、表面处理后与聚丙烯（PP）塑料复合制备秸秆/塑料复合材料。这将不仅可望利用秸秆带来良好的经济效益，而且能节约紧缺的木材资源，是一种行之有效的废旧塑料处理利用方法。木塑复合材料可以加工成软材和硬材、片材和板材、管材和异型材，以及其他各种制品，复合材料的力学性能随着废旧塑料含量的增加而下降。所以有必要通过试验研究出最佳木塑比，以得到复合材料最好的力学性能。

以废弃 PE、EVA 为改性剂，对铺路沥青进行改性。结果表明：EVA 能有效改善废弃 PE 与沥青的相容性，克服了由于沥青含蜡量高而造成的抗老化性、热稳定性、可塑性差等困难，达到了作为铺路材料的要求。利用废旧塑料和粉煤灰制建筑用瓦的工艺方法和条件，为废旧塑料的回收利用开拓了一条新路，是消除"白色污染"的一种积极方法，具有较好的社会、环境及经济效益。

8. 塑料制纤维

利用回收废旧塑料加工涤纶短纤维，产品主要用于无纺布、土工布等纺织行业，生产过程中不产生废气、污水。其特征在于其以废聚酯塑料为主原料加入不饱和聚酯、邻苯二甲酸二辛酯等辅料制成原料，再加入多种助剂的复配助剂进行改性，经挤压熔融，过滤抽丝，再按常规方法进行后序处理。废聚酯塑料再生改性纺制差别化、功能化纤维生产工艺，包括原料的制备、干燥除湿、混料、挤压熔融、过滤、加压抽丝、卷绕、落桶、平衡、集束、牵伸、浸油、卷曲、热定型、切断、打包、检验成品、入库，其过程包括：①采用废聚酯塑料为主原料，经过挑选、粗碎、清洗、细碎、脱水制成小于 12 mm×12mm 的碎片，再加入碎片料重量 0.5%～2%的不饱和聚酯和 0.03%～0.08%的邻苯二甲酸二辛酯辅料，搅拌混合配成原料，再用热风干燥，使之含水率≤100×10⁻⁶；②将①项的原料加入原料重量 0.5%～0.8%的纳米级复配助剂，它由下述重量百分比配比的助剂组成：硬脂酸钙 5%～7%、硬脂酸镁 5%～7%、硬脂酸锌 8%～12%、1222 抗氧剂 10%～15%、二氧化钛 60%～65%，将上述各原料助剂混合后装入转鼓内，转鼓速度为 6～10 r/min，时间 40～60 min，即制成改性原料；③将②项的改性原料送入螺杆挤压机进行熔融，控制熔融压力在 10～12 MPa，温度在 163～285℃，转速 58 r/min，再用 300 目滤泵过滤去杂；④将过滤的物料加压至 25 MPa，送喷丝组件抽丝；⑤抽丝后按常规方法卷绕、落桶、平衡、集束、牵伸、浸油、卷曲、热定型、切断、打包、检验产品入库，工业化示意图见图 9-4。

废塑料瓶与纺成纤维　　　　原料的准备

塑料熔融　　　　控制系统

塑料纺丝　　　　产品检验

图 9-4　塑料纤维生产工业化示意

第二节　废纸综合利用工程

在日常生活中，每天都会产生废纸，这些废纸如不收集利用，将会对环境造成污染，若收集起来进行综合利用，则可以变废为宝，使之成为有用的资源。

一、废纸综合利用

（一）制造再生纸

利用废纸不仅可以用来制造再生包装纸，还可以用来制造再生新闻纸，法国一家造纸公司，成功地开发出了新闻纸再生新工艺。这一新工艺，包括脱墨、纸纤维的净化、吸走油墨及杂质、造纸四道工序。其具体过程为：根据油墨种类，选用脱墨技术；将纸纤维和皂系脱墨剂送入由两个室组成的脱油墨室，油墨与杂质随泡沫浮至表面，用吸出装置吸走；将净化纤维浆浓缩至 15%，通过加热，纸纤维呈膨胀状，还可进行漂白，以赋予再生纸的光泽感；最后，将高浓度纸浆送入造纸设备，即可制成与新纸白度一样的再生纸。

（二）生产酚醛树脂

将废纸溶于苯酚中，用来生产酚醛树脂。因苯酚与低分子量的纤维素和半纤维素相结合，故制成的酚醛树脂强度比用苯酚和乙醛为原料所制成的产品强度高，热变形温度比以往的酚醛树脂高10℃。在生产中，旧报纸及办公用废纸均可作为原料，但使用办公用废纸为原料成本更低，仅为使用旧报纸的一半。

（三）制作家庭用具

在新加坡等地，人们利用旧报纸、旧书刊等废纸原料，卷成圆形细长棍，外裹塑胶纸，手工编织地毯、座垫、提包、猫窝、门帘，甚至茶几、躺床等家庭用具。在制作时，可根据各种家庭用具的不同造型，卷编出不同的图案，再饰以色彩，制作出来的家庭用具既实用，又美观。

（四）压制胶合硬纸板

在温度为80℃的条件下，采用五层废纸和合成树脂，共同压制成一种胶合硬纸板，其抗压强度比普通纸板高两倍以上。用这种胶合硬纸板制成的包装箱，能使用钉子和螺丝钉，并能安装轴承滚轮，其牢固性几乎和用胶合板制成的包装箱一样。

（五）模压沥青瓦楞板

用废纸、棉纱头、椰子纤维和沥青等作原料，模压出新型建筑材料沥青瓦楞板。用这种沥青瓦楞板盖房屋，隔热性能好、不透水、轻便、成本低，还具有不易燃烧和耐腐蚀等特点。

（六）改善土壤土质

在美国阿拉巴马州的部分牧场，有的地方土壤板结，寸草不生。该州土壤专家詹姆斯·爱德沃兹根据废纸在土壤中不会很快腐烂变质的特性，采用碎废纸屑加鸡粪和原土壤拌和来改善牧场的土质。其比例为：碎纸屑40%，鸡粪10%，原土壤50%。这样，废纸在鸡粪中的基肥细菌的作用下，可以迅速腐烂变质，使土壤在3个月内，即变得松软异常，不仅适合生产牧草，使牧草生长旺盛，而且可种植大豆、棉花和蔬菜等多种作物，且产量颇高；同时，对牧场的土地也不会产生任何副作用。如果在两年后，对这些土地再补充新的废纸碎屑和鸡粪，土壤就会变得更加肥沃、更加疏松。

（七）培育平菇

英国科技人员用废纸培育平菇，获得了较高的经济效益。具体方法是：将废纸处理成碎片，用水浸泡72 h后，除去其中的印染物和灰尘，再把小纸片打散；然后，将废纸同切好的马樱丹按1：2混拌，装入消毒后的木制浅盆内，木制浅盆一般为50 cm×50 cm×15 cm，并向盆内供给水分和额外的纤维素；在接种菌种后，用塑料膜将木盆盖起来，放入25℃的培养室内，经过34天的菌丝发育，便可揭除盖膜，移到室温20℃的采收室；再经20天的生长，即可采菇。一般可连续采收4个月，每盆每次可采菇1.5 kg。

（八）用作牲畜栏内铺垫物

长期以来，人们大多以干草、锯末作牲畜栏内的铺垫物。但近几年来，美国和西欧已纷纷用废纸进行替代。英国的养牛场、养猪场和养鸡场采用废纸屑作栏内铺垫物后，效果较好。在肉用鸡栏内，从育雏到宰杀前一直铺垫废纸屑，每只鸡体重平均可增加 7.9%。每饲养 1 000 只肉用鸡，仅需铺垫废纸屑 192 kg。与传统的铺垫物干草、锯末相比，废纸屑比较卫生，不含像锯末中含有的单宁那样的毒物，也没有稻草和稻壳中常见的化学杀虫剂的残留物，没有致病源。同时，水汽含量低，隔热性能比其他材料好，尤其适合雏鸡和新生幼崽的生长发育。

（九）加工成牛羊饲料

美国、英国和澳大利亚等国家，都开发出将废纸加工成牛羊饲料的好方法。美国伊利诺伊大学动物营养学家拉里·伯格的方法是将旧报纸切碎，加入水和 2%的盐酸，然后煮沸 2 h，在高温和酸的作用下，纤维素发生分解断裂，然后将其加入饲料中喂牛羊，添加的比例为 20%～40%。英国的养牛场和养羊场，把废纸稍加处理后，切成细长条或揉成小纸团，再添加少量营养物，即可用来喂牛羊，牛羊吃后可比吃普通饲料增重 1/3。澳大利亚科学家则将废纸粉碎后，掺入适量亚麻油和蜂蜜，制成颗粒饲料喂牛羊，牛羊长得膘肥体壮。

（十）废纸回收新技术

（1）生产甲烷。瑞典科研人员将废纸打成浆，加入厌氧微生物后置于反应炉内，将废纸纤维素、甲醇和碳水化合物转化成甲烷。

（2）制造酒精。美国能源专家利用特别的酵素破坏废纸中的纤维素，使之变为蔗糖类物质，再经发酵制造出标准的酒精。

（3）生产葡萄糖。日本马斯生物开发研究所最近研发出用旧报纸等废纸生产葡萄糖的技术。研究人员首先将切碎了的废纸放入磷酸溶解液内对其纤维素进行分解，接着加入酶和水继续分解，然后用活性炭或离子交换树脂进行过滤，生产出结晶葡萄糖。经日本食品分析中心采用色谱分析，发现该葡萄糖纯度达 97.4%。

（4）催化制氢。美国科学家最近开发出酶催化制氢技术，它能把废纸内富含的葡萄糖转化为氢。科学家们说，如果能成功采用这项制氢新技术，那么单用美国回收的废旧报纸就能获取供 37 座中小城市全部能源需要的氢。

（十一）包装领域废纸回收与再生应用

1. 纸浆模塑制品

纸浆模塑工业在一些较发达国家已有近百年的发展历史，随着造纸由传统的作坊式生产成为世界性大工业生产，各种纸和纸制品已经深入人们生活的各个方面，纸浆模塑制品也得以迅猛发展。纸模工艺比发泡塑料简单，生产时间及周期短，能耗和原料成本低，防静电、防腐蚀、防震性能优于发泡塑料制品，并且可以循环再生，废弃后在自然环境中会类似于植物自行腐烂分解，不会对环境和回收造成障碍，因而受到了广大消费者的青睐。

　　纸浆模塑是将废纸或成品纸浆打碎成浆，并加入适量防水剂胶料，使用真空吸附等造型法，采用与制品形状相应的模具塑造成型，如容器、托盘、护罩、工业用缓冲包装类制品，可与瓦楞纸箱配套使用，便于长途运输中防震缓冲。用废纸为原料生产的包装、衬垫、充填材料可以替代发泡塑料。

　　纸浆模塑制品可以通过设计改善其结构、在制作时加入含各种成分的材料或对其表面进行特殊处理以达到某种物品或某种条件下所要求的性能和特性。另外，采用不同的加工方法得到的纸模特性是不一样的，改变加工方法或工艺也可提高纸模性能。目前使用纸浆模塑制品主要是利用其缓冲特性和强度特性。

2. 新型缓冲材料

　　包装常用的缓冲材料主要有：植物纤维类物质（木丝、纸、纸浆、稻草、麦秆、合成纤维等）、动物纤维类物质（猪鬃、羊毛、毛毡等）、矿物纤维类物质（玻璃纤维、石棉、矿物纤维等）、气泡结构物质（天然橡胶、合成橡胶、泡沫塑料、气泡塑料薄膜等）、瓦楞纸与皱纹纸、缓冲装置（弹簧、悬挂装置等）。利用废纸制成的典型缓冲材料是纸浆模塑制品，为了提高其缓冲性能或简化制作工艺，各国专家做了很多研究，主要成果如下：

　　日本某公司用废纸制成具有许多成型的、断面为半球状空气层的新型缓冲包装材料，其直立性、折叠性都很好，且缓冲性能不亚于常用的 PSP 材料，能适应多种商品的包装设计，还可通过变换膜片厚度来调节强度。美国 E-Tech 公司利用废纸制成方块形的缓冲包装材料，充填在易损货物（如鸡蛋）周围，使物品在箱内不能移动，避免物品受损。此材料与泡沫塑料相比，在填充使用中更为方便、快捷、无毒。德国汉堡某公司将废旧纸张切碎后与淀粉混合在一起，将这种浆状物质制成颗粒，放入密封容器中，施加高压和高温蒸汽，然后急速减压，颗粒包装便起泡沫，形成多孔的小球制成泡沫包装材料。此产品与聚苯乙烯相比，成本低、抗冲击性能优，而且废弃后很快能被微生物和真菌分解，不污染环境。

3. 新型复合材料

　　复合材料是指几种材料结合为一体，成为功能更优的新材料。常见的有纸塑复合材料（原纸和塑料薄膜）、纸铝塑复合材料（原纸、高压低密度聚乙烯、铝箔等），都是以原纸为原料制成的复合材料。而美国专家将废旧报纸用涡轮研磨机磨成粉末，再将废纸、聚丙烯、高密度聚乙烯树脂、乙丙橡胶等混合物料颗粒化，并注入开孔注入式成型机中成型为新型复合材料。利用废纸生产的这种复合材料，热稳定性及防火性优于一般树脂，机械性能优于某些合成树脂材料，成型能力较好，并且收缩性小，在空气中不吸潮，外形稳定性好。

4. 新型包装容器

　　废纸作为一种潜在的可回收利用的木材资源，正日益受到科学家和企业家的重视，只要对其进行合理的回收利用，必能使其在包装领域发挥意想不到的作用。科学家将丢弃的各种废纸、废木材纤维和木材废料称为"第四种森林"。

　　利用废纸一般可制成玩具盒类低档包装盒。日本花王公司将废纸放入水中浸泡，再用打浆机打成纸浆，然后将纸浆注入金属模具中成型，干燥后制成可盛装粉末状固体物的包装瓶。如果用来盛装液体洗发水等，则需要在包装瓶表面涂一层薄的石料涂层进行防水处理。山东某公司以牛皮纸、箱板纸及瓦楞纸等废纸为原料，在生产过程中将纱线大面积埋入纸浆中一次成型为包装纸袋。此产品透气性好、强度高、无毒无污染、可回收利用，主要用于粉粒状物料的包装及制作购物袋和小邮政袋等。美国公司用回收的牛皮纸生产出一种高质量的带柄零售包装纸袋，具有原牛皮色、漂白及其他颜色的纸袋可进行三色到四色印刷，使用周期长，并可生物降解。德国某公司将回收的旧书、报纸切碎成条，再碾成纤维状纸浆，使其和面粉以 2 : 1 的比例混合后注入挤压机压成圆柱颗粒。在挤压过程中，原料受水蒸气作用发泡，形成泡沫纸。再用发泡颗粒纸作为原料，根据需要生产不同形状的包装制品。泡沫纸不仅可以作为包装材料，还可以开发成绝缘材料和建筑材料。日本工业技术研究所将废纸粉碎到 5 mm 以下，与淀粉浆糊混合制成直径 1～3 mm 的粒子。将粒子吹入处于开启状态的金属模后再关闭金属模进行加压加热，浆糊中含有的水分在加热过程中从通气孔排出，可制作具有更好的生物分解性的包装制品。

（十二）废纸在建筑业和其他行业的利用

废纸回收工厂焚烧脱墨污泥的灰分和动力锅炉的灰渣属火山灰质混合物，主要含硅、铝、铁、钙的氧化物，可以用在建筑业上（制水泥、烧砖、作为混凝土掺合料制各种混凝土预制件；质量较差的灰渣也可以作为屋顶保温层或者铺路）。

废纸回收工厂含有纤维的污泥等固体废物，与黏土等材料混合后，可以制造多孔砖，这种多孔砖具有绝热性能。为了保证多孔砖具有合适的孔隙率，有时在原料中还要添加适量的锯屑或者聚苯乙烯的粒子。利用脱墨污泥等固体废物烧砖时，其中的纤维等有机物，不仅提供一定的能量，汽化形成孔隙；而且在砖坯压制成型和烧制过程中，还有增强的作用，能明显降低干燥过程中易发生的砖断裂的危险。脱墨污泥中的 $CaCO_3$ 不仅有助于提高生砖材料的流变性能，有利于生砖的压制，而且有助于消除或降低烧砖排烟中的硫和氟的含量。但 $CaCO_3$ 含量不能过多，30%是其上限。对难处理的废纸（包括废钞），通过破碎、磨制、加入黏结剂及各种填料后，再经成型，便可生产出很有品位的日用品与工业用品，如肥皂盒、鞋盒、隔音纸板、装饰纸等。在一定条件下，从粉碎废纸中提炼废纸再生酶，再用于废纸脱墨，可使油墨沉淀到纸浆池底，从纸浆中分离出来。用此法造出的白色再生纸适宜于任何印刷出版物的使用。将旧报纸用酸（如磷酸）进行处理，溶解掉其中的纤维后，再用酶分解生成葡萄糖，其生产成本比采用农作物为原料生产葡萄糖低 20%～30%。废纸中纤维素含量较高，将其羧基化制成羧甲基纤维素（CMC），根据其取代度的不同，可分别用于石油、化肥、涂料等工业。还可将废纸打散与合成纤维混合制成"无纺布"，作工业用抹布，利用其吸油性擦拭机器、车床等。废纸打散后与凝集剂混合可以作助滤剂，共同处理废水。瑞典伦迪大学的专家，将废纸打成浆，再向浆液中添加能分解有机物的厌氧微生物和铝的一水化合物，然后移入反应炉；在炉中，废纸浆中的纤维素、甲醇和碳水化合物等转变成为甲烷；用酶将其中的木材抽出物除掉后，即可得到燃料甲烷。利用这种方法也可将纸浆废液转变为甲烷回收。另外，日本科学家发明了一种将纸张重新变为木材的新方法，实现了"木材-纸张-木材"循环，为废纸充分利用开辟了一条新路。

二、新闻纸综合利用案例

由于我国造纸原料短缺，因而利用废纸造纸就显得尤为重要。利用二次纤维造纸不仅可以节约纤维原料，而且可以降低生产成本，缩短生产周期，从而提高企业适应市场快速变化的能力。就利用废旧报纸（ONP）和废旧杂志纸（OMG）来制造新闻纸而言，不仅其技术和装备已经非常成熟，而且其制浆过程相对而言也较为简单，运行和控制成本比较低，既可以满足市场的需求又符合国家对造纸行业的长远发展规划。

（一）全厂生产车间组成

全厂生产车间包括：一个制浆车间、一个造纸车间、一个污水处理厂、一个成品仓及其他辅助生产车间等。

（1）产品分类。新闻纸按质量分为优等品、一等品和合格品 3 个等级，定量是 40～51 g/m^2；新闻纸又可分为卷筒纸和平板纸，卷筒纸的幅宽为 1 575 mm、1 562 mm、787 mm 和 781 mm；卷筒的直径是 800～900 mm（纸心内径 70～80 mm），平板纸的规格是 787 mm×1 092 mm。

（2）原料技术指标。废 8# 特级旧报纸（供脱墨用），经过挑选且不受潮的旧报纸，打包供货，此类旧报纸没有受阳光暴晒，不含杂质、空白纸张、印刷厂过期报刊和其他杂废纸，其凸印和彩印部分不超过正常数量。不得用其他纸张包装，不允许混有杂物。不合格废纸总量不得超过 0.25%，见表 9-1。

表 9-1　各类原料、水、电、气及辅料消耗标准

项目	单位消耗	项目	单位消耗
用浆量	1 100～1 250 kg/t	氢氧化钠	16 kg/t
电耗	300～380 kW·h/t	硅酸钠	30 kg/t
蒸汽	450～900MJ/t	过氧化氢	20 kg/t
	0.2～0.4 t	螯合剂	5 kg/t
固体废物	150～250 kg/t	水	50～100 m³/t
脱墨剂	12 kg/t		

（二）车间工艺流程的选择

工艺流程见图 9-5，整个流程分为破碎制浆、除砂工艺、浓缩工艺和热分散工艺。

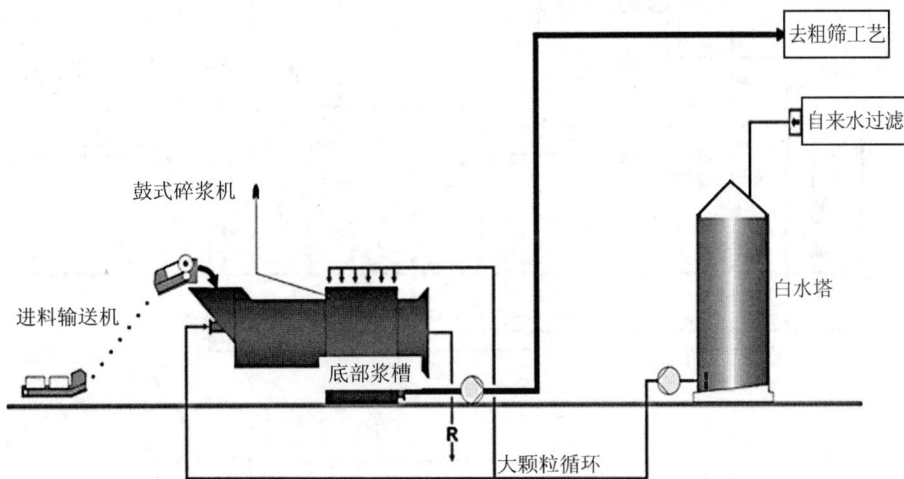

（a）碎浆工艺

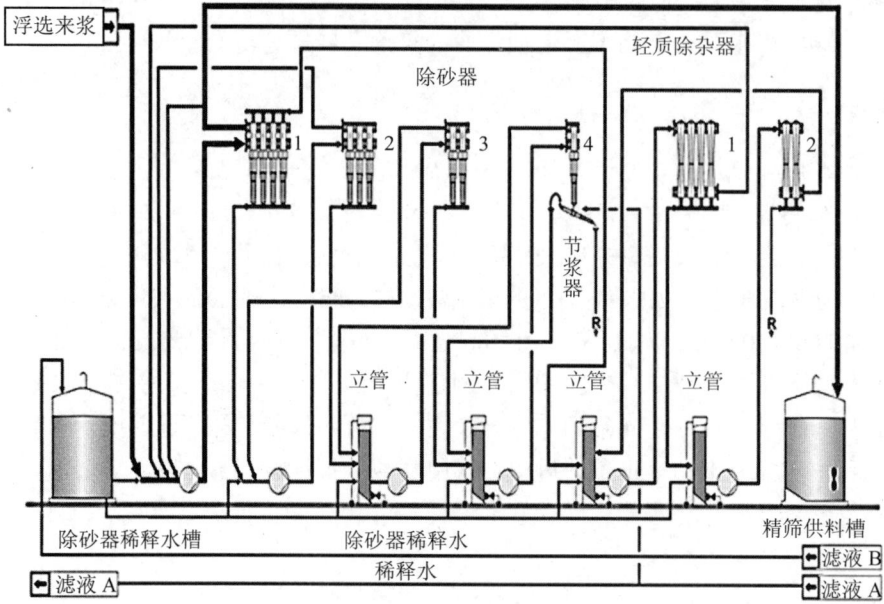

（b）除砂工艺

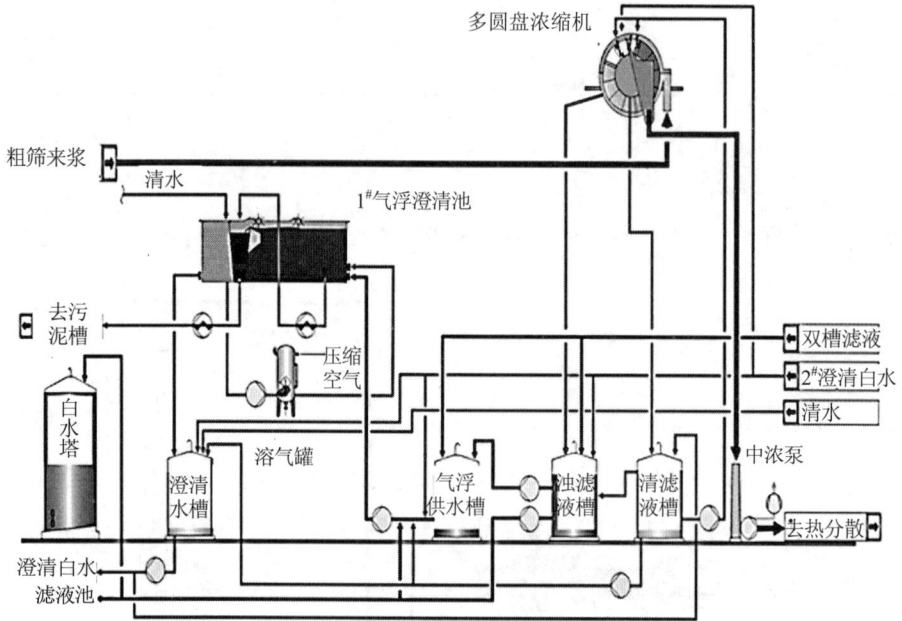

（c）浓缩工艺

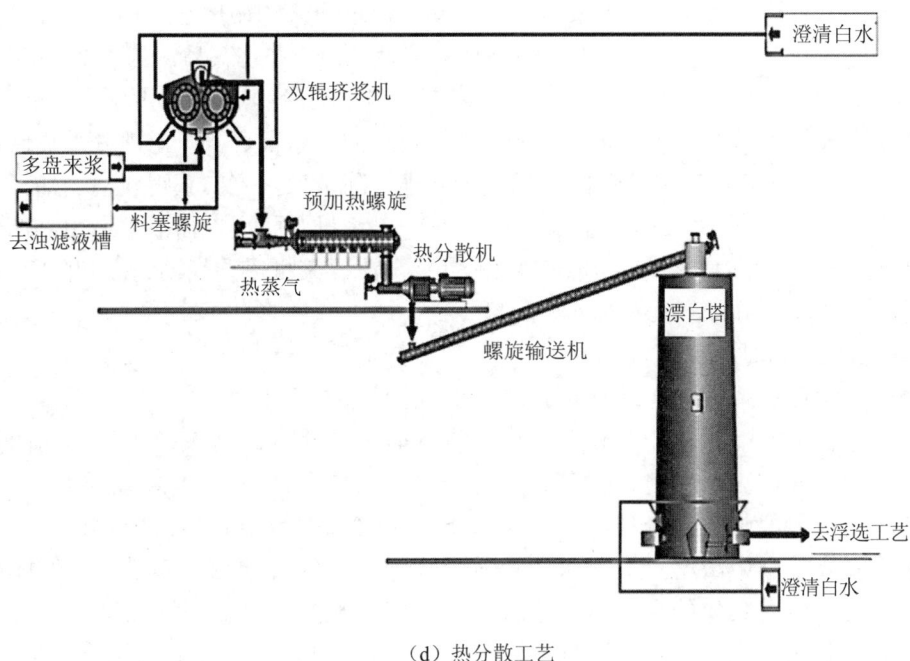

（d）热分散工艺

图 9-5　新闻纸制造工艺流程

（三）流程介绍

旧新闻纸脱墨均采用高浓碎浆法，使用连续的或间歇的高浓碎浆机，在碎浆的过程中加热水和脱墨化学品，并尽可能避免杂质被破碎变小，以使在后面的筛选过程中通过筛孔或缝筛去除，而且可以缩短碎浆时间，节约化学药品和动力。大块的重杂质通过在碎浆机卸料浆池后的保护系统，一般被高浓除渣器去除并排出至沉淀工序，不会进入后续的流程，小的重杂质会在后面的低浓除渣系统中除去。高浓除渣器后的粗筛选工序也是胶黏物的主要出口，约有一半的胶黏物从这里被去除，粗筛选工序三段用中孔筛（孔径 1.2 mm），进入第一段的浓度约为 3.5%，第一段的纸浆进入下一道工序，二、三段的纸浆分别回到一段或二段前，尾渣进入尾渣处理系统。随后纸浆被稀释至约 1.2%，进入第一道浮选工序，用气浮法去除大部分油墨及大部分轻的纤维状或非纤维状粒子和胶黏物等。所以在浮选过程中除油墨粒子外，纸浆的灰分和胶黏物含量也会明显降低。旧新闻纸中胶黏物的含量少，一般使用小于 0.15 mm 的缝筛过滤后，可基本除去。后用三段低浓除渣器可尽可能多地去除小的重质杂质（浓度约为 0.8%）。多圆盘浓缩机可将浓度提高到 10%，同时使浆料中剩余的油墨和胶黏物在热分散的作用下挤压分散到小的体积。多圆盘浓缩机还可洗去部分微小胶黏物和相当部分灰分。漂白在热的条件下进行即可，废纸浆的漂白与原生浆有所差异，废纸浆漂白的目的主要是增白，必要时需要进行脱木素和脱色。未漂脱墨浆的色泽既可能来自纸浆中的残余木素，也可能来自有色物质（如油墨、染料）的存在。对于 ONP 纸浆采用过氧化氢改变木素中发色基团的结构即可，另外，过氧化氢虽对大部分染料不起作用，但 ONP 纸浆色料相对而言较少，对纸浆白度影响不大。而且，之前的高温热分散破坏了过氧化氢酶，后续残余的过氧化氢还可抑制制纸机和贮浆池中细菌的滋长。由于在第二道浮选前纸浆被再次稀释，经过净化的循环水质量须仔细处理。第二道浮选将进一步降低浆中残留的油墨和胶黏物及灰分，并在其后从约 1.2%浓缩至约 10%以上，后送往贮浆池。另外，2 台多圆盘浓缩机出来的清滤液都回用到了碎浆，浮选前稀释及除渣过程稀释中，浊滤液与螺旋挤浆机出来的白水都送到气浮池处理后回用。从成浆质量看，转鼓式碎浆机处理的浆料便于后来去除杂质，容易获得较高的洁净度，但油墨回吸导致成浆的白度和光学性能不佳，高浓碎浆机则相反。而流程采用高浓水力碎浆机提高了成浆的洁净度。从经济的角度分析，高浓碎浆机需要辅助精碎和除杂设备，因而能耗高、维持费用高，但相对来说投资少、占地小、供浆系统简单。转鼓式碎浆机则相反，投资大、占地大、能耗低。

经过热分散后浆料的白度会下降 1%～2%，需要通过后面的漂白工序来提高。漂白的作用是通过化学药品的使用，使浆料中的有色基团氧化，改变浆料中发色基团的结构，使浆料的白度提高，同时也提高浆料的质量。浆料和漂液经中浓混合后进入漂白塔，经过漂白塔顶部的浆料分布器从塔顶落下，由底部的螺旋卸料器装置排出进入下一道工序，完成整个中浓度过氧化氢漂白过程。方案一的设计可以满足不同新闻纸的需求档次，可以根据具体的白度要求进行适当的工艺改善，满足不同白度要求的新闻纸，提高生产上的多功能性，改善企业造纸产品的单一性，提高企业的综合竞争能力，为企业创造价值。

（四）车间技术经济指标和工艺参数

1. 车间工作制度

生产工人：四班三运转；管理人员和服务人员：白班；全年工作日：300～340 天；每天每班工作小时数：8 h。

2. 工艺参数

（1）高浓水力碎浆机。所加化学药品及浓度：NaOH 1.0%、Na_2SiO_3 1.5%、H_2O_2 1.0%、DTPA 0.1%、表面活性剂 0.5%；工艺条件：碎浆浓度 15%、出浆浓度 3.6%、温度 60℃、碎解时间 15 min、pH 值 10.0。

（2）高浓除渣器。进浆浓度 3.6%；渣率 5.00%；压力降 0.1～0.2MPa。

（3）压力筛。一段：进浆浓度 3.45%、出浆浓度 3.3%、排渣率 25%；二段：进浆浓度 3.4%、出浆浓度 3.25%、排渣率 25%；三段：进浆浓度 3.3%、出浆浓度 3.1%、排渣率 25%。

（4）预浮选槽。进浆浓度：1.13%、出浆浓度 1.12%、钙离子 0.05 mmol/L、排渣率 10%、pH 值 10.0、温度 50℃、压缩空气流量 10 000 L/min。

（5）精筛。一段：进浆浓度 1.1%、出浆浓度 1.0%、排渣率 15%；二段：进浆浓度 1.05%、出浆浓度 0.95%、排渣率 15%；三段：进浆浓度 0.9%、出浆浓度 0.8%、排渣率 15%；三段精筛进浆压力 0.1～0.25 MPa。

（6）低浓除渣器。一段：进浆浓度 0.9%、出浆浓度 0.8%、排渣率 15%、进浆压力 0.30 MPa、出浆压力 0.15 MPa；二段：进浆浓度 0.85%、出浆浓度 0.75%、排渣率 15%、进浆压力 0.21 MPa、出浆压力 0.12 MPa；三段：进浆浓度 0.7%、出浆浓度 0.65%、排渣率 15%、进浆压力 0.21 MPa、出浆压力 0.10MPa。

（7）1#多圆盘浓缩机。进浆浓度 0.8%、出浆浓度 10%、纤维损失率 0.5%、主电机转速 20～80 r/min、清滤液浓度 0.02%、1#清滤液泵出口压力 300 kPa、浊滤液浓度 0.05%、稀释泵出口压力 400 kPa、剥浆喷淋水压力 700～800 kPa、摆动喷淋水压力 0.3～0.35MPa。

（8）螺旋挤浆机。进浆浓度 10%、出浆浓度 30%、纤维损失率 0.5%。

（9）加热螺旋。加热温度 90～100℃、加热蒸汽流量 7 500～10 000 L/min。

（10）热分散机。进浆浓度 30%、出浆浓度 10%、稀释水压力 300～350 kPa、润滑油温度 40～60℃；所加化学药品及浓度：H_2O_2 1.0%、$NaOH$ 0.8%、$NaSiO_3$ 1.8%。

（11）漂白塔。浆液浓度 10%、漂白时间 30 min、漂白 pH 10.5～11、漂白温度 60℃、稀释水压力 300～320 kPa。

（12）后浮选槽。进浆浓度 1.05%、出浆浓度 1.0%、浮选槽液位 88%～98%、冲洗水喷淋间隔时间 3～6 min、冲洗时间 20～60 s、pH 6～7、纤维损失率 6.00%、压缩空气最大流量 3 900 m³/h；所加化学药品及浓度：表面活性剂 5%、$CaCl_2$ 8.5%。

（13）2#多盘浓缩机。进浆浓度 1.0%、多盘液位 45%～90%、出浆浓度 10%、纤维损失率 0.5%、2#清滤液泵出口压力 300～350 kPa、清滤液浓度 0.03%、剥浆喷淋水压力 700～800 kPa、浓滤液浓度 0.05%、摆动喷淋水压力 300～350 kPa。

（14）贮浆塔。贮浆浓度 10%。

（五）车间主要设备选型

车间主要设备选型应遵循如下原则：

①满足工艺条件，生产能力达到生产要求；②设备先进，符合生产要求；③设备工作可符合生产要求，保证设备利用系数合理；④根据具体情况和废纸漂白脱墨浆制浆的特点，因地、因材制宜，选择设备；⑤通过生产能力计算，根据实际情况进行设备选型。

第三节　建筑垃圾综合利用

一、建筑垃圾的来源和处理现状

（一）建筑垃圾的来源

建筑垃圾是指在建筑物、构筑物的建设、维修、拆除和装修等活动中产生的对建筑物本身无用或不需要的排出物料，主要来源于基坑开挖、道路开挖、建筑工地施工、旧建筑拆除和建材生产，见图 9-6。

图 9-6   建筑垃圾

尽管大多数建筑垃圾无毒无害，但若简单填埋，不仅影响城市环境、浪费土地资源，还会造成巨大的能源和资源浪费。目前，建筑垃圾已经加剧了各大城市土地、资源的紧张局面，严重影响到了社会经济和生态环境的协调发展，加强建筑垃圾综合利用已经迫在眉睫。

（二）建筑垃圾处理与处置的现状

1. 国外处理状况

建筑垃圾处理一直以来都是全世界面临的问题，一些发达国家（如美国、日本等）在建筑垃圾再利用方面都具有成功的经验，并做了大量基础性研究工作，各种管理方式、处理技术设备都已经成熟，处理效果也比较好。

日本国土面积小，资源相对匮乏，因此，其将建筑垃圾视为"建筑副产品"，十分重视将其作为可循环再生资源而重新开发利用。早在 1977 年，日本政府就制定了《再生集料和再生集料混凝土使用规程》，并相继在各地建立了以处理混凝土废物为主的再生加工厂，生产再生水泥和再生集料，其生产规模最大为 100 t/h。1991 年日本政府又制定了《资源重新利用促进法》，规定建筑施工过程中产生的渣土、混凝土块、沥青混凝土块、木材、金属等建筑垃圾，必须送往"再生资源化设施"进行处理。东京在 1988 年对再生资源的重新利用率就已经达到了 56%。

美国是较早提出环境标志的国家。美国政府制定《超级基金法》，规定：任何生产有工业废物的企业，必须自行妥善处理，不得擅自随意倾卸。美国公司以建筑垃圾废物回收的再生材料为主建造了一栋绿色办公大楼，其建筑面积为 6.2 万 m^2。美国的一家公司采用微波技术，可以百分之百地回收利用再生旧沥青混凝土路面料，其质量与新拌沥青混凝土路面料相同，而成本降低了 1/3，同时节约了垃圾清运和处理费用，减轻了城市的环境污染。

德国是世界上最早推行环境标志制度的国家，德国的每个地区都有大型的建筑垃圾再加工厂，仅在柏林就建有 20 多个（图 9-7）。法国还利用碎混凝土和砖块生产出砖石混凝土砌块，所获得的混凝土已被测定符合与砖石混凝土材料有关的标准。英国已开发出专门用来回收湿润砂浆和混凝土的冲洗机器。新加坡政府于 2002 年 8 月开始推行"绿色宏图 2012 废物减量行动计划"，将垃圾减量化作为阶段性重要发展目标（图 9-8）。北欧各国于 1989 年实施了统一的北欧环境标志。比利时建筑研究院（CSTC）长期以来一直关注建筑垃圾的再利用，并于 20 世纪 80 年代末着手建立了比利时协会以促进建筑垃圾的回收利用研究。

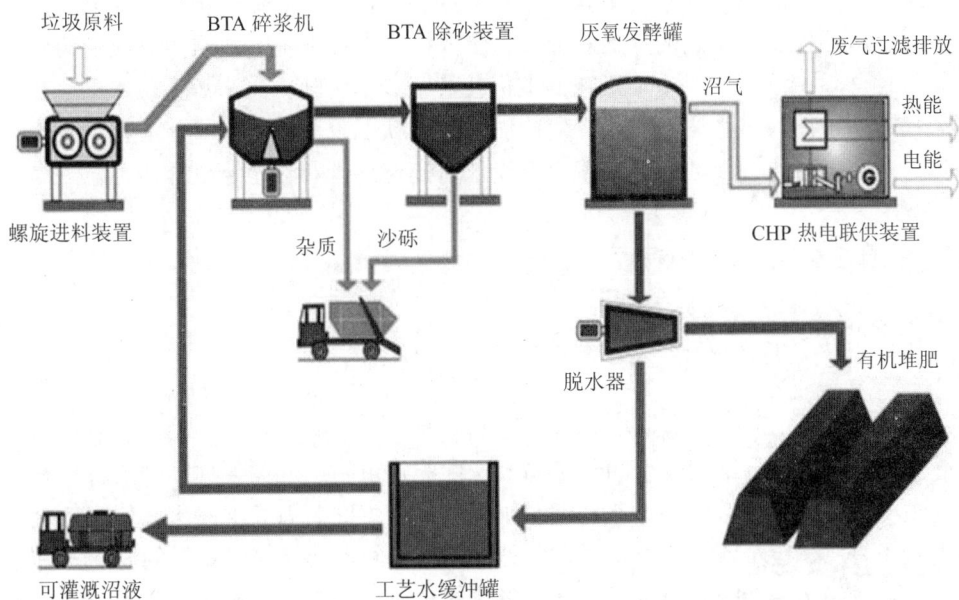

图 9-7　德国 Erkheim 垃圾处理场

图 9-8　新加坡垃圾填埋岛成旅游景点

2. 国内处理现状

随着经济的飞速发展，目前，我国建筑垃圾已占城市垃圾总量的 30%～40%。以 500～600 t/万 m² 的标准推算，到 2020 年，我国还将新增建筑面积约 300 亿 m²，新产生的建筑垃圾量将令人震撼。我国垃圾处理起步较晚，垃圾无害化处理能力较低，综合来看，目前的建筑垃圾研究工作主要还存在以下几个问题：

（1）缺乏对建筑垃圾的详尽统计数据。这主要是因为建筑垃圾还没有从城市固体垃圾的范畴中分离出来，各城市仅仅对工业产生的固体垃圾作了统计，而对建筑垃圾不加区分，殊不知建筑垃圾与一般工业固体垃圾有完全不同的性质，再生利用价值远高于其他垃圾。

（2）对建筑垃圾没有明确的定义及分类，造成统计上标准不一，例如对我国的建筑垃圾产量，各种文献说法不一，从千万吨到上亿吨甚至数十亿吨，其来源无从考证。

（3）缺乏理论支撑。虽然目前涉及建筑垃圾的文献不少，但是大部分内容仅限于对现象的描述，客观的量化以及计算方法偏少，无法对制定标准和规范起到作用。

二、建筑垃圾的组成和特点

建筑垃圾主要产生于建筑施工、装修和拆除过程中。

（一）建筑施工垃圾

在建筑施工中，不同结构类型的建筑物所产生的建筑施工垃圾各种成分的含量有所不同，但其主要成分一致，散落的砂浆和混凝土、剔凿产生的砖石和混凝土碎块、打桩截下的钢筋混凝土桩头、废金属料、竹木材、各种包装材料约占建筑垃圾总量的 80%，其他垃圾成分约占 20%，表 9-2 中列出了不同结构形式的建筑工地中建筑施工垃圾组成比例和单位建筑面积产生的垃圾量。

表 9-2　建筑施工垃圾数量和组成　　　　　　　　　　单位：%

垃圾成分	建筑施工垃圾组成		
	砖混结构	框架结构	框剪结构
碎砖（砌块）	30～50	15～30	10～20
砂浆	8～15	10～20	10～20
混凝土	8～15	15～30	15～35
桩头	—	8～15	8～20
包装材料	5～15	5～20	10～20
屋面材料	2～5	2～5	2～5
钢材	1～5	2～8	2～8
木材	1～5	1～5	1～5
其他	10～20	10～20	10～20
合计	100	100	100
垃圾产生量/（kg/m³）	50～200	45～150	40～150

（二）建筑装修垃圾

建筑装修垃圾的成分比较复杂，且含有一定量的有毒、有害物质，按照北京市的跟踪统计，可用于回收的物质占 29.8%，不可回收的物质占 49.2%，灰末占 21%，其中可回收物质包括天然木材、纸类包装物、少量砖石、混凝土、玻璃、塑料等；不可回收的物质主要包括胶黏剂、胶合木材、废油漆和涂料及其包装物等。

（三）建筑拆除垃圾

旧建筑物拆除垃圾的组成与建筑物的结构有关，其中砖块、瓦砾约占 80%，其余为木料、碎玻璃、石灰、渣土等，现阶段拆除的旧建筑多属砖混结构，废弃框架、剪力墙结构的建筑，混凝土块占 50%～60%，其余为金属、砖块、塑料制品等。随着时间的推移，建筑水平越来越高，旧建筑拆除垃圾的组成会发生变化，主要成分将由砖块、瓦砾向混凝土块转变。图 9-9 为新旧建筑的建筑垃圾组分比较。

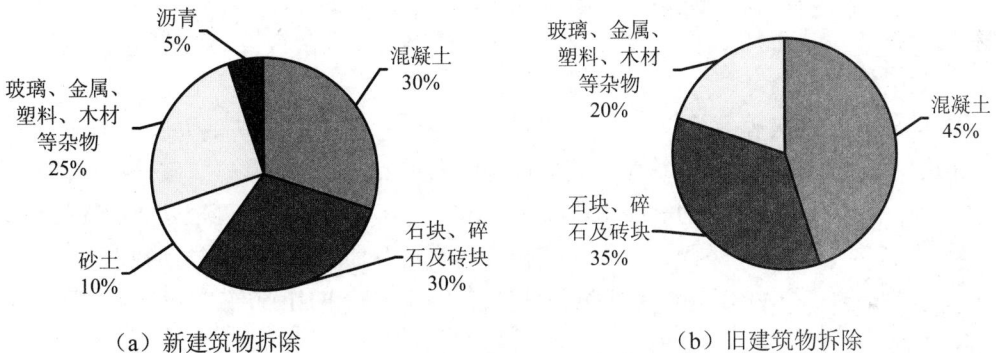

（a）新建筑物拆除　　　　　　　　（b）旧建筑物拆除

图 9-9　新旧建筑垃圾组分比例对照

三、建筑垃圾的危害以及处理中存在的困难

（一）建筑垃圾的环境危害性

建筑垃圾对人类生活环境的影响具有广泛性、模糊性和滞后性的特点。广泛性是客观的，但其模糊性和滞后性会降低人们对它的重视，造成生态地质环境的污染，严重损害城市环境卫生，恶化居住生活条件，阻碍城市健康发展。建筑垃圾的危害主要有以下几点：占用土地，降低土壤质量；影响空气质量；对水域造成污染；破坏城市软环境；影响市容和造成一定的安全隐患。

（二）建筑垃圾处理中存在的问题

①建筑垃圾量的数据库不健全，目前一般量化的建筑垃圾数据库都不足，很多国家目前尚没有关于建筑垃圾数量的权威统计数字，所以无法进一步对建筑垃圾的量进行评估；②建筑业相关人士关于建筑垃圾回收与利用的意识还有待提高，除了要加强宣传、教育工

作，强化意识外，还要采取相关的法规和政策来促使相关建筑垃圾的回收和处理完全实施；③实际建筑垃圾处理技术应用有待进一步研究。

四、建筑垃圾的处理与资源化

（一）建筑垃圾预处理

预处理是指建筑垃圾在制成再生产品之前的一系列准备措施，预处理技术主要包括粗分、破碎、分选和筛分几个阶段。

1. 建筑垃圾的分类收集

由于建筑装修工程日益复杂，使得产生的建筑垃圾成分增多，增加了后续处理工作的难度。建筑垃圾混杂收集在一定程度上加大了后续处理设备的投入，降低了效率，如果在源头上对建筑垃圾进行分类收集，可以大大提高主要成分的回收利用价值。建筑垃圾的产生主要集中在生产地基与基础阶段、主体阶段、机电安装阶段、装修阶段。施工过程产生的垃圾分九大类：渣土；废混凝土、废砂浆及砖渣；废旧木材；废金属材料；废塑料；包装材料；玻璃、陶瓷碎片；有污染、含毒性的化学材料；混杂材料。这些材料占建筑施工垃圾总量的95%以上。

2. 建筑垃圾的破碎

建筑垃圾的破碎作业是建筑垃圾处理过程中的重要辅助作业之一。破碎作业的对象主要是混凝土材料和石材，目的是减小颗粒尺寸，增大其形状的均匀度，以便后续处理工序的进行。破碎处理要用到破碎机，由于破碎方法不同而且处理的物料性质也有很大差异，为适应实际工作的需要，破碎机形式是多种多样的，按照它的作业对象或结构及工作原理，可分以下3种：

粗碎机：用于大块物料的第一次破碎，能处理的最大物料块直径达1 m以上，主要以压碎方式工作，破碎比不大，一般小于6∶1。

中碎机：处理的物料粒径通常不大于350 mm，主要以击碎或压碎方式工作。这一类破碎机通常包括细碎的作业在内，破碎比比较大，一般为3∶1至20∶1，个别可达30∶1以上。

细磨机：用于磨碎粒径在2～60 mm的物料颗粒，其产品尺寸不超过0.1～0.3 mm，最细可达0.1 mm以下，破碎比可达1 000∶1以上。

常见的破碎机有颚式破碎机、圆锥式破碎机、滚式破碎机、锤式破碎机、碾机等。其中颚式破碎机使用最广泛，其以电动机为动力，通过电动机皮带轮，由三角带和槽轮驱动偏心轴，使动颚按预定轨迹做往复运动，从而将进入由固定颚板、活动颚板和边护板组成的破碎腔内的物料予以破碎，并通过下部的排料口将成品物料排出。

颚式破碎机

圆锥式破碎机

锤式破碎机

图 9-10　常见破碎机

3. 建筑垃圾的分选

　　建筑垃圾分选是实现其资源化、减量化的重要环节，分选的基本原理是利用物料物理性质或化学性质上的差异，将其分离。例如利用垃圾中的磁性和非磁性差别、粒径尺寸差别和比重差别等进行分离。根据不同性质，可以设计制造各种机械对固体垃圾进行分选。分选包括手工捡选、筛分、重力分选、磁力分选、浮力分选、光学分选等，图 9-11 是各种分选设备。

固定筛

振动筛

滚筒筛

气流分选机

筒式磁选机

烘干机

图 9-11　各种分选设备

用一种设备或工艺还不足以完成建筑垃圾的预处理，通常通过由几种设备组成的联合处理工艺流程才能达到最大程度的利用目的。这种破碎、筛分、分选的系统工艺，直接关系到处理效率、处理成本和效果。因此，联合处理工艺在预处理中具有广阔的发展前景。

（二）建筑垃圾的资源化

1. 石块、混凝土块的资源化

石块、混凝土块经过处理后，可作为混凝土或砂浆的集料使用，也可直接用于加固软土地基、新填筑地基、杂填土地基、粉土路基、淤泥路基和软弱土路基等。

2. 废混凝土、废砂浆、废砖渣的资源化

利用部分或全部再生粗细骨料作为骨料配制的混凝土，适宜于配制一定强度等级的混凝土、浇筑混凝土、基础垫层、基础、园林绿化堆山造景等。在工程施工中有假山等人造景观设计时，可用含渣土较多的建筑垃圾堆造，上面覆盖土层种植各种观赏植物。废砖石和砂浆与普通水泥混合，再添加辅助材料，可生产轻质砌块；废旧水泥、砖、石、沙等经过配制处理，可制作成空心砖、实心砖、建筑废渣混凝土多孔砖等，其产品与黏土砖相比，具有抗压强度高、耐磨、吸水性小、质轻、保温、隔声效果好等优点。

3．废旧木材利用

废旧木材除了作为模板和建筑用材再利用外，还可通过木材破碎机，粉碎成碎屑后作为造纸原料或燃料使用，废竹木、木屑等则可用于制造各种人造板材，小于 50 cm 的可以由有资质的单位回收，进行专业加工再次利用或进行现场加工做成造型、垃圾箱等；小竹胶板可以作为主体结构的护角，生活区花坛外围护栏重复利用。

4．废塑料利用

废塑料经过加工后，可用作炼铁高炉的还原剂和燃料；利用废塑料作燃料可烧制水泥；裂解废塑料可制备化工原料（乙烯、焦油等）和液体燃料（汽油、柴油等）。

5．金属利用

废钢筋、铁丝、电线和各种钢配件等金属，经分拣、集中、重新回炉后，可以加工制造成各种规格的钢材。

6．有污染、含毒性的化学材料

无毒无害的塑料桶可以回收利用于工地上；可以由有资质的单位回收进行加工再利用；混杂材料可以在小的部位补充使用，可以在外墙用于防水保护层，可以由有资质的单位回收进行加工再利用。建筑用胶、涂料、油漆不仅是难以生物降解的高分子聚合物材料，而且还含有有害的重金属元素，利用焚烧法和热解法将其资源化回收。

（三）城市建筑垃圾资源化案例

城市建筑垃圾综合利用是一个新课题，要把该项工作向前推进除了要有很多企业参与其中并积极努力、艰苦奋斗之外，还需要更广泛的社会关注，需要各级政府和有关职能部门给予更多的关心和大力支持，即从技术、政策、经济、市场、法制、管理等层面进行系统研究并解决问题，典型的几个案例见图9-12。

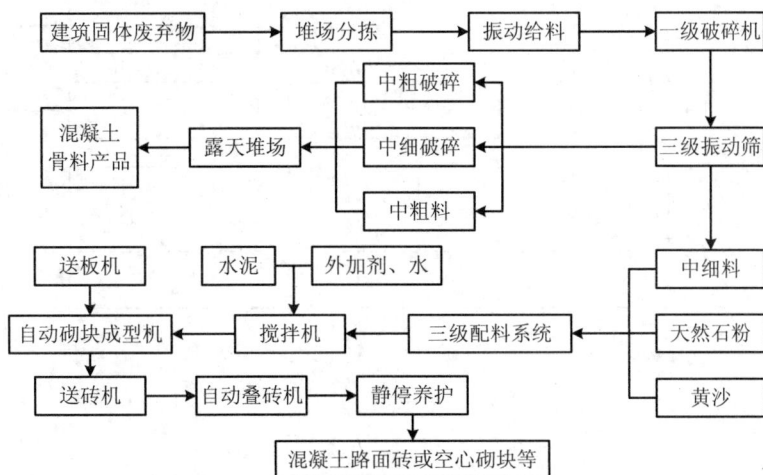

（a）典型案例 1

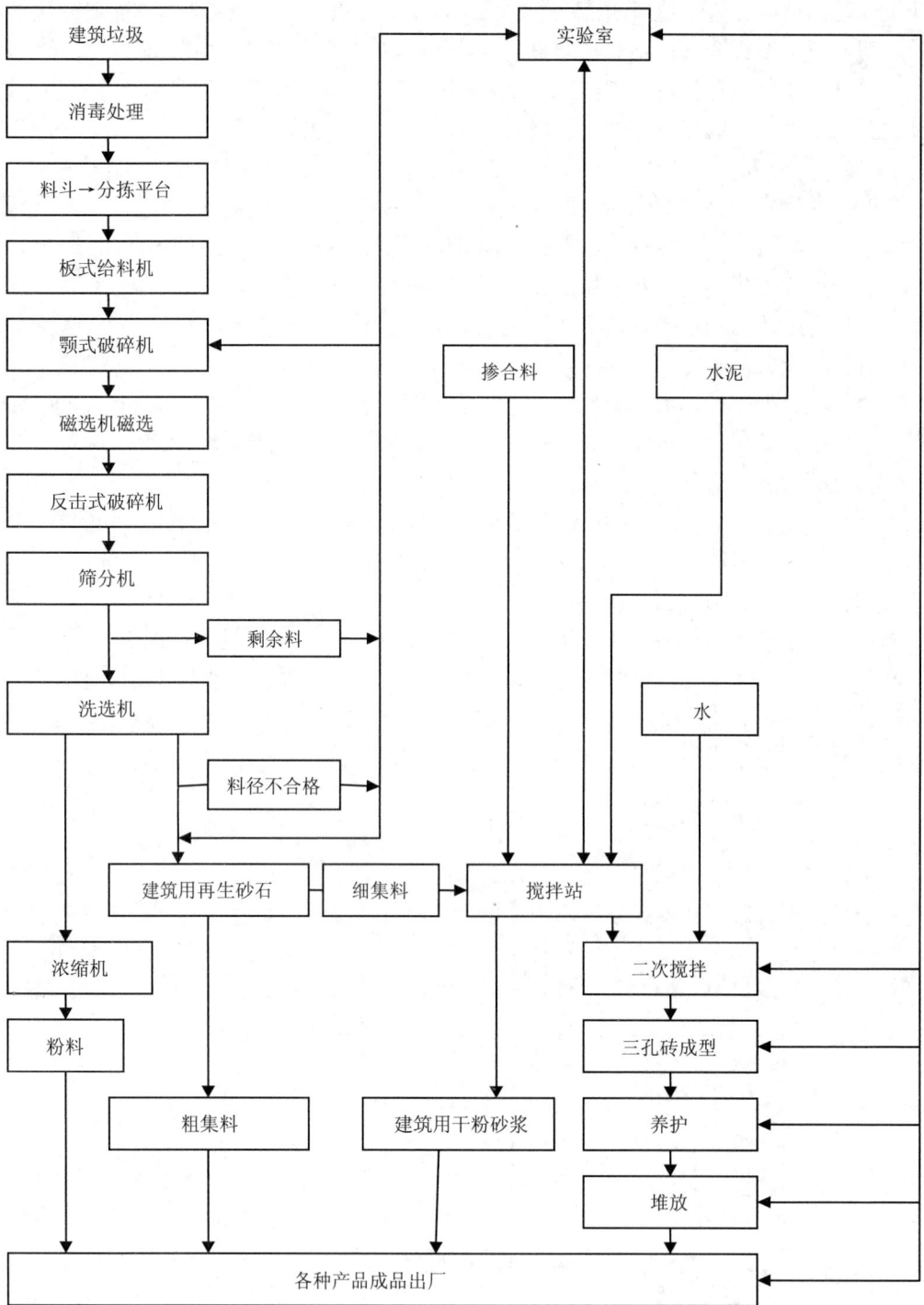

```
建筑垃圾                                              实验室

消毒处理

料斗→分拣平台

板式给料机

颚式破碎机                            掺合料            水泥

磁选机磁选

反击式破碎机

筛分机

            剩余料

洗选机

            料径不合格

建筑用再生砂石    细集料    搅拌站                        水

浓缩机                                              二次搅拌

粉料                                                三孔砖成型

        粗集料        建筑用干粉砂浆        养护

                                                堆放

            各种产品成品出厂
```

（b）典型案例 2

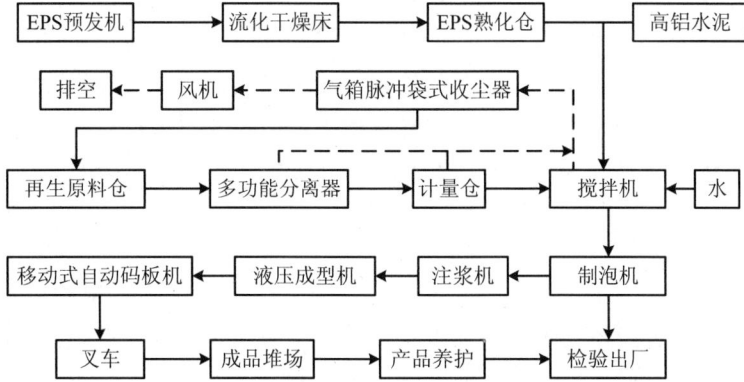

（c）典型案例3

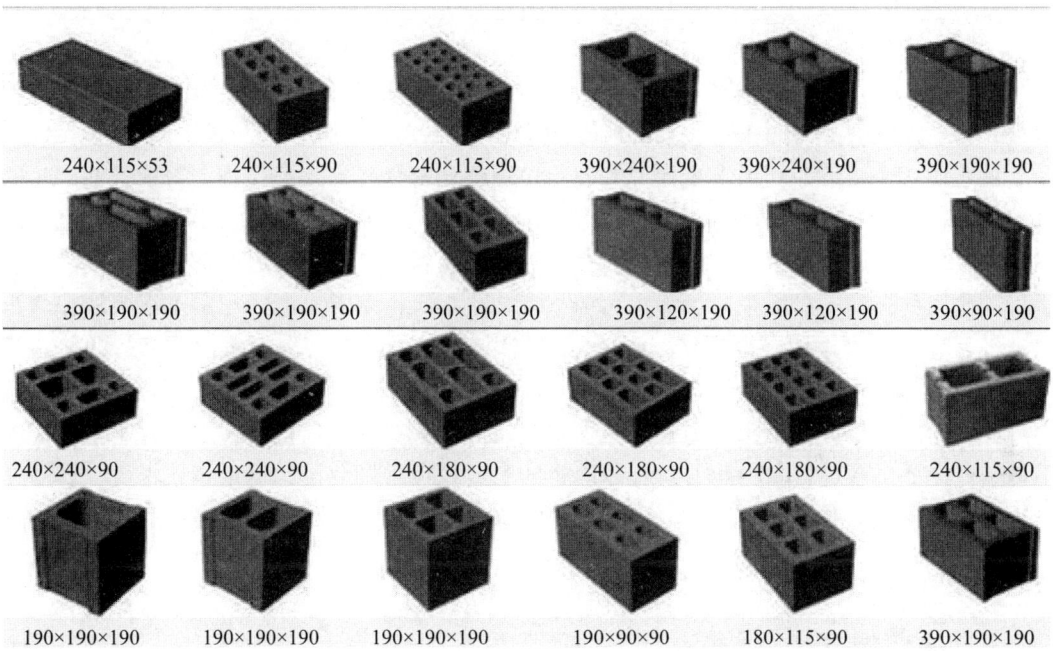

（d）样品

图 9-12 建筑垃圾资源化典型案例与制品

第四节 餐厨垃圾综合利用

餐厨垃圾，俗称泔脚，是居民在生活消费过程中形成的生活废物，极易腐烂变质，散发恶臭，传播细菌和病毒。餐厨垃圾主要成分包括米和面粉类食物残余、蔬菜、动植物油、肉骨等；从化学组成上看，有水、淀粉、纤维素、蛋白质、脂类及其他有机质和无机盐。

一分钟前还是佳肴，一分钟后成了垃圾。由于饮食文化和聚餐习惯，餐厨垃圾成了我国独有的现象。我国餐桌浪费惊人，每天产生巨量的餐厨垃圾。营养丰富的餐厨垃圾是宝贵的可再生资源。但由于尚未引起重视，处置方法不当，它已成为影响食品安全和生态安全的潜在危险源。虽然处置不当会产生严重的后果，但餐厨垃圾也并非一无是处。餐厨垃圾具有废物与资源的双重特性，可以说是典型的"放错了地方的资源"。

一、分类

根据来源不同，餐厨垃圾主要分为餐饮垃圾和厨余垃圾。前者指产自饭店、食堂等餐饮业的残羹剩饭，具有产生量大、来源多、分布广的特点；后者主要指居民日常烹调中废弃的下脚料，数量不及餐饮垃圾庞大。

二、危害

过去很长一段时间我国对餐厨垃圾没有专门的管理规定。有些餐厨垃圾不加处理地喂猪，有些被不法商贩回收提炼废弃油脂（地沟油），有些与普通生活垃圾一起填埋。

餐厨垃圾易腐烂，利用未经处理的餐厨垃圾喂猪容易导致疾病传播。餐饮行业产生的餐厨垃圾可能含有多种病菌，未经处理直接饲养畜禽，会通过畜禽体内毒素、有害物质的积累对人体健康产生危害，从而造成人畜之间的交叉传染，因此，这种食物链形式隐藏着巨大的病原体转移与扩散危险。美国、加拿人、欧盟等许多国家已经制定了很多法律禁止用未经处理的餐厨垃圾直接喂猪。有关专家指出，"地沟油"中含有黄曲霉素、苯等有毒物质，经过不法途径回到人们的餐桌，人食用后会造成慢性疾病的发生甚至致癌，给人们的身体健康带来极大的危害。另外，由于餐厨垃圾极易腐烂变质，会产生使人难以接受的不良感受，如刺激性气味。而餐饮行业产生的餐厨垃圾中剩菜汤、馊水含量很大，容易在收集、运输途中泄漏，影响城市环境。若将餐厨垃圾直接填埋处理，则会造成地下水的严重污染。

三、资源特点

餐厨垃圾内含大量的营养物质，主要成分是油脂和蛋白质，可替代玉米、鱼粉、豆粕等加工成高能蛋白优质饲料，也是制取生物柴油的适合原料。按干物质含量计算，5 000 万 t 餐厨垃圾相当于 500 万 t 优质饲料，内含能量相当于每年 1 000 万亩（1 亩=1/15 hm^2）耕地的能量产出量，内含蛋白质相当于每年 2 000 万亩大豆的蛋白质产出量。也就是说，如果我国一年产出的餐厨垃圾全部得以利用，相当于节约了 1 000 万亩耕地。鉴于我国耕地紧张、粮食短缺，每年需要大量进口粮食饲料的现状，合理利用餐厨垃圾是增加资源利用率、在一定程度上解决我国粮食问题的有效途径。并且，这种利用符合减量化、再利用、资源化特点，是发展循环经济的生动案例。

四、综合利用技术与工艺

目前全国已有餐厨废物资源化利用和无害化处理试点城市 33 个，国家发展改革委、财政部印发了《关于印发循环经济发展专项资金支持餐厨废物资源化利用和无害化处理试点城市建设实施方案的通知》（发改办环资[2011]1111 号），提出了利用循环经济发展专项资金支持餐厨废物资源化试点工作的具体支持内容、支持方式和实施程序等。安排循环经济发展专项资金 6.3 亿元对 33 个试点城市（区）给予支持。山东省公布的《进一步加强城市生活垃圾处理工作的意见》中要求在 2012 年年底前建成运行餐厨废物无害化处理和资源化利用项目，实现餐厨垃圾无害化处理。

（一）餐厨垃圾的处理模式

一些国内大中型城市已经开始餐厨垃圾资源化利用的尝试。经过探索，初步形成了宁波模式、上海模式、西宁模式等餐厨垃圾的资源化利用模式。由于餐厨垃圾处置是一个涉及民生的公益项目，所以几种模式虽然具体运作方式不尽相同，但共同的特点都是由政府唱主角。

继北京、上海、苏州、宁波、重庆、西宁等十多个城市推出了相应的管理办法之后，针对"地沟油"等餐厨垃圾的技术标准已经着手制定，而国家层面的《餐厨垃圾管理条例》《餐厨废油资源回收和深加工技术标准》也将适时启动。此前，第一个餐厨垃圾国家标准——《餐厨垃圾资源利用技术要求》已经报批国务院。这将结束"地沟油"回收利用无章可循的局面，并与计划制定的《餐厨垃圾管理条例》一起，逐步搭建起一套餐厨垃圾无害化、再利用和资源化的政策体系。

（二）资源化方法

1．做饲料

目前国内绝大部分餐厨垃圾被直接用作饲料，但这种方法是有害的，大型城市一般通过发酵后再做饲料。利用微生物发酵技术制成发酵饲料，这种处理工艺一般周期较长、需要对菌种进行选择管理、工艺较复杂。利用餐厨废物生产高钙多维酵母蛋白饲料的方法为：将经粉碎机粉碎、脱水、加氮中和、灭菌后的餐厨废物及泔水物料与通过流量控制器混合控制的酵母和微生物菌种进行混合接种后，经计算机控制，分批进行固体发酵，再经干燥、磨粉、化验及包装制成高钙多维酵母蛋白饲料。物理法是将餐厨垃圾脱水后进行干燥消毒，粉碎后制成干饲料。将厨余垃圾再生成禽畜饲料或农业用有机肥料的另一种方法是：直接将收集到的厨余垃圾于一次作业中，经来源分类、破碎、计量配方、脱水后至累批待料槽汇总送入卧式搅拌槽进行蒸煮灭菌、发酵或干燥处理后制成半成品送至半成品贮桶，再依所需进行造粒或粉剂制成鱼、禽、畜饲料或有机肥料。用于制造饲料时，将计量桶内经处方计量混合的厨余送入卧式搅拌槽以 100～150℃的温度进行搅拌、蒸煮、杀菌后送至脱水机脱水至适当含水量后再进入累批待料槽；然后由累批待料槽将脱水后厨余送入卧式搅拌槽以 120～150℃的温度进行搅拌干燥，并由油脂贮槽及添加剂贮槽依其配方计量添加适量的油脂及其他营养素，至含水量降至规范要求而制成半成品，送至饲料半成品贮桶；最后依所需将半成品经由造粒机或粉碎机制成颗粒状或粉剂状的鱼、禽、畜饲料或农用有机肥料。

2. 填埋

大部分家庭厨余垃圾混入生活垃圾被填埋。

3. 做肥料

很少部分餐厨垃圾经好氧处理后用做肥料。

4. 厌氧处理

厌氧处理可产生大量沼气，沼气是一种清洁的可再生能源，可用于发电和做燃料，并且由于系统全封闭而无异味，因此，餐厨垃圾厌氧处理是未来的发展方向。

5. 微生物处理

微生物活性菌群可以吞噬有机废物（餐厨垃圾、地沟油）的油脂，使其变成水、二氧化碳和微量元素，能从根源上解决"地沟油"回流餐桌。

6. 焚烧处理

目前，对于多数垃圾处理技术较落后或垃圾分类不严格的地方，通常餐厨垃圾会与生活垃圾一起焚烧处理。焚烧处理法对于垃圾减量化很有效，能够达到减量 90%或更高。对于一些技术较发达的地区，垃圾焚烧场会利用垃圾焚烧产生的热量发电，以获得经济效益。但由于餐厨垃圾的特殊性质，垃圾焚烧处理会产生大量的有害气体，不能满足无害化的要求。而对于霉变、严重变质和已被化学污染的餐厨垃圾则应采用焚烧法进行处理。

五、资源化案例

（一）制沼气工艺流程

收集来的餐厨垃圾通过分选装置去除大块物料后再经提油，回收其中的油脂，而后经打浆、调质，进入厌氧反应罐。在此与菌种接触，在一定 pH 和 C/N 下，经水解酸化、甲烷化产生沼气，沼气经净化后用作发电或直接做燃料。沼液做液体肥料或曝气处理达标排放。少量沼渣经堆化制成固体肥料。

（二）技术指标

①产气率：0.65～0.75 m^3/（$kg \cdot d$）；②容积产气率：2.0～2.5 m^3/（$m^3 \cdot d$）；③转化率：85%～90%。

（三）工艺特点

①工艺简单、流程短、自耗能少。②全封闭运行，处理过程无异味。③资源利用率高，有机物转化率达 85%甚至 90%以上。④沼气产率高，每吨餐厨垃圾可产沼气 120 m^3 以上。⑤沼气中甲烷含量高，可达 60%～75%。

第五节　垃圾堆肥利用工程

一、垃圾处理概况

国内生活垃圾混合程度高，处理技术难度大；目前国内外生活垃圾的处理方式主要包括填埋、堆肥、焚烧和综合利用等（图 9-13）。垃圾处理方式的选择与社会经济发展水平、人口密度、土地及周边条件、垃圾的成分以及居民的生活习惯和环保意识等有关。对于像日本、新加坡、瑞士等人口密度较高，土地资源稀缺的国家以焚烧为主，所占比例已达 75%～85%，而对于人口密度相对较低的美国等大国则以填埋处理为主（表 9-3）。

表 9-3　美国垃圾产生量及处理情况统计表　　　　　　　　单位：10^6t

年份	1960	1970	1980	1990	2000	2003	2004	2005
产生量	88.1	121.1	151.6	205.2	237.6	240.4	247.3	245.7
总回收量	5.6	8	14.5	33.2	69.1	74.9	77.7	79
回收材料	5.6	8	14.5	29	52.7	55.8	57.2	58.4
堆　肥	—	—	—	4.2	16.5	19.1	20.5	20.6
焚烧量	0	0.4	2.7	29.7	33.7	33.7	34.1	33.4
填埋量	82.5	112.7	134.4	142.3	134.8	131.9	135.5	133.3
焚烧处理率/%			1.80	14.50	14.20	14.00	13.80	13.60

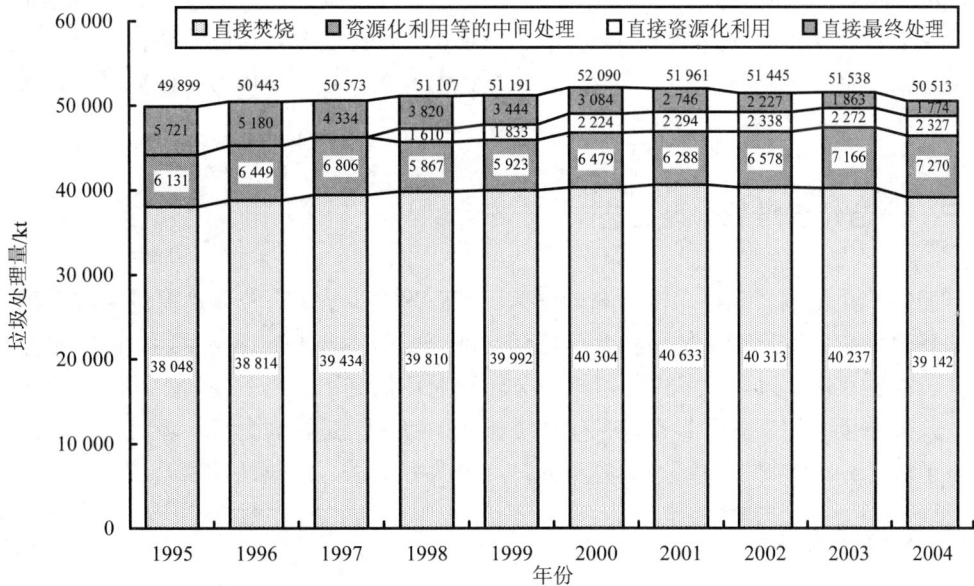

图 9-13　中国垃圾不同处理方式比较

根据国家统计局公布的数据，我国生活垃圾的几种处理方式中，填埋所占的比例最大，并呈现逐渐上升的趋势，2008 年年底达到了 54.57%；焚烧所占比例逐渐增加，2005 年超过了堆肥所占比例，2008 年年底达到了 10.17%；堆肥比例从 2003 年的 4.82%逐渐降低到 2008 年的 1.13%。

二、混合收集垃圾的问题

我国城市垃圾具有"含水率较高、热值偏低、有机成分多、可回收利用物质较少（易回收垃圾被收走）、季节性变化较大"等特点，市区生活垃圾中易腐有机垃圾（主要为厨余垃圾及果皮）的比重在近 10 年内呈逐年下降的趋势，而纸类和橡塑的比重增长明显，玻璃、竹木、金属、纤维等其他成分则变化不大。其中市区生活垃圾中易腐有机垃圾约占 70%，纸类、塑料、玻璃、金属等可利用物质约占 25%。因有相当一部分废旧物品由市民直接出售给收购人员，实际上城市垃圾中的纸类、塑料、玻璃、竹木、金属等的数量要高于测定值。以上海为例，上海每年约有 240 万 t 可供利用的废物资，其中废钢 115 万 t、废纸 70 万 t、废有色金属 6 万 t、废玻璃 18 万 t。如果按 65%的回收率计算，这些废物资相当于 17 亿元的"二次资源"，每年节约能源折合标煤 100 万 t，电力 9 500 万 kW·h。

以上海为例，从废品回收系统对垃圾的分流作用来看：发达国家的废品类垃圾占生活垃圾的比例为 40%～70%，上海废品回收率达到较高水平，与发达国家相比，这样的社会回收水平是值得肯定的。从垃圾组分看垃圾的可回收性：对上海的生活垃圾成分进行测算，得出的结论是可回收组分为 20%～28%，与发达国家相比尚处于较低水平，一般认为，生活垃圾中可回收废品比例大于 40%时，表明其具有较高的废品可回收水平。从含水率看垃圾的可回收性：据调查，上海的厨余垃圾含水率高达 60%以上（美国的相应含水率典型值只有 30%～35%），物料受到严重玷污，可回收性受到影响。但是现有的垃圾回收和收集体系缺陷明显，它是以回收价值为取向的，自动废品回收系统仅仅回收价格高的垃圾，不会回收价值较低、难利用的垃圾，这些垃圾被混合收集，综合利用或资源化难以实现，大量的危害物质进入环境。为此应大力倡导分类回收并资源最大化。

三、混合垃圾堆肥典型工艺

堆肥技术是依靠自然界广泛分布的细菌、真菌等微生物，有控制地促进可被生物降解的有机物向稳定腐殖质转化的生物化学过程。堆肥处理适合于处理易腐烂、可降解有机物质含量较高的垃圾，可以使其中的有机成分转化为可供施用的肥效物质，同时消除其环境污染，杀灭垃圾中的病菌，具有无害化和资源化的特征，是处理有机垃圾最有效、最适宜的技术手段之一。堆肥法按照原理的不同，可分为好氧法、厌氧法和混合法。

（一）好氧堆肥

1. 原理

好氧堆肥是在通气条件下，利用好氧微生物使有机物得以降解的过程。好氧堆肥温度一般为 50～60℃，最高可达 80～90℃，故好氧堆肥也叫高温堆肥。好氧堆肥的基本过程可描述如下：在堆肥过程中，生活垃圾中溶解性有机物可透过微生物的细胞壁和细胞膜被微生物直接吸收；对于不溶胶体和固体有机物，先附着在微生物体外，依靠微生物分泌的胞外酶分解为可溶性物质，再渗入细胞。

2. 工艺分类

高温好氧堆肥工艺包括间歇动态高温好氧发酵工艺、静态高温好氧发酵工艺、动态高温好氧发酵工艺。

（1）间歇动态高温好氧发酵工艺。

间歇动态高温好氧发酵工艺又分为间歇动态条堆式高温好氧发酵工艺和间歇动态槽式高温好氧发酵工艺。

间歇动态条堆式高温好氧发酵工艺，是指城市生活垃圾经过机械进料、机械分选、人工辅助分选后，将可降解的有机物料分批码堆，一般堆形为底宽 5 m、堆高 1.8 m 的三角形条堆，长度根据厂房和处理量的多少而定，供氧采用了强制通风和间歇机械翻拌的方式来控制，翻堆机一般采用跨翻自走式机器。根据发酵的周期又采用二次分选和二次发酵及精分选，还可以在机械翻拌过程中以水分调节和增补微生物的方式促进发酵。此工艺一般发酵周期为 50～60 天，发酵温度 70℃以上。

间歇动态槽式高温好氧发酵工艺，是指城市生活垃圾经过机械进料、机械分选、人工辅助分选回收可用资源后，将可降解的有机物料分批送入发酵槽中，物料高 3 m 左右，长度和宽度一般根据处理量的大小设定，发酵槽上面设置桥梁式自动翻堆机，翻堆机完全自动化操作，只要人工输入程序指令后，整个翻拌工作就会自动进行。供氧采用了强制鼓风或强制吸风的方式进行，整个处理流程又根据肥料处理的精度设计了次级发酵和肥料精加工系统。此工艺发酵周期 40 天左右，发酵温度达 70℃以上。

（2）静态高温好氧发酵工艺。

静态高温好氧发酵工艺包括静态仓式高温好氧发酵工艺和静态条堆式高温好氧发酵工艺。

静态仓式高温好氧发酵工艺，是指经过粗分选后的生活垃圾分批进入发酵仓中，发酵仓底部装有供氧和排水功能的设备，发酵仓的规格根据处理量和供氧系统的布置设计，物料装满发酵仓后将门封闭，通风供氧发酵，发酵周期 15～30 天，发酵温度可达 70℃以上。当发酵达到要求后，通过转运机械分选，视情况进入后发酵系统继续进行发酵。

静态条堆式高温好氧发酵工艺，是指经过粗分选后的生活垃圾由转运机械分批码堆，发酵堆底部具有供氧和排水功能，堆形一般为三角形或梯形条堆，条堆高度和宽度根据供氧系统和处理量的大小设计。供氧采用强制鼓风或强制吸风方式。发酵周期 30 天左右，发酵温度可达 70℃以上。发酵达到一定要求后，通过转运机械进行分选，视情况进入后发酵系统继续进行发酵。

（3）动态高温好氧发酵工艺。

生活垃圾经过机械分选后连续进入发酵滚筒进行动态发酵，通过发酵滚筒的不断翻动、混合，物料向前移动，形成连续进出料状态，在物料的逆方向进行通风供氧。滚筒自动化程度较高，可以连续监测物料发酵过程中的反应情况，根据物料反应的需要进行水分、碳氮比的调控。发酵时间为 1～2 天，生物降解的程度相对比较完全。也可以根据设计配套熟化等工艺，见图 9-14。动态堆肥技术是较为先进的堆肥技术，通过采取连续进料、出料的方式，物料处于连续翻动的状态，筒中有机成分、水分、温度和供氧的均匀性得到提高，保证了生物降解的程度。

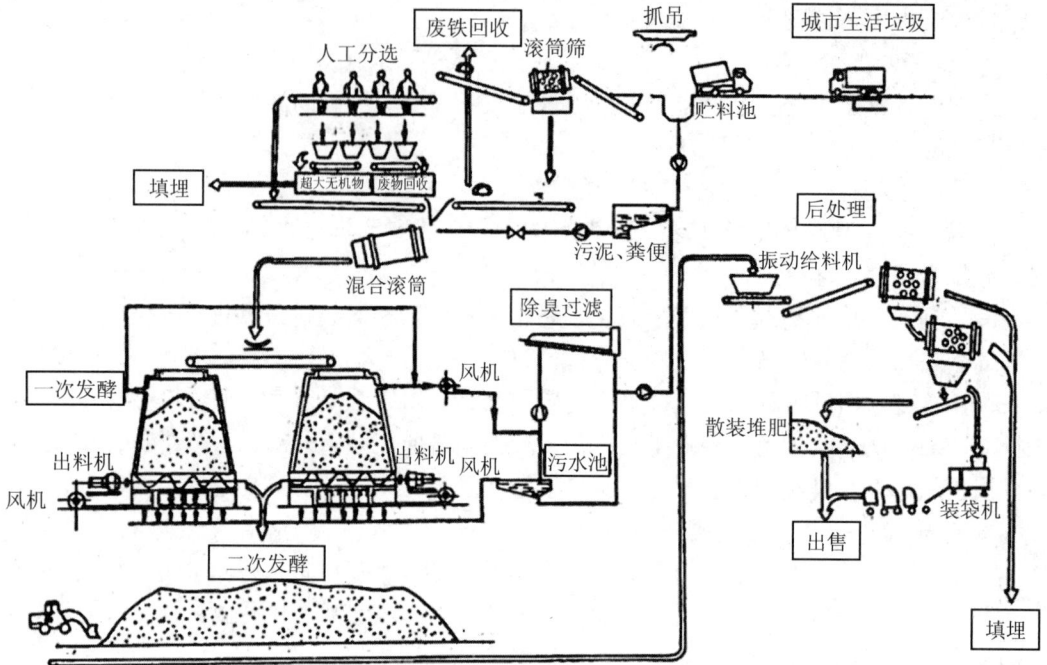

图 9-14　动态堆肥工艺

（4）动态加半动态高温堆肥工艺。

一座生活垃圾综合处理场，不仅要处理城市居民的生活垃圾和污水处理厂的污泥，而且也是提高全体市民环保意识的思想教育基地。以埃德蒙顿垃圾处理中心为例，该中心包括堆肥厂、填埋场、转运站等 17 个厂（场）。堆肥厂采用动态＋半动态高温堆肥工艺，堆肥时间为 28 天，最终腐熟约 60 天，垃圾处理中心堆肥厂工艺流程见图 9-15。生活垃圾由垃圾车卸入卸料大厅后，由装载机将垃圾摊平，人工手选出大块垃圾后，用装载机将垃圾推入混合滚筒的受料漏斗内。手选出的大块垃圾直接送填埋场填埋。混合滚筒共有 3 台，每台滚筒规格为 $\phi 4.9 \times 74$ m，功率为 400 马力（298 kW），转速为白天 1 r/min、晚上 1.5 r/min。垃圾在滚筒中的停留时间约为 1.5 天（36 h）。混合滚筒采用鼓风机强制通风，进风管在滚筒的出料端，进风方向与垃圾运行方向相反。混合筒体采用露天配置，安装角度为 2°。垃圾从混合滚筒出料端排出后，经一段单层滚筒筛筛分，筛上物送去填埋，筛下物经磁选后送入堆肥系统。该滚筒筛共 2 台，筛孔尺寸为 150 mm。堆肥采用的是半动态高温堆肥，堆肥时间为 28 天。堆肥垃圾堆放在发酵槽内，上部设有桥式翻堆机连续翻堆，翻堆机上附有喷淋装置，根据需要，可以向肥堆内喷洒水或渗滤液。发酵槽下部采用抽风供氧，通过抽气机从堆肥槽底部抽出堆肥臭气，外界空气在大气压力的作用下进入肥堆中，完成发酵过程中的通风供氧。该方法使肥堆呈负压状态，堆肥臭气不能外溢，可以减少厂房内的臭味。

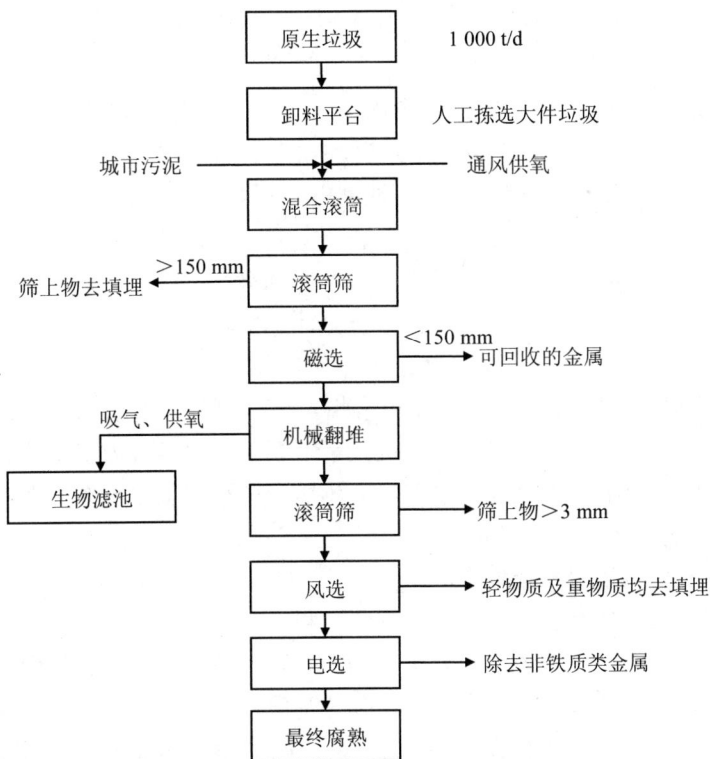

图 9-15　埃德蒙顿垃圾处理中心堆肥厂工艺流程

（二）厌氧堆肥

1. 厌氧堆肥的特点

①处理工艺简单，成品中能较多地保存氮；②堆肥周期过长，占地面积大，有臭味，卫生条件差，有些物质不易腐烂，一些病菌不宜被杀死。

2. 原理

厌氧堆肥是在无氧条件下，借厌氧微生物（主要是厌氧菌）的作用来进行的，图 9-16 简单说明了有机物的厌氧分解过程。

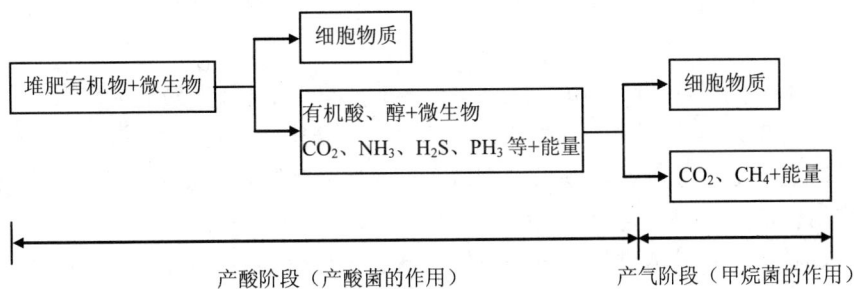

图 9-16　有机物的厌氧堆肥分解过程

从图 9-16 中可以看出，有机物的厌氧分解主要经历了两个阶段：酸性发酵阶段和碱性发酵阶段。分解初期，微生物活动中的分解产物是有机酸、醇、CO_2、NH_3、H_2S、PH_3 等。在这一阶段，有机酸大量积累，pH 值逐渐下降，这一阶段的分解叫酸性发酵阶段（产酸阶段）。随后，另一群统称为甲烷细菌的微生物开始分解有机酸和醇，产物主要是 CH_4 和 CO_2。随着甲烷细菌的繁殖，有机酸迅速分解，pH 值迅速上升，这一阶段的分解叫碱性发酵阶段（产气阶段）。以纤维素为例，其堆肥的厌氧分解反应为：

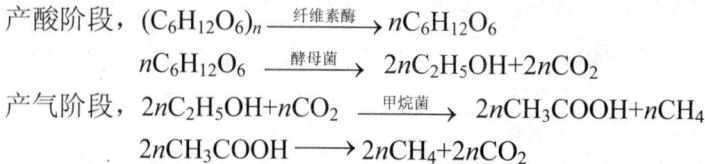

产酸阶段，$(C_6H_{12}O_6)_n \xrightarrow{\text{纤维素酶}} nC_6H_{12}O_6$

$\qquad\qquad nC_6H_{12}O_6 \xrightarrow{\text{酵母菌}} 2nC_2H_5OH + 2nCO_2$

产气阶段，$2nC_2H_5OH + nCO_2 \xrightarrow{\text{甲烷菌}} 2nCH_3COOH + nCH_4$

$\qquad\qquad 2nCH_3COOH \longrightarrow 2nCH_4 + 2nCO_2$

厌氧堆肥工程规模普遍较大，机械化程度相当高。一般采用湿式或干式厌氧发酵工艺，发酵期可缩短至 15～20 天，沼气收集后可用来发电等，生活垃圾资源化利用率较高，投资运行费用高于好氧堆肥，占地面积少于好氧堆肥。厌氧堆肥技术在欧洲有较多的应用实例，国内上海等地也有项目在实施。

3. 垃圾堆肥技术的发展趋势

①混合收集的生活垃圾堆肥难以取得成功，利用分类收集或垃圾分选出的有机可降解垃圾进行堆肥，能够取得较好的堆肥效果。②针对特殊类型有机垃圾的生物处理技术逐渐升温，如餐厨垃圾、生活污水处理厂污泥、园林及秸秆等植物性垃圾的微生物处理技术和厌氧发酵技术等。③有机复合肥成套生产技术与设备将进一步完善，生活垃圾堆肥厂生产有机复合肥和颗粒肥的比例将逐步提高。④采用机械化动态发酵工艺、利用有效菌种快速分解的新型堆肥技术逐步推广应用。⑤在垃圾综合处理体系中，有机垃圾堆肥技术将会长期存在，持续发展。

4. 城市垃圾堆肥原料的要求与混配

堆肥生产中，城市垃圾经过机械分选，将金属、塑料分离后，如果仅仅通过感官或经验来判断原料搭配是否合理、水分调节是否适宜，往往偏差较大，特别是当原料或工艺发生变化时，差异会更大，这也是造成产品质量不稳定的重要原因。要优化堆肥条件和配方，必须按照原料理化参数，通过科学的计算来确定。堆肥配方的形成就是对 C/N 和水分的平衡过程，目的是使它们均处于合理的范围内。通常一个指标先调整合适后，堆肥的配方就可以基本确定下来，若需要进一步调整比例，则一般要在不明显影响第一个指标的情形下对第二个指标进行优化。

（1）C/N。

堆肥化过程中，碳素是堆肥微生物的基本能量来源，也是微生物细胞构成的基本材料。堆肥微生物在分解含碳有机物的同时，利用部分氮素来构建自身细胞体，氮还是构成细胞中蛋白质、核酸、氨基酸、酶、辅酶的重要成分。常见的有机固体废物含碳量一般为 40%～55%，但氮的含量变化却很大，因此 C/N 的变幅也较大。腐熟堆肥的 C/N 一般为 15 左右。此外，不同的堆肥原料其适宜的 C/N 也存在差异，这种差异主要取决于两方面，一方面取决于堆肥原料中有机物的生物有效性（或可降解性，表 9-4），另一方面取决于堆肥原料粒度。虽然从理论上讲堆肥物质中的大多数碳是可以利用的，但也存在一些很难生物降解的有机化合物，如木材中的木质纤维素，因此，当这类物质含量较高时，应设置一个较高的 C/N 值；相同原料由于粒度不同，比表面积存在差异，可被微生物利用的碳或者说其被微生物分解的速度也存在差异，这些都是进行堆肥 C/N 设计时应考虑的。

表9-4　某些有机基质的可降解性

基质	降解性（挥发性固体占比/%）
垃圾中的总有机组分	43～54
庭院修剪废物	66
鸡粪	68
牛粪	28
垃圾	66

（2）水分。

堆制过程中保持适宜的水分含量，是堆肥成功的首要条件。由于微生物大都缺乏保水机制，所以对水分极为敏感。当含水量为35%～40%时，堆肥微生物的降解速率会显著下降，下降到30%以下时，降解过程完全停止。通常有机物吸水后会膨胀软化，有利于微生物分解；水分在堆肥中移动时，所带菌体也会向四周移动和扩散，并使堆肥分解腐熟均匀；水中溶解的各种物质还会为微生物提供营养，并为微生物的繁殖创造条件。水分太少，微生物活动受限制，影响堆肥速度；水分太多，会堵塞堆肥物料间空隙，影响其通透性，易形成厌氧状况，并产生臭气，养分损失大，堆肥也同样缓慢。堆制过程中不同的原料具有不同的最适水分上限，其由原料物质的粒径和结构特性决定。对于绝大多数堆肥混合物，推荐的含水量上限为50%～60%。一般情况下，可以用不太精确的挤压测试来测量混合物料的湿度，如使用挤压测试时，堆肥混合物应该感觉起来比较潮湿，并有渗水的情形，但还不至于呈现大量水滴。要计算出堆肥物料的最佳混合比例，首先必须了解不同物料的最大持水能力，然后根据设定的混合物最适水分含量，以调节 C/N 为前提，确定不同物料的比例。表 9-5 列出了部分原料的最大水分含量范围，水分含量值与堆肥基质的结构有关，含纤维或不易处理的基质如稻秸、木屑，在保持结构完整的条件下持水量均较高。

表9-5　不同堆肥基质的最大水分含量

基质类型	水分含量/%
稻秸	75～85
木屑	75～90
稻壳	75～85
城市垃圾	55～65
粪便	55～65
消化污泥或生污泥	55～60
湿基质（厨余等）	50～55

许多堆肥基质如城市垃圾、农业废物和庭院废物都是以相对干燥的状态进行堆肥的，甚至动物粪便在堆肥前都需进行风干。污泥和其他湿有机物，城市污泥含水率一般大于70%，况且污泥不含亲水性的纤维，但是如果单独以污泥饼进行堆肥，则会因其缺乏储存

氧气的自由通气孔隙而需要不断地机械搅拌以输入空气。

图 9-17 表明牛粪堆肥中水分控制的重要性。该实验在 2.4 m 深的堆肥仓中进行，仓底装有强制通风系统。当水分含量为 66%时（起始点），系统最高温度上升到 55℃就停止了；清仓后向其中加入干基质并调节水分含量到 61%，温度会迅速升到 75℃以上；如果继续提高水分含量则会阻碍堆肥进程，因为过量的水分会因基质挤压而减少自由通气孔隙，以致减少空气在基质中的分布。保持适当的水分和孔隙率是平衡堆肥过程的重要手段。要保证足够的生物稳定性，必须有足够的水分含量，但不能高到由于自由通气孔隙量减少而导致氧气传输量下降的状态，进而降低生物活性。另外，适当的水分和自由通气孔隙量有利于生产干燥的堆肥产品，易于储存和运输。当然在实际操作中不可能保证所有的控制因素同时达到最佳，所以有时需要相互协调。

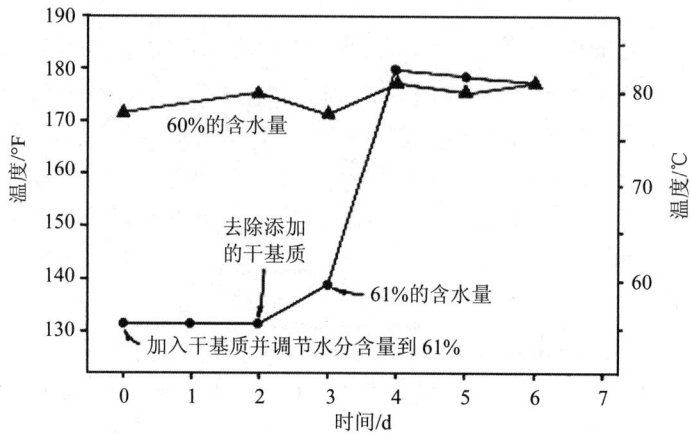

图 9-17　初始基质水分含量对堆肥过程温度的影响

（3）粒径。

堆肥物料的分解主要发生在颗粒的表面或接近颗粒表面的地方，由于氧气可以扩散进入包裹颗粒的水膜，所以这些地方需要有足够的氧气保证有氧代谢的需求。在相同体积或质量的情况下，小颗粒要比大颗粒有更大的表面积。所以如果供氧充足，小颗粒物料一般降解得要快一些。实验证明将堆肥物料加以粉碎后，降解速率可以提高 2 倍以上。一般推荐的颗粒粒径为 1.3～7.6 mm，这个区间的下限适用于通风或连续翻堆的堆肥系统，上限适用于静态堆垛或其他静态通风堆肥系统。对湿基质进行结构调整时，调理剂的粒径大小也起到非常重要的作用。如果调理剂粒径过小，会导致难以达到预期的自由通气孔隙，并可能使混合基质固相体积不易达标。例如，有些堆肥系统由于使用粒径很小的称为"木粉"的木屑，导致混合基质呈饱和泥状，由于缺少空隙而易发生厌氧反应。为规范调理剂的使用，美国一些地方规定木屑应不少于总固相的 65%，95%可以通过 12 mm 筛，而通过 2.23 mm 的应小于 50%；有的规定粗木屑占总固相的 50%～70%，95%可通过 12.5 mm 筛，通过 4.75 mm 的应小于 20%。同时，对粒径大的颗粒进行限制是为了避免最后的产品颗粒过大而需过筛。如果堆肥产品应用于园艺或在草坪、花园上施用时，粒径一般不要大于 10 mm。总之，小颗粒调理剂（如木屑等）易于生物降解，但从结构角度来看，应避免使用过多的小颗粒。

（4）pH 值。

pH 是影响微生物生长繁殖的重要因素之一。虽然不同研究得出的堆肥微生物适宜的 pH 范围存在些许差异，但共同的研究结果表明，多数堆肥微生物适合在中性或偏碱性环境中繁殖与活动。细菌和放线菌最适合的生长条件为中性和微碱性，真菌嗜酸性。细菌和真菌消化有机物时会释放有机酸，有机酸通常在堆肥初期被累积而导致 pH 下降，从而有利于真菌的生长以及木质素和纤维素的降解，随着有机酸进一步被降解，pH 逐渐升高，细菌和放线菌的繁殖会逐渐加快。

堆肥体系变成厌氧状态时，有机酸的累积可以使 pH 降低到 4.5 以下，这时会严重影响微生物的活动，通常可以通过通风增氧使堆肥 pH 调节到正常范围；同样，当堆肥 pH>10.5 时，大多数细菌活性减弱，高于 11.5 时开始死亡。总之，过高和过低的 pH 都会引起蛋白质变性，如胺基、羧基基团变异，改变其物理结构，并使酶蛋白失活。常见的堆肥原料（如畜禽粪便、市政污泥、作物秸秆、草炭、蘑菇渣等）一般不需要进行 pH 调节，但当原料 pH 偏离正常堆肥 pH（5~9）较大时，就必须进行 pH 调节。当 pH 偏酸性时（低于 4），通常用石灰调节，有时为减少氮素损失，也用碱性磷肥调节酸碱度；当 pH 偏碱性时（大于 9），可以通过添加氯化铁或明矾来调节，有时也用强酸或堆肥返料进行调节。pH 调节时要注意的是，石灰的用量不宜过大，一般控制在 5%以内，否则会延长堆肥过程的缓冲期，不利于堆肥化进程。

（5）堆肥配方确定及计算。

表 9-6 列出了影响堆肥的一些初始因素并推荐了一些基本参数，供参考。

表 9-6　快速堆肥的推荐条件

条件	合理范围	最佳范围
碳氮比（C/N）	20∶1~40∶1	25∶1~30∶1
水分含量/%	40~65	50~60
颗粒直径/cm	0.32~1.27	可变
pH	5.5~9.0	6.5~8.0

注：①这些推荐是对快速堆肥而言的，在这些范围以外的条件同样可以产生成功的结果；
②参数范围依特定的物料、堆体大小和天气条件而变。

在处理湿物料时，水分成为最重要的指标，因为高水分会引发厌氧条件、臭气和低分解率。不合适的 C/N 影响并不严重，通常最好先根据水分来设计一个初始配方，然后再逐步调整，获得一个可接受的 C/N。干物料与 C/N 是成比例的，因为比较容易通过加水来调节。下面给出了堆肥配方的计算公式，它是以干重为基础计算的。

单个原料计算公式：

$$W_{水}=W×M \tag{9-1}$$

$$W_d=W-W_{水}=W×（1-M） \tag{9-2}$$

$$W_N=W_d×（N\%÷100） \tag{9-3}$$

$$W_C=W_d×（C\%÷100）=W_N×C/N \text{ 比} \tag{9-4}$$

混合物料一般计算公式：

$$C/N = \frac{[\%C_a \times W_a \times (1-M_a)] + [\%C_b \times W_b \times (1-M_b)] + [\%C_c \times W_c \times (1-M_c)] + \cdots}{[\%N_a \times W_a \times (1-M_a)] + [\%N_b \times W_b \times (1-M_b)] + [\%N_c \times W_c \times (1-M_c)] + \cdots} \quad (9-5)$$

式中，W_a、W_b、W_c——原料 a、b、c 的总重量；

M_a、M_b、M_c——原料 a、b、c 的水分含量；

$\%N_a$、$\%N_b$、$\%N_c$——原料 a、b、c 的氮含量（干重，%）；

$\%C_a$、$\%C_b$、$\%C_c$——原料 a、b、c 的碳含量（干重，%）。

对单个组分来讲，必须知道其水分含量、氮含量（%，干重）和碳含量（%，干重）以及 C/N。若要把重量转变为体积或相反，则还要知道每一成分的比重。一个好的堆肥系统首先面对的就是起始物料的配比，以保证有合适的孔隙、水分、C/N 以及热值。在实践中，通常采用的方法包括：加入有机或无机调理剂；加入膨胀剂，例如木屑、花生壳等；堆肥产品回料；以上三种方法结合使用。

（三）堆肥工艺参数控制与优化

垃圾堆肥系统的关键影响因素有供氧、温度与热平衡、湿度保持与强制脱水、通风量的优化等。一般认为氧越多越好，又由于过去一直没有理想的在线检测手段来直接测量堆肥中的含氧量，所以这一点有可能误导人们在设计和运行上过量通风。事实上，在供氧问题上，关键不在于向系统提供的氧的总量是否充分，而在于如何保证时时有氧又不过量通风。即一方面要避免由于供氧不足使得垃圾处理时间过长，同时产生臭气；另一方面又要避免由于过量通风，导致垃圾堆温度下降，反应速度降低，过多地带出半产物（臭气的来源），同时导致过高的能耗和运行费用。大量的文献报道表明，实测的垃圾耗氧速率数据远远小于目前流行的通风设计值[0.05～0.2 m³/（min·m³）] [《城市生活垃圾好氧静态堆肥处理技术规程》（CJJ/T 52—93）]。长期以来，由于人们无法在线检测氧的真实含量，为了保证足够的供氧，所以取值过大。因此，既浪费能量，又影响温度的抬升。

通过过量通风可有效降低堆肥温度，以避免堆肥堆过热。为了优化堆肥参数，需要在实践中关注以下几个问题：①国内外有很多文献提到堆肥温度不应超过 70℃，否则高温菌会受到损害。但在实际堆肥过程中，堆肥堆温度高于 70℃时，反应并未受到抑制。②通过过量通风来优化和降低反应温度的思路值得进一步商榷。因为温度的升高伴随着气体中饱和含水量的升高，从而使得有更多的水分蒸发吸热，而后者同时抑制了温度的升高。③过量通风除了造成以上所提到的负面影响外（垃圾堆温度下降、反应速度降低、过多地带出半产物——臭气的来源），还增加了系统的阻力和电耗。堆肥堆由不均匀的多空隙构成，一般气体总是向大空隙、大通道流动，所以，过量通风对堆肥堆中氧气的扩散，并不见得会有多大的改善。④在时间序列上，系统"通风不足"和"过量通风"的交替，同样是气味产生的重要原因。因为通风不足时，厌氧状态下产生的中间产物会在系统的固、气表面积累，在其后的过量通风阶段，由于风流速过大，大部分的气味物质在没有生物好氧降解之前就被解析和吹脱，从而造成臭气的排放。

（四）关于翻堆作用的理解

通过翻堆来向系统供氧不仅不经济，在实际操作中也很难做到。根据耗氧速率对翻堆所需要的频率进行了理论计算，得出在反应速度高时，每 30 min 至少要翻堆一次，否则系统会出现缺氧。对垃圾堆中氧气含量的在线检测可以发现，翻堆后 13 min，堆中的含氧量就降到 4% 以下（饱和度 20% 以下）。所以不应把翻堆作为向系统进行通风的手段。就翻堆的利与弊作如下归纳。

1. 翻堆优点

①使垃圾堆内外部分混合；②改善系统的均匀性。

2. 翻堆缺点

①需要专用设备、增加堆肥厂的建造成本；②增加能耗；③增加易损件的消耗成本。④翻堆时大量气味物质、半反应产物、腐蚀性气体排放，是堆肥过程中气体污染的一个主要来源，而且排放的腐蚀性气体会腐蚀堆肥车间构筑物。

（五）关于气味物质的产生与排放

堆肥虽然归类于好氧处理方法，但在有机物降解过程中，有很大一部分会先在厌氧状态下进行。高分子有机物需先经过水解后溶于水相，小分子再逐步扩散至表层。在生物氧化受制约（如溶氧量不够或微生物浓度较低），或通风量不适宜时，一些小分子中间产物会扩散至气相中，产生气味污染。传统的堆肥，通常采用收集废气、生物过滤的方法来减少气味物质的排放。生物过滤器（池）内装有植物性填料，如树枝、干草和（或）熟化了的堆肥，臭气通过填料时，气体中的气味物质被吸附在湿润的填料表层，在有氧条件下被微生物降解。水分、臭气中含有足够的氧气以及偏低的臭味气体流速是提高除臭效率的重要条件，其中，保持较低的滤速是减少气味物质再解析的前提条件。其实在堆肥堆里，通风时被吹脱出来的气味物质在未离开堆肥堆之前，本身也曾经历过生物过滤的反应历程——气味物质被再次吸附。只是由于缺少必要的在线检测手段和对过程的优化控制，过小（厌氧出现）、过高（中间产物——气味物质被吹脱）的通风，使得这一反应常常未能得到实现。堆肥中通过以下关键措施才能把臭气产生控制到最小：①始终保持空隙中有足够的氧气存在，从而保证垃圾与气体接触的表面处于好氧状态，所以应避免供氧不足；②在时间序列上，系统通风不足和过量通风的交替，同样是气味产生的重要原因；通风不足时，厌氧状态下产生的中间产物会在系统的固、气表面积累，在其后的过量通风阶段，由于风流速过高，大部分气味物质在没有生物好氧降解之前就被解析和吹脱，造成气味的排放；再来看生物过滤，其臭味去除率的根本保证在于足够低的滤速（避免气味物质被吹脱出来）、足够的氧气和湿度。

（六）关于最佳反应温度及一次发酵、二次发酵的理解

从反应动力学的角度来看，高、低温段是没有明显划分的。实践证明，通过在线检测与实时控制氧气含量，系统在有机物含量和耗氧速率较低时，仍可达到较高的温度。如果对氧气含量不进行在线检测，就无法对通风量进行时时控制，必然会出现较明显的高低温段。

1. 氧含量、温度、湿度的优化与控制

提高工艺可控性是提高堆肥技术水平的关键。如前所述，在其他条件一定时，系统运行的关键影响因素是：供氧、温度与热平衡、湿度保持与强制脱水。但以上所有的影响因

素最后都要通过"通风"这一基本手段来实现和控制。

根据有机物水解后发生的以下反应来分析系统氧、温度和水分的基本关系：

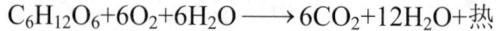

$$C_6H_{12}O_6 + 6O_2 + 6H_2O \longrightarrow 6CO_2 + 12H_2O + 热$$

2. 热平衡与温度控制

反应释放的热能是系统热能的根本来源。系统热能包括：生物反应放热（Q_0），它是氧消耗的函数，工程上可以把它表示为输入氧气浓度与堆中氧气含量差和通风量的乘积；辐射防热（Q_r），工程上可表达为垃圾堆温度与环境温度之差的函数；水分蒸发吸热（Q_v），垃圾堆温度和通风量的函数；通风温度升高吸热（Q_h），垃圾堆温度和环境温度之差和通风量的函数。当系统 $Q_0 > (Q_r + Q_v + Q_h)$ 时，垃圾堆温度升高；反之则下降。

3. 氧含量的控制

通过以上分析可见，在绝大多数情况下，堆肥过程中的氧控制要比温度控制重要得多。文献中关于耗氧速率的研究多局限于小规模的实验，这是因为长期以来，在实际堆肥这样粗犷的条件下，测氧一直是难以解决的一个技术问题。由于同样的原因，工业规模的过程控制也多局限于温度的控制。

4. 水分的控制

垃圾好氧生物处理如果以稳定化和制作堆肥为目的，则应尽量保持堆肥的水分，只需在堆肥结束的时候，通过适量地增加通风量来减少水分。如前所述，在保证系统处于好氧状态的前提下，减小通风量可以有效保持系统的水分。计算和实际运行数据表明，绝大多数情况下，通过合理控制通风量，整个堆肥过程并不需要再加水。这就为实际操作提供了便利，因为在实际操作中，向堆肥堆中补充水是相当麻烦的工序。

5. 气味排放的控制

通过氧含量的控制，使得系统始终处在有氧状态。工程实践证明，绝大多数情况下，通过氧控制的实施，气味的产生将得到有效的控制，不需专门的废气处理设施就能达到气味排放的标准。

（七）工程实施

氧含量、温度、湿度控制（简称 OTM 控制）在工程上由三个基本单元组成：氧气浓度、温度在线检测系统；数据处理与控制系统；通风供氧系统。在线检测系统将检测的氧气浓度、温度传输至控制系统，控制系统对这些数据进行处理，计算湿度的变化并对反应过程进行优化，自动控制通风供氧系统。采用以上介绍的控制系统的堆肥系统为敞开式，且不需要专门的废气处理设施和专门的翻堆设备。堆肥过程中不需要加水增湿。

每堆的几何尺寸为：堆长 33 m、底宽 6 m、高 2.5 m；每吨垃圾耗电仅为 4.5 kW；堆肥腐熟度为 V 级（德国标准）；堆肥堆 3 天后升温至 74℃，前 16 天耗氧速率较高。通过含氧量的监测控制风机的开启，日积累开启时间大于 150 min，最高达 360 min。温度为 70～74℃。尽管在第 5 天后耗氧速率不断下降，需氧量也在不断减少，每天风机开启时间由 350 min 降到 50 min 以下，但一直到第 22 天，温度仍然保持在 70℃。其后由于生物降解速度变得很慢，系统散热超过生物反应放热，温度开始下降到 45～50℃，这时风机每天启动时间小于 50 min。由于系统一方面保证了供氧，另一方面又避免了过量的通风，所以全过程无需再加水，物料的原始含水率为 65%，30 天后为 50%。

四、堆肥处理设备

（一）好氧堆肥设备

好氧堆肥设备如图 9-18 所示，主要由物料混合器、物料输送装置和发酵仓组成。物料混合器将牛粪和稻壳与木屑等混合搅拌，调整物料水分，将调整好的物料通过输送装置送至发酵仓进行好氧发酵。

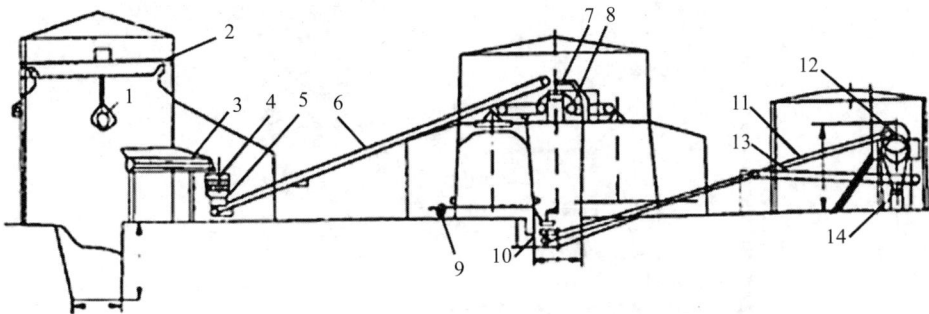

（a）前处理、一次发酵、中间处理

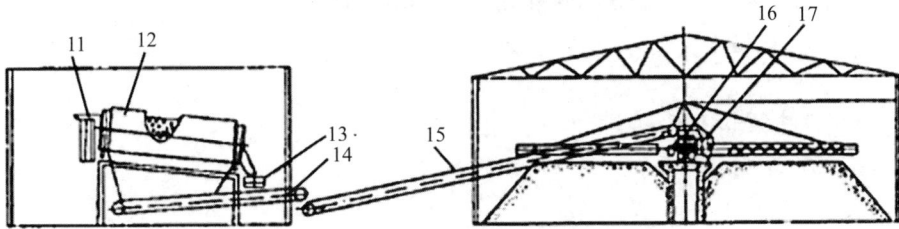

（b）中间处理、二次发酵

图 9-18 好氧堆肥系列设备

1. 抓斗；2. 起重机；3. 板式给料机；4. 双层摆动格筛；5—7. 带式输运机；8. 带式布料机；9. 螺杆出料机；10. 液压移动式带式输送机；11. 带式输送机；12. 滚筒筛；13—16. 带式输送机；17. 均匀布料机

（二）厌氧堆肥设备

有机生活垃圾采用筒仓进行厌氧堆肥，其设备包括：筒仓、破袋机和粪便脱水机。堆肥的原料要求必须是生活垃圾中属于生物质类的有机物质；该原料经过压榨脱水后的含水量要求不能低于 20%，更不能超过 40%，25%～30% 是最佳状态；将上述原料置于筒仓内密封 20～25 天为一个周期，在厌氧菌的作用下完成破坏有机物大分子结构过程中热量的预释放过程；采用多个筒仓分别单独发酵的流水作业来实现工业化堆肥处理的模式，该模式需要多个筒仓成为筒仓群来实现，至少需要 20 个或相应倍数的筒仓，每个筒仓独立完成堆肥发酵过程后，筒仓将轮流循环使用。工艺流程是将收集的垃圾先分拣回收可直接出售的物质和夹杂在生活垃圾中明显的无机物和可能会影响后续设备正常运行的树枝、木料、家具、轮胎等一些比较坚硬和大的物质，剩余垃圾通过传送带传送到破袋机进行破碎，以满足后续设备处理的要求以及提高堆肥质量，在传送带上再次进行分拣，进一步回收可直接出售的物质和剔除不适应堆肥处理的无机物质，经过再次分类回收分拣后，剩余有机物质中的瓜果类物质送入液压式压榨脱水机中脱水，除此之外的大多数有机物质则进入轧辊式垃圾脱水机进行压榨脱水处理，将压榨脱水后的有机物质送入筒仓，装料结束后在重轨上轮流搁置 1 个周期，然后出料；此时已经完成堆肥环节；为了提高肥效，将其进行粉碎，添加 P、K 元素，然后混合造粒包装，最终成为有机复合肥料（图 9-19）。

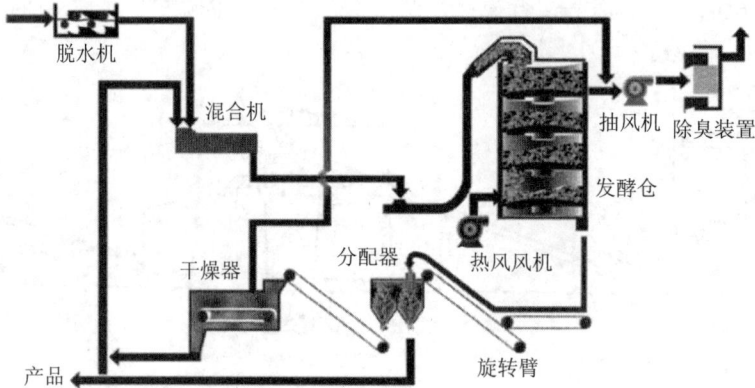

图 9-19　厌氧堆肥设备

五、堆肥技术评价

（一）堆肥原料评价

堆肥原料评价指标包括供氧量、水分、碳氮比、碳磷比、pH 值。一般供氧量 0.1～0.2 m³/（m³·min），水分 50%～60%，碳氮比 20～30，碳磷比 75～150，pH 值 6.5～7.5 为宜。

（二）堆肥腐熟度评价

堆肥腐熟度的评价是关系到堆肥能否顺利进行的最为关键的环节之一。未腐熟的产品施用于土壤后，有机肥中的微生物还会利用土壤间隙中的氧气继续活动来降解有机物，从而造成厌氧环境，使植物根系缺氧，并产生 H_2S 和 NO 等气体。未腐熟的产品中有很高的碳氮比（25∶1 或更高），造成微生物"氮饥饿"而去摄取土壤中的氮，使土壤产生缺氮现象。并且还会在微生物的持续降解活动中产生作为副产品的各种有机酸，对植物产生毒性，尤其是乙酸和酚类化合物会抑制植物种子发芽、根系生长，减少作物的产量。

堆肥腐熟度评价指标分为三类：物理学指标、化学指标（包括腐殖质）和生物学指标。堆肥腐熟度评价方法分为四类：表观分析法、化学分析法、波谱分析法和植物生长分析法。

1. 物理学指标

物理学指标或表观分析指标是堆肥过程中的一些变化比较直观的性质，如温度、气味和颜色等。具体有：①堆肥开始后堆体温度呈现逐渐升高再降低的变化过程，而堆体腐熟后堆体温度与环境温度一致或稍高于环境温度，一般不会发生明显变化，因此温度是堆肥过程最重要的常规检测指标之一；②堆肥原料具有令人不快的气味，并在堆肥过程中会产生 H_2S、NO 等难闻的气体，而良好的堆肥过程后这些气味逐渐减弱并在堆肥结束后消失，所以气味也可以作为堆肥腐熟的指标；③堆肥过程中堆料逐渐发黑，腐熟后的堆肥产品呈黑褐色和黑色，颜色也可以作为一个堆肥腐熟度的判断指标；④通过检测堆肥萃取物在波长 665 nm 下的吸光度变化可反映堆肥腐熟度。

2. 化学指标

由于物理学指标难以定量化表征堆肥过程中堆料成分的变化，所以通过分析堆肥过程中堆料的化学成分或化学性质的变化来评价堆肥腐熟度更常用一些。这些化学指标有：有机质、氨氮、腐殖化、碳氮比和有机酸等。具体包括：①在堆肥过程中，堆料中的不稳定有机质分解转化为二氧化碳、水、矿物质和稳定化有机质，堆料的有机质含量变化显著，因此可以用一些反映有机质变化的参数（如 COD、BOD 等）测量及某些有机质在堆肥过程中的变化规律来表征腐熟度；②在堆肥的生化降解过程中含氮的成分发生降解产生氨气，在堆肥后期部分氨气被氧化成亚硝酸盐和硝酸盐，所以可以用亚硝酸盐或硝酸盐的存在判断腐熟度，并且由于这两个指标的测定较为快速简单，因而此法具有较高的实用价值；③堆肥过程中伴随着腐殖化的过程，研究各腐殖化参数变化是评价腐熟度的重要方法，由此提出 CEC（阳离子交换容量）、腐殖质 HS、腐酸 HA、腐殖酸 FA、腐殖成分 HF 及非腐殖质成分 NHF 等参数来评价堆肥腐熟度；④碳源是微生物利用的能源，氮源是微生物的营养物质，碳和氮的变化是堆肥的基本特征之一，C/N（固相）是最常用于评价腐熟度的参数。而也有研究指出微生物在对堆肥原料的降解中代谢发生在水溶相，因此水溶性有机碳/有机氮的指标也可以作为堆肥腐熟度的参数；⑤有机酸广泛存在于未腐熟的堆肥中，可通过研究有机酸的变化评价堆肥腐熟度。

3. 生物学指标

堆料中微生物的活性变化及堆肥对植物生长的影响常用于评价堆肥腐熟度。这些指标主要有呼吸作用、生物活性及种子发芽率等。具体有：①堆肥是富含腐殖质的稳定产品，微生物处于休眠状态，此时腐殖质的生化降解速率及二氧化碳的产生和氧气的消耗都较慢，因此可以用二氧化碳的产生和微生物的耗氧速率作为反映腐熟度的指标；②同时也可以用反映微生物活性变化的参数（如酶活性、ATP 和微生物的数量、种类）来表征堆肥的稳定度和腐熟度；③未腐熟的堆肥产品对植物的生长有抑制作用，因此可用堆肥和土壤的混合物中植物的生长状况来评价堆肥的腐熟度，考虑到堆肥腐熟度的实用意义，这是最终和最具有说服力的评价方法。

六、垃圾堆肥的优缺点及建议

（一）优点

成本低；技术简单；有机物分解后可作为肥料再利用。

（二）缺点

对垃圾分类要求很高，因可分解的只是有机成分；适用对象窄，主要是厨余垃圾（如剩饭剩菜和水果皮等）、园林垃圾（如树枝杂草）以及动物粪便等；有氧分解过程产生的污染是渗漏液和臭味。堆肥养分含量不高，主要用作土壤改良剂。为适应不同用户要求及提高肥效，需针对不同情况，添加富含不同元素的肥源。国外已有这方面的先例，但堆肥成本提高，影响销售；我国城市垃圾均为混合收集，其中含塑料、玻璃、金属等非堆肥物相当多，处理效率低、成品率低，从而垃圾减量化效果不高，同时也造成堆肥质量不佳，销路受到限制。

（三）建议

所选择的堆肥处理和厌氧消化技术和方法需满足如下要求：

①可用于城市生活垃圾以及分类收集垃圾的处理；②简单、成熟的处理工艺；③能够在中国应用的技术；④适应气象条件；⑤适合处理含水量高、无结构强度的垃圾；⑥能耗少，甚至能产生能量；⑦采取切实可行的尾气收集和净化措施。

第六节　焚烧法

焚烧是指垃圾中的可燃物，在焚烧炉中与氧进行燃烧氧化，其中的碳、氢、硫等元素与氧进行化学反应，释放出热能，同时产生烟气和固体残渣。

垃圾焚烧处理已有 100 多年的历史，而现代化焚烧处理的发展则开始于 20 世纪 60 年代以后。焚烧法处理，可使垃圾减容 85% 以上、减重 75% 以上，突出了减量化、无害化特征；若配备热能回收装置，亦可达到资源化。与填埋处理相比，焚烧处理具有占地少、厂址选择易、处理周期短、减量化显著、无害化较彻底以及可回收垃圾焚烧余热等优点，因此在世界各国得到越来越广泛的应用。许多欧洲国家（如荷兰、德国、瑞士等）垃圾焚烧处理所占的比重较大；日本则拥有世界上数量最多的生活垃圾焚烧处理厂，焚烧比例接近其垃圾总量的 80% 以上。

焚烧技术是符合减容化、无害化、稳定化等垃圾处理原则的有效方法。垃圾焚烧过程分为干燥、燃烧和烧透三个阶段：第一阶段，通过将烟气送经物料层而形成的热辐射和与热空气的热交换，使垃圾得以干燥；第二阶段，在燃烧中绝大部分垃圾要燃尽，因此要保持物料充分翻动，使垃圾与空气充分接触，以保证垃圾的充分燃烧；第三阶段，要用小风量对物料层进行深度扩大，并保证足够的燃烧时间及炉壁的热量保持，使难燃烧物料和焦化残渣烧透。

在我国，目前垃圾焚烧处理还存在一些限制：①我国城市生活垃圾成分复杂，而且长期以来一直是混合收集。垃圾焚烧一般要求垃圾的最低热值在 3 360 kJ/kg 以上，垃圾热值低则需要添加燃料辅助燃烧，造成运行成本的增加，但在垃圾分类收集尚未普遍开展的情况下，我国目前除少数经济较发达的城市外，其他城市的混合生活垃圾热值较低，不适宜焚烧；②焚烧处理设备投资和运行费用均较高，经济不发达地区难以承受。我国早期建设的垃圾焚烧发电厂多引进国外技术和设备，投资费用昂贵；近年来随着引进设备国产化和技术自主创新，国产技术和设备有所发展和应用，焚烧厂单位投资有所降低，但对于经济一般的地区来说，焚烧处理的投资和运行费用仍然不菲。

一、垃圾焚烧标准体系与建立

城市垃圾焚烧技术较为复杂，国内一些大城市在考虑垃圾焚烧处理时，仍然首选国外技术和锅炉设备，包括杭州锅炉集团有限公司引进的日本三菱改进型马丁炉排技术和产品；上海引进的 ALJSTOM 炉排和余热锅炉技术；宁波引进的德国诺尔-克尔茨炉排炉；北京国华荏原引进的日本 E-bara 内循环流化床技术等。由于我国现行垃圾处理时没有经过分拣、垃圾成分复杂、热值低、含水率高且变化范围较大，运行管理水平也相对落后，上述锅炉运行过程中远未达到与国外同行相当的效果，主要表现在：焚烧炉高温腐蚀严重，故障率偏高，检修周期短；厂区及周边环境保护水平差，严重影响生产生活质量；运行保障水平差，难以平稳运行等。产生上述问题的根本原因在于我国对垃圾焚烧炉的研发起步较晚，有关垃圾焚烧锅炉的标准体系有待完善。

表 9-7　国内现行垃圾焚烧炉主要标准

标准名称	适用范围（主要内容）
GB/T 1870—2008 生活垃圾焚烧炉及余热锅炉	适用于以生活垃圾为燃料的生活垃圾焚烧炉及余热锅炉的设计、制造、调试、验收等，规定了生活垃圾焚烧炉及余热锅炉的分类、型号、要求、实验方法、检查和验收、标志、油漆、包装和随机文件
GB 18485—2001 生活垃圾焚烧污染控制标准	适用于生活垃圾焚烧设施的设计、环境影响评价、竣工验收以及运行过程中污染控制及监管管理。规定了生活垃圾焚烧厂选址原则、生活垃圾入厂要求、焚烧炉基本技术性能指标、焚烧厂污染物排放限值等要求
GB/T 25032—2010 生活垃圾焚烧炉渣集料	适用于生活垃圾焚烧渣经处理加工制成的用于道路路基、垫层、底基层、基层及无筋混凝土制品的集料，规定了集料的定义、原料要求、试验方法、检验规则等
CJ 3036—1995 医疗垃圾焚烧环境卫生标准	适用于医疗垃圾焚烧处理，规定了医疗垃圾焚烧环境卫生标准值及检测方法
CJJ 90—2009 生活垃圾焚烧处理工程技术规范	适用于焚烧方法处理垃圾的新建和改建工程的规划、设计、施工及验收，规定了术语、垃圾处理量及特征性分析、焚烧厂总体积设计、垃圾接收储存与输送、焚烧系统、烟气系统、控制系统、给排水、消防、辅助设施、环保及卫生要求、工程施工及验收等要求
CJJ 128—2009 生活垃圾焚烧厂运行维护与安全技术规程	适用于采用炉排式垃圾焚烧锅炉作为焚烧设备的垃圾焚烧厂的运行维护与安全管理，规定了垃圾接收、焚烧系统、余热利用系统、电气系统、控制系统、烟气净化系统、污水处理系统、化学监督、公用系统、劳动安全卫生防疫和消防的要求
CJ/T 137—2010 生活垃圾焚烧厂评价标准	适用于对新建及改扩建并正式投入运行满一年以上的焚烧厂，及已建成并投入运行满一年的分期工程进行评价。规定了具体的评价内容和评价方法
CJ/T 20—1999 城市环境卫生专用设备垃圾焚烧、气化、热解	适用于城市生活垃圾焚烧厂、气化厂、热解厂专用设备的设计、制造、使用和管理等部门，规定了上述厂专用设备的术语及通用技术要求

标准名称	适用范围（主要内容）
CJ/T 118—2000 生活垃圾焚烧炉	适用于以生活垃圾为燃料的生活垃圾焚烧处理量大于等于 100 t/d、不大于 500 t/d 的生活垃圾焚烧炉的设计、制造、安装、销售、运行、维修等，规定了生活垃圾焚烧炉的分类、型号、技术要求、检查和验收、鉴定、标志等
HBC 33—2004 环境保护产品认定技术要求——生活垃圾焚烧炉	适用于处理能力大于等于 50 t/d 的各种形式的生活垃圾焚烧炉，规定了生活垃圾焚烧炉的分类与命名、技术要求、检验方法、抽样和检验规则等
JB/T 10249—2001 垃圾焚烧锅炉技术条件	适用于以水为介质的各种形式的垃圾焚烧锅炉，规定了垃圾焚烧锅炉的分类、型号、结构、性能、制造、安装、试验方法、验收规则，以及标志包装等
DB 11/502—2008 生活垃圾焚烧大气污染物排放标准	适用于生活垃圾焚烧大气污染物排放控制要求，规定了生活垃圾焚烧大气污染物排放限量值、污染控制技术要求、污染监测方法等

国内已制定的相关标准主要有 12 部（表9-7），其中，国家标准 3 部、行业标准 8 部（包括住房和城乡建设部标准 6 部、机械行业标准 1 部、原国家环境保护总局标准 1 部）、北京市地方标准 1 部。现行标准体系中存在诸多问题有待解决，具体表现在：适用性不明确、重末端、轻过程、协调配套性差。

建立垃圾焚烧炉标准体系的根本目的是提高相关标准编制工作的有序性，减少标准之间的重复、矛盾，促进标准之间的协调、配套，保证标准组成全面、科学、合理。最终目标是改进和提高垃圾焚烧炉的总体质量管理水平，从标准层面保障其安全、经济、可靠、节能、环保，最大限度地提升垃圾焚烧炉的经济效益和社会效益。

二、对入炉垃圾的要求

（一）水分要求

垃圾水分含量越低越有利于垃圾焚烧和发电，而垃圾的水分含量越高，其低位热值就会越低，热值低的垃圾在燃烧过程中不易完全燃烧；水分含量高的垃圾在收集、转运的过程中会有较多的渗滤液产生。一方面，水分增加了垃圾运输的重量、需要增加运力；另一方面，对运输车辆车厢的严密性要求提高，如果在运输沿途有大量的渗滤液滴漏，还需要清洗洒扫地面。渗滤液沿途滴漏问题虽然不会直接给垃圾焚烧发电厂造成影响，但其对社会的负面影响是很大的；为充分析出含水量高的垃圾里的渗滤液，需要增加垃圾在垃圾储坑里的停留时间，这样就必须增加垃圾储坑的尺寸，增加了垃圾焚烧发电厂的占地面积和投资；水分含量高的垃圾焚烧不容易，需要增大焚烧炉或者降低产能，投用辅助燃料，同时也增加了环保达标的难度，而且在焚烧垃圾时，大量的热能随水分蒸干而损失，会严重降低垃圾焚烧发电厂的经济效益；垃圾水分变化大，对垃圾焚烧发电厂焚烧工况的稳定性影响大，同时增加环保节能的难度。

（二）垃圾组成要求

燃料尺寸对燃烧特性的影响具有一致性规律，即尺寸越大，越难着火；流化床燃烧燃料，燃料形状从薄片、长条到块状，由于等质量下比表面积越来越小，着火也由易变难，燃烧时间越来越长，飞灰含碳量越来越高，燃烧越来越不好；燃料含水率越低，着火越容易，甚至爆燃，燃烧时间越短，飞灰含碳量越低，烟气中 CO 等含量越高；通风量和加热温度影响的机理相同，都是因为炉腔温度的差异导致反应速率的变化；具体来说，通风量越小，加热温度越高，着火越容易，燃烧时间越短，飞灰含碳量越低；而通风量越低，燃料混合越差，烟气中 CO 含量越高。基于上述分析，对垃圾组成有如下要求：垃圾中危险废物不准进入垃圾焚烧炉；含卤素元素的物质、含硫高的物质不宜进入垃圾焚烧炉；有机质含量低的物质不宜进入焚烧炉。对于含有重金属的垃圾尽可能分选出来，防止其进入焚烧炉；垃圾水分尽可能地低；无机质尽可能地排除或分选出来。

三、垃圾焚烧厂选址

（一）选址基本要求

垃圾焚烧厂厂址选择应符合《城市环境卫生设施规划规范》（GB 50337—2003）、《生活垃圾焚烧处理工程技术规范》（CJJ 90—2002）、《生活垃圾卫生填埋技术规范》（CJJ 17—2004）、城市总体发展规划和城市环境卫生专业规划要求，并应通过环境影响评价报告书的认定。厂址选择应综合考虑生活垃圾焚烧厂的服务区域、转运能力、运输距离等因素；在生态资源、地面水系、机场、文化遗址、风景区等敏感目标少的区域，厂址条件还应符合下列要求：①厂址应满足工程建设的工程地质条件和水文地质条件，不应选在发震断层、滑坡、泥石流、沼泽、流砂及采矿陷落区等区域。②厂址不应受洪水、潮水或内涝的威胁；必须建在该地区时，应有可靠的防洪、排涝措施；厂址与服务区之间应有良好的道路交通条件。③厂址选择时，应同时确定炉渣、飞灰处理与处置的场所。④厂址应有满足生产、生活需求的供水水源和污水排放条件。⑤厂址附近应有必需的电力供应，对于利用垃圾热能发电的垃圾焚烧厂，其电能应易于接入地区电力网。⑥对于利用垃圾焚烧热能的垃圾焚烧厂，生产蒸汽的蒸汽管网输送距离不宜大于 4 km。⑦对于利用垃圾焚烧热能的垃圾焚烧厂，生产热水的热水管网输送距离不宜大于 10 km。

（二）选址方法

基于传统垃圾处理项目客观存在的环境污染问题，新建城市生活垃圾焚烧发电厂选址时，在保障工程必要条件的基础上，尚需考虑拟选厂址周边居民因担心污染而产生的征地或用地困难。城市生活垃圾焚烧发电工程属于城市基础设施建设，主厂房、主体工艺设备等布置要求所在地地质条件稳定，地质构造和性能参数适宜。由于涉及大量的垃圾、渣灰及药剂运输，需要具备良好的交通条件，且在条件许可时应尽量接近服务区域，减少垃圾转运费用；同时，垃圾焚烧残渣必须填埋，垃圾渗滤液处理需要考虑厂址邻近填埋场、污水处理厂等；供水、供电要求与常规火力发电厂类似。在工程建设条件适宜的区域建厂，必须高度重视其对周边地区生态环境的影响。严格规范城市生活垃圾焚烧工程建设应用的环保标准、技术设计、检（监）测体系和运行管理体制，保障城市生态环境，尤其是人居环境的安全。以广州市为例，按照环卫总体规划的要求，提出将兴丰、吉山、永兴 3 个地点作为垃圾焚烧发电厂的拟选厂址，并对其作如下对比（表9-8）。

表9-8　广州市垃圾焚烧发电厂不同选址比较

比较项目	白云区太和镇兴丰村（厂址甲）	天河区东圃镇吉山村（厂址乙）	白云区龙归镇永兴村（厂址丙）
距离市中心/km	38	25	23
服务区征地情况	处理越秀区、东山区、天河区垃圾待征地，待通电、通水，需平整土地	处理天河区、东山区、黄埔区垃圾待征地，待通电、通水，土地较平整	处理荔湾区、越秀区、芳村区垃圾待征地，待通电、通水，土地较平整
交通	离市区远，垃圾运输费用高	离公路远，厂外道路工程量大，需跨越铁路	离公路较近，厂外道路工程投资省
水源	水环境敏感区，供水设施工程量大，投资高	离河道较远，距自来水公司供水干管约1 km	距自来水公司供水管3 km，地下水源较丰富
电源	距变电站16 km，供电网站较远	距变电站约2 km	距110 kV的龙归变电站和太和变电站2.5 km
排污	拟用车辆运送污水至猎德污水处理厂处理，费用高	需自建污水处理站，投资大	可部分依托填埋场的污水处理站
对环境的影响	较少	较大	较少
基础设施	不方便	较方便	较方便
厂址选择	不理想	较理想	理想

厂址比选根据下列原则进行：①厂址位置要符合城市总体规划和市政规划的要求，厂址有发展余地，且有必要的环境容量；②靠近城市边缘和城市垃圾易于集中的地点，以满足城市卫生要求；③交通条件及其他水、电、排污等公用工程条件容易满足；④建厂工程费用节省，投资合理。上例中，厂址甲距离市区较远，对大气环境和人群健康影响较小，但垃圾运输距离远，不能发挥城市垃圾就地处理、节省运费的优点；厂址乙的优点是垃圾运输费用较低，城市基础设施较完善，如供水、电力上网等，交通也十分方便，但由于广州市的城市建设将来主要向东发展，吉山厂址会逐渐靠近城市建成区，对广州科学城及周围未来其他建设项目有一定影响，且目前该处环境容量不大；厂址丙的优点是交通及水电供应条件较好，且环境容量大。经过多方对拟选厂址定点的现场踏勘，综合分析比较，认为厂址丙在自然环境、社会效益、投资经济效益、外部条件、环境影响等综合效益的合理性方面优于其他厂址，基本符合厂址要求。

四、垃圾焚烧炉选取

焚烧炉型种类繁多，包括：机械炉排类焚烧炉：固定炉排炉、链条式炉排炉、摇动式炉排炉、回转式炉排炉、倾斜逆动式炉排炉（即马丁炉）、水平顺动式滑动炉排炉、滑动与翻动结合式炉排炉等；流化床焚烧炉的炉型有：沸腾式流化床、内循环流化床、循环流化床等；回转式焚烧炉；热解式焚烧炉有：CAO控氧式热解炉、外加热回转式热解炉等；气化熔融炉型有：流化床气化熔融炉、回转式气化熔融炉、电阻炉、电弧炉、等离子熔融炉等。

（一）机械炉排炉

1．原理

机械炉排焚烧炉的基本原理是以机械炉排构成炉床，靠炉排的运动使垃圾不断翻动、搅拌并向前或逆向推行。其处理过程为垃圾由抓斗送进炉前料斗，通过料槽用液压式加料器按设定的速度将垃圾推进炉膛，垃圾随着炉排的运行向前移动，并与从炉排底部进入的热空气进行混合、翻动，使垃圾得以干燥、点火、燃烧以致燃尽。正常运行时炉温大于850℃，且烟气温度在大于850℃的高温下停留超过2 s，以保证烟气中有机成分的分解。

2．特点

机械炉排焚烧炉的主要特点是：对垃圾的适用范围广，既能适应欧洲含水率较低的高热值垃圾，也能适合亚洲含水率较高的低热值垃圾；对进炉的垃圾颗粒度没有特别的要求，一般由生活垃圾收集车送来的垃圾无需经过破碎即可直接送入焚烧炉燃烧；燃烧效率较高，一般可达到75%～78%，炉渣燃尽率可达到3%左右。

3．炉排炉结构示意图

机械炉排炉的发展历史最长，应用实例最多，图9-20为机械炉排炉示意图。机械炉排炉可分为三段：干燥段、燃烧段、燃尽段。

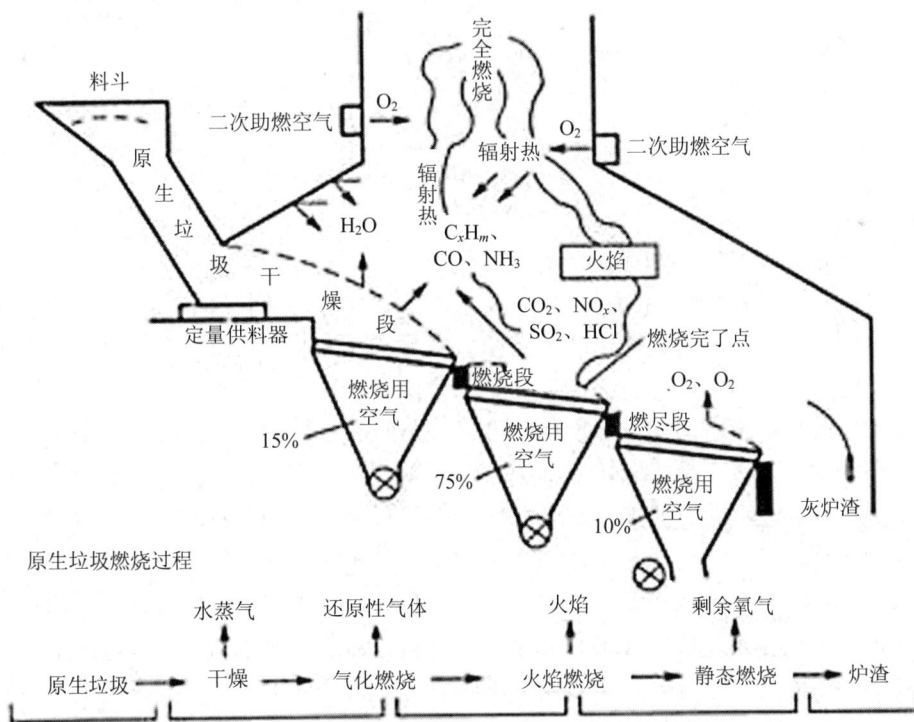

图9-20　机械炉排炉焚烧示意图

4．炉排类型

从炉排的基本结构形式来看，机械炉排可以分为由炉排块构成的炉排和由一组空心圆筒组成的炉排两类；从炉排的运动形式来看，可分为往复运动和滚动运动两类（图9-21）。

倾斜往复运动炉排，根据炉排运动的方向，又可分为逆向推动往复运动炉排和顺向推复运动炉排。

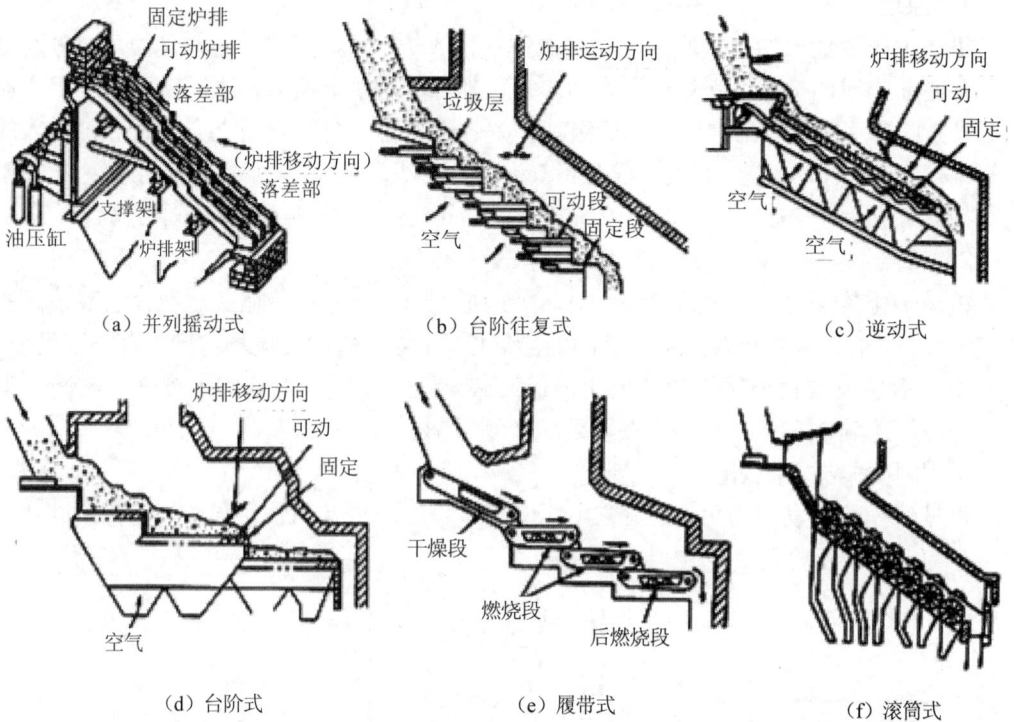

图 9-21 炉排的种类

（1）逆向推动往复运动炉排。

逆向推动往复运动炉排由一排固定炉排与一排活动炉排交替安装构成。炉排运动方向与垃圾的运动方向相反，其运动速度可以任意调节，以便根据垃圾的性质及燃烧工况调整垃圾在炉排上的停留时间。炉排在炉内约呈 26°倾角，由于倾斜和逆推作用，底层垃圾上行，上层垃圾下行，不断地翻转和搅拌，与空气充分接触，有较理想的燃烧条件，可实现垃圾的完全燃烧。其特点是：燃烧空气从炉底部送入并从炉排块的缝隙（不同的炉排技术使缝隙位置不同，一般位于炉排块前端）中吹出，对炉排有良好的冷却作用。炉排推动时，包括固定炉排均能做到四周呈相对运动，每一块炉排约有 20 mm 的错动动作，可使黏结在炉排通风口上的一些低熔点（铅、铝、塑料、橡胶等）物质吹走，保持良好的通风条件。由于逆向推动可相应延长垃圾在炉内的停留时间，因此在处理能力相同的情况下，通常炉排面积可小于顺向推动炉排。该类炉排技术的典型代表是马丁（Martin）炉排。

（2）顺向推动往复运动炉排。

顺向推动往复运动炉排的推力方向与垃圾运动方向一致，为保证垃圾在炉内有充分的停留时间，通常炉排长度较长，炉排设计成分段阶梯式，且各段均配有独立的运动控制调节系统，炉排的倾角也较逆推的小。该炉排除具有逆推炉排前 2 项特点外，还具有以下特点：①垃圾的横向及跌落运动，使垃圾的翻转与搅拌比不分段的炉排和滚动炉排要更加充分，能保证新进入炉膛的垃圾及未燃烧的垃圾暴露在燃烧空气之中，得到充分燃烧。②由于垃圾成分复杂，热值随季节变化，对炉排运动进行分段调节，能更好地控制燃烧工况，达到完全燃烧的处理效果。

（3）滚动炉排。

滚动炉排是由 1 组直径为 1.5 m 的空心圆筒组成的机械炉排，滚筒呈 20°倾斜，自上而下排列。垃圾在加料机的推动下进入炉膛，在滚筒的旋转作用下，慢慢前行，由于滚筒面的起伏而得到翻转和搅拌，与来自滚筒下方的空气充分接触燃烧。

该炉排的特点是：①每个滚筒都配有一套单独调速系统，进风根据滚筒单独分区，通过调整滚筒转速和进风量，控制垃圾在该阶段的驻留和燃烧。因此，在处理不同种类的垃圾时，适应范围较广。②滚筒炉排旋转的工作形式，使圆筒处于半周工作、半周冷却的状态，可以用一般的铸铁材料制造，因此费用低，使用寿命长。③受热面上没有移动部件，可以减少磨损和被垃圾中的铁器卡住的现象。④由于进风阻力较小，进风压力较低，节省了风机的能耗，同时减少了炉膛出口的飞灰及相应造成的对受热面的磨损，该炉排技术的典型代表是德国 BABCOCK。

（4）水平双向逆动炉排。

水平双向逆动焚烧炉的特点是采用水平式炉排，双层给料，给料厚度均匀。在垃圾运动方向，炉排片一排固定，一排运动。通过调整驱动机构，使炉排交替运动，垃圾得到充分搅拌和翻滚，达到完全燃烧的目的。

水平双向逆动炉排具有如下特点：①成熟的燃烧控制（ACC）能保证稳定的燃烧条件和灰渣的燃尽；②炉排片双向逆动的机械结构使垃圾输送可以控制；③水平结构使燃料向前运动，不存在个别大件垃圾从入口处直接滚落到出口处的问题；④紧凑的炉排使整个炉排上的燃烧空气分布均匀；⑤炉排漏灰比例很小；⑥可用率高、操作安全、维修方便。

（5）国内燃烧炉应用的技术比较。

上海浦东生活垃圾焚烧厂、上海浦西江桥生活垃圾焚烧厂和北京高安屯生活垃圾焚烧厂的焚烧炉技术比较见表 9-9。

表 9-9　3 座垃圾焚烧厂的焚烧炉技术比较

企业	供货商名称	焚烧炉型	炉排面积/m²	炉排倾角/(°)	炉排材质	蒸汽产量/(t/h)	炉排热负荷/(kW/m²)
上海浦东生活垃圾焚烧厂	ALSTOM	逆推往复式炉排焚烧炉（马丁炉改进型）	61.47	24.0	耐热铸铁	41.7	501
上海浦西江桥生活垃圾焚烧厂	BABCOCK&WILCOXESPANOLA	顺推往复式炉排焚烧炉	86.00	12.5	合金钢	44.0	505
北京高安屯生活垃圾焚烧厂	ABB	W+E 水平双向运动炉排焚烧炉	94.74	0	高铬钢	57.7	510

（二）流化床锅炉

1. 流化床焚烧技术

流化床焚烧技术是目前世界上比较成熟的垃圾焚烧技术之一，该炉型在日本应用较广。流化床垃圾焚烧炉有多种，从流化形式上分，有喷腾式、内循环式、循环式等；从床板结构上分，有板式、管式等。鉴于生活垃圾燃烧成灰的特性——细而且轻，不管哪种类型，流化床垃圾焚烧炉均需另外添加砂子做热载体，垃圾与砂子一起流化而完成焚烧。

循环流化床焚烧方式的特点是炽热床料颗粒所占的比例很大，有98%以上的床料颗粒均为炽热的惰性床料，入炉的新燃料只占全部流化床料的很小一部分，约 2%。因此，炉内的热储备量极大，新入炉的垃圾燃料被大量的炽热床料包围，再加上燃烧颗粒在床内做沸腾状态的上下翻滚运动，十分有利于空气和燃料的混合，使得新燃料迅速预热、干燥及着火，其引燃条件十分有利。同时，固体颗粒间的相互碰撞不断地更新燃料表面，并且可以控制燃料颗粒在循环流化床内停留足够的时间，从而使循环流化床燃烧实际上达到一种强化燃烧的过程，如此优越的着火条件，是目前其他燃烧设备都不能比的，它完全能克服生活垃圾水分高、灰分多、热值波动大以及垃圾的燃料不均匀性带来的燃烧不稳定，保证及时着火、稳定燃烧、充分燃尽，见图9-22。

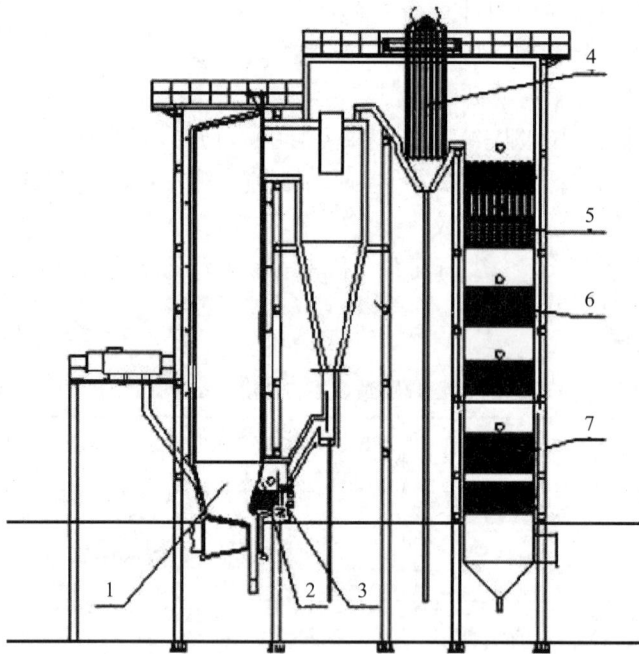

图 9-22 带紧凑式外置换热器循环流化床锅炉结构示意图

1. 流化床燃烧室；2.外置换热器；3.高温过热器；4.对流管束；5.低温过热器；6.省煤器；7.空气预热器

由于循环流化床焚烧锅炉内的燃烧温度一般保持在 $850 \sim 950℃$，该燃烧方式属于低温燃烧，同时采用分级配风，减少了热力型 NO_x 的生成，降低了 NO_x 的浓度。另外，可以采用炉内加石灰石的方式，廉价地实现 SO_x 和 HCl 的部分脱除，以降低尾气净化系统脱酸要求和造价。通过掺煤燃烧，除了可以进一步保证燃烧温度和燃烧稳定性，提高锅炉的热效率外，还因为煤中的含硫量比生活垃圾高，使促进二噁英生成的催化剂中毒，加上这种燃烧方式符合"3T"（Temperature、Time、Turbulence，即温度、时间、湍流）原则，可以大大减少二噁英的生成。经炉内加钙脱氯还可以较好地解决炉内受热面的腐蚀问题。

随着我国的城市化进程加快，垃圾的产生量将随着人口的增加而增大，垃圾热值也将随着生活水平的提高以及"双气化"（燃气和暖气）率的提高而增加。一般地，城市生活垃圾焚烧炉的服务年限均长于 20 年，因此要求垃圾焚烧技术具有适应垃圾处理量增长、热值增长的特性。掺煤循环流化床垃圾焚烧技术所设计的原始热量输入大于原始生活垃圾所具有的热量，在垃圾热值和处理量增加时，可以减少掺煤量来调整输入热量，较大范围地适应垃圾处理量、热值增长的特性。由于设计原因，炉排炉在垃圾热值达到设计值时就不能再增加处理量。因此循环流化床垃圾焚烧技术在这点上具有炉排炉所不能比的优势。

国外的流化床技术是在焚烧炉基础上发展起来的，当时首先要解决垃圾处理的减量化和无害化问题，后来考虑到资源化问题，又采用在焚烧炉后面加余热锅炉的方式来回收热能。从结构形式上，流化床焚烧炉与炉排焚烧炉一样，都是焚烧炉后面加上余热锅炉。因此钢耗和占地都很大；但国内循环流化床技术是在燃煤的循环流化床锅炉技术上发展起来的，结构上与一般的煤粉炉一样，是锅和炉的有机结合，因此严格意义上讲，国内的循环流化床垃圾焚烧炉准确的名称是"垃圾焚烧锅炉"，其钢耗和占地都很小，因此相对炉排型和国外流化床垃圾焚烧炉而言，具有很大的成本优势。国内的循环流化床垃圾焚烧技术采用的流化风速要高于国外流化床垃圾焚烧技术（从床型看，属于鼓泡流化床），炉内温度分布更为均匀，因此具有更好地适应中国垃圾不均匀性、高水分、低热值和高灰分的特性。垃圾燃烧也更为完全，热灼减率更低。因此，循环流化床垃圾焚烧技术是适合中国国情的垃圾焚烧技术，统计表明：国内现已建成的垃圾焚烧厂中，采用循环流化床垃圾焚烧锅炉技术的标称垃圾处理量已经占到全国垃圾焚烧标称处理量的一半。

2. 流化床焚烧炉技术优点

流化床可使可燃垃圾与空气充分接触，燃烧速度快，燃烧完全，即残炭量小（＜3%）；以砂子做载热体，故热容量大，焚烧强度高，即单位炉床面积单位时间处理垃圾量大，可达 450 kg/（m²·h）以上；由于焚烧强度高，与炉排炉比，同等规模下炉体积减小，因而热损失减小、热效率高；在满足燃室温度 850℃要求的情况下，入炉垃圾热值要求比炉排炉低；流化床内无转动的机械设备，故制造简单，造价较低。

3. 流化床垃圾焚烧炉的不足之处

单台处理能力相对较小；动力消耗大，要使物料流态化，要求有较高的鼓风压力；另外，入炉垃圾需要破碎，也是动力消耗增大的另外一个原因；烟气粉尘含量高，流态化焚烧必然导致烟气粉尘含量提高。因此，致使烟气净化系统负荷增大，除尘和灰处理的费用亦随之增大；磨损量大，由于砂体不断翻动，对耐火内衬造成较大磨损，使检修量及检修时间增加。

4. 垃圾焚烧锅炉基本结构和工作原理

针对生活垃圾中含有砖头、碎石和金属等不可燃物及焚烧过程产生的 HCl 气体会对高温金属受热面产生强烈腐蚀等特性，垃圾焚烧循环流化床锅炉在流化床布风系统、排渣系统和锅炉受热面布置等方面都采用了不同于常规燃煤循环流化床锅炉的结构设计，可将进入流化床内的大块不可燃物顺利排出，并防止 HCl 气体腐蚀高温受热面。图 9-22 为带外置换热器结构的垃圾焚烧循环流化床锅炉，燃烧系统由流化床、悬浮段、高温旋风分离器、返料器和外置换热器等部分组成。在高温旋风分离器的烟气出口布置了对流管束蒸发受热面，其后的尾部烟道内依次布置低温过热器、省煤器和空气预热器，高温过热器布置在外置换热器内。流化床燃烧室的布风板采用倾斜式，由给料口一侧向排渣口一侧倾斜，超大的排渣口可将进入流化床内的大块不可燃物排出。外置换热器和流化床燃烧室设计成一体结构。外置换热器采用空气流化、高温循环物料为热载体，布置在其内的过热器和 HCl 气体隔绝，有效地解决了垃圾焚烧高温腐蚀问题。

（三）回转窑焚烧炉

1. 基本原理

回转窑焚烧炉是由水泥回转窑演变而来的，其主体是一卧式并可旋转的圆柱形筒体，外壳用钢板卷制而成，内衬耐火材料；筒体的轴线与水平面保持一定的倾角，固体、半固体物料通过上料机由高的一端（头部）进入窑内，随着筒体转动缓慢地向尾部移动，窑体的转动使物料在燃烧过程中与助燃空气充分接触，完成干燥、燃烧、燃尽的全过程，最后由尾部将燃尽渣排出，见图 9-23。

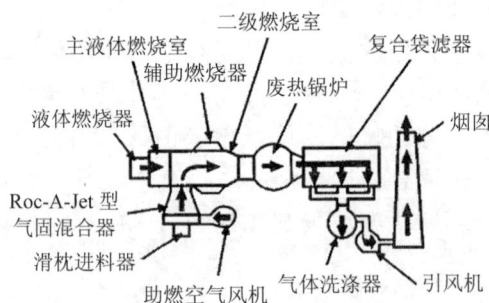

图 9-23　回转窑焚烧系统

回转窑可根据窑体排渣的形态分为两种类型：熔渣型和非熔渣型，其主要区别在于窑内焚烧温度的高低。如窑内温度足够高，能将无机盐熔化，这种窑就是熔渣型，这种型式更类似于水泥窑，产生的废渣易于处理，但熔渣型回转窑产生的高温烟气和熔化的灰渣会缩短耐火砖的使用寿命，所以该炉型只用于处理必须在高温下焚烧才能达到环保要求的危险废物，因而很多回转窑采用非熔渣焚烧方式。根据窑内物料的运动方向和烟气的流向可分为逆流和顺流两种形式，顺流式回转窑是指窑内物料运动的方向同烟气的流向相同，反之则称为逆流式，逆流式回转窑适用于处理含水率较高或含有难破解物质的废物（如污泥等），这种方式后置燃烧室的负荷较大，但适用面广；顺流式设备布置简单，后置燃烧室负荷较小，在废物较易燃尽时可不设后置燃烧室，减小设备投资。

2. 系统工艺流程说明

设计窑体合理长度，能够充分保证有害物质焚烧彻底，并能适应多种物质的焚烧。国外最长的回转窑长达 100 多米。其齿轮传动具有传动稳定、啮合精确等特点，很好地克服了摩擦传动的许多缺点，因此，齿轮传动相对来说是比较先进的。圆型二燃室具有空间利用率高、节省占地面积、不存在烟气死角、便于燃烧器及烟气切向进入和增加烟气湍流度等特点，而方型二燃室具有占地面积大、存在烟气死角等缺点。选用多管除尘器加填料塔和汽水分离器的方案具有先进性，并且也同样达到环保要求。

3. 系统工艺流程简介

固体物料由推进式送料机送入回转窑内，助燃空气由尾部进入，辅助燃料由装在尾部的燃烧器喷入炉内助燃，炉膛温度控制在 800～900℃；高温下有毒物体分解；焚烧后的灰渣由尾罩下端排出，为防止漏风和出灰时产生飞灰，采用半湿式法，灰经出灰机排出，固化填埋；焚烧产生的烟气由头罩排出引入二燃室。二燃室对焚烧产生的烟气中未燃尽的有害物质做进一步销毁，同时对废液进行焚烧。两台设备均采用列管式逆流型换热器。空气预热器及热水换热器一同放入换热系统中，烟气经过系统时，又有一部分粉尘落入换热系统底部。随后烟气进入高效多管旋风除尘器，经旋风分离，大于 3 μm 的灰尘落在集尘箱内，经卸灰器排出，进一步降低烟尘浓度。接着含有较细粒径粉尘的酸性烟气进入喷淋塔。喷淋液体由上而下为连续相，烟气由下而上为分散相，气液相互接触进行传质、中和酸性物质；除去烟气中残余的细烟尘；降温至≤60℃；粉尘及酸性气态污染物被液体冲洗、中和后排入污水池；降温除尘后的烟气进入下一级设备。为防止烟羽的形成和除去烟气中的酸性液态污染物，烟气在排放前经气水分离塔，含水汽的烟气同填料不断碰撞形成水流，从气水分离塔底部排入污水池。烟气经引风机、烟筒达标排放。但这种多用途的回转窑式焚烧炉在备料及进料上比较复杂。它的驱动方式是由电动机与减速机，靠齿轮与滚轮的摩擦力来进行的，一般与机械式炉排组合使用。

五、垃圾焚烧系统

（一）垃圾焚烧系统的一般流程

一个固体废物焚烧厂包括诸多系统（设备），主要有废物贮存及进料系统、焚烧系统、废热回收系统、灰渣收集与处理系统、烟气污染控制系统等。这些系统既各自独立，又相互关联成为一个统一主体。城市垃圾焚烧处理的一般流程见图 9-24。每日 24 h 连续燃烧，仅于每年一次的大修期间（约 1 个月）或故障时停炉。垃圾用垃圾车载入厂区，经地磅称量，进入倾斜平台，将垃圾倾入垃圾贮坑，由吊车操作员操纵抓斗，将垃圾抓入进料斗，垃圾由滑槽进入炉内，从进料器推入炉内。垃圾首先被炉壁的辐射热干燥及气化，再被高温引燃，最后烧成灰烬，落入冷却设备，通过输送带经磁选回收废铁后，送入灰烬贮坑，再回收利用。燃烧所用的空气分为一次及二次空气，一次空气以蒸汽预热，自炉床下贯穿垃圾层助燃；二次空气由炉体颈部送入，以充分氧化废气，并控制炉温不致过高，以避免炉体损坏及氮氧化物的产生。炉内温度一般控制在 850℃以上，以防未燃尽的气状有机物自烟囱逸出而造成臭味，因此垃圾低位发热量低时，需喷油助燃。高温废气经锅炉冷却，进入布袋集尘器除尘，用引风机抽入酸性气体去除设备去除酸性气体，再经加热后，自烟囱排入大气扩散。锅炉产生的蒸汽经汽轮发电机发电后，进入凝结器，凝结水经除气及加入补充水后，返送锅炉；蒸汽产生量如有过剩，则直接经过减压器再送入凝结器。

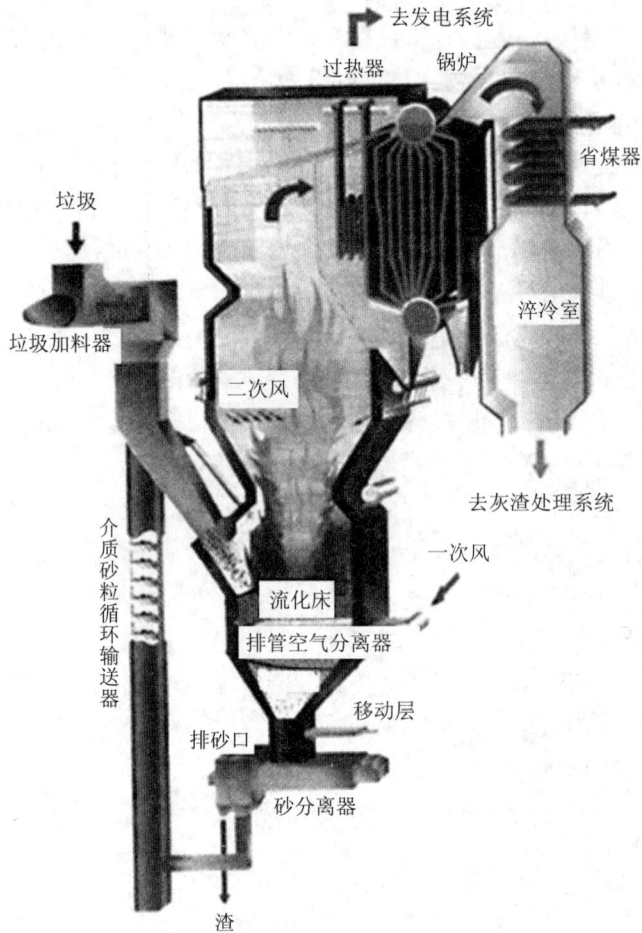

图 9-24　城市垃圾焚烧系统

（二）贮存及进料系统

本系统由垃圾贮坑、抓斗、破碎机（有时可无）、进料斗及故障排除监视设备组成。垃圾贮坑提供了贮存、混合及去除大型垃圾的场所，1 座大型焚烧厂设有 1 座贮坑，负责为 3～4 座焚烧炉进行供料的任务。每座焚烧炉均有 1 个进料斗，贮坑上方通常有 1～2 座吊车及抓斗负责供料，操作人员由屏幕监视或目视垃圾由进料斗滑入炉体内的速度决定进料频率。若有大型物卡住进料口，进料斗内的故障排除装置亦可将大型物顶出，落入贮坑；操作人员也可指挥抓斗抓取大型物品，吊送到贮坑上方的破碎机，以利进料。

（三）垃圾坑的密闭与防臭

垃圾坑中垃圾所散发的臭味是垃圾焚烧厂臭味的主要来源，所以，垃圾坑及其相关部分的防臭措施很重要。除将一次风从垃圾坑中抽取，使其造成负压保障臭气不外逸外，一次风管路系统的防泄漏很重要，因此，在管路安装完工后，要按规定要求做气密性试验。土建设计、施工应保证垃圾坑区域的严密（特别是网架结构的屋面，见图 9-25）。垃圾坑以外的渗滤液收集设施的排气装置都应排入垃圾坑中，不使其外散。也可在卸料门或卸料大厅门上方设置空气幕，或设置除臭剂喷雾系统。在停工检修期间，一次风机停止工作，为防止垃圾坑中臭气外逸，需设一套除臭装置。由除臭风机将垃圾坑中的臭气抽出，经活性炭吸附或喷除臭剂除臭后高空排放，见图 9-26。

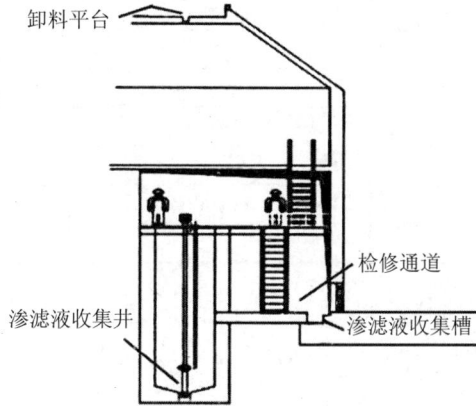

图 9-25　垃圾坑卸料平台

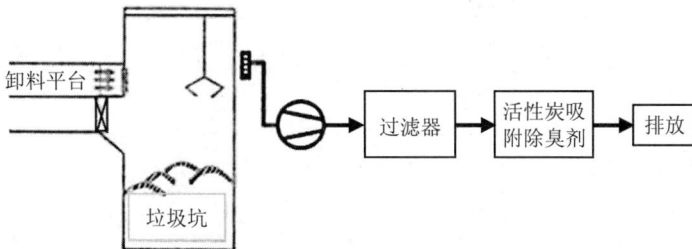

图 9-26　垃圾坑除臭示意图

由于垃圾坑体积庞大且建于地下，因此垃圾坑的强度设计、防渗、防裂（导致地下水渗入或渗滤液渗出污染地下水）等方面的设计、施工应予以特别关注。

（四）焚烧系统

1. 焚烧炉

焚烧炉本体内的设备，主要包括炉床及燃烧室，每个炉体仅 1 个燃烧室。燃烧室一般在炉床正上方，可提供燃烧废气数秒钟的停留时间，由炉床下方往上喷入的一次空气可与炉床上的垃圾层充分混合，由炉床正上方喷入的二次空气可以提高废气的搅拌时间。

常用的垃圾焚烧炉炉型主要有：机械炉排焚烧炉、流化床焚烧炉和回转窑焚烧炉。三种炉型各有其特点和不足，在不同场合均有应用。由于循环流化床炉造价较低，并可添加部分煤，因此多用于经济实力较弱的中小城市，有些经济发达的大城市如太原、大连等也采用流化床焚烧炉。回转窑焚烧炉处理规模一般较小，多用于处理特殊垃圾（如医疗垃圾等)。

机械炉排焚烧炉为国际上比较成熟的设备,运行可靠度较高,燃尽度好,适用于处理各种规模及中、高热值垃圾的焚烧处理,是目前发达国家大部分垃圾焚烧厂采用的炉型,在国际上约有 80%的市场份额。上海江桥垃圾焚烧厂即使用该种炉型,见表 9-10。

表 9-10 上海江桥垃圾焚烧厂焚烧炉炉排基本数据

技术指标	单位	数值
单个炉排片重量	kg	20
炉排片的外形尺寸	mm	长 510/120～510/128
活动炉排运动频率	次/min	9～15
活动炉排行程	mm	320
机械负荷	kg/(m²·h)	236
炉排倾角	0	12.5

2. 三种类型焚烧炉综合性能比较

下面就 3 种主要类型的焚烧炉进行综合性能比较,见表 9-11。

表 9-11 典型焚烧炉综合性能比较

项目	机械炉排焚烧炉	流化床焚烧炉	回转窑焚烧炉
炉排型式	机械炉排	无炉排	无炉排
燃烧空气压力	低	高	低
垃圾与空气接触	较好	好	较好
点火升温	较快	快	慢
烟气中含尘量	低	高	较高
占地面积	大	小	中
垃圾破碎情况	不需要	需要	不需要
燃烧载体	不用载体	需要热载体	不用载体
焚烧炉体积	较大	小	小
加料斗高度	高	较高	低
焚烧炉炉体状态	静止	静止	旋转
残渣中未燃分	<3%	<1%	<5%
操作运行	方便	不太方便	方便
适应垃圾热值	低	低	高
操作方式	连续	可间断	连续
耐火材料磨损性	小	大	大
垃圾处理量	大	中	小
垃圾焚烧历史	长	短	较长
市场比例	高	低	低
主要传动机构	炉排	砂循环	炉体
运行费用	低	较高	低
检修工作量	较少	较少	少

从表 9-11 中可以看出，回转窑焚烧炉对于低热值、高水分的垃圾来说着火困难，垃圾处理量小，不适应我国垃圾焚烧发电工程。从技术上看，流化床焚烧炉用于垃圾焚烧发电是可行的。机械炉排焚烧炉技术完善可靠，垃圾处理量范围大，对垃圾的适应性强，不但适应欧洲的高热值垃圾，对含水率与灰分较高而热值较低的亚洲垃圾也同样适用，运行维护方便，燃烧效率高，是目前垃圾焚烧发电采用最多的焚烧设备。

（五）废热回收系统

废热回收系统包括布置在燃烧室四周的锅炉路管（即蒸发器）、过热器、节热器、炉管吹灰设备、蒸汽导管、安全阀等装置。锅炉炉水循环系统为一封闭系统，炉水不断在锅炉管中循环，经不同的热力学相变化将能量释出给发电机。炉水每日需冲放一次，以便泄出管内污垢，损失的水则由饲水处理厂补充。

余热锅炉是回收垃圾在焚烧过程中释放出热能的关键设备（图 9-27）。由于垃圾焚烧产生的烟气中含有较多的腐蚀性气体（如 HCl、HF、SO_x、NO_x 等）、灰尘和有机物，因此用于垃圾焚烧的余热锅炉与一般的燃煤或燃油锅炉相比有诸多差异，但其功能和结构基本相同。垃圾焚烧发电厂在选择余热锅炉时主要需考虑的问题是：锅炉的结构形式、如何满足烟气在 $\geqslant 850℃$ 下停留时间 $\geqslant 2\,s$ 的排放标准的要求、蒸汽参数的确定、二次风的设置、清灰方式的选定、锅炉出口烟气温度的控制、耐火材料及其铺砌与防腐的措施、余热锅炉尺寸的优化等。垃圾焚烧厂使用的余热锅炉绝大多数为由 3～4 通道组成的单汽包自然循环水管式锅炉。按其对流受热面的布置形式通常可分为立式和水平式（卧式）（图 9-27、图 9-28）；也有少量立—卧结合式，这两种形式的余热锅炉各有优缺点，在垃圾焚烧厂中都广泛应用。

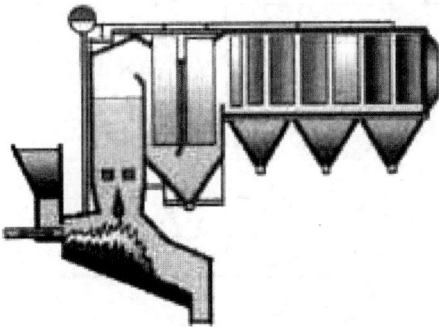

图 9-27　水平式余热锅炉　　　　　　图 9-28　立式余热锅炉

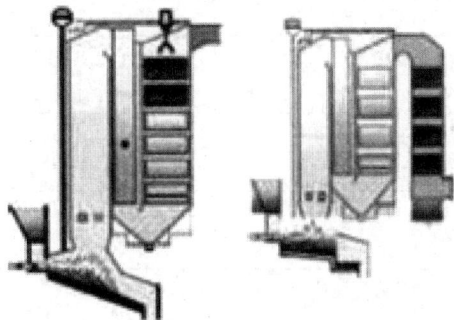

水平式余热锅炉一般由 3 个垂直辐射通道和 1 个对流水平通道组成，在水平通道依次垂直布置高低温过热器、蒸发器和省煤器。由于水平式余热锅炉的管束为垂直结构，所以安装、维修、保养方便，集灰较少。

这种结构形式可采用机械振打清灰装置，因此可实现在线清灰，对保证焚烧线的运行时间有利；同时清灰过程对烟气的量和成分无影响，有利于烟气净化部分的操作。水平结构的主要缺点是占地面积较大，比同等规模的立式炉造价要高。

立式余热锅炉的四个通道都为垂直形式，过热器、蒸发器和省煤器水平布置在第四通道或分别布置在第三、第四通道内。立式结构的优点是占地面积较小，造价较低；其主要缺点是管束易集灰，且不易清灰，采用现有的清灰方式效果较差；同时，受热面部分的维修保养也不便。

这两种结构形式的余热锅炉在不同规模的垃圾焚烧厂中都有应用，一般在中小型垃圾焚烧厂中用立式炉或立-卧组合式炉较多；而在大型垃圾焚烧厂中，多采用水平式余热锅炉。垂直辐射通道由膜式水冷壁组成，通过吸热使烟气温度降低，使进入过热器入口的烟气温度在 650℃以下，防止过热器高温腐蚀。锅炉出口烟气温度为 190～220℃，在清洁状况下，余热锅炉的热效率应≥81%，烟气在 1～3 通道的速度为 4～6 m/s，在第 4 通道的流速为 3～5 m/s。蒸汽参数直接影响到余热锅炉的制造成本、运行成本、热效率和焚烧厂的收益。在垃圾焚烧厂中，余热锅炉的蒸汽参数多选用中温中压工况（4.0 MPa，400℃），或次高温次高压工况（5.3 MPa，450℃，或 6.0 MPa、450℃），两种工况的技术参数比较见表 9-12。当蒸汽温度超过 400℃时，高温腐蚀加重，特别是过热器的高温防腐问题更为严重（表 9-13）。

表 9-12　中温中压、次高温次高压两种工况比较

项目	5.3 MPa，450℃	4.0 MPa，400℃	备注
蒸汽输出量	97%	100%	
锅炉换热面积	113%	100%	
其中省煤器	80%	100%	
蒸发器	90%	100%	
水冷壁	90%	100%	
过热器	170%	100%	
锅炉受压部分重量	126%	100%	管壁厚度不同
材质供水管线	STPG370S-sch80	STPG370S-sch40	
过热蒸汽管线	STPA12S-sch100	STPT10S-sch80	ASME 标准
管道、阀门、法兰	ASME900Psi	ASME600Psi	
初始投资	140%	100%	
25 年维护费	310%	100%	
电能输出	110%	100%	
25 年总收入	100%	100%	

注：表中的数值为相对量，标准值为 100%。

表 9-13　蒸汽温度为 400℃及 450℃时的腐性情况

蒸汽温度	450℃			400℃	
材质	碳钢	SUS310	高镍合金	碳钢	SUS310
腐蚀速度/（mm/a）	≈2.5	≈0.9	≈0.6	≈1.2	≈0.3
腐蚀余量/mm	3	3	3	3	3
推算寿命/a	≈1	≈3	≈5	≈2.5	≈10

上述两种工况的比较是在一定外部条件下的粗略估算。不同条件下，上述比率会有不同，但对比的趋势是相近的。在售电收入方面，次高温高压方案有利，但锅炉设备费及运营维修费用较高。综合国内外 25 年运行情况，两种工况的经济效果基本相当。因此，国内外已建成的垃圾焚烧厂中，余热锅炉 90%以上采用中温中压参数。近年来，由于优质耐

腐蚀材料使用于过热器（如高镍合金钢的应用），延长了过热器的寿命，虽然一次性投资较高，但综合经济效益较好。因此，次高压次高温参数的应用有增加趋势。在两组过热器之间喷冷却水，使蒸汽温度控制在额定工况的范围内。

燃烧空气系统由一次风机、二次风机和一次风、二次风的蒸汽预热器及管路组成。一次风自垃圾坑上方抽取，经一次风机、预热器从炉排下部进入干燥段、燃烧段、燃尽段；二次风也可自垃圾坑上方抽取，也可从工房内散发气味的场所抽取，经二次风机、预热器通过喷嘴进入二次燃烧室。喷嘴布置在二次燃烧室入口处的前后墙，喷嘴数目、直径、位置的确定，都应保证使烟气产生高度紊流，促使烟气中的有害物充分分解，使可燃物完全燃烧。一次风机、二次风机都采用变频调节控制。风机的风量和风压都应有足够的余量，一般风量的余量为 20%～30%，风压的余量为 15%～20%。空气过量系数一般控制在 1.6～1.8。一次风与二次风的分配为 7∶3～6∶4。一般炉型配一台一次风机和一台二次风机；而西格斯公司的焚烧炉配多台一次风机，一次风、二次风的预热温度与垃圾的低位热值有关（表 9-14）。

表 9-14　一次风和二次风的预热温度与垃圾的低位热值

垃圾低位热值/（kJ/kg）	一次风预热温度/℃	二次风的预热温度/℃
5 800～6 680	200～230	200～230
7 100～7 520	150～200	150
7 940～8 360	150	常温

（六）发电系统

由锅炉产生的高温高压蒸汽被导入发电机后，在急速冷凝的过程中推动了发电机的涡轮叶片，产生电力，并将未凝结的蒸汽导入冷却水塔，冷却后贮存在凝结水贮槽，经由饲水泵再打入锅炉炉管中，进行下一循环的发电工作。在发电机中的蒸汽也可中途抽出一小部分作次级用途，例如助燃空气预热等工作。饲水处理厂送来的补充水可注入饲水泵前的除氧器中，除氧器以特殊的机械构造将溶于水中的氧除去，防止路管腐蚀。

（七）饲水处理系统

主要工作为处理外界送来的自来水或地下水，将其处理到纯水或超纯水的品质，再送入锅炉再循环系统。水处理方法为高级用水处理工序，一般包括活性炭吸附、离子交换及逆渗透等单元。

（八）垃圾焚烧环保系统

1. 垃圾焚烧污染物种类与特性分析

垃圾焚烧系统垃圾焚烧后产生的污染包括垃圾发酵臭气、焚烧炉烟气、燃烧后的灰渣和飞灰、废水、噪声污染等。

（1）废气。

垃圾焚烧项目产生的废气污染物及治理措施见表 9-15。其中处理危险废物焚烧炉烟气比生活垃圾焚烧炉烟气污染因子多了氟化物和金属砷、铜、锌等。产生的无组织排放因子均为恶臭、氨、硫化氢和甲硫醇等。

表 9-15　生活垃圾与含有危险固体废物焚烧项目废气污染物排放及治理措施比较

类别	污染因子	治理措施
生活垃圾焚烧炉	烟尘、氮氧化物、二氧化硫、氯化氢、一氧化碳、汞、镉、铅、二噁英	半干法洗涤+布袋除尘+活性炭吸附
工业危险废物焚烧炉	烟尘、氮氧化物、二氧化硫、氯化氢、一氧化碳、氟化物、二噁英、汞、镉、铅、砷、铜、锌	热解炉：采用半干法烟气净化系统：冷却+急冷+脱酸+活性炭吸附装置+布袋除尘器 废液炉：采用湿法烟气处理系统：冷却+急冷+中和除尘器

（2）废水。

生活垃圾焚烧项目产生的废水主要包括垃圾渗滤液、垃圾车和垃圾装卸平台等的冲洗水、锅炉排污水、除盐系统废水、化验室用水、冲渣区冲洗水和生活污水等。主要污染因子有 pH、COD_{Cr}、SS、BOD_5、氨氮、石油类、动植物油等，经过厂内污水处理站预处理后经城市污水管网排入污水处理厂。工业危险废物焚烧项目产生的废水主要包括垃圾渗滤液、垃圾装卸平台和车辆冲洗水、软水系统反冲洗水、急冷中和排水、初期雨水、生活污水。其中垃圾渗滤液可以直接焚烧，急冷中和水沉淀后排入中和池循环使用，其余废水收集后接管到城市污水处理厂处理，主要污染因子和生活垃圾焚烧项目一致。

（3）固体废物。

垃圾焚烧产生的固体废物特性及处理方式见表 9-16。两种项目产生的飞灰均为危险废物，焚烧飞灰一般是委外安全填埋处理，这是目前垃圾焚烧飞灰处理最安全可靠的手段之一。但安全填埋场的建设和运行费用居高不下，同时也不能达到减容化和资源化的目的，因此今后会逐渐减少该方法的应用，改而开发安全可靠、能耗低、效益好的资源化技术，资源化处理焚烧飞灰，变废为宝。危险废物焚烧项目产生的废渣需要进行毒性鉴别以确定是危险废物还是一般固体废物，属危险废物的需要进行安全填埋处置，且填埋前应进行重金属浸出毒性测定，满足进场要求后方可填埋。

表 9-16　生活垃圾与工业固体废物焚烧项目产生固体废物特性及处理方式比较

类别	废物名称	类别	处理方式
生活垃圾焚烧	磁选金属废物	一般固体废物	出售
	焚烧炉炉渣	一般固体废物	综合利用
	余热锅炉飞灰	危险废物	密封后堆放飞灰库，委外安全填埋处理
	污水处理站污泥	一般固体废物	进已建工程垃圾焚烧
	厂内生活垃圾	一般固体废物	进已建工程垃圾焚烧
工业固体废物焚烧	软水废树脂	危险废物	热解炉焚烧
	焚烧废渣	一般固体废物或危险废物	危险废物：委外安全填埋处理 一般固体废物：综合利用
	焚烧飞灰	危险废物	委外安全填埋处理
	急冷中和沉淀和烟气处理污泥	危险废物	送热解炉焚烧
	厂内生活垃圾	一般固体废物	环卫部门统一处理

（4）污染物排放标准比较。

两种建设项目产生的污染物排放执行标准列于表 9-17。主要差异在于，生活垃圾焚烧炉烟气排放执行《生活垃圾焚烧污染控制标准》（GB 18485—2001），危险废物焚烧炉烟气排放执行《危险废物焚烧污染控制标准》（GB 18484—2001），需要注意的是两者二噁英的执行标准不同，分别为 1.0 ng/m³ 和 0.5 ng/m³。

表 9-17　生活垃圾与工业危险废物焚烧项目污染物排放执行标准比较

类别	生活垃圾焚烧项目执行标准	工业危险废物焚烧项目执行标准
焚烧炉烟气	《生活垃圾焚烧污染控制标准》（GB 18485—2001）《大气污染物综合排放标准》（GB 16297—1996）	《危险废物焚烧污染控制标准》（GB 18484—2001）表 3《危险废物焚烧污染控制标准》（GB 18484—2001）表 1
无组织排放	《恶臭污染物排放标准》（GB 14554—93）	《恶臭污染物排放标准》（GB 14554—93）
废水（接管）	《污水综合排放标准》（GB 8978—1996）表 1、表 4《污水排入城市下水道水质标准》（CJ 3082—1999）	《污水综合排放标准》（GB 8978—1996）表 1、表 4《污水排入城市下水道水质标准》（CJ 3082—1999）
地下水	《地下水质量标准》（GB/T 14848—93）	《地下水质量标准》（GB/T 14848—93）
噪声	《工业企业厂界环境噪声排放标准》（GB 12348—2008）	《工业企业厂界环境噪声排放标准》（GB 12348—2008）

2. 臭气来源及其治理

（1）臭气来源。

垃圾焚烧发电厂渗滤液处理站的臭气主要来源于调节池、预处理间、污泥储池及脱水系统。这些致臭物质按照其化学成分一般可分为四类。第一类是含硫化合物，如硫化氢、甲硫醇、甲基硫醚以及噻吩等。第二类是含氮化合物，如氮、三甲胺、酰胺等。第三类是烃类化合物，如烷烃、烯烃、炔烃以及芳香烃等。第四类是含氧有机物，如醇、醛、酮以及有机酸等。这些污染物具有易挥发、嗅阈值低等特点，不仅严重污染周边居民的生活环境，危害人体健康，而且对渗滤液处理站的金属材料、设备和管道具有强烈的腐蚀性。因此采取除臭措施非常必要。

（2）处理方法。

根据除臭的性质，焚烧电厂渗滤液处理站的除臭方法主要分为物理除臭、化学除臭和生物除臭法三大类。物理除臭法主要有大气稀释法和吸附法；化学除臭法主要有焚烧除臭法、臭氧除臭法、活性氧除臭法、高能粒子除臭法；生物除臭法主要有洗涤式活性污泥法、曝气式活性污泥法、生物土壤法、生物滤池法、纯天然植物提取液喷洒除臭法及生物滴滤塔等。其中，焚烧除臭法是根据恶臭物质的特点，在控制一定的温度和接触时间的条件下，使臭气直接燃烧，达到脱臭的目的，此方法适用于高浓度臭气的处理。由于焚烧发电厂渗滤液处理站在焚烧电厂内，具备燃烧处理的条件，且无二次污染产生，因此，焚烧发电厂渗滤液处理站的臭气宜采用焚烧法处理。

（3）臭气系统设计。

1）恶臭气体的控制与收集。恶臭气体控制主要为对恶臭气体产生源进行封闭设计，同时用风机抽气对封闭空间进行换气，以将恶臭气体集中收集，避免恶臭气体无组织外逸。

2）恶臭气体量的确定。封闭空间换气量的大小可根据室内是否有人进入，按 2～10 次/h 换气量计算：不进入或一般不进入的地方，空气交换量应为 2～3 次/h；对于有人进入，但工作时间不长的空间，空气的交换量为 3～5 次/h；有人长时间工作的空间，空气的交换量为 5～10 次/h。在具体确定换气次数时，要同时考虑恶臭气体浓度，在浓度较高时要适当增大换气次数。现以某市生活垃圾焚烧发电厂渗滤液处理站为例，介绍臭气处理系统。该处理站的处理规模为 250 m³/d，各臭气源设备的结构尺寸见表 9-18。

表 9-18   不同臭气源设备的结构尺寸

构筑物	数量	规格	备注
调节池/座	2	$L×B×H$=20.1 m×10 m×7.2 m	超高 1 m
事故池/座	1	$L×B×H$=20.1 m×5 m×7.2 m	超高 1 m
污泥储池/座	1	$L×B×H$=6 m×5.35 m×4.2 m	超高 0.5 m
预处理间/座	1	$L×B×H$=16.55 m×5.1 m×5.3 m	
脱水机房/座	1	$L×B×H$=12 m×9 m×13.2 m	

该处理站调节池容积为 500 m³；预处理间容积为 448 m³，污泥储池容积为 16 m³，污泥脱水设备间容积为 626 m³，污泥转运间容积为 734 m³。其中调节池抽气频率按 2 次/h 考虑，预处理间隔抽气频率按 2 次/h 考虑，污泥贮池抽气频率按 2 次/h 考虑，污泥脱水设备间隔按 4 次/h 考虑，污泥转运间隔按 2 次/h 考虑。因此风机小时风量为 6 000 m³/h，风压为 2 000 Pa，风机 1 用 1 备，臭气管道材质为玻璃钢。

3）恶臭气体的处理效果。项目投产运行后，经检测其厂界浓度均小于《恶臭污染物排放标准》（GB 14554—93）中的二级标准，具体检测值详见表 9-19。

表 9-19   厂界恶臭气体实测值   单位：mg/m³

序号	控制项目	二级厂界值	厂界实测值
1	氨	1.5	1.2
2	三甲胺	0.08	0.05
3	硫化氢	0.06	0.02
4	甲硫醇	0.007	—
5	甲硫醚	0.07	0.03
6	二甲二硫	0.06	—
7	二硫化碳	3.0	1.0
8	苯乙烯	5.0	2.3
9	臭气	20	12

3．烟气净化及其工艺

烟气净化工艺是按垃圾焚烧过程产生的废气中污染物组分、浓度及需要执行的排放标准来确定的。在通常情况下，烟气净化工艺主要针对酸性气体（HCl，SO_x）、颗粒物及重金属等进行控制，其工艺设备主要由两部分组成：酸性气体脱除和颗粒物捕集。酸性气体脱除设备可分为干式洗涤塔、半干式洗涤塔和湿式洗涤塔 3 种类型。

（1）干式洗涤塔。干式脱酸法设备简单、一次性投资较低，但对酸性气体的去除效果较差，比较适合于经济相对落后且排放标准较宽松的国家和地区。

（2）半干式洗涤塔。半干法工艺较成熟，具有良好的应用实践，其脱硫效率介于干法和湿法之间，脱氯效果较好。由于垃圾焚烧烟气中含 SO_2 少、含 HCl 多，因此半干法非常适用于垃圾焚烧烟气的净化，它不仅可以满足烟气 SO_2 浓度排放要求，同时可以保证较高的脱氯效率。目前，该工艺在垃圾焚烧发电厂烟气脱酸系统中的应用越来越多。

（3）湿式洗涤塔。湿式洗涤塔与其他型式的酸气去除设备相比，其最大优点是酸的去除效率高，但需要消耗大量的水，其工艺过程中的排水需要进一步处理，并且湿法净化后的烟气温度大大降低，常需加热后从烟囱排入大气。其初期投资和运行费用均较高，约为半干法系统的 1.75 倍。欧洲国家在水源较充足及对废水处理的排放要求相对较松的地方，大多采用此处理方式。

4．粒状污染物去除设备

目前，常用的除尘设备主要有静电除尘器和布袋除尘器。这两种除尘器均可达到废气粒状污染物排放标准（80 mg/m^3）的要求，但静电除尘器效率再提高的可能性不大，而布袋除尘器若采用聚四氟乙烯薄膜滤料（PTFE），则粒状污染物可降至 10 mg/m^3 以下。布袋除尘器对未反应的碱性吸收剂可实现再利用，对酸气有二次脱除的效果，能提高脱酸效率，降低石灰用量，减少反应剩余物数量。布袋除尘器对微小粒状物有良好的捕集效果。Stanmore B R 和 Samcwan K 已证实，重金属及二噁英、呋喃等一般凝结于<1 μm的微小粒状物的表面，布袋除尘器对这些毒性物质具有较高的清除效率，而使用静电除尘器有使二噁英与呋喃再合成的可能。焚烧烟气中有一定数量的重金属，特别是汞和镉，它们以气溶胶和气体状态出现，降温后凝结成微粒，这些有毒有害物质，其中一部分悬浮在烟气中，而大部分吸附在其他固体粒子上，散发到空气中去。减少微粒粉尘的排放就是减少重金属微粒的载体，最终减少排烟中的重金属浓度。两种除尘器性能比较见表 9-20。

布袋除尘器的不足之处是滤袋寿命较短、维护工作量较大，致使其日常运行费用略高于静电除尘器。另外，布袋除尘器对进入烟气的温度要求比较严格，烟温过高，滤袋损坏；烟温过低，烟气中的酸气冷凝成酸滴，滤料受腐蚀而损坏。因此，其上游设备设置半干法脱酸塔比较合适。半干法脱酸塔能有效控制进入布袋除尘器烟气的酸度及温度，同时需设置良好的自控装置及旁通管。

表 9-20 布袋除尘器与静电除尘器性能比较

项目		布袋除尘器	静电除尘器
最适合粉尘的浓度/（mg/m³）		10～25	30～50
收尘效率/%	<1 μm	>90	20
	1～10 μm	>99	>95
	>10 μm	>99	>99
风速/（m/s）		<0.02	<1
压力损失/Pa		1 000	200～300
耐热性		一般耐热性较差，高温时需选择适当的滤布	耐热性能佳，一般可达 350℃，特殊设计可达 500℃
对烟气成分变化适应性		好	差
脱除二噁英		较好	存在二噁英再合成现象
耐酸碱性		可选择适当的滤布	好
动力费用		略高	略低
设备费		基本相同	基本相同
操作维护费		较高	较低
使用年限/a		30（滤袋 3～5）	30

5. 烟气净化组合工艺比较

根据烟气成分及污染排放标准，烟气净化系统由脱酸系统与除尘设备组合而成。现行的工艺组合大致有以下 4 种形式：①湿式洗涤塔+布袋除尘器；②半干式脱酸塔+布袋除尘器；③半干式脱酸塔+静电除尘器；④干式脱酸塔+布袋除尘器。各种组合的性能比较如表 9-21 所示。

表 9-21 烟气净化组合工艺比较

比较项目	湿式洗涤塔+布袋除尘器	半干式脱酸塔+布袋除尘器	半干式脱酸塔+静电除尘器	干式脱酸塔+布袋除尘器
粒状污染物排放浓度/（mg/m³）	<25	<10	<50	<30
硫氧化物排放浓度/（mg/m³）	<60	<200	<250	<300
氯化氢排放浓度/（mg/m³）	<30	<30	<60	<80
重金属及二噁英去除效果	佳	佳	佳	较佳
污泥及废水	多	无	无	无
建设投资	高	中	中	较低
年运行费用	高	中	较低	中

由表 9-21 可以看出，烟气净化组合工艺的特点。①湿式洗涤塔+布袋除尘器的组合工艺的建设和运行费用较高，从经济性的角度考虑，不宜采用。②干式脱酸塔+布袋除尘器的组合工艺对酸性气体的脱除效果较差，从环保的角度考虑，不宜采用。③半干式脱酸塔+静电除尘器的组合工艺运行过程中，存在二噁英与呋喃的再合成现象，也不宜采用。④半干式脱酸塔+布袋除尘器的组合工艺不仅能满足污染物的排放标准，而且建设和运行费用适中，比较适合发展中国家采用。

6. 垃圾焚烧电厂 NO_x 来源及其处理

（1）NO_x 类型。

燃料型 NO_x：生活垃圾焚烧发电厂燃料含有的含氮化合物有两类，一类为城市生活垃圾本身所带有的有机类含氮化合物，另一类为在垃圾焚烧炉启动、停运或垃圾热值不够时所添加的煤、重油或天然气等助燃燃料含有的含氮化合物，这两种燃料所含有的含氮化合物在垃圾焚烧炉内经高温燃烧后生成 NO_x，燃料型 NO_x 在所有生成的 NO_x 中所占比例最高。

热力型 NO_x：为确保生活垃圾充分燃烧所需，将空气鼓入垃圾焚烧炉中，其中的 N_2 在高温条件下被氧化为 NO_x，即生成热力型 NO_x。在焚烧炉炉膛的高温、高过量助燃空气区域易生成热力型 NO_x 和快速型 NO_x。

快速型 NO_x：指燃烧过程中，由助燃空气中的氮和燃料中的碳氢离子团（CH）等反应而生成的 NO_x。快速型 NO_x 在垃圾焚烧炉中的生成量很少，可忽略。

总体而言，垃圾焚烧过程中生成的 NO_x 主要为 NO 和 NO_2，其中 NO 占 90%以上；NO_x 的类型主要为燃料型 NO_x。

（2）垃圾焚烧发电厂 NO_x 控制技术。

针对垃圾焚烧发电厂中 NO_x 的生成机理，对应的 NO_x 控制技术主要分两类：一类针对燃烧过程进行控制，减少 NO_x 的生成；另一类对已经生成的 NO_x 进行脱除。

1）燃烧过程控制技术。在燃烧过程中的控制技术主要有低过量空气系数、分级燃烧方式和烟气再循环等，以尽量降低炉膛内的温度和过量空气系数。与此同时，为确保垃圾充分燃烧，降低 CO 和二噁英类物质的生成，燃烧过程中控制 NO_x 生成的技术应用较有限，因此重点势必转向烟气治理技术。

2）烟气脱硝技术。对烟气中已生成的 NO_x 进行脱除的技术主要有选择性催化还原技术（Selective Catalytic Reduction，SCR）和选择性非催化还原技术（Selective Non-Catalytic Reduction，SNCR）。

SCR 技术：含有氨基的还原剂与催化剂在温度窗口为 200～450℃时，快速、高效地将焚烧炉内烟气中的 NO_x 选择性地还原为 N_2。SCR 可采取高温高尘、高温低尘和低温低尘三种布置方式。采用高温高尘布置，SCR 反应器布置在省煤器与空预器之间，工程上多为此种布置方式；高温低尘布置方式，SCR 反应器布置在除尘器后，此时除尘器需采用高温除尘器，造价较高，工程上应用极少；低温低尘布置方式的 SCR 反应器布置在脱硫除尘之后。在垃圾焚烧炉中，由于生成的重金属含量较之大型火电厂高，更易引起催化剂中毒，大大削弱催化剂活性，在垃圾处理规模为 33 t/h 的意大利 Brescia 垃圾焚烧厂采用高温高尘布置进行试验，运行 2 年后，催化剂腐蚀、堵塞严重，目前尚未有大规模的工程应用。就垃圾发电厂来说，工程上切实可行的多为低温低尘方式，如图 9-29 所示，但此种布置方式的 SCR 脱硝装置，由于要采用热源，如本例天然气对烟气再加热，其额外能源消耗巨大，运行费用十分昂贵。

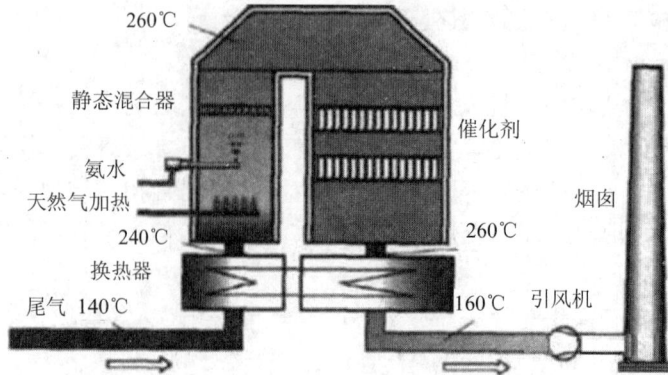

图 9-29　垃圾焚烧发电厂 SCR 法脱硝工艺流程示意图（以氨水作还原剂为例）

SNCR 技术：SNCR 技术为在垃圾焚烧炉中适当位置（即合适的温度窗口）喷入含有氨基的还原剂，使焚烧炉内烟气中的 NO_x 被选择性地还原为 N_2。含有氨基的还原剂主要有氨气、液氨、氨水和尿素。对于不同还原剂，对应的温度窗口也有所区别，一般在 850～1 100℃。SNCR 法脱硝工艺如图 9-30 所示。

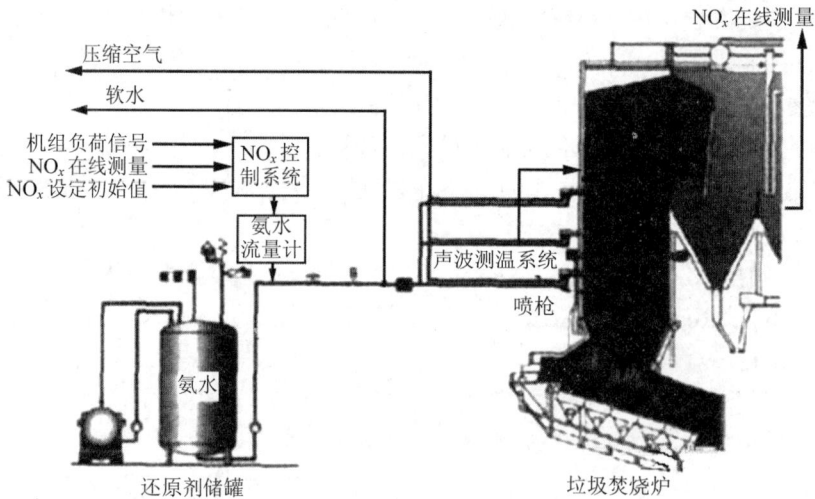

图 9-30　垃圾焚烧发电厂 SNCR 法脱硝工艺流程示意图（以氨水作还原剂为例）

SNCR 技术关键是还原剂喷射在合适的温度窗口内，喷入的还原剂与烟气中的 NO_x 能够进行充分混合，从而实现较高的脱硝效率，减少还原剂耗量，同时降低尾部氨逃逸。

SCR 法与 SNCR 法比较：就 SCR 法脱硝与 SNCR 法脱硝这两种技术本身而言，SCR 法脱硝效率更高，可达 80%以上。参考欧美地区 SNCR 法脱硝，现行的欧盟 2000 标准要求垃圾焚烧厂尾部烟气中 NO_x 浓度低于 200 mg/m³（标态）即可达标排放，尽管 SNCR 法脱硝效率可达 80%甚至更高，但在实际运行中，很多发电厂为减少还原剂耗量，节约运行成本，SNCR 系统运行一般保持 50%左右的脱硝效率。采用声波温度测量系统，可以更及时、更准确地反映还原剂喷射处温度，使所喷入的还原剂始终处于最佳活性温度窗口，从而极大提高还原剂利用率和脱硝效率，可将尾气中 NO_x 浓度降低至 70 mg/m³（标态）左右。通常认为 SCR 法尾部氨逃逸率更低，SNCR 法脱硝后的烟气进入尾部湿式脱酸塔，吸收

SNCR 系统内逃逸的氨，避免了氨逃逸可能产生的二次污染。

SCR 法脱硝，烟气中残存的微量 SO_3、HCl 和细微颗粒物等在换热器的换热元件上易生成硫酸铵盐和氯化铵盐黏性物质，这些物质通过正常的吹灰程序难以彻底清除，一方面降低了换热效率，增加了能源消耗，另一方面这些黏性物质易堵塞换热元件之间的通道，增加了系统阻力，严重威胁引风机的安全运行，进而威胁整个垃圾焚烧厂的可靠连续运行。相比之下，SNCR 法系统简单许多，关键设备还原剂喷枪通常在炉膛上分层多点布置，即使某个喷枪需检修，也不必停运系统，能确保整个垃圾焚烧发电系统安全可靠连续运行。垃圾焚烧发电厂采用 SCR 法脱硝和 SNCR 法脱硝技术指标比较见表 9-22。

表 9-22　垃圾焚烧发电厂 SCR 法与 SNCR 法脱硝技术指标对比

技术指标	SCR 法	SNCR 法
脱硝效率/%	80～95	30～50（80）
净烟气中 NO_x 浓度/（mg/m³）（标态）	≤70	≤100，实际运行控制在 200 左右
氨氮摩尔比	0.8～1.0	1.5～2.5
系统压降	高	无
氨逃逸率	无	无
系统稳定性	较可靠	可靠

建设成本方面：SCR 技术需要较大空间，新增设备较多，如催化反应器、换热器等，对于已建发电厂还需对引风机进行改造；由于 SCR 的催化剂需要安装在反应器内，制造反应器及前后连接烟道及对反应器和烟道进行支持的钢结构等均要消耗大量钢材；如果对老厂进行改造，尾部引风机的扩容改造也增加一定的成本。

运行成本方面：SCR 法脱硝系统需要热量对尾部烟气进行再加热以达到催化剂反应的活性温度，导致额外能源消耗；由于前后连接烟道的沿程阻力和局部阻力，反应器内催化剂压降和换热器压降使整个系统阻力增加很多，一般为 1 000 Pa 左右，有的甚至高达 2 500 Pa 左右，导致引风机需要更大输出电功率。SNCR 法由于还原剂在高温下部分被氧化，需要喷入较多的还原剂，但由于垃圾发电厂烟气量较少，还原剂消耗增加并不明显；但运行过程中节约的能源和电耗则相当明显。此外，SCR 法脱硝的垃圾焚烧厂所使用的催化剂，在生产制造过程中，也消耗部分能源，同时向大气中排入大量的 NO_x 和 CO_2，带来大气环境的二次污染。表 9-23 对采用低温低尘的 SCR 法布置和 SNCR 法脱硝建设成本和运行成本进行对比，假定所采用的脱硝还原剂均为 25%（重量比）的氨水溶液。

表 9-23　垃圾焚烧厂 SCR 法与 SNCR 法脱硝经济性对比

经济指标	SCR 法	SNCR 法
建设成本/欧元	2 500 000	500 000
年运行成本[①]/欧元	154 830	395 460
还原剂消耗/（欧元/h）	6	165
软水消耗/（欧元/h）	—	1.2
系统电耗/（欧元/h）	6.7	0.15
天然气消耗[②]/（欧元/h）	38	0
压缩空气消耗/（欧元/h）	2	0

注：①年运行 7 800 h；②SCR 系统换热器所需热源由天然气供应。

由于各国设备成本、劳动力成本差异，SCR 系统催化剂在欧洲地区与中国销售价格的巨大差异及氨水、厂用电及气源等价格与欧洲国家的差异，具体到国内情况，两种脱硝技术总的成本不完全与表 9-23 所列数据一致。总的来说，尽管 SCR 法可实现约 70 mg/m³（标态）的 NO_x 排放浓度，较之 SNCR 法的 100 mg/m³（标态）有所降低，但 SCR 系统建设及运行费用要高出 SNCR 系统很多。在国外经济发达国家和地区，垃圾分类执行得较早，且分类标准严格，城市生活垃圾成分相对稳定，垃圾焚烧厂采用 SCR 法和 SNCR 法进行脱硝视各个国家和地区有所区别，见表 9-24。

表 9-24　欧洲国家垃圾焚烧厂所用脱硝技术

国家	NO_x 排放/（mg/m³）（标态）	脱硝技术应用现状	备注
丹麦	国家排放标准：200	所有垃圾焚烧厂的脱硝技术均为 SNCR	SNCR 技术可实现达标排放
瑞典	实际排放＜20	大部分垃圾焚烧厂采用 SCR 技术	NO_x 排放费高，新建垃圾焚烧厂采用高效的 SCR 脱硝技术
挪威	国家排放标准：200（11%O_2）	SNCR	随着 NO_x 排放费越来越高，大型垃圾焚烧厂采用 SCR 技术
奥地利	国家排放标准：70	SCR	NO_x 排放标准更严
德国	欧盟 EU2000/76/EC：200	多数垃圾焚烧厂采用 SCR 技术	截至 2005 年，采用 SCR/SNCR 技术的垃圾焚烧厂数量分别为 42/12
意大利	—	多数垃圾焚烧厂采用 SCR 技术	
瑞士	国家排放标准：80	多数垃圾焚烧厂采用 SCR 技术	低温低尘的 SCR 布置方式
法国、比利时	—	SCR、SNCR 均有应用	—
荷兰	国家排放标准：70	多数在役和所有新建垃圾焚烧厂均采用 SCR 技术	—

从表 9-24 可以看出，SCR 技术和 SNCR 技术均有广泛应用，不同国家根据各国的法律、法规和经济性，对垃圾焚烧厂进行 NO_x 减排的主流技术也有所不同。欧美和日本等经济发达地区，由于当地执行更加严格的垃圾焚烧厂排放标准，从长远来看，综合考虑对 NO_x 和二噁英、呋喃类大气污染物的协同脱除，在经济成本许可的条件下，可对垃圾焚烧厂采用 SNCR 法或 SCR 法，并协同脱除 NO_x 和二噁英、呋喃类大气污染物。美国环保局（EPA）和欧盟 EUDirective 从政府层面亦推荐 SNCR 技术为垃圾焚烧厂脱硝的最佳可行技术（BAT）。我国作为发展中国家，大部分城市生活垃圾都未进行分类，故垃圾成分相对不确定，经焚烧后的烟气中重金属、HCl、HF 含量较高，给催化剂的安全可靠运行带来极大风险。政府对垃圾焚烧厂的垃圾处理补贴费用低，且垃圾发电厂由于垃圾燃烧热值低，在同等燃料情况下，其发电量较之燃煤、燃气等化石燃料低，上网发电量少，且标杆上网电价仅比普通发电厂的上网电价高出几分，使得我国垃圾焚烧厂必须采用技术经济更加合理的 SNCR 技术进行 NO_x 脱除。

7. 二噁英的去除

国内大型生活垃圾焚烧厂基本上采用半干法-活性炭喷射-布袋除尘组合工艺。工艺组合中的活性炭吸附、袋式除尘与选择性还原技术起到去除二噁英和呋喃（PCDD/DFs）的作用。经验表明：要达到 PCDD/DFs 的浓度低于 $0.1 \ ng/m^3$（毒性当量），烟气处理系统需要设置活性炭吸附与布袋除尘 2 个单元。

8. 垃圾焚烧烟气 PCDD/DFs 控制关键技术

（1）吸附剂脱除技术。

吸附剂具有极大的比表面积，可利用其吸附作用，脱除烟气中的 PCDD/DFs。吸附剂脱除只是将 PCDD/DFs 吸附聚集而并未分解破坏，因此还必须对富含高浓度 PCDD/DFs 的飞灰进行后续处理。常见的吸附剂脱除技术有活性炭喷射技术、湿式洗涤吸附技术与吸附过滤技术。

1）活性炭喷射技术。活性炭喷射以活性炭为吸附剂，通常与袋式除尘器配套使用，即在烟气（干式/半干式喷淋塔后）中喷入活性炭，两者强烈混合，活性炭吸附其中的 PCDD/DFs 等污染物质，再经由布袋除尘器的继续吸附与捕集分离，吸附污染物的活性炭从烟气中分离出来，每隔一定时间清除袋式除尘器上的飞灰，由此达到去除烟气中污染物的目的。

活性炭喷射吸附加袋式除尘，可以消除烟气中 99% 的 PCDD/DFs，并且吸附牢固，是目前大型垃圾焚烧工艺中应用最多的技术。为保证烟气和活性炭在进入除尘器前得到较好的混合和吸附，需要采用专门的活性炭自动计量设备和喷入装置。不同类型的活性炭吸附效率不同，《生活垃圾焚烧技术导则（征求意见稿）》对活性炭特性提出了基本要求。美国的统计数据表明，PCDD/DFs 排放浓度应低于 $0.1 \ ng/m^3$（毒性当量），其去除率应高于 95%，活性炭的投放量应达到 $300 \sim 400 \ mg/t$（炉排炉），但高投加量可能降低 PCDD/DFs 排放浓度。而当活性炭停止喷射时，PCDD/DFs 则会超标。

2）湿式洗涤吸附技术。湿式洗涤器对于酸性污染物净化效率最高，但对 PCDD/DFs 去除并不十分有效，若在洗涤器中加入吸附剂则可有效降低烟气中 PCDD/DFs 含量，并可防止其在洗涤液中累积，满足严格的排放标准要求。

湿式洗涤吸附以树脂或活性炭为吸附剂。若进气 PCDD/DFs 为 $6 \sim 10 \ ng/m^3$（毒性当量），则其去除率为 60%～75%，没有吸附剂的湿式洗涤器去除率低于 4%。经此处理后，PCDD/DFs 通常不能达到 $0.1 \ ng/m^3$（毒性当量），需要与其他处理工艺一同使用。

3）吸附过滤技术。吸附过滤技术是在布袋除尘器后端加设 1 个干式吸附过滤系统，吸附剂为活性炭或焦炭等。烟气穿过吸附料层，通过吸附和过滤作用将 PCDD/DFs 截留。吸附过滤系统对 PCDD/DFs、NO_x 等污染物的去除率很高，几乎可将所有烟气排放成分降到检测限以下。

吸附过滤技术可采用固定床或移动床形式。在移动床工艺中，烟气通过 1 个移动的吸附料层，新鲜的活性炭从料层顶部加入，吸附污染物的活性炭从料层底部连续或间歇地排出；在固定床工艺中，烟气通过 1 个固定的吸附料层，吸附一段时间后，整个料层的吸附剂均被替换。该种技术设备投资成本较高，而且因其过滤速度慢、体积大，若床内设计不好会导致温度过高，吸附料层可能有自燃或尘燃的危险，目前国内还未见应用。

（2）袋式除尘技术。

袋式除尘与活性炭喷射联合应用具有 PCDD/DFs 脱除作用。烟气在进入除尘器前被喷入活性炭吸附，未被吸附的 PCDD/DFs 在通过滤袋的过程中，被粉尘层中的活性炭吸附而得以净化。

1）普通袋式除尘。普通袋式除尘器可截留烟气中的固体颗粒与事先喷入的活性炭。袋式除尘器运行温度是 PCDD/DFs 脱除的重要影响因素，一般在 200℃以下（通常 120～150℃）有效，若高于 200℃，会导致 PCDD/DFs 再合成。

袋式除尘器对滤袋材质要求较高，要求其耐受高温、耐化学腐蚀并且不易发生堵塞破损等物理损伤。常用的普通袋式除尘滤袋材质主要有聚苯硫醚（PPS）、聚四氟乙烯（PTFE）、聚酰亚胺（P84）和玻璃纤维。滤袋的选择应根据炉型、垃圾特性、烟气成分以及性价比等综合因素来决定，PTFE 是国内焚烧厂常使用的材料。

2）催化袋式除尘集表面过滤与催化反应功能于一体。催化滤袋用催化剂浸泡，或者在生产滤料时复合了能分解 PCDD/DFs 的材料。催化滤袋在低温（180～260℃）状态下通过催化反应将 PCDD/DFs 彻底分解为 CO_2、HCl 和 H_2O。催化袋式除尘不仅可以降低 PCDD/DFs 的排放浓度，也降低了其在飞灰中的含量，而且可节省活性炭使用量，降低焚烧厂运行费用。催化过滤袋对 PCDD/DFs 的破坏率达 99%以上。若进气 PCDD/DFs 为 1.9 ng/m^3（毒性当量），经此工艺，其排放浓度将降至 0.02 ng/m^3（毒性当量）。为了使催化反应正常进行，温度需要控制在 180～260℃。由于催化滤袋与普通滤袋运行情况类似，因此可直接应用于现有袋式除尘器，无须增加新的设备，基本无设备改造等费用。但与非催化滤袋相比，催化滤袋价格高很多。

3）两级袋式除尘。采用一级袋式除尘时，活性炭的利用率较低（小于 3%），有时 PCDD/DFs 难以降至 0.1 ng/m^3（毒性当量），因此在某些工艺中采用两级袋式除尘，以提高活性炭的利用率，其在韩国和我国台湾有所应用。韩国某生活垃圾焚烧厂（处理烟气量为 2 000 m^3）两级袋式除尘测试结果表明，其烟气中 PCDD/DFs 的排放浓度低于 0.05 ng/m^3（毒性当量）。

（3）选择性（非）催化还原技术。

选择性非催化还原技术（SNCR）与选择性催化还原技术（SCR）主要用于去除烟气中的氮氧化物（NO_x），同时也可以去除 PCDD/DFs。由于目前我国焚烧烟气指标中 NO_x 要求较低，不需要专门的 NO_x 脱除，目前仅有较少焚烧厂采用此项技术。但考虑到以后随着 NO_x 排放标准要求的提高，SNCR/SCR 将得以广泛应用。

1）SNCR

SNCR 是在烟气温度 800～1 000℃（焚烧炉膛内）下喷入抑制剂（氨水、尿素及一些胺类等药剂）去除 NO_x，同时在此高温有氧条件下，氯与这些碱性化合物生成的氯酸盐可以氧化破坏已经生成的 PCDD/DFs，而且这些碱性化合物又可与金属催化剂形成稳定的配合物，降低其催化能力，抑制 PCDD/DFs 形成。

2）SCR

SCR 是在烟气温度低于 400℃时，将烟气通过催化剂层（2～3 层）与喷入的氨进行选择性的化学反应，可将 PCDD/DFs 分解为小分子甚至 CO_2 和 H_2O，可以彻底解决 PCDD/DFs 污染问题。催化剂通常采用 V_2O_5（活性物）-TiO_2（载体）。SCR 仅能破坏气相中的 PCDD/DFs，因此需要与除尘技术相结合才能降低烟气中 PCDD/DFs 的排放量。由于催化剂作用温度在 300～400℃，而袋式除尘后烟气温度低于 150℃，因此需要在烟气进入 SCR 之前将其加热。

SCR 可去除气相中 98%～99.9% 的 PCDD/DFs，排放浓度（与其他除尘处理技术结合）低于 0.1 ng/m³（毒性当量），通常可以达到 0.002～0.050 ng/m³（毒性当量）。但是，SCR 使用的催化剂价格较高，在国内目前尚无应用。

3 类 PCDD/DFs 控制技术的比较分析见表 9-25。由上述分析可见，考虑到处理效果、处理成本及排放标准的发展趋势，活性炭喷射、普通袋式除尘与 SNCR 是适合我国的垃圾焚烧烟气 PCDD/DFs 控制技术。对于排放要求更为严格的地区，可选用吸附过滤、催化袋式除尘或两级袋式除尘系统。

表 9-25　烟气中 PCDD/DFs 脱除技术比较

	技术	适用范围	优点	缺点
吸附剂脱除技术	活性炭喷射	适用所有规模的新建与改造项目，可使用现有袋式除尘器	活性炭喷射与袋式除尘结合可达到 PCDD/DFs 排放浓度低于 0.1 ng/m³（毒性当量）	将气相中的 PCDD/DFs 分离截留于固相飞灰中，未能破坏 PCDD/DFs
	湿式洗涤吸附	适用已有湿式洗涤塔的新建/现有项目	提高湿式洗涤塔中 PCDD/DFs 的脱除效果	仅此技术 PCDD/DFs 难达 0.1 ng/m³（毒性当量），常用作 PCDD/DFs 主去除设备的预处理器，减少其负荷
	吸附过滤	适用所有规模的新建或安装 SCR 空间不足或已安装其他 NO 减排设施的改造项目	PCDD/DFs 达标保证率高，NOₓ 排放浓度低	设备投资成本较高，设计不好会导致系统温度过高，有摩擦起火的可能
袋式除尘技术	普通袋式除尘	适用所有规模的新建与改造项目	活性炭喷射与袋式除尘结合可达到 PCDD/DFs 排放浓度低于 0.1 ng/m³（毒性当量）	将气相中的 PCDD/DFs 分离截留于固相飞灰中，未能真正破坏 PCDD/DFs
	催化袋式除尘	适用已有袋式除尘的新建/现有项目	真正实现 PCDD/DFs 的分解破坏，降低飞灰中的 PCDD/DFs 含量，节省活性炭使用量；改造时可利用现有袋式除尘器	滤袋投资高
	两级袋式除尘系统	适用所有规模的新建项目以及有场地的现有厂	活性炭利用率高，PCDD/DFs 达标保证率高	设备投资及运行费用高
选择性（非）催化还原技术	SNCR	适用所有规模的新建项目，不适用于改建项目	破坏已有 PCDD/DFs，抑制 PCDD/DFs 产生，PCDD/DFs 达标保证率高	PCDD/DFs 脱除的辅助单元
	SCR	适用所有规模的新建项目以及有场地的现有厂	破坏已有 PCDD/DFs，抑制 PCDD/DFs 产生，PCDD/DFs 达标保证率高，NOₓ 排放浓度低	PCDD/DFs 脱除的辅助单元，设备投资及运行费用高

表 9-26 列出了不同规模焚烧厂上述 3 类 PCDD/DFs 控制技术的建设投资与年度运营费用。对于现有烟气 PCDD/DFs 超标的焚烧厂，在遵循"3T+E"基本原则控制燃烧的前提下，其治理措施主要为提高喷入活性炭的质与量，以提高 PCDD/DFs 的脱除率。

表 9-26　处理单元与处理量对应的建设运行费用比较　　　　　单位：万元

规模/（t/d）	活性炭喷射		袋式除尘		SNCR	
	建设	运行	建设	运行	建设	运行
>1 200	60~80	>90	>400	>300	80~100	>100
800~1 200	50~60	60~90	250~400	200~300	60~80	60~100
<600	40~50	<60	100~250	<200	50~60	<60

注：本表数据为炉排炉系统的国产烟气处理。

第七节　热解法

一、热解原理

热解技术，指在无氧或缺氧环境下，对生物质进行高温热分解，利用复杂的吸热与放热反应，驱动生物质中有机物，发生热裂解和热化学转化反应，改变原有分子结构形态，使之转变成不同相态碳氢化合物的过程，产物包括热解炭、热解液、反应水、可溶性有机物和非凝性气体。城市垃圾热解，是一个复杂的、连续的化学反应过程，热解中，在不同的温度范围内，所进行的反应过程不同，产物组成也不同。在整个热解过程中，主要进行大分子裂解成小分子，直至形成较小的非冷凝性气体，以及碳、水、二氧化碳以及其他气体分子的反应。可用如下方程表示：

$$C_nH_mO_p(\text{生物质}) \xrightarrow{\text{热}} \sum {}_{\text{液体}}C_xH_yO_z + \sum {}_{\text{气体}}C_aH_bO_c + H_2O + C$$

生活垃圾热解过程可分为干燥阶段、干馏阶段和气体形成阶段，当温度达到 200℃左右时，生活垃圾中的水分物理分离进行干燥，这一过程耗能较多；在温度达 200~500℃时，一些高分子化合物，如脂类、塑料、纤维素、蛋白质等物质，裂解成气态、液态化合物及炭；当温度在 500~1 200℃时，形成的液体物质和气体物质，继续分解，形成小分子量非冷凝性气体，如 CO、CO_2、CH_4、H_2 等。

二、城市生活垃圾热解工艺

热解工艺由于供热方式、产物状态、热解炉结构等方面的不同，有不同的分类。按热解温度的不同，分为高温热解、中温热解和低温热解；按供热方式的不同，分为直接（内部）供热和间接（外部）供热；按热解炉结构的不同，分为固定床、流化床、移动床和旋转炉等；按热解产物聚集状态的不同，可分为气化方式、液化方式和炭化方式；按热解与燃烧反应是否在同一设备中进行，分为单塔式和双塔式。但热解工艺通常按热解温度或供热方式进行分类。

垃圾热解及综合利用系统如图 9-31 所示。原始生活垃圾经过粗选分为＞80 mm 上段垃圾、15~80 mm 中段垃圾、＜15 mm 下段垃圾。上段垃圾主要为废塑料，可以回收作为制塑料的原料。下段垃圾主要为渣土、陶瓷、玻璃、金属、电池等，渣土、陶瓷可作为建筑填充材料，玻璃、金属可回收再利用，电池需要单独储存处理。中段垃圾风干后，再经分选分为有机类和无机类，无机类与下段垃圾处理方法相同，有机类大部分为厨余、废纸、竹木、塑胶等有机物，破碎成型后热解。经过热解得到热解焦 147.03 kg、热解液 129.27 kg、热解气 48.49 kg，热解液再经萃取分离得到高热值燃料 34.14 kg、含有机物的萃余液 95.12 kg。

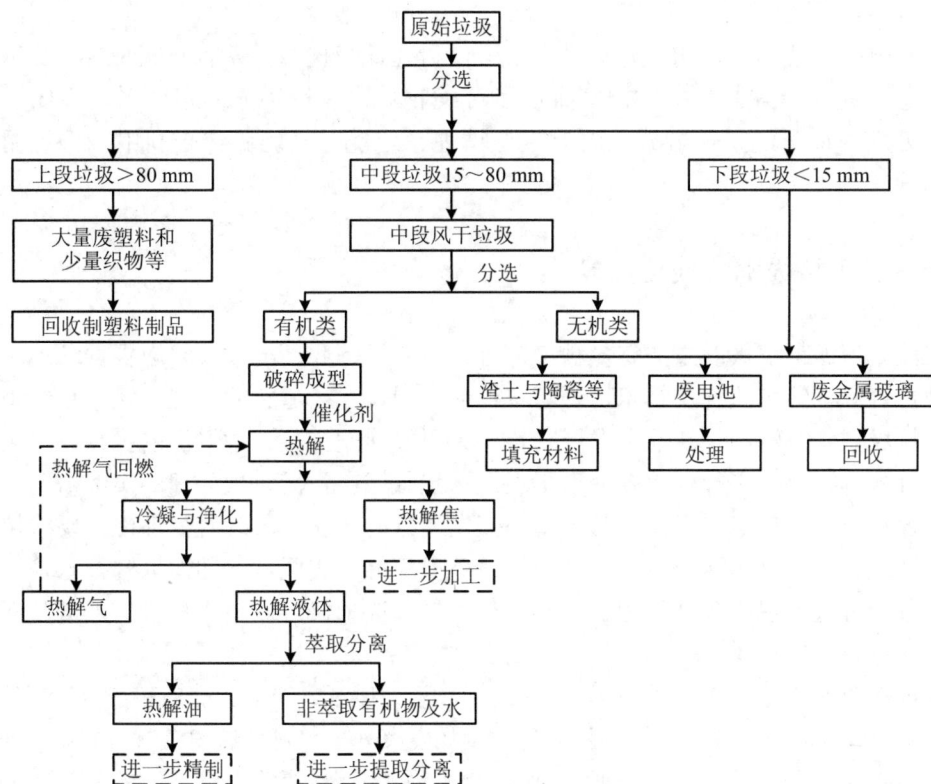

图 9-31　垃圾热解及综合利用系统

三、与焚烧法比较

热解法和焚烧法是两个完全不同的过程。①焚烧是一个放热过程，而热解需要吸收大量热量。②焚烧的主要产物是二氧化碳和水，而热解的主要产物是可燃的低分子化合物：气态的有氢气、甲烷、一氧化碳，液态的有甲醇、丙酮、醋酸、乙醛等有机物及焦油、溶剂油等，固态的主要是焦炭或炭黑。③焚烧产生热量大的可以用于发电，产生热量小的只可供加热水或产生蒸汽，适于就近利用，而热解的产物是燃料油及燃料气，便于贮藏和远距离输送。④废物热解法所焚烧的是裂解气与裂解焦，裂解气中的可燃气体作为热解焚烧的燃料，其运行成本大大低于常规焚烧法。另外，热解法所需的空气系数较小，产生的烟气量大大减少，所需的烟气净化装置也较小，因此总体费用比常规焚烧法低。⑤传统的焚烧处理法，由于是富氧燃烧，很容易产生二噁英。热解法是在缺氧和除去氯等酸性气体条件下进行的，大大抑制了二噁英的生成，所以热解法比传统焚烧法的二噁英生成量要大为减少。⑥热解法适用范围广，不需要对生活垃圾进行预处理和分类，将垃圾直接投入炉内进行处理即可。

第八节　城市垃圾的综合处理

目前国外发达国家城市垃圾的收集、运输和处理管理与技术都已很成熟，并积累了许多经验。在收集方面大多数国家采取了分类收集，在运输方面基本采用密闭压缩运输；在处理方面广泛采用方式主要有卫生填埋、焚烧、堆肥和综合利用（再生循环利用）四种。

一、城市垃圾综合处理前景

当前处理城市垃圾的方法有多种，都有一定的经济和环境效益，应根据各地垃圾组分、地理气候、经济状况及技术水平等条件的不同，选择适宜的处理方法。总结国内几种主要垃圾处理方法的优缺点和发展趋势，为更好地发挥某一种方法的优点，采用多种方法综合处理已势在必行。综合处理不仅符合我国城市生活垃圾处理的实际情况，也是垃圾处理从单一处理走向资源化处理的必然发展方向。在垃圾综合处理中，要求垃圾资源化、处理合理化、运转成本降低、经济效益提高等，实现这一切的关键技术是垃圾的分选，垃圾分选是后续各种处理的基础。有效的分选不仅可以减少垃圾处理量，而且还能回收部分资源性物质。

垃圾综合处理主要包含以下内容：①可用物资（废纸、金属、玻璃和塑料等）的回收再生利用；②易腐有机物（如餐厨垃圾）的生物发酵处理，发酵后的腐殖质制肥，产生的沼气可燃烧发电或供热；③高热值不易腐烂有机物（织物、木竹等）的能量利用，制作垃圾衍生燃料等；④灰渣（如砖头和瓦砾等）的材料化利用；⑤剩余残渣填埋。

二、城市垃圾综合处理与处置方案比选

在城市生活垃圾处理方案选择中应考虑五个方面的因素：①城市（地区）概况因素；②技术因素；③经济和财务因素；④环境因素；⑤法律、政策因素。在每次进行方案选择之前都应对这五个因素进行全面、详细的调查、分析和评价，并在此基础上选择出最适宜本地区情况的方案。城市生活垃圾无害化处理方案选择应从本地区的经济状况、自然地理情况以及生活垃圾的组成、热值和有机质含量等方面综合考虑。比较典型的垃圾处理方案有四种：①卫生填埋；②焚烧+卫生填埋；③堆肥+卫生填埋；④无害化综合处理。不同方案比较见表9-27。

表 9-27　生活垃圾处理方案比较

影响因素	处理方案			
	卫生填埋	卫生填埋+焚烧	卫生填埋+堆肥	无害化综合处理
技术可靠性	可靠	较可靠	较可靠	较可靠
投资成本/（万元/t）	15～25	40～80	25～40	35～40
运行成本/（万元/t）	35～55	90～200	50～80	30～80
减量化效果	有一定减容	效果显著，达80%左右	一般，与易腐性有机物含量有关	显著
资源化效果	可开发沼气	可利用热能和电能，残渣经磁选回收部分物资	堆肥产品用做农肥，回收部分物资	以能源、农肥、回收物资等形式实现资源化利用，效果显著
环境效益	较差	可能造成大气污染	需要控制堆肥有害物质含量	需采用各种手段控制可能的污染
经济效益	一般	很好	可出售堆肥产品	较好
发展方向	好氧填埋工艺	热解和气化焚烧工艺	封闭式堆肥技术	有效的前处理工艺，生活垃圾资源化

从表 9-27 可以看出，不同方案各有优缺点，应结合实际情况选择。

三、经济和财务评价

由于对垃圾处理的管理通常不是从产品销售中获取收入，而是从公共资金和（或）通过公共收费制度筹措资金，所以用传统的商业项目投资标准来进行经济和财务评价是不够的，而应以客观全面的态度对待，既评价其工程经济效益，又评价其环境经济效益。

就环境卫生领域的项目而言，分财务和经济进行评估相当于全面决策过程。然而，还必须考虑技术、环境和组织机构等方面因素的影响，它们往往同财务和经济上所考虑的问题是相互对立的。建立新的垃圾管理体系，将大大改善卫生状况，减少环境污染。同时，这往往造成处理成本上涨，而新设施所带来的好处基本上是无形的，很难从财务和经济上补偿。

对于公共部门的低收益项目，世界银行、德国复兴信贷银行和其他金融机构建议采用平均增量成本（动态单位成本）的方法进行评估。通过合理假设和一些限定条件把成本与同一时间内项目的处理量联系起来，再通过对每个备选方案以及延续现状的平均增量成本进行比较，确定成本最小的方案。在取得不同方案的平均增量成本后，就可以与其技术性能和环境影响一起做综合评价，从而确定实施方案。平均增量成本值也可以成为日后实施垃圾处理收费的标准和依据。

四、环境影响评价

环境影响评价可对建设项目的经济效益与环境效益进行估价、协调，找出既发展经济又保护环境的办法、方案。其内容应包括诸方案从原料进入到处理的过程以及排出物对环境的要求和影响、防治的手段及其所需的投入、生态稳定性和当地公众认可程度等方面的比较。作为环境保护项目的垃圾处理设施，它的环境影响评价也应该严格按照基本建设程序和环境影响评价的要求执行。在方案设计时要考虑有必要的环境监测设施和设备，以及相应的监测操作规范。在项目实施时要注意做好设施建设前的环境本底值监测。

五、法律、政策评价

以《中华人民共和国环境保护法》和《中华人民共和国固体废物污染环境防治法》关于我国控制固体废物污染的目标和要求为指导，我国陆续制定了一部分有关城市垃圾处理的环境标准（表 9-28）。

表 9-28   城市垃圾处理部分标准

标准名称	编号	公布日期	实施日期
城市生活垃圾卫生填埋技术标准	CJJ 17—88	1989.2.15	1989.7.1
生活垃圾填埋污染控制标准	GB 16889—1997	1997.7.2	1998.1.1
生活垃圾填埋场地环境监测技术标准	CJ/T 3037—1995	1995.7.14	1995.12.1
生活垃圾焚烧污染控制标准	GWKB 3—2000	2000.2.29	2000.6.1
城市生活垃圾堆肥处理厂技术评价指标	CJ/T 3059—1996	1996.3.8	1996.7.1
城镇垃圾农用控制标准	GB 8172—87	1987.10.5	1988.2.1
粪便无害化卫生标准	GB 7959—87	1987.6.8	1988.4.1
污水综合排放标准	GB 8978—1996	1996.10.4	1998.1.1
恶臭污染物排放标准	GB 14554—93	1993.8.6	1994.1.15

在确定城市垃圾处理设施方案时必须充分考虑以上提到的法律、法规、政策和标准中的有关规定，并应参考国外相关的标准和规定，向项目决策机构提出建议。这样才能使选择的方案更加符合实际要求。

思考题

1. 塑料与生活垃圾的分离设备和工艺的区别是什么？

2. 利用经济、技术、环境评价方法比较塑料、餐厨垃圾、废纸和建筑垃圾综合利用技术优缺点？

3. 废纸综合利用的难点是什么？

4. 餐厨垃圾综合利用技术争论焦点在哪里？如何选择餐厨垃圾资源化技术？

5. 建筑垃圾综合利用的难点在哪里？利用文献分析找出建筑垃圾综合利用的经济可行的技术。

6. 垃圾堆肥的前提是什么？垃圾堆肥参数的选择依据是什么？比较两种堆肥工艺优缺点。城市混合垃圾为什么不能选择堆肥技术进行综合利用？

7. 城市垃圾最佳综合利用方案是什么？请你提出你所在城市垃圾环境负荷最低的综

合利用方案？

8．垃圾焚烧产生的环境问题有哪些？如何预防？

9．混合垃圾处理与处置标准体系有哪些？国内外有何异同？

10．请全班同学合作设计垃圾焚烧工艺图，设计参数查阅某市城市垃圾某一年公布数据。

11．选择某城市现有的混合垃圾处理工艺，对其进行全面了解，并从技术、经济和环境三个方面对其进行评价。

12．垃圾焚烧工艺和设备如何进行选择？你经过听课后是否总结出了一定规律来选择？

13．比较城市垃圾热解与燃烧。

第十章 医疗废物的综合利用

医疗废物是指医疗卫生机构在医疗、预防、保健以及其他相关活动中产生具有直接或者间接感染性、毒性以及其他危害性的废物。医疗废物在国外被视为"顶级危险"和"致命杀手"的危险废物，它们不同程度地含有病菌、病毒、寄生虫卵及其他有害物质，具有极强的传染性、生物毒性和腐蚀性，其危害性是普通生活垃圾的几十倍、几百倍甚至上千倍。因此，无论是从环境保护的角度还是从卫生防疫的角度讲，加强对医疗废物的管理和处置，都具有极其重要的意义。

图 10-1 医疗废物

第一节 医疗废物的组分及其危害

一、医疗废物的组分

医疗废物作为《国家危险废物名录》中的头号危险废物，其与生活垃圾相比，成分更加复杂，产量和各组分比例会随时间与地点的变化而产生较大的波动。详细掌握医疗废物的物理化学等特性，对于医疗废物焚烧系统焚烧过程的调节和控制至关重要，我国部分城市医疗废物的组成见表 10-1 至表 10-4。可以看出，不同地区的医疗废物，组分均较为复杂，并且各组分的比例相差很大。随着一次性医疗用品的普及和使用，医疗废物中一次性塑料制品的占有量不断增大，4 种主要医用塑料为：聚乙烯、聚苯乙烯、聚氨酯、聚氯乙烯。

表 10-1　东莞、济南、杭州、北京的医疗废物组分　　　　单位：%

城市	年份	一次性用品	化验室废物	各种手术废物	动物试验标本	废水处理污泥	敷料	传染性废物	食品残物	玻璃器皿	其他
东莞	2001	23.1	6.2	4.6	0	6.4	11.7	2.3	10.1	17.6	17.9
济南	1999	9.84	2.84	1.68	—	—	1.36	—	84.28	—	—
杭州	2001	26.1	9.8	27.3	0.8	8.4	9.2	18.3	—	—	0.1

城市	年份	一次性塑料用品	一次性纸用品	一次性橡胶用品	化验室废物	各种手术废物	动物实验标本	废水处理污泥	敷料	过期废药品	一次性检查器
北京	1996	14.97	15.05	2.92	11.84	25.23	0.81	18.58	8.25	0.11	2.23

注："—"表示归入他类。

表 10-2　沈阳、郑州、武汉的医疗废物组分

城市	易腐有机物	竹棒	塑料	棉织物、敷料	纸类	玻璃	其他	含水率/%	容量/(t/m³)	热值/(kJ/kg)
沈阳	—	5.6	16.6	11.0	14.4	52.4	—	—	0.125	10 450～11 860
郑州	25.12	1.06	28.32	6.20	20.37	16.50	2.43	22.6	0.103	16 183.7
武汉	0.05	9.36	17.91	—	22.08	26.66	8.37	43.84	—	—

注："—"表示归入他类。

表 10-3　2001 年上半年长沙市医疗废物组分　　　　单位：%

塑料	玻璃	棉纱	橡胶	病理性废物	其他	总计
20	55	12	3	6	4	100

表 10-4　益阳、长春、南昌的医疗废物组分　　　　单位：%

城市	含氯塑料	非含氯塑料	橡胶	织物	纸类	竹木	玻璃	金属	其他
益阳	8.86	47.80	4.80	10.96	10.36	3.21	10.75	2.28	0.43
长春	6.70	25.70	3.10	12.30	9.40	12.40	19.20	10.40	0.80
南昌	17.81	18.23	3.37	16.01	2.68	1.27	20.47	3.33	16.83

二、医疗废物的危害

医疗废物所造成的危害包括感染性微生物、致畸致突变物质、有毒的危险性化学制品或药品、放射性物品和锐器等造成的危害。对健康危害较大的是感染性和损伤性医疗废物，其中，被损伤污染锐器可感染 20 多种疾病，包括乙型肝炎、丙型肝炎、艾滋病等，这些疾病不仅严重危害健康，且很难治疗。例如，医务人员锐器损伤状况，国内外均有报道。

第二节　医疗废物处理中的管理措施

一、建立健全生命周期和全过程管理体系

要实现医疗废物的可持续管理和处置，其核心问题是要建立健全以生命周期管理为出发点，以全过程管理为手段的医疗废物管理体系，见图 10-2。

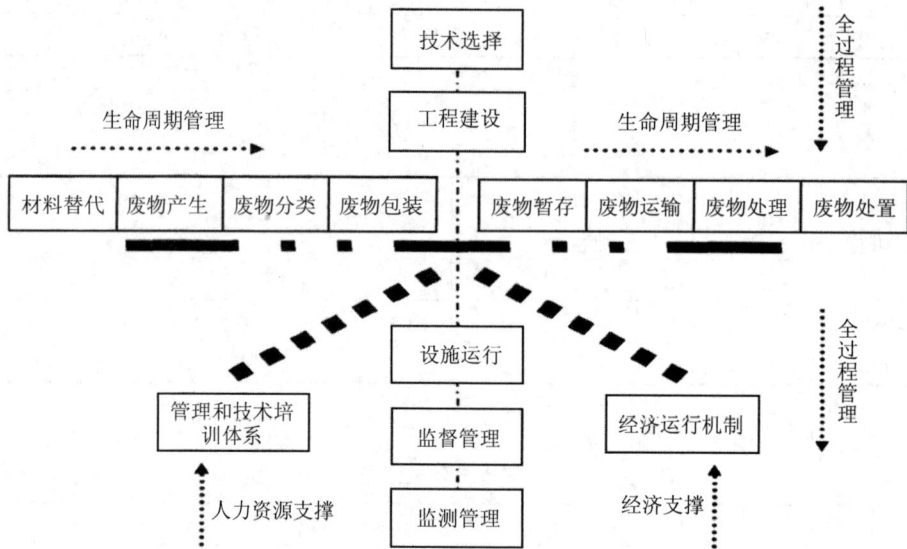

图 10-2　医疗废物管理体系

由图 10-2 可以看出，医疗废物的管理和处置应是一个从源头开始，一直到安全处置结束的全过程，其核心内容是要根据焚烧和非焚烧两类技术的不同特点，切实从技术适用型角度出发，从源头开展，做好医疗废物的减量、分类和包装工作，全面推进源头分类与后期处置技术应用相衔接；另外，还要在废物的产生和处置流程中，做好其暂存和运输工作，以消除其感染性威胁。

二、推进技术研发和技术应用的广度和深度

从目前的国际发展趋势来看，医疗废物处置技术呈现出不断进步和发展的态势，焚烧处置技术日新月异，非焚烧处理技术不断更新。作为世界上最大的发展中国家，我国应从国家层面全面推进医疗废物处理处置研发机构能力建设，在基本研发能力、工程建设和设施运行等方面逐步向国际先进水平靠拢，建立科学合理的技术支撑体系，为不断解决医疗废物环境管理问题，寻求适合我国国情的 BAT/BEP 提供技术支撑。

三、加强监督和监测技术体系建设

医疗废物的环境监督工作是全面推进整个医疗废物政策、法规及标准体系建设的核心环节。在监督管理体系建设方面，应在首先推进监督管理政策、法规及标准体系建设的同时，着重从推进政策、法规及标准实施的角度出发，围绕医疗废物收集、分类包装、贮存、运输、处理、处置以及资源化利用的整个过程，从技术和管理角度加强管理所需要的技术和手段，使各级环保部门以及其他相关管理部门走向技术化管理轨道。因此，该体系的建设应结合医疗废物环境管理和设施运行的需要，重点从加强环境管理部门环境监测能力出发，开展环境监测体系的建设，提升我国医疗废物环境监测能力，进而提升医疗废物全过程环境管理能力。

四、开展技术培训体系建设

有效地实现医疗废物的全程无害化处理，要依靠各方面人员对此项工作的理解和合作。为全面推进医疗废物的安全管理，就必须让相关管理和技术人员懂得如何去实现相应环境管理目标，懂得采取何种方法和措施才是符合要求的。在此基础上使相关政府官员、环境管理者、处理处置设施运营单位的管理者、操作工人切实了解国家相关政策、法规、标准，切实明确各类医疗废物处理处置设施的操作模式和操作程序，进而实现各项管理和操作过程有章可循。

五、建立规范的经济运行机制

经济运行机制的建立是推进医疗废物可持续管理的必要支撑手段，因此，应围绕处置技术研发、工程建设、设施运营等环节的实际需求，探索适合性经济手段，从商业化协作、医疗废物处置定价、财政补贴、税收和环境税等角度出发，规范医疗废物处置的建设和运营行为。

第三节　医疗废物的综合利用

医疗废物的无害化管理已越来越引起人们的关注，我国一些大中城市已经开始要求对医疗废物实行集中处理。目前处置医疗废物常用的方法主要有焚烧法、高压蒸汽法、微波消毒法、化学消毒法、等离子热解法等。

一、医疗废物的焚烧技术与工艺

医疗废物焚烧处置工程包括进料系统、焚烧系统、助燃空气系统、辅助燃料系统、热能利用系统、烟气净化系统、排风系统、残渣处理系统、自动化控制系统。

（一）进料系统

目前，医疗废物的进料大多采用液压装置来完成，不同焚烧工程进料系统的主要区别在于进料方向，有的通过液压推料机从燃室的侧面推入医疗废物，也有的通过斗式提升机提升医疗废物，再通过液压装置将其倒入燃室上部的料斗。前者的进料门只有一个，与进料通道紧密连接，形成密封状态，可防止有害气体逸出；后者的一燃室料斗上设有双层隔离门交错开闭，两道自动门相互连锁控制，始终保持有一个自动门处于关闭状态，在与外部空气完全隔离的状态下自动进行投料，从而防止有害气体逸出。不论哪种形式的进料系统，都应保持进料通道畅通，以防止医疗废物搭桥；燃室的进料口应配置保持气密性的装置，且进料系统保持负压状态，防止有害气体逸出；整个进料过程应实现自动化，进料速度可调，并根据计时器自动工作。

（二）焚烧系统

目前国内常用的焚烧炉按照设计结构可分为固定床式、回转窑式和机械炉排式、流化床式。不论采用哪种方式，焚烧炉的设计原则是使医疗废物在炉膛内按规定的焚烧温度和足够的停留时间，达到完全燃烧。

1. 焚烧炉炉膛尺寸的确定

医疗废物焚烧炉尺寸主要是由燃烧室允许的容积热负荷和医疗废物焚烧时在高温炉膛所需的停留时间两个因素决定的。通常的做法是按燃烧室容积热负荷来决定炉膛尺寸，然后按医疗废物焚烧所必需的停留时间加以校核。

（1）燃烧室容积。一般情况下，医疗废物焚烧炉炉膛容积强度为（20～100）× 10^4 kJ/（$m^3 \cdot h$），当计算所得容积过小时应当给予放大，以方便炉子砌筑、安装和检修。

（2）停留时间。停留时间也是决定炉膛尺寸的重要依据。设计时不宜采取提高焚烧温度的办法来缩短停留时间，而应以技术经济角度确定焚烧温度。同样，也不宜片面地延长停留时间而达到降低焚烧温度的目的。因为这样做不仅会使炉体结构设计得庞大，增加炉子占地面积和建造费用，甚至会使炉温不够，导致医疗废物焚烧不完全。

2. 炉排参数的确定

为保证在给定的时间内将医疗废物彻底烧透焚毁，单位炉排面积的医疗废物的焚烧必须加以限制，该限定值称为单位面积焚烧量。一般地，单位面积处理量为（100～300）kg/（$m^2 \cdot h$），实际工况中，在进行炉排面积的设计时，应该考虑到医疗废物的含水量、热值和灰分等因素。通常情况下，对于固定炉排焚烧处理，其容积热强度和炉排处理能力取较小的下限；对于机械移动炉排，其容积热强度和炉排处理能力取较高的上限；使用流化床焚烧炉对医疗废物焚烧处理时，可以取其容积热强度和炉排处理能力的最大值。不论设计哪种结构的焚烧炉，都应有适当的超负荷处理能力，通常情况下，处理量允许在焚烧处理的70%～110%范围内波动；二燃室的烟气温度要达850℃以上，且烟气停留时间要大于2.0 s；二燃室应设紧急排放烟囱，以便在停电或异常状态下使用。

（三）助燃空气系统

焚烧炉炉排下的一次助燃空气系统是医疗废物焚烧炉设计的难点和要点之一。由于医疗废物中有不少碎屑成分，如果布风设计不良，这些碎屑物就容易堵塞布风口，一方面这些碎屑物未经充分燃烧处理，一旦混入残渣中将发生焚烧短路，造成二次污染，另一方面还会加剧炉排片的磨损。此外，炉排整体布风不良会使焚烧不均匀，效率下降，热灼减率上升。不同结构的焚烧炉，其布风系统也各不相同，但一般而言都要遵循以下一些基本原则。即根据医疗废物的特性，选择适当的过量空气系数、风量和加热温度。医疗废物的热值越高，过量空气系数越低，反之则越高，我国医疗废物的热值为 2 500～3 500 kJ/kg，建议过量空气系数取值范围为 1.6～2.0；一次风和二次风的总风量应设计为最大计算风量的110%～120%，其中一次风、二次风的比例应根据炉型和医疗废物设计参数不同自行选定，一般二者的比例为 7∶3 左右。

（四）辅助燃料系统

一般情况下，辅助燃料系统主要由油罐、油泵、高位油箱和燃烧器组成，它的主要作用是焚烧炉点火启动和维持炉膛的工况温度（当垃圾热值不够时）。通常情况下，辅助燃料采用轻柴油。在设计辅助燃料系统时，燃烧器应具有良好的燃料分配和合理配风性能；供油、回油管道应单独设置，并应在供油、回油管道上设有计量装置和残油放尽装置。

（五）热能利用系统

热能利用系统主要包括余热锅炉和空气预热器。二燃室出口的烟气温度一般达到900℃左右，而二噁英的再合成温度是 200～500℃，因此可通过余热锅炉或空气预热器回收这部分能量。在一个医疗废物焚烧工程中，根据工艺条件和需要，余热锅炉和空气预热器可以都配置，也可以只配置其中之一。

1. 余热锅炉

余热锅炉是以燃烧烟气的废热为热源产生蒸汽或热水的设备。利用余热锅炉降低烟气温度及回收废热的优点是：单位面积的传热速率高、可耐高温、体积较小；不须准确地控制烟气及水的流量，在烟气温度变化大时能承受蒸汽压力的改变，维持烟气温度的稳定；产生的蒸汽或热水可用于厂区的供暖和员工的洗浴以及空调制冷。

余热锅炉必须考虑的问题包括：烟气中的粉尘特性及含量、磨损及腐蚀、积垢及其清除以及蒸汽或热水利用方式。其中，烟气中的大量粉尘沉积在余热锅炉管道上，影响整个焚烧工程的操作稳定性是经常出现的一个主要问题。这种问题出现在水管式余热锅炉，而不会出现在烟管式余热锅炉，因为烟管式余热锅炉的烟管道直径较小，烟气流速很大，能够把绝大部分烟尘带走。对于水管式余热锅炉的管道上积粉尘问题，目前可用的解决方法是将高压空气装置中的喷嘴管定期送入余热锅炉内，做往返运动，完成清扫工作。

2. 空气预热器

空气预热器是利用烟气的热量来预热空气，空气预热后，再送入一燃室和二燃室去参加燃烧，可以使医疗废物烧得更稳定、更快、更完全，从而提高燃烧效率。另外，用烟气加热空气可以更好地降低排烟温度，减少排烟热损失，同时还可以节约助燃燃料、提高理论燃烧温度。空气预热器存在的重要问题是露点腐蚀，为防止空气预热器的露点腐蚀，通常采用的方法是提高进空气预热器内的空气温度。

（六）烟气净化系统

1. 烟气中的污染物

烟气中所含污染物的产生及含量，与医疗废物的成分、燃烧效率、焚烧炉结构形式、燃烧条件、医疗废物的进料方式等密切相关，医疗废物焚烧产生的重要污染物有以下几种。

（1）不完全燃烧产物。不完全燃烧产物主要有 CO、炭黑、烃、烯、酮、醇、有机酸及聚合物。设计良好、操作正常的焚烧炉不完全燃烧物质的产生量极低，因此通常不需要对其进行处理。

（2）粉尘。烟气净化系统除尘设备应先考虑袋式除尘器，几乎不采用静电除尘和机械除尘装置。

（3）酸性气体。酸性气体包括 HCl、SO_x（主要为 SO_2 和 SO_3）、NO_x 等，可采用湿式洗涤设备用碱性溶液吸收或在烟气管道内喷射熟石灰去除。在实际运行中，熟石灰注入量为 HCl 当量的 3 倍。

（4）重金属。污染物包括铅、汞、铬、镉、砷等的以元素形态、氧化物形态及氯化物形态存在的污染物。挥发性金属污染物，部分在温度极低时可自行凝结成颗粒，于飞灰表面凝结或吸附，从而被袋式除尘器去除；部分无法凝结及被吸附的重金属氯化物，可利用其溶于水的特性，经气体冷却塔的冷却水自烟气中吸收下来。

（5）二噁英。二燃室应保持足够高的燃烧温度（850℃以上）、足够的烟气停留时间以及烟气中适当的氧含量（6%～12%），同时需要采用急冷技术使烟气在 0.1 s 内从 500℃急速冷却到 200℃以下，从而跃过二噁英易形成的温度区。残留的二噁英可采用活性炭吸附法去除，一般情况下烟气中注入的活性炭量为 300 mg/m^3。

2. 污染物控制方法

（1）气体冷却塔。要抑制烟气中二噁英的再生，可采用文丘里或直接水冷气体冷却塔来急冷，由于文丘里能耗过大，因此普遍采用气体冷却塔。气体冷却塔的断面流速一般不宜大于 1.5～2.0 m/s。为了保证水滴所需的蒸发时间，塔必须有一定的高度。塔的有效高度取决于塔内水滴完全蒸发的时间，而蒸发时间又与水滴大小和烟气进、出温度有关。由于实际工程中气体冷却塔的水滴蒸发过程要比理论计算复杂得多，所以实际蒸发时间比理论计算要长，但要控制在 1 s 以内。如果水滴不能全部蒸发，就会产生污水，因此必须配备完整的污水处理设施。

（2）袋式除尘器。烟气净化系统的末端设备应优先考虑袋式除尘器，其中采用高压脉冲式除尘器的较多。当烟气进入袋式除尘器时，粉尘、活性炭、熟石灰等固体物质被滤袋截住，并在滤袋表面形成粉尘层，在此处活性炭和熟石灰还可以再进一步反应和吸附，以提高对有害物质的去除率。当粉尘层达到一定厚度时，启动脉冲反吹控制程序，完成滤袋的清灰。袋式除尘器的入口烟气温度要高于烟气露点温度 20～30℃。一般情况下，医疗废物焚烧产生的烟气的露点约 140℃，因此在设计时袋式除尘器的入口烟气温度控制在 170℃左右即可。

（七）排风系统

整个系统的排风由引风机完成，最后通过烟囱排出烟气。引风机一般采用变频调速控制，与系统首端负压连锁构成闭环控制，保证整个系统始终在负压状态下运行。选择引风机时，主要考虑引风机的压头和风量，引风机的压头应能克服整个系统的总阻力，而引风机的风量应大于整个系统的烟气量。对于烟囱，主要应考虑其高度是否满足国家医疗废物焚烧污染控制标准。

（八）残渣处理系统

残渣处理系统应包括炉渣处理系统和飞灰处理系统。炉渣处理系统应包括除渣冷却、输送、贮存等设施。飞灰处理系统应包括飞灰收集、输送、贮存等设施。炉渣处理装置是与一燃室衔接的除渣机，应保证除渣机的机械性能及一燃室内密封。残渣和飞灰处理系统各装置应保持密封状态。在医疗废物焚烧过程中产生的炉渣与飞灰必须经过稳定化处理后再进行安全填埋。

（九）自动化控制系统

自动化控制系统必须实用、可靠，应根据医疗废物焚烧设施特点设计，并应满足设施安全、经济运行和防止二次污染的要求；应具有较高的自动化水平，应能在少量就地仪表和巡回检查配合下，在中央控制室通过计算机监控系统实现对医疗废物焚烧系统、烟气净化系统、热能利用系统的集中监视和控制；主要设备控制均设计计算机自动控制和就地控制两种形式；应对烟气中的粉尘、氧、一氧化碳、硫氧化物、氮氧化物实现在线监测；应设计对重要参数的报警和显示，除计算机控制监控外，还可设声光报警器和数字显示仪。

二、高压蒸汽处理技术与工艺

高压蒸汽处理指将医疗废物置于金属压力容器（高压釜，有足够的耐压强度）并以一定方式利用过热蒸汽杀灭其中致病微生物的过程。蒸汽需要与医疗废物进行直接的充分接触，在一定的温度（130～190℃）和压强（100～500 kPa）下持续一段时间，从而保证医疗废物中存在的病原微生物被杀灭。其灭菌效果主要取决于温度、蒸汽接触时间和蒸汽的穿透程度，而这些因素与医疗废物的种类、包装、密度以及装载负荷等因素有关。其优点在于需求的空间较小；工艺设备简单；操作方便，不需对操作人员进行特殊训练；灭菌迅速彻底。其缺点在于灭菌效果受到废物表面与蒸汽接触程度、蒸汽温度压力的高低、操作人员的技术水平等诸多方面的影响；对包装物要求较高，往往需要特殊的包装物并经过特殊处理；处理过程中易产生有毒的挥发性有机化合物和有毒的废液，存在臭味和排水等环境问题；不适用于处理病理废物、液态废物、手术切割物、挥发性化学物质。

三、化学处理技术与工艺

化学处理在消毒和灭菌方面有着较长的历史和较广泛的应用。化学处理技术的工艺过程一般是将破碎后的医疗废物与化学消毒剂（如次氯酸钠、环氧乙烷、戊二醛、石灰粉等）混合均匀，并停留足够的时间，在消毒过程中有机物质被分解、传染性病菌被杀灭或失活。消毒药剂与医疗废物的最大接触是保障处理效果的前提。通常使用旋转式破碎设备提高破碎程度，保证消毒药剂能够将其穿透；在破碎过程中还加入少量水，一方面吸收破碎产生的热量，另一方面水还可作为化学反应的介质。化学消毒过程适合处理液体医疗废物和病理废物，最近也逐步用于那些无法通过加热或润湿进行消毒灭菌的医疗废物的处理。此外，某些新开发的技术将化学消毒与加热灭菌结合起来，以降低处理时间并提高处理效果。

化学消毒法一般分为干式化学消毒和湿式化学消毒两种方式。对干式化学消毒而言，其优点为工艺设备和操作比较简单；一次性投资少，运行费用低；废物的减容率高；场地选择方便，可以移动处理；运行简单方便，运行系统可以随时关停，不会产生废液或废水及废气排放，对环境污染很小等。缺点为对破碎系统要求较高；对操作过程的 pH 值监测（自动化水平）要求很高。就湿式化学消毒法而言，其优点为一次性投资少，运行费用低；工艺设备和操作比较简单等。缺点为处理过程会有废液和废气生成，大多数消毒液对人体有害；对操作人员要求高，操作人员的劳动强度大等。总体而言，化学消毒法不适用于处理化学疗法废物、放射性废物、挥发性和半挥发性有机化合物等。

四、等离子体法与工艺

等离子体法是美国在 20 世纪 90 年代开始研发的用于处理危险废物的新技术。等离子体由一种惰性气体和电生成，通常称为"物质的第 4 种状态"，由大量正负带电粒子和中性粒子组成。在等离子体系统中，通入电流使惰性气体（如氩）发生电离，形成电弧，在 1/1 000 s 内即可达到 1 200～3 000℃的高温，从而使有机废物迅速脱水、热解、裂解，产生 H_2、CO、C_nH_m 等混合可燃气体，再经过二次燃烧，破坏医疗废物中潜在的病原微生物。等离子体技术可以将医疗废物变成玻璃状固体或炉渣，产物可直接进行最终填埋处置。

五、热解技术与工艺

对医疗废物处理采用热解、气化、还原二氧化碳等技术相结合的方式（图 10-3）。

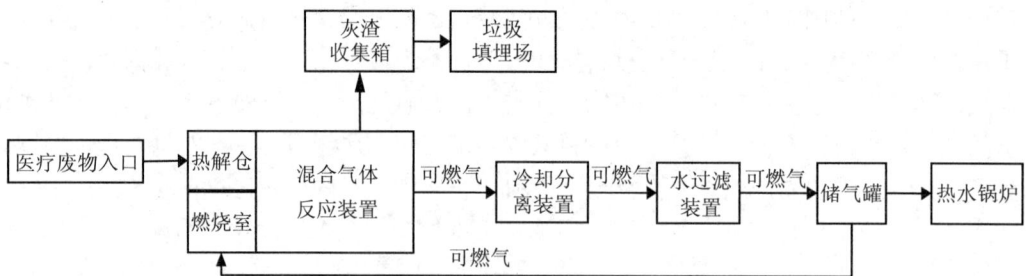

图 10-3　医疗废物热解处理工艺流程

此过程分 3 个阶段完成：

①固体废物热解阶段：医疗废物在高温、缺氧、压力等条件下，有机物分子链开始断裂，产生出含有甲烷、一氧化碳、氢气、焦油、水蒸气等的混合气体。其余转化为残炭。

②混合反应阶段：在混合气体反应装置内，通过特殊的工艺过程使混合气体中的焦油、

水蒸气、残炭等转化为可燃气，二氧化碳在此还原为一氧化碳。

③可燃气体净化阶段：经热解反应罐和混合气体反应装置产生的可燃气，经过冷却、过滤等净化处理后，即产生新的清洁可燃气，可达到工业用气标准和民用用气标准。

六、医疗废物的处理技术比较

医疗废物处理在我国还处于摸索阶段，优选方法仍不够成熟。目前相关的处理技术大体分为三类：①高温处理法，如焚烧法、热解法和气化法；②替代型处理法，如化学消毒法、高温高压蒸汽灭菌法、干式热消毒法、微波处理法和安全填埋法；③创新型技术，如等离子技术、微波技术。各种常用的医疗废物处理技术优缺点比较见表10-5。

表 10-5　几种常用医疗废物处理技术比较

处理技术	技术参数	优点	缺点
卫生填埋处理法	医疗废物特性、场地地质条件、土壤、气候和建设规模等	工艺较简单、处理量大	填埋前需消毒，废物减容少，填埋场建设投资大，需占用大量土地，产生大量气体（CH_4、NH_3、H_2S、N_2、CO_2、CO）和挥发性有机物，需对土壤和地下水进行长期监测
高温焚烧处理法	湍流和混合度、废物含水率、燃烧室装填情况、温度和停留时间、维护和检修	体积和重量显著减少，垃圾毁形明显；适合于所有废物类型及大规模应用；运行稳定、消毒灭菌及污染物去除效果好；潜在热能可回收利用；技术比较成熟	建设和运行成本高（800万元和1 232～8 808元/t），空气污染严重，产生二噁英等剧毒产物、PAN（多环芳香族化合物）、PCB（多氯联苯）及有害气体（如HCl、HF、SO_2等），需要配置完善的尾气净化系统，底渣和飞灰具有危害性
高压蒸汽灭菌法	温度和压力、蒸汽穿透度、废物进料尺寸、处理周期时间、容器内空气去除情况	投资低，操作费用低，易于检测，残留物危险性较低，消毒效果好，适宜的处理范围较广	体积和外观基本没有改变，有空气污染物排放，易产生臭气，不能处理甲醛、苯酚及汞等物质
化学消毒法	药剂浓度、温度、pH值、废物和药剂接触混合时间、流体再循环	工艺设备和操作简单方便，除臭效果好，消毒过程迅速；一次性投资少，运行费用低；对于干式处理废物的减容率高，不会产生废液或废水及废气	干式：对破碎系统要求较高，对操作过程的 pH 值监测（自动化水平）要求很高；湿式：处理过程会有废液和废气产生，大多数消毒液对人体有害；不适用于处理化学疗法废物、放射性废物、挥发性和半挥发性有机化合物
微波处理法	废物特性、含水率、微波强度、暴露持续时间、废物混合范围	体积显著减少，垃圾毁形效果好；系统完全封闭，环境污染很小，完全自动化，易于操作	建设和运行成本较高（400万元和1 232～1 760元/t）；处理后减重效果不好，会有臭味，不适合血液和危险化学物质处理
干热粉碎灭菌法	废物特性、温度	消毒快，减容80%，建设和运行成本低，处理后的垃圾可进行填埋处理或综合利用，处理过程不需采用消毒剂	需进行破碎化等预处理，消毒效果不明显，可能有空气污染物排放，易产生臭气
热解处理法	温度、湿度、时间、物料尺寸、物料分子结构特性、热解方式	温度较低，无明火燃烧过程，重金属等大都保持原状留在残渣之中，可回收大量的热能；具有抑制二噁英产生的有利条件，较好地解决了垃圾焚烧技术的难题	热学性能差，残渣中碳不易烧尽；环保指标高

从表 10-5 可以看出，高压蒸汽消毒技术和焚烧技术几乎对各种医疗废物都适用，但采用高压蒸汽灭菌技术时，医院必须购置较大的专用高压釜，而且还会产生挥发性有毒化学物质；化学消毒法常用于传染性液体废物的消毒，但用于大量的废物消毒有一定的难度；焚烧技术处理范围广，能有效破坏医疗废物中的传染性物质和有毒物质，但会产生二噁英等有害物质，需采用适宜的炉型并配备先进的烟气净化装置。

新型的微波灭菌、干热处理、电浆喷枪（等离子体法）、辐射处理、电热去活化、液态合金处理、玻璃膏固化等技术在国内尚很少采用，在国外也属于不成熟技术，难以施行。热解法相对来说适用范围广、热解回收率高、产生二噁英等污染少，具有较好的经济效益。

思考题

1．医疗垃圾与一般固体废物有何区别和联系？
2．医疗行业固体废物全过程管理特点是什么？
3．医疗垃圾处理与处置技术有哪些？与一般固体废物处理技术有何异同点？
4．国内外医疗垃圾处理与处置技术有何区别？
5．不同国家、地区或城市的特点差别很大，针对其政治、经济、社会和地理位置的不同，你如何选择适合它们各自特点的医疗垃圾处理技术和方案？

主要参考文献

[1] 郑扬. 建筑垃圾应被充分利用[J]. 科技创新导报，2008（28）：36-36.

[2] 唐蓉，李如燕. 建筑垃圾的危害及资源化[J]. 中国资源综合利用，2007，25（11）：25-27.

[3] 朱能武. 固体废物处理与利用[M]. 北京：北京大学出版社，2006.

[4] 韩弘，段云海. 医疗废物处理技术优选对策初探[J]. 环境科学与管理，2007，32（5）：122-125.

[5] 赵由才，柴晓利. 生活垃圾资源化原理与技术[M]. 北京：化学工业出版社，2002：110-114.

[6] 聂永丰. 国内生活垃圾焚烧的现状及发展趋势[J]. 城市管理与科技，2009（3）：18-21.

[7] 白良成. 生活垃圾焚烧处理工程技术[M]. 北京：中国建筑工业出版社，2009.

[8] 张益，赵由才. 生活垃圾焚烧技术[M]. 北京：化学工业出版社，2000.

[9] 李国学，张福锁. 固体废物堆肥化与有机复混肥生产[M]. 北京：化学工业出版社，2000.

[10] 郭军. 固体废物处理与处置[M]. 北京：中国劳动社会保障出版社，2010.

[11] 何品晶. 固体废物处理与处置资源化技术[M]. 北京：高等教育出版社，2011.

[12] Christensen T H. Solid waste technology and management[M]. New York：Wiley，2010.

[13] 宁平. 固体废物处理与处置[M]. 北京：高等教育出版社，2009.

第三篇　典型行业固体废物的综合利用工程

本篇介绍了煤炭、纺织、电子、化学化工、农业、石油、食品等典型行业固体废物来源、性质、清洁生产和综合利用工艺技术；通过学习，重点掌握各行业固体废物处理处置技术和工艺方案的优选；了解各行业实行清洁生产降低固体废物产量可行方案和固体废物资源化技术环境经济评价。

第十一章 概 述

一、典型行业固体废物类别

典型行业固体废物也称行业固体废物，是指在行业生产活动中产生量大的固体废物，是行业生产过程中排入环境的各种废渣、粉尘及其他废物。可分为行业一般固体废物（如高炉渣、钢渣、赤泥、有色金属渣、粉煤灰、煤渣、硫酸渣、废石膏、盐泥等）和行业有害固体废物。

随着工业生产的发展，工业固体废物数量日益增加，尤其是冶金、火力发电等行业排放量最大。工业固体废物数量庞大，种类繁多，成分复杂，处理相当困难。工业固体废物消极堆存不仅占用大量土地，造成人力、物力的浪费，而且许多工业废渣含有易溶于水的物质，通过淋溶会污染土壤和水体。粉状的工业固体废物，随风飞扬，污染大气，有的还散发臭气和毒气。有的固体废物甚至淤塞河道，污染水系，影响生物生长，危害人身健康。

二、行业固体废物处理技术及综合利用现状

行业固体废物经过适当的工艺处理，可成为工业原料或能源，较废水、废气容易实现资源化。一些工业固体废物已制成多种产品，如制成水泥、混凝土骨料、砖瓦、纤维、铸石等建筑材料；提取铁、铝、铜、铅、锌等金属和钒、铀、锗、钼、钪、钛等稀有金属；制造肥料、土壤改良剂等。此外，还可用于处理废水、矿山灭火以及用作化工填料等。常见工业固体废物的用途见表 11-1，工业固体废物几乎都可加工成建筑材料，或从中回收能源和工业原料。工业固体废物的管理，目前各国大多以工业部门处理为主，即在政府的管理下，由排放的工业部门、工厂自行处理和利用。随着工业固体废物排放量的增长，日本等国发展了专业化承包处理，以最终处置为目标。工业固体废物受工业生产过程等因素的影响，成分常有变化，给处理和利用造成困难。工业固体废物往往要经过一定处理过程方可利用，如高温形成的渣须经冷却、湿法生成的渣须经干燥、粉尘须经收集等，因此成本较高，现在许多国家都致力于循环利用。

随着我国综合国力的大力提高，工业也得到了迅速发展，随之而产生的工业固体废物也日益增加，对其资源化处理渐渐成为一大难题。表 11-1 为 2001—2008 年中国内陆工业固体废物产生量与资源化综合利用情况。

表 11-1　2001—2008 年全国工业固体废物产生及处理情况　　　　单位：万 t

年份	产生量		排放量		综合利用量		贮存量		处置量	
	合计	危险废物	合计	危险废物	合计	危险废物	合计	危险废物	合计	危险废物
2001	88 746	952	2 894	2.1	47 290	442	30 183	307	14 491	229
2002	94 509	1 000	2 635	1.7	20 061	392	30 040	383	16 618	242
2003	100 428	1 170	1 941	0.3	56 040	427	27 667	423	17 751	375
2004	120 030	995	1 762	1.1	67 796	403	26 012	343	26 635	275
2005	134 449	1 162	1 655	0.6	76 993	496	27 876	337	31 259	339
2006	151 541	1 084	1 302	20.0	92 601	566	22 398	267	42 883	289
2007	175 632	1 079	1 197	0.1	110 311	650	24 119	154	41 350	346
2008	190 127	1 357	782	0.07	123 482	819	21 883	196	48 291	389
2008 年增长率/%	8.3	25.8	−34.7	−30	11.9	26.0	−9.3	27.3	16.8	12.4

　　2008 年，全国工业固体废物产生量 190 127 万 t，比上年增加 8.3%；工业固体废物排放量 782 万 t，比上年减少 34.7%；工业固体废物综合利用量 123 482 万 t，比上年增加 11.9%；工业固体废物贮存量 21 883 万 t，比上年减少 9.3%；工业固体废物处置量 48 291 万 t，比上年增加 16.8%。2001—2008 年全国工业固体废物产生量逐年上升，由于工业固体废物处置量（包括综合利用量、贮存量和处置量）持续增加，使工业固体废物排放量逐年下降。

第十二章　煤炭行业固体废物的综合利用

第一节　煤炭行业介绍

一、我国原煤生产地区分布情况

煤炭是我国的主要能源，在整个国民经济资源消耗量中，煤炭消耗占总量的73%，从目前我国能源供需状况来看，高比例煤炭消耗在未来几年内不会有太大变化。根据我国煤炭工业发展态势，煤炭行业已有28家企业成功上市，直接融资达到1 521亿元。我国经济高速发展带动了能源需求的大幅增长，煤炭行业抓住发展机遇，实现了由单一生产、粗放经营逐步向以煤为主、产业多元协调发展方式的转变。2007年我国原煤产量约为23亿t煤炭，在我国煤炭企业之中，产量超过1亿t的共有3家，而这3家中又只有1家的生产规模超过2亿t以上，其余的2家刚到1亿t。超过5 000万t的企业也很少。也就是说，我国23亿t原煤的供给规模之中，由规模以上的大企业生产的占比很少，我国煤炭行业产业结构不够优化。近年来随着我国政府调整力度的加强，我国煤炭行业市场结构有明显改善。

国家发改委的有关资料显示，近几年来我国煤矿建设趋热、投资增长过快、产能过剩的矛盾日渐显现。同时，煤炭行业长期积累的结构不合理、生产技术水平低、安全生产事故多发、资源浪费严重和环境污染治理滞后问题仍很突出，与可持续发展的要求不相适应，图12-1为2014年我国主要原煤供给的分布情况。

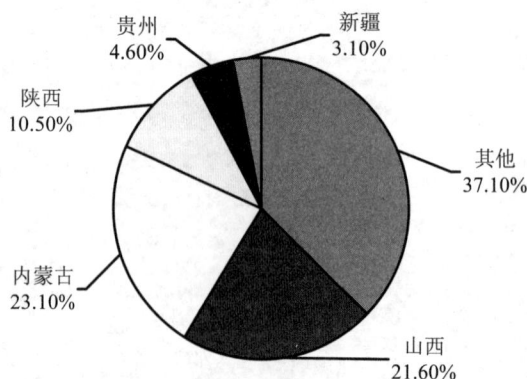

图 12-1　2014年我国主要原煤供给的分布

从地区来看，目前我国煤炭工业的供给主要集中于贵州、山西、内蒙古、河南等地区，受煤矿资源分布及经济发展的依赖性影响，这些煤矿资源较为丰富、经济发展依赖性较强的省份仍是我国原煤的主要产区。

二、大型矿区产业结构模式

我国大型煤炭矿区的产业结构模式多种多样，矿区产业结构模式是由矿区特点和条件决定的，可概括为以下五种模式：

（1）煤电综合开发模式。在矿区建设大型燃煤坑口电站和低热值燃料综合利用电站，变运煤为输电及供热。伊敏河矿区、元宝山矿区和淮南煤电集团是此模式的典型矿区。

（2）煤、电、焦、化综合开发模式。在矿区重点发展炼焦和焦油化工产业，该模式适合炼焦煤品种较齐全的大型矿区。煤炭经洗选加工后炼焦，焦油深加工形成煤化工产品链，选煤副产品用于综合利用发电、供热制冷。太原煤气化公司和平顶山煤业（集团）有限责任公司均属于此开发模式。

（3）煤、电、高能耗产业综合开发模式。矿区重点发展火力发电和消耗电能的高能耗产业，变输电为利用电力和当地资源生产高能耗产品，如电解铝、硅铁、碳化硅、石墨电极、金属镁等。目前高能耗产业与煤炭和电力产业联合经营与发展的趋势已形成，如大屯煤电有限责任公司、河南神火集团等形成了一定规模的煤、电、铝综合开发格局。

（4）煤、气（液）化综合开发模式。煤炭通过气化或液化转为可燃气体或液体，用于工业和民用，同时生成煤基化工产品。如山东兖州煤业、哈尔滨伊兰煤矿的煤气化工程是我国大型坑口城市煤气联产甲醇工程；河南义马矿区的煤气化工程和神华集团的煤炭液化也是此开发模式。

（5）煤、电、路（港、航）综合开发模式。在矿区通往用户的线路上建设与经营铁路、公路、航运港口运输产业。在矿区或沿运煤线路区内建设大型火力发电，除自用外，向电网销售电力。大屯煤电集团公司和准格尔矿区是煤、电、路一体化经营综合开发的典型，神华公司是我国最大的煤、电、路、港、化综合开发的煤业集团公司。

三、产业链优越性及构成

煤炭企业的产业链是以原煤开采为基础，生产经营系列煤炭产品和与之相关联的下游产品或者从事相关煤产品链条。产业链构成如图 12-2 所示。某矿区为某大型矿业集团整合资源子公司所在地，该矿区在制定煤炭产业发展规划时，采用了图 12-3 所示的产业链条。

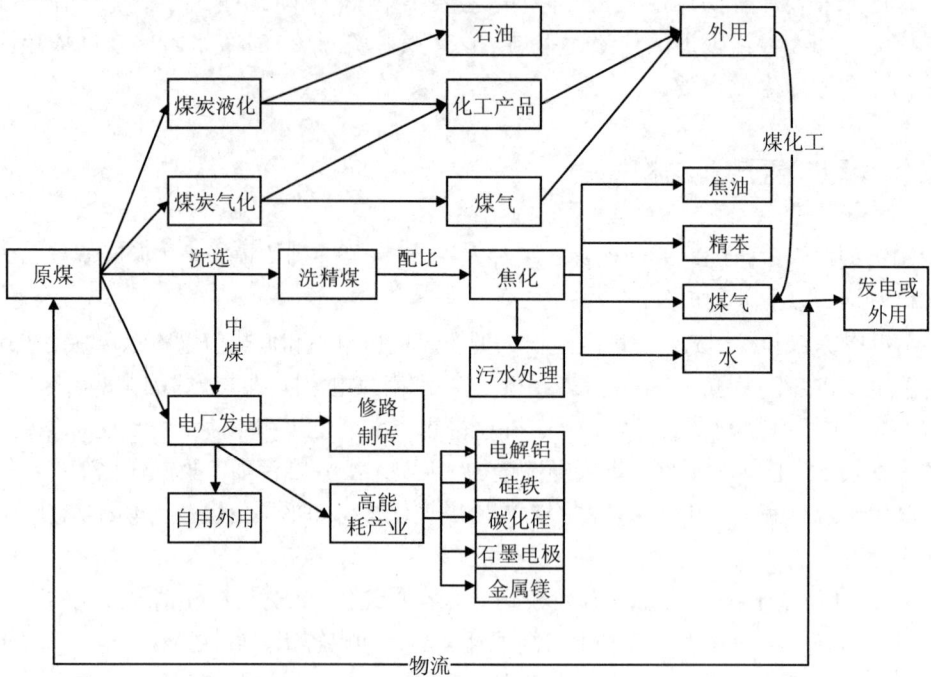

图 12-2　煤炭产业链

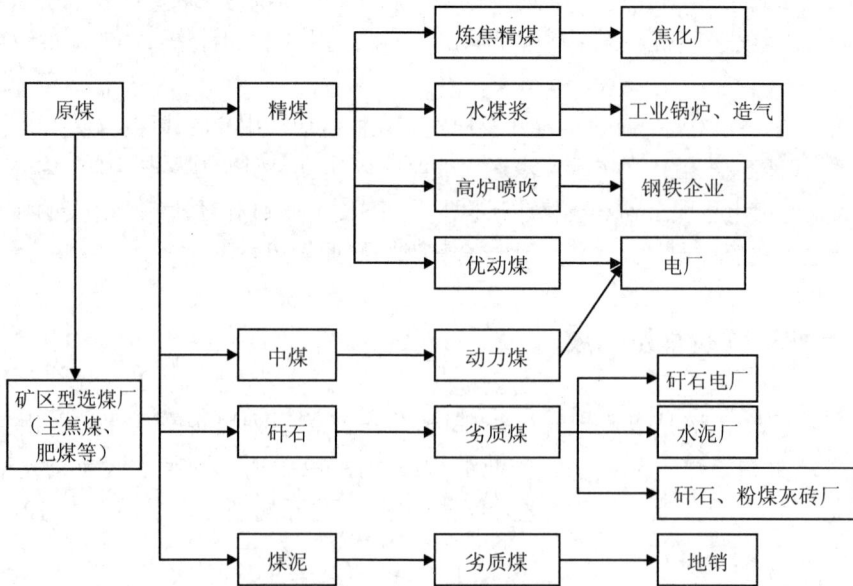

图 12-3　某矿区煤炭发展规划产业链

第二节　煤矸石综合利用工程

一、煤矸石来源、分类、性质与危害

（一）来源

煤矸石是煤炭生产和加工过程中产生的固体废物。我国每年煤矸石排放量相当于当年煤炭产量的 10%～15%，占地约 1.2 万 hm^2，是目前我国排放量最大的工业固体废物之一。煤矸石长期堆存，占用大量土地，同时造成自燃，污染大气和地下水质。煤矸石又是可利用的资源，其综合利用是资源综合利用的重要组成部分。

（二）分类

煤矸石分为煤巷矸、岩巷矸、手选矸、洗矸、剥离矸和自燃矸六大类。在煤矸石化学成分中，全硫含量决定了矸石中的硫是否具有回收价值以及煤矸石的工业利用范围。按含硫量多少也可将煤矸石分为 4 类：一类<0.5%，二类 0.5%～3%，三类 3%～6%，四类>6%。四类煤矸石可回收其中的硫精矿。煤矸石作燃料时，要根据环保要求，采取相应的除尘、脱硫措施，减少烟尘和二氧化硫的污染。

（三）性质

煤矸石的特性是决定煤矸石综合利用途径的重要因素，主要是指煤矸石的矿物特性和化学特性。由于煤层地质年代、地区、成矿地质环境、开采条件不同，我国产于不同地区、不同时代层位、不同开采方式的煤矸石特性差别很大，但煤矸石的化学成分变化与矿物成分变化是相吻合的。根据构成煤矸石中无机质和有机质成分的元素，与煤矸石综合利用密切相关的质量指标主要有有机碳含量、全硫含量、硅铝比、铁的氧化物含量、MgO+CaO 含量。

煤矸石中有机碳含量是决定煤矸石热值利用的主要因素。在有机碳含量>20%时，废渣由于具有很大的能源潜力（>8.36 MJ/t）而完全适合作燃料，其燃烧后生成的灰渣，化学活性提高，可作为建材、化工及农业原料加以利用，减少二次污染；当有机碳含量为 6%～20%时，其发热量为 3.34～8.36 MJ，可以作为矿物燃料掺合料。

煤矸石的矿物成分以黏土矿物和石英为主，常见矿物为高岭土、蒙脱石、伊利石、石英、长石、云母和绿泥石类。除石英和长石外，以上矿物均属于层状结构硅酸盐，这是煤矸石矿物成分的一个特点。

化学组成是评价某一矿物性质，并决定其工业用途的一项重要指标。煤矸石是由无机质和少量有机质组成的混合物，主要是 SiO_2（40%～60%），其次是 Al_2O_3（15%～40%），其他依次为 C 25%～30%，Fe_2O_3 2%～10%，CaO 1%～3.5%，MgO 0.8%～3%，Na_2O 和 K_2O 均为 1%～2%，还有少量 N 和 H 等。此外，也常含有极少量的钡、锰、铍、钴、铜、镓、钼、镍、铅等金属元素，煤矸石的化学成分不稳定，不同地区的煤矸石成分变化也较大。当煤矸石中的 SiO_2、Al_2O_3 及 Fe_2O_3 的总含量在 80%以上时，它是一种天然代替黏土配料烧制普通硅酸盐水泥、特种水泥、无熟料水泥及煤矸石烧结砖等的原料。当矸石某种元素或几种元素富集到具有工业利用价值时，就可以利用煤矸石生产化学肥料及多种化工产品，如氯化铝、水玻璃以及化学配料硫酸铵等。

（四）危害

煤矸石的危害见图 12-4。

①占用土地并破坏矿区地表生态环境；②影响周边大气环境；③破坏生境；④污染空气和危害水土；⑤其他危害。矿区矸石山主要灾害类型有：矸石山发生塌方；矸石山垮塌引起滑坡；矸石山自燃崩塌；矸石山自燃产生的有毒气体造成窒息死亡。煤矸石中含有部分可燃物，在一定条件下发生自燃时排放出的有害气体，不仅严重污染大气环境，而且还会造成人员窒息死亡。

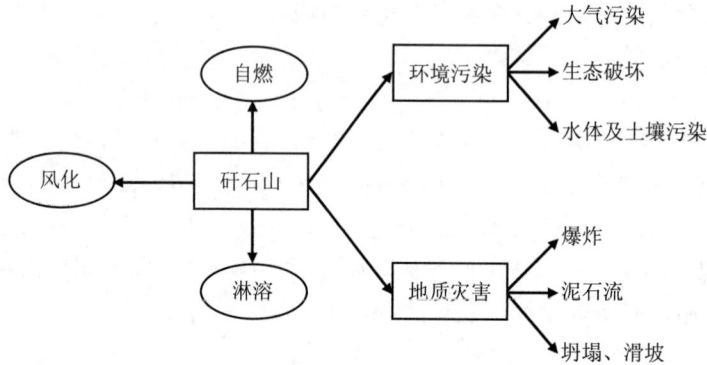

图 12-4　煤矸石的危害

二、煤矸石的综合利用

煤矸石资源化的主要途径见表 12-1，其综合利用途径见图 12-5。

表 12-1　煤矸石资源化的主要途径

	作为燃料	发电	
使用途径	用作建材原料	制砖	承重型多孔砖、非承重型空心砖
		砌块	水泥胶结砌块、混凝土砌块、混合砂浆
		水泥	代替黏土烧制水泥熟料、作为水泥混合材料生产特种水泥
		混凝土	加气混凝土
		轻集料	陶粒、陶砂
	陶瓷材料	陶瓷、釉面砖、红地砖、马赛克	
	农业	磁性肥料、复合肥料、磁性复合肥、改良土壤、复垦造田	
	筑路、填料	路基、充填采矿区和塌陷区	
	新型材料	合成碳化硅，制备沸石，制取白炭黑、无机高分子絮凝剂	
	作为化工原料	制取高铝产品（硫酸铝、氧化铝、结晶氯化铝）、硅铝铁合金	
	回收矿产品	回收黄铁矿，提取氧化铝、氧化硅、镓、稀有元素等	

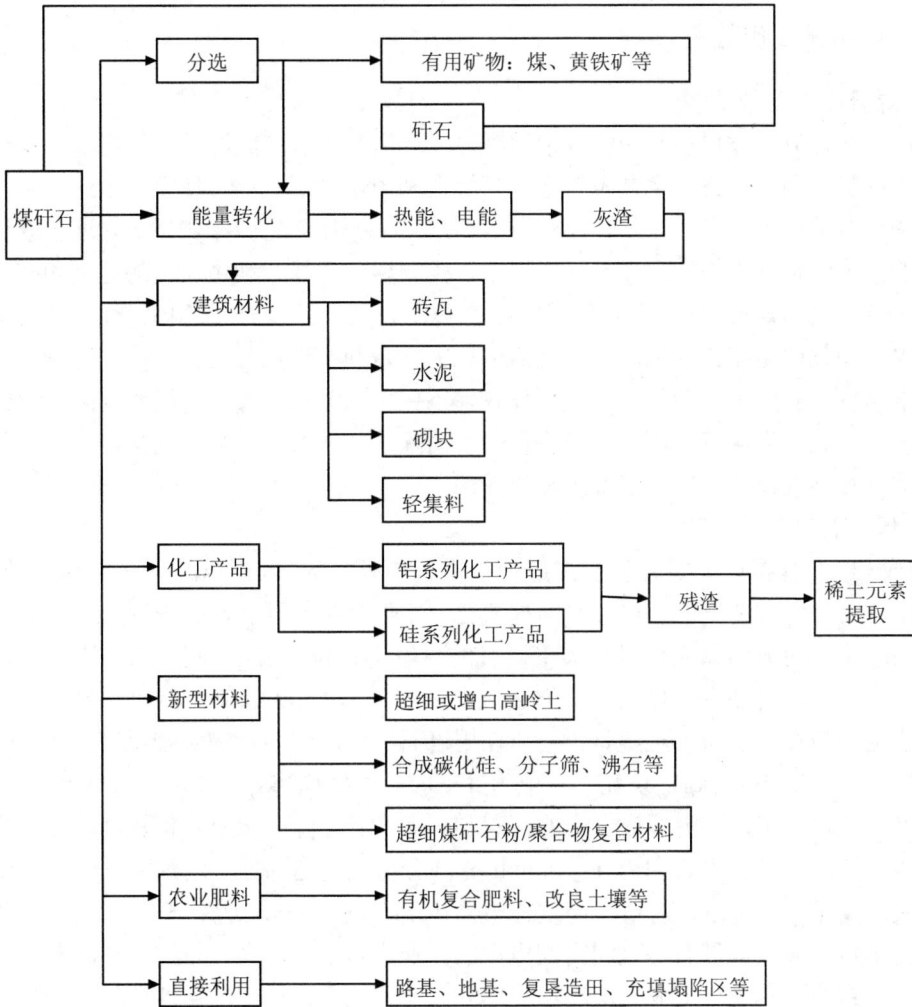

图 12-5　煤矸石综合利用

（一）煤矸石综合利用的主要技术原则

煤矸石综合利用以大宗量利用为重点，将煤矸石发电、煤矸石建材及制品、复垦回填以及煤矸石山无害化处理等大宗量利用煤矸石技术作为主攻方向，发展高科技含量、高附加值的煤矸石综合利用技术和产品。

煤矸石建材及制品，以发展高掺量煤矸石烧结制品为主，积极发展煤矸石承重型多孔砖、非承重烧结空心砖、轻骨料等新型建材，逐步替代黏土；鼓励煤矸石建材及制品向多功能、多品种、高档次方向发展。含有用元素的煤矸石，在技术经济合理的前提下，按照先加工提取、后处置的原则，分采分选；对暂时不能利用的要单独存放，不应随废渣一起弃置。

鼓励利用煤矸石复垦塌陷区，发展种植业，改善生态环境。新建煤矿（厂）应在矿井建设的同时，制定煤矸石利用和处置方案，不宜设立永久性矸石山。老矿井的矸石山，应因地制宜有计划地治理和利用，让出或减少所压占土地。

（二）煤矸石作燃料发电

1. 煤矸石发电现状

我国利用煤矸石发电已有 20 多年的历史，并引起了世界能源及环保组织的关注。以煤矸石为燃料，利用沸腾燃烧技术发电，是综合利用煤矸石资源，使煤矿企业由单一经营变为多种经营的有效途径。目前，煤矸石电厂采用了循环流化床燃烧技术，逐步取代了早期使用的鼓泡流化床锅炉。到"十一五"末，我国煤矸石综合利用电厂将达到 400 座，装机 3 万 MW，利用煤矸石等低热值燃料 2 亿 t 以上，发电超过 160 亿 kW·h。煤矸石综合利用发电厂消耗的是废料，生产出的是清洁电力，是利在当代、功在千秋的事业。利用煤矸石发电是综合利用煤矸石的一条重要途径，不但可以节省优质煤，缓解煤矿企业电力紧张的局面，而且产生灰渣还可以生产建材等，消除了二次污染，是一项绿色环保工程，其经济效益、社会效益和环境效益都十分显著。

2. 煤矸石电厂

煤矸石电厂是指以煤炭开采及洗选加工过程中外排的矸石、煤泥等作为燃料的发电厂。用煤矸石作为燃料发电，可分为两种情况，一种是用全矸石，另一种是用矸石和煤泥混合燃料。在用全矸石做燃料时，如果矸石的热值≥4 186 kJ/kg，则应该先进行洗选，用石灰石脱硫之后，再使用；如果矸石的热值为 6 270～12 550 kJ/kg，则可以直接用，其燃烧后产生的灰渣还可以做其他建材原料。在用矸石、煤泥的混合物做燃料时，要求矸石的热值为 4 500～12 550 kJ/kg，煤泥的热值为 8 360～16 720 kJ/kg，水分含量为 25%～70%。煤炭生产、洗选加工过程中排放一定的矸石和煤泥，其中除一部分热值较高、煤质特性好的被掺入原煤或以其他方式利用外，每年仍有部分可供使用的低热值煤能够满足部分煤矸石综合利用发电厂的需求。煤炭生产过程中要排出大量矿井水，水源充足，这些矿井水经处理后完全可以满足煤矸石综合利用发电厂的工业用水需求。煤矸石综合利用发电厂采用循环流化床锅炉，其燃烧生成的灰渣物化性能好，是生产建材用的活性填料和辅料，而生成的粉煤灰又可作为水泥厂的原料；另外，矿区的塌陷区将是天然的排灰场，为塌陷区复垦造田创造了前提条件。

3. 煤矸石热电厂生产工艺流程

煤矸石和煤经破碎后送入锅炉燃烧，锅炉为热效率高、适应性强、低污染的循环流化床锅炉。燃料在炉内燃烧释放热量转变成具有一定压力、温度的蒸汽，部分蒸汽送入汽轮机，流经汽轮机时通过喷嘴降低压力和温度提高蒸汽流速，高速蒸汽冲动汽轮机叶片旋转并带动同一轴上的发电机旋转产生电能。另一部分蒸汽在汽轮机内膨胀到一定压力和温度被抽出于供热，见图 12-6。

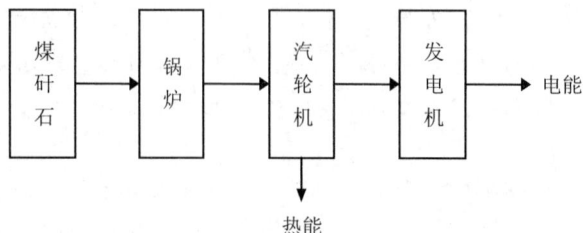

图 12-6　煤矸石热电厂生产工艺流程

4．煤矸石热电厂与传统热电厂的区别

煤矸石热电厂与传统热电厂的区别主要体现在以下四个方面：

（1）燃料。煤矸石热电厂燃烧的是煤炭开采及洗选加工过程中排放的煤矸石、煤泥等低热值燃料，将这些低热值的燃料转化为电力，有利于节约能源、改善环境质量，化害为利，变废为宝。传统热电厂燃烧的是优质煤，煤炭是不可再生资源，将会越来越少。煤矸石热电厂的出现将会减缓煤炭资源开采速度。

（2）锅炉。煤矸石热电厂针对煤矸石的特点，采用循环流化床锅炉，采用这种锅炉通过在燃料中投加石灰石，还可达到脱硫的目的，从而减少二氧化硫的排放量，有利于环境保护。而传统热电厂由于燃烧优质煤，采用煤粉锅炉或链条炉，这种炉型在环保方面的性能不如循环流化床锅炉好。

（3）水源。煤矸石热电厂以矿井排水作水源，可节省大量的水资源；而传统热电厂的水源为地下水或河流水。

（4）灰渣利用。循环流化床锅炉燃烧排出的灰渣活性较好，是生产建材的极好材料，可以磨制水泥和建材砖块；部分灰经加湿后可以用作道路等的填埋；剩余的灰渣可以井下充填，防止矿井塌陷。传统热电厂排出的灰渣除少部分用于砖厂制砖外，大部分填埋或露天放置在灰渣场，对环境很不利。

5．煤矸石发电的经济、社会和环境效益

（1）利用煤矸石发电的经济效益。利用煤矸石发电是有利可图的。以发电机组单机容量 1.2 万 kW 为例，所用煤矸石热值为 6.3～8.4 MJ/kg，发电标煤耗取 600 g/（kW·h），换算成平均热值为 6 500 kJ/kg 的煤矸石为 2 680 g/(kW·h)，则每吨煤矸石可发电约 373 kW·h，按每度电价 0.3 元计算，可得价值 112 元。假设有足够的煤矸石储存量，在发电过程中煤矸石的破碎、煅烧、除渣等工序所需电力、人力费用、设备的折旧费、电网输送费用等折合 55 元/t 煤矸石，从而计算出每吨煤矸石用于发电可获利 57 元人民币。全国煤矸石发电约占矿区用电的 30%，盈利数亿元以上。

（2）利用煤矸石发电的社会效益。社会效益包括：①改善矿区环境，节约占地面积；②保持矿区稳定；③节省大量能源；④节约水资源；⑤拉动地区经济；⑥促进就业；⑦改善居民生活质量。

（3）利用煤矸石发电的环境效益。煤矸石发电厂体现了资源开发与节约并举，是一项变废为宝，减少固、液、气等污染的绿色环保工程。煤矸石发电厂每年要消耗很多可用来发电的煤矸石等低热值燃料，从而减少了煤矸石及其在堆放过程中产生的扬尘和大量 CO、CO_2、SO_2、H_2S 及氮氧化合物等有害气体，提高了周围的环境空气质量；减少了存在于煤矸石中的微量重金属元素对土壤环境和水环境的影响；能有效利用煤炭生产过程中排出的大量矿井水，节约大量水资源；由于使用了循环流化床锅炉，煤矸石发电厂排出的灰渣的物化性能好，可以得到有效的利用，从而减少了灰渣造成的二次污染。发电厂灰渣再利用，不仅减少了自身给环境带来的污染，又避免了因取黄土而对生态环境造成的破坏。

（三）煤矸石生产建筑材料及制品

利用煤矸石生产建筑材料及制品前，应对所用煤矸石的化学成分、矿物成分、发热量、物理性能等指标进行综合评价，并做小试；原料成分复杂、波动大时，应进行半工业性试验。利用煤矸石为原料生产的建材产品，产品质量应符合国家标准或行业标准；对用于生产建材产品的煤矸石应进行放射性测量，原料符合 GB 9196—88 标准，制品中放射性元素含量符合 GB 6763—86 标准。

1. 煤矸石制砖

（1）煤矸石空心砖。

工艺包括：原料制备工艺、成型工艺、干燥工艺、烧成工艺。

1）原料破碎。煤矸石破碎工艺是生产烧结空心砖的关键技术之一。破碎粒度直接影响到坯体成型、干燥和焙烧，同时也影响生产成本。由于各地煤矸石化学物理性能差异较大，若破碎工艺和设备选型不当，往往达不到预期的效果，甚至造成不必要的经济损失。常用的煤矸石破碎工艺有以下几种：颚破→锤破→筛分工艺；颚破→锤破工艺；反击破→球磨工艺。不论选用哪种破碎工艺，首先必须满足破碎粒度要求和产量要求，其次还要考虑经济性。实践证明，煤矸石破碎粒度一般控制在 2～3 mm 的颗粒含量小于 10%，而小于 0.5 mm 的颗粒含量大于 60%的范围之内，能保证顺利成型及焙烧。

对于莫氏硬度 2～4 的煤矸石，以两段破碎为宜；对于莫氏硬度 3～6 的煤矸石，以三段破碎为宜。由于目前用于煤矸石破碎的设备种类较少，故一般多用带筛板的锤式破碎机。其他破碎设备往往因破碎效果差或粒度难以保证等原因，选用时一定要慎重。如某厂煤矸石莫氏硬度 4～6，采用颚破→立式锤破→筛分工艺，结果筛上料达 70%～80%，在闭路系统中反复循环，致使破碎系统产量仅达 1～3 t/h，难满足成型用量，后来不得不进行改造，改为带筛板的锤式破碎机；而另外一个厂同样采用颚破→锤破（进口设备）→筛分工艺，也因筛上料过多而不能满足工艺要求。另外，振动筛产生粉尘大，车间操作条件十分恶劣。

2）混合料陈化与细碎。陈化是烧结煤矸石空心砖生产工艺中的一个重要环节。破碎后的煤矸石经加水搅拌、陈化后，混合料塑性有较明显的提高，成型性能显著改善。

目前常用的陈化库主要有两种：一种为装载机出料，一种为多斗挖掘机出料。就两种工艺而言，各有优缺点：前者适用于地下水位较高的地区，可减少陈化库地坑防水处理费用，但装载机在运行中排放的尾气污染室内空气；多斗挖掘机在运行中经常断链，有的厂家为此多配备了 1 台多斗挖掘机。经过技术经济比较，多斗挖掘机优于装载机。建议借鉴国外经验，采用技术改进后的多斗挖掘机，不失为一种较好的工艺设备。

陈化后的混合料塑性虽有提高，但仍呈松散状，必须经二次加水搅拌后才能进入下一道工序。二次加水搅拌一般选用搅拌挤出机。但从生产实践看，搅拌挤出机的作用不十分明显，动力比一般搅拌机增加 30 kW，搅拌挤出机的产量常常制约整条生产线产量。

3）混合料细碎。对于硬度较高的煤矸石，陈化后的混合料需要经过高速细碎对辊机处理。国产高速细碎对辊机在加工制造和所用材质方面不能与进口设备相比，因而在使用中易出现以下问题：双辊间隙无法调整到小于 2 mm 的位置，从而失去细碎作用；辊圈耐磨性能较低等。

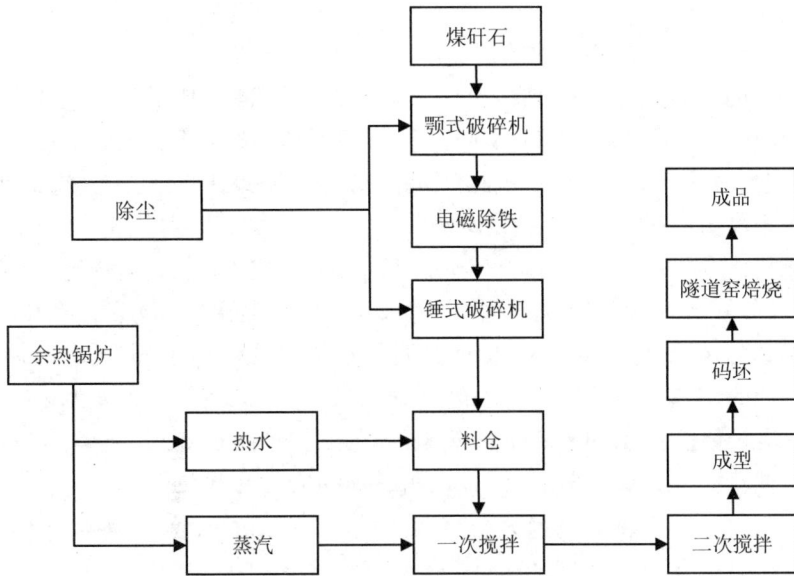

图 12-7　煤矸石制砖的工艺流程

4）焙烧设备的选型。为了保证焙烧质量，烧结煤矸石空心砖必须用隧道窑焙烧。若用轮窑焙烧，当煤矸石发热量较高时，很难保证产品质量。隧道窑可采用拱顶或吊平顶结构。隧道窑工作系统要有排烟系统、燃烧系统、冷却系统、余热系统及检测调节系统。隧道窑断面尺寸及长度应按煤矸石发热量确定，不宜盲目照搬。焙烧是生产烧结煤矸石空心砖的又一关键技术，在实际生产中常采用低温长烧技术。在现代化隧道窑操作中，采用计算机检测窑内温度压力，通过变频调速器调整风机转速，从而达到调节焙烧温度的目的。

该工艺采用高细破碎和陈化技术，提高坯料塑性；制坯采用高压真空挤出成型，提高砖坯密实度，优化空心砖的孔型和孔洞排布，进一步提高孔洞率，降低了砖内部传热，提高了砖的保温性能。积极推广使用新型建筑材料，大力发展煤矸石空心砖等新型建筑材料，在煤矸石贮存、排放的周边地区，鼓励现有黏土（页岩）烧结砖生产企业通过改进生产工艺与装备提高煤矸石的掺加量，限制和逐步淘汰实心黏土砖。

（2）煤矸石砖生产发展趋势。

以烧结砖为主，重点推广全煤矸石承重多孔砖和非承重空心砖，要向高技术方向发展，主要是发展高掺量、多孔洞率、高保温性能、高强度的承重多孔砖，或带有外饰面的清水墙砖。为此要加强原料的均化处理，逐步改造软塑成型、自然干燥工艺，利用砖窑余热干燥砖坯，推广有余热利用系统的节能型轮窑和隧道窑；积极发展硬塑、半硬塑成型和隧道窑干燥与焙烧连续作业的全内燃一次码烧工艺，提高机械化和半自动化水平。鼓励消化吸收国外先进制砖技术和设备，提高利废建材的技术装备水平。改进原料的中、细碎设备，发展高挤出力、高真空度挤出机，配套完善 3 000 万～6 000 万块/a 承重多孔砖和非承重空心砖全套设备和工艺；完善开发高质量的外承重装饰砖和广场砖、道路砖。煤矸石烧结多孔砖执行 GB 13544—92 标准，煤矸石烧结空心砖和空心砌块执行 GB 13545—92 标准。

2. 煤矸石制水泥

（1）煤矸石作原料对烧成水泥的影响。

煤矸石成分的波动可引起生料成分的波动，影响烧成熟料的质量；发热量的波动既影响成分，又影响操作。为此，对煤煤矸石进行了预均化处理。首先调查煤矸石堆放点质量状况分布，反复进行化学分析、岩相分析、热工分析和堆放时间等综合分析；其次将进厂煤矸石，一层层地平铺堆高初步混合，配料使用时竖取，经破碎机破碎，烘干机脱水，皮带运输机、提升机送入预均化库，使煤矸石充分混合，经多库下料，皮带机输送入煤矸石配料库，待配料使用。此时煤矸石化学成分达到相对稳定。例如预均化前煤矸石 SiO_2 的波动值为 36.05%～58.74%，平均值为 48.01%，极差为 22.69，偏差为 2.77。经平铺竖取预均化措施后煤矸石 SiO_2 的波动值为 50.85%～59.04%；平均值为 56.66%，极差为 8.19，偏差为 2.10。再进一步采取多库卸料等均化措施后煤矸石 SiO_2 的波动值为 53.25%～61.58%，平均值为 56.99%，极差值为 8.33，偏差值为 1.42，进出煤矸石 SiO_2 的波动情况见表 12-2。

表 12-2　进出煤矸石 SiO_2 波动情况

项目	取样个数	平均	最大	最小	极差	偏差
平铺进料	12	48.01	58.74	36.05	22.69	2.77
出均化库	11	56.66	59.04	50.85	8.19	2.10
出配料库	8	56.99	61.58	53.25	8.33	1.42

由表 12-2 可以看出，均化后煤矸石成分的波动偏差越来越小，有利于生料配料。

煤矸石既是燃料又是原料，因为煤矸石有一定的发热量，在窑内燃烧可以起到提高生料温度加强预烧的作用。如果燃烧不完全，产生还原气氛，反而对煅烧起不良影响。为此，要求在不过分降低烧成温度和拉长火焰的情况下，尽可能加大风量，提高空气过剩系数，以保证入窑生料中的可燃物尽量发挥作用。

（2）煤矸石配料制水泥的效果。

能改善生料易磨性，提高生料产量，降低生料磨电耗；能改善生料易烧性，因为煤矸石含砂量比黏土或页岩少，难烧的结晶 SiO_2 少，生料的易烧性好，烧成反应速度快并安全。消除了熟料中残存的游离氧化钙、游离氧化硅。煤矸石中含有部分活性炭，燃烧时，从内部加热使其矿物中的硅和铝迅速加热活化；煤矸石制水泥，降低了水泥煤耗和生产成本；减少环境污染，改良土壤。

（3）制备水泥工艺。

1）低温制备水泥工艺。低温合成粉煤灰水泥在煅烧过程中未产生液相，物料未被烧结，因此，物料硬度低，易碎性好。其生成工艺流程如图 12-8 所示。由图可知，低温合成粉煤灰水泥的主要生产工艺过程是：粉煤灰、生石灰和少量的外加剂（晶种）配混粉磨后获得一种混合料；混合料加水成型，进行蒸汽养护；将蒸养料在适宜的温度下煅烧，并在该温度下保温一段时间；将煅烧好的物料加适量石膏，共同粉磨成水泥。

低温合成粉煤灰水泥生产的适宜工艺条件为：一般控制配合料中石灰掺量（以有效 CaO 计）为 22%±2%；晶种加入量为 2%～4%；100℃下常压蒸养 6～12 h；煅烧温度为（750±50）℃，保温 0.5 h；煅烧料喷水急冷，喷水量控制为 5%～8%；水泥中石膏（二水或无水石膏)掺量以 SO_3 计为 2.5%～3.5%；水泥细度控制在 0.080 mm 方孔筛筛余小于 10% 为宜；低温合成粉煤灰水泥对原材料石灰和粉煤灰的品位可不作特殊要求。但如果原料的烧失量高可适当降低添加比例。

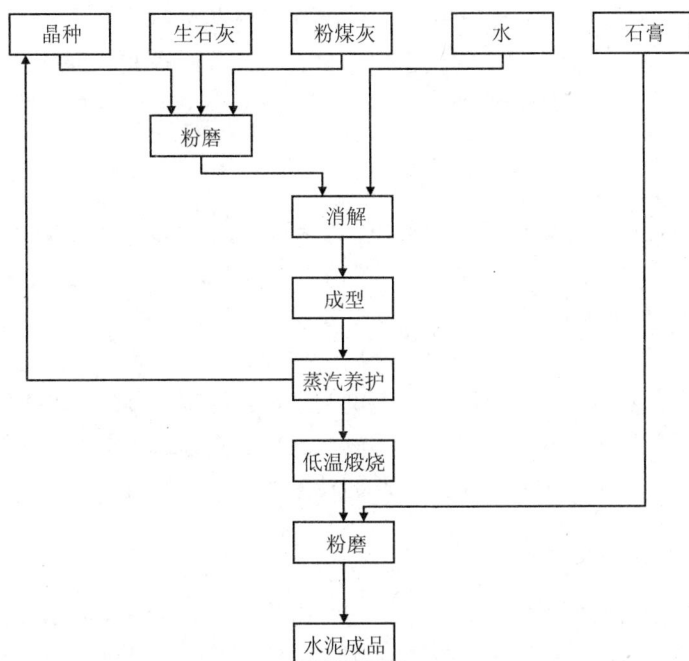

图 12-8　低温合成粉煤灰水泥生产工艺流程

2）高温煅烧制备水泥工艺。因煤矸石的化学成分与黏土相似，故可代替黏土，与石灰石、铁粉及硅质原料一起配料，生产所需标号的水泥。利用煤矸石代替黏土（或矾土）作为硅铝质原料、节约部分优质燃料来生产水泥是一种新工艺技术。它有代土、节煤、无废渣、增产、生产适应性强等特点。如四川加华、重庆、渡口水泥厂，山西大同水泥厂采用少量煤矸石或煤渣代替黏土配料，都获得了一定的增产效果。

3）煤矸石无熟料水泥及少熟料水泥工艺。煤矸石无熟料水泥是以煤矸石为主要原料，掺入适量的石灰、石膏，磨细制成的水硬性胶凝材料，有时也掺用少量熟料作激发剂，标号可达 32.5。这种水泥生产方法简单，投资少、收效快、成本低、规模可大可小。煤矸石少熟料水泥也称煤矸石砌筑水泥，它与无熟料水泥相比具有凝结快、早强性好等优点，标号可达 32.5～42.5。这种水泥除用于砌筑、抹面外，还可作为砖瓦和砌块的原料。用煤矸石生产少熟料水泥，可以大量节省水泥生产的能耗、省去蒸汽养护、简化使用工艺等。实现成功制备大掺量煤矸石水泥的关键还有提高其抗冻性能、碳化性能、护筋性能、抗硫酸盐侵蚀性能、碱-集料反应等方面对混凝土的耐久性等。

4）煤矸石混凝土制备工艺。以煤矸石为主要原料的新型墙体材料，如煤矸石空心砌块，是以自燃或人工煅烧煤矸石和少量生石灰、石膏混合磨细为胶结料的。在建筑上主要用于一般工业与民用建筑的墙体，可作承重墙、非承重墙及内隔墙。以人工煅烧煤矸石或自燃煤矸石为主要原料，加入适量磨细生石灰粉、生石膏粉，经湿碾、振动成型、静停、蒸汽养护可制成一种硅酸盐混凝土，即湿碾煤矸石混凝土。另外，由煤矸石、硅质材料、钙质材料、水、发气剂和外加剂等按一定比例配合可制成煤矸石加气混凝土制品。它具有容重轻、保温吸声好，可用于配筋或不配筋的墙体砌块，内外墙板、屋面板、楼板、保温块和保温管等多种制品。

5）作为水泥及混凝土混合材。由于煤矸石经自燃或人工煅烧后具有一定活性，可掺入水泥及混凝土中作活性混合材。煤矸石作混合材，一般应控制烧失量≤5%，SO_3≤3%，火山灰性能试验须合格，水泥胶砂28天抗压强度比≥62%。煤矸石掺入量取决于熟料质量与水泥标号与品种。

（4）水泥质量的控制。

合理控制生料细度；改善成球操作环境，提高成球质量；加强煅烧，稳定熟料质量，确保水泥质量。

3. 煤矸石制其他建材产品

煤矸石可作为硅质原料或铝质原料，应用于许多烧结陶（瓷）类建材产品的生产，并充分利用其所含的发热量。在建筑陶瓷、建筑卫生陶瓷等陶瓷制品生产中，推广以煤矸石为部分原料替代材料的生产技术。煤矸石排放、贮存地附近的建筑卫生陶瓷生产企业，在产品质量有保证的前提下，鼓励其通过必要的技术改造利用煤矸石。

（四）煤矸石生产复合肥料

煤矸石一般含有大量的碳质泥岩或粉砂岩、有机质以及植物生长所需的 Zn、Cu、Co 等微量元素。因此经粉碎磨细后，按一定比例与过磷酸钙、有机肥（如鸡粪）混合，加入适量活化剂与水，充分搅匀后堆沤，可制得新型农肥。这种肥料中氮、磷、钾元素含量不高，但有机质和微量元素硼、锌、铜、钴等含量丰富，大量的磷酸盐、钴盐被煤矸石保持在分子吸附状态，营养元素更易被农作物吸收，在 2～3 年内均有一定的肥效。

（五）煤矸石生产化工产品

1. 生产铝系化工产品

Al_2O_3 含量达到 35%以上的煤矸石，可通过一定生产工艺，破坏其原有的结晶相，有效利用铝元素，生产出结晶氯化铝、聚合氯化铝、氢氧化铝等 20 余种铝盐系列化工产品。目前较为成熟的工艺是用煤矸石制备絮凝剂聚合氯化铝（PAC）。

以煤矸石为原料，制取碱式聚合氯化铝净水剂的工艺路线流程简单、成本低，达到了以废治废的目的。聚合氯化铝的制备工艺为：按配比称取适量经焙烧、粉碎后的煤矸石和 20%的 HCl 溶液，投入反应釜进行反应，而后加入 15%的聚丙烯酰凝聚剂进行沉降，真空抽滤，母液浓缩得结晶氯化铝粗品，进一步精制，即得到三氯化铝含量为 98.9%的产品。在结晶氯化铝的制备过程中，调整未经减压浓缩的氯化铝溶液浓度，在一定温度下缓慢加入 20%的 NaOH 溶液，搅拌、熟化可得到聚合氯化铝溶液，经浓缩即可得到固体聚合氯化铝。

工艺流程为：样品粉碎→焙烧→酸溶→沉降→浓缩结晶→结晶氯化铝→热解加水聚合→固体聚合氯化铝。

2．生产硅系化工产品

煤矸石中硅的含量丰富，通过有效利用其中的硅元素，可开发出水玻璃、白炭黑、陶瓷原料等硅系化工产品。在煤矸石生产聚合氯化铝的硅渣中含有大量氧化硅，将其与氢氧化钠反应可制得水玻璃，这种制取水玻璃的方法在常压下进行，操作简单、成本低、经济效益好，很有开发前景。

三、煤矸石复垦及回填矿井采空区技术

（一）煤矸石山复垦绿化技术

1．矸石山复垦绿化的指导思想和原则

矸石山复垦绿化的指导思想因地制宜、适地适树、以绿为主，在保证成活的基础上，逐步向美化发展。

在因地制宜的前提下，遵循如下原则：速生物种为主，生态效益为主，以植树为主，乔灌草相结合，宜乔则乔、宜灌则灌、宜草则草；汲取已有成果，创新深化研究。人工重建为主，人工促进和自由恢复相结合；前期人工养护，后期自然生存；能自然恢复不进行人工干预，坚决摒弃毁坏野生植被造林绿化的做法。通常做法为根据地形选用合适的整地方法，在一定范围内改良土壤，为树木成活创造条件，同时采取具体措施，避免造成新的水土流失。宜用反坡梯田整地法，即沿等高线将矸石山整成带宽 2 m，带间距 2 m 的小梯田，呈外高里低，带间要整成 10°～15°的缓坡，这样有利于防冲刷、蓄水保墒。在整好的带上覆土，覆土宽 1.5 m、深 0.5～0.8 m，覆土顺序由上而下分层进行。带间挖坑穴种植乔灌木，坑穴规格为 60 cm×60 cm×60 cm，全部填好土。缓坡带上留风化岩土并掺入沃土，坡上栽植花草灌木，保持水土。

2．矸石山复垦绿化的前期工作

复垦绿化的前期工作主要为矸石山的"灭火、整形、覆土、碾压"。首先对煤矸石山自燃面进行喷浆灭火，待自燃面全部灭火后，对矸石山进行整形。整形后顶部为平台状，坡面为 30°左右。在煤矸石山底部边缘砌筑挡墙，挡墙高度 1.5 m。而后对矸石山全部进行黄土覆盖、碾压、夯实，达到密闭隔氧的目的：覆土厚度 30 cm，可以满足草本植物的生长；50 cm 可以满足灌木的生长；100 cm 可以满足乔木的生长。平台区域覆土厚度为 100 cm，坡面覆土厚度为 50 cm，坡面砌筑排水沟，平台建蓄水池。另外可以采用分层覆盖法，每堆放一层矸石，在上面紧跟覆盖一层黄土，比例为 3∶1，即 2 m 厚的矸石，覆盖 70 cm 厚的黄土，每层矸石和每层黄土都要用推土机反复碾压和夯实。坡面覆土碾压后，还必须考虑其稳定性，这关系到治理工程的稳定安全性，也关系到坡脚周边居民的生命财产安全。沿坡脚设置挡土墙，按国家相关技术标准和规范实施。坡面采用对原有坡面放缓、压实的方法，最大坡角小于 30°，通过种植植物保持水土，采用分流和疏顺相结合的种植方式，确保边坡的长期稳定，最终重塑自然。覆土、碾压的目的就是彻底消除矸石山的自燃现象，保证植物生存必要的土壤，彻底恢复自然植被。建议一次投资到位，从根本上解决矸石山的自燃现象对周边环境的恶劣影响，为下一步复垦绿化创造相对良好的立地条件。

3. 矸石山复垦绿化植物选择

（1）选择树种原则。矸石山虽然用黄土覆盖，但深层气温较高，选择的植物主要以乡土植物和草灌为主，并应先进行筛选实验，采用平台栽树、坡地种草的方法。另外，植物的萌蘖能力要强，要选用抗风的树种。针对矸石山透水漏肥、保水能力差、持水量偏低的特点，宜选用抗逆性强，耐寒、耐旱、耐瘠薄，抗污染能力强的树种。乔木备选树种有火炬、侧柏、刺槐、油松等，花灌木有柠条锦鸡儿、丁香、榆叶梅、沙棘、黄刺梅等，草类有沙打旺、紫花苜蓿、胡枝子及部分豆科和禾本科牧草。

（2）主要树种。火炬树、刺槐、侧柏、油松、杨树、柠条锦鸡儿，图 12-9 为柠条锦鸡儿种植试验效果，实验表明效果良好。

图 12-9   煤矸石山柠条锦鸡儿种植试验

（3）矸石山植树造林效果。在试验区域周围选择不同的地形、不同的矸质，分别栽种不同的植物，并定期进行观察、比较和跟踪记录。1998 年种植的 14 种禾本科和豆科牧草植物，成活率均在 85%以上，当年给试验场地披上了绿装。1999 年栽种松、柏、榆、槐等几个品种的树木共计 106 株，成活了 97 株，成活率达到 91.5%。初步在试验区的四周扩充面积，加大种植，分别采用穴播、条播、沟播的方式，又种植了十几个品种的牧草。

在栽树中采取了 5 条措施来提高成活率：①树坑标准长 40～50 cm、宽 30～40 cm，树苗选择不超过 1.5 m；②挖坑后先浇灌水，要配肥沃的表层土后再进行栽植，每株树配土不少于 25 kg；③要垫埋结实，以免遇风或浇水后东倒西歪影响成活；④新栽苗木要连浇 3 次，每天 1 次，必须浇足浇透，保持苗木有足够的水分；⑤10～15 天后还需浇灌，保持树坑内有一定的湿度，这样有利于苗木根系向矸石深层生长。

（二）煤矸石回填矿井采空区现状及工艺

由于多年来的高强度开采，我国已累计排放煤矸石 46 亿～50 亿 t，形成煤矸石山 2 800余座，积存煤矸石 36 亿 t，占地 6.5 万 hm²，另外，露天矿挖损土地 1 125 万亩，总计占全国耕地保有面积的 6.79%。由此可以看出，一方面煤矸石大量堆存，另一方面随着煤炭开采不断增加，形成的采空区甚至塌陷区也在不断扩大。用煤矸石回填采空区，不仅可以护耕地，而且可以最大限度地利用矿业固体废物，保持矿业生产持续稳定发展。

煤矸石回填技术包括采空区回填、低洼地充填、煤矿塌陷区复垦、路基充填等。据统计，回填用煤矸石约占其总利用量的 70%。新汶矿业集团实施煤矸石回填工程，仅 1 年时间就回填矸石 15 万 m^3，回填面积达 1.9 万 m^2，有效改善了矿区环境。京西采煤区老窑采空区有近 5 km^2 经常发生塌陷和沉降灾害，为此，矿山开展了利用煤矸石充填塌陷区的试验，结果表明煤矸石回填塌陷区所需费用比直接排矸石费用要低，回填后的土地已经复垦植树，并且建设了住宅楼和电厂等重型建筑。晋城煤业集团用煤矸石回填采空区，5 年内共回填煤矸石、炉渣等固体废物 12 Mt，覆土造田 7 hm^2 以上。而且，煤矸石中的氮、磷、钾等还为作物生长提供了很好的营养成分，回填使煤矸石与空气隔离，避免了煤矸石自燃，经济效益和社会效益显著。截至 2001 年，张双楼煤矿因采煤塌陷面积达 336 hm^2，给工农业生产、生态环境和社会安定造成了严重影响，该矿将煤矸石回填塌陷区作为新村用地，使用煤矸石 112 万 t（按每万吨煤矸石平均占地 400 m^2 计算），可节约用地 4.5 hm^2。2001—2005 年，皖北煤电公司每年采煤沉陷土地面积 306 hm^2、积水面积 91.5 hm^2，利用煤矸石回填，不仅消耗了大量煤矸石，而且极大地改善了矿区生态环境，避免了二次污染。

由此可见，煤矸石回填采空区，不仅利用量大、利用面广、不易产生二次污染，而且显著改善了生态环境。

1. 煤矸石回填方式

（1）全部充填开采。即在煤炭采出后顶板尚未冒落前，用固体材料对采空区进行密实充填，使顶板岩层不产生或仅产生少量下沉，以减少地表下沉和变形，达到保护地面建筑物、构筑物或农田的目的。其中多采用水沙充填，其次是风力充填和矸石自溜充填等。但是，该法需要专门的充填设备以及配套设施，初期投资相对较大、吨煤成本相应提高。

（2）覆岩离层带充填。根据采空区上方覆岩移动会形成三带的岩移特性，在煤炭采出后一定时间内，通过钻孔高压注浆方式，充填和加固离层带，将采动的砌体梁结构加固为稳定的连续梁结构，使离层带下沉空间不再向地表推进，减少或减缓地表下沉，保护地面建筑物、构筑物或农田。但是该技术难度较大。

（3）采—注—采三步法开采。充分利用覆岩结构对岩层移动的控制作用，应用荷载置换原理，进行小条带开采—注浆充填固结采空区—剩余条带开采的三步法开采工艺，有效控制岩层移动和地表沉陷，解决大面积开采造成的地表沉陷，提高煤炭回采率，保护地面建筑物、构筑物。但是，该法也存在工艺复杂、成本较高等问题。

2. 煤矸石填充方法

（1）煤矸石回填采空区常用的方法。

煤矸石回填采空区的填充方法主要有水力充填、风力充填和机械充填等，由于机械填充的充填能力较低、质量较差，因此通常采用水力充填和风力充填。水力充填是最常用的方法之一，其工艺流程见图 12-10。一般是将破碎到约 12 mm 的煤矸石、砂、碎石、炉渣或其他固体废物混合后，加入一定量的水搅拌成泥浆，然后用泵送到井下充填，填料干燥后，即可均匀紧密地留在矿井内充填采空区，以支撑围岩、防止或减少围岩跨落或变形为目的，排出的水则由泵抽出，循环使用。水力充填可以阻止空气和水进入填充层，因此煤矸石发生自燃的可能性就会减少，对周围造成污染的概率会大大降低。当填充用煤矸石主要为砂岩和石灰岩时，需要向填充材料里加入适量黏土、粉煤灰等黏结材料，以增强填充料的黏结性和惰性。当煤矸石主要为泥岩和碳质岩类时，需要添加适量砂子，以增强充填料的骨架结构强度和惰性。风力回填采用压缩空气将磨至一定粒度的煤矸石粉及黏结材料、惰性材料和骨架材料一起送至采空区中，这些填充材料在采空区内均匀分布、紧密结合，随着注入量增多，就会形成密实的填料体充填整个采空区。风力填充的主要特点是运输简单、适应性强、充填能力强，但对充填料要求比较严格，而且动力消耗较大、管路磨损快。

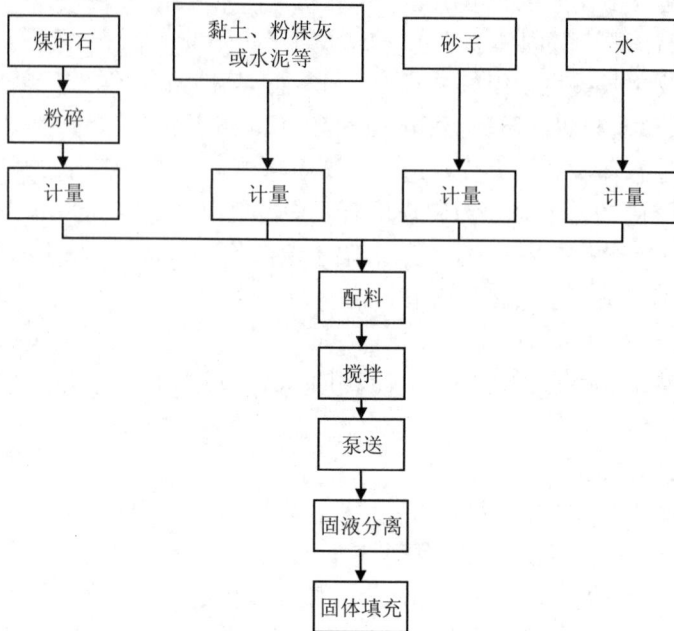

图 12-10　水力充填采空区流程

（2）煤矸石回填采空区应注意的问题。

煤矸石回填采空区，目的是利用矿业固体废物，改善矿区环境。但是，在进行煤矸石回填时，也需要结合煤矸石自身的特点，因地制宜，避免千篇一律。

1）对充填材料的要求。煤矸石作充填材料应当满足如下条件：含水率低、不易泥化；有机可燃组分含量尽可能低；透水性良好；破碎和磨矿性能较好。这是因为填充材料通常需要一定的粒度级配，硬度较高、强度较大的煤矸石，破碎和磨矿过程能耗过高，必然会提高填充成本。

2）要求毒害性的重金属含量较低。煤矸石充填后，经常要受到地下水的渗透和淋滤，如果重金属组分过高，淋滤后容易引起地下水污染。因此，在回填采空区之前，应该认真分析所用煤矸石的热值、化学成分、所含微量元素等指标。由于充填采空区后煤矸石在地表下，受到雨水渗透或地下水浸泡后煤矸石中的溶出物会直接作用在周围土壤和所生长的作物上，若对回填煤矸石的成分不严格控制，对可能造成的环境污染缺乏系统评价和风险分析，那么回填所带来的潜在和长远危害将是巨大的。因此应根据当地煤矸石的化学组分，进行必要的试验研究和科学论证，合理设计充填方案，减少有害元素的迁移。

3）对采空区特性的要求。并不是所有的采空区都适合用回填方法进行治理。采空区的位置、形态、上覆岩层的性质各异，对其处理的方法也各不相同。目前国内主要采用封闭、崩落、加固和充填等方法进行处理。充填法适用于处理地表没有大面积塌陷或上部有建筑物的采空区，其特点是对相邻矿体的开采影响较小，可以保证回采过程中矿石的损失和贫化较小。

第三节　粉煤灰综合利用工程

一、粉煤灰来源与性质

我国是世界上最大的煤炭生产和消费国，也是世界上少数以煤为主要能源的国家之一，火力发电是我国最大的一次能源用户，每年产生的固体废物对环境造成了很大影响。粉煤灰主要是由煤粉和空气中的氧气在高温下发生燃烧反应而残留的固体物。煤和空气中的氧气反应，生成二氧化碳和灰分。但由于燃烧时空气供给不足等原因，煤粉不完全燃烧产物为残炭及煤中原有的灰分的混合物。煤粉在炉膛中燃烧后的灰大部分以小颗粒的形式随烟气一起流动，通过尾部受热面，最后在除尘器中把绝大部分飞灰捕集下来，少量的飞灰继续随烟气通过烟囱而排出。通过除尘器捕集的干灰称为飞灰，另外有从炉膛下排出的较大颗粒或块状的灰分混合物称为灰渣。

（一）化学成分

粉煤灰是煤中的无机成分，以玻璃质微珠为主，其次为结晶相，包括莫来石、磁铁矿、赤铁矿、石英、方解石等，粉煤灰中硅的含量最高，其次是铝，铁的含量较低，以氧化物的形式存在，酸溶性好。此外还有未燃尽的炭粒、氧化钙和少量的氧化镁或锗、镓、硼、镍、铀和铂等稀有元素。不同的煤质和燃烧条件下粉煤灰的化学成分差别很大，见表12-3。

（二）活性

粉煤灰本身没有水硬胶凝性能，但在水热处理条件下，能与氢氧化钙等碱性物质发生反应生成水硬胶凝性能化合物。粉煤灰的活性与其化学成分、玻璃体成分、细度、燃烧条件等因素有关。一般条件下，氧化钙和二氧化硅含量高、燃烧温度高、玻璃体含量多和含碳量低的粉煤灰活性高。

表 12-3　粉煤灰的化学成分含量　　　　　单位：%

成分	变化范围	平均值
二氧化硅	33～65	50.6
三氧化二铝	15～40	28.0
三氧化二铁	1.5～19	7.1
氧化钙	0.8～17	2.8
氧化镁	0.7～3.7	1.2
氧化钾	0.6～2.9	1.3
氧化钠	0.2～4.2	1.2
三氧化硫	0～6	0.8
烧失量	0.6～30	8.0

（三）物理性能

粉煤灰的物理性能是化学成分及矿物组成的宏观反映，通常包括比重、密度和比表面积等。以低钙粉煤灰为例，其物理性能见表12-4。

表 12-4　低钙粉煤灰的物理性能

项目	数据
堆积密度/（kg/m³）	550～1 500
80 μm 筛余/%	0.6～80
40 μm 筛余/%	10～90
比表面积/（cm³/g）	1 500～5 500
需水比/%	85～130
28 天水泥砂浆强度/%	40～100

（四）影响粉煤灰质量的因素

在粉煤灰形成过程中，影响其品质的工艺因素主要有煤的种类、燃烧状态及煤粉的制备系统：煤中的可燃物、不可燃的矿物质（灰质）和水分；燃煤锅炉、煤炭燃烧工艺参数：煤粉粒度、燃煤温度、一次风速度、二次风速度、空气过剩系数变化等；煤粉制备系统等。

二、粉煤灰的分类

（一）粉煤灰的品种

为了提高粉煤灰的综合利用率从而提高其价值，原电力部提出了灰渣分排、干灰粗细分排，要求电厂对粉煤灰进行粗加工，加工之后可分为以下几类品种供用户选择。

1．湿灰

对于湿式除灰方式，飞灰在灰场和沉灰池中沉淀下来，可用挖掘机械把湿灰挖出来供应给用户，但若采用海水进行冲灰，湿灰则不能利用。

2．漂珠

漂珠是一种玻璃状的空心微珠，其容重比水小，通常漂在水面上，对有灰场的发电厂，漂珠就在灰场水面上，捞取的漂珠占飞灰总量的比例很少，但其价值很高，利润可观。为防止漂珠流失，可专门在除尘器灰斗下设计一个水池，使漂珠浓缩聚集，将漂珠捞取装袋，而灰水被排出。

3．原状干灰

采用干式除灰方式的发电厂，将电除尘器或布袋除尘器收集到的灰，通过气力输送到灰库，就是原状干灰（或称统灰）。

4．三电场飞灰

电除尘器各电场收集到的干灰颗粒度有差异，三电场的灰较细，符合一级飞灰的标准，发电厂可专门收集三电场干灰，打包单独供应市场。

5．调湿灰

调湿灰是在干灰库中使用调湿装置（在搅拌器中喷入适量的水）制成的，此种灰呈湿状不飞，但仍很稠。调湿灰可用于建材工业筑路等，其价格比湿灰高，电厂可专门制造半成品调湿灰供应市场。

6．分级灰

从电除尘器的飞灰筛分结果来看，其中含有大量符合一级飞灰标准的高质量飞灰，如果这些优质飞灰不分选出来，则该电厂的飞灰只能作低用途，经济效益不高。如果把飞灰中的合格一级飞灰分选出来，可作为较好的建筑材料，其经济效益大大提高。为此，国内外建材企业开发了分选机分选合格的分级灰。

7．磨细灰

磨细灰是将无序状态的低品位的原状飞灰，经专用设备磨细而成为相对稳定和有序的飞灰产品，按照国家标准和规程进行质量控制和质量保证，使其能在钢筋混凝土中应用，可大大提高其价值。将采用炉底渣脱水改造后的锅炉底灰渣磨细，也可以作为粗灰出售。

（二）粉煤灰的质量评定

目前，国内外一致认定，粉煤灰的品质基本上由其细度决定，细度若符合某一级标准，其他性能也就能达到这一级的要求；F 类灰主要由燃烧无烟煤和烟煤产生，相当于我国的低钙类粉煤灰；C 类灰主要由燃烧褐煤和次烟煤产生，相当于我国的中高钙类粉煤灰。我国的粉煤灰95%以上为3级灰、等外灰，而且大部分为低钙粉煤灰。

三、粉煤灰的综合利用工程

（一）污水处理

粉煤灰中含有多孔玻璃体多孔炭粒，因而其表面积较大，另外还具有一定的活性基团，这使得其具有较强的吸附能力，从而成为污水处理的吸附材料，可用于生活污水、印染废水和造纸废水的处理。

（二）农林牧业

粉煤灰具有质轻、疏松多孔的物理特性，还含有磷、钾、镁、硼、钼、锰、钙、铁、硅等植物所需要的元素。粉煤类在农林牧业中的应用，实际上就是通过改良土壤、覆土造田等手段，促进种植业的发展，以便达到提高农作物产量、绿化生态环境、培植优良饲草等目的。据统计，在适宜掺灰量下，农作物可增产。在粉煤灰场上种植树木，可以减少扬尘，改善环境，灰场上推荐种植的树种有荆条、刺槐、柳树和紫槐等。目前，用粉煤灰制作土壤改良剂——硅酸质肥料、磁化肥的工作已得到国家的大力扶持，前景光明。实践证明，农林牧业利用飞灰具有投资少、容量大、需求平稳、波动少，且大多对灰的质量要求不高等优点。

（三）建筑和建材

1．生产水泥

粉煤灰可替代黏土组分进行配料，用于水泥生产。粉煤灰水泥具有后期强度高、水化热大幅度降低、抗硫酸盐侵蚀、抗干缩等功能，与钢筋结合牢固，产品主要用于大型桥梁、高速公路、机场跑道、高温车间等建筑工程。飞灰作水泥混合材料主要用干灰，可以降低能耗和二次污染。干灰可由密封罐车、密封罐船或管道气力输送进厂，经出灰库、加料仓进入水泥磨与熟料和石膏混磨，此工艺简单可行，受到发电厂广泛欢迎。

2．粉煤灰烧结砖

粉煤灰烧结砖是以粉煤灰和黏土为原料，经搅拌成型、干燥和焙烧制成的砖，黏土塑性指数越高，可掺入粉煤灰的比例越大。与普通砖相比，烧结砖强度相同，而重量略轻，导热系数低，易于干燥，可减少燃料晾干时间和场地，降低单耗，节约能源。

3．粉煤灰混凝土

粉煤灰混凝土泛指掺加飞灰的混凝土，在配制混凝土混合料时，掺入一定量的飞灰，可达到改善混凝土性能、节约水泥、提高混凝土质量和工程质量的目的，并有效降低制品成本和工程造价。粉煤灰混凝土在我国三峡大坝浇筑、南京二桥建设、秦山核电站等大型工程中得到大量应用，其耐久性、抗裂性得到了好评。另外粉煤灰混凝土凝结较慢，利于较长距离运输和泵送施工。作为交通工程中的填筑材料使用，已成为大量消耗粉煤灰资源的一种重要途径，它主要用作路面基层材料以代替黏土筑高速公路路堤和用来摊铺水泥混凝土路面等，曾在沪宁高速、沪嘉高速等筑路工程中得到广泛应用，这种道路投资少、寿命长、维护少，能节省维护费用。

4．提取高附加值产物

（1）提取漂珠。漂珠具有耐磨、耐高温、导热系数低、强度高、电绝缘性能好等特点，可用来作保温耐火产品、塑料制品、填充料、刹车片、建筑涂料等，用途广泛。对于有灰场的电厂，漂珠可在灰场水面上捞取。

（2）提取氧化铝。内蒙古西部地区的粉煤灰中含有较高的氧化铝，目前，利用粉煤灰提取氧化铝联产水泥熟料技术已通过技术鉴定，年产1万t粉煤灰提取氧化铝项目已在内蒙古实施。

（3）在高分子材料中的应用。

因粉煤灰与有机高分子材料基质的界面性质不同，会造成二者亲和性差，进而影响其在制品中的分散和交联，所以粉煤灰不能直接用于高分子材料制品中，需表面改性。粉煤灰表面改性以干法为主，改性剂以硅烷偶联剂为主，以助改性剂为辅。

1）改性超细粉煤灰在橡胶中的应用。经表面改性的超细粉煤灰填入橡胶制品中，起到一定的补强和交联效果，可使其力学性能指标基本上与半补强炭黑相同，可以部分或全部代替未补强炭黑，效果优于未改性的超细粉煤灰。

2）改性超细粉煤灰在塑料制品中的应用。经表面改性的超细粉煤灰填入塑料制品中，能提高聚丙烯制品的化学物理性能，改性剂起到一定的交联效果，改善粉煤灰微珠在聚丙烯树脂中的分散性，减少界面能，使两者紧密结合在一起。

3）改性粉煤灰在其他高分子制品中的应用。改性粉煤灰用于尼龙产品中，能明显改善其性能，也可用于聚氯乙烯、聚乙烯等产品中，改善加工树脂的流变性能。

（四）粉煤灰纤维生产线

在工业粉煤灰中添加必要的助剂和水，经搅拌和造粒后在高温下熔化，再经加压，由多孔喷丝板熔融喷出成丝，通过冷却和表面处理，制得超细无机纤维，进而制造纸浆，生产纸品和保温材料、节能墙体材料等。主要装备为大功率高速离心机等，产品为国家级新产品、环保绿色产品，产品市场缺口很大，图12-11为粉煤灰部分产品示意图。

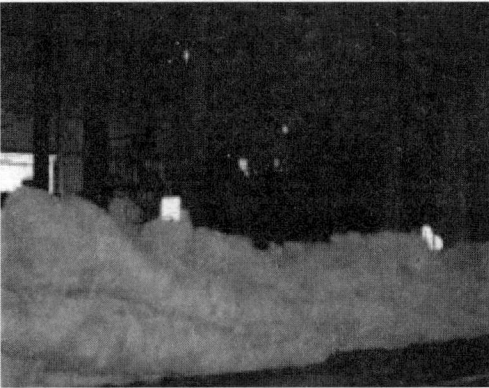
粉煤灰棉

粉煤灰砖

粉煤灰多孔砖

粉煤灰球

图 12-11　粉煤灰部分产品示意图

第四节　煤泥综合利用工程

一、煤泥特性

煤泥泛指煤粉含水形成的半固体物，是煤炭洗选过程中的一种产品，其种类众多，用途广泛，根据品种和形成机理的不同，其性质和可利用性有较大差别。粒度范围 0～1 mm；灰分 16%～49%；煤泥低位发热量一般为 8～17 MJ/kg，具有粒度细（通常为 0.5 mm 以下，小于 0.2 mm 的占 80%以上）、水分高（含水量 25%～40%）、黏性高、持水性高、灰分高等特点，不易运输和利用，而且在堆积状态下不稳定，遇水易流失，风干就飞扬。20 世纪80 年代以前煤泥大部分被作为废料遗弃，造成了严重的环境问题。

二、煤泥综合利用工艺

（一）煤泥干燥

1. 干燥工艺

煤泥干燥脱水后与原煤掺混作为锅炉燃料。目前，煤泥干燥主要有两种方式：以滚筒式热烟气干燥工艺为代表的干燥方式和以多层多级多效干燥设备为主的干燥工艺。滚筒式工艺主要流程为：湿煤泥滤饼经带式输送机送至密封刮板运输机后进入滚筒干燥机或压滤机，干燥后形成一定粒度的煤泥产品，经带式输送机转载至储放场地。此工艺中气体的主要流程为：冷空气经送风机进入热风炉，产生的热烟气进入滚筒干燥机或者压滤机与湿煤泥进行充分的质热交换，产生的尾气进入除尘系统净化后排入大气。但该种煤泥干燥方式热损失较大，占地大，且烟气处理量比较复杂。

多层多级多效干燥设备以蒸汽作为加热介质，将热介质分别导入干燥机浆叶轴内腔和壳体夹套层同时加热，以热传导方式对物料进行加热干燥。水分含量为 25%～40%的湿煤泥首先经过特殊上料打散装置打散后由带式上料机输送到进料机，再由进料机输送到干燥滚筒内，煤泥在干燥滚筒内均布的浆叶的转动下，均匀分散地与热的壳体、浆叶充分接触，使物料表面的水分蒸发达到传热、传质的干燥目的。干燥后的煤泥在滚筒内随浆叶轴的旋转流向出料口方向，经星形卸料器排出成品，由带式出料机把干燥后的煤泥输出，完成干燥过程。该设备采用传导式间接干燥工艺，可安全、节能、环保地对煤泥进行干燥脱水，脱水效率较高，且设备占地小。

干燥工艺流程如图 12-12 所示。

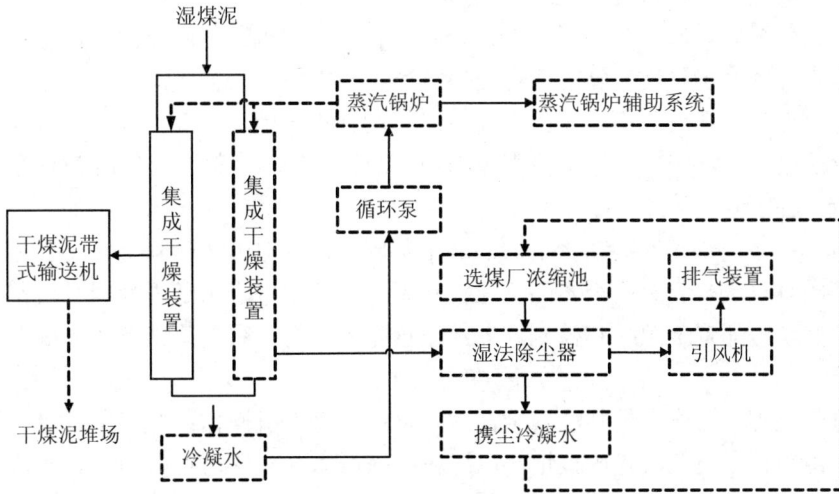

图 12-12 煤泥干燥脱水工艺流程

2. 干燥脱水设备

（1）煤泥烘干机。

煤泥烘干机是比较通用的煤泥干燥脱水设备，煤泥烘干机采用独特的打散装置，可将黏结的煤泥打散后烘干，加大了煤泥与热风的接触面积，使热利用率得到极大提高，煤泥烘干机烘干后的煤泥可一次性将水分降低到 12% 以下，经该烘干设备烘干后的煤泥可直接作为燃料使用，使得煤泥变废为宝。可将锅炉尾气作为煤泥烘干机的供热热源，供热无投资，用热无成本，真正做到节能环保。煤泥烘干机系统主要由热源系统、进料系统、保送系统、烘干系统、除尘系统、电器控制系统组成，见图 12-13。

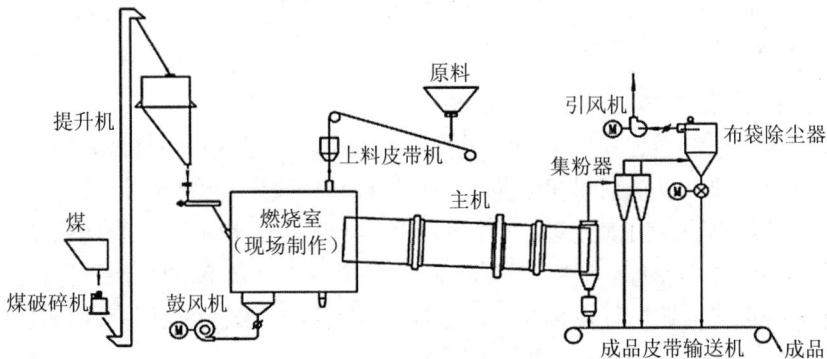

图 12-13 煤泥烘干设备

（2）安装、操作与维护。

维护：机器的维护保养是一项极其重要的经常性的工作，它应与机器的操作和检修等密切配合，应有专职人员进行值班检查。

轴承担负机器的全部负荷，良好的润滑对轴承寿命有很大作用，直接影响到机器的使用寿命和运转率，因而要求注入的润滑油必须清洁，密封必须良好，本设备的主要注油处为转动轴承、轧辊轴承、所有齿轮、活动轴承、滑动平面。

新安装的轮箍容易发生松动必须经常进行检查；注意机器各部位的工作是否正常；注意检查易磨损件的磨损程度，随时注意更换被磨损的零件；放置活动装置的底架平面，应除去灰尘等物以免机器遇到不能破碎的物料时活动轴承不能在底架上移动，以致发生严重事故；轴承油温升高，应立即停车检查原因加以消除。转动齿轮在运转时若有冲击声应立即停车检查，并消除。

安装试车：该设备应安装在水平的混凝土基础上，用地脚螺栓固定。安装时应注意主机体与水平的垂直。安装后检查各部位螺栓有无松动及主机仓门是否紧固，如有应进行紧固。按设备的动力配置电源线和控制开关。检查完毕，进行空负荷试车，试车正常即可进行生产。

安全操作规程：操作人员须经安全技术教育后方可上机操作；严禁在运转时从破碎腔上部朝机器内窥视。电气设备应接地，电线应绝缘可靠并装在钢管内铺设。严禁在运转时手直接在进料口后破碎腔内搬运挪移物料。破碎机在运转过程中严禁作任何调整、清洗或检修工作。

3. 煤泥干燥及注意事项

煤泥干燥脱水系统的主要作用是使煤泥水分降低，以便将干燥后的煤泥与原煤掺混后作为锅炉燃料使用。煤泥干燥脱水后物理性能发生了较大改变，解决了煤泥输送过程中滴淌、粘挂、溢漏等问题，改善了其储、装、运的性能，防止了厂区环境的二次污染，极大地改善了厂区环境。但由于煤泥干燥系统自身的特点，煤泥脱水干燥后的产品作为电厂燃料还需注意以下问题：①煤泥热值低，锅炉对燃料的热值有要求，因此，煤泥混掺比例不宜过大，以免影响锅炉正常运行；②煤泥干燥后易扬尘，干燥设备宜设在中煤仓附近，以与中煤进行混合，避免长途运输造成污染；③煤泥干燥产生粉末，需考虑防爆，干燥腔内氧气含量不宜过高，腔内保持负压低氧。

（二）煤泥高压泵送系统

1. 煤泥高压泵送系统

煤泥高压泵送系统通过高压泵和管道将煤泥直接输送至锅炉内燃烧，避免了对环境的二次污染，且该系统具有包括煤泥成浆、贮存、搅和、输送、给料、清洗等管道输送所需的全部功能，满足锅炉燃用煤泥对于输送环节的全部要求。煤泥高压泵送系统的工艺流程为：首先通过外部给料设备（刮板输送机等）将洗煤厂压滤车间的压滤煤泥输送至膏体制备机，膏体制备机将煤泥进行搓合粉碎，然后将煤泥转入煤泥保浆缓存仓内，在保浆缓冲仓内通过搅拌叶片充分搅拌均匀，再由正压给料机送入高压膏体泵中，高压膏体泵将煤泥泵出到煤泥输送管道中，然后经多功能给料器送入锅炉内燃烧。煤泥高压泵送系统的泵送压力可达 24 MPa，且设有清洗回流管和放水口，当输送系统长期闲置时可以将管路中的煤泥通过快速清洗装置排出，由放水口放出清洗水清洗管道，以防止煤泥在管路中干结。煤泥泵送系统工艺流程如图 12-14 所示。

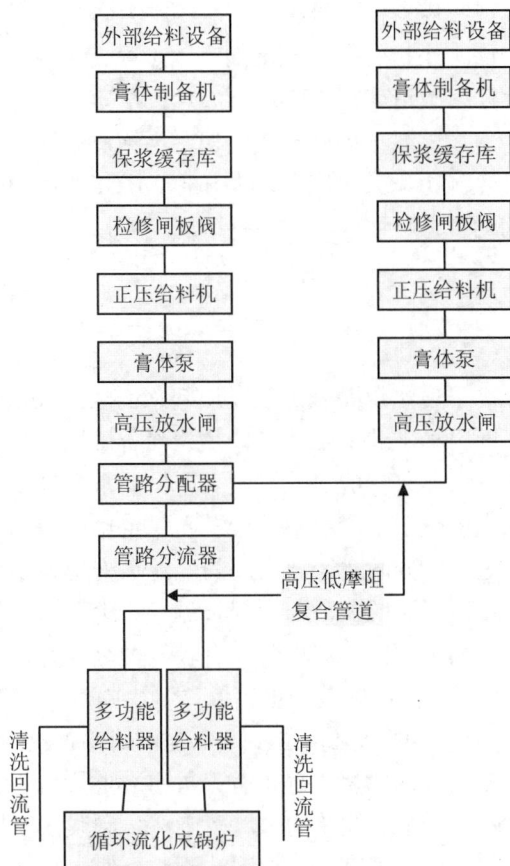

图 12-14　煤泥泵送系统工艺流程示意

2．煤泥高压泵送系统优缺点

煤泥高压泵送系统集煤泥储存、搅拌、输送、给料于一体，能有效防止固体沉淀、结块，其可输送煤泥的最大浓度可达 71%左右。具有泵送压力高、输送量大、设备布置灵活，并且可实现流量控制等特点，适用于电厂掺烧煤泥发电项目，大大降低输煤系统的运行费用，降低厂用电；可降低锅炉的一次风压；减少锅炉磨损，延长锅炉维修期。煤泥高压泵送系统设备已在国内大范围推广和使用，目前正向大容量、高效率机组的综合利用电厂方向拓展。

三、煤泥发电技术工艺

（一）干煤泥燃烧发电

煤泥是可以利用的低热值燃料，燃烧发电是其理想的利用方法之一。我国政府高度重视和支持煤泥燃烧发电，制定了煤泥、煤矸石发电优惠政策，单机容量在 500 kW 以上的煤泥电厂，符合并网调度条件的，电网经营企业都允许并网。中国的煤泥燃烧利用技术——中国独创的煤泥流化床燃烧新技术居世界领先水平。山东新汶矿业集团良庄煤矿建有全国首座直燃型煤泥热电厂，实现热电联供，每年节约燃煤 1 万多吨，锅炉燃烧率达到 98%。电站锅炉掺烧煤泥是目前中国中小机组挖潜改造的有效途径。实践表明掺烧 60%～70% 的煤泥，设备及系统无须进行任何改造就能正常运行并达到额定参数，从而大幅度提高机组经济性，增强企业市场竞争力。煤泥与煤矸石混烧相对于纯烧煤矸石具有燃尽率高、锅炉运行稳定、锅炉磨损小等优点。山东某集团公司在 130 t/h CFB 锅炉上进行了煤泥、煤矸石混烧试验，经过几个月的运行，证明 CFB 锅炉掺烧煤泥技术上可行，经济效益和环境效益明显。

（二）煤泥水煤浆技术

煤泥水煤浆技术是在高浓度水煤浆基础上发展起来的煤泥浆燃烧应用技术。它是利用煤泥经简易制浆，就地就近用于工业锅炉及其他热工设备燃烧，达到以煤泥代煤代油目的的一项煤泥综合利用技术。煤泥浆一般对质量没有严格要求，只要能满足实际燃烧需要即可。煤泥制浆时一般不预先磨矿，不加或稍加少量起稳定作用的添加剂，所以制浆系统简单，生产成本低。此外，它还部分简化了选煤厂的煤泥水处理系统。煤泥按其是否经过浮选可分为原煤泥和尾煤泥，原煤泥的灰分与原煤接近，其中含有大量的低灰精煤，因此灰分低、热值高，挥发分也较高，制出的水煤浆具有较好的燃烧特性。尾煤泥经过浮选，灰分高（可达 30%～50%）、热值低，挥发分也较低，制出的水煤浆燃烧特性较差，对燃烧设备及燃烧条件等要求较高。因此，从制浆上讲，煤泥的成浆性对产品的性能有重要影响，而产品的燃烧性能对锅炉的设计和燃烧工况也有至关重要的影响。煤泥浆制备工艺大致可分为"干法"和"湿法"两类。干法制浆的浓度范围宽，制浆浓度也较易控制，制浆能力相对较大，但环境污染严重，劳动强度也大；湿法制浆一般是直接用浓缩机底流调浆，工人劳动强度低，对环境污染小，但要求入料有一定的浓度且浓度波动不能太大，另外对入料中的大颗粒及杂物控制较困难。近几年国内在煤泥制浆及燃烧技术方面取得了一定的进展，开发研制出剪切搅拌制浆工艺和旋流诱导燃烧技术、流化-悬浮高效低污染燃烧技术等，并经现场试验取得成功。

四、煤泥制型煤工艺

型煤是较为成熟的洁净煤技术之一。与原煤散烧相比，型煤燃烧可以减少 CO 排放量 70%～80%、SO_2 排放量 50%～70%、烟尘排放量 60%～90%。所以，将煤泥制成型煤，既有利于节约煤炭资源，减少煤泥对环境的污染，又有利于改变选煤厂的产品结构，提高选煤厂的经济效益和社会效益。煤泥生产型煤需要注意几个问题：①合理控制煤泥水分。水分是煤泥成型阶段的润滑剂，有利于提高型煤的强度，但如果水分太多，会导致型煤强度下降。型煤成型时最佳水分含量一般为 10%～15%，而煤泥所含水分多在 20% 以上，因此需要进行干燥处理，这是煤泥成型的一个不利因素。②合理选择与使用黏结剂和固硫剂。要求黏结剂性能优异、廉价易得，固硫剂固硫效果好（通常以石灰作固硫剂）。③粒度要求。型煤成型时要求原料煤的粒度小于 3 mm，选煤厂煤泥在干燥过程中可能结块，往往需要进行适当的破碎处理。某单位自主开发无机黏结剂，利用焦作矿务局演马庄煤矿洗煤厂煤泥，按照黏结剂与原料煤配比 1：8 生产的锅炉型煤满足工业锅炉要求；某矿煤泥型煤厂将煤泥与原煤以 9∶1 混合，加入 6%～8%的无机添加剂，生产的型煤符合工业锅炉使用要求。

思考题

1．煤炭行业的清洁生产方案如何制定才能解决该行业量大面广的固体废物产生和资源化问题？

2．煤炭行业固体废物有哪些？如何产生的？如何从源头上降低其产生量？如何从源头上降低其中污染物的含量？

3．煤矸石利用工艺有哪些？各自有何优缺点？从经济、环境、技术、工艺和设备各方面对各工艺进行评价。

4．煤泥脱水技术关键是什么？请从煤泥中水形成的原因出发设计最佳脱水方法。

5．请设计煤泥或煤矸石综合利用工艺。

6．粉煤灰是如何形成的？有哪些结构特点？又有哪些性质？

7．粉煤灰利用价值如何？怎样利用粉煤灰的性质设计材料？

第十三章　矿山和冶金工业固体废物的综合利用

第一节　矿山和冶金工业介绍

一、非金属矿工业发展现状及趋势

非金属矿工业主要包括非金属矿采选和非金属矿加工制品业等。"十一五"期间，我国非金属矿工业发展快速，基本满足了国民经济和社会发展的需要。2010年，全国规模以上非金属矿工业企业实现销售收入 3 860 亿元、利润 360 亿元，年均分别增长 34% 和 41%。主要非金属矿产品产量持续增长。非金属矿及加工制品是经济社会发展不可或缺的基础原材料和产品，同时又是高新技术产业发展的重要支撑材料。"十二五"期间，非金属矿工业具有较大的发展潜力。改造提升传统产业、发展战略性新兴产业、加强生态环境保护，对非金属矿及加工制品的品种、性能、质量和产量均提出了更高的要求。具体有：开发新型表面改性剂、分散剂、石材养护剂等关键辅料生产与应用技术；优化矿山开采、推广使用先进技术，对矿山开采进行科学设计，优化开采方案，提高资源利用率，科学治理矿区废石、废水、塌陷区，修复损坏严重的矿山生态，新开发项目要同步推进资源开发与环境保护、生态修复；加强选矿及尾矿治理；采用先进选矿工艺和技术，提高产品纯度和品级，提高选矿回收率；鼓励采用先进技术，提高共伴生矿物的回收利用水平，加大尾矿治理，鼓励从尾矿中分离、回收有效矿物或成分，支持以尾矿为原料的下游产品开发。

二、有色金属行业发展现状

有色金属行业是国民经济发展的重要基础原材料产业，产品种类多、应用领域广、产业关联度高，在经济社会发展以及国防科技工业建设等方面发挥着重要作用。常用的有色金属有铜、铝、铅、锌、镍、镁、钛、锡、锑、汞 10 种。据初步统计，2010 年 10 种有色金属产量 3 121 万 t，表观消费量约 3 430 万 t，"十一五"期间年均分别增长 13.7% 和 15.5%。其中，精炼铜、电解铝、铅、锌、镍、镁等主要金属产量分别为 458 万 t、1 577 万 t、426 万 t、516 万 t、17 万 t 和 65 万 t，年均分别增长 12%、15.1%、12.2%、13.7%、12.5% 和 7.7%，分别占全球总产量的 24%、40%、45%、40%、25% 和 83%。2010 年有色金属行业规模以上企业完成销售收入 3.3 万亿元，实现利润总额 2 193 亿元，"十一五"期间年均分别增长 29.8% 和 28.1%。

"十二五"期间的发展重点为重金属污染防控。具体为污染源综合治理、落后产能淘汰、民生应急保障、技术示范、清洁生产、基础能力建设、解决历史遗留污染问题。

三、黄金行业发展现状

中国是黄金矿产资源比较丰富的国家，世界上已知的金矿类型在中国都有发现，据有关专家推测，中国蕴藏的黄金资源储量在 3.0 万 t 以上，黄金工业具备较强的可持续发展的资源基础。目前已查明资源储量 6 327.9 t，其中：独立岩金 4 399.3 t，占 69.46%；砂金 520.8 t，占 8.22%；伴生金 1 413.7 t，占 22.23%。2009 年我国黄金产量突破 300 t 大关，达到 313.98 t。

在黄金工业实现持续快速增长的同时，我国也付出了巨大的资源和环境代价。这与我国黄金产业结构不合理、管理粗放有直接关系。其主要表现在：地勘工作滞后，可供生产的金矿储量不足；矿山企业缺乏资金，勘察、开采深度不够；矿产资源缺少整合、利用率低，资源浪费和环境污染问题比较突出。这些问题制约了我国黄金工业的进一步发展。因此，只有以提高资源利用率为核心，以治理污染为突破口，大力发展循环经济，切实抓好节能减排工作，形成以资源节约型、清洁生产型、生态环保型为特征的发展格局，我国黄金行业才能真正实现可持续发展。

四、黑色金属行业发展现状

黑色金属主要指铁、锰、铬及其合金，如钢、生铁、铁合金、铸铁等。黑色金属的产量约占世界金属总产量的 95%。

"十一五"期间，我国粗钢产量由 3.5 亿 t 增加到 6.3 亿 t，年均增长 12.2%。钢材国内市场占有率由 92%提高到 97%。2010 年，钢铁工业实现工业总产值 7 万亿元，占全国工业总产值的 10%；资产总计 6.2 万亿元，占全国规模以上工业企业资产总值的 10.4%，为建筑、机械、汽车、家电、造船等行业以及国民经济的快速发展提供了重要的原材料保障。

第二节　矿山和冶金工业固体废物来源、危害与特性

一、矿山工业固体废物来源与危害

我国有色金属矿贫矿多、富矿少，多金属矿多、单一矿种少，金属品位极低、矿物采剥比大，产生的固体废物多。形成了大量采矿场、尾矿库、废石场和赤泥堆，不但占用土地，而且已对矿山和周围环境造成了严重的环境污染和生态破坏。随着现代工业化生产的迅速发展和新开矿山数量的陆续增加，尾矿的排放量、堆积量也越来越大。目前，仅我国在国民经济中运转的矿物原料就约 50 亿 t。世界各国每年采出的金属矿、非金属矿、煤、黏土等在 100 亿 t 以上，排出的废石及尾矿量约 50 亿 t。有色金属矿山累计堆存的尾矿，美国达到 80 亿 t。在我国，全国现有较大的尾矿库 400 多个，全部金属矿山堆有的尾矿则

达到 50 亿 t 以上，而且以每年产出 5 亿 t 尾矿的速度在增加。目前我国铁矿山年排出尾矿量约 1.3 亿 t，有色矿山年排出尾矿量约 1.4 亿 t，黄金矿山每年排出的尾矿量达 2 450 万 t。而且随着经济的发展，对矿产品需求大幅度增加，矿业开发规模随之加大，产生的选矿尾矿数量将不断增加；加之许多可利用的金属矿品位日益降低，为了满足矿产品日益增长的需求，选矿规模越来越大，因此产生的选矿尾矿数量也将大量增加，而大量堆存的尾矿，给矿业、环境及经济等造成了不少的难题。

（一）生态破坏

我国每年工业固体废物排放量的 85% 以上来自矿山开采，全国矿山开采累计占地约 600 万 hm^2，破坏土地近 200 万 hm^2，且仍以每年 4 万 hm^2 的速度递增。

（二）尾矿库占用大量土地

2004 年尾矿库初步调查资料显示，全国共有尾矿库 2 762 座，其中较大规模的尾矿库 400 多座，各类金属矿尾矿的堆存总量为 60 亿～80 亿 t，且每年以 3 亿 t 的数量增加，占地 1 000 万亩。

（三）水土流失及土地沙化

矿业活动特别是露天开采，破坏了植被和山坡土体，引起矿山地区水土流失。对全国 1 173 家大中型矿山调查结果显示，矿业活动产生水土流失及土地沙化破坏面积分别达 1 700 hm^2 及 740 hm^2。

（四）尾矿库溃坝

尾矿库运行中由于洪水、地震及其他异常情况的发生，存在着运行事故风险，其中最严重的情况是尾矿库坝体溃决。坝体溃决后，尾矿砂下泄，淹没下游农田、破坏农作物、阻塞河沟，造成地表水污染，损害生命财产安全。

（五）环境污染

尾矿在选矿过程中经受了破磨，体积和重量减少，表面积较大，堆存时易流动和塌漏，造成植被破坏和伤人事故，尤其在雨季易引起塌陷和滑坡。而随着尾矿数量的不断增加，尾矿库坝体高度也随之增加，不安全隐患日益增大。我国已发生过大小事故数十次，其中 7 次造成人身伤亡，死亡人数 300 人。最严重的一次是云锡大谷都尾矿库溃坝事故，368 万 t 尾矿和泥浆像泥石流一样向下游倾泻，淹埋万亩农田和村庄，伤亡近 200 人，导致选矿厂停产 3 年之久。而在气候干旱、风大的季节和地区，尾矿粉尘在大风推动下飞扬至尾矿坝周围地区，造成土壤污染、土地退化，甚至使周围居民致病。尾矿成分及残留选矿药剂对生态环境破坏严重，尤其是含重金属的尾矿，其中的硫化物产生酸性水进一步淋浸重金属，其流失将对整个生态环境造成危害。残留于尾矿中的氯化物、氰化物、硫化物、松油、絮凝剂、表面活性剂等有毒有害药剂，在尾矿长期堆存时会受空气、水分、阳光作用和自身相互作用，产生有害气体或酸性水，加剧尾矿中重金属的流失，流入耕地后，破坏农作物生长或使农作物受污染；流入水系则又会使地面水体和地下水源受到污染，毒害水生生物；尾矿流入或排入溪河湖泊，不仅毒害水生生物，而且会造成其他灾害，有时甚至涉及相当长的河流沿线。目前，我国因尾矿造成的直接污染土地面积已达百万亩，间接污染土地面积 1 000 余万亩。

二、冶金工业固体废物来源与危害

据统计，目前我国冶金工业固体废物年产生量约 4.3 亿 t，综合利用率为 18.03%。其中工业尾矿产生量为 2.84 亿 t，利用率 1.5%；高炉渣产生量 7 557 万 t，利用率 65%；钢渣产生量 3 819 万 t，利用率 10%；化铁炉渣 60 万 t，利用率 65%；尘泥 1 765 万 t，利用率 98.5%；自备电厂粉煤灰和炉渣 494 万 t，利用率 59%；铁合金渣 90 万 t，利用率 90%；工业垃圾 436 万 t，利用率 45%。

（一）冶金工业固体废物种类

1. 焦化固体废物

焦化产生的固体废物多属于危险废物，焦煤与焦炭在运输、破碎、筛分过程中收集得到煤尘和焦尘；产生废弃的焦油渣、酸焦油、洗油再生器残渣、黑萘、吹苯残渣及残液、酚和吡啶精制残渣、脱硫残渣及煤气发生炉煤焦油和焦油渣。

2. 钢铁行业固体废物

钢铁行业固体废物包括：烧结机头、机尾、成品整粒、冷却筛分等处通过各种除尘装置净化得到的烧结粉尘和污泥（统称为含铁尘泥）；高炉渣，尘泥及原料厂、出铁厂收集的粉尘；炼钢厂产生的固体废物（主要是炼钢渣、浇铸渣、喷溅渣、化铁炉渣）；净化系统收集的含铁尘泥，以及少量的残铁、残钢、残渣、废耐火材料等；热轧产生的大量热轧氧化铁皮；火炼的炉口废渣（每吨火炼法冶炼铁合金，约产生废渣 1 t）；湿法冶炼的浸出渣；除尘净化装置的尘泥等。

3. 有色金属冶炼废渣

有色金属冶炼废渣包括黄金冶炼尾渣（包括浮选得到的金精矿氰化提金尾渣、难选冶金精矿焙烧等预处理得到的尾渣、冶金得到的其他工艺尾渣）、冶铜尾渣、铬渣和赤泥等。铬渣是金属铬和铬盐（如红矾钠）生产过程中产生的固体废物，除部分返回焙烧料中再利用外，其余需要进行安全处理。每生产 1 t 重铬酸钠产生 1.8~3.0 t 铬渣，每生产 1 t 金属铬产生 12.0~13.0 t 铬渣。铬渣为浅黄绿色粉状固体，呈碱性，成分包括 Cr_2O_3、Cr^{6+}、SiO_2、CaO、MgO、Al_2O_3、Fe_2O_3 等，其矿物组成主要是氧化镁、四水铬酸钠、正铬酸钠、铬酸钙、铝尖晶石、硅酸二钙固溶体、铁铝酸钙固溶体、硅酸二钙等。赤泥是从铝土矿中提炼氧化铝后排出的工业固体废物，一般含氧化铁量大，外观与赤色泥土相似，因而得名。但有的因含氧化铁较少而呈棕色，甚至灰白色。铝土矿中铝含量高的，采用拜耳法炼铝，所产生的赤泥称拜耳法赤泥；铝土矿中铝含量低的，用烧结法或用烧结法和拜耳法联合炼铝，所产生的赤泥分别称为烧结法赤泥或联合法赤泥。

（二）冶金工业固体废物危害

工业冶炼废渣具有毒性、腐蚀性、反应性、放射性等危害，不仅持续时间长、范围广，无色无味具有隐蔽性，而且无法被生物降解，通过食物链不断富集，转化为毒性更大的甲基化合物。固体废渣场长期堆存与释放是污染的一个重要来源和土壤"化学定时炸弹"（Chemical Time Bomb，CTB）的一个潜在关键诱因。"化学定时炸弹"是环境污染延缓效应及危害的形象描述，是在一系列因素的影响下，使土壤长期储存的化学物质活化，导致突然爆发灾害性的效应。重金属对环境污染的延缓效应将活化储存在土壤与沉积物中的化学物质，进而导致突发性的灾害，破坏土壤的动态平衡，引发土壤结构和功能变化，并且引发污染物在生物体内积累，通过食物链最终影响人体健康。

冶炼废渣重金属污染物对土壤、大气环境及生态造成严重威胁。冶炼渣场在酸雨淋滤、地表径流和雨水冲刷、渗透作用下，通过土壤孔隙向四周和纵深的土壤迁移，对附近区域的土壤、地下水、农作物以及食物链造成污染；其中大量活化态重金属元素，被植物吸收，通过食物链放大，危害人类健康。经过长期工业化的欧洲，其散漫型、中等土壤污染程度规模已位居世界之首，很难修复和复原。

氰化尾渣除少部分用作水泥生产辅料外，其余大部分就地堆放在矿山附近，容易引起自燃，从而放出大量的 SO_2、As_2O_3 等有毒气体污染大气。另外，由于黄金冶炼氰化尾渣的长期堆放，其中的有害金属离子和微量的氰根离子也易流入水或土壤，引起环境污染。另一方面氰化尾渣中含有金、银、铜、铁、锌、铅、钨、硫和铋等有价金属，因此有必要对其回收利用，变废为宝。

三、矿山、冶金工业典型固体废物的物理、化学和工程性质

（一）钢铁行业工业固体废物特性

1. 化学组成

钢铁行业工业固体废物种类繁多，成分复杂，其主要种类及化学组成见图 13-1 和表 13-1。

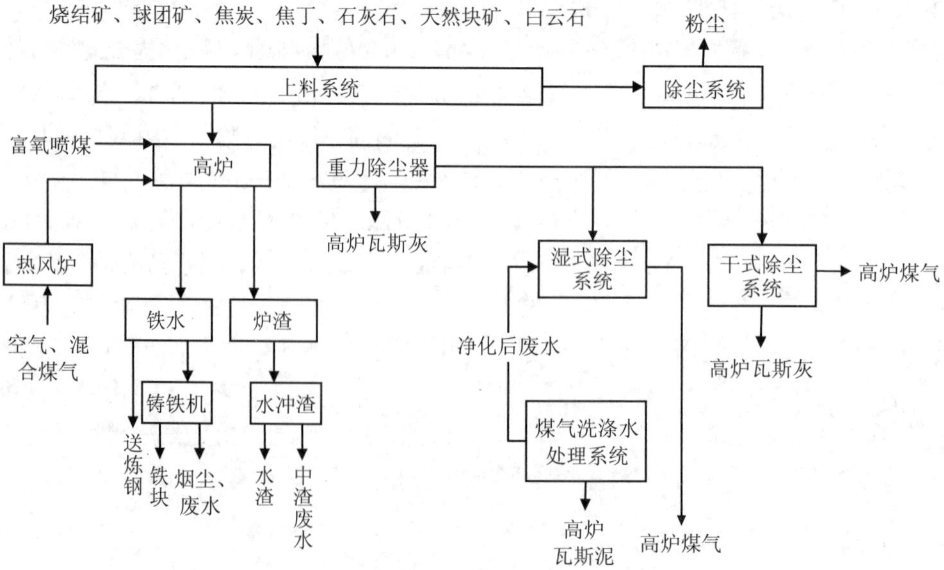

图 13-1 某炼铁生产工艺流程及排污节点

表 13-1　钢铁工业固体废物的化学组成　　　　　　　　　　　　　　单位：%

种类	成分								
	CaO	SiO$_2$	Al$_2$O$_3$	MgO	Fe$_2$O$_3$	MnO$_2$	TiO$_2$	P$_2$O$_5$	FeO
尾矿	1.1～2.6	63.2～72.1	10.7～14.8	2.24～3.25	—	0.45～0.95	—	—	0.74～5.41
高炉炉渣	39～45.5	32.6～41.4	7.6～17.3	11.6～52.0	0.88～4.2	0.08～4.30	0.2～1.12	—	0.10～1.38
钢渣	39～48.1	10.2～19.8	1.5～4.8	3.4～12.0	0.2～33.4	1.1～5.0	0.45～1.0	0.56～4.08	7.34～14.1
铁含金渣	3.1～48.4	27.2～43.3	7.5～22.9	6.7～32.2	—	0.2～9.4	0.2～0.3	0～0.02	0.42～1.58
化铁炉渣	48～55.0	25.8～28.5	9.2～13.2	2.1～3.5	0.6～1.0	0.10～0.60	—	—	—
粉煤灰	0.6～8.0	40.5～59.3	15.9～32.7	0.40～2.23	2.0～19.1	K$_2$O 1.00～2.80	烧失量 1.50～0.27	—	—
尘泥	12～17.5	2.5～7.08	1.12～2.75	2.69～4.55	—	—	2.53～8.28	33.0～54.1	30.6～31.6

从表 13-1 可以看出，钢铁工业固体废物的化学成分以铁、硅、铝、钙、镁的氧化物为主，含量在 80%以上。钢铁工业各种固体废物的矿物组成也有很大不同（表 13-2），矿物组成决定了材料的性质和利用途径，因此钢铁工业固体废物的利用途径比较宽。钢渣主要成分是 CO、Al$_2$O$_3$、Fe$_2$O$_3$，含量比高炉渣多；矿物相以硅酸二钙为主，是稳定相，几乎无反应特性。钢渣遇水后，水溶液呈强碱性。

表 13-2　钢铁工业各种固体废物的矿物组成

种类	矿物成分
尾矿	赤铁矿、钾钠斜长石、焦山石、石英、蛋白石、长石
高炉矿渣	慢冷：硅酸二钙（C$_2$S）、钙铝黄长石（C$_2$AS）、镁黄长石（C$_2$MS$_2$）、钙长石（CAS$_2$）、硫化钙等晶体 急冷：无定形活性玻璃体
钢渣	在冶炼过程随着碱度提高，依次发生下列反应： CaO+RO+SiO$_2$ ⟶ CaO·RO·SiO$_2$ 2（CaO·RO·SiO$_2$）+CaO ⟶ 3CaO·RO·2SiO$_2$+RO 3CaO·RO·2SiO$_2$+ CaO ⟶ 2（2CaO·SiO$_2$）+RO 2CaO·SiO$_2$+ CaO ⟶ 3 CaO·SiO$_2$ 主要矿物为硅酸三钙（C$_3$S）、硅酸二钙（C$_2$S）、橄榄石（CRS）、蔷薇辉石（C$_3$RS$_2$）、RO 相
铁合金渣	硅锰渣：锰蔷薇辉石(MnO·SiO$_2$)和硅酸钙（CaO·SiO$_2$）混合晶体、钙长石（CAS$_2$）、黄长石（C$_2$AS）、水淬后卫玻璃体 碳素铬铁渣：尖晶石（MgO·Al$_2$O$_3$）、橄榄石（2MgO·SiO$_2$）、辉石（MgO·SiO$_2$）、铬镁矿（MgO·Cr$_2$O$_3$）、董青石（2MgO·2Al$_2$O$_3$·5SiO$_2$）、水淬后卫玻璃体 精炼铬铁渣：硅酸二钙（C$_2$S）、尖晶石（MgO·Al$_2$O$_3$）、蔷薇辉石（C$_3$RS$_2$）、橄榄石（CRS）、黄长石（C$_2$AS）、硅酸三钙（C$_3$S）
化铁炉渣	与高炉矿渣相似
尘泥（高炉瓦斯泥、瓦斯泥、转炉尘泥）	铁、赤铁矿、钾钠斜长石、角闪石
粉煤灰和炉渣	活性 SiO$_2$ 和活性 Al$_2$O$_3$ 的玻璃体、石英、莫来石、磁铁矿、橄榄石（CFS）的晶体和未燃碳

2. 物理特性

通常含水 3%～8%，容重在 1.32～2.26 t/t，抗压强度 1 150 kg/cm²。平炉渣比重略小，孔隙稍多，稳定性要好一些。转炉钢渣碱度较高，CaO/Al_2O_3 一般大于 3，CaO 大于 40%，Al_2O_3 小于 15%；平炉渣碱度则低得多。

（二）赤泥的物理、化学和工程性质

物理性质：不同冶铝工艺产生的固体废物性质有区别。烧结法赤泥氧化钙含量高，水含量低；拜耳法赤泥水含量高。红褐色赤泥最初为高含水量的泥浆状工业废料，因为排放距离的远近和堆放时间的长短不同，赤泥的物理、水力和力学性质会发生很大的变化。赤泥具有含水性、低密度、高稠度、强持水性和液化性等性质。赤泥颗粒直径 0.088～0.25 mm，比重 2.7～2.9，容重 0.8～1.0，熔点 1 200～1 250℃。

浸出毒性：赤泥的 pH 值很高，其中浸出液 pH 为 12.1～13.0，氟化物含量 11.5～26.7 mg/L；赤泥 pH 为 10.29～11.83，氟化物含量 4.89～8.6 mg/L。按《有色金属工业固体废物污染控制标准》（GB 5058—85），因赤泥的 pH 小于 12.5，氟化物含量小于 50 mg/L，故赤泥属于一般固体废渣。但赤泥浸出液 pH 大于 12.5，氟化物含量小于 50 mg/L，污水综合排放划分为超标废水，故赤泥（含浸出液）属于有害废渣（强碱性土）。

化学和矿物组成：赤泥的一系列特殊的工程特性和环境问题源于其特殊的化学成分和矿物组成及其在排放条件下的变化。颗粒分析结果表明，赤泥按组成和性状可明显分为两部分，即棕色胶体（细粒）部分和褐色粗粒部分。赤泥矿物组成复杂，采用多种方法（主要有偏光显微镜、扫描显微镜、差热分析仪、X 衍射、化学全分析、红外吸收光谱和穆斯堡尔谱法 7 种）对其进行测定，其结果表明赤泥的主要矿物组成为文石和方解石，含量为 60%～65%，其次是蛋白石、三水铝石、针铁矿，含量最少的是钛矿石、菱铁矿、天然碱、水玻璃、铝酸钠和火碱。其矿物成分复杂，且不符合天然土的矿物组合。在这些矿石中，文石、方解石和菱铁矿，既是骨架，又有一定的胶结作用；而针铁矿、三水铝石、蛋白石、水玻璃起胶结作用和填充作用。

工程性质：新鲜赤泥为高含水性的松软松散土状物质，具有易变形、易液化的不良工程性质，但经过较长时间的陈化和干燥作用后，不仅强度和抗变形性质明显提高，而且具有不收缩、不崩解的特性，经过多次干湿循环也不会产生崩解破坏，这是赤泥与一般黏性土的完全不同之处。

（三）铬渣物理化学性质和工程性质

铬渣是一种固体废渣，外观呈灰色，以堆放的形式进行储存。铬渣堆表层因风化等原因而呈散粒体，其下层铬渣黏结成坚硬块体。铬渣的自然含水率不大，自然密度较小（1.0～1.22 mg/cm³）。密度较之一般工程填土要低。粒径大于 2 mm 的颗粒含量占 33.8%，粒径大于 0.074 mm 的颗粒占 91.1%；从颗粒级配角度看铬渣为一种砾砂。

表 13-3　铬渣的化学成分及含量　　　　　　　　　　　　　　单位：%

成分	CaO	SiO₂	Al₂O₃	Fe₂O₃	MgO	Cr₂O₃	Cr⁶⁺
含量	31～35	6～8	7～9	10～13	20～23	3～5	0.28～0.5

工程性质：铬渣密度较小，渗透性较大，抗剪切能力强，但压缩性也较大。根据铬渣的工程性质，将铬渣用于工程回填，可以有效地消耗铬渣，是开发利用铬渣的一条新途径。

四、黄金行业工业固体废物性质

（一）氰化尾渣

随着有色金属产品价格总体趋势的不断上扬和矿产品资源的贫化与枯竭，有色金属产品的供应逐步紧张，从氰化尾渣中回收低含量有价金属逐渐引起人们的重视。氰化尾渣中的有价元素为低含量的金、银、铅、铜、锌、铁、硫等，其主要的金属矿物为黄铁矿、磁黄铁矿、方铅矿、闪锌矿、黄铜矿、金银矿物等；脉石矿物主要为石英和长石，其他还有白云母、方解石等。

（二）硫酸化焙烧法提金尾渣

某厂硫酸化焙烧法提金尾渣化学组成见表 13-4，表明尾渣中铁含量高，同时金也具有回收价值。

表 13-4　某厂硫酸化焙烧法提金尾渣化学成分

Au/（g/t）	Ag/（g/t）	Cu/%	S/%	Pb/%	As/%	Zn/%	SiO$_2$/%	CaO/%	MgO/%	Fe/%
5.28	31.4	0.17	0.38	0.88	1.7	0.54	22.8	2.77	0.31	39.2

第三节　钢铁行业废渣的综合利用工程

钢铁行业中企业生产过程中产生的固体废物主要有高炉渣、钢渣、铁合金属渣等，这些废物量大面广，如果能对其进行高效无污染的资源化利用，不仅可以获得良好的效益，也可以减少环境污染。

一、高炉渣的预处理与综合利用工程

高炉渣也称矿渣，是高炉炼铁时所排出的固体废物。目前我国每炼 1 t 生铁产生 0.6～0.7 t 高炉渣（工业发达国家为 0.27～0.28 t），根据对高炉排出熔渣处理方法的不同，可得到三种性能不同的炉渣：水淬渣、矿渣碎石和膨胀矿渣。

（一）高炉渣的预处理

1. 高炉渣的水淬工艺

水淬处理就是将热熔状态的高炉矿渣置于水中急速冷却，限制其结晶，并发生粒化。目前普遍采用的水淬方法有渣池水淬和炉前水淬两种。

（1）渣池水淬。

用机车将熔渣罐牵引至水池旁，砸碎表层渣壳，将熔渣缓慢倒入水池中，熔渣遇水急剧冷却成粒状水渣。水渣用吊车抓出放置在堆渣场，脱水后装车外运。渣池水淬工艺设备简单可靠、耗水少。但也有很多缺点：会生成大量蒸汽、渣棉和 H_2S 气体，环境污染大；约有 15%的黏罐渣壳不能水淬；需要专设渣罐、铁路专线等设施。因此该工艺已逐渐被淘汰。

（2）炉前水淬。

在高炉炉台前设置冲渣沟（槽），熔渣在冲渣沟（槽）内被高压水淬冷成粒，输送到沉渣池，水渣经斗抓出，堆放脱水后外运。根据过滤方式，炉前水淬分为炉前渣池式、炉前渣车式、水力输送式、沉淀池过滤式、旋转滚筒式、脱水仓式 6 种。

1）炉前渣池式。在高炉旁建渣池，熔渣经渣沟流入水池粒化冷却，然后用抓斗或人工捞出水渣，堆放脱水后外运。优点是渣处理速度快、劳动强度不大；缺点是炉前有害气体污染较重，脱水效率低，水渣质量差，在我国 28 m^3 以下小高炉多采用此法。

2）炉前渣车式。渣浆冲到渣车上过滤，废水由渣车侧壁上的百叶栅流出。冲渣水压为 98～245 MPa，渣水比为 1∶10。此法车皮磨损大，渣和水的损失较多。在我国 100 m^3 以下的一些高炉采用此法。

3）水力输送式。熔渣在炉前水淬槽水淬成粒，经渣沟水力输送到沉淀池。供水方式有循环式或直流式两种。在我国 255 m^3 以上的高炉多采用此法。

上述 3 种炉前水淬方法虽然具有投资少、设备轻、经营费用低、有利于高炉及时放渣等优点，但都存在炉前有害气体污染较重、生产环境差、水中有浮渣、水泵磨损大等缺点。

4）沉淀池过滤式（图 13-2）。冲渣水经磁水器处理后，送至炉前冲渣，渣水混合物经冲渣沟流入平流沉淀池，截留 9%的沉淀及浮渣，澄清水再经分配渠进入过滤池，滤后清水经冷却后蓄于贮水池供循环使用。此法滤后清水悬浮物含量下降到 5～30 mg/L，可全部循环使用，对水泵磨损小；但占地面积大，投资高，渣含水率高。

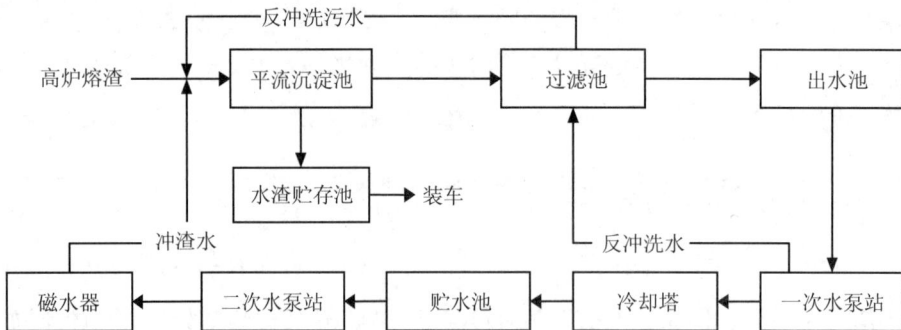

图 13-2   沉淀池过滤式水淬工艺流程

5）旋转滚筒式。高温熔渣经粒化器冲制成水渣后，渣浆经渣水斗流入装在滚筒内的分配器，分配器把渣浆均匀地分配到旋转的滚筒内，脱水后的渣靠重力落到设在滚筒内转轴中心以上的皮带运输机上运走。此法渣水分离采用活动过滤器，更换方便，过滤效果好。循环水泵出口悬浮物量为 26 mg/L，水可全部循环使用。缺点是水渣含水率较高。

6）脱水仓式。高炉熔渣从渣槽流入粒化器，粒化后的水渣先进入粗粒分离槽，落入槽内的水渣由渣泵送到脱水仓脱水；浮在分离槽水面的微粒渣由溢流口流入中间槽，再泵送到沉淀池，沉淀后的微粒渣由排泥泵送到脱水仓脱水。脱水后的水渣用车送往用户处。水流回集水池供循环使用。为了防止水渣在运行过程中沉积，在各槽、池内均设有搅拌泵，并设有自动补充调节水量装置。此法的优点是机械化程度高、冲渣水可闭路循环使用、环境污染小；缺点是水泵磨损大、动力消耗高、投资大、成本高。该方法在国外大型高炉上应用较多，我国宝山钢铁总厂从日本引进此法生产高炉水渣。

2. 矿渣碎石工艺

高炉重矿渣碎石是高炉熔渣在渣坑或渣场自然冷却或淋水冷却形成致密的矿渣后，经挖掘、破碎、磁选和筛分工艺加工而成的一种石质碎石材料，其处理工艺有两种：热泼法和渣场堆存开采法。

（1）热泼法。

热泼法有两种，即炉前热泼法和渣场热泼法。炉前热泼法是让熔渣经渣沟直接流到热泼坑，每泼一层渣要淋洒一定量的水，促使其加速冷却和破裂，待泼到一定厚度后，即可挖掘，用车运到处理车间进行破碎、磁选和筛分，得到各种规格的碎石。渣场热泼法是将熔渣用渣罐车运到渣场热泼，此后的处理工艺同炉前热泼。此工艺的优点是工艺简单、处理量大、产品性能稳定；缺点是占地面积大。

（2）渣场堆存开采法。

渣场堆存开采法是开采渣场堆积的陈渣和加工处理炉外渣池水淬工艺产生的罐壳渣的有效方法。我国近年的高炉渣采用水淬处理成水渣，重矿渣碎石多数是由开采加工渣场堆积的陈渣和加工罐壳渣生产的。此法的优点是设备简单、投资省、生产成本低。一般情况下，建一条重矿渣碎石生产线的基建投资为建同等能力的天然石场基建投资的 1/3～1/2，渣石生产成本为天然碎石的 1/2～2/3。

（3）膨胀矿渣生产工艺。

1）制备方法分类。膨胀矿渣是用适量冷却水急冷高炉熔渣而形成的一种多孔矿渣。其生产方法目前主要有喷射法、喷雾法、堑沟法、滚筒法等。

喷射法是欧美国家使用的方法。一般是在将熔渣倒向坑内的同时，坑边有水管喷出强烈的水流进入熔渣，使熔渣急冷，黏度迅速上升，形成多孔的膨胀矿渣。喷出的冷却剂可以是水，也可以是水和空气的混合物，其压力为 0.6～0.7 MPa。

喷雾法和堑沟法是前苏联生产膨胀渣的主要方法，其工艺类似于喷射法。使用的喷雾器为渐开式的喷头或用装有小孔的水管造成。喷雾器设在沟的上边缘。放渣时，由喷雾器向渣流喷入压力为 0.5～0.6 MPa 的水流，水流能够充分击碎渣流，使熔渣受冷增加黏度，渣中的气体及部分水蒸气固定下来，形成多孔的膨胀矿渣。

滚筒法是我国常用的一种方法。此法工艺设备简单，主要由接渣槽、溜槽、喷水管和滚筒组成。溜槽下面设有喷嘴，当热熔渣流过溜槽时，受到从喷嘴喷出的 0.6 MPa 压力的水流冲击，水与熔渣混合一起流至滚筒并立即被滚筒甩出，落入坑内，熔渣在冷却过程中放出气体，产生膨胀。

2）膨珠生产工艺。近年来，国内外正在推行一种生产膨胀矿渣珠（简称膨珠）的方法。膨珠的生产工艺过程是：热熔矿渣进入溜槽后经喷水急冷，又经高速旋转的滚筒击碎、抛甩并继续冷却，在这一过程中熔渣自行膨胀，并冷却成珠。这种膨珠具有多孔、质轻、表面光滑的特点。而且在生产过程中用水量少，放出的硫化氢气体较少，可以减轻对环境的污染。膨珠不用破碎，即可直接用作混凝土骨料。

膨珠生产工艺较为简单，目前在首都钢铁公司试生产膨珠的生产工艺流程见图 13-3。热熔高炉矿渣由渣罐倒入接渣槽内，熔渣温度为 1 200～1 310℃。接渣槽采用厚 130 mm 的铸铁板制成，倾斜度为 13°，熔渣经接渣槽进入流槽上，目前采用夹层的水冷流槽长 2 050 mm，倾斜度为 25°，流槽上端与接渣槽下部夹有 2 英寸（0.5～0.8 cm）水管，管上装有 75 个喷嘴，喷出 8 kg 压力水，喷嘴的水流量为 0.7 t/min，熔渣被这股水冲击并与水混合流至滚筒上。滚筒直径 900 mm，外包有 8 个三角形叶板，为加大滚筒对熔渣的甩力，在三角叶板上间断地加焊了 10～70 mm 高的钢板，这样顶端最大线速度可达 24.5～26 m/s（滚筒转速 330 r/min）。为使熔渣与水充分混拌，在三角形叶板上钻有近万个直径 1.5 mm 的水孔，水从小孔喷出的压力也有 8 kg，小孔的水流总量为 0.3 t/min。这样熔融矿渣经流槽与滚筒水混合，又被滚筒水甩入空气中快速冷却，大部分成为含有大量玻璃质的珠体落入集料坑中，在集料坑堆积的膨珠用抓斗提升至堆场堆放或装车外运。

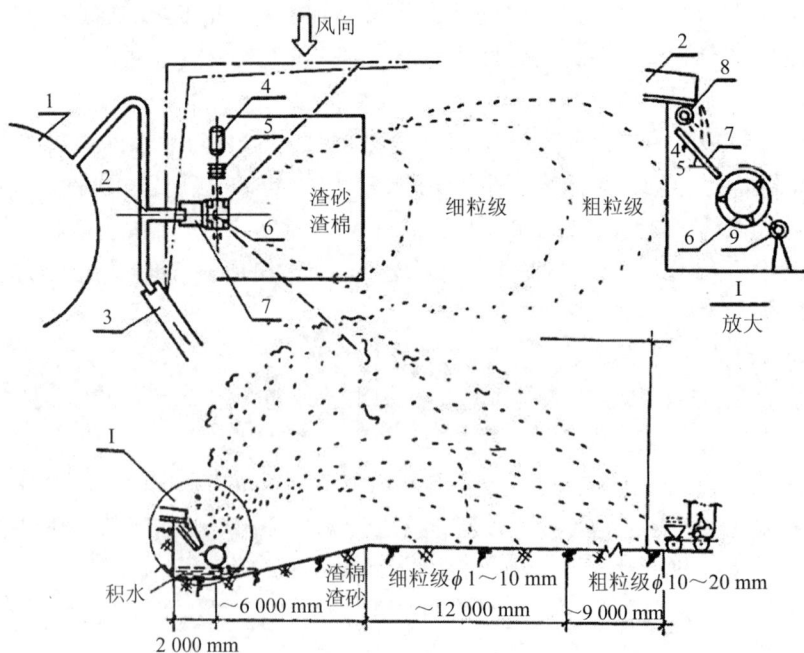

图 13-3　膨珠的生产工艺流程

1. 高炉；2. 炉前渣沟；3. 水淬沟；4. 电动机；5. 皮带轮；6. 滚筒；

7. 膨胀槽；8. 40 mm 喷水管；9. 76.2 mm 喷水管

（二）高炉渣综合利用工程

高炉渣是在高炉中将铁矿石转化为生铁的一个副产品，它有着很好的潜在水硬性，应该被回收利用生产有高附加值的产品，而不是大量地堆积或掩埋。

1．高炉水淬渣用于水泥混合料

熔渣经水淬急冷，来不及形成矿物结晶而把其中的化学能储存于形成的玻璃体中，因而具有较高的潜在活性。磨细以后，在水泥熟料矿物的水化产物、石灰、石膏等激发剂的作用下，它与水作用可生成水化硅酸盐等水化产物，具有硬性，而且显示出高强度、高密度及良好的耐热性，与其他水泥熟料相比具有很大的优势。首先，高炉水淬渣与粉煤灰、火山灰相比，其化学成分比较稳定，除此以外还具有低水合热、高抗硫和耐酸度，很好的易加工性、很高的强度极限等，这些特性对建造大桥、大坝、高速公路、海港等都很有益处。生产普通硅酸盐水泥需要消耗大量的能量，而高炉水淬渣仅需要生产普通硅酸盐水泥10%的能量。高炉水淬渣用于水泥混合料以后不但提高了水泥的性能而且降低了生产水泥的成本，节省了能源。因此高炉渣水泥被称为21世纪的新材料。

2．高炉渣微粉制混凝土制品

20世纪60年代以后，高炉渣微粉作为混凝土的独立组分得到了广泛的应用。现在，美国、欧洲、日本都已普遍推广高炉渣微粉，国内部分钢厂也引进了这一技术。高炉渣微粉是高炉水淬渣经烘干、破碎、粉磨、筛分以后，表面积达到一定程度的细粉末。一般当高炉渣微粉比表面积超过 $400 \text{ m}^2/\text{g}$ 时开始具有较好的活性和增强作用。比表面积 $300 \text{ m}^2/\text{kg}$ 以上的超细粉末被称为超细高炉渣微粉。目前很多国家针对比表面积在 $300 \text{ m}^2/\text{kg}$ 以上的高炉渣微粉制定了标准，美国 ASTMC989 把高炉渣超细粉划分为80、100和120三个等级，不同粒度的高炉渣微粉的活性指数不同。在混凝土中加入高炉渣微粉做掺合料，可以提高混凝土的强度、抗渗性、耐久性和抗腐蚀性，可用于建设大型建筑。

3．矿渣碎石的资源化

根据矿渣碎石的性质可配制混凝土，应用到地基工程、道路工程中。高炉重矿渣是由脉石、灰分、助溶剂及杂质组成的易熔混合物。矿渣主要化学成分是氧化钙、二氧化硅和三氧化二铝（氧化镁），其和大于95%以上，还有三氧化二铁和氧化亚锰。通常根据碱性氧化物与酸性氧化物含量的比值，把矿渣分成三类：碱性矿渣、中性矿渣和酸性矿渣。高炉重矿渣是熔融渣从高炉排出后，在空气中自然冷却形成的一种坚硬石质材料。经破碎，筛分而得的粒径大于 5 mm 的矿渣颗粒，称为矿渣碎石，粒径在 5 mm 以下的细粒称为矿渣砂，未经破碎筛分的称为混合矿渣。混凝土和道路工程用矿渣碎石的技术要求为：矿渣碎石配制一般标号为 52.5 和 52.5 以下的混凝土、温度为 700℃ 以下耐热混凝土以及道路工程混凝土用的矿渣碎石，满足结构稳定性、强度、级配和有害杂质含量控制等要求，定时定重进行检验。矿渣碎石的强度可以用松散容重和压碎指标表示。对于 0～20 mm 粒级的矿渣碎石，标号为 42.5、52.5 的混凝土，松散容重不小于 1 280 kg/m^3 和 1 880 kg/m^3，压碎指标不大于 18。重矿渣的物理力学性能，一般均能满足混凝土、道路、铁路和做地基垫层等工程对石料的技术要求。矿渣碎石可做 62.5 号以下的混凝土骨料，各种道路的垫层，基层和面层各级铁路线路的道渣石，也可用于地基和垫层等工程。

4．膨胀矿渣的综合利用

膨胀矿渣主要作为粗骨料、细骨料用于混凝土砌块和轻质混凝土中，也可作为防火隔热材料和公路路基材料。膨珠质轻、面光、自然级配好，吸声、隔热性能好，用作混凝土骨料可节约 20%左右的水泥。用膨珠配制的轻质混凝土容重为 1 400～2 000 kg/m³，抗压强度为 9.8～29.4 MPa，热导率为 0.407～0.582 W/（m·K），具有良好的物理力学性能。

二、钢渣的综合利用

（一）钢渣预处理

钢渣处理即对高温钢渣进行速冷或喷水强行消化，使其物相稳定，最终达到利用目的。钢渣的处理工艺可分为干法和湿法，我国基本上采用湿法工艺，其共同特点是在钢渣的冷却过程中喷水；干法处理工艺包括转碟法及风淬法。

1. 干法

风淬法装置由气体调控系统、粒化器、中间包支承及液压倾翻机构、主体除尘水幕和水池等设备组成。装满液体渣的渣罐由行车吊放到倾翻支架上，将渣液逐渐倒入中间包后，依靠重力作用，从出渣口经中间包溜槽流到粒化器前方，被粒化器内喷出的高速气流击碎，加上表面张力的作用，击碎的液体渣收缩凝固成直径为 2 mm 左右的球形颗粒，撒落在水池中。风淬法具有安全高效、工艺简单、排渣快、投资少、污染小、处理能力大、一次粒化彻底、渣粒性能稳定等优点。但是对钢渣流动性要求高，由于钢渣碱度大，黏度高，一般风淬法能够处理的钢渣为 60%，国内马钢、成钢、重钢等钢厂应用风淬法。钢渣经过风淬稳定化处理后，以硅酸二钙和铁酸钙为主要矿物，矿物颗粒细小且比较均匀，各矿物相稳定性和活性好，可直接利用。因而适宜代替细骨料做沥青混凝土和水泥混凝土路面材料，使混凝土的防滑性、耐磨性、使用寿命都得到提高，钢渣的附加值也大大提高。

2. 湿法

常见的湿法处理工艺有浅盘法、渣箱热泼法、热闷法、水淬法、嘉恒法和宝钢 BSSF 法等。嘉恒法和宝钢 BSSF 法是近年来采用的新技术，其应用有逐渐增多的趋势。

（1）热闷法。

热闷法有罐式热闷和池式热闷两种工艺，其原理是将转炉出来的钢渣倒在渣坑中，待钢渣温度冷却后装入热闷池中，利用钢渣余热，在热闷池内加入冷水后使其成为蒸汽而使钢渣得到消解的一种渣处理技术。通过控制向热闷池中喷洒的水量和喷水时间使钢渣高温淬化。冷却水和钢渣产生复杂的温差冲击效应和物理化学反应，使钢渣淬裂。热闷法可实现对钢渣的处理，将废钢与渣分离好，性质稳定，运行费用适中但是不能直接处理高温渣，生产周期长，厂房等投资大，需采取措施防止粉尘污染环境。

（2）宝钢 BSSF 法。

又称滚筒法，是宝钢二炼钢投产时，引入俄罗斯乌拉尔钢铁研究院实验室渣处理新工艺，投产后又融入进料装置、钢球冷却装置、托轮座调整装置、装置用大齿圈等多项新技术，宝钢具有自主知识产权的渣处理工艺，其工艺流程见图 13-4。

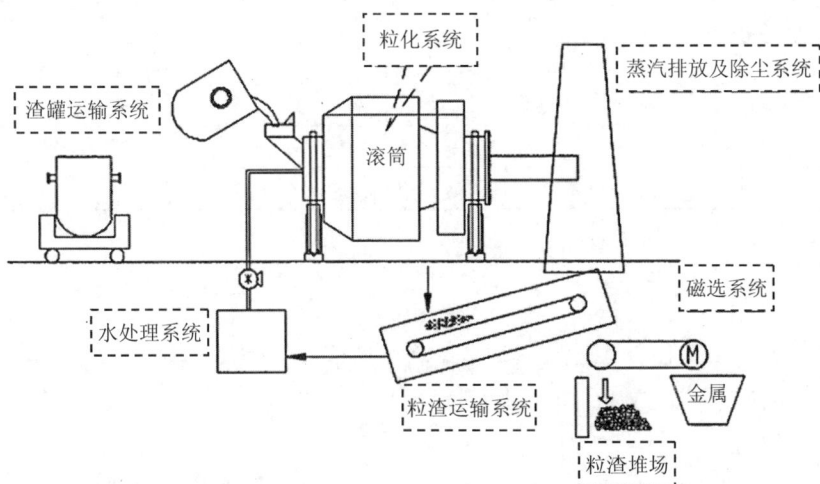

图 13-4　宝钢 BSSF 法工艺流程

该法是将液态钢渣顺着溜槽倒入旋转的滚筒中，滚筒中有钢球，通过控制水量，钢渣在滚筒中热化、粉化、研磨、冷却，然后用板式输送机从滚筒运至渣场。优点是安全环保、粉尘少、蒸汽通过烟囱外排；生产流程短、占地少（只需主设备占地）、生产效率高；钢渣粒度小，小的渣粒约占 10%；滚筒法处理后的钢渣消化较完全，结构稳定，利于直接资源化利用。缺点是：要求钢渣流动性好，固态渣和流动性差的渣不能处理；设备复杂，维修难度大；设备投资高；运行费用高。

（3）嘉恒法。

嘉恒法又称粒化轮法，起源于俄罗斯的图拉法，结合炼钢工艺及钢渣的特点研制开发而成。嘉恒法与滚筒法的不同之处在于，前者是通过粒化轮及水淬冷却实现钢渣粒化，而后者通过装在滚筒内的钢球挤压及水淬冷却实现钢渣粒化。该法的优点是环保性能好，粉尘少，蒸汽通过烟囱排放；投资较少，占地少，工艺简单，主体装置仅需要较小的厂房；处理后的钢渣粒度小；运行费用低。缺点是对钢渣流动性要求高，固态渣和流动性差的渣不能处理，粒化链轮易损坏。嘉恒法处理后的钢渣，不经破碎和筛分即可直接作为烧结配料。采用此项技术，提高了烧结矿的强度和烧结产量，同时还使高炉操作顺行，降低了焦比。嘉恒法处理后的钢渣还有利于进行微粉加工，钢渣微粉将成为我国钢渣高价值利用的最佳途径，和矿渣微粉复合应用是混凝土掺合料的最佳方案。

表 13-5 比较了几种典型钢渣处理工艺的优缺点。由此可见，在环境保护上，滚筒法和嘉恒法有优势；在处理后钢渣粒度均匀程度上，风淬法和嘉恒法所得钢渣粒度细小且均匀，可直接利用；在液态钢渣流动性上，风淬法、滚筒法、嘉恒法只能处理流动性好的钢渣，热闷法可处理流动性差的钢渣；在一次性投资上，风淬法、嘉恒法较少；在运行成本上，滚筒法最高，热闷法适中，风淬法和嘉恒法较少。

表 13-5　典型钢渣处理工艺优缺点比较

处理工艺	环保性能	钢渣粒度/mm	可处理钢渣的种类	耗电	耗水/（m³/t）	占地	一次性投资	运行成本
风淬法	较好	0~2	流动性好的液态渣	少	—	小	少	很低
热闷法	有粉尘	0~200	固态渣、液态渣	多	0.2	大	大	较低
滚筒法	好	0~100	流动性好的液态渣	较多	1.0	较小	大	高
嘉恒法	好	0~10	流动性好的液态渣	较少	0.6	小	较少	低

（二）钢渣资源化利用

钢渣的主要利用途径有作烧结熔剂、作高炉熔剂、生产水泥或代替部分建筑材料、在环境工程方面的应用和在农业上的应用等。

1. 作烧结熔剂

把钢渣加工成钢渣粉，便可代替部分石灰石作烧结配料。适量钢渣配入烧结矿中后，成为烧结矿的增强剂，可显著提高烧结矿的质量和产量，有利于烧结造球及提高烧结速度，使烧结矿燃耗降低。

2. 作高炉熔剂

将钢渣作为炼铁熔剂，不仅可以回收钢渣中的铁，而且可以作为助熔剂，从而节省大量石灰石、白云石资源。钢渣中的钙等均以氧化物形式存在，不需要经过碳酸盐的分解过程，可以节省大量热能。

3. 生产水泥或代替部分建筑材料

由于钢渣中含有与水泥相类似的活性矿物，具有水硬胶凝性，可作为生产无熟料水泥或少熟料水泥的原料，也可作水泥掺合料。钢渣碎石广泛用于公路、铁路工程回填，在国内已经有许多成功的应用经验证明钢渣用作铁路道路铺设，具有导电性好、不会干扰铁路系统电信工作的特点。

4. 在环境工程方面的应用

由于钢渣具有一定的碱性和较大的比表面积，因此可考虑将其用于处理废水如含磷废水及含其他重金属废水。

5. 在农业上的应用

钢渣富含磷、钙、硅等元素，由于钢渣在冶炼过程中经高温煅烧，其溶解度已大大改变，所含有益成分易溶量大，容易被植物吸收，可以用于生产磷肥含量高的钢渣磨细后，可作为酸性土壤改良剂，并且利用了钢渣中各种微量元素，用于农业生产中，可增强农作物的抗病虫害能力。此外，还可利用钢渣作原料生产钢渣砖。

因此，钢渣的处理应该围绕这些利用途径，进行钢渣处理工艺的选择。

（三）铁合金渣的资源化处理

铁合金渣处理即消除铁合金冶炼过程中排出的渣的污染，并使其中的有价组分得到综合利用的过程。铁合金产品种类很多，工艺各不相同。同一种产品，由于原料和冶炼工艺不同，所产生的铁合金渣的成分也不一样。露天堆置铁合金渣时，占用大量土地，污染环境，特别是金属铬和钒铁两种浸出渣中含有毒的 Cr^{6+} 和 V^{5+}，如不采取有效措施会造成严重的危害。合理地处理和利用铁合金渣，对保护环境、回收矿物资源具有重要意义。

铁合金渣按照冶炼工艺，可分为火法冶炼渣和湿法冶炼渣；按照铁合金品种，可分为锰系铁合金渣、铬铁渣、硅铁渣、钨铁渣、钼铁渣、磷铁渣、金属铬浸出渣和钒浸出渣等。铁合金渣中以锰系铁合金渣所占比例最大，尤其是高炉锰铁渣最多。中国每年产生各种铁合金渣 100 万 t 以上，锰系铁合金渣占 75%以上。

对铁合金渣的处理要首先考虑综合利用。暂时不能利用的，可采用堆弃处理，但对于有毒的铬浸出渣和钒铁浸出渣需进行无害化处理，或在堆场采取防渗、防流失措施。在综合利用方面，因铁合金渣中含有铬、锰、钼、钛等价值较高的金属，所以首先考虑从中回收有价金属，其次可考虑用作建筑材料、生产铸石制品和作农肥。具体如下：①回收金属。钼铁渣中含有 0.3%～0.8%的钼。采用磁选的方法可得到含 4%～6%的钼精矿，之后回收利用；碳素铬铁渣中含有约 7%的碳素铬铁，可用跳汰法回收。②作建筑材料。高炉锰铁渣、电炉锰铁渣、碳素锰铁渣和硅锰合金渣可水淬处理成粒状矿渣。粒状矿渣可以作为水泥掺合料用来生产矿渣水泥；也可配以石灰、石膏后经轮碾、混合、成型、养护等工艺制取矿渣砖；金属铬渣可作高级耐火混凝土骨料，用铬渣骨料和低钙铝酸盐水泥配制的耐火混凝土，耐火度高达 1 800℃，荷重软化点为 1 650℃，高温下仍有很高的抗压强度，特别适用于形状复杂的高温承载部分。采用铝热法冶炼钛铁、铬铁时产生的炉渣中氧化铝含量很高，也可作为耐火混凝土骨料使用。③生产铸石制品。用热熔硅锰渣可直接浇铸铸石制品；用硅锰渣或钼铁渣经掺入附加料并加热熔化后，可制造具有耐磨、耐酸碱等特性的耐酸铸石。④作农肥。磷铁合金生产中排出的磷泥渣可回收工业磷酸，并利用磷酸渣制造磷肥；精炼铬铁渣可作钙肥用于改良酸性土壤。某些铁合金渣中含有多种植物生长所需微量元素，如在水稻田中施用硅锰渣，有促熟增产作用，并可减轻稻瘟病，利于防止倒伏。

第四节　黄金行业固体废物综合利用

黄金行业的氰渣中尚有可回收的金、银、铜、铅、锌、铁等有价金属元素，综合回收这些金属可以为冶炼厂创造经济效益，同时可减少重金属对环境的污染。

一、氰化尾渣提取贵金属技术

（一）浮选法回收氰化尾渣中金的工艺

氰化尾渣中金的品位为 3～4 g/t，经 1 次粗选、1 次扫选、3 次精选后，得到品位为 80～100 g/t 的金精矿，回收率 26%～30%，相当于提高总回收率 1%，每年可回收黄金 9.4 kg，浮选用水玻璃作分散剂。

（二）"异步优先浮选"工艺

某氰化尾渣中含金 1.05 g/t，含银 173.83 g/t，主要硫化物是黄铁矿（56.72%），其次是黄铜矿（4.38%）和少量方铅矿和闪锌矿等，脉石矿物主要是石英及少量的云母、长石、高岭石等。根据氰化尾渣的性质，通过探索性试验确定浮选流程为：一粗二扫一精（前段）和一粗一扫二精（后段），在该流程中，前段采用低碱度抑制部分黄铁矿及脉石矿物得到含少量黄铁矿的铜硫混精矿，后段采用高碱度抑制黄铁矿得到最终铜精矿，金、银的品位分别达到 11.37 g/t、2 231.46 g/t。

（三）浮选改进工艺

氰化法提金剩下的尾渣，虽然用碱稍做处理，但剩余氰化物对黄铜矿仍有抑制作用，如果未经处理就直接浮选，效果会很差，另外废渣中若含泥较多，则应在浮选前添加调整剂，使铜铅混合精矿上浮。操作时，先用清水调浆，使矿浆浓度达 25%～28%，然后采用稀硫酸作预处理，再用水玻璃作为矿浆的调整剂。经过处理后的氰化尾渣在浮选后，其中的贵金属银从 62 g/t 富集到 540 g/t，银的回收率达到 76.04%。

（四）氰化尾渣的加压氧化-氰化法提金工艺

矿石中的金在氰化浸出时，金粒表面很快生成 $Au(CN)_2^-$ 络离子，并在表面附近形成 $Au(CN)_2^-$ 的饱和溶液层，饱和层的形成以及层内 O 和 CN^- 急剧下降，阻碍了金的扩散速度。对于常规的搅拌氰化浸出，由于搅拌速度较慢，致使离子扩散速度较小，因此浸出时间长，而且浸出率低。加压氧化-氰化浸金法针对常规氰化浸出存在的问题，综合运用流体力学原理，利用空压机将压缩空气以分布式射流的方式均匀地射入氰化矿浆中形成强力旋搅。在强射流作用下，使矿石颗粒产生自磨，气、液、固三相充分接触，强化了传质效应，迅速消除了阻碍金在氰化物溶液中继续溶解的饱和层和钝化膜，使浸出所需的氧气和氰根迅速扩散到矿物表面，促进了金的快速溶解。由于反应体系中有充足的氧气，矿石中部分硫化物被氧化，使包裹的金解离，加快了浸金速度，缩短了浸出时间，显著地提高了金的浸出率，金的回收率达到 70%以上。

二、氰化尾渣全元素提取

氰化尾渣中含有许多有价金属，如铜、铅、锌、硫、铁等。这些元素的提取预处理往往是和贵金属的提取预处理相一致。

（一）氰化尾渣中铜的回收

大多数金矿中的铜是以硫化铜或氧化铜的形式存在的，铜矿物采用浮选法进行提取。广东高要河台金矿的氰化尾渣中的铜矿物主要是以黄铜矿为主的原生矿物及次生硫化铜矿物，品位大于 4%，采用氰化尾渣浮选铜工艺进行铜的回收。为了提高氰渣中铜矿物的单体解离度，降低了旋流器的给矿浓度，使给矿量及输入浓度稳定，增大了旋流器的工作压力，提高了其分级效率，在现有条件下使磨矿细度达到 37 μm 占 95%以上。为了消除因氰渣中氰根浓度较高对铜矿物产生的较强的抑制作用，采用箱式压滤机对氰化尾渣进行压滤使滤饼含水量不高于 15%，然后，加入清水调浆至浓度为 27.5%。这样，浮选矿浆中氰根浓度大幅度下降，同时消除了浮选金精矿中残留药剂对铜矿物回收的影响，减少跑槽现象。在浮选过程中加入丁基黄药作为捕收剂，最后获得的铜精矿品位在 20% 左右。

根据氰化尾渣中主要矿物是硫化物（主要是黄铁矿，其次是黄铜矿，还有一些脉石）的情况，采用混合浮选和分离浮选相结合的方式来对金属铜进行回收。混合浮选黄铜矿和黄铁矿以除去脉石矿物，然后再进行黄铜矿与黄铁矿分离浮选得到铜精矿和硫精矿。贵金属金、银也富集在铜精矿中得到了回收。

甘肃省天水金矿金精矿氰化尾渣中含铅 5.9%、铜 1.93%、金 2.0 g/t、银 100.9 g/t。为了综合回收这部分有价金属，采用先选铅后选铜的工艺流程获得了合格的铜精矿和铅精矿，并回收了部分金银。铜、铅、金、银的回收率分别为 71.04%、77.59%、31.25%、81.04%，达到了综合回收的目的。按常规是在铅浮选尾矿中加入硫酸和硫酸铜来活化铜，但是在矿浆中有剩余氰化钠存在，加酸会逸出氢氰酸污染环境，考虑到环保的需要，采用 JY-1 号药和硫酸铜配合，其中 JY-1 号药既消除了氰化物对铜的抑制，又消除了氢氰酸对环境的污染，且可活化铜、抑制铅，同时加入硫酸铜对铜活化作用更明显。铜的回收率达到 71.04%。

针对氰化尾渣含砷 2.08% 的情况，用拷胶对砷矿物进行抑制，对铜矿物进行优先浮选获得了合格的铜精矿，精矿含铜 15.40%，硫 34.45%，砷 0.3% 以下，铜回收率 93.16%。拷胶是含有多羧基、多羟基、胺基、巯基等高化学活性基团的大分子量有机抑制剂，对砷矿物的抑制作用主要表现在：①在铜矿物的浮选矿浆中存在着各种离子，有一些将会被活化，这将破坏铜矿物浮选的选择性，在浮选过程中次生铜及氧化蚀变的矿石，含有一定浓度的铜离子将对砷矿物产生活化作用，而使抑砷浮铜的优先浮选难以实现。含有多羧基、多羟基、胺基、巯基等高化学活性基团的有机抑制剂，大多都能沉淀或络合砷离子，从而减少矿浆中这些离子的浓度，起到防止其活化的作用，从而控制砷矿物的可浮性，达到砷铜矿物分离浮选的目的。②大分子量有机抑制剂因分子链较长，支叉和弯曲程度较高，不但在砷矿物表面形成亲水层，而且能对已经吸附于砷矿物表面的捕收剂疏水膜发生掩盖作用，不必使吸附的捕收剂解吸就能使砷矿物表面受到抑制。③大分子量有机抑制剂大多兼具絮凝作用，使砷矿粒发生絮凝而改变浮选性质，其机理为桥联作用。

内蒙古大水清金矿的氰化尾渣中主要铜矿物为黄铜矿，其次为铜蓝、辉铜、斑铜矿等。铜物相分析表明，铜矿物中硫化物占 99.12%，铜氧化物占 0.82%。氰渣中单体铜占 81.5%，连生体占 14.84%，包裹体占 3.66%。其铜选厂采用双回路循环浮选流程对铜进行回收，铜精矿的品位达到 18.9%，回收率达到 81.55%。

广东河台金矿金属矿物主要为黄铁矿和黄铜矿，黄铁矿的含量大约是黄铜矿含量的两倍，并且铜矿物的单体解离度不高，只有 48.60%。另外脉石包裹铜矿物含量较高，有 16.30%。因此，磨矿细度要保持在 400 目 95% 以上，才能保证在铜精矿品位大于 18% 的前提下，最大限度地提高铜回收率。

（二）氰化尾渣中铅、锌的回收

铅是很重要的有价元素，在金矿氰化尾渣中广泛存在。铅、锌的回收主要通过浮选来进行。陕西小口金矿金精矿氰化尾渣，含铅 19.70%，含金 3.50 g/t，含银 178.71 g/t，主要金属矿物为黄铁矿、方铅矿和少量的黄铜矿等。非金属矿物主要为石英，其次为长石等。尾渣中铅单体解离充分，并为硫化物，浮选法是可行的。氰化尾碴浮选铅为一次粗选、一次精选、一次扫选的流程，在适宜的氧化钙浓度下，不磨矿，不加温，不加活化剂，不破坏剩余氰化物，铅浮选试验指标良好，铅精矿品位达 57.46%，回收率为 79.70%，同时又可回收尾渣中的金和银。

氰化尾渣由于在金精矿提金过程中经过再磨及长时间的充气搅拌，致使矿物质颗粒度很细，45 μm 达到 95%，铅矿物出现严重过磨，并且在氰化过程中一部分铅矿物由于过度氧化而受到强烈的抑制，很难活化。矿浆中大量的泥质硅酸盐矿物和残留的氰化物会恶化浮选过程，影响铅锌的品位、杂质含量及回收率。在铅浮选前氰化尾渣经预处理，铅品位可以大幅度提高，当药剂用量为 30 g/t 时，一次粗选铅品位就可以达到 47%。浮选溶液 pH 值控制在 10.20 以下，可获得铅品位较高的铅精矿。CN^- 不仅对铅浮选有很大的影响，同时对锌的影响更大。YO（一种新型的活化剂）由于其良好的选择性，在浮选过程中，可消除 CN^- 及矿泥对闪锌矿的影响，活化闪锌矿，促使硫酸铜和捕收剂有效地作用于闪锌矿表面，从而使回收率获得了进一步的提高。

（三）氰化尾渣中硫的回收

氰化尾矿浆在静止状态下沉淀一定时间后，排弃没有沉淀的矿浆，收集沉淀物，能够达到富集含金黄铁矿的效果。富集后的含金黄铁矿产率为 59.2%～88.8%，金的回收率为 76.7%～96.7%。然后采用封闭式焙烧炉对含金黄铁矿进行焙烧，黄铁矿结构被破坏，分解成为升华硫和 FeS，包裹金得到充分裸露。其中的硫气体排放出后，经过收集冷却生成硫黄。沉降分离获得的含金黄铁矿中 43.6% 的硫生成硫黄，45.1% 的硫和 90.2% 的铁转化为硫酸亚铁，硫的回收利用率达 88.7%，铁的回收利用率达 90.2%，金的回收率达 95.1%。

（四）氰化尾渣中铁提取制铁红的研究

氰化尾渣中有价金属铜、铅、锌的回收研究得比较多，铁的利用研究得较少。从众多文献资料中，可以看出铁在氰化尾渣中主要是以黄铁矿的形式存在的。某金矿的氰化尾渣采用了焙烧处理方法。氰渣焙烧的目的是使渣中黄铜矿、黄铁矿的结晶遭到破坏，使晶体夹缝中的金易于提出，并使其中的铜最大限度地成为水溶性硫酸盐，实现铜资源最大限度地利用，同时使渣中的铁尽可能地以三氧化二铁的形式存在，这样在低酸浸出时就可使铜和渣中的其他成分得以很好地分离。其工艺大体如下：提金后的尾渣送入沸腾炉焙烧，黄铁矿和黄铜矿生成硫酸铜、氧化铜、三氧化二铁和二氧化硫；焙烧产物用稀硫酸浸取，可得硫酸铜溶液，同时铁的氧化物也会溶于稀硫酸；分离铜之后的渣以氧化法或硫脉法提金之后除去二氧化硅，经分选粉碎制得氧化铁红。

氰化尾渣制备纳米铁红工艺方法是：先用硝酸氧化氰化尾渣，生成硫酸铁、氮氧化物以及剩下的氧化渣，生成的氮氧化物通过回收进入硝酸系统重新利用，反应结束后进行固液分离，固体氧化渣送去提金，液体硫酸铁进入下一道工序，用铁屑还原硫酸铁，生成硫酸亚铁。然后经过滤，滤液进入晶种制备工序，滤饼中因含有富集的有价金属铜、银，可以进行铜和银的冶炼。滤液是有一定浓度的硫酸亚铁溶液，在一定的条件下，用氨水调 pH 值，然后通空气氧化，反应一段时间生成红棕色的铁红晶种。在加热铁红晶种溶液的过程中，用硫酸调铁红晶种溶液的 pH 值，待温度接近实验所需温度时，加入尿素和硫酸亚铁溶液，温度达到实验所需温度时，通入空气氧化。待反应结束后，加入十二烷基苯磺酸钠，搅拌一段时间，然后过滤反应液，滤饼经洗涤、干燥、研磨后即为铁红成品，滤液经浓缩结晶可得硫酸铵。

（五）氰化尾渣多元素提取

"三相流化床中催化氧化高硫高砷金精矿或尾渣提金银及综合利用"项目以一种适合 NO_x 催化氧化金精矿的三相循环流化床为设备，选择 NO_x 作氧化剂，并在再生系统中完成 NO_x 的再生与循环。用该流化床处理了几种典型的难选冶金精矿或尾渣，不仅提高了金银的提取率（金银的提取率最高达 99%），而且对净化后的预处理尾液进行了综合利用，主要用于提取金、铜、铁、银等金属。

（六）氰化尾渣的其他利用途径

氰化尾渣中除含有一些有价金属元素外，还含有可利用的矿物材料，主要有石英、长石、辉石、石榴石、角闪石以及蚀变黏土、云母等铝硅酸盐矿物和方解石、白云石等钙镁碳酸盐矿物，可广泛地应用于建材、轻工、无机化工等领域。另外，氰化尾渣也可作为井下填充材料使用。对于氰化尾渣综合利用的研究，为减少尾渣对环境的污染和充分利用二次资源提供了宝贵的经验。虽然从氰化尾渣中回收有价金属的方法很多，但是研究比较多的是采用浮选法回收有价元素。由于氰化尾渣泥化现象严重，且含有 CN^- 以及部分残余药剂，这些物质的存在恶化了浮选过程，使有价元素的回收率普遍不高，为了有效地综合利用氰化尾渣这种二次资源，必须对其进行更有效的预处理，来提高有价元素的回收率。

第五节　赤泥的综合利用

一、制备建材

（一）制作水泥

普通硅酸盐水泥是以石灰石、黏土、铁矿粉和石膏为原料经过生料磨细、高温煅烧、熟料磨细等工序制得的产品。2005 年我国水泥产量达 10.38 亿 t，占世界水泥总产量的 43.73%，如果能够利用赤泥为原料生产水泥，将极大减轻氧化铝厂的压力。这方面国内对烧结法赤泥制水泥，特别是制碱矿渣水泥做了大量的研究工作，对拜耳法赤泥制水泥也做了一些研究。将拜耳法赤泥与适量的石灰混合，经石灰陈化、水热处理、煅烧处理和碱液溶出，从赤泥中回收 Al_2O_3 和 Na_2O。分离的铝酸钠溶液被送往拜耳法溶出料浆稀释，分离的残渣被进一步于 $750\sim950℃$ 煅烧，制得以活性 $\beta\text{-}2CaO\cdot SiO_2$ 为主的胶凝材料，该胶凝材料可用作水泥的活性混合成分，此工艺称为"拜耳-低温煅烧法"，该工艺能够充分利用赤泥，符合循环经济的理念。鉴于此工艺流程长、投资大、能耗高、技术不是很成熟，国内氧化铝厂普遍难以接受。以 HINDALCO 公司产生的拜耳法赤泥以及石灰、铝矾土和石膏为原料，在 $1250℃$ 条件下煅烧制得的水泥实验样品 28 天的强度性能可以与普通硅酸盐水泥相比，其煅烧温度也明显低于普通硅酸盐水泥。在制取普通硅酸盐水泥的原料中添加 3.5%的赤泥，对水泥熟料的可磨性能、凝固时间、抗压强度和膨胀性能均没有影响，因此赤泥可以作为生产水泥的原料，降低水泥的生产成本。

（二）生产建筑用砖

利用赤泥生产建筑用砖材料是多年来许多研究者着眼的目标之一。针对赤泥、粉煤灰等废料堆积如山，不仅毁坏大量耕地，而且严重污染环境的问题，近年来许多研究单位和有关工厂，对用废渣生产建筑用砖，开展了许多实验研究工作。国内在利用烧结法赤泥制烧结砖和免烧免蒸砖方面做了较多的研究。土耳其 Taner Kavas 以赤泥为主要原料，以硼渣为助熔剂，在两者质量比 85∶15，$900℃$ 条件下制得的烧结砖样品抗压强度能够达到 40 MPa，抗折强度能够达到 9 MPa。土耳其的 Kara M 等利用水洗的赤泥制烧结砖，得到了抗压强度较高的赤泥砖。

二、回收金属

（一）从赤泥中回收二氧化钛

印度 Bharat 铝业公司的 Maitra 对本公司的拜耳法赤泥进行成分分析，发现其赤泥中含有 15%～18%的 TiO_2。他采取如下措施对 TiO_2 进行了回收：取一定量的赤泥于两倍的自来水中混合搅拌，借助絮凝剂进行沉降；之后将洗涤过的赤泥与 HCl 缓慢反应，直至泥浆中和，在 $90\sim95℃$ 时调整 pH 值至 4；再用絮凝剂沉降，干燥沉降的赤泥，继续在加热的条件下用浓 HCl 处理，经反应泥浆变为灰色，洗涤使泥浆与溶液分离，此时泥浆内以 SiO_2 和 TiO_2 为主，热的浓硫酸使 TiO_2 转化为硫酸盐，之后将所得含有硫酸钛的硫酸溶液进行水解，得到白色的 $TiO_2\cdot2H_2O$ 沉淀。使用此法可以容易地回收 TiO_2，并且回收过程中所用的酸可以全部再循环，其后得到的废渣亦可用于海绵铁的生产。澳大利亚 Picaro 等利用水力旋流器和莫兹利多重力选矿机进行物理分离富集赤泥中的 TiO_2 颗粒，为赤泥回收 TiO_2 提供了一条新的思路。

（二）从赤泥中回收铁

以平果铝土矿拜耳法赤泥为原料，以煤为还原剂，进行直接还原炼铁的实验研究。其工艺流程是将赤泥和煤混合、制团、干燥，然后进行还原焙烧，最后磁选制取海绵铁。产品海绵铁含 Fe 量 84.17%，铁的回收率为 87.0%，金属回收率为 91.5%，可以代替废钢作为炼钢的原料。由高铁赤泥直接生产制备海绵铁，所用赤泥是广西贵港高铁三水型铝土矿拜耳法溶出所得残渣，其方法是配入 A 型催化剂赤泥煤基直接还原剂制备海绵铁。实验取得了初步成果为海绵铁品位 91.8%，金属化率 91.2%，这种产品可代替废钢作电炉炼钢原料。由于所用赤泥原料含 Fe 近 40.0%，其综合经济效益较好。利用赤泥中主要含铁矿物赤铁矿和针铁矿与其他脉石矿物具有磁性差异，采用磁选工艺回收。由于赤泥粒度很细，小于 0.04 mm 的部分占 82.6%，该粒级铁金属分配率为 76.5%，因此采用对微细粒弱磁性矿物具有较高捕收能力的高梯度磁选机回收赤泥中铁的磁选工艺是合理的。

三、制备环境净化材料

拜耳法的赤泥中含有赤铁矿（α-Fe_3O_2）和针铁矿（α-$FeOOH$）、一水硬铝石（$Al_2O_3 \cdot H_2O$）、含水硅铝酸钠（$Na_2O \cdot Al_2O_3 \cdot 1.68SiO_2 \cdot 1.73H_2O$）、方解石（$CaCO_3$）等物相。经热处理后形成多孔结构，具有较大的比表面积，可用于环境污染治理。

（一）净化硫化氢废气

拜耳法赤泥颗粒细微，比表面积大，Fe_2O_3 含量一般为 30%～50%，其中一部分是以水合氧化铁形式存在的三氧化二铁，对 H_2S 具有很强的吸附能力，在有水和碱存在时，脱硫剂中的活性水和氧化铁与煤气、沼气等气体中的 H_2S 起反应从而净化 H_2S。因此，以赤泥为原料制成的硫化氢吸附剂用于干法脱硫，可以大大降低废气处理的成本，更重要的是，解决了工业废渣的出路，具有显著的经济效益。

（二）净化废水

目前，国外已有许多专家致力于赤泥吸附剂在废水净化应用中的研究，旨在利用经过预处理的赤泥除去废水中的铅、铬、镉、铜、砷等有毒物质以及磷酸盐、硝酸盐、氟化物等物质。由于赤泥本身含有大量的化学物质，用于废水中起吸附作用的赤泥存在于水中势必对水的浊度和毒性有一定的影响，因此就目前的技术条件，直接使用赤泥作为废水的净化剂在实际运用中是不可行的。

（三）吸收二氧化硫

将赤泥配成一定的液固比，作为一种吸收剂，吸收热电厂燃煤排放的 SO_2 烟气。在这个过程中，赤泥中的碱被 SO_2 中和溶解，pH 可以降到 5 以下，大大减少了酸浸过程中酸的消耗量；且用赤泥吸收 SO_2 的实验室研究已经取得了成功，见图 13-5。

（四）在其他方面的应用

拜耳法赤泥在其他方面也有较多的应用，例如应用于黏土垫层；作为酸性土壤的改良剂，修复受重金属污染的土壤；合成沸石；从赤泥中提取铝、钠以及钇、镧系稀土金属等。

```
                                      赤泥
                                       │
              SO₂烟气 ────────────→ ┌──────┐
                                    │ 吸收 │
                                    └──────┘
               稀盐酸 ────────────→ ┌──────┐
                                    │ 浸出 │
                                    └──────┘
                    ┌───────────────────┴──────────────────┐
            含 Ti、Si 渣                          浸出液（含 Al、Fe、Ca、Sc、Re）
                    │                                       │
   浓硫酸 ─────→ ┌──────┐              CaO ─────────→ ┌──────┐
                │ 浸出 │                             │ 沉淀 │
                └──────┘                             └──────┘
              ┌────┴────┐                       ┌───────┴───────┐
          含 Si 渣   浸出液                    沉淀物           溶液
                    （含 Ti）                                 （含 CaCl₂）
                                       NaOH ──→ ┌──────┐      ┌──────┐
                                               │ 浸出 │      │ 回收 │
                                               └──────┘      └──────┘
                                            ┌────┴────┐          │
                                         浸出液     滤渣      CaCl₂
                                        （含 Na、Al）         产品
                                                    │
                                               ┌────────┐
                                               │ 酸浸出 │
                                               └────────┘
                                  TBP ──────→ ┌──────┐
                                             │ 萃取 │
                                             └──────┘
                                        ┌────────┴────────┐
                                     萃取液             萃取液
                                    （含 Sc）          （含 Fe、REE）
```

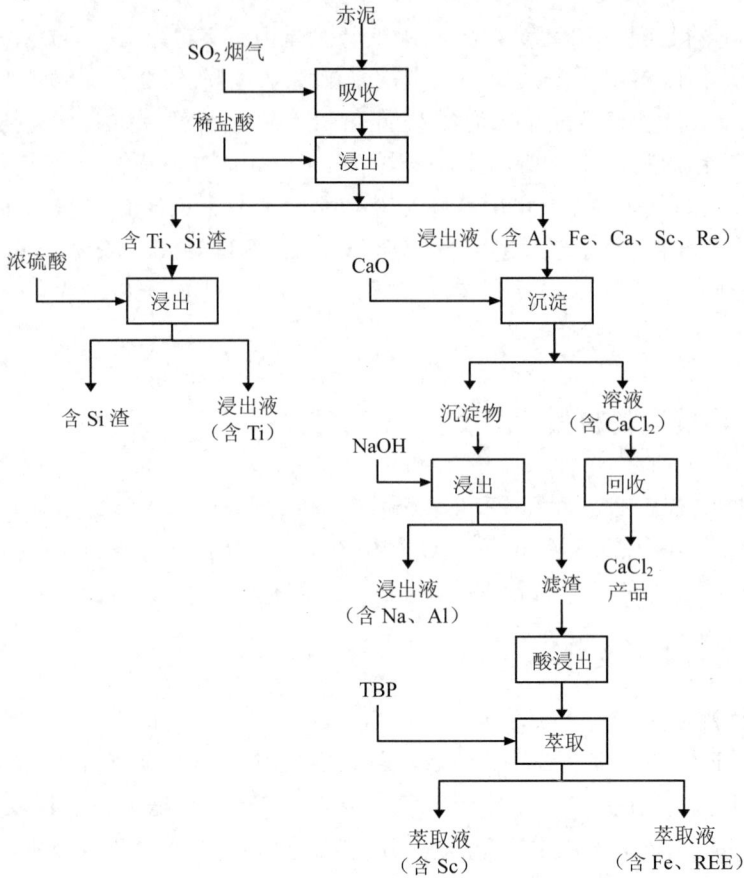

图 13-5　赤泥吸收 SO₂ 工艺流程

第六节　铬渣的综合利用

目前我国直接生产重铬酸盐的企业大大小小多达 30 多家，年生产能力超过 30 万 t，总产量居世界第一位。每生产 1 t 铬盐产品，同时产生 2.5～3.0 t 铬渣，全国每年实际产生约 75 万 t 含铬有毒废渣，加之历年堆存的，累计铬渣不低于 200 万 t。任意排放、堆存铬渣，不但占用大量土地，而且铬渣经雨水淋洗，含铬污水四处溢流、下渗，对土壤、地下水、河道造成污染。

一、铬渣的产生

（一）传统工艺

铬盐生产工艺的一般思路都是将铬铁矿中的非水溶性三价铬氧化成水溶性六价铬，然

后再制备相应的铬盐产品。在铬盐发展初期，铬盐生产工艺主要是用硝酸钾高温氧化分解铬铁矿，再进一步得到铬酸钾、重铬酸钾产品。稍后对生产工艺进行改进，为以价格相对低廉的碳酸钾代替硝酸钾，通过氧化焙烧分解铬铁矿，并制备铬酸钾、重铬酸钾。再后来通过在铬铁矿和碳酸钾的基础上加入石灰，在经过氧化焙烧生产铬盐，此法至今仍被普遍应用。随着纯碱工业的发展，用碳酸钠替代碳酸钾，进行钙法氧化焙烧，产品也从铬酸钾及重铬酸钾转变为相应的钠盐产品，所用的焙烧设备也由回转窑替代。目前，我国大部分铬盐生产厂家均采用添加石灰质等填料进行焙烧，即有钙焙烧工艺的传统的铬盐生产方法。该工艺的总铬回收率仅为 76% 左右，并且由于在生产过程中添加了填料，会产生大量的高毒性、不易处理的铬渣，对环境造成了极大的破坏。

欧美等发达国家的铬盐生产一般采用较先进的无钙焙烧法，该方法与传统有钙焙烧法的区别主要是用铬渣代替石灰填料进入铬铁矿氧化焙烧过程，这样可以将总铬回收率提高到 90% 左右，提高了铬铁矿的资源利用率，并且产生的铬渣量也大幅降低，减轻了对环境的压力，但该工艺铬铁矿中仍有 10% 的铬未被转化，铬渣产生量也较大，存在一定改进空间。

（二）铬盐生产新工艺

亚熔盐液相氧化铬盐清洁生产工艺的创新之处在于其温和的反应条件、较高的总铬转化率及少量的铬渣排放。该工艺在反应温度为 300℃ 左右的亚熔盐流动介质中，无须添加钙质等填料，仅通入空气对原料铬铁矿进行氧化分解，并且可使总铬的转化率达到 99% 以上。相比传统工艺反应条件更温和，能耗更低。同时，由于该工艺未添加任何填料，其产生的铬渣量也大幅减少，仅为传统工艺的 1/4 左右，并且铬渣的成分简单，易于综合利用，对缓解铬盐生产的环境压力具有重大意义。铬铁矿的液相氧化过程见图 13-6。

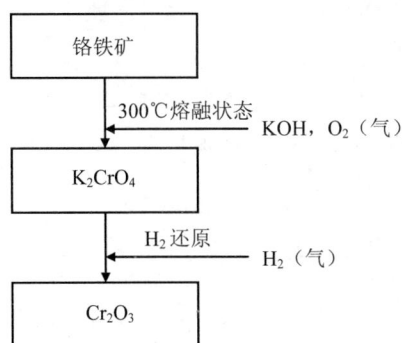

图 13-6 铬铁矿的液相氧化过程

由于铬盐清洁工艺中未添加任何辅料，因而其产生的铬渣成分简单，更易于综合利用。该铬渣经充分洗涤后，脱除附着的大量 KOH 和少量 Cr，对这部分滤液进行浓缩提高其 KOH 浓度后，返回铬盐清洁工艺流程中的主反应工序。对于所得铬渣进行碳酸提镁和浆化脱钾，处理后的铬渣因其富含铁，可借鉴铁渣进行处理，如炼铁、制水泥和脱硫剂等。亚熔盐液相氧化铬盐清洁生产新工艺，原料只包括矿石、空气、KOH，其中 KOH 还可以循环利用，反应条件温和，铬转化率高，所产生的铬渣中仅含有微量的铬，更易综合利用。

从源头上消除了铬污染，同时降低了原料和能源的消耗。

二、铬渣的综合利用工程

最初，对于铬渣美国一般采用集中堆放—解毒处理—填海的处理模式，国内大多仍采用消极堆放处理或填海处理等方法。铬渣对生态环境等方面存在着一定危害性，但如果治理得当，其中的组分又可作为资源回收利用。因此，综合利用铬渣中各种组分十分必要。铬渣经过解毒处理后，可进行跨行业的研究和推广，用于多个领域，作为一种资源实现其资源化和无害化。

（一）铬渣在冶金工业中的利用

高炉炼铁工艺中所采用的原料，一般须经过烧结作用后才可使用，而适量的石灰、白云石在烧结过程中起到关键作用。传统有钙及无钙焙烧工艺产生的铬渣中，含有大量的氧化钙和氧化镁，因此可利用铬渣这一特点，在烧结矿的生产中用其取代部分石灰石、云石，用于炼铁过程中的造渣。在高炉内高温、高还原性、熔融状态的环境下，可以使渣中存在的氧化态铬和高炉内焦炭与空气反应产生的 CO 发生反应，将六价铬、三价铬还原成金属铬，达到铬渣解毒的目的。烧结工艺解毒机理如下式：

$$Cr_2O_3 + 3C \longrightarrow 2Cr + 3CO \uparrow$$

$$Cr_2O_3 + 3CO \longrightarrow 2Cr + 3CO_2 \uparrow$$

通过高炉内的高温还原作用，彻底将铬渣中的氧化态铬还原，从根本上消除铬渣生态环境的污染和危害。铬渣中氧化态铬组分均被焦炭或 CO 还原为金属铬，并进入铁水中，炼制出的生铁成为含铬生铁，对金属铬资源进行了回收，减少了铬铁矿资源消耗。并且这一处理方案费用低、土地资源占用减少，有利于方案的工业实施。渣作为一种有毒有害的工业废物，将其代替部分白云石和石灰进行烧结炼铁，具有一定的经济效益。在烧结炼铁的煅烧还原过程中，可实现解毒作用，把有毒有害的铬还原成金属铬，为其在冶金行业的无害化、资源化处理提供了宝贵经验。

（二）铬渣在建材行业中的利用

传统工艺的铬渣的主要矿物组成为方镁石、铁铝酸钙、硅酸二钙、铬酸钙、铬尖石、四水铬酸钠等，因其组成的特点，决定了其在建材工业中有着广泛的利用前景。

1. 制水泥

铬渣中的铁铝酸四钙、硅酸二钙与硅酸盐类水泥熟料的矿物组成比较相近，因此将铬渣进行综合利用并制备水泥。根据其成分的不同，铬渣用于制备水泥主要有以下三种方式：

（1）水泥熟料。以铬渣为水泥原料烧制水泥熟料，使用量占水泥熟料的 5%～10%，以这一比例在水泥生料中加入铬渣，在铬渣较好的矿化、助熔作用下，可大幅度降低水泥生产成本。

（2）水泥矿化剂。在水泥生料中加入一定量的铬渣，铬渣中的铁铝酸钙和硅酸二钙主要起到晶种作用而其中的 MgO 组分主要起到助熔作用，可以有效降低煅烧温度，同时对减小熟料的配热也有一定作用，每吨熟料可以节省 5%～10%的原煤，所制备出的水泥符合水泥质量标准，具有显著的经济、环境和社会效益。

（3）水泥混合材料。为达到改善水泥性能或调节水泥标号的目的，一般在生产水泥时，需要加入人工或天然的矿物材料，这类矿物材料就叫作水泥混合材料。火山灰和高炉水淬渣都可以作为水泥混合材料使用。由于铬渣中有毒铬的存在，不适宜将其直接作为混合材料，一般要先经过解毒处理后才可以作为混合材料。研究表明，在水泥中加入 10%经过解毒后的铬渣，其制备出的产品可满足相关要求。

2. 制砖

在建筑用砖的生产中，铬渣也可以作为原料加以利用。生产过程中的解毒机理是高温下还原解毒作用以及固化作用。在制砖时，一般要将煅烧温度控制在 970℃以上，因为温度越高越有利于氧化态铬的还原。研究表明，将煤矸石和铬渣按一定比例混合，烧煤矸石砖的过程中，当铬渣加入量在 3.7%左右时，铬的解毒率高于 99%。在实际生产可将铬渣、黏土及煤按一定比例混合，烧制红砖和青砖。其工艺简单，费用较低，用量大，适用于许多铬盐厂、砖厂的生产。原料中的大量黏土在烧制过程中主要呈酸性，在煤及一氧化碳的作用下，对铬渣中的六价铬还原非常有利，特别是制青砖时，效果好。

3. 生产铬渣棉

矿棉是一种主要起保温、轻体作用的建筑材料。用铬渣制备的铬渣棉，在质量性能方面都可以达到相关标准。并且由于在制备过程中的高温还原解毒，可将铬渣的氧化态铬完全还原，起到解毒作用。对其浸出液进行毒性试验，铬渣棉中水溶性铬量为 0.15 mg/kg，大大低于国家固体废物污染控制标准。

4. 制彩釉玻化砖

将铬渣与陶瓷原料按一定比例混合，经过一定的预处理程序，最后入窑烧成彩釉玻化砖。用该工艺烧成的玻化砖具有美观、装饰方法较多、成本较低的优点，而且用于干料混磨工序的处理，可以使粒径更加均匀，反应进行更充分，制备出的玻化砖产量大、解毒效果好，可以实现变废为宝。

5. 生产各种玻璃

在烧制玻璃时，可将铬渣作为玻璃着色剂利用，其中的六价铬在高温熔融态下，被具有还原性的 CO 气体还原为三价铬，从而可将玻璃染成绿色。除了含有 Cr_2O_3 和有毒性外，铬渣中还含有大量的钙、镁、铝、铁、硅的氧化物，这些组分都是制备玻璃所需的原料。同时，三氧化二铬还可作为微晶玻璃的有效晶核剂，从而进一步降低了生产制备成本。

6. 作铺路材料

基于铬渣质地较硬、比重较大及粒度均匀的特点，可将其作为"瓜米石"的替代材料，用作辅路材料、公路路基材料等。经重庆等地使用情况证明，将铬渣作为铺路材料加以利用，具有成本较低、抗压及耐磨性强、路基不易变形等特点，可以进行推广应用。

7. 生产铸石

铸石是一种应用十分广泛的耐酸碱和耐磨类建材，铬渣也可作为其原料生产铸石。目前利用铬渣生产铸石的技术已经成熟，具有良好的利用前景，对废物资源利用、保护生态环境具有积极意义。

8．作混凝土骨料

将铬渣进行破碎、筛分处理后，可将其作为混凝土骨料及回填土方加以利用。既解决了铬渣堆放问题，又可降低工程造价。

9．作陶瓷色料

在铬渣中加入一定比例的原料，在适当的温度下进行煅烧，通过固相反应，制备出陶瓷高温色料，然后再加入陶瓷坯料，经过高温煅烧处理，经过致密化、固化作实现铬渣的解毒和综合利用。

思考题

1．原来粗放经营的矿山、冶金行业造成的环境危害有哪些？从源头解决行业固体废物的低、中、高清洁生产方案有哪些？

2．国外如何处理与处置矿山、冶金行业固体废物？我国的处理处置方案优缺点在哪里？请给出固体废物综合利用的技术发展趋势。

3．矿山、冶金行业固体废物是否为危险废物？鉴定的方法和标准是什么？

4．矿山、冶金行业固体废物大多都有较高的价值，如何选择合理的综合利用途径？

第十四章　纺织印染行业固体废物的综合利用

第一节　纺织印染行业介绍

一、纺织印染行业发展趋势

全球纺织纤维需求在过去的 20 年以每年 3%的速度增长，2000 年全球纤维消费量为 5 310 万 t（加上聚丙烯共 6 300 万 t），2001 年为 5 340 万 t。2000 年世界人均纤维消费量为 8.7 kg，其中北美 36.1 kg、非洲 3.2 kg、中国 6.6 kg。可以预见未来，世界纤维消费年增长率约为 3%，这就意味着每年还要增加 200 万 t，相当于要建 15～20 个世界规模的新厂。全球纺织市场贸易额的规模是：自 1997 年后的 10 年间，全球产业用纺织品及纤维的贸易额在整个纤维产业中所占的比重，由 1997 年的 1/3 上升到 2008 年的 50%以上，使市场的需求急速扩大，并促使各国的企业加大产业用纺织品及纤维开发力度，参与激烈的市场竞争，产业用纤维将成为制造业的重要原材料。目前产业用纤维已广泛地用作金属、塑料、纸张和石棉的替代品。随着工业用材料的轻量化、高性能化、多样化以及美观化的发展趋势，产业用纤维的用途日益广泛，市场需求量不断扩大，如美国、日本、欧盟等国的产业用纤维在其整个纤维的生产部门所占的比重有的已达 2/3。中国未来 10 年产业用纤维使用量及市场贸易每年将以超过 10%的速度增长。

二、纺织印染行业产生的污染与危害

（一）纺织纤维的分类

组成纺织品的基本单位是纤维，按其来源可分为两大类：天然纤维和化学纤维。天然纤维取自植物、动物和矿物，可分为植物纤维、动物纤维和矿物纤维。化学纤维主要是用化学方法加工制造的纤维，可分为再生纤维、合成纤维、半合成纤维和无机纤维。绝大部分纤维都是高分子化合物，其大分子都是由许多相同或相似的原子团彼此以共价键联结而成的。

（二）纺织印染行业固体废物的环境污染

随着世界人口的不断增长和人民生活水平的不断提高，纺织品消费量也越来越大，

而废弃纺织品也越来越多。我国有 13.5 亿人口，人均年消费纤维 4 kg，发达国家人均消费纤维 6～7 kg。如果废弃 10%～20%，其数量是惊人的。从纤维生产、纺织加工、染整加工、成形加工（服装加工等），一件纺织品的生产要经过四个主要加工部门，多道生产工序，使原料纤维不断发生变化，所含的有害物质和其他化学性质也发生了巨大变化。20 世纪 70 年代美国开始关注纺织工业给环境带来的污染，环保型纺织品应运而生，为避免合成染料、合成纤维对环境造成的污染，美国开始种植彩色棉花，用天然染料对纺织品进行染色。20 世纪 80 年代，欧洲一些国家确认某些纺织品对人体健康有害。

（1）许多化学纤维是由煤和石油制造的，生物可降解性很差，这些纤维织成的纺织品废弃后，会产生像塑料袋一样的"白色污染"。

（2）染色、印花、整理等加工过程中所用的染料、助剂等含有有害、有毒物质，在加工过程中残留在纺织品中。这些化学物质成分复杂，焚烧处理时会产生许多有毒气体；如果将这些化学物质长期弃置在自然界，受到空气、阳光、水分的作用，也会分解出一些有害物质，渗透到土壤中造成长期污染。特别是一些重金属或有毒有害物质污染的土壤，其植物生长受到影响并有变异现象。

（3）纺织品上的饰品多种多样，用于制备这些饰品的材料也很复杂，如塑料、金属、皮革等，这些物质的生物可降解性很差，危害极大。如 PVC 塑料，纽扣、拉链、品牌标志件，皮革硝化处理中产生的副产品六价铬等，它们废弃后进入自然界，都会不同程度地造成环境污染。

第二节　纺织印染行业的清洁生产

在纺织品的生产过程中，应以生态观念开发新技术，这不仅要在生产后期进行"三废"治理，更重要的是在纤维技术的开发和整个生产过程中的每一道工序都要注重生态平衡和绿色生产。清洁生产是指将综合预防的环境策略持续应用于生产过程和产品中，以便减少对人类和环境的风险性。它是一个全新的概念，包括：选择清洁的原材料、能源；选择无污染或少污染的替代品和清洁工艺、设备；强化生产技术管理和综合技术改造，提高生产过程的资源和能源综合利用率；减少生产排放物，即以最少量的投入，获得最高的产出和最少的污染，并高效率、低费用处理和处置必排的少量污染物。

一、原料的选取

（一）绿色纤维

纤维作为纺织品的最基本组成单元，其本身的性质决定着纺织品的绝大部分性质和用途。对纺织纤维生态性质的正确评价，有利于纤维研究开发者明确研究方向，开发出符合生态学要求的新纤维，有利于纺织品生产者选择使用生态纤维生产生态纺织品，有利于纺织品消费者选择购买真正意义上的生态纺织品。以前纺织纤维的开发主要是以纤维的功能和性能为主。现在纤维技术的开发，并不是简单地追求优异的纤维性能，而必须同时考虑对环境的保护，也就是说，作为绿色纤维技术必须将科学技术与高新技术和其他产业技术的进步相结合，才能形成 21 世纪的技术文明，对环境保护起积极的作用。目前，绿色纤维主要有以下几种。

1. Tencel 纤维

Tencel 纤维属精制纤维素纤维，用"溶剂纺丝法"生产，是将木浆、水和溶剂（氧化胺）混合，加热到完全溶解（溶解过程中不会产生任何衍生物和化学作用），过滤后经纺嘴直接纺成。98.5%的溶液可循环再利用，氧化胺溶剂无毒，对人体无害，废弃的Tencel 纤维在泥土中能完全分解，这大大降低了对环境的危害及污染。Tencel 纤维以针叶树为主，可在一些不能种植农作物及放牧的土地上种植，再加上砍伐树木后，会再种植同等数量的树木以保护自然生态，因此，砍伐树木以取其纤维素，对自然环境不会造成损害。

2. 天然彩色棉纤维

天然彩色棉纤维色泽自然、古朴典雅、质地柔软、富有弹性、穿着舒适，它不仅色度丰满，而且不会褪色。用天然彩色棉纤维制成各种纺织品不需要经过染色加工，不仅节省了染料，更重要的是没有"三废"排放，不会造成环境污染，真正实现了从纤维生产到纺织成衣全过程的"零污染"。天然彩色棉特别适合用于制作与皮肤接触的各种内衣、婴幼儿用品、妇女卫生材料等。天然彩色棉纤维可以满足人们对绿色纤维的绝大部分要求。

3. 聚乳酸纤维

聚乳酸纤维是采用可再生的玉米、小麦等淀粉原料经发酵转化成乳酸，然后经聚合、纺丝而制成的。聚乳酸纤维由于采用的原料是可再生的天然植物，而且从生产到废弃消亡的整个过程中完全是自然循环型的，对环境不造成污染，所以将其归入绿色纤维的行列。

4. 甲壳素纤维

甲壳素纤维就是将甲壳素溶于浓盐酸、硫酸、78%~97%的磷酸、无水甲酸等溶剂中，经过纺丝、凝固、后处理制成的。甲壳素纤维可以被甲壳素酶、甲壳胺酶、溶菌酶、蜗牛酶等生物降解。溶解的最终产物是氨基葡萄糖，是生物体内大量存在的一种成分，因此无毒。由于甲壳素及其衍生物在生物体内可以被降解，不会有蓄积作用，产物也不与体液反应，对组织无排异反应，因此有良好的生物相容性。甲壳素及其衍生物在自然界如土壤中分解很快，把甲壳胺埋入耕地中，二氧化碳的产生量显著增加，说明其在土壤中的分解速率很高。据测定，它们在活性污泥中的分解速率比合成高分子材料高 10 倍，比淀粉高 2 倍，因此不会像合成高分子材料那样对环境造成污染。并且生产甲壳素纤维的原料来自虾壳、蟹壳类，不会对自然资源造成危害。

5. 可降解合成纤维

合成高分子材料的非生物降解性所造成的"白色污染"已成为一大公害。对于常规的非生物降解型合成纤维材料，目前采用两种方法来进行改性，使其具有可降解性。一种方法是将淀粉与高分子材料共混熔融纺丝，可以使淀粉很均匀地分散于共混体中，用这种改性高分子材料制成的纺织品在废弃后，自然界中的微生物会将其中的淀粉作为食源，为自己的代谢提供所需的能量和细胞生长所需的碳；另一种则是在高分子材料中加入光降解剂和辅助剂，如光降解纤维就是通过在纤维用高分子中加入光降解剂和助光降解剂而制成的。

（二）绿色浆料

绿色浆料是指从制造浆料的原料，到浆料生产过程、浆料产品中所含成分、上浆使用过程、退浆污水的处理，一直到成品布上所含残留浆料的成分，都应是符合环境保护要求的。也就是说，该浆料在生产、使用中对生态环境少污染或不污染；在生产、使用浆料过程中及最终产品都要有利于人体健康，不危及人类的生命安全；在生产、使用浆料过程中要节省能源、水源；少用或不用不可再生资源，最大限度地利用再生资源。总之，绿色环保浆料的基本要求主要是其原料（玉米、木薯、土豆等）在生长过程中未受杀虫剂、除草剂残留污染，尽量使用可回收、可降解原料，在生产过程中对环境、人体不造成有害影响。

浆料对环境造成污染的途径有：首先淀粉在生产过程中产生含有大量纤维及部分游离脂、蛋白、淀粉等的废水，在变性处理时，会有残留药剂及大量盐分排出；其次浆料在使用过程中需要清洗调浆桶，且剩浆因不易保存只能排放，其废水如不经处理也将造成污染；最后纺织品在织造完毕后，还必须将织物上的浆料退掉，清洗下来的废水也必须经处理后才能排放。

推广绿色环保浆料的途径有：①尽量取代 PVA 浆料。如利用对淀粉改性，使其提高浆膜柔韧性、黏着性、渗透性、耐磨性，部分替代 PVA。②尽量回收 PVA。在生产高支、高密织物或细旦纤维时，PVA 是首选浆料，因此发达国家正在采取膜分离技术来回收退浆中的 PVA，以便重复使用，减少对环境的污染。③开发使用丙烯酸类浆料。一般认为丙烯酸类浆料属环保浆料，但要通过调整丙烯酸类单体的品种、比例来制成能满足上浆要求且污染较小的浆料。④改变生产工艺，尽量减少浆料用量及废水排放。

PVA 退浆废水的处理很难，长期积累导致生态破坏，造成环境污染。PVA 浆料由于其难以"生物降解"，因此被视为"非环保浆料"。在欧美一些国家已被视为不洁浆料；而在少数几个国家中，已被列为"禁用浆料"。纺织浆料的环境问题，并不是引入有毒物质造成污染，而是形成废水后的有机物大分子难降解，破坏生态平衡。与 PVA 比较，丙烯酸类浆料具有更易降解的优势：丙烯酸类浆料因其多元聚合的特点，形成膜结构后不易形成规则的致密结构，聚集状态的不均匀性有利于生物及化学降解，降解速度快；丙烯酸类浆料以酸、酯为主，属于富氧结构，有利于富氧降解；丙烯酸类浆料的应用一般带动淀粉用量增加，淀粉是极易降解的物质。事实上，有的变性淀粉浆料或丙烯酸类浆料中，含有害、有毒物质也不少。到目前为止，真正毫无污染的绿色浆料尚未问世，研制开发绿色浆料依然任重道远。

（三）绿色染料

1. 天然染料及其改性染料

天然染料一般来源于植物、动物和矿物质，以植物染料为主。植物染料是从植物的根、茎、叶及果实中提取出来的，如：靛蓝、茜草、紫草、红花、桑、茶等；动物染料数目较少，主要取自贝壳类动物和胭脂虫体内，如：虫（紫）胶、胭脂虫红、虫胭脂等；矿物染料是从矿物中提取的有色无机物质，如铬黄、群青、锰棕等。近年来人们发现细菌、真菌、霉菌等微生物产生的色素也可作为天然染料的来源。部分天然染料特性见表 14-1。

表 14-1　部分天然染料的特性

序号	植物名称	商业名称	染料分类	含水量/%	溶解度/%	溶液 pH	灰分/%
1	儿茶刺槐	卡奇	酸性/媒染/分散	6±0.2	95±2	6±0.4	7±1
2	尼罗河洋槐	阿拉伯胶	酸性/媒染	3±1	95±2	7±1	27±2
3	菲律宾锦葵	粗糠紫英粉	媒染/分散	4±1	10.4±2	6.3±0.3	5±3
4	檀香	石榴皮	媒染/分散	5±2	29±2	6±1	11±2
5	迦太基石榴	五倍子	酸性/媒染	6±2	95±2	4.3±0.2	11±2
6	栎皮粉	喜马拉雅大黄	酸性/媒染	3±1	96±2	4±0.2	11±2
7	大黄黏液	茜素	媒染/分散	5±1.5	30±5	3±1	5±3
8	西洋茜草	金码头	媒染/分散	5±2	95±2	8±0.2	35±5
9	如曼斯海树	樱桃李	媒染/分散	12±1.5	14±3	3±1	3±1
10	顶生李茎	靛蓝	酸性/媒染	5±1	97±2	3.5±0.5	7±2
11	木蓝		还原	5±1	4±2	5±1	63±7

针对天然染料缺点，首先，可以利用生物工程的方法培育植物，因为生物培养方法可使细胞生长速度大大加快，这样就使得天然染料的生产可以不依赖于自然界的植物，且产量大幅度提高。其次，开发天然染料等同体——仿生染料也极具价值。这种染料结构与某种天然染料完全一致，是一种等同体，同时又是化学合成生产，其纯度高、性能稳定，原料丰富、不与粮食争地，只要不含重金属等有害物质即可进行大规模生产，用稀土-柠檬酸络合物作为天然染料的媒染剂对织物进行染色，是天然染料-稀土-织物三者形成稳定络合物的过程，稀土离子可作为中心离子与作为配位体的染料离子络合。此外，它还具有类似电解质的作用，有促染性；纤维素纤维经改性可以提高染料的染色性能；天然燃料与表面活性剂复合也可以提高染色特性。

2. 新型环保染料

随着石油化工产业的发展，合成染料有了飞速发展，几乎全部取代了天然染料。但是近年来逐渐发现，在人工合成的染料、中间体和原料中，存在着不仅对生物（包括人类）有危害，而且对地球生态环境有害的成分，因此目前"禁用染料"、"环境激素"已被禁止生产和应用。近年来各国的染料公司都在大力研究和开发制造各种环保染料，将其作为染料工业发展的主攻方向。目前进入市场的比较常用的新型环保染料有下述几种。

（1）新型环保活性染料。如：Sumifix HF 型染料、Cibacron FN 型染料、Procion XL 型染料、ProcionHE XL 系列染料和 Lanasol CE 型染料等，集中在下列 4 种类型：①固着率活性染料；②低盐染色用新型活性染料；③不含金属和不含可吸附有机卤化物的活性染料；④可用来取代联苯胺结构黑色直接染料和黑色硫化染料的新型深黑色活性染料。

（2）新型环保分散染料。如：Terasil SD 型染料、Compact ECO 系列染料、Dianix ECOliquid 系列染料等，集中在下列 5 种类型：①符合 ECOTex Standard100 要求的新型分散染料；②取代过敏性分散染料的新型分散染料；③不含可吸附有机卤化物的新型分散染料；④具有优异洗涤牢度和热泳移牢度的高性能分散染料；⑤开发用可生化降解分散剂组成的新型分散染料。

（3）新型环保硫化染料。如：Diresul EV 系列染料等，集中在下列 3 种类型：①不含硫化碱的预还原硫化染料；②采用低用量和低还原性化学品进行还原的超微硫化染料；③引入硫化硫酸基的硫化染料。

（4）无甲醛固色剂。无甲醛固色剂大致可分为阳离子聚合物型固色剂、树脂型固色剂、交联反应型固色剂。如 Seckafix157 是一类水溶性的含砜阳离子聚合物；Superfix DFC 是由多乙烯多胺与双氰胺缩聚而成的。固色剂的使用提高了染料的利用率，也大大减少了废水中的染料。

（四）绿色助剂

1．前处理助剂

新型多功能前处理助剂，能把润湿、净洗、稳定或软化、脱色、分散、中和等功能结合在一起，同时具有易生物降解性；耐强碱的双氧水稳定剂和螯合剂使双氧水漂白有好的稳定性，对钙、镁、铁离子有优良的螯合作用，特别适用于棉及其混纺机织物的双氧水连续高温蒸煮漂白工艺，具有加工白度好、去杂效果显著和纤维损伤小等优点；新型络合剂能与棉中的重金属、钙和镁等相结合，可用来取代目前使用的生物降解性比较差的络合剂；生物酶制剂能温和地移除蜡，其处理的织物比用传统苛性钠处理的重量损失少，并且手感柔软和亲水性高，同时改进了外观，全部加工成本最多可节约 25%；专用的湿润/洗净剂特别适用于洗除在氨纶中难乳化的硅酮油和矿物油，而且使用该新助剂，可在同一浴中进行染色，加工成本和时间减少 60%以上，加工能力增加 25%～33%，大大减少了致污的排出液。

2．染色和印花助剂

羊毛快速染色助剂是具有良好生物降解性的类脂体助剂，又称磷酯酰胆碱，它在低温（<70℃）时具有缓染作用，在较高温度（85℃）时又能起促染作用，缩短了染色时间，降低了成本和能耗；新型增深剂能降低纤维表面的光折射率，提高织物的表观深度，尤其对黑色织物更为明显，还能改进手感和使织物具有抗静电性；新型耐氯牢度改进剂是一种提纯的天然产品，可 100%生物降解，该助剂能与酸性染料、金属络合染料或活性染料一起用于所有的染色和印花工艺中，在广泛的 pH 范围（6～13）使用，上染率高、提升性与匀染性优异，可显著地改进织物染色后的耐氯性能，尤其适用于生产高品质、经久耐用的游泳衣，而且可使用清洁剂去除污渍；新型皂洗剂，能改进洗涤剂质量，获得更好的洗涤效果，即使在盐存在下，染之后皂洗之前，只要一个简单的水洗浴就足够了，而且皂洗效果不受盐浓度及水硬度的影响，即使适当降低皂洗温度仍可获得较好效果。该助剂在酸性、碱性条件下均具有活性，对水解染料的亲和性极强，能防止回沾。用在吸尽工艺中，能大幅度地缩短皂洗流程，既省时，又节约了水和能量，增加了洗涤加工的生产能力，解决了生产中的洗涤"瓶颈"。除此之外，该助剂还给予一个高的牢度一致性和重现性高。改进涂料印花和涂料染色湿牢度的特种助剂，在涂料印花和涂料染色时同时使用可极大地改进水洗牢度、摩擦牢度以及缝纫性，而且使织物具有柔软的手感。涂料印花用新交联剂和新增稠剂如低甲醛交联剂、无甲醛交联剂；耐电介质的糊状合成增稠剂 Alcoprint PT-RV，

印花均匀性好，有优异的湿罩湿印花性能，并可用于拔染印花。

3．后整理剂

多功能后整理剂是具有透湿、散热等功能的新型多功能后整理剂，用它们整理的织物具有优良的耐洗性、抗静电性和柔软的手感等。新一代柔软剂，是一个基于改进的有机官能团的硅酮技术的无烷基酚聚氧乙烯醚和无酞酸酯的微乳化亲水性柔软剂，对环境生态友好、对人体安全，该产品给予非常舒适和丰满的织物手感，可用于多种类型织物、机织物和针织物（包括家具装饰织物、毛巾、床单、内衣、衬衫、袜子和粗斜纹布等）；由于产品的亲水性能，明显地改进了织物的穿着舒适感，而且还能耐用和耐洗涤，它与目前商业上在 1～2 个洗涤周期后已失去了大部分柔软性能的亲水性柔软剂相比能耐多次洗涤且能保持织物的手感和吸收性；它还耐热，能把织物发黄减到最少；另外，由于该产品纤维与金属之间的润滑性良好，减少了摩擦、有利于裁剪与缝纫操作、并降低了织针的磨损和断裂；该产品能用于浸轧或吸尽工艺，使用方便，能很好地被吸尽，是一种剪切稳定的乳液，在吸尽或浸轧应用时耐高温、盐、碱、弱酸和一同使用的其他助剂；该产品能应用在最后的吸尽浴工序中，不论是否有预水洗；使用该产品后可除去通常特加的柔软整理工序；它同时也是一个清洁产品，没有脂肪残余物沉淀。其中的新型免烫整理型是超低甲醛树脂，Knittex RCT 是低甲醛交联树脂，被整理织物有很好的回弹性和尺寸稳定性。

4．特种助剂

①新型潮气驱除剂。适用于所有纤维，能加速织物潮气的蒸发，使得织物穿着更舒适；也能使合成纤维吸收更多的水气，然后让潮气转移到衣服的表面很快地蒸发掉，这样人造纤维就能像棉花和羊毛一样自然地保持吸收性；此助剂还能使纤维更柔软，并防止衣服产生静电。②防止白色合成纤维织物在储藏或运输时泛黄的新助剂。白色合成纤维织物在储藏或运输时常常会在与包装材料相接触的地方泛黄，那是由于包装材料中含有一种无色添加剂即丁基化羟基甲苯（BHT），它是一种抗氧化剂，当与纺织品接触时会转移到纺织品上，与从烟气中的氮氧化物发生反应生成一种黄色的硝基染料，其生成速度随着运输或储藏时环境温度和湿度的升高而加重。BASF 公司开发的新型助剂 TX1 567 能可靠地防止氮氧化物与丁基化羟基甲苯分子结合，即使在高空气温度和高湿度的热带气候条件下也行之有效，这对那些氮氧化物含量高或交通密度高的发展中国家来说尤其重要。它可用于白色或浅色的纺织品上，能单独地或与荧光增白剂或染料一起在吸尽加工或轧—干—热固（热熔）加工中应用。

二、纺织工艺与装备革新

过去的纺织工业企业技术改造项目大多以提高产品产量和质量为主，产生了较好的经济效益。今后在进行技术改造时应把清洁生产放在重要地位。我国大中型纺织企业的生产工艺及设备大多处于发达国家 20 世纪 80 年代初的水平，我国纺织企业在能源与资源消耗方面以单位产品计与发达国家同行业相比要高出 1～2 倍，而劳动生产率仅为发达国家的1/8～1/3，差距极为明显，因此，纺织行业推行清洁生产有很大的潜力和需求。纺织生产过程中在能源上应采用各种节能技术、开发低能耗工艺，包括水、电、气使用的节能化。

而在生产过程的控制上应尽量少用或不用有毒、有害的原料（比如当前发达国家进口商最关注的甲醛、偶氮染料、重金属、卤化物等），保证中间产品的无毒无害。在采用新工艺、新设备、新技术上要结合生产的清洁化，如近年来印染行业采用的酶法退浆工艺、棉布前处理冷轧堆一步法工艺、涂料染色及印花工艺、转移印花工艺及超临界流体染色工艺等都对保护环境有较好的作用。

三、纺织固体废物的回收与综合利用

目前，纺织固体废物的处理方法有焚化销毁、分解处理和回收再利用。

废弃天然纤维纺织品的再利用，一般是先将天然纤维素纤维（棉、麻）、浆纱或织物（旧衣物）用机械分解成纤维状，再进行纯纺或混纺，织成织物。而且随着非织造技术、转杯纺和摩擦纺等新技术的相继问世，植物纤维也可用作非织造布原料或经处理（主要是脱色、脱油脂）后用作黏胶纤维、Lyocell 纤维及造纸原料；国内某企业将回收的衣服破碎成片后，再经开松、粗梳、纺纱，在剑杆织机上用作纬纱织造 2/2 斜纹和 3/1 斜纹机织物，结果令人满意，且其制品廉价，可用于清洁领域、装布和覆盖织物。

废弃化学纤维纺织品的再利用主要包括纺织品再利用、制造新纺织品和热回收。

（一）纺织品再利用

回收的纺织品经消毒、净化后，用于贫困地区或受灾地区。如：把回收的纤维制品用来制造被服用填充棉。目前利用较多的是用各化纤厂收购的下脚料加工填充棉。另外，已开发出一些新的使用方法，如制成纤维粉末，做塑料填料、水泥增强材料等。

（二）制造新纺织品

一般地，大部分废弃合成纤维纺织品中高聚物的加工再利用有两个途径：一是这些纤维都是高分子材料，大都具有可溶（熔）性，可采用熔融或溶解的方法回收，直接作其他用途。例如：美国 MARTINCOLOR-FI 公司于 1978 年就开始回收聚酯瓶及薄膜，制成聚酯粒，加工成丝或毛毯。二是把回收的高分子材料进一步裂解成高分子单体，重新聚合后再纺成纤维制品。例如美国一家公司利用废弃锦纶 6 地毯作原料，每年生产 4.5 万 t 己内酰胺，此产品与新生产的己内酰胺具有相同的性能。此法一般要求设备性能好、技术达标，而且费用较大，所以不适合一般小企业。

（三）热回收

利用燃烧时的热来发电、生产热水等，但与垃圾焚烧不同的是，垃圾热值与专门废纤维制品的热值相比要低；另外垃圾焚烧要防止二噁英及重金属的生成及扩散，而合成纤维焚烧要防止氰化物、氮氧化物（聚丙烯腈和聚酰胺类为含氮化合物）的生成及扩散。

组成废弃纺织品的纤维种类繁多，而其在纺织染整加工中又经各类化学品处理，因此，简单的回收再利用是不合理的，这就需要研究无污染处理办法，以及开发再利用废弃纺织品新办法和新途径。

思考题

1. 纺织印染行业固体废物的特点有哪些？纺织印染行业的固体废物有哪些？

2. 纺织印染行业清洁生产方案有哪些？哪些可以降低固体废物产生率及其环境危害？

3. 纺织印染固体废物综合利用难点在哪里？

4. 纺织印染固体废物有哪些综合利用途径？

第十五章　农业固体废物的综合利用

第一节　农业固体废物介绍

一、农业固体废物产生现状

农、林、牧、副、渔各项活动中产生的固体废物主要为农作物秸秆、枯枝落叶、木屑、动物尸体、大量家禽家畜粪便以及农业用资材废物（肥料袋、农用膜）。改革开放以前，我国农村的固体废物主要有日常生活垃圾、禽畜粪便和农作物秸秆等，种类简单，污染力不强，比较容易处理和循环，对农村环境影响很小。但改革开放以后，农村的经济发展模式发生了转变，农民生活水平逐渐提高，农村固体废物的种类也随之逐步增多，污染日益严重，当前农业固体废物构成见图 15-1。

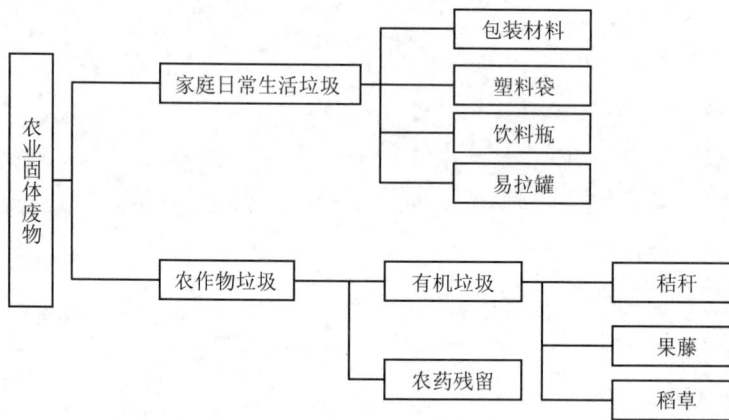

图 15-1　农业固体废物的构成

二、农业固体废物的治理现状

目前，各地方视点大多集中于城市生活垃圾的治理，对农村固体废物污染问题关注较少，相关的法律法规不健全，需要进一步建立健全农村环境卫生的法律法规体系。处理农村固体废物面临的问题有：①农民环保意识不强。②缺乏资金投入。③缺乏垃圾循环利用。

④长效机制不健全。以农村生活垃圾为例，其处理处置现状见图15-2。

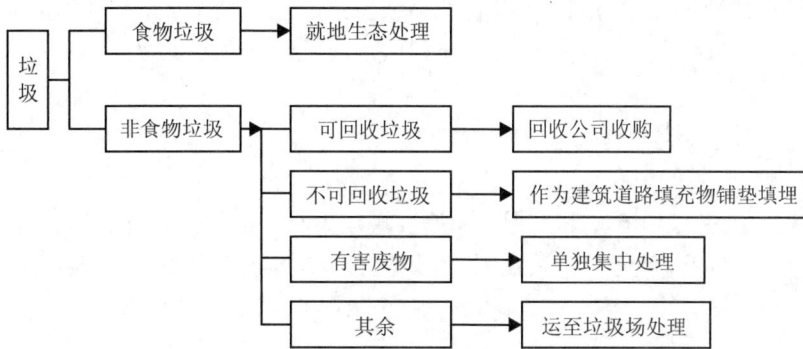

图 15-2 农村生活垃圾处理处置方法

三、农业固体废物的特性

农业固体废物的特点是有机碳含量高、水分大、灰分低、可生化性强。例如秸秆中平均含碳 44%、氮 0.6%、磷 0.25%、钾 1.4%，还含有镁、钙、硫等元素，具有很大的综合利用潜能，是一种重要的可再生资源。

第二节 农业固体废物综合利用工程

一、沼气工程

沼气工程是指以规模化畜禽养殖场粪便、污水、秸秆等的厌氧消化为主要技术环节，集污水处理、沼气生产和固体废物资源化利用于一体的系统工程。按其规模大小可分为小型、中型和大型沼气工程。

（一）工艺类型

1. 按发酵温度分类
常温（变温）发酵型、中温（35℃）发酵型、高温（54℃）发酵型。

2. 按处理原料分类
处理食品工业有机废水工程型、处理畜禽粪污工程型和处理其他工业有机废水工程型。

3. 按产品用途分类
根据沼气工程目的和周边环境条件的不同，大中型沼气工程可分为能源生态模式和能源环保模式。所谓能源生态模式，即沼气工程周边的农田、鱼塘、植物塘等能够完全消纳经沼气发酵后的沼渣、沼液，使沼气工程成为生态农业园区的纽带。如畜禽粪便沼气工程，首先要将养殖业与种植业合理配置，这样既不需要后处理的高额花费，又可促进生态农业建设，所以说能源生态模式是一种理想工艺模式。所谓能源环保模式，即沼气工程周边环境无法消纳沼气发酵后的沼渣、沼液，必须将沼渣制成商品肥料，将沼液经后处理达标排放。该模式不仅不能使资源得到充分利用，而且工程和运行费用较高，故应尽量避免使用。

（二）工艺流程

一个完整的大中型沼气发酵工程，无论其规模大小，都包括如下工艺流程（图 15-3）：原料（废水）的收集、预处理、消化器（沼气池）、出料的后处理和沼气的净化与储存等部分。

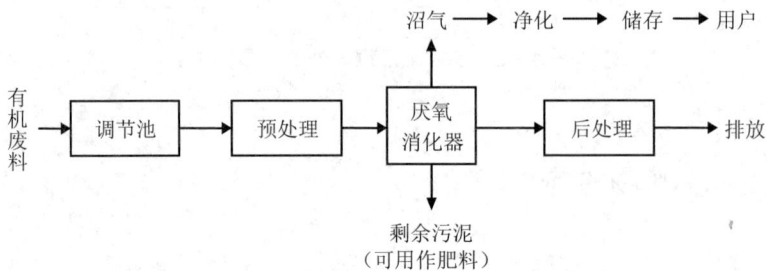

图 15-3 大中型沼气工程工艺流程

1．原料收集

在畜禽场或工厂设计时就应当根据当地条件合理安排废物的收集方式和集中地点，以便就近进行沼气发酵处理。收集到的原料一般要先进入调节池储存，因为原料收集时间往往比较集中，而消化器的进料常需在一天内均匀分配。所以调节池的大小一般要能储存24小时废物量。在温暖季节，调节池常可兼有酸化作用，这对提高原料可消化性和加速厌氧消化都有好处。若调节池内原料滞留期过长，则会因好氧呼吸作用或沼气发酵的进行而损失沼气。

2．原料预处理

原料常混杂有生产作业中的各种杂物，为便于用泵输送及防止发酵过程中出现故障，或为了减少原料中的悬浮固体含量，有时原料在进入消化器前要进行升温或降温等，因而要对原料进行预处理，畜禽场的粪便原料特性详见表 15-1。

表 15-1 畜禽场三种发酵原料的特性

种类	固体含量/%	产气潜力/（m³/kg）	物料特征
	设计参数	设计参数	
鲜牛粪	15～18	0.18～0.30	草多，沉淀物较少，浮渣多于沉渣
鲜猪粪	18～15	0.25～0.45	冬季沉淀物多，沉渣多于浮渣
鲜鸡粪	25～40	0.30～0.55	冬季有鸡毛贝壳、沙砾沉淀，沉渣结实

在预处理时，牛粪和猪粪中的长草、鸡粪中的鸡毛都应除去，否则极易引起管道堵塞。采用搅龙除草机去除牛粪中的长草，可以收到较好的效果，再配用收割泵进一步切短残留

的较长纤维和杂草可有效防止管道阻塞。鸡粪中含有较多贝壳粉和沙砾等，必须进行沉淀清除，否则会很快大量沉积于消化器底部，不仅难以排除，而且会影响沼气池容积。

目前采用的固液分离设备有格栅机、搅龙除草机、卧螺式离心机、水力筛、板柜压力机、带式压滤机和螺旋挤压式固液分离机等。其中，螺旋挤压式固液分离机主要用于固体含量高，且易分离的污水，如新鲜猪粪污水；卧螺式离心机用于酒精厂废醪效果较好；搅龙除草机主要用于含纤维较长的废水预处理；板柜压力机和带式压滤机主要用于处理加凝絮剂后凝絮效果较好的废水，用于好氧污泥的处理效果极佳；水力筛一般均采用不锈钢制成，用于分离含杂物较多、纤维长的污水，如猪粪污水、鸡粪污水等，且其分离效果好，安装方便，易于管理，在南方应用较为广泛。

3. 厌氧消化器

厌氧消化器是大中型沼气工程的核心设备，微生物的繁殖、有机物的分解转化、沼气的生成都是在消化器里进行的，因此，消化器的结构和运行情况是沼气工程设计的一个重点。首先要根据发酵原料或处理污水性质以及发酵条件选择适宜的工艺类型和消化器结构。

目前，应用较多的有常规型消化器，如在农村大量使用的家用水压式沼气池和酒厂使用的隧道式沼气池；第二类为污泥滞留型消化器，使用较多的有用于处理可溶性废水的UASB 及用于处理高悬浮固体的 USR。另外，内循环厌氧消化器（IC）是目前效率较高的工艺类型，主要用于处理中低浓度、SS 含量低、pH 偏中性的污水。第三类为附着膜型消化器，目前使用的主要是填料过滤器，用于可溶性有机废水处理，有启动快、运行容易的优点。

（1）厌氧消化器分类依据。

一个厌氧消化器，无论属于哪一种工艺类型，在具备适宜的运行条件的基础上，决定其功能特性的因素主要是水力滞留期（HRT）、固体滞留期（SRT）和微生物滞留期（MRT），并据此对消化器进行分类。

1）水力滞留期（HRT）。厌氧消化器的 HRT 是指一个消化器内的发酵液按体积计算被全部置换所需要的时间，通常以天（d）或小时（h）为单位，可按下式计算：

$$HRT = \frac{消化器的有效容积(m^3)}{每天进料量(m^3)} \ (d) \qquad (15\text{-}1)$$

例如，一个消化器有效容积为 100 m³，每天进料量为 5 m³，则 HRT 为 20 天。同样如果知道了 HRT，也可求出每天的投料量。无论是半连续投料运行，或是连续投料运行的消化器都可以根据 HRT 来确定投料量，在生产上习惯使用投配率一词，即每天进料体积占消化器有效容积的百分数，按下式计算：

$$投配率（\%）= \frac{每天进料体积(m^3)}{消化器有效容积(m^3)} \times 100\% \qquad (15\text{-}2)$$

按此公式算得前例中的消化器的投配率为 5%，而 HRT 则为投配率的倒数即 20 天。当消化器在一定容积负荷条件下运行时，其 HRT 与发酵原料有机物含量成正比，有机物含量越高，HRT 越长，这有利于提高有机物的分解率。降低发酵原料的有机物浓度或增加消化器的负荷都会使 HRT 缩短，但过短的 HRT 会使大量沼气发酵细菌从消化器里冲走，除非采取一定措施将固体和微生物滞留，否则有机物的分解率和沼气产量就会大幅度降低，消化器的运行将难以稳定。因此存在一个最佳滞留期，此时甲烷产率最大。

最佳滞留期之后，甲烷产率随滞留期的延长而下降，但原料转化率逐渐上升（表 15-2），在生产过程中可根据发酵目的不同，选择适合的 HRT，如以生产沼气为主则可适当地靠近最佳滞留期，如以环境保护为主，则应适当延长 HRT。

表 15-2　牛粪不同滞留期的产气率与原料利用率

滞留期/d	4	6	12
产气率[m³/（m³·d）]	6.29	4.96	2.89
原料利用率/%	39.8	46.1	52.8

确定了 HRT 后，对一个每天污水产量一定的工程来说，就可以得出消化器的体积。例如，一个饲养量为 1 000 头的猪场，每头猪每天产生污水量为 25L，则每天共产生污水 25 m³，如果 HRT 定为 10 d，则消化器的有效容积为 250 m³，为防止发酵液产生的泡沫堵塞导气管，所以常留 10%的体积作为缓冲，因此，消化器有效容积只占消化器总体积的 90%。这样即可按下式求出消化器体积：

$$消化器体积 = \frac{每天的污水量(m^3) \times HRT(d)}{消化器有效容积占比(\%)} \qquad (15\text{-}3)$$

则上例中猪场的消化器体积为：

$$该猪场消化器体积 = \frac{25 \times 10}{90\%} = 277.8 \ m^3$$

常规消化器的设计是根据 HRT 而定，然而在大型沼气工程的设计上常根据消化器的容积负荷而定。

2）固体滞留期（SRT）。SRT 是指悬浮固体物质从消化器里被置换的平均时间。在一个混合均匀的完全混合式消化器内，SRT 与 HRT 相等。而在一个非完全混合式消化器内，当消化器在长的 SRT 运行时，一部分衰老的微生物细胞被分解，为新生长的微生物提供了营养物质，这样就可以减少微生物对原料的营养要求。由于蛋白类物质的分解率提高，因而发酵液中铵态氮含量也随 SRT 的延长而逐渐上升。一方面因 SRT 的延长固体有机物分解更为彻底；另一方面因衰亡微生物的分解使细菌得到更多营养物质，因而较长的 SRT 使污泥甲烷化活性提高，污泥的沉降性能得到改善。所以，高悬浮固体有机物的厌氧消化应设法得到比 HRT 长得多的 SRT，这是至关重要的。在消化器内，沼气发酵微生物常附着于固体物表面而生长，SRT 的延长也增加了微生物的滞留期，因此，除附着膜式消化器外，SRT 与 MRT 是难以分开的，所以 SRT 的延长也同时增加了微生物的量，减少了微生物的冲出。这也是在长的 SRT 条件下固体有机物具有较高分解率的原因之一。

3）微生物滞留期（MRT）。MRT 指从微生物细胞生成到其被置换出消化器的平均时间。在一定条件下，微生物繁殖一代的时间基本稳定，如果 MRT 小于微生物增代时间，微生物将会从消化器里被冲洗干净，厌氧消化将被终止。如果微生物的增代时间与 MRT 相等，微生物的繁殖与被冲出处于平衡状态，则消化器的消化能力难以增长，消化器则难以启动。如果 MRT 大于微生物增代时间，则消化器内微生物的数量会不断增长。可见在一定条件下，消化器的效率与 MRT 呈正相关。如果 MRT 无限延长，则老细胞会不断死亡而被分解掉。这样可使微生物的繁殖和死亡处于平衡状态，就不会有多余的微生物排出。因此，延长 MRT 不仅可以提高消化器处理有机物的效率，而且可以降低微生物对外加营养物的需求，还可减少污泥的排放，从而减少二次污染物的产生。

当处理低浓度有机废水时，HRT 很短，这样就必须设法延长 MRT 来维持厌氧消化过程产酸与产甲烷的平衡。只有延长了 MRT 才能阻止生长缓慢的产甲烷菌的冲击，增加产甲烷菌在消化器内的积累，防止微生物生长不平衡现象的发生。

用什么方法来延长 MRT 呢？在完全混合式消化器内，MRT 与 HRT、SRT 相等，因此无法使 MRT 单独增加，所以完全混合型消化器必须有长的 HRT，负荷难以提高。要想使消化器有比 HRT 更长的 MRT，就必须使 HRT 与 MRT 分离，在污水经过消化器的条件下，使微生物滞留于消化器内，这就产生了 UASB 和厌氧滤器等使 HRT 与 MRT 分离的消化器类型，前者靠污泥的沉降使微生物滞留，后者靠微生物附着于支持物的表面形成生物膜而滞留，这样就可使 MRT 大大延长，从而提高了消化器的效率，因而使消化器的负荷大幅度提高，并使只适用于处理高浓度有机废水的厌氧消化器发展到今天仍然可用来处理低浓度废水。

（2）厌氧消化器类别。

根据 HRT、SRT 和 MRT 的不同，可将厌氧消化器分为三种类型（表 15-3）。第一类为常规型消化器，其特征为 MRT、SRT 和 HRT 相等，即液体、固体和微生物混合在一起，在出料时同时被淘汰，消化器内没有足够的微生物，并且固体物质由于滞留期较短而得不到充分消化，因而效率较低，如在农村大量使用的家用水压式沼气池和酒厂使用的隧道式沼气池。第二类消化器为污泥滞留型消化器，其特征为通过各种固液分离方式，将 MRT 和 SRT 与 HRT 加以分离，从而在较短的 HRT 的情况下获得较长 MRT 和 SRT。即在发酵液排出时，微生物和固体物质所构成的污泥得到保留，因而称为污泥滞留型。第三类消化器为附着膜型消化器，其特征为在消化器内安放有惰性介质供微生物附着，使微生物呈膜状固着于支持物表面，在进料中，液体和固体穿流而过的情况下固着滞留微生物于反应器内，从而使消化器有较高的效率。目前使用的主要是填料过滤器，用于可溶性有机废水处理，有启动快、运行容易的优点。

表 15-3　厌氧消化器分类

类型	滞留期特征	消化器举例
常规型	MRT=SRT=HRT	常规消化器、塞流式消化器、完全混合式消化器
污泥滞留型	（MRT 和 SRT）＞HRT	厌氧接触工艺、升流式固体反应器、升流式厌氧污泥床、内循环厌氧反应器
附着膜型	MRT＞（SRT 和 HRT）	折流式厌氧滤器、流化床和膨化床

1）常规型消化器。

常规消化器

也称常规沼气池，是一种结构简单、应用广泛的发酵装置（图 15-4）。该消化器无搅拌装置，原料在消化器内呈自然沉淀状态，一般分为 4 层，从上到下依次为浮渣层、上清液层、活性层和沉渣层，其中厌氧消化活动旺盛场所只限于活性层内，因而效率低。

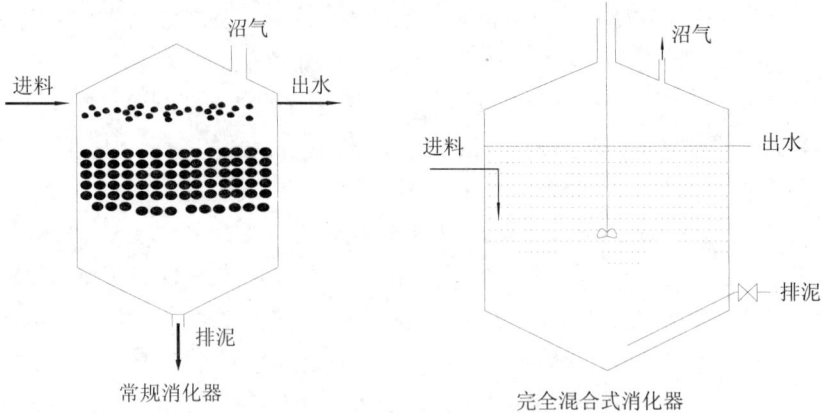

图 15-4　常规消化器与完全混合式消化器

常规消化器的投料方式有批量投料和半连续投料两种。批量投料是在沼气发酵应用上最简单的工艺，其特点为在消化器启动时将原料和接种物一次投入消化器，直到产气停止或产气甚微时为止，再将发酵后的残余物全部取出，然后再重新投料进行启动。

批量投料的优点为适用于季节性产物和高固体原料；消化器结构简单、造价低；使用管理简单，适用于农村家庭及农场。缺点为投料启动后，微生物处于自然繁殖状态，产气量无法控制，因而难以做到均衡产气；高浓度原料启动时可能发生产酸和产甲烷不平衡，从而导致因酸化使发酵失败。

半连续投料即每隔一定时间进行一次投料，这样可使批量投料时无法控制的产气量得到控制。例如水压式沼气池在以禽畜粪便为原料时，按半连续投料方式效果较好。在常温条件下，池温在 20℃以上时有机负荷（COD）为 $1\sim2$ kg/（$m^3\cdot d$），产气率为 $0.2\sim0.5$ m^3/（$m^3\cdot d$）。

完全混合式消化器（CSTR）

完全混合式消化器也称高速消化器，是以前使用最多、适用范围最广的一种消化器。但随着近年来研究工作的深入，人们认识到该种消化器能耗大、能效比较低，故其应用范围逐渐缩小。完全混合式消化器是在常规消化器内安装了搅拌装置，使发酵原料和微生物处于完全混合状态，与常规消化器相比其活性区遍布整个消化器，效率比常规消化器有明显提高，故又名高速消化器。该消化器常采用恒温连续投料或半连续投料，适用于高浓度及含有大量悬浮固体原料的处理，例如污水处理厂好氧活性污泥的厌氧消化过去多采用该工艺。在该消化器内，新进入的原料由于搅拌作用很快与发酵器内的全部发酵液混合，使发酵底物浓度始终保持相对较低状态。而其排出的料液又与发酵液的底物浓度相等，并且在出料时微生物也一起被排出，所以，出料浓度一般较高。该消化器是典型的 HRT、SRT 和 MRT 完全相等的消化器，为了使生长缓慢的产甲烷菌的增殖和冲出速度保持平衡，要求 HRT 较长，一般要 $10\sim15$ 天或更长的时间。中温发酵时负荷（COD）为 $3\sim4$ kg/（$m^3\cdot d$），高温发酵时为 5～6 kg/（m³·d）。

塞流式消化器

塞流式消化器也称推流式消化器，是一种长方形非完全混合消化器，高浓度悬浮固体原料从一端进入，从另一端流出，原料在消化器内的流动呈活塞式推移状态，在进料端呈现较强的水解酸化作用，甲烷的产生随着向出料方向的流动而增强。由于进料端缺乏接种物，所以要进行污泥回流。在消化器内应设置挡板，这有利于运行的稳定。

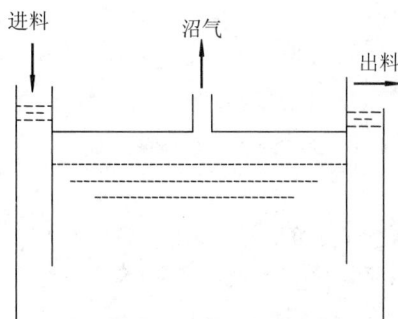

图 15-5　塞流式消化器

塞流式消化器最早应用于酒精废醪的厌氧消化。发酵池温为 55℃左右，投配率为12.5%，滞留期为 8 天，产气率为 2.25～2.75 m³/（m³·d），负荷（COD）为 4～5 kg/（m³·d），每立方米酒醪可产沼气 23～25 m³。塞流式消化器在牛粪厌氧消化上也有广泛的应用，因牛粪质轻、浓度高，长草多，本身含有较多的产甲烷菌，不易酸化，所以，用塞流式消化器处理牛粪较为适宜（表 15-4）。该消化器要求进料粗放，不用去除长草，不用泵或管道输送，使用搅龙或斗车直接将牛粪投入池内。采用 TS 为 12%的浓度使原料无法沉淀和分层。生产实践表明：塞流式消化池不适用于鸡粪的发酵处理，因鸡粪沉渣多，易生成沉淀而形成大量死区，严重影响消化器效率。

表 15-4　塞流式消化器与常规消化器比较

池型及体积	温度/℃	负荷/[kgVS/（m³·d）]	进料（TS）/%	HRT/d	产气量/（L/kgVS）	CH₄/%
塞流式	25	3.5	12.9	30	364	57
（38.4 m³）	35	7.0	12.9	15	337	55
常规池	25	3.6	12.9	30	310	58
（35.4 m³）	35	7.6	12.9	15	281	55

2）污泥滞留型消化器。

污泥滞留型消化器的特征为通过采用各种固液分离方式使污泥滞留于消化器内，提高消化器的效率，缩小消化器的体积。污泥滞留型消化器包括厌氧接触工艺、升流式厌氧污泥床和升流式固体反应器等。

厌氧接触工艺

在全混合消化器之外加一个沉淀池，从消化器排出的沉淀污泥重新回流至消化器内，这样既减少了出水中的固体物含量，又提高了消化器内的污泥浓度，从而在一定程度上提高了设备的有机负荷率和处理效率。

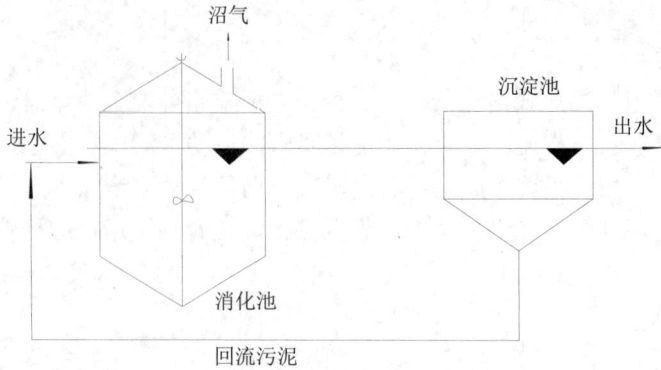

图 15-6　厌氧接触工艺

　　该工艺的优点是允许污水中含有较多的悬浮固体、耐较高的冲击负荷，具有较大缓冲能力，操作过程比较简单，工艺运行比较稳定；其缺点是需要额外的设备来使固体和微生物沉淀与回流。

升流式厌氧污泥床（UASB）

　　该消化器适用于处理含可溶性有机物的废水，要求其悬浮固体含量较低。消化器内部分为 3 个区，从下至上为污泥床、污泥层和气、液、固三相分离器。消化器的底部是由浓度很高并且有良好沉淀性能和凝聚性能的絮状或颗粒状污泥形成的污泥床，污水从底部，经布水管进入污泥床，向上穿流并与污泥床内的污泥混合，污泥中的微生物分解污水中的有机物，将其转化为沼气。沼气以微小气泡形式不断放出，并在上升过程中不断合并成大气泡。在上升的气泡和水流的搅动下，消化器上部的污泥处于悬浮状态，形成一个浓度较低的污泥悬浮层，在消化器上设有气、液、固三相分离器。

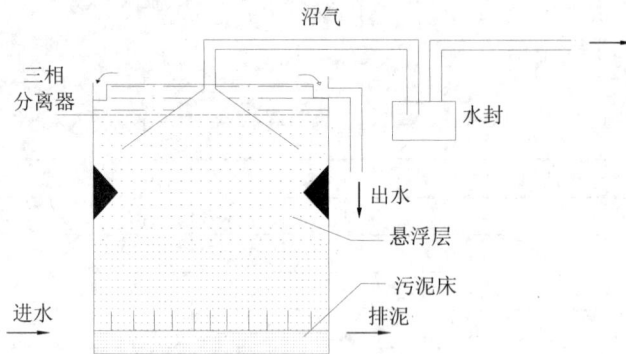

图 15-7　UASB 消化器

　　在消化器内生成的沼气泡受反射板的阻挡，进入三相分离器下面的器室内，再由管道经水封而排出固、液混合液经分离器的窄缝进入沉淀区内。由于污泥不再受到上升气流的冲击，在重力作用下沉淀，沉淀至斜壁上的污泥沿斜壁滑回污泥层内，使消化器内积累起大量的污泥。分离出污泥后的液体从沉淀区上表面进入溢流槽流出。

　　UASB 启动的最大困难是获得大量性能良好的厌氧活性污泥。最好的办法是从现有的厌氧处理设备中取出大量污泥投入消化器进行启动，如有处理相同废水的污泥效果更好。

如果没有相同废水的污泥，也可以选取沉降性能较好的鸡粪厌氧消化污泥、城市污水厌氧消化污泥或猪粪厌氧消化污泥等作为接种物。如果附近没有厌氧消化器可以取污泥，也可以在工程附近原排放污水的沟内寻找污泥作为接种物，但要筛除粗大固体物，并且沉淀出泥土砂石后方可进入消化器。总之，对作为接种物的污泥有两点要求：一是能够适应将要处理的有机物，特别是在处理有毒物质时这一点更重要；二是污泥要具有良好的沉降性能。例如，用消化过的鸡粪作为接种物就比猪粪好，因鸡粪沉降性能好，并且比较细碎有利于颗粒污泥的形成。

启动过程应注意以下几点：最初污泥负荷（COD）应低于 0.1～0.2 kg/（kgVSS·d）；污水中的各种挥发酸未能有效分解之前不应提高反应器负荷；环境条件应有利于沼气发酵细菌的繁殖。

如能注意以上几点，启动运行 6～12 周内，在温度约 30℃的条件下，污泥负荷（COD）可达 0.5 kg/（kg·d），对所处理的废水大多具有满意的处理效果。在 UASB 内虽设有三相分离器，但出水中仍带有一定数量的污泥，特别是工艺控制不当时，常会造成大量跑泥。正常运行时，少量活性污泥会因进水中的悬浮固体或气泡的夹带而随水冲出，污泥过满，也会使出水中污泥增多，这时应及时排放剩余污泥。在冲击负荷的条件下，可能导致污泥过度膨胀，也可大量流失污泥。为了减少出水中所夹带的污泥，可在 USAB 反应器后设置 1 个沉淀池，将所沉淀的污泥送回反应器内。沉淀池的 HRT 可采用 2 h，每天回流污泥 1 次至污泥床与污泥层交界处。设置沉淀池的好处是：污泥回流可加速污泥的积累，缩短投产期；去除悬浮物，可改善出水水质；当因工艺控制不当造成大量跑泥时，可回收污泥；污泥回流入消化器内做进一步分解，可减少剩余污泥排放量。

内循环（IC）厌氧反应器

内循环（Internal Circulation）厌氧反应器是目前世界上效能最高的厌氧反应器。该反应器是集 UASB 反应器和流化床反应器的优点于一身、利用反应器所产沼气的提升力实现发酵料液内循环的一种新型反应器。

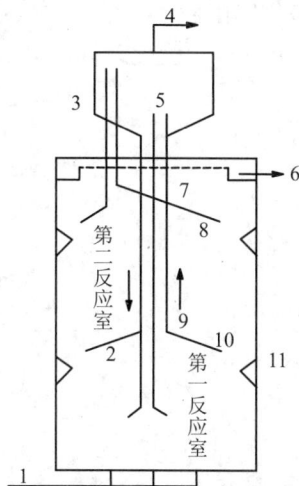

图 15-8　IC 反应器示意图

1. 进水管；2. 回流管；3. 集气管；4. 沼气导管；5. 气液分离器；

6. 出水管；7. 沉淀区；8. 第二反应室集气罩；9. 沼气提升管；10. 第一反应室；11. 气封

如图 15-8 所示，废水中的剩余有机物可被第二反应室内的颗粒污泥进一步降解，使废水得到更好的净化。经过两级处理的废水在混合液沉淀区进行固液分离，清液由出水管排出，沉淀的颗粒污泥可自动返回第二反应室，这样就完成了废水的全部处理过程。

升流式固体反应器（USR）

升流式固体反应器内生物靠被动沉降滞留于消化器内，上清液从消化器上部排出，这样就可以得到比 HRT 高得多的 SRT 和 MRT，从而提高了固体有机物的分解率和消化器的效率。利用海藻作原料，发酵反应器为中温 USR，在 TS 浓度平均为 12%时，其负荷范围为 1.6～9 600 gVS/（m³·d），其甲烷产量为 0.38～0.34 m³/kgVS，并且甲烷产率为 0.6～3.2 m³/（m³·d），这个效果明显比完全混合式要好得多，其效率接近 UASB，但 UASB 必须严格使用可溶性原料。

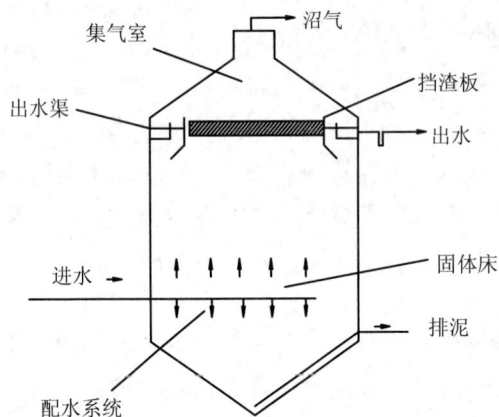

图 15-9 USR 消化器示意图

3）附着膜型消化器。

附着膜型消化器的特征是使微生物附着于安放在消化器内的惰性介质上。应用或研究较多的附着膜型反应器有厌氧滤器（AF）、流化床（FBR）和膨胀床（EBR）。

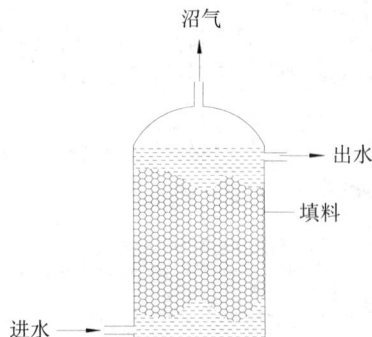

图 15-10 厌氧滤器

生物膜由种类繁多的细菌组成，随着污水的流动，固着的微生物群体也有所变化。在进料部位多为酸化菌，而沿着流动方向，产甲烷菌则更多一些。生物膜中有大量甲烷丝菌，并且网络着一定数量的甲烷八叠球菌,这两类细菌都是食乙酸产甲烷菌,在消化器内它们是生成甲烷的主要菌类。生物膜的过多积累和在填料空隙中污泥的沉积,以及高 SS 原料的进入都会导致滤器的堵塞,在使用煤渣做填料时堵塞现象尤为严重,使用纤维填料后这种情况有所改善。附着生长的生物膜不易消失,从细菌生成到从膜上脱离可在消化器内滞留 150~600 天,这样可在消化器内积累大量微生物,从而可利用厌氧过滤器处理 COD 浓度很低的污水。在 AF 内,填料的主要功能是为厌氧微生物提供附着生长的表面积,一般来说,载体的比表面积越大,滤器可承受的有机负荷越高。除此之外,填料还要有相当的高空隙率。在同样的负荷条件下 HRT 越长,有机物去除率越高,另外,高孔隙率对防止滤器堵塞和产生短流均有好处。

表 15-5 各种常用厌氧处理工艺的优缺点

工艺类型	优点	缺点
沼气池	系统非常简单,高 SS 浓度	低负荷,需要较大池容
常规消化器	结构简单	效率较低
完全混合式消化器	适用于高浓度及含有大量悬浮固体的处理	消化器体积较大;能量消耗较高
塞流式消化器	不需搅拌装置,结构简单,能耗低;适用于高 SS 废物的处理,尤其适用于牛粪的消化;运转方便,故障少,稳定性能高	固体物可能沉淀于底部,影响消化器的有效体积,使 SRT 降低;需要固体和微生物的回流作为接种物;面积/体积比值较大,难以保持一致的温度,效率较低;易产生结壳
厌氧接触工艺	适应中等浓度,并可采取较高负荷率运行	需要运行经验,需要额外的设备来使固体和微生物沉淀与回流
厌氧滤池	运行简单,适应高或低浓度 COD	不适于 SS 含量高的废水,有堵塞危险
UASB 工艺	运行简单,适应高或低浓度 COD,可能适应极高负荷	解决运转问题需要技巧,不适宜废水 SS 高的情况
IC	具有很高的容积负荷率,沼气提升实现内循环,不必外加动力,节省投资和占地面积	发酵塔高度太高,不方便施工
USR	简单,造价低,适应高悬浮固体	效率较低、产气率低

(3)出料的后处理。

出料后的处理方式多种多样。若采用能源生态模式,最简便的方法是直接用作肥料施入农田或鱼塘,但施用有季节性,不能保证连续的后处理,因此应设置适当大小的贮液池,以调节产肥与用肥的矛盾。如采用能源环保模式,则要将出料沉淀后的沉渣进行固液分离。固体残渣用作肥料或配合适量化肥做成适用于各种作物或花果的复合肥料,很受市场欢迎,并有较好的经济效益;清液部分可经曝气池、氧化塘、人工湿地处理设备进行深度处理,处理后的出水,可用于灌溉或达标后排入水体,但花费较大。

(4)沼气的净化、储存和输配。

沼气发酵时会有水分蒸发进入沼气,由于微生物对蛋白质的分解或硫酸盐的还原作用,一定量的硫化氢(H_2S)气体会生成并进入沼气。水的冷凝会造成管路堵塞,有时气体流量计中也充满了水。H_2S 是一种腐蚀性很强的气体,它可引起管道及仪表的快速腐蚀。H_2S 本身及燃烧时生成的 SO_2、H_2SO_3、H_2SO_4,对人都有毒害作用。大型沼气工程,特别是用来进行集中供气的工程必须设法脱去沼气中的水和 H_2S。脱水通常采用脱水装置进行（图 15-11）。沼气中的 H_2S 含量为 $1\sim12\ g/m^3$，蛋白质或硫酸盐含量高的原料，发酵时沼气中的 H_2S 含量就较高。硫化氢的脱除通常采用脱硫塔，内装脱硫剂进行脱硫（图 15-12）。因脱硫剂使用一定时间后需要再生或更换，所以脱硫塔最少要有两个轮流使用。

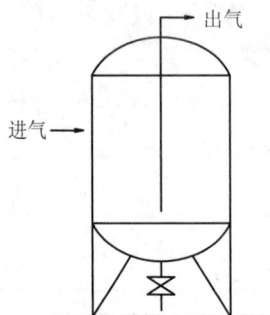

图 15-11　冷凝水脱水装置　　　　图 15-12　干式脱硫塔

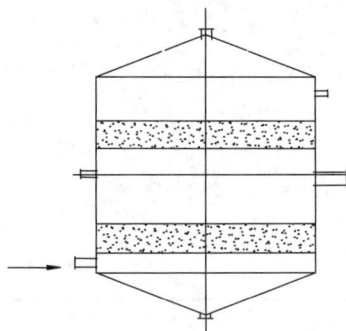

沼气的输配是指将沼气输送分配至各用户（点），输送距离可达数千米。输送管道通常采用金属管，近年来工程中也采用高压聚乙烯塑料管、PE 管、PPR 管等作为输气干管。用塑料管输气避免了金属管的易锈蚀等问题。气体输送所需的压力通常依靠沼气产生池或储气柜所提供的压力即可满足，远距离输送可采取增压措施。

（三）沼气工程设计与施工案例

1. 工艺特点

辅热集箱式沼气生产装置为长方形隧道式，池底由进料口向出料口倾斜；发酵池旁为砖混结构，即池墙和隔墙下部 4/5 部分采用 24 墙砖，M10 水泥砂浆专筑，上部 1/5 处用 C20 钢筋混凝土浇注 24 cm×30 cm（宽×高）的圈梁。这样既可满足发酵池内沼液和沼气压力的需要，又便于顶部钢质集气与池墙上端圈梁内的预埋件的连接，密封更为牢固，操作也更为简易方便。同全混凝土结构池墙相比，不仅节约了大量钢材、水泥和模具费用，而且大大加快了建池进度，缩短了工期。在发酵池上部的贮气部分改全砖或混凝土结构为太阳能集箱式全钢结构。内外多层防锈、防腐处理后，外涂高性能太阳能吸热涂层，高效率利用太阳能增加发酵温度，提高产气率。在早春和冬季，由于本装置上方建有钢管大棚支架，上面覆盖塑料温棚、预处理池、计量池、进出料间都设置在大棚内，避免了冷空气的侵袭，又对太阳能加热后的料液进行了保温，料液发酵温度应保持在 20℃以上，此温度下不仅达到了保温效果，同时也是太阳能加热的沼气池夏季发酵的温度。改大中型沼气工程输配系统常用的钢质管道为燃气专用 PE 管或 PVC 给水管道。不仅能满足沼气压力要求，增加气密性，而且减少了输气阻力，增强了抗腐蚀能力，大大延长了管道使用寿命，同时投资也大幅降低，施工更简便，速度更快。

2. 主要装置及工艺参数

（1）发酵池。发酵池容积主要根据每天粪便污水进料量和设计的发酵原料水力停留时间（HRT）来确定。为方便施工，大中型沼气池设计为 $100\ m^3$，池容为一个独立单元，如需建 $300\ m^3$ 容积的发酵池，可按设计几何尺寸最大开挖，中间设置两道隔墙，即二隔三池进行并联。500 m³ 沼气池设置四道隔墙，即四隔五池进行并联。

（2）出料间。出料间容积的确定：出料间容积按沼气池 24 h 产气量的一半来设计。即

$$出料间容积 = \frac{沼气池有效容积 \times 产气率}{2} \tag{15-4}$$

出料间可根据出料方式的不同设置为中层出料和底层出料。出料间与发酵池的连通口大小应以方便施工、维修人员进出为宜。出料间上加盖板，以防人畜掉入。

（3）预处理池（沉淀池）。预处理池容积的确定：预处理池的容积大小一般要能储存 24 h 的粪便、污水量。预处理池与计量池连接处要在距池底 30 cm 处设置钢质格栅，以拦截原料中的各种杂物，如牛粪中的长草、鸡粪中的鸡毛等悬浮物，以免堵塞污泥泵或进入发酵池中形成结壳。格栅下部的 30 cm 容积为沉淀鸡粪、猪粪中的沙砾。要在预处理池上设置高压水管，以搅拌冲淋原料。长草杂物和沉淀的泥沙要及时清除，如有条件可设置粪草分离器、固液分离器、搅拌器、切割泵等，会有更好的效果。

（4）计量池（酸化调节池）。计量池容积一般以预处理池的 2～4 倍设计，应能容纳预处理池 24 h 污水粪便稀释后体积的总和，其对各发酵池定量分配泵输，同时兼有酸化池作用，对原料加速厌氧消化大有好处。

（5）集气钢罩。沼气发酵池内产生的沼气聚集于集气钢罩内，并通过其顶部的导气孔用管道输送至气柜。集气罩内刷防锈漆、环氧树脂防腐密封漆各一道，外部涂以防锈、树脂防腐漆和沥青保护油漆各一道，太阳能吸收率大于 80%，故能很好地利用太阳能给料液增温，达到中温发酵的温度要求。集气钢罩为厚 3 mm 钢板，集气罩与池墙螺栓连接，为钢质预埋件焊接，解决了集气钢罩受压变形、密封难的问题，提高了沼气池在运行中的耐久性、可靠性和稳定性。各钢质集气罩长 3 m、宽 1.5 m，矢高 0.75 m。

（6）钢质贮气柜。钢质贮气柜容积可按发酵池总容积日产气量的 1/3～1/2 设计，气柜的出口压力可根据用气布点的数目和输送距离来确定，一般应控制为 2 500～5 000 Pa。贮气柜应布置在集中用气点附近，其优点是沼气从发酵池装置脱硫后，利用其自身压力送至气柜，不需消耗动力。且因输送途中无用户或用户很少，所以可采用较小管径，节约管道投资费用。由于贮气柜靠近用户，所以管线短，各用户灶前压力稳定，使灶具在良好状态下工作，具有较高热效率。对于供气规模很小的沼气工程，可将气柜布置在气源附近，以利于统一管理。

（7）贮气柜水封池。为了便于施工，贮气柜水封池可根据地下水位情况修建成半池式。由于全钢结构耗资太大，一般修建为钢筋混凝土结构，池底、池墙均为双排钢筋，其钢筋直径和分布间距根据气柜容积大小和受力情况计算确定。气柜的进出气管道在穿越水封壁时，一定要在管道上焊止水环，止水环四周的混凝土一定要捣实。水封池竣工后必须进行注水试验，48 h 不渗漏为合格。使用过程中，应勤检查水封池内的水位情况，如损耗则应及时添加。气柜顶部四周和水封池外沿要设置钢管护栏，并设置爬梯，以保证施工、维修、参观人员的安全。并要在规定范围内设置防火警示标志。

（8）沼气脱硫装置。每个沼气用户购置、使用简便小型脱硫器，其不仅成本低，而且更新容易，效果也不错。

（9）脱水管理。本装置昼夜温差大，沼气中含水量较多，容易使管道堵塞，所以在沼

气输配系统中应设置脱水装置。脱水装置应视输送距离长短均布设置，并设置在管道沟最低处，两端管道以 3‰ 坡度坡向脱水器，脱水器下端应安装阀门，当输气管道被水堵塞造成沼气灯忽明忽暗、灶具火焰忽大忽小时，应及时打开脱水器排水阀门放水。

（10）塑料大棚。在沼气池上部设置的塑料大棚是保证本装置高效利用的一个重要配套设施。由于季节性、昼夜温差变化大，夏季和有阳光的时段，集气钢罩吸热快、增温效果好。但在冬季和夜间，其散热速度也较快。因此，配套塑料大棚保温是必不可少的措施。为防止冷空气袭入，进料口、预处理池、计量池、出料间都应设计在温棚内；温棚可不分季节变化、常年进行覆盖；大棚骨架用 $\phi 4$ 分钢管焊成双层骨架（上下层间距 150 mm）。上下层钢管间用 $\phi 6$ 钢筋焊成 "V" 形支撑，骨架间距 1 m，矢跨比 1∶5。沼气池四周挡土墙用 24 砖砌筑，高度同钢集气罩等高。大棚骨架下端安装在挡土墙内，大棚骨架两端应设置活动门，以便人进出。

（11）其他设置。泥浆泵一台，由计量池往发酵池抽进原料，可设置为一泵多点进料；无堵塞切割型污泥泵一台，由出料间中下部抽取泥肥，输送至蔬菜大棚，苗木果园等用肥处；如冬季利用气量大，为满足供应，可选用秸秆、煤两用加热锅炉，为发酵池料液增温加热，以提高沼气池冬季的产气量；在具有一定规模的园艺场、无公害蔬菜生产基地，可选用固液分离机和成套沼液处理设备（沉淀罐、搅拌罐、过滤罐、分装罐等）处理后的固态肥料制成颗粒复合肥，液态肥料可用于蔬菜、果园喷灌，叶面施肥等。

3. 施工技术要点

（1）土方工程。沼气工程在场地平整及清理后，要根据总平面布置图上的设计要求进行定位与放线工作。同时进行高程测定，确定沼气池相关部位标高。定位工作一般用经纬仪及钢尺进行。土方基槽开挖要用机械进行，做到快挖快建，以防雨水侵入造成塌方，影响土壁稳定。

（2）基础放线。基础放线应根据基础的设计尺寸和埋置深度、土的类别及密实度、地下水位高低、气候条件的不同情况等，确定是否需留工作面和放坡，从而定出挖土边线、进行放线工作，确保沼气池各部位几何尺寸的精确。

（3）基础施工。混凝土基础施工前，应检查基底，清除杂物，画出基础的轴线及边线，有垫层的要画出垫层的边线，如基础土质坚硬、密度均匀，可直接在基础上施工，若基础土质为淤泥土等，则可先用河卵石或大粒径碎石垫铺 20 cm 厚作为垫层，然后在其上浇筑混凝土 20 cm 厚即可。也可先在基础上浇筑 C10 混凝土 10 cm 厚作为垫层然后在其上放置钢筋网，浇筑混凝土 20 cm 厚，混凝土要用平板振动器进行振捣。

（4）砖墙施工。为节约钢材投资，加快建池进度，本装置的预处理池、计量池、出料间、发酵池墙、隔墙、挡土墙等部位均可用墙砖、水泥砂浆砌筑。要求必须用机制砖，砖在砌筑前要浇水湿润，保证外湿内干。砌筑时做到横平竖直，竖封错开，灰浆饱满，砖墙与土壁之间要用回填土分层夯实，每层厚度不大于 30～40 cm，湿度 30%，即手捏成团，落地即散为宜。

（5）钢筋混凝土施工。本装置在沼气发酵池四周池墙、隔墙上端 1/5 处设计有 24 cm×30 cm 钢筋混凝土圈梁，沼气池贮气柜水封池底、池墙均要求浇筑钢筋混凝土，混凝土在施工前应先进行试配，并检测其强度指标，达到要求后方可使用，混凝土应分层进行浇捣，可用振捣棒进行振捣。每层铺设厚度不大于 30 cm，要求连续操作，振捣密实，不留施工缝，每两层相隔时间夏季不超过 2 h，冬季不超过 3 h。对钢筋的直径、分布、间距、应符合图纸设计要求，不得随意更改。对钢筋的绑扎、搭接长度、弯钩或弯折、混凝土保护厚度等均应按照《混凝土结构工程施工与验收规范》（GB 50204—92）的规定严格操作。气柜水封池壁的混凝土中可兑一定比例的抗渗剂，冬季施工时要掺兑一定比例的抗冻剂，以保证水封池的抗渗性能。

（6）预埋件施工。预埋件必须安装位置精确，保持平整。埋置深度应不超过混凝土截面的 3/4，四周用混凝土填捣密实。

（7）沼气池的粉刷。沼气池的粉刷是保证沼气池不漏水、不漏气的关键，因此要认真做好。可采用四道粉刷法：①砖或混凝土基面清理干净，保持湿润，刷水泥净浆 1 mm 厚。②1∶2 水泥砂浆粉 1 cm 厚，作为找平层。③1∶1 水泥砂浆粉 0.5 cm 厚，作为面层。④刮抹纯水泥灰膏 0.2 cm 厚，抹平收光不现沙粒，然后在其上刷水泥净浆或沼气密封胶浆 2～3 遍即可。

（8）钢质贮气柜和钢质集气罩的焊制。应严格按照图纸设计的几何尺寸加工制作，钢板厚度要满足设定沼气压力的需求，焊缝进行内外满焊，气柜应按设计压力计算配重，并安置超限气压排气阀。运行过程中不得有卡轨、脱轨现象。气柜、气罩内外均按要求进行防锈、防腐处理，做到漆膜均匀，不得有漏刷现象。

（9）沼气系统的调试及试压。沼气工程竣工后，应对沼气池的密性、抗渗性及沼气的输配系统，沼液综合利用设备进行检验、调试，经检验合格后方可投料运行，绝不允许未经检验或检验不合格就投料，否则将给维修带来很大麻烦。沼气发酵池、气柜蓄水池应进行注水试验，并记下水位标记，观察 48 h，水位不下降、池壁和池底无渗漏为合格。气柜、集气钢罩经充气达 6 000～10 000 Pa 压力，观察 24 h，漏损率小于 3%为合格。输气管道用表压为 3 000 Pa 的空气检验，10 min 内压力无下降为合格。

（四）大中型沼气工程运行与管理

1. 试压检验

（1）发酵罐试漏。

水压法：向发酵罐内注水至溢流高度，稳定观察 12 h，当水位无明显变化时，表明发酵罐及进料管系统不漏水，之后方可进行水压试验。关闭罐体通向大气空间的所有阀门，最佳方法是用盲板切断通向大气空间的去路。在罐顶起空间接好测压仪表或 U 形压力计，对储气空间做好全面的密封处理，此后继续向发酵罐内注水。当压力达到最大设计压力时停止加水，记录好压力值，稳压观察 24 h，当压力下降在 3%～10%以内时，可确认发酵罐抗渗性能符合要求。

气压法：注水稳压观察后，不再注水，而是注气。压降小于 3%时，可确认抗渗性能符合要求。

（2）单机调试与联动试运行。

用清水进行承压检验，原料、水、输配管路、阀门、压力表、流量计、液位计、pH计、加热器、搅拌器、电机、水泵等依各自产品质量检验标准和设计要求，进行单机调试和联动试运行，以保证安全可靠。

2．启动运行程序

（1）选取接种物。确定系统运行温度后，选择同类工程的活性污泥作为接种物。若不能获得，则需要驯化。一般沼气发酵罐排出的活性污泥和污水沟底正在发泡的活性污泥，都可作为接种物，接种量占发酵容积的 1/10～1/3。

（2）接种物的驯化。菌种与底物按照 10∶1 左右混合于发酵罐内，对于较小容积的发酵罐，菌种量要占 1/3；较大容积发酵罐，菌种量可小于 1/3，之后封闭发酵罐。升温至 35℃或 54℃，停止进料若干天后开始进料，每次进料要在预处理阶段使温度高出系统运行温度 3～5℃。pH 调解到 6.5～7。每次进料量控制在发酵罐内料液量的 5%～10%。每 7～8 天进料 1 次，直至料液溢流。此后缩短间隔，增大负荷直至设计要求。

（3）投料启动。若出现发酵液挥发酸浓度升高，pH 下降；沼气量明显减少，沼气中 CO_2 含量升高，CH_4 含量下降；出水 COD 浓度升高，悬浮固体沉降性能下降；丁酸、戊酸含量上升等现象，预示着设备超负荷，应采取以下措施：

1）控制有机负荷，保持或调节发酵液的 pH 值在 6.8 以上。首先要停止进料，若 pH 值已经降至 6.5 以下，则沼气产量显著下降，可加中和剂调整 pH 至 6.8，这样可以避免不平衡态的进一步发展，而且还可以使消化作用在短时间内恢复平衡。

2）若上述方法不能缓解失衡，则应考虑进料中是否有毒性物质。若有有毒物质，可以用稀释进料的方法降低有害物质浓度，或添加某种物质使有毒物质中和或沉淀。

3）如果 pH 下降或中毒情况严重，应考虑重新启动。

（4）日常管理。污泥沉降的上平面应保持在溢流出水口下 0.5～1.0 m 的位置，这样既可以保证水力运行的畅通，又可使悬浮污泥有沉降的空间。一般每隔 3～5 天排放一次，每次排放量应视污泥在消化器内的累积高度而定。UASB 一般不需要搅拌，USR 如无浮渣结壳现象也不需要搅拌，一些常规消化器一般不需要连续搅拌，特别是在出料时应尽量使发酵原料保持自然沉降状态，这样可以延长 SRT 和 MRT，因而获得较高的消化率。因检修或季节性生产等限制，厌氧消化器可能会有一段时间停运，这种停运对厌氧消化性能的保持并无多大影响。活性可以保持一年或更长时间。在停运期间，应使消化器内发酵液的温度保持在 4～20℃。此外，在停运期间，应设法使出料口及导气管等保持封闭，以维持消化器的厌氧状态。

大型沼气工程每隔 3～5 年应有计划地检修 1 次，事先应做好存放厌氧活性污泥的池子。大修时应将污水、污泥、浮渣、沉渣和底部泥沙清扫干净，进行防腐、防渗、防漏处理，最后按沼气池试漏规定验收合格后，才能重新装入污泥继续运行。此过程中安全事项如下：

1）打开消化器所有孔口，用鼓风机连续吹入新鲜空气 24 h 以上，测定池内空气中的 CH_4、H_2S、CO_2、O_2 含量合格后方可进入，也可以用动物试验。

2）检修人员应戴防毒面具。戴好安全帽，系上安全带及安全绳，池外必须有人监护，整个检修期间不得停止鼓风。

3）池内所有的照明用具和电动工具必须防爆。如果明火作业，必须符合公安部门的防火要求，同时要有应急措施。

4）有条件时，配备有毒有害气体及可燃性气体监测器，以保证人身绝对安全。

二、生态循环养殖技术

生态循环养殖技术是根据畜禽之间以及其他生物之间食物链的共生互补原理，利用相关的技术在一定的养殖空间和区域内通过各种管理措施和手段进行的综合养殖行为，并用这种行为实现养殖者预期的降低生产成本、提高生产效益和达到对环境平衡控制目的的一套技术。这种技术有利于养殖过程中的物质循环、能量转化和资源利用，减少了废物、污染物的产生，保护和改善了生态环境。生态循环养殖技术实际上是一种综合养殖技术，需要从业者掌握某种模式的所有相关技术，相对于单一的养殖来说，难度要大些，它是以一种或少数的几种畜禽养殖为基础，配置其他上游生物或者下游生物的相关产业，所以需要专业的综合技术配备。但它的经济效益和社会意义是单一养殖所远远不能相比的。

生态循环养殖技术利用食物链的方式在整个养殖过程中以养殖蝇蛆或者蚯蚓或者沼气等技术对畜禽粪便进行处理，减少了其向环境中的排放，甚至可以将其完全进行充分利用，改善了养殖场的周边环境，同时还获得了高质量的动物蛋白饲料。通过这种养殖技术减少了在养殖过程中对配合饲料的依赖，有效控制了养殖过程中各种激素类添加剂和某些抗生素药物的大量使用，做到少用甚至不用。所生产的产品除了成本低以外还是绿色健康的畜禽产品。

生态循环养殖技术是以家禽—鱼—农作物循环养殖、蝇蛆养殖、蚯蚓养殖、沼气技术、牧草种植技术、特种菌运用为核心的基础技术，熟悉了这套技术后根据自己的养殖现场环境和便利的资源条件利用其中的一种或者几种为基础技术，再配置其他生物养殖形成一种专门的养殖模式，具有广阔的前景。

（一）生态循环养殖定义

所谓生态农业是指在保护、改善农业生态环境的前提下，遵循生态学、生态经济学规律，运用系统工程方法和现代科学技术，集约化经营的农业发展模式。所谓生态循环养殖是指根据不同养殖生物间的共生互补原理，利用自然界物质循环系统，在一定的养殖空间和区域内通过相应的技术和管理措施使不同生物在同一环境中共同生长，实现保持生态平衡、提高养殖效益的一种养殖方式。生态循环养殖有利于养殖过程中的物质循环、能量转化和提高资源综合利用，减少废物、污染物的产生，保护和改善生态环境，促进养殖业可持续发展。

（二）生态循环养殖业特点

①它是以一种或少数的几种畜禽养殖为中心，同时配置其他相关产业，如种植业、园艺花卉、肥料业或者其他养殖业以实现无污染排放等，把资源的循化利用与环境保护有机地结合起来。②生态循环养殖系统内部以"食物链"的形式不断进行物质循环和能量流动和转化，以保证系统内各个环节上的生物群的同化作用和异化作用正常进行。系统内的各个环节紧密联系，上游环节出现波动将会导致下游环节难以控制，甚至是失去原来的平衡。③在生态畜牧业中，物质循环和能量循环网络是完整统一的，通过这个网络，系统向环境中的污染排放明显减少，大大降低了饲料成本，并有效地提高了畜产品的营养品质与食用

品质，实现了良好的经济效益和环境效益。

（三）生态循环养殖业的几种主要模式

1. 散养、放养（放牧）与种养结合模式

此模式最接近原始养殖的模式，如林（果）园养鸡、稻田养鸭、养猪-果树等。主要通过用林木、果树、作物、中药材等种植业与畜禽养殖结合，从而有效解决并利用畜禽粪便，减少化肥农药用量，以生产优质水果和畜禽。但这种养殖方式有着非常严重的局限性，它是以自然饲料为主的，受自然环境和季节影响较大，需要良好的生态环境，生产水平比较低，不适合大规模批量生产。所以这种养殖模式适合在山区、谷地或者有大片树林、果园、作物带的地区推广。

2. 立体养殖模式

如鸡-猪-鱼、鸭（鹅）-鱼-果-草、鱼-蛙-畜-禽等。比如用饲料喂鸡，鸡粪喂猪，猪粪发酵后喂鱼，或者畜禽粪便入池肥水，转化成浮游生物，为鱼、蛙提供天然饵料，塘泥作农作物肥料。这种养殖模式虽然可以减少粪尿排放对环境的污染，但是由于用未进行无害化处理的粪尿直接饲喂猪、鸡、鱼等下游动物，易诱发各类疾病在种群间甚至跨物种的暴发。另外，畜禽粪便中还含有大量的抗生素、重金属、病原体等有毒有害物质，容易造成残留并传播疾病。所以从卫生防疫的角度来看，在立体养殖中不提倡粪便不进行无害化处理。

典型的立体生态养殖模式见图 15-13。

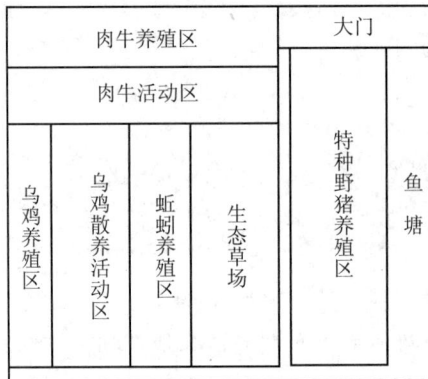

图 15-13　立体生态养殖模式示意图

3. 以沼气为纽带的种养模式

利用沼气池或者沼气罐在厌氧环境中通过微生物发酵将粪便转化为沼气、沼液、沼渣等再生资源，其沼液、沼渣用于养殖鱼、蚯蚓及种植果、草等，用蚯蚓作动物饲料，建立畜禽养殖与种植资源综合利用生态链。但在实践过程中，畜禽粪尿虽经发酵但因发酵温度不够，无法彻底杀灭粪便中的病原微生物或寄生虫卵，可能造成动物疫病的传播流行，并危害社会公共安全。

4. 以微生物、蝇蛆和蚯蚓为核心的种养模式

在许多西方发达国家，早就开始运用人工养殖蝇蛆和蚯蚓处理养殖场的粪便和城市垃

圾了。在养殖业中通常是先将畜禽粪便用特种菌或是类似的多种微生物进行充分发酵，再把发酵好的粪便拿来饲养蝇蛆和蚯蚓，再用蝇蛆和蚯蚓代替精饲料饲喂鸡、青蛙、牛蛙等经济动物，利用完的粪便经过一定处理后用来生产肥料。整个过程中蝇蛆和蚯蚓自身产生的消化酶和天然抗生素可以杀死粪便中残留的微生物和病原体，再加上上游微生物的发酵作用，病原体的数量几乎降低到零。这种养殖模式具有粪便转化效率高、低污染甚至是零污染的特点，适合大规模推广。目前在我国广东和广西的部分地区已经成功应用。同时蚯蚓也是一种药用价值极高的传统中药，可以用来治疗多种人类和动物疾病，还可以产生额外的经济效益。

5．其他几种比较典型的养殖模式

（1）初级模式。主要是以养殖鸡、猪等畜禽为核心，产生的粪便经过特殊微生物发酵后再用来养殖蝇蛆和蚯蚓，再把养殖好蝇蛆和蚯蚓用来饲喂畜禽。饲养蝇蛆和蚯蚓的废物用来种植粮食和蔬菜，这些蔬菜和粮食可以用来出售，也可以继续用来饲养畜禽。

（2）中级模式。畜禽养殖所排放的粪便用来养殖蝇蛆，养殖蝇蛆后的粪便用来饲养蚯蚓，养殖蚯蚓后的粪便用来种植粮食和蔬菜，生产出的粮食和蔬菜可以继续饲喂畜禽。蝇蛆和蚯蚓可以用来养鱼和饲喂畜禽。特种微生物可以作用于以上的每一个环节，可以用来发酵粪便来去除病原微生物和粪臭；也可以用来净化畜禽舍和鱼塘的环境和水质；还可以用来发酵由粪便转化而来的肥料。

（3）高级模式。在中级模式的基础上加入了大规模养殖场、果园生产、桑园生产、养蚕、沼气池发酵、特种水产养殖、农村生活垃圾以及人粪处理、绿色蔬菜生产等环节。更能高效地处理人畜粪便，并将发酵后的粪便多次利用，生产出种类更多的副产品。

6．发展生态循环养殖的几点建议

（1）发展生态循环养殖业有着良好的经济效益和环境效益，能从根本上解决发展规模养殖业所产生的种种矛盾，体现了未来养殖业的发展方向。

（2）现有规模化养殖场以项目的形式加以引导，促进其逐渐朝着生态循环养殖业转变。或者通过引入重点企业，发展生态循环养殖工业区，在生态循环养殖的基础上配套食品、中药材等其他产品的生产加工，使传统农业由以前的粗放型逐渐向工业型转变。

（3）因地制宜，探索适合当地良性生态循环的养殖模式，以获取最大的生态效益、经济效益和社会效益。建立适合生态养殖业发展的创新机制，完善有关法规制度和有效发展机制。要提高集约化养殖环境控制能力，加强设施建设。建立生态型养殖小区，实现粪污零排放。

三、秸秆饲料加工技术

（一）秸秆氨化技术

秸秆的主要成分是粗纤维，而粗纤维中所含的纤维素、半纤维素是可以被草食家畜作为饲料消化利用的，木质素则基本上不能消化。秸秆中所含的部分纤维素与木质素结合紧密，从而阻碍牲畜消化吸收。氨化的作用在于切断这些联系，使纤维素与木质素分开，让牲畜消化吸收，一般来说，氨化秸秆的消化率可提高 20%，采食量也相应提高了

20%，粗蛋白含量提高了 1～1.5 倍，氨化后秸秆总的营养价值可提高 1 倍，达到 0.4～0.5 个饲料单位。

氨化方式分为液氨氨化、尿素氨化、碳铵氨化、氨水氨化。①液氨氨化：将秸秆打捆堆成垛，再用塑料膜覆盖密封。注入相当于秸秆干物质重量 3%的液氨进行氨化。氨化所需时间取决于环境温度，通常夏季约需 1 周，春秋季需 2～4 周，冬季需 4～8 周，甚至更长。如果用氨化炉氨化，由于温度较高（80～90℃），因此只需 1 天即可完成氨化。②尿素氨化：将秸秆切碎置入氨化池中，用相当于秸秆干物质重量 5%的尿素来处理。尿素应预先溶于水中，均匀地喷洒到秸秆上，氨化池装满、踩实后用塑料膜覆盖密封即可。处理时间同液氨氨化，但稍长。③碳铵氨化：方法与尿素氨化相同，由于碳氨含氨量较低，其用量相应增加。④氨水氨化：方法同液氨氨化。

（二）玉米秸秆青贮饲料技术

新鲜玉米秸秆粉碎后，经过微生物发酵，成为青饲料。①建青贮池：一般有长方体和圆柱体两种。圆柱体青贮池直径与深度比为 1∶1.5，下小上大；长方体青贮池，长、宽、高比为 4∶3∶2。建大池时可增加长度，少增加宽和高，池底下窄上宽，有一定倾斜度，四周成圆弧形。池底要有一定的宽度，内壁、底要光滑，不透气，不漏水。池壁要砖砌，水泥造底。每立方米容积可装青贮料 500～600 kg。②青贮：玉米秸秆趁青收获，立即运到青贮池边用机械粉碎后随即装入池中，边装料边压实，并洒入一定量的水、掺入少量尿素。装满池后（应超出池口 0.6 m），用塑料布盖严，上面再覆 0.3 m 厚度的土。③使用：密封的玉米秸秆粉碎料，在厌氧的条件下，经过 30 天左右完成发酵过程，就成为玉米秸秆青贮饲料，即可取出喂养牲畜。

技术要求：①一般选用夏播中晚熟玉米品种。在果穗成熟、大部分秸秆茎叶青绿时收割。②应随收割、随运输、随粉碎（粉碎长度 1～3 cm）、随即装池，以保持玉米秸秆青绿色和水分、养分不受损失。③装池时，饲料青贮含水量 65%～75%（手握不流水为宜），每吨青料加尿素 4～5 kg，搅拌均匀，温度低于 40℃。装料速度要快，尽力压实，封口要严密。装料与封口时间越短越好。④发酵期间，温度控制在 30℃左右，pH 值应逐步降低到 4。

（三）秸秆微生物发酵贮存技术

农作物秸秆经机械加工和微生物菌剂发酵处理，并将其贮存在一定设施内的技术称农作物秸秆微生物发酵贮存技术，简称微贮技术。微贮饲料的发酵过程是利用生物技术培育出的高效活性微生物复合菌剂，经溶解复活后，兑入浓度为 0.8%～1%的盐水中，再喷洒到加工好的作物秸秆上压实，在厌氧条件下繁殖发酵完成的。高效活性微生物复合菌剂为"秸秆发酵活干菌"，是由高效木质纤维分解菌和有机酸发酵菌复合而成的，适合所有的农作物秸秆使用，主要用来饲喂牛、羊等反刍家畜。

1. 技术特点

①成本低、效益高。每吨秸秆制成微贮饲料只需用 3 g 秸秆发酵活干菌（价值 10 元），而每吨秸秆氨化则需用 30～50 kg 尿素。②消化率高。以营养价值很低的麦秸为例，微贮过程中，由于高效复合活干菌的作用，木质纤维素类物质大幅度降解，并转化为乳酸和发

挥性脂肪酸，加之所含酶和其他生物活性物质的作用，提高了牛、羊瘤胃微生物区系的纤维素酶和解脂酶活性，干物质消化提高了 24.14%，粗纤维消化提高了 43.77%，有机物消化提高 29.4%，麦秸微贮饲料干物质的代谢能为 8.73 MJ/kg，消化能为 9.84 MJ/kg。③适口性好，采食量高。秸秆经微贮处理，可使粗硬秸秆变软，并具有酸香味，刺激了家畜的食欲，从而采食量提高 20%～40%。④秸秆利用率高。

2．作业方法

①水泥窖微贮法，窖壁、窖底采用水泥砌筑，农作物秸秆铡切后入窖，按比例喷洒菌液，分层压实，窖口用塑料膜覆盖好，然后覆土密封。②土窖微贮法：在窖的底部和四周铺上塑料薄膜，将秸秆铡切入窖，分层喷洒菌液压实，窖口再盖上塑料薄膜覆土密封。③塑料袋窖内微贮法，根据塑料袋的大小先挖一个圆形的窖，然后把塑料袋放入窖内，再放入秸秆分层喷洒菌液压实，将塑料袋口扎紧，覆土密封。④压捆窖内微贮法：秸秆经压捆机打成方捆，喷洒菌液后入窖，填充缝隙，封窖发酵，出窖时揉碎饲喂。

3．技术要求

菌种的复活：配制菌液前，可根据当天能处理秸秆的数量，按表所列的比例准备好所需的活干菌，倒入 200～500 mL 的饮用水中充分溶解（有条件的地方可兑入少许牛奶和砂糖，这样可提高菌种的复活率）。

4．生化发酵处理

秸秆经粉碎机粉碎后，加入发酵调制剂，拌和均匀，填入塑料袋，在水缸或水泥池内压实、密封，使其软化、熟化，成为一种类似酿酒厂酿出的废渣，即"酵糠"样物质。秸秆在生化发酵过程中可使粗纤维得到有效降解，并经生化转化，合成氨基酸、脂肪酸、菌体蛋白及维生素等，产生酵、酸等特殊风味，改良秸秆的适口性和营养价值。生化发酵饲料还含有多种肠道有益微生物及多种能产生抗生素的菌株，对畜禽常见的呼吸系统疾病有治疗作用并能提高防病免疫力，增加消化力。生化发酵处理后的秸秆饲料可直接拌入畜禽饲料中饲喂，也可采用小型饲料加工机组加工制作成全价粒饲料，则效果更佳。利用微生物混菌发酵方法，生产发酵饲料调制剂。该剂采用营养价值丰富的酵母菌、霉菌、食用菌等 20 多种有益微生物为原料，经独特的工艺加工而成。一头猪从满月到出栏（90 kg 以上）使用该产品 1 kg 左右，在同等中等水平饲料条件下，体重可多增长 10 kg 左右，在同等粗劣饲料条件下，可多增长 15 kg 左右，可减少粮食饲料消耗量 20%，每头猪可多获利润 100元左右，提高了养猪体重增长率，大大降低了饲料成本。

（四）秸秆混合颗粒饲料加工技术

过去一般将秸秆饲料加工成粉末后拌入饲料中饲喂，存在饲喂不方便、适口性差、家畜挑食、利用率低等缺陷。随着新型小型颗粒机械的问世和普及，现在已可以方便地将粉末饲料加工成颗粒饲料。这种小型颗粒饲料加工机械售价只有 3 000 元左右，可采用照明电为动力，粉状饲料通过高温糊化，在压辊的挤压下从模孔中排出造粒，可以很方便地调整颗粒粒度的大小，其结构简单，适合于农村养殖户家庭及小型专业饲料厂配用。秸秆饲料加工成颗粒饲料后具有很多优点：①制作过程中在机械自身压力下，温度可达 80～100℃，能使饲料中的淀粉发生一定程度的熟化作用，产生一种浓香味，且饲料质地坚硬，符合猪、牛、羊的啮啃生物特性，提高了饲料的适口性，易于进食。②颗粒形成过程能使谷物、豆类中的胰酶抵制因子发生变性作用；减少对消化的不良影响，能杀灭各种寄生虫卵和其他病原微生物；减少各种寄生虫及消化系统疾病。③饲喂方便、利用率高、便于控制饲喂量，节约饲料，干净卫生。尤其是用来养鱼，由于颗粒饲料在水中溶解很慢，不会被泥沙淹没，可减少浪费。

四、秸秆气化技术

（一）气化技术

气化技术是将农林废物在缺氧或厌氧条件下，经过热化学反应，生成 CH_4、CO、H_2 等可燃气体，用于农村居民的炊事及采暖，也可用于发电。该技术使秸秆在作为燃料使用时的热效率大大提高，使能量得到更充分的利用，并减少了环境污染，对开展节能减排具有重要意义。20 世纪 90 年代，在国家支持下曾在山东和河南两省进行了"秸秆气化集中供气工程"试点建设，但终因技术、系统配置等问题一度中断。随着新农村建设的进行，以村为单位的秸秆气化集中供气工程近年来在全国相继展开。截至 2007 年年底，全国已建设秸秆集中供气站 886 处，其中辽宁省累计建 264 处。根据农业部《农业生物质能产业发展规划（2007—2015）》：到 2010 年，结合解决农村基本能源需要和改变农村用能方式，全国建成 1 000 处左右秸秆气化集中供气站，年产秸秆燃气 3.65 亿 m^3；到 2015 年，建成 2 000 处左右秸秆气化集中供气站，年产秸秆燃气 7.3 亿 m^3。

（二）技术原理

1. 气化原理

植物生物质（包括锯末、木柴、野草、松针、树叶、作物秸秆、牛羊畜粪、食用菌渣等）中的碳元素质量分数约为 40%，其次为氢、氮、氧、镁、硅、磷、钾、钙等元素。植物秸秆的有机成分以纤维素、半纤维素为主，质量分数为 50%。将这些生物质原料，在缺氧条件下加热，使之发生复杂的热化学反应的能量转化过程。此过程实质上是植物生物质中的碳、氢、氧等原子，在反应条件下按照化学键的成键原理，变成一氧化碳、甲烷、氢气等可燃性气体分子。这样植物生物质中的大部分能量就转移到这些气体中。基本反应包括：

$$C+O_2 = CO_2$$
$$2C+O_2 = 2CO$$
$$2H_2O+C = CO_2+2H_2$$
$$2CO+O_2 = 2CO_2$$
$$H_2O+CO = CO_2+H_2$$
$$CO_2+C = 2CO$$
$$CH_4+CO_2 = 2CO+2H_2$$
$$C+2H_2 = CH_4$$
$$CO+3H_2 = CH_4+H_2O$$
$$2H_2+O_2 = 2H_2O$$

上述生物质气化过程的实现是通过气化反应装置（即制气炉）完成的。

2. 秸秆燃气炉的工作原理

制气炉具有生物质原料造气、燃气净化、自动分离的功能。当燃料投入炉膛内燃烧产生大量 CO 和 H_2 时，燃气自动导入分离系统执行脱焦油、脱烟尘，脱水蒸气的净化程序，从而产生优质燃气，燃气通过管道输送到燃气灶，点燃（也可电子打火）使用。

3. 气化炉的分类

秸秆气化炉（也称生物质气化炉、制气炉、燃气发生装置等），分为直燃（半气化）式和导气（制气）式。其中导气式气化炉又分上吸式、下吸式、流化床。直燃式气化炉适用二次进风产生二气化燃烧，而导气式气化炉是运用热化学反应原理产生可燃气体燃烧，见图 15-14 和图 15-15。

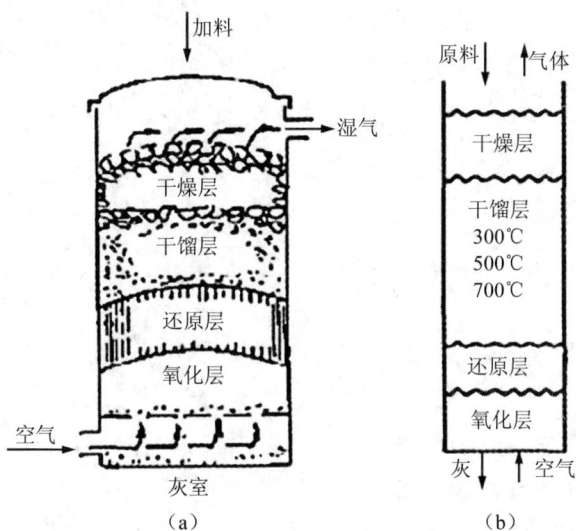

图 15-14 下吸式气化炉气化原理

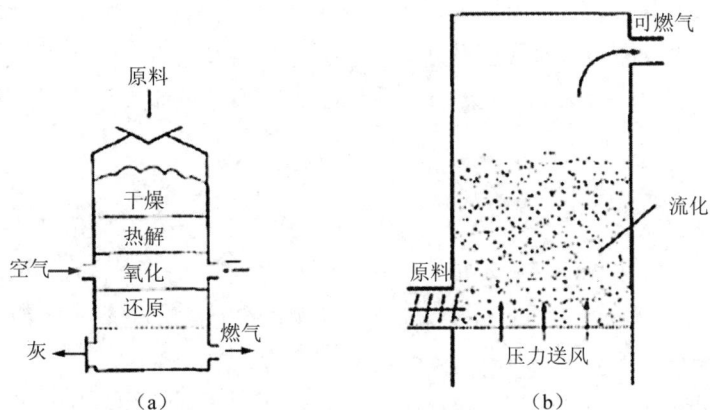

图 15-15 单流化床气化炉原理

（三）工艺流程

系统组成：切碎机、上料装置、气化炉、旋风除尘器、喷淋净化器、分离器、过滤器、风机、水封器、贮气柜等。生物质气化系统的工艺流程见图 15-16。

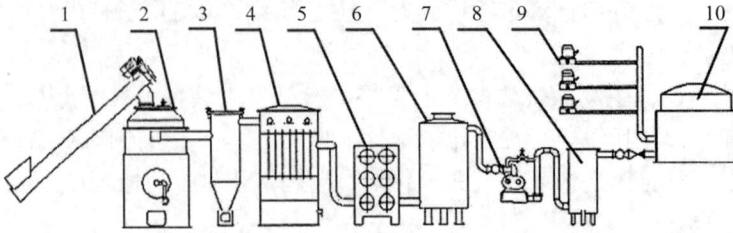

图 15-16 气化工艺流程

1. 螺旋输送机；2. 气化炉；3. 旋风除尘器；4. 喷淋净化器；
5. 汽水分离器；6. 过滤器；7. 鼓风机；8. 水封；9. 灶具；10. 贮气柜

（四）存在的问题及解决方法

气化技术存在产生的燃气热值低；焦油含量高；焦油会堵塞、污染和腐蚀燃气管道、燃气灶具等问题。

1. 油去除

（1）油产生的原因。

秸秆气化初期，随着热量的投入，生物质温度不断升高。当温度升到 200℃时，生物质开始热解，并有焦油产生。随着温度的升高，焦油产量增加，当温度达到 500℃时，焦油含量达到最高。当温度达到 600℃以后，焦油会从液态转化为气态，并发生热解，焦油的含量呈下降趋势。在秸秆气化过程中，焦油的最终含量与气化炉结构和气体后期处理工艺有关。在逆流式气化工艺中气化原料由气化炉上部加入，气化剂由下部送风口进入，热解过程中生成的含有焦油的挥发分未经过高温区发生裂解，燃气中的焦油含量较高；在顺流式工艺中气化原料和气化剂均由气化炉上部送入，燃气从下部引出，燃气中的干馏产物在经过高温燃烧区时会发生裂解，故燃气中焦油含量较低。总的看来，还是由于温度影响，导致焦油含量不同。

（2）焦油去除技术。

秸秆气化焦油去除技术主要有：湿式除焦法、干式除焦法、热裂解法、催化裂解法。

湿式除焦法：又称为水洗法，是秸秆气化燃气净化技术中最普遍的方法。湿式除焦法会产生大量的废水（包括大量的有机不溶物、无机酸、NH_3 和金属等），不能随意排放，而且其后续处理过程非常烦琐，操作费用也较高。

干式除焦法：利用过滤原理，也称为过滤法。是将吸附性强的材料（活性炭、滤纸、陶瓷芯、粉碎的玉米芯等）装在容器中，当燃气穿过吸附材料，把其中的焦油过滤出来。利用精密过滤材料分离可将 $0.1 \sim 1 \mu m$ 的微粒有效捕集下来。除焦油效率高（94.9%～98%），但其成本高，维护困难。

热裂解法：由于焦油在较高的温度下会发生深度裂解，大分子化合物转化成小分子气态化合物，这种处理方法对焦油的去除效果很好。但是由于热裂解一般在温度 1 100℃以上，对设备材质的要求很高，且裂解能耗大、费用高。因此，单独用热裂解去除焦油不现实，而且还容易生成焦炭。在实际生产中常通过加入水蒸气和氧化性物质来强化裂解。其原理是利用水蒸气或氧化性物质与焦油中的某些组分反应生成 CO、H_2 和 CH_4 等可燃气体，从而减少焦炭的生成。

催化裂解法：由于热裂解需要较高的温度，在实际生产中很难达到，采用添加催化剂的方法来降低焦油转化所需的活化能，从而使焦油在较低的温度（700～900℃）下就能去除。催化裂解焦油去除效率可以达 90% 以上，是目前最有潜力的一种焦油脱除方法。

2. 油回收利用

焦油经过提炼，得到焦油沥青，可以用作沥青油漆、吸附剂、防腐涂料等；焦油中还可以提取萘、炭黑等；焦油可用作防水材料或化工原料。

思考题

1. 农业固体废物特点是什么？为什么农民选择焚烧秸秆，而不是选择综合利用呢？你会如何指导农民不浪费这些资源。

2. 农业固体废物为生物质资源，如何选择资源化工艺？

3. 农业固体废物堆肥涉及哪些知识点？针对你家乡或者你从文献中了解到某一农业固体废物产量、性质，设计一套方案，包括技术、设备、工艺及其参数遴选，借此总结选择的思路。

4. 生态养殖模式有哪些？如何选择生态养殖模式？生态养殖模式还有环境问题吗？如何避免？

5. 秸秆饲料化、气化和焚烧工艺有哪些优缺点？如何选择？

第十六章　废弃电子电器的资源化工程

第一节　电子废物的产生及处理现状

一、电子废物特征

电子废物作为一种比较特殊的固体废物，是由金属、塑料和化工材料等多种物质构成的，其废弃后应归属于有毒、易爆和易泄漏危险废物范畴。

（一）高危害性

电子废物不同于一般的城市垃圾，其制造材料组成复杂，有些家电材料还含有有毒有害化学物质，如不妥善处理而直接填埋，会对环境造成很大的污染。如电冰箱的制冷剂和发泡剂是破坏臭氧层的元凶；而电脑、电视机的显像管则属于具有爆炸性的废物，同时还含有 2～4 kg 铅，荧光屏为含汞废物；各种电路板中的镉、铅、聚氯乙烯、汞等有毒物质很容易随渗滤液浸出而污染土壤及地下水。当雨水接触到这些埋在地下的垃圾时会引起生物反应和化学反应，形成"垃圾渗滤液"，其毒性更大。即使把填埋区的底部和顶部密封，也可能由于地面沉降、地质变迁等原因使密封的纤维胶布和焊接的接口损毁或遭侵蚀而导致泄漏，造成持续性污染。如果采用焚烧法，被焚烧的电子废物会释放出多种有害气体，如 CO、HC、NO_x，在阳光作用下会形成刺激性极强的光化学烟雾。焚烧还会释放出大量的微粒，使能见度降低；释放出汞蒸气，对中枢神经系统的毒性极大，同时还释放出其他有害气体。此外，电子废物中含有的大量重金属多数是致癌或致畸、致突变物质，会对人体器官及组织造成不同程度的损害。

（二）高价值性

电子废物虽含有大量有毒有害物质，但同时也含有大量可回收的有色金属、黑色金属、塑料、玻璃和一些仍有使用价值的零部件等。电子废物通常由 40%的金属、30%的塑料及30%的氧化物组成。电子废物的组成以金属、塑料、玻璃为主，占 90%以上，这些材料都是不可降解的物质，大部分可回收利用；印刷电路板 PCB 中普遍含有贵金属金、银、钯及有色金属铜、锌、铁等，其中铜的含量有的高达 26.8%。不同电器产品印刷板上元素的组成和含量会有差别，但研究表明它们所含元素的种类却基本相同。

从电子废物中提取回收贵金属，不仅可以节省有限的自然矿产资源，还能获取不菲的经济效益。与普通生活垃圾相比，电子废物的回收价值要高。电冰箱、空调机、洗衣机、电脑、手机、印刷电路板、打印机、复印机等产品经集中处理，60%～80%可以分离出纯度较高的再生资源，如铁、铜、黄金、锡、钢、铝、铅、纸等，这对资源节约意义重大。

（三）难处理性

一方面，由于不同电子产品的更新周期各有不同；另一方面，由于电子产品种类繁多、结构复杂且材料多样，要将电子废物完全资源化、无害化，具有相当高的难度。即使在资源化程度较高的欧盟，目前也仅有约10%的电子废物被单独收集，其余则与普通城市垃圾一起处理。

二、电子废物类型及组成成分

（一）电子废物类型

电子废物主要包括空调、冰箱、电视机、电脑、洗衣机、线路板、手机等。

（二）电子废物组成成分

电视机、电冰箱、洗衣机、空调器和个人计算机（PC）中使用的印刷线路板典型组成见表16-1及表16-2。

表16-1　四大家电的材料构成　　　　　单位：%（重量）

项目	合计	钢铁	铜等	铝	塑料	玻璃	其他
彩色电视机	100	12.0	3.0	1.0	26.0	53.0	5.0
电冰箱	100	49	4.0	1.0	43.0	0	3.0
洗衣机	100	52	2.0	4.0	33.0	0	9.0
空调器	100	54	18.0	9.0	16.0	0	3.0

表16-2　印刷线路板的组成元素分析

成分	Ag	Al	At	As	Au	S	Ba
含量	3 300 g/t	4.7%	1.9%	0.01<%	80 g/t	0.1%	200 g/t
成分	Be	Bi	Br	C	Cd	Cl	Cr
含量	1.1 g/t	0.17%	0.54%	9.6%	0.015%	1.74%	0.05%
成分	Cu	F	Fe	Ga	Mn	Mo	Ni
含量	26.8%	0.094%	5.3%	35 g/t	0.47%	0.003%	0.47%
成分	Zn	Sb	Se	Sr	Sn	Te	Ti
含量	1.5%	0.06%	41 g/t	10 g/t	1.0%	1 g/t	3.4%
成分	Sc	I	Hg	Zr	SiO_2		
含量	55 g/t	200%	1 g/t	30 g/t	15%		

三、我国电子废物的处置现状

目前，我国正逐步建立规范的电子废物回收体系，大量电子电器产品超期服役和任意处置现象还较为普遍，由此产生的安全隐患、能源浪费和环境污染等问题也越来越严重。电子废物的回收相当分散，其中以个体从业人员走街串巷回收为主，另外还包括废旧物资回收和旧货经营企业直接回收、生产厂家通过以旧换新回收、环保部门从生活垃圾中回收等途径。可以说，目前许多城市的电子废物市场基本上都处于一种分散经营的状态，不具规模，也没有形成回收网络。我国电子废物的回收工作还处于初级阶段，各项制度和法律法规还不完善，主要存在以下几个方面的问题：第一，回收体系正在建设，回收率低。第二，电子废物回收缺乏地方政府的有力支持和监管。第三，电子废物综合利用缺乏相关法规和标准。第四，电子废物回收操作过程不科学。第五，电子废物资源化技术比较粗放，多数是在设备简陋、不具备条件的小作坊里被手工拆解，用王水、硝酸溶解电路板以回收金、银，线缆则采用燃烧的方式以回收铜，那些不具备回收价值或经济效益不高的部件如显示器、显像管、电池等，则被随意抛弃，导致大量有害物质（有机物和镉、铬、铅、砷等）或被直接排入河流、渗入地下，或通过简单燃烧排放到大气中，造成严重的环境污染。

针对这种情况，原国家环保总局早在 1999 年 "6·5" 世界环境日就开通了电子废物 "绿色通道" 服务。主要针对政府机关、企事业单位、外国驻华机构和公司所产生的各种淘汰办公设备及配件等进行集中回收、规模化贮存、科学化分类和无害化处置，并由废物产生者交付少量的收集处置费。但由于我国目前还没有有关电子废物环境管理的法规，机关、企事业单位对 "付费处置" 不认可，再加上国内现有电子废物再生利用企业较少，且面临着资金短缺、技术水平低下和电子废物收集困难等问题。因此，"绿色通道" 服务并没有取得很好的效果。

从 2001 年年底开始，国家有关部门就着手研究建立我国废旧家电回收处理体系。在深入调查研究的基础上，国家发展和改革委员会提出了《建立我国废旧家电及电子产品回收处理体系初步设想》，文中提出，我国将实行 "生产者责任制"，家电生产企业负责回收处理废旧家电；回收处理企业实行市场化运作，国家在政策上给予鼓励和支持；建立试点项目，逐步推广。在借鉴发达国家和地区成功经验、考虑我国现阶段国情的基础上，国家发展和改革委员会会同有关部门研究起草了《废旧家电及电子产品回收处理管理条例》，并以资源循环利用和环境保护为目标，提出建立废旧电子电器产品多元化回收和集中处理体系、实行生产者责任制、国家建立电子废物回收处理专项资金、回收处理企业实行市场化运作、国家在政策上给予鼓励和支持等具体规定。目前国家经贸委已会同有关部门成立了电子废物回收利用体系工作协调小组，并着手制定《废旧家用电器回收利用管理办法》，有关家电的报废标准《家用电器安全使用年限和再利用通则》也在研究制定之中。

设立废旧电子废物集中处置，对于电子废物资源化处置有着很好的推动和促进作用，它不仅可以实现减少污染，而且对促进循环经济的发展具有十分重要和深远的意义。主要体现在：第一，有利于减少对环境的污染，并实现资源的合理利用；第二，能够带来一定的经济效益。美国芝加哥联合回收公司对电脑整机和其他的电子设备，如打印机、显示器、无线通信器械和医疗设备等进行回收和利用，每年利润为 2 500 万～3 000 万美元；第三，有利于建立循环型的家电及其他电子产品行业生产机制。

四、电子废物收集途径

规范化回收是电子废物资源化处置的中心环节，也是最困难的一个环节。只有把千家万户淘汰的电子废物通过一定的回收渠道集中起来，才能够进行规模化拆解与处理，进而有效控制环境污染。废旧电子产品主要通过以下几种途径进行收集。

（一）通过商场"以旧换新"

投资商与收集范围内的"以旧换新"试点单位进行合作，开展"以旧换新"活动，同时成为商家促销新家电的手段。旧家电收购价格由收购方确定。在新家电销售价格中抵扣结算，送新家电上门的同时，将旧家电拉走。或由旧家电收购商代替销售商在送新家电上门时，直接向消费者付费，同时将旧家电拉回。

（二）企业设置废旧电器产品收购部门

在企业设置废旧电器产品收购部门，开门接纳旧家电收购中间商主动送货上门。

（三）到旧家电市场直接收购

家电生产企业或营销商将积压产品直接卖给旧家电市场；集团单位（如办公单位、宾馆等）将更新下来的旧电器直接出卖给旧家电市场；也有居民个人在旧家电市场直接交售旧家电，废旧电器产品收购部门派员工到各大旧家电市场进行现场收购。

（四）与搬家服务公司合作收购

调查表明，相当一部分搬家公司在从事搬家服务的同时收购旧家电，回收来的废旧电子电器产品，送至旧货市场销售。通过与各搬家公司建立合作，将其收购的旧家电采用收购的方式进行回收。

（五）建立电子废物收运系统

1. 收运系统

《废弃电器电子产品处理污染控制技术规范》（HJ 527—2010）中对废弃电器电子产品收集、运输、贮存均有相应的技术要求。根据规范要求，企业制定了相应的收集、运输、贮存方面的制度。企业物流部设专门的运输车辆和司机负责各客户企业的电子废物的运输工作。①运输前，应对以下信息进行登记：运输及接收处理企业名称；运输工具名称、牌号；出发地点及日期；运达地点及日期；所运输废电子电器产品的名称、种类和/或规格；所运输废电子电器产品的重量或数量。②运输车辆采用厢式货车，并设有载货箱和防雨设施。③运输前对电子废物按显示器类电器、制冷类设备和一般电器类设备进行粗分类。④采取适当的包装措施，避免在运输过程中一些易碎产品或零部件破碎或有毒有害物质

（特别是冰箱、空调中的制冷剂）的泄漏、释出。⑤破损的电视机、冰箱和空调器等废家用电器单独装运进入处理厂。废冰箱应保持直立，不得倒置或平躺放置。⑥运输车进入厂区后，经汽车衡称重、核对登记后移交电子废物贮存仓库。

2．贮存系统

①资源化综合处理废旧电子电器项目设置专门的电子废物堆场。堆场地面水泥硬化、防渗漏，周边设置导流设施。②各种废电子电器产品分类存放，设有隔离设施，不同种类的废家用电器分别贮存，并在显著位置设有标志。③冰箱和空调器等废家用电器储存隔间设制冷剂外逸应急处理系统。④废家用电器储存间设有火险预警装置。⑤贮存设施及其隔离设施具有良好的耐火性能和一定的防渗性能，远离明火或热源。⑥废电视、显示器、印刷电路板贮存场所设防雨棚；破碎的阴极射线管贮存在有盖的容器内。⑦制冷剂的贮存钢瓶符合 GB 150 的相关规定。⑧定期对所贮存的电子废物进行检查，发现异常，应及时采取措施处理。

第二节　电子废物拆解的工艺流程

废旧电子产品拆解过程可分为物理拆解和化学提纯两个过程。废弃电子电器拆解流程见图 16-1。

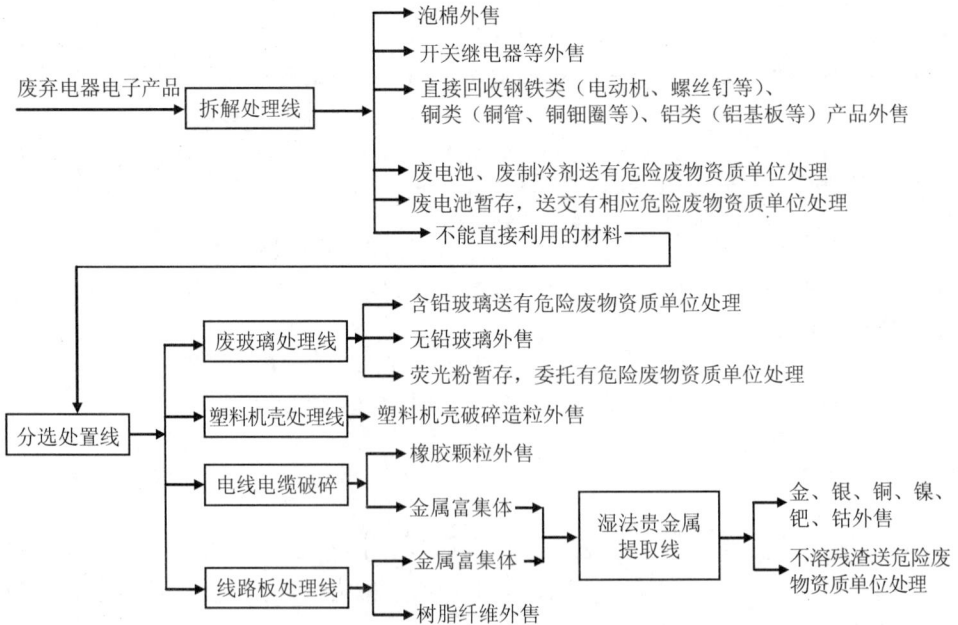

图 16-1　废弃电子电器拆解流程

一、物理拆解

（一）电视机、电脑拆解

电视机、电脑拆解采用智能物流输送加人工辅助拆解的工艺。废旧电视机、电脑显示屏放置在输送式拆解工作台上，拆解人员先用气动工具将电视机的后壳拆卸下来，拆解过程中机壳内灰尘经设备顶部集尘罩收集，后盖内灰尘采用设备自带吸尘器吸出，将电视机推上台面输送带输送到各个拆解万向台，工作人员拉下吊挂启动丝锥，拆掉电路板放入推车筐。用剪刀将线路板、喇叭、变压器、偏转线圈等零部件取出，然后取出前壳，剩下锥屏玻璃，用工具将防爆带（铁皮）去除，然后将一体的锥屏玻璃移到锥屏玻璃分离室（密封式），用电热丝将锥屏玻璃分离，分离后的锥玻璃单独存放，然后用荧光粉吸取设备将屏玻璃上的荧光粉（含汞）抽取到密封容器储存。

吸取荧光粉后的屏玻璃（含铅）需要单独存放，转移给有资质的厂家进行安全处理；而之前取下的锥玻璃由于不含危险物质，在经过干式清洗设备清洗后即可出售给有需要的厂家进行再加工利用；电线送至企业电缆、电线回收处置装置；电视机机壳送至企业机壳粉碎装置；电视机主板送至电路板处置装置。电视机拆解工艺流程及产污环节见图 16-1，自动化输送设备及拆解平台见模拟图 16-2。机壳破碎工艺流程为将原料放入输送机，由输送机将原料送入一级破碎机破碎，破碎过的原料由提升机提起送入料仓。由料仓下的自动喂料机将料送入二级破碎机破碎。机壳破碎工艺流程见图 16-3。

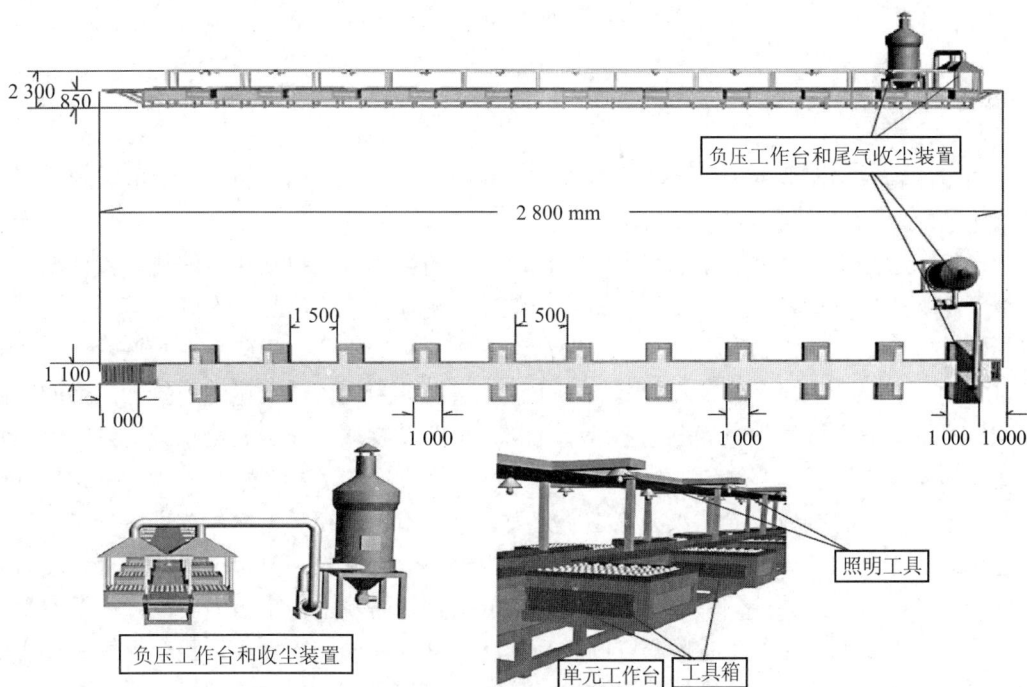

图 16-2　废旧电器拆解平台

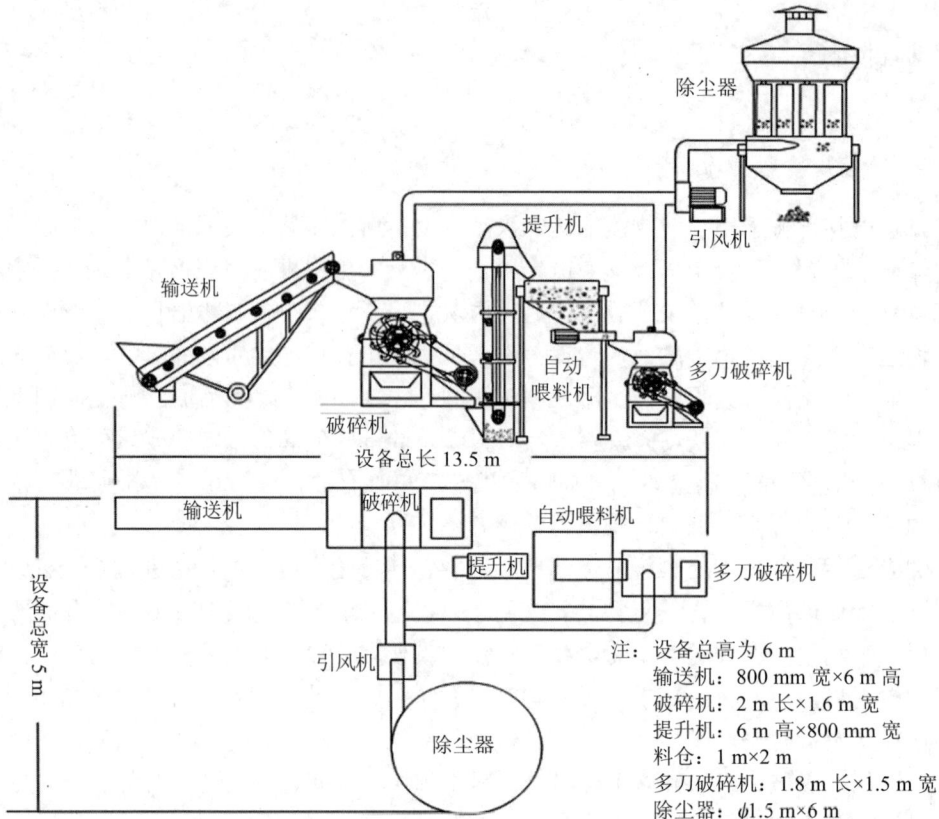

图 16-3   机壳破碎工艺流程

（二）空调、冰箱拆解

将电冰箱、空调放置于拆解工作台上，将其内装零部件取出，用冷媒吸取装置将系统管路中的冷媒抽出并储存在密闭容器中，同时将压缩机中的冷冻机油抽取并储存在密闭容器中，拆下压缩机、电容器、铜管等零部件，剩下的箱体进入自动化拆解线。预处理后的箱体经爬坡式输送设备进入四轴破碎机，经破碎后箱体变成 10 cm 左右的零碎片，这其中包括铁、铜、铝、塑料、泡棉等。经过振动筛输送到磁选设备，将碎片中的铁片选出，同时进行的还有风选系统，将较轻的泡棉物质经风选系统吸走，送至压缩系统。剩余的零碎片继续由输送设备送至涡电流分选系统，此部分将金属物质与非金属物质分离，非金属物质（塑料碎片、泡棉）进入二次粉碎系统，粉碎后的颗粒直径大约为 1 cm，经过比重分选设备分选后，塑料颗粒、泡棉颗粒等物质分类装袋、出售。经涡电流分选系统分选出的铜铝金属碎片进入人工分选系统，分类好的铜、铝碎片分别回收。整个拆解线流程还配有冷媒回收系统，前面的预处理系统中已有冷媒抽取操作，而残余在箱体内的冷媒和发泡剂中的冷媒经过冷媒回收系统进行收集，回收后的冷媒储存在密闭容器中。整个拆解过程中的制冷剂完全回收，达到"零排放"。两次粉碎过程中产生的粉尘都配备有专门的除尘设备，回收后的粉尘送至压缩系统进行压缩，压缩后泡沫的体积可以减至 1/20。

当本项目拆解过程中抽取和收集的制冷剂和冷冻机油储存量达到一定数量时转移给有

处置资质的厂家进行无害化安全处理。空调、冰箱拆解过程工艺流程及产污环节见图 16-4。

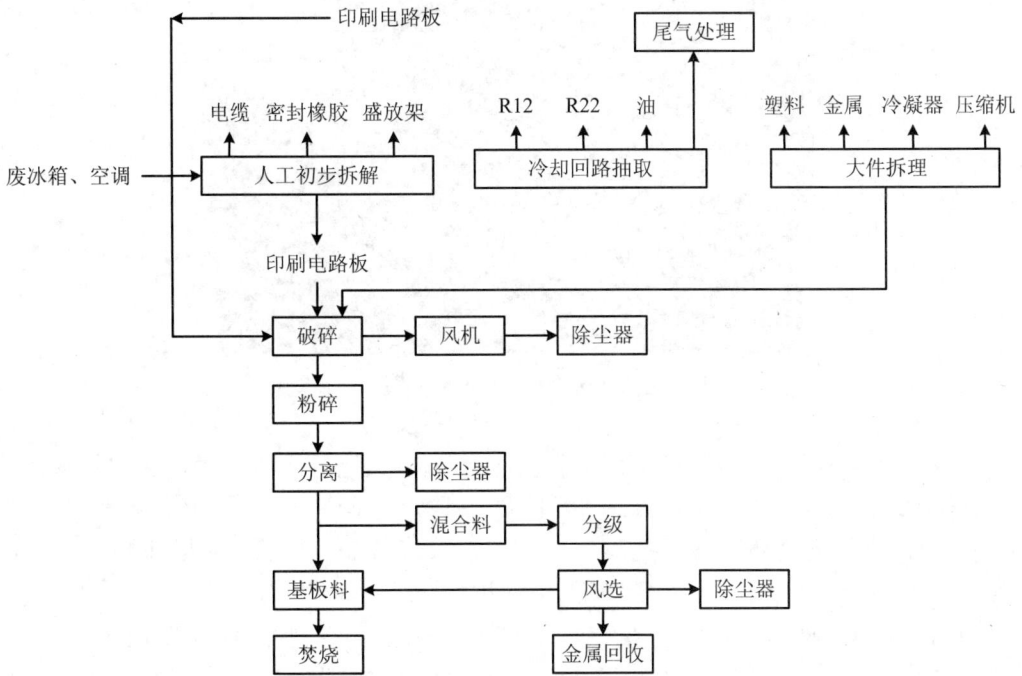

图 16-4　空调、冰箱拆解线工艺流程及产污环节

（三）洗衣机拆解

将洗衣机放置于拆解工作台上，拆下电机及其他金属零部件，剩下的箱体进入自动化拆解线。预处理后的箱体经爬坡式输送设备进入四轴破碎机，其他处置工序与空调、冰箱处置工序相同。

（四）线路板拆解回收系统

经拆解回收的线路板先经热拆解预处理，将线路板上的电子元件和焊料回收，然后将处理后的线路板送至自动化电路板成套回收系统。设备主要是由加热炉体，网带传送系统，进、出口工作台，接触式冲击系统，吹扫系统，电子元件、焊料分选回收装置，线路板夹具，电控系统等主要部分组成。

线路板热拆解系统见图 16-5，拆解设备见图 16-6。

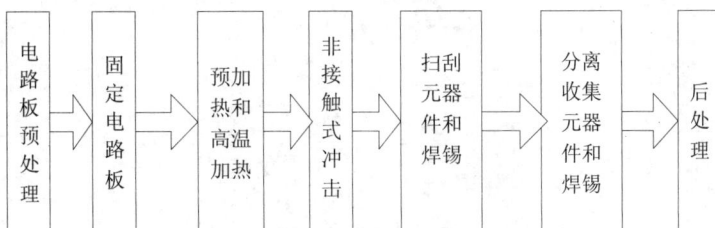

图 16-5　线路板热拆解系统

图 16-6   线路板热拆解设备

线路板粉碎系统：根据线路板中各成分的密度、粒度、导磁及导电等特性的差异对各物质进行物理回收和分选，采用目前最常用的"粉碎+分选"工艺。将废线路板投入投料口由密闭的输送管道输送至破碎机。一级破碎成 3 cm 左右的块状。用提升机将碎料提起进入料仓，两台自动喂料机将料喂入两台输送机将料送入两台粉碎机主机，粉碎机将料粉碎成 30 目左右的颗粒粉料通过主机上的风机送入分离器。分离器将 30%的不含金属的废料分离出由后面的风机抽入卸料器，除尘风通过四旋风卸料器进入三合一除尘器除尘。70%的混合料采用高压静电分选方法，将塑料和金属分离，金属物料由分级筛分级以保证进入空气摇床的物料粒度和形状达到最大可能的均一性，分机筛上层不过筛料返回主机、筛下料流入静电分离器。通过静电分离器将铁分离出来，其他的含金属混合物送入湿法混合金属分离车间。电路板破碎过程工艺流程及产污环节见图 16-7，自动化输送设备及破碎系统设备见图 16-8。

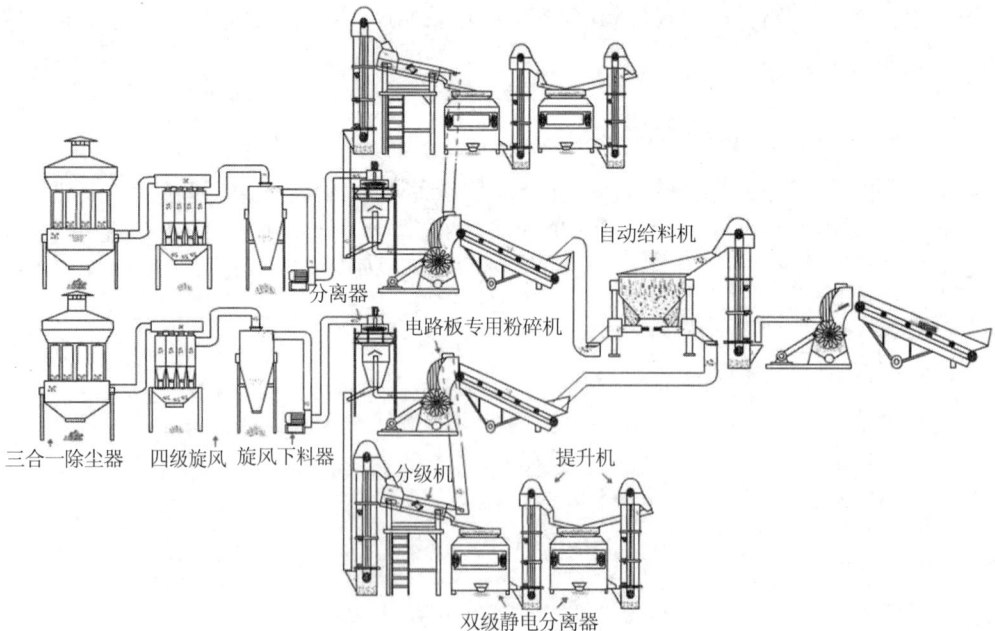

图 16-7   电路板破碎过程工艺流程及产污环节

废旧线路板

↓

粗碎 → 废气（G2-2）

↓

风选分离解离

粗金属富集体　　　　　　　　　　　　　树脂纤维 → 入库待售

↓

电选

金属富集体　　　　　　　　树脂纤维 → 入库待售

↓

送贵金属提取线

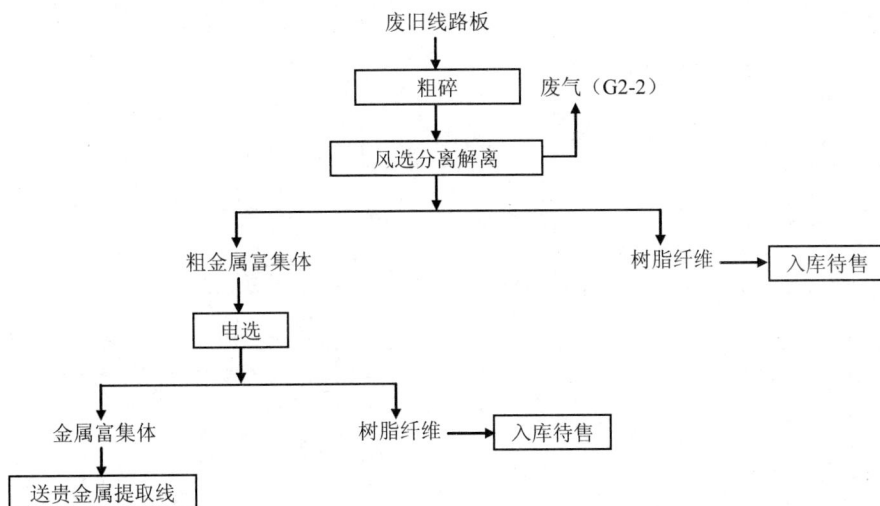

图 16-8　电路板自动化输送设备及破碎系统流程

（五）电线电缆回收系统

电线电缆回收设备中的破碎机、粉碎机、分离机等通过干式破碎、粉碎，使废旧电缆、电线等原材料成为金属和塑料等非金属混合物，然后通过高压静电分离器将金属与塑料等非金属分离。破碎以多机组合的结构一次投料，多机完成，配以自动输送、隔声技术、冷却系统等，达到金属和塑料分离回收的目的。分离过程中采用了三合一除尘装置，此除尘装置（三合一除尘器）共分三级除尘：旋风除尘、布袋除尘和空气净化器除尘。

工艺流程：将杂线喂入一级破碎机，破碎后流入输送机，由输送机将原料送入二级破碎机，破碎后流入输送机。输送机将原料送入分级筛进行分级，筛下有 3 个出口，一出口为塑料皮，二出口为纯铜，三出口为少量未分离干净的铜线，一出口的线皮量大后由风压输送机送入二级破碎机进行二次破碎，将线皮内的残余铜线完全分离，风机将分级时原料内的杂质抽出送入卸料器，尘风送入除尘器除尘。三出口的混合铜线积累多后送入二级粉碎机进行粉碎，分离器将粉碎过的原料分离，铜线从分离器下料口流出，由提升机送入静电分离器进行分离。线皮由风机抽入卸料器，尘风送入除尘器除尘。电线电缆破碎回收工艺流程及产污环节见图 16-9，自动化输送设备及破碎系统流程见图 16-10。

二、湿法混合金属分离

（一）铜提取工序

电路板粉碎分离出的多金属混合物与电线电缆拆解过程中电积铜工艺得到的含铜电解液送往湿法混合金属分离车间提取铜。

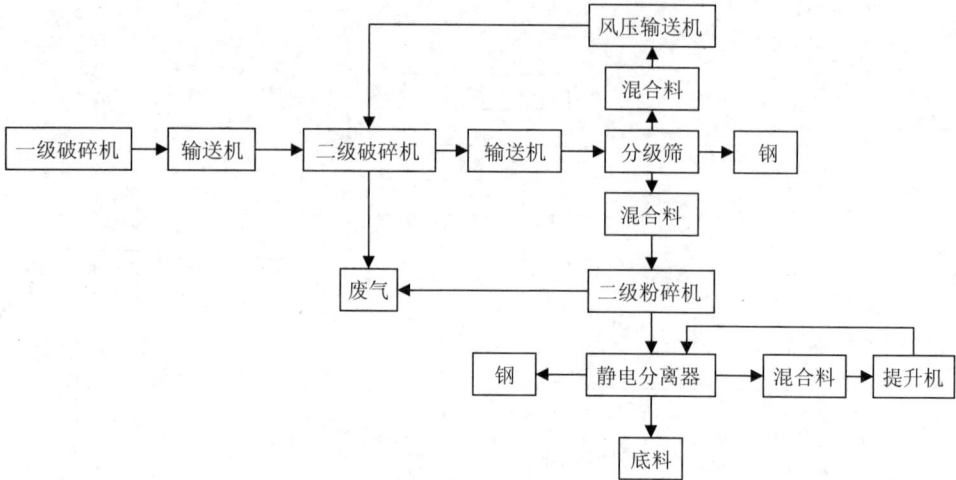

图 16-9　电线电缆回收破碎工艺流程及产污环节

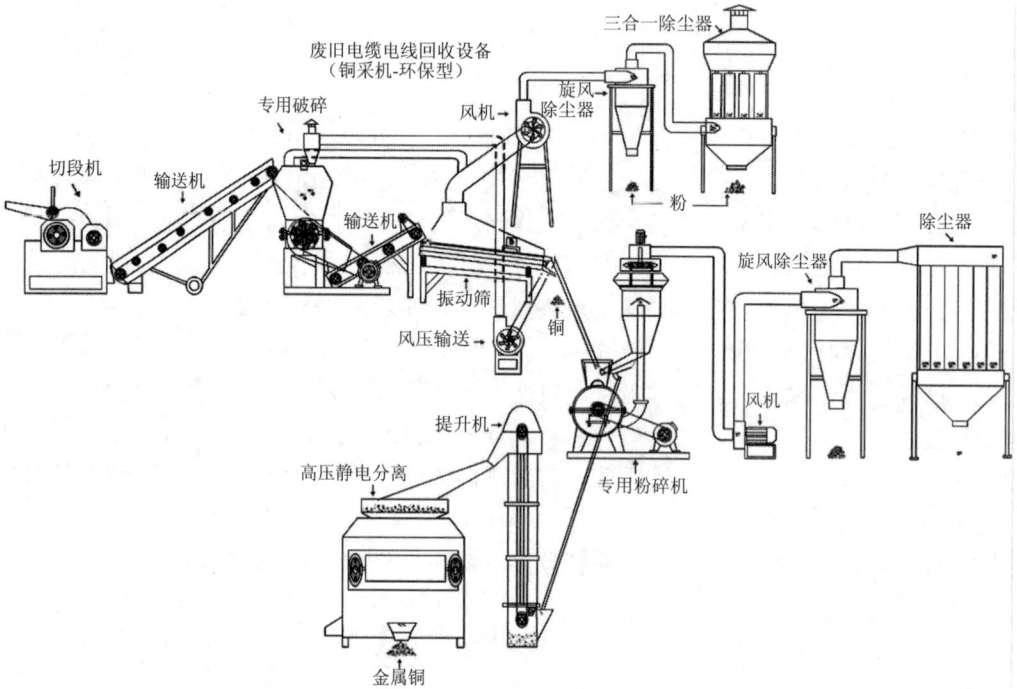

图 16-10　电线电缆自动化输送设备及破碎系统设备

1．原理

用机械法实现金属和塑料的完全分离，但得到的是金属混合物，因此利用氧气在氧气载体（铁系催化剂）作用下间接氧化电路板中的金属混合物。然后，用萃取剂把铜从预处理液中萃取分离出来并进行反萃取得到铜离子的浓溶液，电积得到铜金属。

2．操作流程

金属混合物送入反应釜，用稀硫酸溶解，然后加入催化剂并往其中通入氧气进行催化氧化,易被氧化的金属氧化为离子,反应溶液送入过滤工序,将未溶解的金属及其中所含的塑料杂质过滤,送入其他重金属分离工序。过滤液加入有机萃取剂,过滤液中的铜离子与萃取剂反应生成铜络合物,经萃取后分层分离,铜络合进入有机相,无机相即萃取余液送入提取镍钯工序。往萃取分层的有机相中加入20%硫酸进行反萃取,分层后铜离子进入含酸无机相中,无机相进入电积铜工序,有机相在萃取工序中循环使用。分离后的硫酸铜溶液进入电积槽,铜离子在电极的作用下沉积在阴极,阳极产生氧气。电积使用不溶(惰性)阳极,采用变质 Pb-Sn-Ca 合金做阴极。氧气间接氧化反应为:

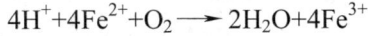

$$4H^+ + 4Fe^{2+} + O_2 \longrightarrow 2H_2O + 4Fe^{3+}$$

$$2Fe^{3+} + M \longrightarrow M^{2+} + 2Fe^{2+}$$

萃取反应为:

$$2RH（O）+ Cu^{2+}（a）= R_2Cu（O）+ 2H^+$$

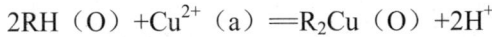

反萃取反应为:

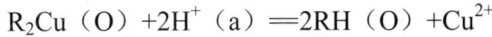

$$R_2Cu（O）+ 2H^+（a）= 2RH（O）+ Cu^{2+}$$

电积反应:

$$阴极：Cu^{2+} + 2e = Cu$$

$$阳极：2OH^- = \frac{1}{2}O_2 + H_2O + 2e$$

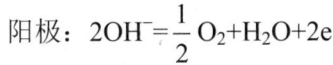

铜提取工艺流程见图 16-11。萃取工段分离后的萃取余液用于提取镍、钯金属,提取后的液体送回溶解金属粉末工段,闭路循环使用。由一段铜提取过程中产生的萃取余液进入提取镍、钯等金属工段。

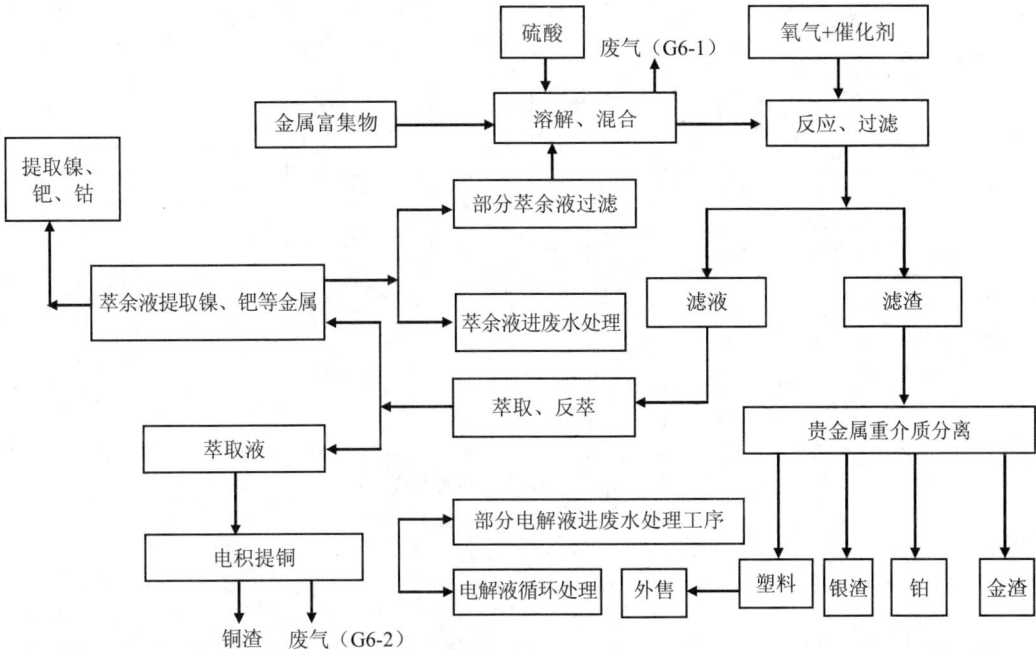

图 16-11 铜提取工艺流程

（二）镍的回收工艺

金属镍、钯、钴在经过稀硫酸溶剂后，加入铜溶液，铜溶液经过萃取和反萃，获得萃取余液，萃取余液大部分回到化学预处理反应釜中循环使用，当金属镍、钯、钴的浓度达到一定值在铜萃取液中能检测到它们时，就启动金属镍、钯、钴的回收工艺，见图 16-12。

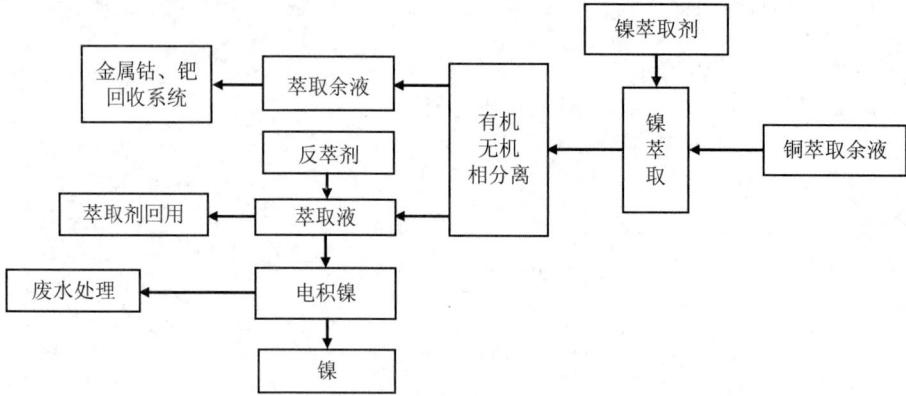

图 16-12　镍提取工艺流程

（三）钴的回收工艺

钴的回收工艺流程与镍提取工艺流程基本相同，仅萃取剂和反萃取剂略有差异，钴的回收工艺流程见图 16-13。

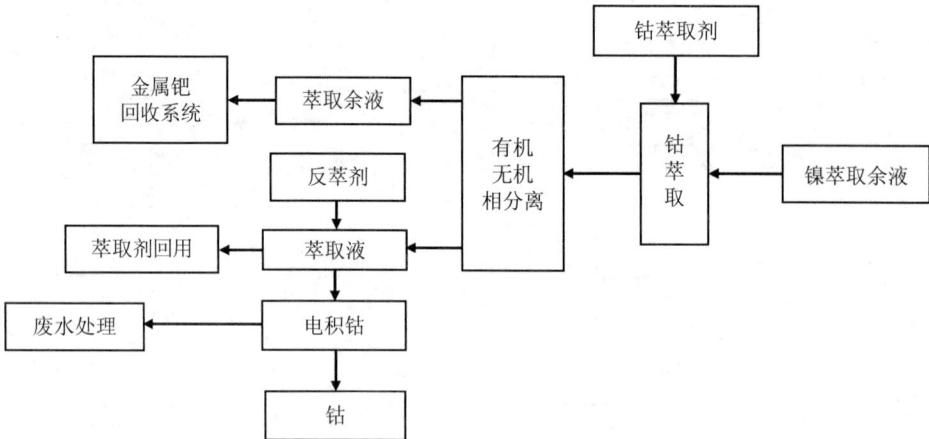

图 16-13　钴提取工艺流程

（四）钯的回收工艺

钯的回收工艺流程与镍、钴提取工艺流程基本相同，仅萃取剂和反萃取剂略有差异，钯的回收工艺流程见图 16-14。

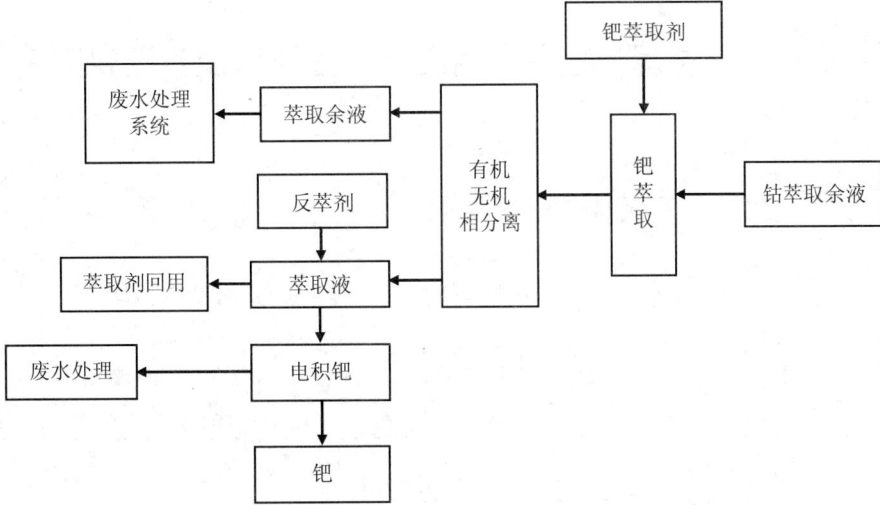

图 16-14 钯提取工艺流程

（五）金、银、铂提取工序

由一段铜提取过程中溶解过滤后的滤渣中提取金、银、铂等金属工艺流程见图 16-15。

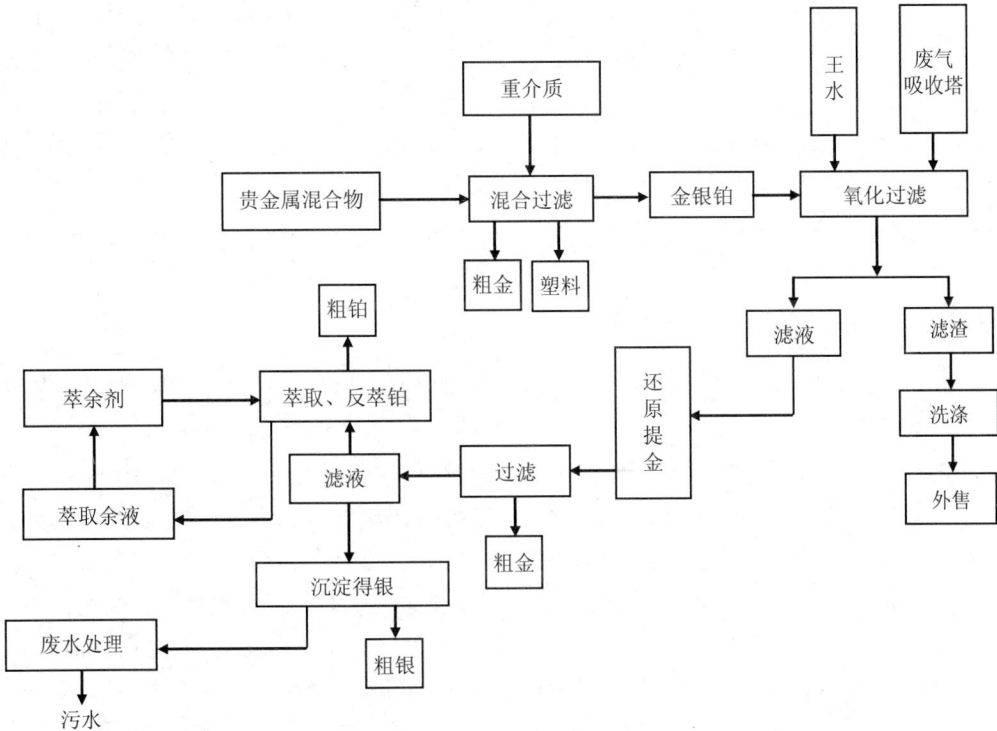

图 16-15 金、银、铂提取工艺流程

第三节　电子废物综合利用工艺产污环节及其污染防治

一、废气产生环节及污染物达标排放

废旧电器拆解过程中的主要产污环节、处置措施及排放去向见表 16-3。

表 16-3　资源化综合处理废旧电子电器项目废气污染源及治理措施

编号	污染源	排放源	污染物	排放方式		废气处理方式	治理措施及排放方式
G_1	电视电脑拆解线	①人工拆解 ②机壳破碎	粉尘	点源	有组织	①三合一除尘器 ②三合一除尘器	经一根集气管由引风机经高 15 m 排气筒排放
G_2	线路板拆解工段	①热熔烟气 ②线路板破碎分离	烟尘	点源	有组织	①废气冷凝处理+活性炭吸附 ②三合一除尘器	
G_3	电线电缆破碎工段	破碎分离	粉尘	点源	有组织	三合一除尘器	
G_4	空调冰箱拆解线	①人工拆解 ②机壳破碎	粉尘	点源	有组织	①三合一除尘器 ②三合一除尘器	由引风机经高 15 m 排气筒排放
G_5	洗衣机拆解线	①人工拆解 ②机壳破碎	粉尘	点源	有组织	①三合一除尘器 ②三合一除尘器	由引风机经高 15 m 排气筒排放
G_6	贵金属提取工段	①浓硫酸溶解金属 ②铜电解废气 ③王水溶解废气	酸雾 氧气 NO HCl	点源	有组织	喷淋式酸洗塔	由引风机经高 15 m 排气筒排放

（一）电视、电脑拆解台废气 G1

电视、电脑拆解台废气 G1 包括人工拆解过程中机壳打开过程产生的灰尘、机壳破碎过程中产生的粉尘。

机壳打开灰尘：由于废旧家电含有灰尘，拆解过程产生尘土，故集气罩中产生少量尘土。拆解在皮带输送式平台上进行，机壳打开过程中在集气罩下进行，集气罩的原始含尘浓度随拆解量和电视、电脑的新旧等因素有很大变化，含尘废气经拆解平台自带三合一除尘器除尘后，进入集气管。电视、电脑拆解线集气罩收集废气经集气管收集后由引风机引出。

三合一除尘器系统阻力小、效率高，除尘效率大于 99.6%，烟尘排放浓度 6.0 mg/m³，单元排放速率 0.13 kg/h，年有效工作时间 2 640 h，年排放粉尘量 0.34 t/a，收集粉尘量 85.19 t。

机壳破碎粉尘：电视和电脑外壳破碎工段每台破碎分离机自带风机，由破碎分离设备自带三合一除尘器除尘后，进入集气管，经集气管收集后由引风机引出。三合一除尘器除尘效率大于 99.6%，烟尘排放浓度 0.7 mg/m³，单元排放速率 0.01 kg/h，年有效工作时间 2 640 h，年排放粉尘量 0.03 t/a，收集粉尘量 5.10 t。

（二）线路板拆解废气 G2

线路板拆解废气 G2 包括红外加热分离元器件废气、线路板破碎分离废气粉尘。

红外加热分离废气：电器拆解、对外回收的线路板先经红外加热拆解预处理，将线路板上的电子元件和焊料回收，然后再将处理后的线路板送至自动化电路板成套破碎系统。红外加热焊锡熔化温度低至 190℃左右，产生的废气较少，废气的主要成分为松香，另含有少量联氨、聚丁烯、丙三醇、乙二醇、石蜡等，系统带有自动松香冷凝设施，冷凝松香等送至有资质的企业处理。红外加热分离废气由风量为 1 500 m^3/h 的引风机引出，热分离废气经引风机送至集气总管，送至活性炭吸附塔处理后由引风机引出。烟尘去除效率 60%，外排浓度 8 mg/m^3，单元排放速率 0.03 kg/h，年有效工作时间 2 640 h，年排放粉尘量 0.08 t/a。

线路板破碎废气：采用目前最常用的"粉碎+分选"工艺，分选过程中产生的粉尘送入设备自带的风机引至三合一除尘器除尘。

（三）电线电缆破碎工段废气 G3

电线电缆破碎工段产生的废气主要为尘土和微量塑料，每条破碎线设置除尘器、引风机。除尘器除尘效率 99.6%，单元排放浓度 0.8 mg/m^3，排放速率 0.03 kg/h，年有效工作时间 2 640 h，单元排放量 0.09 t/a，收集粉尘量 22.72 t/a。电线电缆破碎工段收集废气经集气管收集后由引风机引出。电视机、电脑物理拆解、线路板热熔破碎拆解、电线电缆破碎均布置在同一车间内，各环节产生的废气 G1、G2、G3 经过各工段除尘处理后经风管输送至车间外同一个高 15 m、出口内径 0.3 m 的排气筒外排。

（四）空调、冰箱拆解废气 G4

空调、冰箱拆解废气 G4 主要包括人工拆解过程机壳打开产生的灰尘、机壳破碎过程产生的粉尘。

机壳打开灰尘：由于废旧家电含有灰尘，拆解过程产生尘土，故集气罩中产生少量尘土。拆解在皮带输送式平台上进行，机壳打开过程中在集气罩下进行，集气罩的原始含尘浓度随拆解量和空调冰箱的新旧等因素有很大变化。

机壳破碎粉尘：空调、冰箱外壳破碎工段废气用集气装置和三合一除尘器除去。

（五）洗衣机拆解废气 G5

洗衣机拆解废气 G5 主要包括人工拆解过程机壳打开产生的灰尘、机壳破碎过程产生的粉尘。

机壳打开灰尘：由于废旧家电含有灰尘，拆解过程产生尘土，故集气罩中产生少量尘土。拆解在皮带输送式平台上进行，机壳打开过程中在集气罩下进行，集气罩的原始含尘浓度随拆解量和洗衣机的新旧等因素有很大变化。

机壳破碎粉尘：洗衣机外壳破碎工段废气用集气装置和三合一除尘器除去。

（六）贵金属提取工段废气 G6

贵金属提取工段废气 G6 主要包括：浓硫酸溶解金属过程中产生的酸性气、铜电解废气、王水溶解金属颗粒过程中产生的废气。

浓硫酸溶解金属过程中产生的酸性气：电线电缆破碎工段及电路板破碎工段的多金属颗粒物采用浓硫酸进行溶解，溶解过程中产生硫酸雾，经引风机送至喷淋式酸洗净化塔处理（NaOH 吸收），本项目实验室阶段测得的实验数据显示，硫酸雾产生浓度为 260 mg/m^3 左右。

铜电解废气：主要含氧气。

王水溶解废气：废气中主要含 0.6% 的 NO、HCl，这部分酸性废气通过引风机抽送到喷淋式酸洗净化塔处理。废气送入净化塔后经过填料层，与氢氧化钠吸收液进行气液两相充分接触吸收中和反应，酸雾废气经过净化后，再经除雾板脱水除雾后由风机排入大气。碱吸收液在塔底经水泵增压后在塔顶喷淋而下，最后回流至塔底循环使用。经处理后酸性气脱除效率可达 95% 以上，净化后的酸雾废气达到《大气污染物综合排放标准》中表 2 二级标准要求（硫酸雾排放浓度 45 mg/m^3，排放速率 1.5 kg/h，HCl 排放浓度 100 mg/m^3，排放速率 0.26 kg/h），外排废气经过高 15 m、出口内径 0.3 m 的排气筒排放。综合处理废旧电子设备产生的污染及治理见表 16-3。

二、废水产生环节及废水处理

资源化综合处理废旧电子电器项目废水主要包括实验室提取金属及化验废水（W1）、湿法贵金属提取线废水（W2）、喷淋酸性气洗涤塔废水（W3）、生活污水（W4）、车辆清洗废水（W5）等。

（一）工艺废水污染防治措施

工艺废水处理站分两级处理："一级处理＋深度处理"，总污水处理工艺流程见图 16-16。

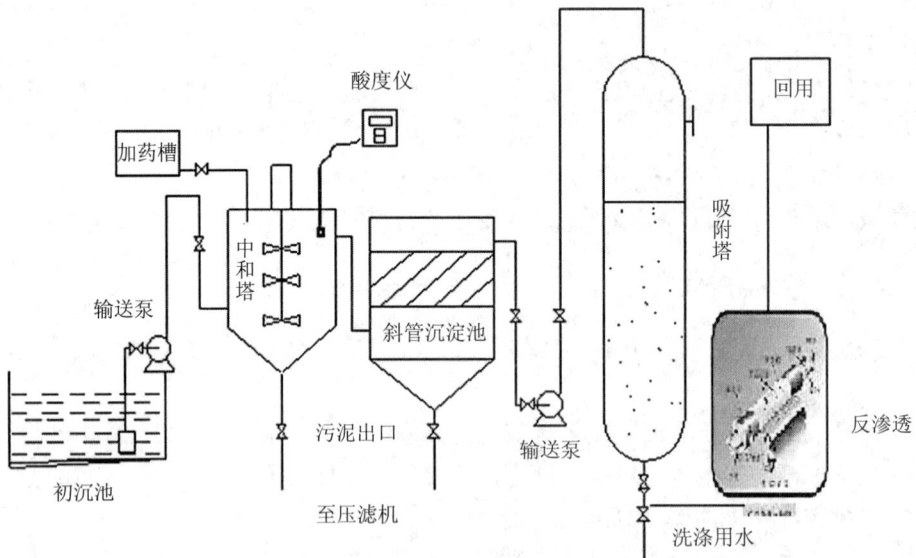

图 16-16　工艺废水处理总工艺流程

工艺废水一级处理：产生的生产工艺废水通过提升泵扬送至初沉槽，加入石灰乳溶液将 pH 调至 9，出水经沉淀池将石膏渣分离，之后自流至中和塔，在中和塔中加曝气头通入压缩空气，同时投加 $FeSO_4$ 溶液（铁铅比为 3.5）以去除水中铅，之后自流至污水的斜管沉淀槽，加入石灰乳溶液将 pH 调至 9，同时投加 Na_2S、$FeSO_4$ 溶液，经一级沉淀池去除水中的 Pb、Zn 和 Cu，再经二级沉淀池去除水中大部分离子后将沉渣分离去除。经沉淀后的污水由水泵扬送至过滤器中进行过滤，过滤后的水经 pH 调节池调节 pH 至 7，达到喷淋洗涤酸洗气用水标准后，部分送至玻璃洗涤和酸洗塔配制碱液，剩余的 12.9 m^3/d 水送至工艺废水深度处理工段进行水质净化。

工艺废水深度处理：深度工艺路线为：一级水处理废水→加压泵→活性炭吸附系统→反渗透过滤器（5μm）→高压泵→膜处理装置→回用水池，设计规模为 16 m^3/d，从一级处理工段来的废水进入斜管沉淀池，经过沉淀，去除废水中的 SS 和少量的有机物质，沉淀后的废水进入活性炭吸附塔，然后打入反渗透系统去除可溶性离子（钠、钙、钾离子、硫酸根离子等）。工艺废水处理流程见图 16-16。实验室阶段对贵金属提取工段处理后水质监测显示，采用的废水处理工艺脱盐率≥80%，达到化学车间工业循环用水要求，其中 Ca^{2+}＜100 mg/L，SO_4^{2-}＜100 mg/L，电导率＜250 μS。

经深度处理的中水部分回用至企业玻璃清洗工段，不能回用的采用罐车运输至建材厂，用于配料用水，整个厂区无工艺废水排放。

（二）生活污水及运输车辆废水污染防治措施

本工程生活污水排水量为 9.0 m^3/d，生活污水经化粪池处理后，送至生活污水处理站，其主要污染物为 COD、NH_3-N；运输车辆废水产生量为 2.5 m^3/d，经收集后通过管道也送至生活污水处理站，其主要污染物为 COD、SS 等。生活污水进出水水质情况见表 16-4，生活污水处理工艺流程见图 16-17。

表 16-4　生活污水处理情况

项目	排水量/（m^3/h）	污染物浓度/（mg/L）			
		COD_{Cr}	BOD_5	SS	氨氮
生活污水	6.0	350	150	100	20
出水	—	≤50	≤10	≤10	≤10

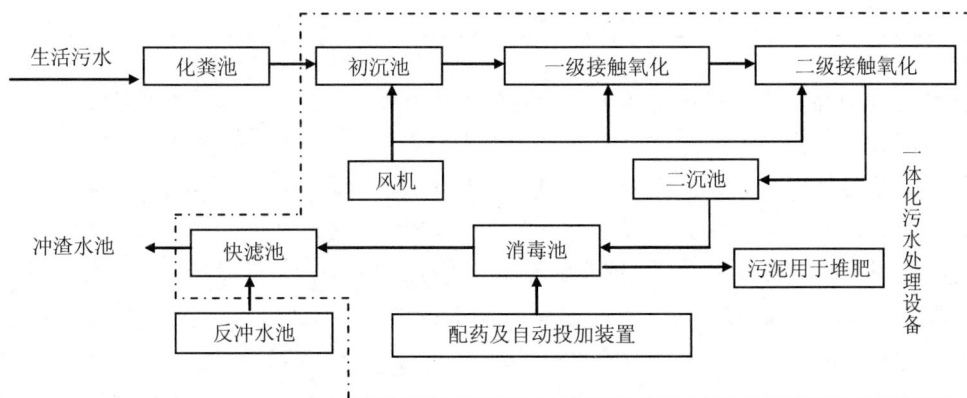

图 16-17　生活污水处理工艺流程

生活污水及运输车辆清洗废水经处理后外排至厂区北侧排污沟和河道。

（三）事故水池

企业配套建设一座容积为 1 000 m³ 的事故水池，用于暂存消防废水及工艺、生活污水处理装置发生故障时事故水。工艺、生活污水处理装置发生故障时未经处理或者处理不达标的废水由泵输送至事故水池，事故水池可作为事故水暂存池，待废水处理装置故障排除后，再由泵打回，处理至达标。

三、固体废物产生与无害化

资源化综合处理废旧电子电器项目固体废物主要包括电视、电脑、空调、冰箱、洗衣机、线路板、电线电缆等物理拆解过程中除尘收集的粉尘；线路板热熔解焊废气吸附产生的废活性炭；贵金属提取线产生的不溶残渣；废水预处理产生的硫酸钙污泥；显像管处理线收集的荧光粉；拆解处理线收集的废电池；空调、冰箱拆解过程中产生的废制冷剂；生活垃圾等。固体废物产生及处置方式见表16-5。

表 16-5   固体废物产生及处置方式情况

固体废物名称	主要成分	废物类型		处理方式
线路板热熔解焊烟气吸附产生的废活性炭	吸附了锡渣废活性炭	HW49	900-039-49	交由有处置资质的单位处理
线路板热熔解焊烟气冷凝物	含锡渣、松香等物质	HW31	231-008-31	
贵金属提取线含稀土废渣	含酸及不溶于硫酸、王水的废渣	HW34	900-349-34	
废水预处理产生的硫酸钙污泥	含重金属的污泥	HW49	802-006-49	
废荧光粉	含汞废物	HW29	397-001-29	
废电容器	含氯苯类物质	HW49	900-044-49	
废电池	废电脑所带电池	HW49	900-044-49	
拆解过程中除尘收集粉尘	塑料、灰尘	一般固体废物		外售
生活垃圾	废纸、瓜菜、果皮等	一般固体废物		由市政环卫部门处置

拆解过程中除尘收集粉尘均属于一般固体废物，外售处置。线路板热熔解焊烟气吸附产生的废活性炭，更换周期为 3 个月，每次更换量为 50 kg，年排放量 0.15 t/a，应交给有处置资质的单位处理。线路板热熔解焊烟气经过冷凝系统，收集冷凝下来的含松香物质，属于危险废物，年产生量为 0.2 t，应交给有处置资质的单位处理。贵金属提取线不溶残渣，主要成分为稀土、重金属等，属于危险废物，年产生量为 1.1 t，应交给有处置资质的单位处理。废水预处理产生的硫酸钙污泥，主要成分为硫酸钙，因其中含有沉淀下来的重金属，属于危险废物，应交给有处置资质的单位处理。

显像管处理线收集的荧光粉，属 HW29 含汞废物，废物代码 397-001-29，产生量为0.9 t/a。荧光粉主要成分为稀土元素和少量汞，热值较低，资源化综合处理废旧电子电器项目的荧光粉由企业暂存，集中后交由有处置资质的单位处理。拆解处理线收集的废电池，属于危险废物，产生量为 40 t/a，从经济角度考虑，一般形成 80 t/a 的规模才会有收益，而资源化综合处理废旧电子电器项目拆解收集的废电池量较少，资源化利用条件不成熟，资源化综合处理废旧电子电器项目设计将收集的废电池在企业内暂存，集中交给有处置资质的单位处理。空调、冰箱拆解过程中产生的废制冷剂，属于危险废物，产生量为 50 t/a，应交给有处置资质的单位处理。废电容器产生量 570 t/a，含氯苯类物质，属 HW49 其他废物，废物代码 900-044-49，危险特性为毒性。资源化综合处理废旧电子电器项目的电容器由企业暂存，集中交给有处置资质的单位处理。

生活垃圾产生量为 36 t/a，由环卫部门统一收集外运处理。

四、噪声产生与防治

拟建装置产生噪声的主要设备有塑料机壳破碎机、风选机、高压风机、引风机、线路板破碎分选一体机、空气压缩机、化学车间料泵、废水输送泵等各种机泵，均采取基础减振、隔声罩隔声等措施。噪声源设备情况见表 16-6。

单位：dB（A）

表 16-6 噪声污染源情况

序号	噪声设备名称	噪声级（单机）		
		治理前（室内）	治理措施	治理后（室外）
1	机壳破碎机	100	减振基础、隔声罩隔声	80
2	磁选机	90	减振基础、隔声罩隔声	75
3	铝选机	90	减振基础、隔声罩隔声	75
4	高压风机	95	减振基础、隔声罩隔声	80
5	关风机	95	减振基础、隔声罩隔声	80
6	振荡干磨机	80	减振基础、隔声罩隔声	70
7	鼓风机	90	减振基础、隔声罩隔声	75
8	空气压缩机	85	减振基础、隔声罩隔声	70
9	废水输送泵	90	减振基础、隔声罩隔声	75

为了改善操作环境，资源化综合处理废旧电子电器项目在设备选型上尽量选用低噪声设备，并采取适当的降噪措施，如机器基础设置衬垫，使之与建筑结构隔开；设备布置时远离办公室和控制室；工人不设固定岗，只作巡回检查；操作间做吸声、隔声处理；厂区周围及噪声设备较多的车间周围种植降噪植物，以降低噪声的影响。

思考题

1. 电子废物有两重性，如何才能既利用其含丰富金属资源的一面，又避免其环境危害的一面？

2. 电子废物收集是实现其资源化和无害化的关键之一，利用哪些技术和方案可以实现电子废物安全回收和防止资源浪费？

3．电子废物机械分离关键技术和工艺是什么？如何实现金属和塑料的智能分离？试设计一种绿色电子电器，特别是设计选用电子电器用的绿色环境负荷小的原料，或者设计一种易拆解的电子产品。

4．给出实现废旧电子电器资源化和无害化案例，要求将废旧电子电器各类元素资源化和无害化。

5．电子废物利用方式有物理法和化学法，请总结两种方法可能产生哪些废物？其性质如何？如何处理与处置这些废物？

第十七章 化学工业固体废物综合利用工程

第一节 化学工业固体废物类别与来源

一、化学工业固体废物类别

化学工业行业多、产品杂，有化肥、石油、农药、橡胶、染料、无机盐及有机化工原料等众多行业。化学工业固体废物包括化工生产过程中产生的废品、副产品、失效催化剂、废添加剂、未反应的原料及原料中夹带的杂质，产品在精制、分离、洗涤时由相应装置排出的工艺废物、净化装置排出的粉尘、废水处理产生的污泥、化学品容器和工业垃圾。

二、化工行业固体废物来源

典型化学工业固体废物产生情况见表17-1。

表17-1 化学工业固体废物产生情况

行业及产品	生产方法	固体废物名称	产生量/（t/t 产品）
无机盐行业：重铬酸钠 氰化钠 黄磷	氧化焙烧法	铬渣	1.8～3
	氨钠法	氰渣	0.057
	电炉法	电炉炉渣	8～12
		富磷泥	0.1～0.15
氯碱工业：烧碱	水银法	含汞盐泥	0.04～0.05
	隔膜法	盐泥	0.04～0.05
聚氯乙烯	电石乙炔法	电石渣	1～2
磷肥工业：黄磷	电炉法	电炉炉渣	8～12
磷酸	湿法	磷石膏	3～4
氮肥工业：合成氨	煤造气	炉渣	0.7～0.9
纯碱工业：纯碱	氨碱法	蒸馏废液	9～11 m³/t 产品
硫酸工业：硫酸	硫铁矿制酸	硫铁矿烧渣	0.7～1

行业及产品	生产方法	固体废物名称	产生量/（t/t 产品）
有机原料及合成材料工业：			
季戊四醇	低温缩合法	高浓度废母液	2～3
环氧乙烷	乙烯氯化（钙法）	皂化废液	3
聚甲醛	聚合法	烯醛液	3～4
聚四氟乙烯	高温裂解法	蒸馏高废残液	0.1～0.15
氯丁橡胶	电石乙炔法	电石渣	3.2
钛白粉	硫酸法	废硫酸亚铁	3.8
染料工业： 还原艳绿 FFB	苯绕蒽铜缩合法 二硝基氯苯法	废浓硫酸	14.5
	双倍硫化法	氧化滤液	3.5～4.5
石油工业：	石油炼制、石油化工、石油钻探	废催化剂、废润滑油、重组分油釜底残渣、污水钻井场污泥等	0.1～1.1

可见，化学工业固体废物产生量较大，一般吨产品产生 1～3 t 固体废物，有的可高达 8～12 t。

第二节　石油化学工业固体废物的综合利用

一、石油化学工业固体废物来源与特性

（一）来源

石油炼制行业固体废物主要有酸碱废液、废催化剂和页岩渣；石油化工和化纤行业的固体废物主要有废添加剂、聚酯废料、有机废液等，见表 17-2。

表 17-2　石油化工行业主要固体废物

固体废物来源	主要固体废物
石油炼制	酸碱废液、废催化剂、页岩渣、含四乙基铅油泥
石油化工	有机废液、废催化剂、氧化锌废渣、污泥
供水系统（软化水、循环水）	有机废液、酸碱废液、聚酯废料
污水处理厂"三泥"处理	油泥、浮渣、剩余活性污泥、焚烧灰渣
机修、电修、仪修	检修废物

（二）特征

（1）有机物含量高。原油处理的损失率为 0.25%，其中大部分进入固体废物中。如石

油炼制工业，油品酸碱精制产生的废酸碱液，油含量高达 5%～10%，环烷酸含量达 10%～15%，酚含量高达 10%～20%。石油化工、化纤行业产生的固体废物中绝大多数为有机废液，此外，罐底泥、池底泥油含量都高于 60%。

（2）危险废物种类多。如石油炼制产生的酸碱废液，不但含有油、环烷酸、酚、沥青等有机物，还含有毒性、腐蚀性较大的游离酸碱和硫化物。有机废液中 60% 以上的物质属危险废物。油含量高的罐底泥、池底泥具有易燃易爆性，也属于危险物质。

（3）资源利用价值高。固体废物利用价值较高，利用途径较多，只要采取适当的物化、熔炼等加工方式即可从废催化剂、污泥、废酸碱液、页岩渣中获得有用物质。

二、石油化工固体废物的综合利用

油田炼化集输处理过程产生的罐底泥、浮渣、废白土和落地原油等含油污泥的石油类物质含量高，同时还含有较多的金属与黏土无机矿物，具有油气回收和矿物质再生利用价值，污泥资源化利用将成为最终处置方式。

（一）溶剂萃取

溶剂萃取是利用萃取剂将污泥中的石油类等有机物从污泥中分离出来回收利用，然后蒸馏回收萃取剂进行循环使用。常见的萃取技术有：浮渣萃取分离工艺，能直接萃取分离可利用的原油和有机物；"热萃取-脱水"技术用于处理炼油厂含油污泥，脱出水中的 COD 小于 150 mg/L，含油量小于 30 mg/L，可直接排入污水处理厂，溶剂油取自炼油厂馏分油；多级萃取污泥中油的工艺，处理后污泥可达到农用污泥标准；溶剂萃取-氧化处理污泥工艺，是在污泥中加入一种轻质烃作为萃取剂，经过第一步萃取后，仍含有一些聚合芳香烃物质残留在污泥中，需用分子量较高的烃类萃取；溶剂萃取-蒸汽蒸馏法处理含油污泥的工艺，以三氯甲烷为抽提剂，在一定条件下进行联合萃取。萃取法的优点是能够将大部分石油类物质提取回收，操作管理较简便，但萃取剂需蒸馏回收循环使用，同时具有选择性，需多级处理才能满足农用污泥标准。

（二）热化学洗油

热化学洗油是将含油污泥加水稀释后在加热和加入一定量化学药剂的条件下，使油从固相表面脱附或聚集分离的污泥除油方法，在含油量较高、乳化较轻的落地原油和油砂等的回收油处理中应用较多。经检测，某油田含油率为 32% 的落地油土壤，经热化学洗油可回收 25% 以上的原油，剩余干泥含油可达 5% 以上；某炼油厂含油率为 20% 的废白土加石灰处理压榨，可回收 10% 以上的润滑油，但剩余干泥含油仍高达 8%。在处理铁路系统车辆作业产生的污泥和石油加工企业产生的含油污泥时，采用表面预处理加热洗涤工艺，虽然可将 25% 左右含油土样的残留油含量降至 1.2% 左右，但仍远大于农用污泥的含油标准。采用化学热洗可将油泥中的油、水、泥三相分离，回收其大部分油品，实现资源化，不足之处是仍存在二次处理问题。

（三）焦化处理

20 世纪 90 年代起，国外许多炼油厂开始采用 Mobil、Scaltech 及 Godino 等开发的油泥焦化工艺来处理 API 隔油池的油泥。处理方法为污泥与冷焦水调和后，作为骤冷介质在清焦前对热焦炭进行冷却，污泥中的水作为冷焦水或切焦水回用，烃则循环进入装置。如美国阿瑟港炼油厂在 1992 年 8 月前用 Mobil 技术处理固含量平均为 2.5%的污泥，此后 5 个月采用 Scaltech 技术处理固含量平均为 10%～12%的污泥，注入量由 8 个月前的 2.1%增加到 5.8%。焦炭的灰分含量由 0.5%上升到 0.86%。油泥经过预处理（脱水）后除去较大机械杂质，利用传输设备与一次性催化剂掺和后送入已经预热的焦化反应釜（180℃），闭釜加热进行催化焦化反应，反应温度控制在 490℃，反应时间为 60 min；焦化反应气通过伴热管线进入三相分离器；三相分离器由循环水控制降温（＜100℃），分离器上部气相组分送入燃烧系统回收利用；底部含油污水排入污水处理系统，回收油送入储罐储存。戴永胜等利用矿物油的焦化反应机理，对含油污泥焦化反应制备含碳吸附剂的工艺进行研究，结果表明，在焦化温度为 400℃、反应时间为 80 min 的条件下，可以将其净化为效果较好的吸附剂。焦化处理的优点是投资少，缺点是涉及的焦化装置改造比较复杂，注入量有限，处理总量少。

（四）用于油田调剖剂

近年来，各油田做了许多将含油污泥广泛用于注水井调剖的试验研究与应用。以含油污泥为主要原材料，添加适当化学药剂和固相颗粒，得到一种新型含油污泥调剖剂。

（五）焚烧利用热值

焚烧是利用污泥中有机成分高、具有一定热值的特点来处置污泥。污泥焚烧主要可分为三大类：一是脱水污泥直接送焚烧炉焚烧；二是将脱水污泥先干化再送焚烧炉焚烧；三是将污泥与其他可燃物混合用作燃料。第三种方法操作简便，无须投资，容易在民间得到广泛的利用，例如与黏土混合用于烧砖，与煤等燃料物质混合用作燃料等。焚烧是早期含油污泥处理研究与应用的主要方向，但由于其设备投资及运行操作费用较高、易产生烟气二次污染，以及采用直接燃烧利用热能虽然无须设备投资，但恶臭严重等问题的存在，焚烧利用热值的应用受到限制。针对油田稠油含油污泥焚烧处理技术及设备的研究表明，如果对焚烧旋风除尘器出口烟气不经过喷淋塔处理，其二氧化硫和颗粒物浓度则达不到国家排放标准。

（六）热解处理

热解是比较成熟的化工工艺过程，将热解工艺应用于城市垃圾、工业污泥等固体废物处理与能源回收，被认为是现代开发工艺。城市污水处理厂的一级和二级污泥处理实验表明，一级污泥处理直接萃取得到油的质量产率为 0.181%，经过热解反应的产油率为 31.4%；Suzuki 等实验表明，消化污泥热解产油率低于 25%，而剩余活性污泥热解产油率可达41%～45%；加拿大的多伦多和澳大利亚的悉尼分别建造了两个处理能力分别为 4 t/d 和 45 t/d 的干污泥演示性装置。张云鹏等用热重分析法，研究了 5 种不同废水污泥的热解和燃烧曲线，同时研究了金属含量对其热分解过程的影响。汪恂介绍了污水厂污泥低温热解试验的初步研究成果，它能有效去除污泥中的污染物质，同时污泥热解的产物还可作为能源加以回收。邵立明等采取间歇式室内装置对污水厂污泥进行了低温热解实验，其燃料油产率达 16%～20%，热值为 33.3 kJ/g，同时热解也产生污泥炭，可以掺煤直接作为热解补充能源。利用小型回转窑进行了造纸污泥热解处理试验。炼油厂废水处理污泥进行了催化热解产油，在 300℃时，产油率达 54.6%，经 60 min 反应接近平衡。

（七）污泥资源化技术对比分析

对上述 6 种污泥资源化技术进行对比分析（表 17-3）可知，溶剂萃取与热化学洗油存在大量的二次污染物，不能实现含油污泥最终处理，其应用将受到限制；焦化处理与用作油田调剖剂工艺较成熟，无二次污染物，可实现含油污泥完全处理；焚烧利用热值与热解处理需要二次处理的污染物少，可实现完全最终处理，适宜规模处理，具有研究与推广价值，其中热解较焚烧有较好的经济效益，具有更好的市场优势。

表 17-3　6 种污泥资源化技术对比分析

项目	处理与资源化程度	二次污染	工艺
溶剂萃取	回收油较彻底	剩余污泥量大	较复杂不够成熟
热化学洗油	回收油不彻底	剩余污水、污泥量大	简单成熟
焦化处理	全部处理	无	较复杂成熟
油田调剖剂	全部处理	无	简单成熟
焚烧利用热值	有机物全部处理	灰渣烟气少	较复杂较成熟
热解处理	有机物全部处理	灰渣少	较复杂不够成熟
项目	设施投资	运行直接经济效益	适用范围与特点
溶剂萃取	较高	有，一定	适宜深度回收油
热化学洗油	较低	有，较好	适宜简单回收油
焦化处理	较低	有，较好	宜终处理但用量有限
油田调剖剂	较低	费用投入	宜终处理但用量有限
焚烧利用热值	较高	费用投入	宜终处理规模不限
热解处理	较高	有，较好	宜终处理规模不限

第三节　其他化学工业固体废物的综合利用

一、其他化学工业固体废物来源、特点及其治理

除石油化工企业外，其他化学工业行业众多、产品庞杂，因而其固体废物也种类繁多，成分复杂，治理方法和综合利用的工艺技术则更为繁多。

（一）来源及特点

化学工业固体废物简称化工固体废物，是指在化工生产过程中产生的固体、半固体或浆状废物，包括化工生产过程中进行化合、分解、合成等化学反应产生的不合格产品（含中间产品）、副产物、失效催化剂、废添加剂、未反应的原料及原料中夹带的杂质等，以及直接从反应装置排出的或在产品挂制、分离、洗涤时由相应装置排出的工艺废物，还有空气污染控制设施排出的粉尘，废水处理产生的污泥，设备检修和事故泄漏产生的固体废物及报废的旧设备、化学品容器和工业垃圾等。

化工固体废物具有下列特点：①固体废物产生量大。化工固体废物产生量较大。②危险废物种类多。化工固体废物不但种类多，而且有毒物质含量高，对人类健康和环境危害大，化工固体废物中有相当部分具有急毒性、反应性、腐蚀性等特点，尤其是危险废物中有毒物质含量高，对人体健康和环境会构成较大威胁，若得不到有效处置，将会对人体和环境造成较大影响。③废物资源化潜力大。化工固体废物中有相当一部分是反应的原料和副产物，通过加工就可以将有价值的物质从废物中回收利用，取得较好的经济、环境双重效益。

（二）治理现状及治理技术

1. 治理现状

近 20 年来，随着我国化工生产的发展，各级化工部门和企业为适应环保的要求，已采取了一系列措施来对化工固体废物加强管理和监督，努力改造旧设备和工艺，积极开展固体废物治理和综合回收利用工作，在治理和解决固体废物污染方面取得了较大进展。化工"三废"排放总量没有同比增长，有些污染物如 As、Pb、Cd、氟化物、硫化物、氰化物的产生等有所下降。据全国 16 个省市 1 533 个化工企业的统计资料显示，化工固体废物处理率已达 29.0%，综合利用率 54.2%，10 种化工废渣利用率达 77.1%，化工废渣堆存量仅占总量的 16.16%（表 17-4）。

表 17-4　我国 10 种化工废渣综合利用情况

废物名称	产生量/（万 t/a）	综合利用/（万 t/a）	综合利用率/%
硫铁矿烧渣	388.3	259.5	76.7
铬盐废渣	9.8	4.9	50.5
电石渣	112.5	84.3	74.7
纯碱白灰渣	39.2	11.2	28.6
黄磷水淬渣	34.1	32.8	96.2
合成氨煤造气炉渣	240.7	210.5	87.5
合成氨油造气炭黑	7.2	6.4	88.9
烧碱盐泥	15.1	6.8	45.0
工业窑炉渣	79.5	56.6	71.2
污水处理剩余污泥	23.6	21.1	89.4
总计	900.6	694.1	77.1

2. 主要治理技术

（1）清洁生产工艺。首先改革化工生产工艺，更新设备，改进操作方式，采用无废或低废工艺，尽可能把污染消除在生产过程中，实现行业清洁生产。例如，生产苯胺的传统工艺采用铁粉还原法，生产过程中产生大量含有硝基苯、苯胺的铁泥废渣和废水，造成环境污染和资源浪费。南京某化工厂通过改革，成功开发了加氢法制苯胺新工艺后，铁泥废渣产生量由 2 500 kg/t 减少到 5 kg/t，废水排放量由 4 000 kg/t 降到 400 kg/t，并减少了一半的能源，苯胺收率达 99%。

（2）循环经济模式。采用蒸馏结晶、萃取、吸附、氧化等方法将废物转化为有用产品，加以综合利用。如山东某化工厂的硫铁矿制硫酸，每年排渣量达 215 万 t，每吨烧渣中含 Au 4 g、Ag 20 g、Fe 38 g，过去由于无先进技术，烧渣一直堆放在尾矿坝，占据大片土地，并造成污染。后来该厂成功地用氰化法从烧渣中提取 Au、Ag、Fe，年共回收黄金 265 kg，白银 252 kg，多年来回收精铁矿 19 000 t，获利 189 万元，减少烧渣 1 416 万 t，取得了良好的经济和环境效益。

（3）固体废物无害化技术。固体废物通过焚烧、热解、化学氧化等方式，改变其中有害物质的性质，使其转化为无毒无害物质。上海氯碱总厂电化厂采用焚烧法处理聚四氟乙烯树脂生产中产生的有机氟残液。在焚烧炉中焚烧后，烟气经水急冷，洗涤后达国家排放标准。

二、典型化工行业固体废物处理和利用

（一）氯碱工业固体废物的资源化技术

1. 氯碱工业固体废物类型

氯碱工业是重要的基础化学工业，烧碱的生产方法主要有：隔膜法、水银法、离子膜法、苛化法等。我国以隔膜法为主，水银法不再发展，今后将主要发展离子膜法。氯碱化学工业在生产过程中产生的固体废物包括：①燃煤锅炉和窑炉产生的灰渣；②乙炔车间渣浆工序产生的电石渣；③盐水车间产生的盐泥；④氯乙烯工序吸附器活性炭和废催化剂；⑤氯乙烯工序蒸馏废残液；⑥氯乙烯工序干燥氯化氢后产生的废硫酸和氯氢工序产生的废硫酸；⑦污水处理站产生的污泥等。氯碱工业固体废物产生情况见表 17-5。

2. 综合利用方法

（1）化盐工序废盐泥和盐水精制废渣。原盐电解之前，要对原盐进行精制，去除其中所含的其他类型固体物质以及 Ca^{2+}、Mg^{2+} 等杂质离子。原盐中所含的泥、砂等在化盐过程中通过沉淀或澄清而去除，原盐中的 Ca^{2+}、Mg^{2+} 等杂质离子通过投加 Na_2CO_3、NaOH 和 $BaCl_2$，生成 $Ca(OH)_2$、$MgCO_3$、$BaCO_3$ 而去除，$Ca(OH)_2$、$MgCO_3$ 等沉淀组成了盐水精制废渣。以上两过程产生的盐泥和废渣经过板框压滤脱水后形成含水＜50%的盐泥渣。盐泥渣的成分主要为泥类、砂粒、杂草、NaCl、$Ca(OH)_2$、$MgCO_3$ 等，无有毒有害物质。盐泥经过板框压滤脱水后，加入溶剂，经过制浆、溶解、反应、分离、洗涤等工艺过程制得膏状硫酸钡，通过压滤后的硫酸钡可进行外销。

表 17-5　氯碱工业固体废物产生情况

工序和装置名称	废物名称	产生量	处理措施	处置方式
乙炔工序	电石渣	1.78 t/t 聚氯乙烯	板框压滤机干燥器	渣厂填埋
氯乙烯工序	转化器废催化剂	1.2 kg/t 聚氯乙烯	回收	送回生产厂家
	除汞器尾气吸附器废活性炭	0.6 kg/t 聚氯乙烯	回收	送回生产厂家
	干燥氯化氢用废硫酸	5.8 kg/t 聚氯乙烯	回收	外售、综合利用
干燥工序	筛头料及扫地料	1.1 kg/t 聚氯乙烯	外售	作为等外品出售
锅炉房	灰渣	0.32 t/t 煤	外售	建筑材料
烧碱装置	盐泥	110 kg/烧碱	板框压滤机	渣场填埋
氯氢工序	废硫酸	15 kg/t 烧碱	回收	外售、综合利用
污水处理	污泥	0.9 kg/t 聚氯乙烯	压滤干燥机	渣场填埋
蒸馏塔	蒸馏废残液（装罐）	1.7 kg/t 烧碱	外售	外售、综合利用

（2）乙炔工序废电石渣。每生产 1 t PVC 约消耗电石 1.6 t，产生电石渣浆约 4 t（含水＞50%），此电石渣浆主要含固形物为 $Ca(OH)_2$，其次为 Mg、SiO_2、S 等。电石渣浆经沉淀、压滤、干化脱水后，可得含 $Ca(OH)_2$＞90%的干渣。在保持聚氯乙烯生产的同时，建立"资源→生产→产品→消费→废物→再资源化"的循环经济模式。采用废电石渣生产水泥熟料，可实现废电石渣综合利用、保护大气环境和生态环境。

电石渣主要成分氢氧化钙，可作为生产水泥的主要原料，且 1 t 水泥熟料消耗 1 t 电石干渣，生产水泥可消耗掉聚氯乙烯产生的电石渣。工艺上选择湿磨干烧工艺。原料湿法储存、辅助原料湿法粉磨和生料湿法搅拌均化，能充分保证入窑化学成分的稳定性；生料均化后经压滤烘干，熟料煅烧采用干法回转窑，可充分利用窑尾余热，发挥干法窑能耗低的特点。电石渣因为呈碱性，且粒径较细，可用于循环流化床锅炉脱硫，相比传统的石灰石脱硫，具有成本低、设备磨损少、不产生温室气体二氧化碳的优点。

（3）燃煤灰渣。锅炉以煤炭作为燃料，燃煤灰渣收集贮存后可全部外售用作建筑材料进行综合利用。

（4）废催化剂。乙炔法 VCM 生产过程采用以活性炭为载体的氯化汞为催化剂，生产过程中排出的废催化剂由催化剂制造厂家（主要是环保部颁发的有危险废物经营许可证的厂家）回收利用；为了防止汞触媒中汞流失，防止汞进入环境，可采用活性炭吸附器进行汞回收。

（5）含汞废活性炭。生产过程采用活性炭作为吸附剂，吸附合成气中携带的汞蒸气，吸附汞的废活性炭可由催化剂制造厂家进行回收利用。

（6）干燥工序筛头料及扫地料。干燥工序及成品包装中产生的筛头料及扫地料，均为 PVC 粒料，收集后出售。

（7）蒸馏废液。蒸馏重组分残液属于危险废物，其中含有 VCM、二氯乙烷、二氯乙烯、三氯乙烯、三氯乙烷等，经回收可出售给防腐材料厂作原料。

（二）其他化工行业固体废物的处理和资源化技术

1．液相法芒硝制碱中苛化废渣的利用

为了解决我国食盐紧缺、电力不足及烧碱供应紧张等问题，充分利用自然界芒硝和石灰石等资源，成功研制了液相法芒硝制碱新工艺。在其工艺流程的第二步会产生大量苛化废渣，其所含固体物质主要为 $CaCO_3$ 和 CaO 及可溶性杂质（$NaCO_3$，$NaSO_4$，$NaOH$）。可溶性杂质用水洗涤除去，CaO 可与 CO_2 反应生成 $CaCO_3$ 沉淀，可将其与废渣中原有的 $CaCO_3$ 一起回收，然后用碳化法处理废渣，可得到轻制 $CaCO_3$，质量可达 GB 4794—84 一级品指标。最后用自制 $CaCO_3$ 填充母料对 LDPE 改性，不仅得到性能优良的制品，而且可降低生产成本。

2．氢氧化铝废渣用于处理含氟废水

铝材加工会排放氢氧化铝凝胶状废渣，侵占土地，淤塞河道，污染环境，应化害为利，综合利用。用氢氧化铝废渣处理 50 mg/L 的含氟废水，废渣投加量为 2%，去除率达 96%。

3．磷化渣的综合利用

磷化渣含较高的 PO_4^{3-}、Fe^{2+} 和 Zn^{2+}，通过一系列的物理化学方法可对其进行再利用，可制备磷酸三钠、脱脂剂、除油除锈磷化三合一，配制磷化液、制防锈颜料、铺路建筑填料、氨硫除臭剂等，有良好的经济、社会、环境效益。

4．柠檬酸废渣作水泥缓凝剂

柠檬酸生产排放出的废渣，是柠檬酸厂酸解工序所得的副产物，其主要成分是二水硫酸钙。完全用废渣取代石膏所得的水泥强度达到 52.5 标号。

5．以硫黄渣替代铜渣作铁制原料配制水泥生料

以硫黄渣替代铜渣作铁制原料配制水泥生料，能达到降低煤耗、改善熟料稳定性的目的，取得了良好的社会、经济和环境效益。

6．麦芽酚生产中的废渣综合利用

碱式溴化镁是合成麦芽酚生产中的中间产物。一个生产 10 t 麦芽酚的工厂，约产生 150 t 碱式溴化镁废渣。其中含碱式溴化镁约 40%，水分约 50%，高建炳等以碱式溴化镁废渣为主要原料制取四溴乙烷、轻质氧化镁、氯化铵，溴、镁、铵的利用率都在 90% 以上，基本解决了麦芽酚生产中碱式溴化镁废渣的污染问题。

（三）化工固体废物管理和处理技术的发展趋势

（1）制定且不断完善固体废物管理办法，严格对危险废物的全面管理。

（2）固体废物管理的重点已转向防止有毒化学药品制造和泄漏及危险废物国际间转移造成的污染。

（3）研究改进固体废物的处理技术和对策。

思考题

1．行业固体废物有哪些特点？降低行业固体废物产量的根本方法是什么？举例说明。

2．举例设计某化工行业清洁生产的无费、低费和高费方案。

3．利用清洁生产原理设计化工行业固体废物交换简图，并说明交换图可能在社会上实施的理由。

4．请利用"三化"原则给化工行业固体废物污染处理处置和管理提出建议，并制定环境优化、经济可行、技术合理和工艺可以实施的综合利用方案。

5．化学行业固体废物处理过程产生大量的废水、大气污染物，如何选择降低废水、大气污染物排放的技术和工艺？

主要参考文献

[1]　宁平. 固体废物处理与处置[M]. 北京：高等教育出版社，2009.

[2]　周立祥. 固体废物处理处置与资源化[M]. 北京：中国农业出版社，2007.

[3]　李国学. 固体废物处理与资源化[M]. 北京：中国环境科学出版社，2005.

[4]　钱光人. 国际城市固体废物立法管理与实践[M]. 北京：化学工业出版社，2009.

[5]　曾现来，张永涛，苏少林. 固体废物处理处置与案例[M]. 北京：中国环境科学出版社，2011.

[6]　I.S.A. Baud Christine Furedy Johan Post. Solid Waste Management and Recycling：Actors，Partnerships and Policies. Springer-Verlag New York Inc.，2004.

[7]　Christensen T H. Solid Waste Technology and Management[M]. New York：Wiley，2010.

第四篇　危险废物的无害化及综合利用工程

本篇介绍了危险固体废物有关概念、产生、分类、性质和鉴别方法，叙述了危险固体废物管理的技术政策，无害化、减量化、资源化技术和稳定化技术及典型工程案例，给出了国内外有关处理处置技术比较和技术经济评价；通过学习，重点掌握危险固体废物鉴别、处理处置和稳定化技术；了解不同危险固体废物管理的有关政策、标准和"三化"、稳定化技术经济评价。

第十八章 危险废物产生、分类与管理

联合国环境规划署（UNEP）把危险废物定义为："危险废物是指除放射性以外的那些废物（固体、污泥、液体和利用容器的气体），由于它的化学反应性、毒性、易爆性、腐蚀性、可染性和其他特性引起或可能引起对人体健康或环境的危害。不管它是单独或与其他废物混在一起，不管是产生或是被处置的或正在运输中的，在法律上都称危险废物。"而世界卫生组织（WHO）的定义是："危险废物是一种具有物理、化学或生物特性的废物，需要特殊的管理与处置过程，以免引起健康危害或产生其他有害环境的作用。"美国在其《资源保护和回收法》中将危险废物定义为："危险废物是固体废物，由于不适当的处理、贮存、运输、处置或其他管理方面，它能引起或明显地影响各种疾病和死亡，或对人体健康或环境造成显著的威胁。"日本《废物处理法》将"具有爆炸性、毒性或感染性及可能产生对人体健康或环境危害的物质"定义为"特别管理废物"，相当于通称的"危险废物"。我国在《中华人民共和国固体废物污染环境防治法》中将危险废物规定为："列入国家危险废物名录或者根据国家规定的危险废物鉴别标准和鉴别方法认定的具有危险特性的废物。"

中国目前危险废物的产量为 3 000 万～4 000 万 t/a，工业危险废物约占其总量的 1/3，达 1 000 万 t/a。每万美元 GDP 就会带来 83 kg 以上的工业危险废物，其中的 40%为来自医疗废物、放射性废物、化学原料及化学制品制造业的重度危险废物。危险废物具有腐蚀性、感染性、致畸性和致突变性，并能在自然界中演变出新的生态毒性，它们会污染土壤、水体和空气，影响自然界物质循环，破坏人类的生存安全，导致环境污染和生态灾难。

到目前为止，中国只有沈阳、天津、上海、福建、杭州、深圳等城市建成了危险废物集中处置中心，危险废物的处置率仅为 24.2%。危险废物的持续增长和处理率的低下，导致危险废物总量的过度积累。危险废物的处理与处置不仅是对生态环境负责的绿色环保工程，更是和谐社会协调发展所要求的民心工程。应针对我国危险废物区域环境管理的需求，建立危险废物集中式综合性处理处置示范设施和运营管理技术体系，形成具有自主知识产权的危险废物焚烧关键设备和装置、危险废物填埋场安全保障系统和装备、危险废物（预）处理专用药剂和装备，以及综合处理处置场技术支撑系统。应通过集成应用，建立一定规模的示范工程，初步形成适合我国国情的危险废物集中处理处置技术体系，对我国危险废物处理处置重大工程计划提供技术支撑。

第一节 危险废物来源、分类与性质

一、危险废物来源

危险废物的来源主要有电子工业、石油化学工业、其他化学工业、钢铁工业、有色金属冶金工业等。各行业危险废物的有害特性不尽相同，而且成分也很复杂，适用于每种危险废物的处置方法也不相同，如不分类，处置起来很不方便。另外，危险等级也不相同，如不分类会造成危险。

石油化学工业产生的固体废物，因性质不同危险程度也不一样，但大多数都属于危险废物，对人体健康和环境危害很大。如石油炼制生产的酸碱废液，不但含有油、环烷酸、酚、沥青质等有机物，还含有毒性、腐蚀性较大的游离酸、碱和硫化物，是一种毒性、腐蚀性很强的废物，并会发生较强烈的刺激人体的恶臭气味。该种废液若不加处理直接排入环境，不但会杀死动植物也会对与其接触的建筑物造成严重破坏。另外，罐底泥、池底泥具有易燃、易爆性，也属于危险性物质。

其他化学工业固体废物中的危险废物种类较多，有毒物质含量高。有相当一部分化学工业废物具有毒性、反应性、腐蚀性，对人体健康和环境已造成危害或有潜在危害。化工危险废物主要有四氯乙烯、二氯甲烷丙烯腈、环氧氯丙烷、苯酚、硝基苯、苯胺等有机物原料生产中用过的废溶剂，卤化或非卤化产生的蒸馏重尾馏分、蒸馏釜残液、废催化剂等。三氯酚、四氯酚、氯丹、乙拌磷、毒杀芬等农药及其中间体生产中产生的蒸馏釜残液过滤渣，废水处理剩余活性污泥等。铬黄、锌黄、氧化铬绿等无机颜料、氯化法钛白粉生产中产生的废渣和废水处理产生的污泥；水银法烧碱生产中产生的含汞盐泥，隔膜法烧碱生产中产生的废石棉绒；炼焦生产氨蒸馏塔的石灰渣、沉降槽焦油渣等。

钢铁工业危险废物的产生量较少。除金属铬和五氧化二钒生产过程产生的水浸出铬渣和钒渣、特殊钢厂高铬合金钢生产过程中产出的电炉粉尘、碳素制品厂产出的焦油以及薄板表面处理废水治理产生的含铬污泥等少量有毒废物外，其他基本属于一般工业废物。

二、危险废物分类

（一）按危险废物有害特性分类

危险废物按其有害特性可分为 6 类：易燃性、反应性、腐蚀性、爆炸性、可传染性、浸出毒性及急性毒性。《控制危险废物越境转移及其处置巴塞尔公约》的附件 3 根据危险废物有害特性将危险废物特性的等级分为：等级 1 为爆炸物；等级 3 为易燃液体；等级 4.1 为易燃固体；等级 4.2 为易于自燃的物质或废物；等级 5.1 为本身不一定可燃，但通常可因产生氧气而引起或助长其他物质燃烧的物质；等级 5.2 为有机过氧化物；等级 6.1 为毒性（急性）；等级 6.2 为传染性物质；等级 8 为腐蚀性物质；等级 9（H10）为同空气或水互相作用后可能释放危险量的有毒气体的物质或废物同空气或水接触后释放有毒气体；等级 9（H11）为毒性（延迟或慢性）；等级 9（H12）为生态毒性；等级 9（H13）为经处置后能以任何方式产生具有上列任何特性的另一种物质，如渗漏液。

（二）按废物有害成分的分子内部结构分类

通常危险废物可分为有机废物和无机废物。有机物中同系物或衍生物，可分成一类，原因是它们的处置方法可能相似。无机废物中可分为单质（废物主体为单质）和化合物（废物主体为化合物）两类。

三、危险废物特性

通常危险废物的特性主要指毒害性、易燃性、腐蚀性、反应性、浸出毒性和传染疾病性等。因此，根据这些特性，世界各国都制定了各自的鉴别标准和危险废物名录。如联合国环境规划署在《控制危险废物越境转移及其处置巴塞尔公约》中列出了"应加控制的废物类别"共 45 类，"须加特别考虑的废物类别"共 2 类，危险废物"危险特性的清单"共 14 种特性。我国《国家危险废物名录》将危险废物分为 49 类，同时制定《危险废物鉴别标准》并规定"凡《名录》所列废物类别高于鉴别标准的属危险废物，列入国家危险废物管理范围；低于鉴别标准的，不列入国家危险废物管理范围"。该名录每过几年根据需要修订一次，以便完善危险废物管理。

第二节　危险废物管理

一、危险废物鉴别程序

凡列入《国家危险废物名录》的，属于危险废物。未列入《国家危险废物名录》的，应按下述要求，进行危险特性鉴别：根据 GB 5085.1 至 GB 5085.6 鉴别标准进行鉴别，凡具有腐蚀性、浸出毒性、急性毒性及其他毒性、易燃性和反应性等 1 种或 1 种以上危险特性的，属于危险废物，鉴别标准体系见图 18-1。

二、危险废物全过程管理

危险废物管理是运用法律、行政、经济、技术的手段解除危险废物对环境的负面影响。危险废物的管理包括国家和地方各级行政部门对危险废物问题制定的法规、政策以及实施这些法规的政策。危险废物的全过程管理是指避免危险废物产生和减量，产生后的收集、运输、贮存、循环、利用、无害化处理以及最终无害化处置管理，其优先顺序为最小减量化、废物回收利用、废物的环境无害化处置。

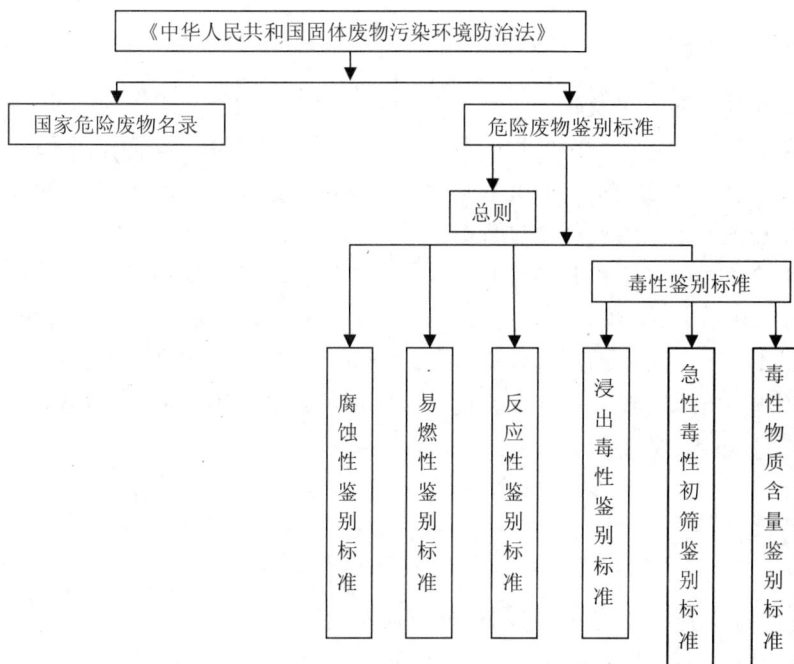

图 18-1　危险废物鉴别标准体系

通过严格执行危险废物申报登记、转移联单、经营许可证、行政代执行等制度，切实做到危险废物从产生到最终处置的"从摇篮到坟墓"的全过程环境监管。

三、国内外危险废物管理差距

（一）分类体系上的差距

我国《危险废物名录》分列了 49 类共 600 多种危险废物，而美国的危险废物名录包括 650 类几千种危险废物；国外对危险废物的分类多建立在成分分析的基础上，而我国很多危险废物的成分分析数据是空白的，因而无法依据所含废物的成分进行有效识别，只能依据危险废物产生的工艺进行粗略分类。简单、粗化的分类标准导致我国危险废物管理从根本上存在疏漏，并带来不可弥补的危害。

（二）识别手段及技术上的差距

我国对很多危险废物的成分无法进行有效分析，绝大多数是根据理论知识和实际经验进行有害特性的统计，缺乏科学依据，而美国等发达国家对危险废物的鉴别特性，如易燃性、腐蚀性、反应性和毒性等都进行了定量化的定义，使对危险废物的处理与处置具有了较好的可操作性；同时，我国缺少危险废物在线识别技术，只能在监测中心或是实验室进行危害性检测，导致对危险废物的监管及预警缺乏时效性和有效性。

（三）监控及预警系统上的差距

我国对危险废物的分布及收集、贮存、处理、处置、回收利用等的运输过程缺乏监控管理设备，导致众多危险废物随地丢弃，混入生活垃圾，流入社会。而国外利用 GPS 定位、GIS 地图显示、GSM、GPRS、CDMA 通信、计算机数据处理以及通信等高新技术，建立危险废物监控及预警系统，实现全过程有效管理。

我国对危险废物管理工作起步较晚，1985 年，原国家环保局在污控司内成立固体废物与有毒化学品管理处，到 2004 年各省才建立固体废物管理中心。目前固体废物管理的法律法规体系还不十分完善。而国外则通过危险废物的识别、许可证管理、转移联单、责任保险、危险废物报告、资料保管、处置设施关闭后的管理、控制危险废物进出口等制度的建立，保证对危险废物监管的有效实施。

思考题

1．危险废物鉴别方法有哪些？国内外有何不同？
2．常规垃圾中往往含有危险废物，如何将其分离出来？
3．如何进行危险废物全过程管理，管理手段中涉及其他学科的哪些技术和方法？

第十九章　危险废物的处理处置技术与应用

随着环境保护政策和危险废物标准要求越来越严格，对危险废物处理处置技术应用的引导和限制也越来越明显。经过长期的技术开发和实践，危险废物处理处置技术逐渐成熟且各具特色。危险废物处理处置的主流技术主要有回转窑焚烧技术、高温蒸汽灭菌处理技术、微波技术和化学反应技术等。危险废物主流处理处置技术的相关产品实现了产业化，分别由不同的设计制造商所拥有。由某一种或多种技术结合而开发的处置系统因处置对象的不同而各有优势，形成了危险废物处置设施和技术各领千秋的局面。

第一节　回转窑焚烧技术

一、回转窑焚烧技术简介

回转窑焚烧处理技术是将废物经过适当的预处理（分类混合、按性质和热值配伍等），预处理后的废物和辅助燃料加至倾斜的回转窑的顶部。随着回转窑的旋转，废物逐渐通过回转窑并被氧化或粉碎，灰渣在窑体的底部排放收集。排放的废气需要进行脱酸和除尘处理，飞灰在填埋前进行固化处理。回转窑焚烧处理技术可以处理任何危险废物，在美国超过 $10×10^8$ t危险废物（占总量的近 1/3）是经过回转窑焚烧处理后，再进行填埋处置的。

焚烧法因其在处理危险废物时能同时实现减量化、无害化以及资源化，被认为是最有效的危险废物处理方法，也是我国危险废物集中处理中心主要采用的方法。焚烧法处理废物在欧美等发达国家已经得到广泛的应用，随着对危险废物无害化处理要求越来越高，焚烧法处理危险废物在未来将得到更多的应用。应用焚烧技术处理危险废物近几十年来，曾出现过各种具有商业前景的革新技术，这些技术还需要更多的经济、技术和环境方面的论证，但在一个废物焚烧系统中，焚烧炉的重要性没有被取代过。目前国内外采用的废物焚烧炉多有以下几种类型：炉排焚烧炉、炉床焚烧炉、流化床焚烧炉、多层炉以及回转窑焚烧炉。表 19-1 为几种主要炉型特点的比较。通过对比可以看出，回转窑焚烧炉具有比其他类型焚烧炉更广泛的物料适应性，能同时处理固体、液体以及气体形态的危险废物。世界范围内，回转窑焚烧炉在处理工业固体废物领域内占有 85%的市场份额，是美国国家环保局推荐使用的焚烧设备，回转窑焚烧处理技术是当今处理固体废物、危险废物最为广泛的技术，也是我国正在引进的技术之一。该技术可以处理固体、液体和气体状态的工业废物和生活废物。对处理不同性质的废物具有明显的优越性，技术优缺点对照见表 19-2。

表 19-1　不同焚烧炉型的比较

焚烧炉型	工作方式简介	特点
固定炉排炉	废物置于炉排上焚烧	手工操作，间歇运行，效率低，拨料不充分时会焚烧不彻底
活动炉排炉	同上	同固定炉排焚烧炉相比，焚烧操作连续化、自动化，是目前处理城市生活垃圾中使用最广泛的焚烧炉
固定炉床炉	燃烧在炉床表面进行	炉床与燃烧室构成一体，采用手工间歇式操作，不适用于处理大量的废物和橡胶、焦油类以表面燃烧形态燃烧的废物
活动炉床炉	同上	炉床活动以使废物在炉床上松散移动，改善焚烧条件，自动加料和出灰操作
流化床炉	废物借助砂介质的均匀传热与蓄热来燃烧	废物在炉底布风板吹出的热风下呈沸腾状燃烧，效率较高；无法接纳较大的颗粒，处理固体废物之前必须先将其破碎成小颗粒；对各类废液适应性较强；在处理危险废物方面还处于"论证"阶段
多层炉	废物在垂直钢制圆筒里多层炉膛内焚烧，从上至下直至燃尽	物料在炉内停留时间长，烟气产物相对少；投资大，维护成本高
回转窑式炉	靠焚烧产生热量或辅助燃料热量加热焚烧	能焚烧固体、液体和气体；各种不同物态及形状（颗粒、粉状、块状及桶状）的可燃烧性废物皆可送入窑中焚烧，适应性极强

表 19-2　回转窑焚烧处理技术的优缺点

优点	缺点
1. 能处理除放射性废物和爆炸性危险废物以外的任何危险废物； 2. 焚烧比较彻底，适合处理具有一定规模的危险废物； 3. 可以同时处理或分开处理液体和固体废物； 4. 能处理桶装废物，焚烧温度可以超过 1 400 ℃，使有毒废物彻底分解	1. 要求一定的场地，系统相对复杂，工艺流程长，建设投资较大； 2. 不适用于小规模和不连续进行的废物焚烧； 3. 燃烧过程中产生较多的颗粒物，颗粒物去除费用较高；在完全燃烧之前容易形成球形或柱形的物体在炉内翻滚； 4. 热效率相对低，耐火材料易坏，尤其怕振动

二、回转窑焚烧机理

（一）回转窑焚烧的机理

回转式焚烧窑炉体为采用耐火砖或水冷壁炉墙的圆柱形滚筒。它通过炉体整体转动，使垃圾均匀混合并沿倾角向倾斜端翻腾状态移动。为达到垃圾完全焚烧，一般设有二燃室。其独特的结构使废物在几种传热形式中完成垃圾干燥、挥发分析出、垃圾着火直至燃尽的过程，并在二燃室内实现完全焚烧。回转窑式焚烧炉对焚烧物变化适应性强，特别对于含较高水分的特种垃圾均能实行燃烧。

（二）回转窑焚烧的三种焚烧方法

1. 回转窑灰渣式焚烧
灰渣式焚烧炉，回转窑温度控制在 800～900 ℃，危险废物通过氧化熔烧达到销毁目的。

回转窑窑尾排出的主要是灰渣，冷却后灰渣松散性较好，由于炉膛温度不高，危险废物对回转窑耐火材料的高温侵蚀性和氧化性不强，为此，耐火材料的使用寿命相对比较长，内炉体"挂壁"现象也不严重。

2. 回转窑熔渣式焚烧

熔渣式回转窑焚烧炉主要是处理单一的、毒性较强的危险废物，温度一般在 1 500℃以上，提高了销毁率。由于处理对象各不相同，成分复杂，一些危险废物熔点在 1 300～1 400℃以上，因此该类型焚烧炉温度控制较难，对操作要求较高。由于熔渣式回转窑焚烧炉炉膛温度较高，辅助燃料耗量增大，带来的最直接的后果是回转窑耐火材料、保温材料燃料消耗、机械损耗及操作难度均较高。

3. 回转窑热解式焚烧

热解式回转窑焚烧炉内温度控制在 700～800℃，由于危险废物在回转窑内热解气化产生可燃气体进入二燃室燃烧，可以大大降低耗油量，另外由于温度低，热损失少，烟气量最低，因而装机容量降低，运行成本大大降低，但是其缺点是灰渣残留量高，灰渣焚烧不彻底。此种焚烧方法代表了回转窑焚烧危险废物技术发展方向，尤其是对资源节约型社会来讲，这一点尤为重要。

对于任何一种焚烧设备，要实现合理焚烧必须"进料有序、燃烧完全、出渣通顺"，其核心问题是风量的大小、方向和速度；区段风量中含氧量的控制；区段风量压力的控制；窑内各区段温度的控制。而要实现这些核心技术，正确确定热工流程是关键。

（三）回转窑焚烧三种热工流程简析

上述三种焚烧方法，靠一般的热工"顺流"（即气流与物料运行同方向）或"逆流"（即气流与物料运行向反方向）予以实现是困难的，因为这是常规的回转窑热工流程，它适用于建材行业、冶金行业、化工行业等常规行业，而对于焚烧垃圾这个特性多变的领域却不适用。垃圾焚烧的特征：一是其他行业进窑的物料的物化成分或数量都是定量可控的（即都是原料），而垃圾进窑物料由于存在诸多不确定性，因而具有"模糊性"（即为废料），所以也是无法精细控制的，焚烧窑应能适应焚烧对象的"模糊性"，应有较大的包容性；二是要防止二次污染，切忌污染转移，垃圾焚烧是包括焚烧中产生烟气中有害成分的焚烧，要防止扩散。焚烧生活垃圾、医疗垃圾的烟气温度，要求在 850℃的工况下停留 2 s，而危险废物焚烧后的烟气温度要求在 1 150℃停留 2 s；三是某些行业焚烧后的渣料是成品，而垃圾焚烧后的是无用渣料，要求燃尽后的渣料残碳灼减率不能大于 5%。

上述三种焚烧方法以简单"顺流""逆流"的热工流程难以满足焚烧垃圾特定条件的具体原因是：①无论"顺流""逆流"，它只能对窑内的垃圾而言，不能兼顾烟气的二次燃烧，需另加热源，大大增加了成本。所以对于其他行业是可以满足的，但对特定垃圾焚烧显然是不合适的。②以上常规的三种焚烧方法，如熔渣型或灰渣型，虽然也能焚烧，除了热耗增加以外，还有设备操作维修上的问题，由于垃圾熔点不一，上述流程国内不少实例已显见弊病，窑内结圈严重，短时间内就会出现"进不去、烧不透、出不来"的现象，最后导致瘫痪，再如采用第三种单纯"热解式"，虽然上述问题不会出现，但焚烧垃圾烧不透，满足不了国家小于 5% 残碳灼减率的要求。针对上述问题，原始的"熔渣"、"灰渣"型是难以满足的，但对于热解型应针对其弊予以细化完善，三种组合匹配。

回转窑的一般优点，已被业内公认，但因其废物烧不透、烧不尽的缺点也被行内欲举且止，如何保持、发扬优点，改进克服缺点，是需要考虑的。回转窑焚烧危险废物国外传统模式是在回转窑的出料端加一竖向二燃室，其底部为一单纯卸料机构，为燃尽残渣，近10年在国际国内大致出现了三种组合匹配模式：

1. 回转窑出料端在二燃室底部加一小型炉排

图 19-1 为带小型炉排的回转窑。

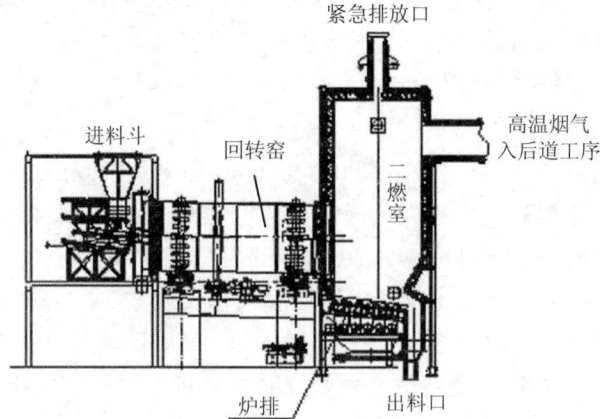

图 19-1　带小型炉排的回转窑

此工艺流程是垃圾从进料斗进料喂入回转窑，经热解，焚烧垃圾徐徐进入二燃室下部的炉排，将未燃尽部分继续燃尽，此工艺在炉排底供风及进料端微弱进风，由总引风机抽风，使窑内呈欠氧负压，热工流程呈基本逆流，在回转窑内靠辐射热燃烧部分低燃点物料，此热工流程是合理的，可以达到焚尽烧透的目的。此工艺也是目前国内外业内常采用的一种组合匹配，但其缺点是由回转窑翻滚物料进入炉排，由于危险废物的燃点及物化性质不同，未燃尽的垃圾进入炉排时，其块度大小是不可控的，因回转窑卸料是定点集中堆积的。而炉排的推进只是一个方向又不具有破碎功能，所以大块渣料常在出口供料，也就是垃圾进得去，在炉排上也可以烧，但不均匀，出料受阻，造成操作困难，严重影响连续正常运转。

2. 回转窑出料端在二燃室底部加一小型流化床

图 19-2 为带一小型流化床回转窑。

流程与带小型炉排的回转窑相同，但此种组合匹配存在的问题是：①出料端配循环流化床，目的是要回转窑烧不透的部分在流化床内燃尽，但流化床要使床料载体带动物料流态化，就要求对进床物料的块度小而均匀，切忌大块集中，否则沸腾、流化失灵。而回转窑所供的物料其大小及瞬时进料量是难以控制的，所以企图以流态化达到高效热交换、燃尽残渣的目的是难以实现的。②流化床底部进的是高压风（否则物料不能沸腾），炉内呈正压，而回转窑热解窑内应呈负压 30～50 Pa，在窑炉正常工况下，风压匹配相互矛盾，不能实行正常热工工艺流程。③循环流化床的卸料口较小，由于回转窑卸入流化床的渣块度大小是不可控的，因此卸口经常发生堵塞。

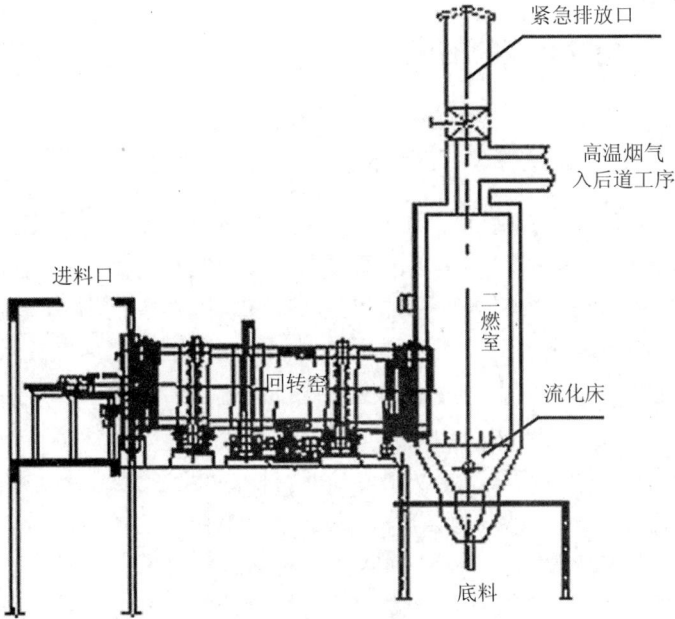

图 19-2 带流化床的回转窑

3. 回转窑出料端在二燃室底部加塔式回转炉篦

图 19-3 为带塔式回转炉篦的回转窑。

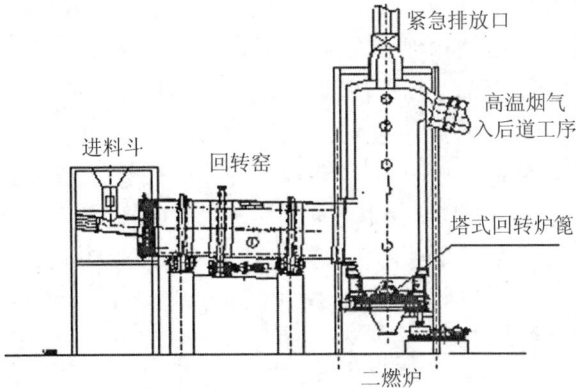

图 19-3 塔式回转炉篦的回转窑

塔式回转炉篦在焚烧行业是一个成熟装备，回转窑出料端在二燃室底部加塔式回转炉篦将原二燃室演变为二燃炉，焚烧工艺为热解型回转窑即在回转窑部分为四段：预热、欠氧干化、热解、后 1/4 筒体部分焚烧。在回转炉篦上将部分残渣靠富氧燃尽，其热工流程为逆流+辐射。配置塔式回转炉篦具备了四个功能：①篦下配底风具有焚尽渣料残碳的功能；②由于底风为常温风，有冷却渣料的功能；③回转炉篦四周卸料偏心动颚与静颚，具有破碎渣料的功能；④回转炉篦下部可控集料斗具有储料锁风功能。

三、回转窑焚烧危险废物的应用

（一）回转窑组合焚烧炉关键技术

回转式焚烧炉是国际工业废物处理领域广泛应用的焚烧设备，在工业废物焚烧领域的市场占有率较高，也是我国科技部和原国家环保总局所发布的国家工业废物处理技术政策中推荐的焚烧炉炉型。它可同时处理固体和液体废物，固体废物由专用输送设备送入回转窑，液体废物通过高效雾化设备喷入窑体进料端，废物在回转窑内完成水分蒸发、挥发分析出、着火及燃烧的过程，灰渣部分由二燃室底部排出，所产生的烟气进入二燃室，在二燃室内与二次燃烧空气混合，达到烟气完全燃烧，实现尾气安全达标排放。回转窑焚烧炉的特点是适应性广、操作维护简便、使用寿命长。回转组合窑焚烧危险废物，是在传统回转窑焚烧炉的基础上，将未燃尽残渣与有害烟气由其组合匹配塔式回转炉箅的立式炉来完成焚烧（炉腔上部为二燃室），在强化换热和燃烧方面取得了良好成效，该系统还可在回转窑内增设链条组，克服了传统回转窑内烟气与废物接触不充分导致废物换热及燃烧效果欠佳的缺点，同时该系统还具有防止炉内结渣的功能；该系统二燃室下部设有旋转炉箅，该炉箅下部可鼓入燃烧用空气，对进入二燃炉的灰渣进行充分燃烧，这样与回转窑进料端进入的少量一次燃烧空气、二燃室切向鼓入的二次燃烧空气及炉底的三次风组成了回转组合式焚烧炉的三次空气燃烧系统，提高了系统的焚烧热效率；同时旋转炉箅下部鼓入的常温空气兼有冷却渣料的功能，可以实行干式冷态出渣，避免了湿法出渣所带来的水处理问题；旋转炉箅偏心设置，其运行轨迹为旋转动态椭圆形，因此具有粉碎渣料及自动出渣的综合功能。这种焚烧炉的特点归纳如下：①本设备可同时焚烧固体废物、液体、气体，对焚烧物适应性强；②焚烧物料翻腾前进，三种传热方式并存一炉，热利用率较高；③耐火材料寿命长而且更换炉衬方便，费用低；④传动机理简单，传动机构均在窑外壳，设备运转安全，维修简单；⑤对焚烧物形状、含水率要求不高；⑥回转窑内较长的停留时间和 $700℃$ 的高温，使危险废物全面热解，部分低燃点垃圾基本燃尽；二燃炉强烈的气体混合使得烟气中未完成燃烧物完全燃烧达到有害成分分解所需的高温（$1150℃$），高温区烟气停留为 $2s$；不但使垃圾焚尽烧透，还从源头有效地分解了二噁英；⑦良好的密封措施和炉膛负压，保证有害气体不外泄；⑧设备运转率高，年运转率一般可达 90% 以上，操作维修方便；⑨回转窑内增设强化换热及防止结渣装置，在提高焚烧率的同时扩大了焚烧炉对废物的适应性；⑩将传统二燃室演变为二燃炉，提高了灰渣的燃尽率，提高了回转窑的焚烧效率，同时具有常温出渣、渣料破碎、密封锁风等综合功能。本设备成熟可靠，可完全国产化，并已有丰富的制造经验。

（二）回转组合窑的创新要点

①回转窑内设链条组：链条组对回转窑内的废物进行搅拌接触，加强了废物与高温烟气的接触，强化了废物热交换，同时链条组还有防止废物燃烧过程中在回转窑内黏结的作用，通过将废液直接喷射到链条组上面，大大增加了废液的换热面积，扩大了回转窑对废物焚烧的适应性。②三次空气燃烧系统：传统的回转窑采用二次空气燃烧系统，回转组合

式焚烧炉在二燃室底部加设旋转炉箅，旋转炉箅下面鼓入三次空气，强化了废物的燃烧，提高了焚烧炉的热效率，炉渣内含碳率可低于 2%。同时还加速了废物焚烧过程，提高了回转窑的废物焚烧量。③冷态干式出渣，避免了二次污染：三次空气还具有渣料冷却的作用，实现干态低温（80℃）出渣，避免了湿法出渣造成的污水处理问题。④旋转炉箅具有使渣料破碎、锁风以及自动出渣等功能：旋转炉箅偏心设置，其运行轨迹为旋转动态椭圆形，对渣料具有破碎作用，此外旋转炉箅与其匹配料斗还具有锁风功能，保持焚烧系统的密闭性，能配置自动出渣等功能。

（三）回转组合式焚烧炉工艺流程

回转组合式焚烧炉工艺流程见图 19-4。废物用密闭卡车运到焚烧厂储库，通过进料机构输送入回转窑进料斗，进料斗下设有推料机构及锁风设施，确保回转窑负压运行的烧成制度。

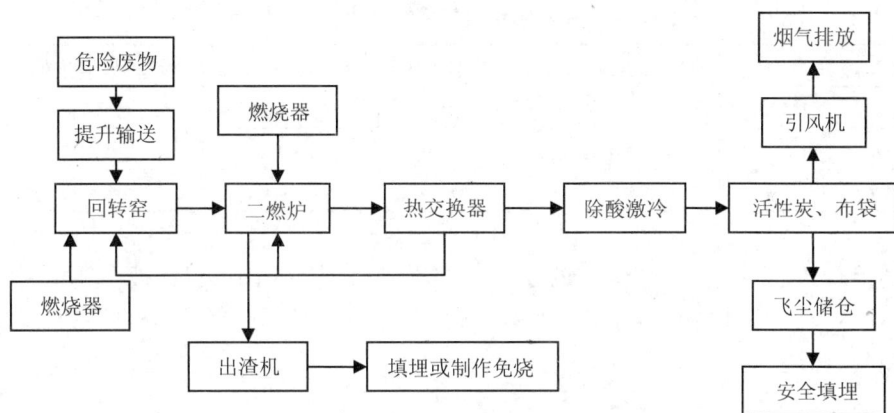

图 19-4　回转组合式焚烧炉工艺流程

废物进入焚烧炉后，通过回转窑的运行在窑中翻转、搅拌、前进，在欠氧环境中完成预热、干化、热解过程，废物在挥发气化的同时进行不完全燃烧，挥发产生大量可燃气体及部分未燃尽物料进入二燃炉，在过量燃烧空气的作用下完全燃烧。为强化窑内换热，在回转窑内设置链式蒸发热交换器，温度 400～500℃，废液可直接喷射到链条上可加速蒸发及醇类挥发的过程，另外对固体废物也能起到传热、翻动及研磨作用。废物燃尽产生的灰渣由二燃炉底部的回转炉箅排出。二燃炉燃烧温度可达 1 150℃，且烟气在高温区停留时间＞2 s，以保证二噁英等有害物质的充分分解。当温度低于 1 150℃时，二燃室的燃烧器调节大小火开启。确保炉温稳定在 1 150℃左右，回转窑和二燃炉燃烧所有的空气通过风机分别供给，以使废物的燃烧处于最佳状态。在二燃炉底部设有炉底三次风机，强化了灰渣的燃尽程度，同时冷却渣料，实现了冷态出渣。

为利用余热，从二燃炉出来的高温烟气进入热交换器，部分热空气可作一次风、二次风风源鼓入回转窑。烟气处理按"3T"（高温、湍流、停留时间）原则将高温烟气经热交换器后的烟气进入激冷湿式中和喷淋综合除尘器，在湿式喷淋塔除尘器装置内完成酸性物质中和、除尘过程的同时使高温烟气激冷至 300℃以下。因此，前道高温烟气将二噁英从源头予以充分分解，后道激冷避开或大大缩短了 350～500℃的二噁英再生工况区。此烟气再经优化的活性炭吸附及袋式收尘器、除湿等综合除尘，最后由引风机通过 35 m 高的烟囱达标排放。引风机的风量、风压根据回转窑炉膛的压力指示由变频器调节，实现当炉膛的负压小于−29.42 Pa 水柱时，能增大风机转速，使系统中的负压维持在一定水平，当炉膛内的负压过高时则能相应减小风机转速。本系统焚烧物出渣率是根据废物物化性质确定的，利用本炉型其垃圾灼减率可确保在 5% 以下，一般为 1.5%～2.5%。

（四）组合回转窑的技术水平及性能指标

传统回转窑在废物完全焚烧等方面存在不足，所以国内外一些公司和研究机构也尝试在回转窑二燃室后设炉排，虽然后设炉排也可以起到强化燃烧作用，但不具备渣料破碎等功能，同时存在投资大、维修量大、费用高等综合缺陷。因此回转组合式焚烧炉在二燃室底部加设旋转炉篦形成二燃炉，其系统技术领先，可以达到以下性能指标（表 19-3）。

表 19-3　回转组合式焚烧炉的技术性能指标

废物类型	焚烧温度/℃	烟气停留时间/s	燃烧效率/%	焚毁去除率/%	焚烧残渣的热灼减率/%
危险废物	≥1 150	2.0	≥99.9	≥99.9	≤1～2.5
多氯联苯	≥1 150	2.0	≥99.9	≥99.9	≤1～2.5
医疗废物	≥1 150	1.0	≥99.9	≥99.9	≤1～2.5

回转组合式危险废物焚烧炉经过近 10 年的摸索改进，在国内已经被多项实例所检验，技术已趋成熟，装备也可靠实用。但危险废物焚烧的处置，是一个十分复杂的领域，此项技术仍在改进。

第二节　物化处理技术

物化处理技术是通过对不同性质危险废物采用相应化学反应技术或溶剂萃取的物化技术，将危险废物转化为非危险废物。单一工业危险废物或性质相近的化学废物常采用这种处理方法，工业企业还可以应用此法处置自身产生的危险废物。主要处理对象有含重金属废酸液（含铬废液、铅锌废液）、有机医药废液、含油废液、各类酸碱废液等液体危险废物和其他固态危险废物，同时还可处理多氯联苯。物化处理工艺上的特点是用物理化学的方法实现无害化。物化处理技术实现了危险废物处理的专业化，针对不同废物类型采取相应的最有效的处理方法，从而达到"一把钥匙开一把锁"的作用。物化处理技术具有针对性强、回收利用价值高的优点；但专用设备多、设备通用性差，不能处理病理性和动物肢体组织等危险废物，而且处理成本较高。

一、氧化还原配合中和沉淀处理工艺

含铬危险废物中含有毒性较大的六价铬，解毒方法是在溶液中先加入硫酸亚铁溶液，使六价铬被还原成毒性较小的三价铬。经氧化还原反应后的处理废液和废碱类废物一起进入中和反应，在混合液中加入硫化钠（Na_2S），通过 pH 计控制重金属溶液的 pH 值，使其保持在 8 以上，利用大多数重金属碱不溶于水的特点，将重金属收集下来。

二、废乳化液回收

采用药剂浮选法处理乳化液，关键是向乳液中加入药剂，使废液中的亲水性分散相物质转化为疏水性物质，然后用气浮法使疏水性物质浮出水面，再用机械进行提取并压滤成饼。

三、药剂稳定化技术

药剂稳定化处理是指在废物中加入某种化学物质，使废物中的有害成分经过变化或被引入某种稳定的晶格结构中。具体有：①用人工合成的高分子螯合物捕集废物中的重金属。如清华大学用聚乙烯亚胺与二硫化碳反应得到重金属螯合剂二硫代氨基甲酸或其盐，这种重金属螯合剂对于 Cr^{3+}、Cu^{2+}、Ni^{2+}、Ag^+、Pb^{2+}、Zn^{2+} 和 Cd^{2+} 均有较好的捕集作用，并且其捕集重金属离子的效果不受 pH 的影响。②在废物中先加入某些药剂，使有害成分先与其发生作用，再进行固化，其浸出毒性将大大降低。如上海交通大学近年研究的电镀重金属污泥的固化/稳定化处理，经铁氧体湿法预固化的电镀污泥，再用混凝土进行固化。与单纯的混凝土对污泥进行固化处理相比，固化体强度有明显的提高，浸出毒性也大大降低。又如在普通水泥中加入黄酸盐来处理重金属污泥，能降低重金属的浸出率，钙矾石矿物中天然金属也可以置换废物中的危险重金属等。

用药剂稳定化技术处理危险废物，可以在实现废物无害化的同时，达到废物少增容或不增容，从而提高危险废物处理、处置系统的总体效率和经济合理性。同时，还可通过改进螯合剂等的结构和性能，使其与废物中的危险成分之间的化学螯合作用得到强化，进而提高稳定化产物的长期稳定性，减少最终处置过程中稳定化产物对环境的影响。

四、pH 值控制技术

pH 值控制是一种最普遍、最简单的技术。其原理为：加入碱性药剂，将废物的 pH 值调整至使重金属离子具有最小溶解度范围，从而实现其稳定化。常用的 pH 值调节剂有石灰、苏打、氢氧化钠等。对于不同的重金属离子，其最小溶解度范围不同。另外，除了这些常用的强碱外，大部分固化基材，如普通水泥、石灰窑灰渣、硅酸钠等也都是碱性物质，它们在固化废物的同时，也起到调整 pH 值作用，另外，石灰及一些类型的黏土可做 pH 值缓冲材料。

五、氧化还原电位控制技术

为了使某些重金属离子更易沉淀，常要将其还原为最有利的价态。最典型的是把六价铬（Cr^{6+}）还原为三价铬（Cr^{3+}），五价砷（As^{5+}）还原为三价砷（As^{3+}）；常用的还原剂有硫酸亚铁、硫代硫酸钠、亚硫酸氢钠、二氧化硫等。

六、沉淀技术

即通过添加化学物质来改变固体废物中重金属溶解性从而达到稳定目的。常用的沉淀剂包括氢氧化物、氧化物、硫化物、硅酸盐、无机配合物和有机配合物等。部分有机化合物表面的活性基团反应可与重金属离子结合形成稳定的沉淀，从而去除水相中溶解的重金属。如有报道用改性后的酪蛋白质去除废水中的 Cd、Cr、Cu、Hg、Ni 和 Zn 等重金属离子时能取得较好的效果。

七、吸附技术

处理重金属废物常用的吸附剂有活性炭、黏土、金属氧化物（氧化铁、氧化镁、氧化铝等）、天然材料（锯末、沙、泥炭、沸石等）、人工材料（飞灰、活性氧化铝、有机聚合物离子交换树脂、硅胶）等。

第三节　其他处理处置技术

一、微波技术

微波处理技术是利用微波增湿加热物体内部，高温热能从废物内部向外扩散，从而达到高温消毒的作用，消灭医疗废物中携带的各种致病菌和感染体等。该技术通过将医疗废物抽真空、破碎等方式达到废物减量化。工艺过程为废物进入装料器注入高温蒸汽，通过高效空气微粒滤芯和活性炭滤芯防止有害气体逸出，装料器中注气后的废物再输入碎料器破碎（包括锐器），然后进入微波处置室处置，处理过的医疗废物作为一般废物运至市政垃圾场填埋。

微波处理技术的优点是运行费用较低、自动化程度高、废物处置后体积减容和重量减少显著、设备可固定也可移动使用；缺点是不能处理病理性和动物肢体等有机组织危险废物和低放射性废物，因为蒸汽的使用会导致废物质量的增加。

二、其他处理处置技术

在现行的危险废物处理处置技术中，除以上介绍的 3 种主流技术外还有高温蒸汽灭菌技术、等离子体焚烧技术、热解焚烧炉技术、湿空气氧化技术、高级生物技术、碱金属脱酚技术、水泥窑焚烧技术、熔融焚烧技术、离心分离技术、电解氧化技术等。其中以等离子体焚烧技术和热解焚烧炉技术应用相对广泛。

等离子体焚烧技术是处理医疗废物的一项创新技术。消毒杀菌的原理是利用等离子体

电弧窑产生的 1×10^4℃高温杀死医疗废物中的所有微生物、摧毁残留的细胞毒性药物、药品和有毒的化学药剂，并使之难以辨认。理论上，任何化合物在电弧窑中都可转化为玻璃体状的物质，经这种方法处理后的医疗废物可以直接填埋，不会对环境造成危害。热解焚烧炉技术在美国和世界各地应用较早，是传统的废物处置技术，具有以量定规模、投资成本低的特点。该技术的缺点是不宜间断运行、处理成本相对较高、对尾气处理系统设置不能达标。由于新技术的不断出现，美国已开始强制淘汰落后的热解焚烧炉，热解焚烧炉技术已呈现被主流技术替代的趋势，尤其在新建设施和处置规划中更为明显。

思考题

1. 如何根据危险固体废物分类选择其处理与处置技术？举例说明。
2. 回转窑最适合处理哪几类危险废物？不同回转窑技术关键有哪些？
3. 物理法处理危险废物优缺点是什么？
4. 举例说明各种物理法优缺点。
5. 联合班级同学或者各学科几位老师总结危险废物处理处置技术用到哪些物理、化学和生物技术，在此基础上学习物理、机械、化学、生物、材料、信息和经济等学科最新发展，选取有用信息，试着解决危险废物处理与处置技术遇到的问题，或设计一种处理与处置方法。

第二十章　危险废物的固化和稳定化技术与工程

第一节　危险废物的固化（或稳定化）技术

一、固化/稳定化技术简介

美国国家环保局对固化/稳定化的概念解释如下：固化（solidification）是指添加固化剂于废物中，使其变为不可流动性或形成固体的过程，而不管废物与固化剂间是否产生化学结合；稳定化（stabilization）是指将有害污染物转变成低溶解性、低毒性及低移动性的物质，以减少有害物质污染潜力的技术。固化技术通过两种途径来实现：微观封装和宏观封装。微观封装是在固化发生以前把废物与覆盖材料混合，包括稳定化和固化两个过程。宏观封装是把覆盖材料撒在大块的废物周围来把它封存在一个固定化的大块物质里面，主要是固化过程。一般所指的固化都是指微观封装，是稳定化和固化过程的结合。

二、固化/稳定化效果的评价

固体废物通过固化/稳定化过程封装以后，需要对废物固化体进行安全评价，主要的工程性能数据包括物理数据（增容比、挥发率、强度、密度、渗透性等）和化学数据（渗滤特性等）。其中最重要的是渗滤特性，主要以可浸出毒性作为判定依据。最常用的可浸出毒性通过美国国家环保局的毒性浸出试验（toxicity characteristic leaching procedure，TCLP）来测定。根据 LDR 标准，含汞有害固体废物被定义为汞的 TCLP 值超过 0.2 mg/L 的固体废物，必须通过适当处理降到 TCLP 值为 0.025 mg/L 以下，才可以被填埋。中国的危险废物重金属浸出毒性鉴别标准中也规定了浸出液中最高允许的汞浓度：有机汞为不得检出，汞单质及其化合物为 0.05 mg/L。

（一）浸出率

浸出率是指固化体浸于水或其他溶液中时，其中的有毒（害）物质的浸出速度。浸出率的数学表达式如下：

$$\text{Rin} = (A_r/A_0) / [(F/M)\, t] \tag{20-1}$$

式中：Rin——标准比表面样品有害物质的浸出率，g/（d·cm²）；

　　　A_r——浸出时间内浸出有害物质的量，mg；

　　　A_0——样品中含有有害物质的量，mg；

　　　F——样品暴露的表面积，cm²；

　　　M——样品质量，g；

　　　t——浸出时间，d。

（二）增容比

指所形成的固化体体积与被固化有害废物体积的比值，它是鉴别处理方法好坏和衡量最终成本的一项重要指标。

$$Ci = V_2/V_1 \tag{20-2}$$

式中：Ci——增容比；

　　　V_2——固化体体积，m³；

　　　V_1——固化前有害废物的体积，m³。

（三）抗压强度

抗压强度是保证固化体安全贮存的重要指标。对于一般危险废物，经固化处理后得到的固化体，若进行处置或装桶贮存，对抗压强度要求较低，控制在 0.1～0.5MPa 即可；作为填埋处理无侧限抗压强度大于 50 kPa；作为建筑填土无侧限抗压强度大于 100 kPa。作建筑材料：>10 MPa。对于放射性废物，其固化产品的抗压强度，前苏联要求大于 5 MPa，英国要求达到 20 MPa。一般情况下，固化体的强度越高，其中有毒有害组分的浸出率也越低。

三、危险废物固化处理的基本步骤

①废物预处理：收集到的固体废物必须进行预处理，如分选、干燥、中和、破坏等物理和化学处理过程，因为废物中所含的许多化合物都会干扰固化过程。例如用水泥为固化剂时，锰、锡、铜、铝的可溶性盐类会延长凝固时间并降低固化体的物理强度。过量的水也会阻碍固化过程，含酸性物质过多则会使固化剂用量增加等；②加入填充剂及固化剂；③混合和凝固：将废物和固化剂在混合设备中均匀混合，然后送到硬化池或处置场地中放置一段时间，使之凝固完成硬化过程；④根据所处理废物的特性将固化体填埋或加以利用（如做建筑材料）。

第二节　危险废物的固化（或稳定化）工程

一、水泥固化案例

（一）固化机理

在水泥的水化过程中，凝胶体-水化硅酸盐胶体对重金属有着很强的吸附作用，是用水泥固化包括汞在内的重金属的最主要机制，此机制将物理沉淀封装和化学方法相结合，在水泥水化过程中重金属会在碱性氢氧化物溶液中形成沉淀而被固定下来。

（二）固化废物种类和配伍方案

1. 废物种类、规模

项目建设区域有关工业固体废物 TCLP 浸出试验结果表明，其重金属类废物、残渣类废物等浸出浓度均高于 GB 18598—2001 危险废物填埋污染控制标准的限值，废物种类见表 20-1。

表 20-1　废物种类

废物种类	污染成分	性状
焚烧灰飞	重金属	固
物化残渣	重金属	固
回收残渣	铅、酸	固
重金属废物	铬、铅	固
废酸残渣	酸	固

2. 配伍方案

（1）重金属废物所需固化剂用量。重金属废物主要来源于工业危险废物，含水率为 60%～70%，该种废物物料固化工艺配伍（质量比）为重金属类废物：药剂：水：固化剂＝1：0.01：0.1：0.05 至 1：0.1：0.3：0.15。由于工业废物成分非常复杂，固化剂的添加量为 20%、药剂为 1%较稳妥，固化剂选用 32.5 号硅酸盐水泥，药剂选用硫脲。

（2）焚烧飞灰及残渣所需固化剂用量。根据经验，飞灰固化剂的添加量为 5%～15%，从安全性考虑，固化剂添加量为 15%。由于飞灰中含有部分石灰，只用水泥固化比较黏，搅拌困难。因此，飞灰固化剂选用 32.5 号硅酸盐水泥和粉煤灰，其中水泥用量占 75%，粉煤灰占 25%，配伍（质量比）为飞灰：水：固化剂=1：0.3：0.15。综合利用残渣和物化处理残渣主要为中和处理后的废酸、碱渣以及含杂质的废塑料，固化剂量为 20%，选用的固化剂为 32.5 号硅酸盐水泥，该种物料固化工艺配伍（质量比）为残渣：水：固化剂=1：0.3：0.2。

（三）固化工艺流程和主要设备参数

1. 工艺流程

固化工艺流程见图 20-1。将需固化的废料及其固化剂、药剂采样送实验室进行试验分析，并将最佳配比等参数提供给固化车间。需固化处理的重金属、残渣类废物通过车辆运送到固化车间，倒入配料机的骨料仓，并经过卸料、计量和输送等过程进入混合搅拌机。水泥、粉煤灰药剂和水等物料按照实验所得的比例通过各自的输送系统送入搅拌机，连同废物料在混合搅拌槽内进行搅拌。其中水泥、粉煤灰和飞灰由螺旋输送机输送再称量后进入固化搅拌机和料槽；固化用水、药剂通过泵计量送入搅拌机料槽。物料混合搅拌均匀后，开闸卸料，通过皮带输送机输送到砌块成型机成型。成型后的砌块体放入链板机的托板上，通过叉车送入养护厂房进行养护处理。养护凝硬后取样检测，合格品用叉车直接运至安全填埋场填埋，不合格品由养护厂房返回预处理间经破碎后重新处理。

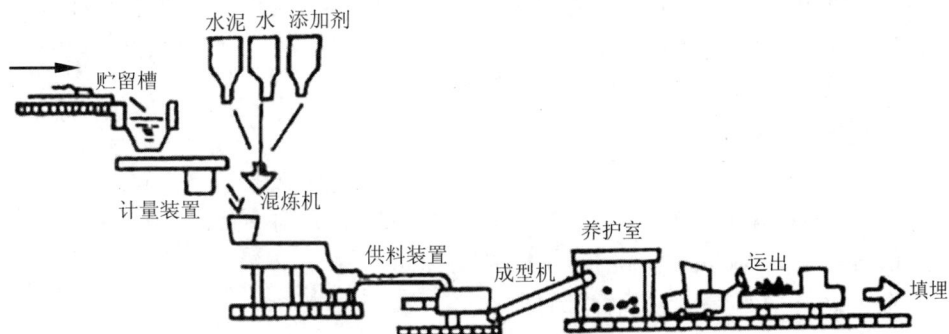

（a）危险废物水泥固化和安全填埋设备连接流程

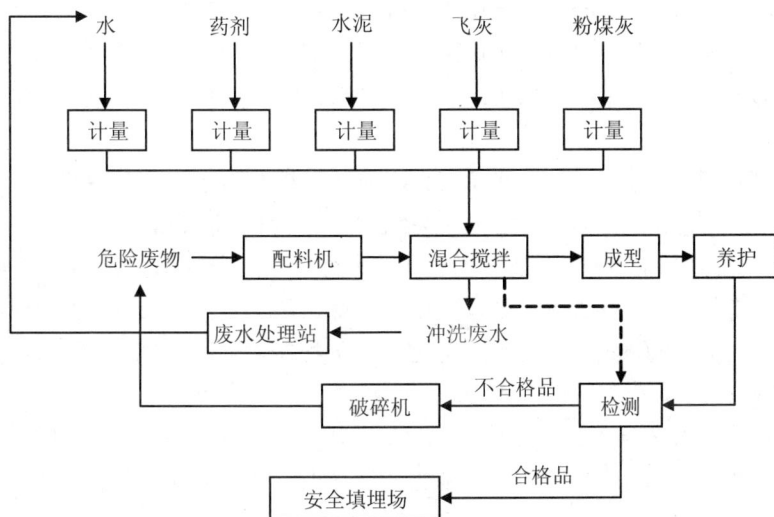

（b）危险废物水泥固化工艺示意

图 20-1　水泥固化工艺流程

2. 主要设备参数

（1）配料机。配料机为含重金属废物、残渣等物料的上料、计量设施，主要由贮料斗、机架、计量斗、皮带机、电气控制系统组成。其设备主要参数根据具体情况调整：如储料斗容量 3 m³×4，皮带机功率 4 kW×2，配料周期 60 s，计量斗容积 0.8 m³，计量方式为电子秤，其精度为±2%；外形尺寸 8 300 mm×2 000 mm×2 650 mm，整机质量 4 000 kg 等。

（2）混合搅拌机。搅拌机是固化工艺的核心设备，选用双轴混合搅拌机，具有处理能力大、启动故障少、搅拌混合均匀、设备寿命长、维修量小、可靠性高等优点。例如：年处理危险废物量为 8 404 t，加上固化剂、药剂和水，进入搅拌机的物料总量为 11 981 t/a，则日处理能力为 36.3 t。平均密度按 1.5 t/m³ 计，则日处理废物约 24.2 m³。搅拌机的混合搅拌时间一般为 6～8 min，同时考虑上料、出料时间，一般整个周期为 10～15 min。本工程上料、搅拌和出料整个工段周期以 12 min 计，设备工作时间以 6 h 计，每天可上料 30 次，即单次搅拌容量为 0.85 m³。考虑到 15%物料量的变化系数，搅拌容积设计为 1 m³。因此，选用 JS1000 混合搅拌机。设备主要参数：搅拌容积 1 m³，电机功率 N=30 kW×2，变频，材质 C.S.。

（3）水泥储仓。

水泥消耗量为 1 680 t/a，平均每天消耗水泥 5.1 t，即日消耗水泥约 3.9 m³。水泥储存周期以 7 d 计，储仓容积为 27.3 m³，储仓利用率按 85%计，则需储仓容积 30.2 m³。因此，选用 ϕ2 600 mm、L6 000 mm 储仓 1 个，容积为 30 m³，设备布置在室外。

（4）飞灰储仓。飞灰年处理总量为 2 584 t，平均日处理 7.8 t，密度按 0.7 t/m³ 计。结合国内外经验，一般固化飞灰的储仓只有 1 个，储存 2～3 d 的产生量即可，飞灰产生地一般都有暂存仓库，特殊情况应暂存于产生地。因此，本项目只按 2 d 的储存量设置 30 m³ 储仓 1 个，储仓尺寸 ϕ2 600 mm、L6 000 mm，设备布置在室外。

（5）粉煤灰储仓。本工程粉煤灰使用量较少，从考虑降低运行费用和设备制作、安装方便的角度出发，设置 1 个 ϕ2 600 mm、L6 000 mm 储仓，作为水泥固化剂备用仓，设备布置在室外。

（6）螺旋输送机。为将储仓中的飞灰、水泥和粉煤灰送至混合搅拌机，配备 3 台规格为 ϕ300 mm、L8 500 mm 的螺旋输送机，废物输送量为 0～19 t/h，电机功率为 3 kW。

（7）药剂储备罐和输送泵。硫脲、氢氧化钠和漂白粉的消耗量分别为 17.0 t/a、15.0 t/a、15.0 t/a，以硫脲的储量作为储罐的设计依据。硫脲日消耗量约为 0.05 t，配成浓度为 25%的液态，则每天需液态硫脲量为 0.2 t，考虑到药剂配制后储存时间过长影响药效，因此，储存周期按 2 d 计，设置 3 个药剂储罐，储罐材质为碳钢内衬聚乙烯，具有防渗和耐腐蚀功能。储罐有效尺寸 ϕ1 000 mm、L1 200 mm，有效容积 0.8 m³。每个储罐选用 2 台（1 用 1 备）J-1000/1.0-2.5 电控计量泵将药剂输送至搅拌机，计量泵流量为 1 000L/h，最大压力为 2.5 MPa。

（8）砌块成型机。砌块成型机主要功能是使混合物料经过成型、养护以达到安全填埋场入场要求，其设备主要由液压系统、成型机主机、供板机和链式输送机组成。主要设备参数：生产能力 10～15 m³/h，成型周期 15 s，加压时间 20～25 s，额定压力 15 MPa，配套功率 23.5 kW。

（9）其他设备。处理能力为 2～4 t/h 的破碎机 1 台，型号为 PE-400×600；提升叉车 4 辆，载重量 1.5 t，提升高度 1 600 mm。

3．主要技术经济指标

水泥固化处理主要技术经济指标见表 20-2。

表 20-2　水泥固化处理主要技术经济指标

处理规模/ （t/a）	总占地面积/ m²	建筑面积/ m²	硫脲消耗/ （t/a）	氢氧化钠 消耗/（t/a）	次氯酸钠 消耗/（t/a）	柴油消耗/ （t/a）	总投资/ 万元	处理成本/ （元/t）
8 404	1 100	400	17	15	15	2	620.04	289.70

从表 20-2 可以看出，采用水泥固化技术处理危险废物具有厂房占地面积小、投资和单位运行成本低等优点。

二、塑料固化案例

塑料固化法以塑料作为凝结剂，使含有重金属的污泥固化而将重金属封闭，同时又可将固化体作为农业或建筑材料加以利用。塑料固化技术按所用塑料（树脂）不同可分为热塑性塑料固化和热固性塑料固化两类。热塑性塑料有聚乙烯、聚氯乙烯树脂等，在常温下呈固态，高温时可变为熔融胶黏液体，将有害废物掺合包容其中，冷却后形成塑料固化体。热固性塑料有脲醛树脂和不饱和聚酯等。脲醛树脂具有使用方便、固化速度快、常温或加热固化均佳的特点，与有害废物所形成的固化体具有较好的耐水性、耐热性及耐腐蚀性。不饱和聚酯树脂在常温下有适宜的黏度，可在常温、常压下固化成型，容易保证质量，适用于对有害废物和放射性废物的固化处理。

塑料固化法一般均可在较低温度下操作；为使混合物聚合凝结仅加入少量的催化剂即可；增容比和固化体的密度较小。此法既能处理干废渣，又能处理污泥浆，并且塑性固体不可燃。其主要缺点是塑料固化体耐老化性能差，固化体一旦破裂，污染物浸出会污染环境，因此，处置前都应有容器包装，从而增加了处理费用。此外，在混合过程中释放有害烟雾，污染周围环境。

三、水玻璃固化案例

水玻璃固化是以水玻璃为固化剂，无机酸类（如硫酸、硝酸、盐酸等）作为辅助剂，与有害污泥按一定的配料比进行中和与缩合脱水反应，形成凝胶体，将有害污泥包容，经凝结硬化逐步形成水玻璃固化体。用水玻璃进行污泥的固化，其基础就是利用水玻璃的硬化、结合、包容以及吸附的性能。水玻璃固化法具有工艺操作简便、原料价廉易得、处理费用低、固化体耐酸性强、抗透水性好、重金属浸出率低等特点。

四、沥青固化案例

沥青固化是以沥青为固化剂与危险废物在一定的温度、配料比、碱度和搅拌作用下产生皂化反应，使危险废物均匀地包容在沥青中，形成固化体。经沥青固化处理所生成的固化体空隙小、致密度高，难以被水渗透，同水泥固化体相比较，有害物质的沥滤率更低。并且采用沥青固化，无论污泥的种类和性质如何，均可得到性能稳定的固化体。此外，沥青固化处理后随即就能硬化，不需像水泥那样经过 20～30 天的养护。但是，由于沥青的导热性不好，加热蒸发的效率不高，倘若污泥中所含水分较大，蒸发时会有起泡现象和雾沫夹带现象，容易排出废气发生污染。因此对于水分含量大的污泥，在进行沥青固化之前，要通过分离脱水的方法使水分降到 50%～80%。另外，沥青具有可燃性，必须考虑到如果加热蒸发时沥青过热就会引起大的危险。

（一）废物沥青固化的基本方法

废物沥青固化的基本方法有高温熔化混合蒸发法、暂时乳化法和化学乳化法三种。

1. 高温熔化混合蒸发法

高温熔化混合蒸发法是将废液加入预先熔化的沥青中，在 150～230℃下搅拌混合蒸发，待水分和其他挥发组分排出后，将混合物排至贮存器或处置容器中。工艺流程见图 20-2。

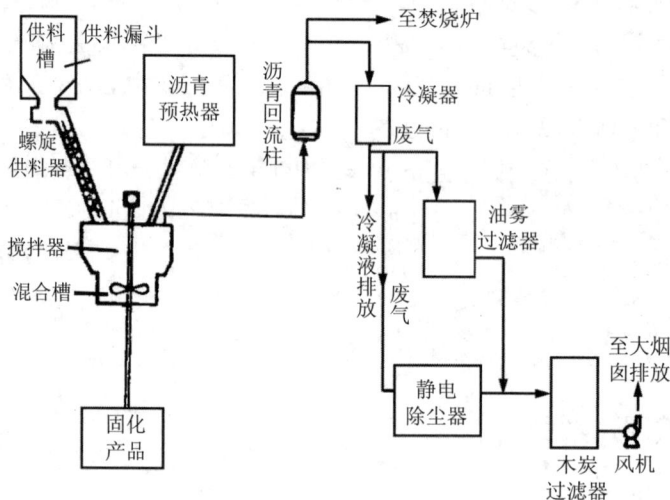

图 20-2　高温熔化混合蒸发法沥青固化流程

放射水平高的废水浓缩液高温熔化混合蒸发法沥青固化流程主要设备有沥青预热器、给料设备、混合槽，以及废气净化系统。其操作步骤是将已熔化的沥青送入混合槽，并通过混合槽的加热装置使其维持在一定的温度范围内，然后将放射性废液以一定的速率加入混合槽内，在约 220℃条件下高速搅拌，使沥青和废液充分混合。当加入的盐分与沥青的重量比达40%时，即可把混合物排至贮存桶内，待其冷却硬化后即形成沥青固化体。混合蒸发过程产生的二次蒸汽含有一定量的油质。其中的重油组分可返回混合槽，轻油组分随二次蒸汽进入冷凝器，待冷凝后予以排放。残余的含油废气通过油雾过滤器或静电除尘器进一步净化，最后经木炭过滤后排入大气。

2．放射性污泥暂时乳化法

放射性污泥暂时乳化法沥青固化分三个步骤进行：①将污泥浆、沥青与表面活性剂混合成乳浆状；②分离除去大部分水分；③进一步升温干燥，使混合物脱水。

在暂时乳化法沥青固化中，其主要设备是双螺杆挤压机。主要由加料段、压缩段及蒸发段的两根不等距螺杆和沥青与料液加料口、二次蒸汽排出口、产品出口和分段加热的外筒组成。沥青和料液加入双螺杆挤压机后，被两根相向旋转的、相互咬合的螺杆不断搅拌，并沿着挤压机外筒内壁呈薄膜状向前推进。在推进和搅拌过程中，水分被分离和蒸发，而盐分却包容在沥青中由排出口挤出。双螺杆挤压机的暂时乳化法沥青固化流程为：放射性污泥浆经转鼓真空过滤机除去部分水分，与沥青、表面活性剂一起加入双螺杆挤压机。此机分三段：第一段温度为 90℃，固体物质在此与沥青产生混合和包容两种作用，分离出90%左右的水分；第二段将分离出的水分除去；第三段混合物被升温至 105～110℃，由双螺杆挤压机得到的混合物尚有 5%～7%的水分，再送入螺旋干燥器，在 140～150℃下使水分进一步减至 0.5%以下。根据所处理的泥浆性质不同，需采用的表面活性剂也不相同。当处理中放污泥浆时，可采用含 20%活性成分（1/3 烷基磺酸钠和 2/3 烷基苯磺酸钠）的阴离子乳化剂溶液，表面活性剂与干污泥的重量比约为 6：1 000。当处理高放污泥浆时，可采用含有 90%活性成分（主要是椰子壳中的氨基丙酮）的阴离子乳化剂，活性剂与干污泥的重量比约为 5：100。

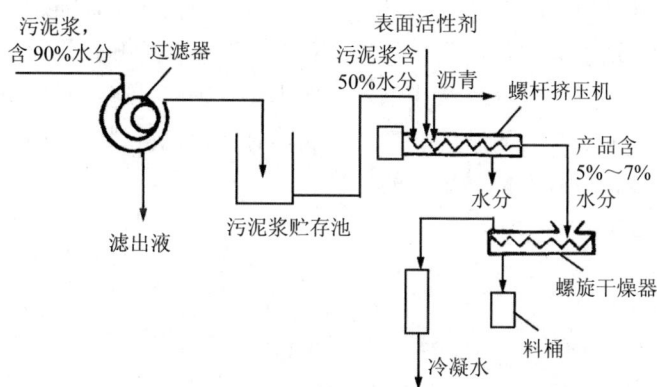

图 20-3　暂时乳化法沥青固化流程

双螺杆挤压机的优点是：①蒸发、固化和干燥在同一设备中进行，有利于简化流程；②设备所占空间较小；③沥青停留时间短（约 1.7 min），避免沥青因长期受热而降解及硬化等；④混合物在挤压机内呈薄膜状分布，减少了蒸发时的夹带现象，⑤强烈的挤压推送可使固化体有较高的含盐量（60%），从而大大降低了运行费用。其主要缺点是结构复杂，设备制造要求高，价格较贵。

3．化学乳化法

化学乳化法的操作也分三步进行：①将放射性废物在常温下与乳化沥青混合；②将混

合物加热，脱去水分；③将脱水干燥后的混合物排入废物容器，待冷却硬化后即形成沥青固化体。

（二）沥青固化体的性质及其影响因素

沥青固化体的主要性能指标是其在水中的浸出率、辐照稳定性和化学稳定性。影响沥青固化体浸出率的因素有沥青种类、加入的废物量、废物的化学组分及混合情况、残余水分、某些表面活性剂的影响等。

影响沥青固化体化学稳定性的因素有：在沥青固化过程中，沥青会与某些掺入的化合物、氧化剂等发生化学作用，从而影响固化体的化学稳定性。例如纯沥青的燃点一般为420℃左右，而在掺入硝酸盐、亚硝酸盐后，其燃点降至250～330℃，因而增加了燃烧的危险性。

五、熔融固化处理技术

熔融固化处理技术主要是将飞灰和细小的玻璃质混合，经造粒成型后，在 1 000～1 400℃高温下熔融一段时间，通常为 30 min 左右（熔融时间视飞灰性质而定），待飞灰的物理和化学状态改变后，降温使其固化，形成玻璃固化体，借助玻璃体的致密结晶结构，确保重金属的稳定。Donald 等以氯酸盐作助熔剂将灰渣熔融温度降低到 1 000℃，对重金属的固化效果较好；在发达国家尤其是日本，熔融固化处理技术是处理焚烧飞灰的一种常见方法，研究证实废玻璃、硼砂、CaF_2、B_2O_3、$CaCl_2$ 都能不同程度地降低飞灰的熔融温度和挥发率。但目前研究较多的添加剂是 SiO_2，飞灰中加入 SiO_2 助熔剂有利于飞灰的熔融渣玻璃体的形成，增加玻璃体的化学稳定性和机械性能。熔融固化的最大优点是可以得到高质量的建筑材料。因此，在进行废物的熔融固化处理时，除必须达到环境指标以外，还应充分注意熔融体的强度、耐腐蚀性甚至外观等对于建筑材料的全面要求。能否达到这些要求，是判断该技术可行性的最重要的标准。

思考题

1. 危险废物固化和稳定化的区别与联系有哪些？
2. 危险废物固化体和稳定化体有哪些性质？
3. 假设核电站爆炸，产生大量的危险废物，该如何对其进行处理与处置？
4. 有一石化企业，产生的废催化剂为危险废物，该废物含有大量的镉、金、银和铂，你认为该如何处理与处置该废物？
5. 危险废物稳定化和固化技术有哪些？
6. 试对危险废物稳定化和固化技术进行比较，举例说明哪些技术适合哪类危险废物。

第二十一章 危险废物处理处置技术的评估与选择

国内外危险废物处理处置技术很多，但各种技术的处理效果、处理费用以及因技术实施所引起的环境压力和环境污染差别很大。因此有必要在选择危险废物处理处置技术之前，对其进行评估，并以减少污染、降低风险、降低费用、有利于资源的可持续利用为原则，选择最适合的危险废物处理处置技术。危险废物处理处置技术评价的目的是通过建立一套客观、科学、公正、透明的评价制度、程序和方法，对各种技术在预防、检测、控制、减少环境污染等方面的能力和效果进行评价，同时对其适应性、可行性和经济性做出评价。归纳起来，目前国内外危险废物处理处置技术评价方法主要包括专家评价法、层次分析法（analytic hierarchy process，AHP）、生命周期评价法（life cycle assessment，LCA）和环境技术评价法（environmental technology assessment，EnTA）。

一、专家评价法

（一）原理和评价步骤

专家评价法是针对某项具体的危险废物处理处置工程，邀请同行业专家，管理、技术和应用方面的人士，对各种技术进行综合评价。专家评价法以定性评价为主，近年来引进了加权法等半定量评价方法。评价步骤为：首先确立技术指标、经济指标和环境指标的各评价参数，制成专家打分表，然后选择该领域专家，分别独立地对被评价技术的各评价参数进行打分（表 21-1），最后通过加权计算给出被评价技术各指标的得分值以及综合得分值，作为选择最适用技术的依据。

表 21-1 专家评价法评价指标和参数

评价指标	技术指标	环境指标			经济指标
		废气排放量	废水	固体废物	
评价参数	对废物的适应性	酸性气体	排放量	产生量	单位投资
	技术成熟度	颗粒物	处理难度	处理难度	运营成本
	操作难易程度	重金属			
	选址难度	二噁英			
	占地面积				
	后续管理要求				
	减量化				
	无害化				
	资源化				

（二）适用性

专家评价法可广泛应用于对各种危险废物处理处置技术的鉴定、筛选、技术论证、项目决策、投资决策、政府项目及招投标项目等过程。其优点是适用范围广泛，多数情况下能对危险废物处理处置技术的环境指标、技术指标和经济指标做出比较客观的、科学的定性评判；评价周期短；需要的数据量小；费用小；简单易行；便于实施。缺点是因专家知识面的限制且无统一评价标准，因此易受人为因素的影响。

二、层次分析法

（一）原理和评价步骤

层次分析法是将各种危险废物处理处置技术的影响因素分解为若干层次和要素，将评价因素两两比较，评价其相对重要性，确定相对优劣次序，以获得不同要素和参数的权重。层次分析法可将多目标决策和模糊理论相结合，解决决策中的权重问题，为选择最优方案提供决策依据。层次分析法采用相对标度的形式，并充分利用了人的经验和判断能力，既可进行单指标评价排序，也可进行综合评价。其使用简便，结果直观、准确可靠。层次分析法较为理想地将主观愿望和判断用数量形式加以表述、处理，通过一致性检验，揭示出主观判断的有效性。层次分析法的基本步骤为：①建立层次模型。②构造判断矩阵，对每一层次各因素的相对重要性做出判断。可以采用模糊数学理论和语气算子确定权重和隶属度。③根据判断矩阵，计算出上层次某因素下，对本层次某因素的重要性赋予权重值，并进行层次单排序。④计算各层元素的组合权重，依次由上而下逐层计算，进行层次总排序。⑤进行判断矩阵的一致性检验。

（二）适用性

层次分析法对于解决危险废物处理处置技术在多层次多目标的决策系统优化选择问题行之有效，具有高度逻辑性、灵活性及简洁性等特点。层次分析法将多目标决策和模糊数学理论相结合，可以解决决策中的权重问题，并且能选择出理想的决策方案。但模糊数学理论中的隶属度在一定程度上需要凭经验确定，因此带有很大的主观性，限制了它的发展。多目标优化法建立在多种环境影响同时取得优化的理论基础上，由于其所造成的环境影响是多方面的，因此在具体结果的表达上有一定的困难。

三、生命周期评价法

（一）原理和评价步骤

生命周期评价法（LCA）起源于美国。20 世纪 90 年代，国际环境毒物和化学学会（SETAC）正式提出"生命周期评估"术语，将 LCA 由评价能量消耗扩充到评价能源消耗、资源消耗及环境影响，发展了 LCA 的理论和方法。国际标准化组织于 1997 年正式颁布了

ISO 14040，将产品生命周期中对环境的影响界定为人类健康、资源利用及生态后果三个方面。联合国环境规划署（UNEP）对生命周期评价的定义为：LCA 是评价一个产品系统生命周期整个阶段——从原材料的提取和加工，至产品的生产、包装、市场营销、使用、再使用和产品维护，直至再循环和最终废物处置的环境影响的工具。

各组织提出的 LCA 评价步骤也不相同。1993 年，SETAC 把 LCA 描述成由 4 个相互关联组分组成的模型，它们分别是目标定义和范围界定、清单分析、影响评价和改进评价。在 1997 年颁布的 ISO 14040 标准中，将 LCA 的实施步骤分为目标和范围定义、清单分析、影响评价和结果解析四个部分（图 21-1）。其中，目标和范围定义包括确定评价目的与范围、数据的类型及收集方式、整个系统边界、评价方法等；清单分析的任务是收集数据，量化所研究产品（系统）在整个生命周期阶段的能源和资源使用情况以及环境负荷，它是 LCA 的核心和关键；影响评价包括分类、特征化和量化评价；结果解析是 LCA 研究的最终目的，根据影响分析结果做出评价，识别技术实施的薄弱环节和潜在的改善机会，提出改善措施。

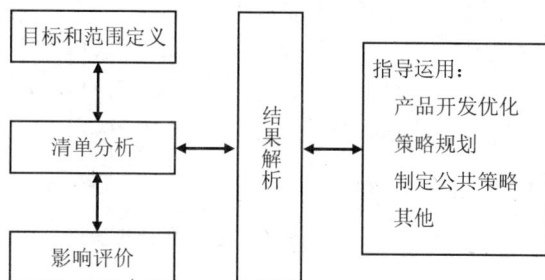

图 21-1　生命周期评价法评价过程

（二）局限性和适用性

虽然多种 LCA 已经被提出，但都有其各自的局限性，主要表现在：①数据的完整性和精度有限，获取数据困难。LCA 全程性和综合性的特点决定了 LCA 研究需要详尽的、可靠的数据。有关研究表明，完成一个 ISO 14000 推荐的全过程 LCA 大约需要 60 万个数据，然而实际中远远不能满足这方面的要求。研究人员必须经常依据典型的生产工艺、全国平均水平、工程估算或专业判断来获取数据，这就可能造成数据不精确或误差较大，以致得到错误的结论。数据的全面性和真实性问题直接影响着 LCA 结果的可靠性，也制约着 LCA 的进一步发展。鉴于此，日本通产省于 1998 年 4 月启动了国家数据库计划，而我国目前还没有类似的数据库，因此在我国数据的获得非常困难。②评价结果缺少时间性和空间性。LCA 评价是一个将数据进行综合处理的过程。同一技术，随着时间的迁移，其各项技术指标会发生很大变化；或者由于空间地理位置的不同，即使是属于同一技术和装备水平的企业，其各项指标也会所有差异。③评价费用高，所需时间长。在国外完成一个 LCA，一般需要 6～18 个月，花费 1.5 万～30 万美元。④通常只考虑环境性能的影响，而很少考虑经济性能。因此，将 LCA 应用于对危险废物处理处置技术的评价尚面临很多困难。根据本国国情，积累数据、发展实用的 LCA 是各国研究的重点。

四、环境技术评价法

（一）目标和评价步骤

环境技术评价法（EnTA）集中在鉴别某项危险废物处理处置技术应用对环境的有害影响上，需要考虑人类健康、自然环境、全球环境、社会和文化破坏及资源消耗。1995 年联合国环境规划署开始着手制订环境技术评价导则，为规划的制订者、决策者和其他有关人员提供有效工具。环境技术评价法的评价步骤如图 21-2 所示。

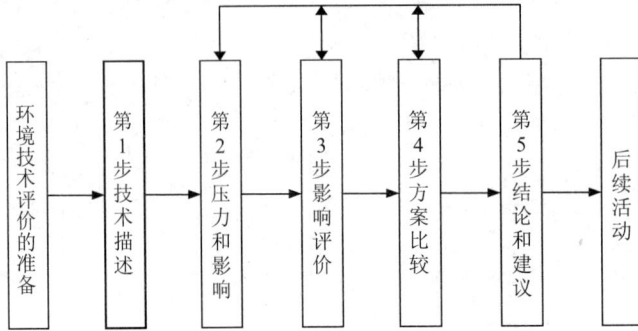

图 21-2　环境技术评价法的评价过程

环境技术评价法的准备工作包括组织团队，明确评价目标，建立计划，总结已有资源，确立评价范围、时间进度表和详细预算；技术描述包括技术的处理效果和目标、技术特点、设施和发展情况等；压力和影响包括明确待评价技术实施需要的原材料、土地、能量、劳动力、基础设施以及辅助配套技术，在技术实施过程中产生的废物和危险废物、潜在的环境压力，以及由以上各元素带来的相关压力；影响评价是对各种潜在压力进行详细阐述，对各种环境压力进行汇总；方案比较是评价其他技术在达到同样目标时带来的环境影响。最后从环境的角度出发，对被评价技术是否合适给出结论和建议。完成以上步骤后，要对评价结果进行跟踪检测，并在此基础上，明确哪些后续评价需要加强。环境技术评价的评价过程是一个不断增加和循环的过程，各个评估步骤可以同时进行，也可以打乱先后顺序。

（二）特点和适用性

环境技术评价法的特点：①能够最大限度地减少对详细技术数据的需求；②预防环境问题的发生；③具有多学科性；④简化技术和环境的联系以及相互作用的后果；⑤检查整个技术系统的环境影响。环境技术评价法主要以定性为主，尽量降低对详细技术数据的需求，简化了技术和环境的关系及后果。环境技术评价法适用于：企业在选择技术时、政府在发放许可证时、以及社区或其他团体在决定支持或反对某项技术时。它既适合于选择现有技术，也适合于选择国外进口技术；既适用于小型处理厂，也适用于大型处理中心。

思考题

1. 怎样鉴别危险废物？国内外采取的方法有何异同点？哪种方法更科学？哪种方法更易操作？

2. 指出危险废物管理、收集运输和储存与一般固体废物的异同点。

3. 危险废物处理技术有哪些？有哪些异同点？怎样选择危废处置技术？

4. 设计一个工艺处理石油行业危险废物，要求尽可能资源化和无害化。

5. 危险废物稳定化方法和工艺有哪些？请作出比较和适用性分析。

6. 怎样进行危废处理处置技术评价？

7. 给出各行业危险废物产生、性质和处理与处置现状，并指出与国外同类固体废物管理与处理处置的差距。

主要参考文献

[1]　钱光人. 危险废物管理[M]. 北京：化学工业出版社，2004.

[2]　国家危险废物名录，2008.

[3]　LagaGreg M D，Buckingham P L，Evans J G，Hazardous wate management[M]. 2nd ed. New York：McGraw-Hill，2001.

第五篇　固体废物最终处置

　　本篇介绍了固体废物最终处置的方法和工艺、固体废物卫生填埋、危险和放射性固体废物安全填埋处置原理及其工艺设计等内容，特别介绍了固体废物填埋系统工程如填埋气收集、渗滤液处理与处置和填埋场施工；通过学习，重点掌握固体废物填埋处置系统技术和工艺，学会填埋场所初步设计；了解垃圾渗滤液、填埋气的有关计算和设计。

第二十二章 概　述

　　固体废物的最终处置是为了使固体废物最大限度地与生物圈隔离，解决固体废物最终归宿问题而采取的措施，它对于防止固体废物的污染起着十分关键的作用。固体废物处置的总目标是确保固体废物中的有毒物质，无论是现在还是将来都不至于对人类及环境造成不可接受的危害。固体废物经过减量化与资源化处置后，残留的无利用价值残渣中含有大量不同种类污染物质，它们在一定程度上会对生态环境和人类健康造成即时性和长期性影响，因此，必须妥善加以处置。

　　在固体废物处理过程中最重要的环节是安全、可靠地处置最终无价值的固体废物残渣。目前，固体废物处置方法分为陆地处置和海洋处置两大类，海洋处置分为深海投弃和海上焚烧，目前海洋处置已经被国际公约所禁止；陆地处置分为土地耕作、永久贮存、土地填埋、深井灌溉和深地表处置。其中，土地填埋处置技术是应用最为广泛的一种处理技术。

第一节　固体废物处置思路

一、固体废物处置的定义及原理

　　固体废物的处置就是将可能对环境造成危害的固体污染物质焚烧和采用其他改变其物理、化学、生物等特性的方法，达到减少其生产数量、缩小其体积、减小或消除其危险成分，或者将这些固体废物置于某些安全可靠的场所的活动。在处置设计中应采用多重屏障原理，以保证所处置固体废物（特别是危险废物）与生态环境隔离，不让生态环境中的水分等物质进入处置场，避免处置场产生的渗滤液和气体中的污染物质迁移到生态环境中去，多重屏障系统结构如图 22-1 所示。

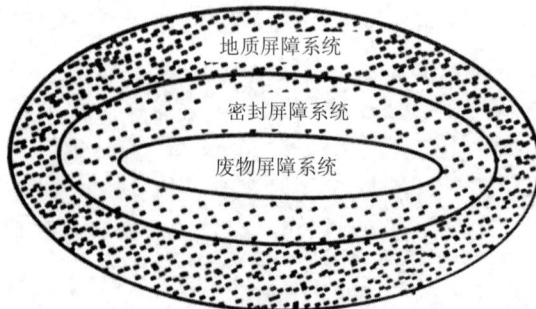

图 22-1　废物处置的多重屏障系统

（一）废物屏障系统

根据所处置固体废物（生活垃圾及危险废物）的性质进行无害化、稳定化/固化等处理，以减少废物毒性或渗滤液中有害物质浓度。

（二）密封屏障系统

采取适当工程措施将废物封闭，使废物渗滤液尽量少地突破密封屏障向外溢出。主要是采用各种材料的人工衬里，其密封效果取决于衬里材料品质、设计水平及施工质量。

（三）地质屏障系统

地质屏障系统又称为天然屏障系统，包括场地的地质基础、外围和区域地质条件。其防护作用大小取决于地质对污染物质的阻滞性能和污染物质在地质体中的降解性能。良好的地质屏障应达到以下要求：土壤和岩层较厚、掩饰密度高、均质性好、渗透性低，含有对污染物吸附能力强的矿物成分；与地下水和地表水的水力联系较少，可以减少地表水与地下水的入侵量以及渗滤液进入地下水的渗流量；能避免或降低污染物质的释出速度。

二、固体废物处置的要求

固体废物处置需要满足的基本要求如下：①处置场所要安全可靠，需要有良好的屏障系统，以确保其不会对人类生产生活及附近生态环境造成不必要的影响。②被处理固体废物中有害组分含量要尽可能地少，体积要尽量小，以减少处理成本及方便安全处理。③处置方法要尽可能简便、经济，既要符合现有经济水准、环保要求，也要考虑长远环境效益。④处理场所设施结构要合理，应设有必要的环境保护监测设备，以便于管理和维护。

第二节　固体废物填埋处置的分类

一、按填埋区地形条件的分类

（一）平原型填埋

适用于地势平坦且地下水埋藏较浅的区域，具体来说就是通过在填埋库区周围设置挡坝，以形成初始库容，在填埋库区逐层、逐单元进行填埋。通常，这种填埋场占地面积较大，需保证垃圾运输车辆和作业机械的作业面。

（二）山谷型填埋

通常选址于山谷地带，三面环山，利用在山口处筑坝，以形成初始库容，采用逆流填埋作业法，逐个单元向高空发展。此类填埋场库容量大，单位用地处理垃圾量多，经济效益和环境效益比较好。

二、按填埋对象和填埋场的主要功能分类

（一）惰性填埋

将已稳定的或腐熟化的固体废物置于填埋场，表面覆以土壤。该情况下，垃圾填埋场的主要功能是储存。

（二）卫生填埋

采用防渗、摊铺、压实、覆盖等对城市生活垃圾进行处理和对填埋气体、垃圾渗滤液、蝇虫等进行治理的方法，其主要处置对象是城市生活垃圾和一般工业固体废物。垃圾填埋场的主要功能则是储存、阻断、处理及土地利用功能。

（三）安全填埋

将危险废物填埋于抗压及双层复合防渗系统所构筑的空间内，并设有污染物渗漏检测系统及地下水检测装置。该情况下，垃圾填埋场的主要功能是储存、阻断及处理功能。

三、按隔离屏障分类

（一）天然屏障隔离处置

天然屏障可以是处置场地所处的地质构造和周围的地质环境；也可以是沿着从处置场所经过地质环境到达生物圈的各种途径对于有害物质的阻滞作用。

（二）人工屏障隔离处置

人工屏障主要有：采取措施使废物转化为具有低浸出性和适当机械强度的稳定的物理化学形态；选择合适的废物容器以及利用处置场地内各种辅助性工程屏障等。

四、按生物降解原理分类

（一）好氧填埋

好氧填埋是在垃圾内布设通风管网，用鼓风机向垃圾体内送入空气，保证有充足的氧气，加速好氧分解，使垃圾性质较快达到稳定，堆体迅速沉降，反应过程中较高的温度（60℃左右），使垃圾中的大肠杆菌等得以灭活，同时通风过程加大了垃圾体内水分的蒸发，降低或消除了渗滤液的产生，因此，填埋场底部只需做简单的防渗处理，无须布设搜集渗滤液的管网系统。由于该类型填埋通风阻力不宜太大，故堆体高度较低，适宜于干旱少雨的中小型城市。然而，好氧填埋场结构比较复杂，施工要求相对较高，致使单位填

埋成本增加，好氧填埋应用受限。

（二）准好氧填埋

准好氧填埋是利用填埋场的集水管道与大气相通，空气以自然通风的方式通过集水管道进入填埋体，使填埋物发生好氧分解，产生的气体经排气设施排出填埋体。准好氧填埋在工程投资和运行成本费用上与厌氧填埋没有明显的差别，在有机物分解方面又不比好氧填埋逊色，因此得到普及。

（三）厌氧填埋

厌氧填埋是不对填埋体提供氧气，使填埋体基本处于厌氧降解状态，有机物分解缓慢。由于厌氧填埋无须强制鼓风供氧、结构简单，大大降低了填埋成本，同时，又不受气候、垃圾成分和填埋高度的限制，与好氧填埋和准好氧填埋相比具有适应性较强的特点。因此，厌氧填埋在国内外得到了广泛的应用。

五、按废物的种类、有害物释放所需控制水平分类

（一）一级填埋场

主要填埋惰性废物，如建筑垃圾，是最简单的一种方法。

（二）二级填埋场

主要填埋矿物废物，如粉煤灰等。

（三）三级填埋场

主要填埋在一段时间对公众健康造成危害的固体废物。主要处置城市垃圾，又称城市垃圾卫生填埋场。

（四）四级填埋场

主要填埋工业有害废物（工业废物处置场），场地下部土壤要求渗透率 $K<10^{-6}\,\mathrm{cm/s}$。

（五）五级填埋场

处置危险废物，也称危险废物土地安全填埋场。对选址、工程设计、建筑施工、营运管理和封场后管理都有特殊的严格要求，$K<10^{-8}\,\mathrm{m/s}$。

（六）六级填埋场

也称为特殊废物深地质处置库，或深井灌注，处置时，必须封闭处理液体、易燃废气、易爆废物、中高水平的放射性废物。

此外，从填埋场址自然环境与填埋物降解角度也可对土地填埋处置进行了不同的分类。如：根据填埋场的水文气象条件，分为干式填埋、湿式填埋和干湿混合填埋；根据填

埋场的结构，分为衰竭型填埋和封闭型填埋等。

第三节　土地填埋处置

陆地处置是基于土地对固体废物进行处置的一种方法，根据所处置废物的种类和处置的底层层位，陆地处置分为土地耕作、土地填埋、浅地层填埋及深井灌注和深地层处置等几种方法，其中土地填埋技术应用最为广泛。

一、土地填埋处置的概念

土地填埋处置是从传统的堆放和土地处置发展起来的一项最终处置技术，不是单纯的堆、填、埋，而是一种按照工程理论和土工标准，对固体废物进行有控管理的综合性科学工程方法，是一个涉及多种学科领域的处置技术。从填埋操作处置方法上，它已经从堆、填、覆盖向生物反应器、包容、屏蔽隔离的工程贮存方向发展。土地填埋处置，首先需要进行科学的选址，在涉及规划的基础上，对场地进行防护处理，然后按严格的操作程序进行填埋操作和封场，同时要制定全面的管理制度，定期对场地进行维护和监测。

二、土地填埋处置的优缺点

土地填埋处置工艺简单，成本较低，适用于处置多种类型的固体废物，已成为固体废物最终处置的主要方法。土地填埋处置的主要问题是渗滤液收集控制，根据以往经验证明，某些衬里系统是不合适的，衬里一旦被破坏很难修复。此外，随着社会的进步，各项法律法规和污染控制标准对土地填埋的要求更加严格，致使处置费用不断增加，因此，土地填埋方法尚需进一步改进和完善。在多种土地填埋方法中，卫生土地填埋技术由于它的多种优点而被广泛应用。

土地填埋处置缺点有：①填埋操作过程（固体废物的收集、运输、散布和压实等）可能产生影响环境的物质（细菌、病毒、废气、废水、噪声、危险物质和放射性物质等），处理不当或发生事故，就会对周围环境造成影响。②垃圾填埋周围环境优劣易受到各种因子（离开城镇的距离、社会、经济状况等）和自然因子（气象、土地、地表水、地下水、景观等）的影响。③占用大量的土地。④浪费大量可资源化的物质。⑤有很多不可降解的物质实际上不适合填埋处置。

思考题

1. 哪些垃圾适合进入固体废物填埋场，填埋垃圾最终要达到哪些环境要求？说明理由。
2. 有哪些填埋系统，如何分类？
3. 试阐述各类填埋场的原理。

第二十三章　固体废物的卫生填埋处理

第一节　卫生填埋概述

一、卫生填埋过程

卫生填埋是利用工程手段，采取有效的技术措施，防止垃圾渗滤液及有害填埋气体对水体、土壤和大气等造成污染；将固体废物分层、压实减容，使填埋占地面积最小；并设置土壤或其他适当替代材料的日覆盖层或周期性覆盖层；使整个过程对公共卫生安全及环境均无危害的一种土地处理方法。

卫生土地填埋通常是每天把运到土地填埋场的废物在限定的区域内铺成 40～75 cm 厚的薄层，然后压实以减少废物的体积，并在每天操作之后用一层 15～30 cm 厚的土壤覆盖、压实。废物层和土壤覆盖层共同构成一个填筑单元。具有同样高度的一系列相互衔接的填筑单元构成一个升层。完成的卫生土地填埋场是由一个或多个升层组成的。当填埋到最终设计高度之后，再在该填埋层之上覆盖一层 90～120 cm 厚的土壤（或土工织物），压实后就得到一个完整的封场的卫生填埋场。卫生土地填埋场剖面如图 23-1 所示。

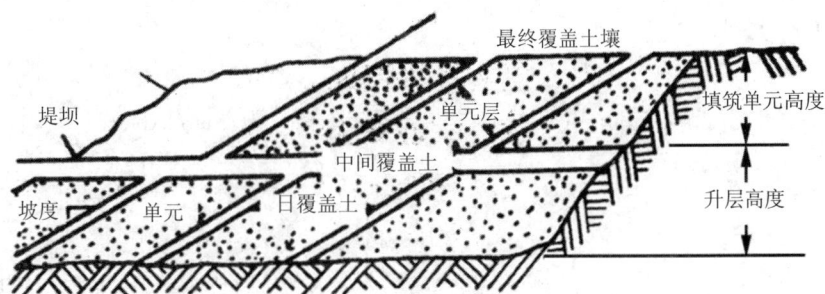

图 23-1　卫生土地填埋场剖面图

卫生填埋场堆体内废物的降解主要存在好氧、准好氧和厌氧三种形式，目前，世界上采用最多的是厌氧式卫生填埋，原因是厌氧式卫生填埋结构简单、操作方便、施工费用低，同时还能回收 CH_4 气体进行资源化利用。

在长期填埋过程中，由于压实、降雨、物化反应以及微生物分解等作用，堆体内产生了以填埋气体和渗滤液为代表的二次污染物，这些污染物的渗漏和逸散是导致垃圾填埋场污染环境的主要原因，因此，卫生填埋场在设计上需对渗滤液和填埋气体采取相应的控制措施。为了防止对地下水的污染，目前卫生土地填埋已从以往的依靠土壤过滤自净的扩散型结构发展为密封型结构。所谓密封型结构，就是在填埋场的底部和四周设置人工衬里，使垃圾同环境完全屏蔽隔离，防止地下水的浸入和浸出液的释出。为了保证填埋场污染物不向周围环境迁移扩散，卫生填埋场应由垃圾体、底部衬垫系统、渗滤液收集与导排系统、气体控制系统以及封顶系统 5 个部分组成，具体如图 23-2 所示。

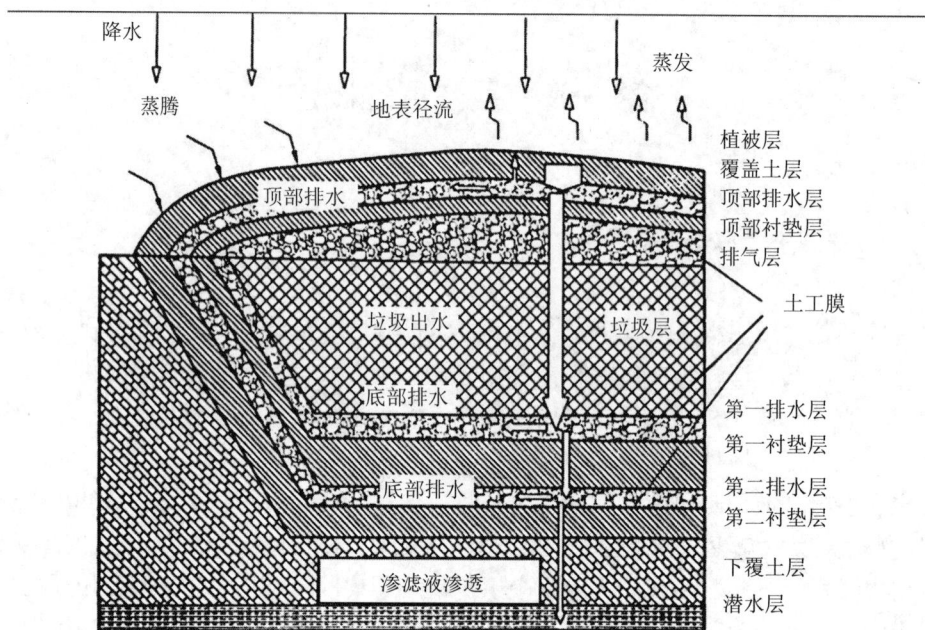

图 23-2　卫生填埋场简图

二、卫生填埋方式

卫生土地填埋依据不同的地形条件，其填埋方法主要分为地面法、沟槽法和斜坡法 3 种。

（一）地面法

地面法又称面积法。主要在不适合开挖沟槽的处置场采用，如峡谷、山沟、盆地、采石场、天然洼地等地区。该法是把废物直接铺撒在天然的土地表面上，压实后用薄土层覆盖，然后再压实。填埋操作一般是先修筑一条土堤，顺着土堤把废物铺成薄层，然后加以压实。这种方法的最大优点是填埋库容较大。建设这种类型的填埋场时，设置地表排水控制系统非常关键，要严格控制地表水进入填埋场。在有些情况下，可能会缺乏日覆盖层和最终顶部盖层材料。地面法填埋废物示意如图 23-3 所示。

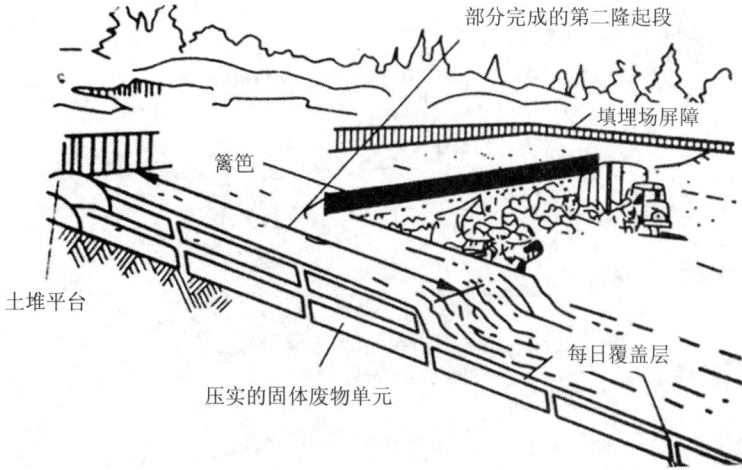

图23-3　地面法卫生填埋

（二）沟槽法

沟槽法又称坑式填埋法、地下式填埋法或半地下半地上填埋法（图 23-4），适合于场地有丰富的可供开挖的覆盖层物质，而且地下水水位埋深较大的地区，也可以利用野外现有的边坡稳定的黏土深坑或低凹地形，作一定程度的适当开挖即可使用。这种填埋场所要求的地质条件必须是有良好的低渗透性天然密封层，如各种矿物成分的黏土层、基岩山区的黏土层和页岩等；且厚度较大，地下水水位埋深较大，至少在填埋场底部 3 m 以下。

图23-4　沟槽法卫生填埋

（三）斜坡法

斜坡法主要是利用山坡地形，其特点是占地少，填埋量大，覆盖土可不需外运。填埋时把废物直接铺撒在斜坡上，压实后用工作面前直接得到的土壤加以覆盖，然后再压实。斜坡法实际上是沟槽法与面积法的结合，故也称混合法。如图 23-5 所示。

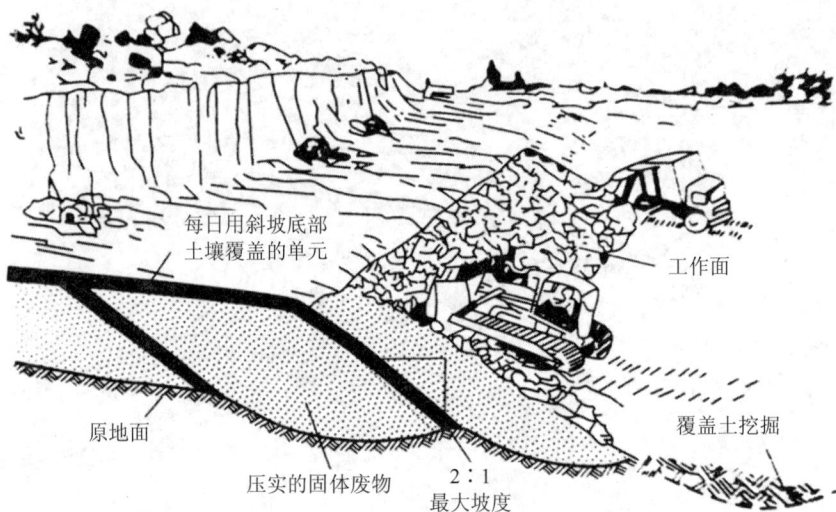

图 23-5 斜坡法卫生填埋

第二节 卫生填埋场的总体设计案例

一、填埋工程概况

（一）项目背景

随着经济的发展和人们生活消费水平的提高，城市的生活垃圾产生量日渐增加。而目前项目所在市内还没有垃圾无害化处理的工程措施，基本上所有的垃圾都是简易堆放处理，没有进行无害化处理，其卫生要求远达不到环境法规的卫生标准。原来简易的垃圾堆放场已经造成了一系列的环境污染问题。表现在：垃圾露天堆放，散发阵阵恶臭，污染大气环境，周围几平方公里的地方都可以闻到，严重影响景观；垃圾无隔离措施，其产生的渗滤液污染地下水和周围的地表水，极大地威胁居民的健康；污染周围的土壤，使土壤失去应有的功能。城市经济持续增长、人口数量不断上升、消费物品也在增加，若不对垃圾进行无害化处理，将引发重大的灾难，故建立此生活垃圾填埋场处理工程。

（二）工程设计的主要内容

城市生活垃圾卫生填埋场处理工程设计的主要内容包括：总平面布置（选址和场区总体设计等），填埋工艺，防治工程，渗滤液收集导排工程，渗滤液处理工程，地下水、地表水导排处理工程，填埋气体收集与利用设计，环境监测设计，封场工程，辅助工程（如绿化、道路等），设备选型，二次污染防治设计，经济分析等。

（三）设计规模与容量计算

卫生土地填埋场地的面积和容量与城市的人口数量、垃圾的产率、填埋场的高度、垃圾与覆盖材料之比，以及填埋后的压实密度有关。通常，覆土和填埋垃圾之比为 1∶4 或 1∶3，填埋后废物的压实密度为 $500\sim700\,\mathrm{kg/m^3}$，城市卫生填埋场的使用年限以 15～25 年为宜。

每年填埋的废物体积可按式（23-1）计算

$$V = \frac{365WP}{D} + C \qquad (23\text{-}1)$$

式中，V——年填埋的垃圾体积，$\mathrm{m^3}$；

　　　W——垃圾的产率，$\mathrm{kg/（人\cdot d）}$；

　　　P——城市的人口数，人；

　　　D——填埋后废物的压实密度，$\mathrm{kg/m^3}$；

　　　C——覆土体积，$\mathrm{m^3}$。

设已知填埋高度为 H，则每年所需土地面积为：

$$A = \frac{V^2}{H} \qquad (23\text{-}2)$$

式中，A——每年需要的填埋面积，$\mathrm{m^2}$；

　　　H——填埋高度，m。

土地填埋场地的实际占地面积确定之后，还要考虑城市人口增加导致垃圾增多，继而导致填埋场地面积增加，以及场地周围土地的使用，要注意保留适当的缓冲区，并根据有关标准确定场地的边界。总之，场地的容量应根据当地发展规划，留有充分的余地。本项目根据城市人口规模与人均垃圾产生量等因素，确定城市生活垃圾卫生填埋场处理起始规模为 1 200 t/d。

（四）技术经济指标

垃圾处理规模：52.56 万 t/a；填埋场库容：1 238.64 万 $\mathrm{m^3}$；使用年限：21 年；渗滤液处理规模：600 t/d；渗滤液处理标准：三类；调节池容积：30 000 $\mathrm{m^3}$；单位垃圾处理总成本：569.16 万元/a；投资回收期：12.95 年。

二、总体设计

（一）填埋场的选址

固体废物填埋场场址的选择和最终确定是一个复杂而漫长的过程，必须以场地详细调查、工程设计和费用研究及环境影响评价为基础。大多数城市和地区在实施固体废物管理计划时，最困难的任务是选择一个合适的填埋场场址，它制约着填埋场工程安全和投资强度与运行成本。

（二）填埋场的选址原则和影响因素

填埋场选址总原则是：以合理的技术、经济的方案和尽量少的投资，达到最理想的经济效益，实现保护环境的目的。

考虑的因素有以下几点：

1. 运输距离

运输距离越短越好，但要综合考虑其他各个因素。填埋场选址通常由环境因素和政治因素决定，因此，运输距离要较为适中，一般应距市中心 20～30 km。

2. 场址限制条件

限制条件包括对居民区影响，场址至少应位于居民点 500 m 以外或更远，防止运输或填埋作业期间有害废物飘尘或气味不良影响居民生活，并在建场前做好环境影响评价。

3. 可用土地面积

一个场地至少要运行 10 年，时间越短，单位废物处置费用就越高。

4. 出入场地道路

要方便、顺畅，具有在各种气候条件运输的全天候道路。

5. 地形、地貌及土壤条件

应具有较强的泄水能力，有利于填埋场施工和其他配套建筑设施的布置；尽量避开地形坡度起伏变化大的地方和低洼汇水处；场地内有利地形范围应有足够可填埋作业容积，可处置至少 10～15 年的填埋垃圾量；覆盖土壤容易取得并易于压实，具有较强的防渗能力。

6. 水文地质条件

应选在渗透性弱、松散岩层或坚硬岩层的基础上，天然地层的渗透性系数最好能达到 10^{-8} m/s 以下，并具有一定厚度；场地基础岩性应对有害物质的迁移、扩散有一定的阻滞能力，最好为黏性土、砂质黏土以及页岩、黏土岩或致密的火成岩；场址选择应确保地下水的安全，场地基础应位于地下水最高水位标高至少 1.5 m 以上，并位于地下水主要补给区范围以外。

7. 气候条件

填埋场选址必须考虑当地的气候条件，填埋场场址应设置在常年和夏季主导风向的下风向，也要考虑到气候条件对运输的影响。

8. 当地环境条件

填埋场场址应在城市工农业发展规划区、风景规划区、自然保护区、供水水源保护区和供水远景规划区之外。填埋场在其运营期间应尽可能减少对周围景观的破坏，并且不要对周围主要的有价值的地貌、地形造成不必要的破坏。

9. 地表水文

生活垃圾填埋场选址的标高应位于重现期不小于 50 年一遇的洪水位之上。最佳的填埋场场址位置是在封闭的流域区内，这对地下水资源造成危害的风险最小。填埋场的场地必须是位于饮用水保护区、水体和洪水区之外。

10. 地方公众

填埋对当地公众造成的主要影响有恶臭、噪声、对地表水和地下水的污染以及其他可察觉的侵害。填埋场选址应减少对公众的危害。

（三）厂址概况

本项目某市地处内蒙古高原的南端，阴山山脉横贯市区中部，形成北部高原、中部山地、南部平原 3 个地形区域。地理坐标是 E109°50′~111°25′、N41°20′~42°40′，面积为 27 768 km²。黄河流经该市南缘，属温带大陆性气候。该市人口 245.76 万人，市区人口 190 万人，建成区面积 250 km²。

据该市《2002 年国民经济和社会发展统计公报》，2002 年该市年均气温 8.5℃，年最低气温-27.6℃，年最高气温 40.4℃，年降水量 262.9 mm，年最大风速 11.0 m/s，平均风速 1.8 m/s，年日照时数 2 806 h，年平均相对湿度 52%，全年沙尘天气 12 次。

综合以上，该市的填埋场项目选址，应考虑距市中心 15~25 km，处在山谷地带适宜。

填埋场处地貌为两个山谷，基本为南北走向。山谷地形开阔，中间有一小山丘分隔，两个山谷在南端会聚。填埋场气候为亚热带季风气候，冬季多刮偏北风，夏季为东南风，年降雨量 262.9 mm。场地为双层结构水文地质类型，含水层埋藏较浅，富水性一般，以黏性土为主，且黏土厚度较为稳定，天然条件下松散层粉和基岩风华壳风化含水层的防渗、防污性能均良好。

（四）总图布置

该填埋场处理工程主要由生活区、填埋区、渗滤液处理区、沼气发电区四部分组成。整个厂区总占地面积约 40 km²，其中填埋场占地约 25.3 km²，渗滤液处理区约 5 km²，其余的为 9.7 km²。整个厂区的布置（图 23-6）按照国家现行的各种要求，根据场址的实际地形地貌、水文地质、风向以及填埋工艺需要而综合考虑设计。由于该市常年夏季处于东南季风盛行风向，而冬季处于偏北风向，故综合该市地形和风向季节性变换而将填埋区设在东部位置，同时在填埋区的周围设置绿化带。这样可避免因风向季节性变换而导致填埋区填埋垃圾时产生的一些臭气污染影响当地居民生活。生活区包括行政办公楼、机修车间、喷泉广场、亭子、绿化带等。渗滤液处理区包括水泵房、沉淀池、调节池等，其周围也配备一系列的绿化装饰点缀。渗滤液处理区与沼气发电区都尽量设置在填埋区附近，便于流体输送。

第三节　卫生填埋场填埋系统设计

图 23-6 是一个带有辅助设施的典型垃圾填埋场的布局图。垃圾填埋场的基本组成部分包括：①底部衬层系统：将垃圾及随后产生的渗滤液与地下水隔离开来；②填埋单元（新单元和旧单元）：垃圾填埋场中储存垃圾的地方；③雨水排放系统：收集落到垃圾填埋场内的雨水；④渗滤液收集系统：收集通过垃圾填埋场自身渗出的含有污染物的液体（渗滤液）；⑤沼气收集系统：收集垃圾分解过程中形成的沼气；⑥封盖或罩盖：对垃圾填埋场顶部进行密封。

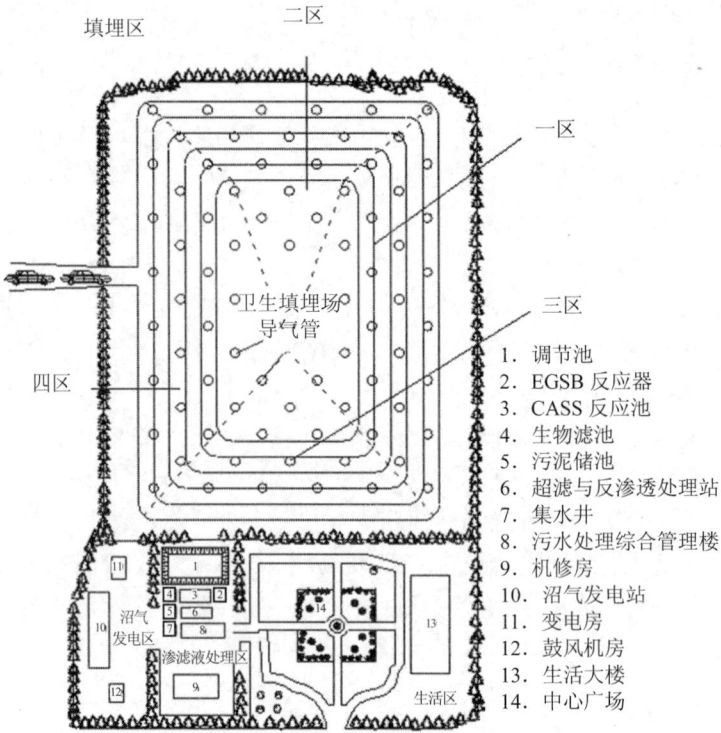

1. 调节池
2. EGSB 反应器
3. CASS 反应池
4. 生物滤池
5. 污泥储池
6. 超滤与反渗透处理站
7. 集水井
8. 污水处理综合管理楼
9. 机修房
10. 沼气发电站
11. 变电房
12. 鼓风机房
13. 生活大楼
14. 中心广场

(a)

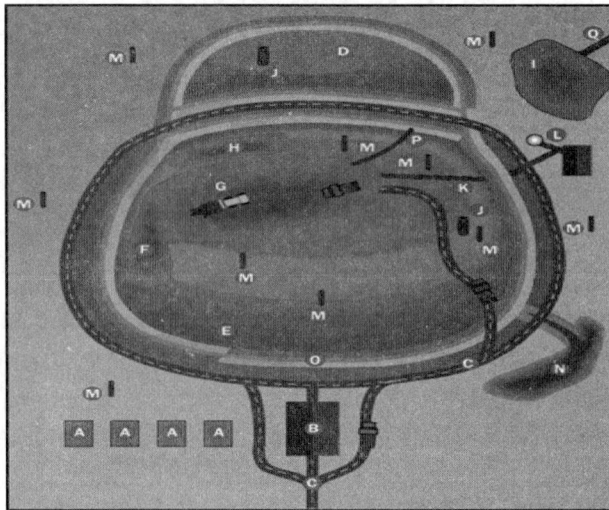

(b)

Ⓐ 回收中心
Ⓑ 称重站
Ⓒ 支路
Ⓓ 卫生填埋场已关闭（底部无黏土衬垫）
Ⓔ MSW 填埋场（存在衬垫）
Ⓕ 新填埋单元处理区
Ⓖ 填埋单元已满
Ⓗ 雨水排放收集

Ⓘ 渗滤液收集池
Ⓙ 沼气通气口
Ⓚ 沼气管
Ⓛ 沼气站
Ⓜ 监测管
Ⓝ 地表径流收集区
Ⓞ 雨水排放区
Ⓟ 雨水管道
Ⓠ 至城市水处理厂

图 23-6 垃圾填埋场的辅助站和结构

一、底部衬层系统

垃圾填埋场的主要目的就是容纳垃圾，以确保垃圾不会造成环境问题，这也是其遇到的最大挑战之一。底部衬层可以防止垃圾与外部土壤，特别是与地下水的接触。在城市固体废物填埋场，衬层通常是用一种经久耐用的、不易穿透的合成塑料（聚乙烯、高密度聚乙烯和聚氯乙烯）制成。通常的厚度为 0.7～2.5 mm。还可以再加一层压实黏土，作为额外衬层。塑料衬层的两侧还可以围一层织物垫层（土工织物垫层），这将有助于保护塑料衬层，以免其被附近的岩石和沙砾层撕裂或刺破。

二、填埋单元（新单元和旧单元）

在垃圾填埋场中，最宝贵的资源是空间。空间大小直接影响到垃圾填埋场的容量和使用寿命。如果能够增加空间，就能延长垃圾填埋场的使用寿命。为了达到这个目标，人们将垃圾压实在填埋单元的区域内，那里只可容纳一天的垃圾。在垃圾填埋场，一个填埋单元大约长 15.25 m、宽 15.25 m、高 4.26 m，可容纳的垃圾量为 2 500 t，垃圾被压缩到大约 890 kg/m³。这种压缩是通过重型机械（拖拉机、推土机、滚轧机和压路机）在垃圾堆上来回碾压多次实现的。一旦填埋单元建成，就要用 15 cm 的土壤覆盖，然后再进一步压实。相邻的填埋单元排列成行，层层相连。除了将垃圾压缩为填埋单元之外，填埋场还不接纳大体积的废物，比如地毯、床垫、泡沫材料和庭园废物等，以此来节省空间。

三、雨水排放系统

尽可能地保持垃圾填埋场的干燥，减少渗滤液的量非常重要。可以通过以下两种方式实现：①固体废物不能含有液体：在固体废物进入垃圾填埋场之前，必须对其中的液体进行测试。测试方法是让废物样品通过标准涂料过滤器。如果 10 min 之后无液体从样品流出，该垃圾就可以被垃圾填埋场接收。②将雨水排放出垃圾填埋场：为了排放雨水，垃圾填埋场设有一个雨水排放系统。通过塑料排水管和雨水衬垫，将垃圾填埋场区域内的水收集起来，然后导入填埋场地基周围的排水沟中。排水沟为混凝土或沙砾内衬结构，它将水排放到垃圾填埋场旁边的收集池里。在收集池里，悬浮的土壤颗粒可以沉降下来，之后对水质进行测试，以检测渗滤液中的化学物质。一旦土壤颗粒发生沉降且水质通过测试，就可以将水抽出或排到场外。

四、渗滤液收集系统

水渗透到垃圾填埋场内的填埋单元和土壤中时，会有一些污染物（有机和无机化学物质、金属以及分解产生的生物废物）溶解在水中。这种含有溶解污染物的液体称为渗滤液，一般呈酸性。为了收集渗滤液，穿孔管道遍布垃圾填埋场（图 23-6）。这些管道随后将液体排入渗滤液管道，再由渗滤液管道将渗滤液排入收集池。渗滤液可以用泵抽到收集池中，也可以让它自由流动对收集池中的渗滤液进行检测，以确定各种化学指标（生化需氧量和化学需氧量、有机化合物、pH 值、钙、镁、铁、硫酸盐和氯化物）是否达标，达标之后允许沉积。测试之后，必须像处理任何其他的污水/废水一样，对渗滤液进行处理，可以在现场或场外进行。一些垃圾填埋场将渗滤液回灌，以后再进行处理。这种方法减少了垃圾填埋场产生的渗滤液的量，但是也提高了渗滤液内的污染物的浓度。

五、沼气收集系统

因为垃圾填埋场是密封的，填埋场内的细菌在无氧（厌氧）条件下对垃圾进行分解。这种厌氧分解的一种副产品就是垃圾填埋气，其中含有大约 50%的甲烷和 50%的二氧化碳，还有少量的氮气和氧气。因为甲烷可能爆炸或燃烧，因此必须除去垃圾填埋气。为了达到这一目的，垃圾填埋场内埋置了一系列的管道来收集气体。在一些垃圾填埋场，这种气体被排放或燃烧。最近，人们已经意识到垃圾填埋气是一种可利用的能源，可以把其中的甲烷提取出来用作燃料。

六、封盖或罩盖

如上所述，每个填埋单元平时用 15 cm 的压实土壤覆盖。这种覆盖可以让压实垃圾与空气隔离，防止有害动物（鸟类、老鼠、飞行昆虫等）进入垃圾。这些土壤占据了相当大的空间。因为空间非常宝贵，许多垃圾填埋场尝试用防水布、喷雾覆盖纸或水泥/纸张乳剂来代替覆盖土。乳剂可以有效地覆盖垃圾，而厚度只有 0.6 cm，而不是 15 cm。当垃圾填埋场的一个单元填满后，就用一层聚乙烯土工膜（1 mm）将其永久覆盖，再在上面盖上一层 0.6 m 厚的压实土。然后在土壤上栽种植被，以防止雨水和风造成土壤流失，植被由草和野葛组成。不要使用树、灌木或深扎根植物，以确保植物根不会接触到地底下的垃圾，并且渗滤液不会渗出垃圾填埋场。偶尔，渗滤液可能会从覆盖层的薄弱点渗出，流至地表。渗滤液外观为黑色，多泡沫，之后它会把地面污染为红色。渗滤液泄漏需要及时修复，修复方法为挖出渗漏区域周围土壤，然后用压实土填充，让渗滤液改变方向流回垃圾填埋场。

七、地下水监测

垃圾填埋场周围有许多地下水监测站。这些监测站把管道插到地下水中，然后对地下水进行采样和监测，以确定其中是否含有渗滤液化学物质。另外还要测量地下水的温度。因为在固体废物分解时，温度会升高。地下水的温度升高可能意味着渗滤液已经渗入到地下水中。另外，如果地下水的 pH 值变为酸性，也有可能意味着渗滤液泄漏。垃圾在垃圾填埋场停留很长时间，垃圾填埋场内只有少量氧气和水分，在这种条件下，垃圾不会分解太快。实际上，在对旧的垃圾填埋场进行挖掘或取样时，发现 40 年前的报纸上印刷的内容仍然清晰可辨。而垃圾填埋场并不是用来分解垃圾的，它仅仅是掩埋垃圾。当垃圾填埋场关闭时，必须对该区域进行长达 30 年的监测和维护，特别是地下水。

第四节　填埋过程

卫生填埋通常是每天把垃圾运到填埋场，经性质和计量判定后进入填埋场内。垃圾在指定的单元作业点卸下，卸车后用推土机推铺，再用压实机碾压。分层压实到需要的高度后，再在上面覆盖黏土和聚乙烯膜料，并重复上述的卸料、推铺、压实和覆盖过程。以一日一层作业单元，每日进行覆盖，垃圾的压实密度大于 0.5 t/m³。每层垃圾厚度为 2.5～3.0 m，每层覆土为 15～30 cm，通常四层厚度组成一个大单元，上面覆盖 45～50 cm 土。填埋时先从右至左推进，然后从前向后推进。左、中、右之间的连线呈圆弧形，使覆盖面上排水畅通地流向两侧进入排水沟或边沟等，以减少雨水渗入垃圾体内，前后上部的连线呈一定坡度。外坡为 1∶4，顶坡不小于 2∶100。单元厚度达到设计厚度后，可进行临时封场，在其上面覆盖 45～50 cm 厚的黏土，并均匀压实，再加上 15 cm 厚的营养土，种植浅根植物。最终封场覆土厚度大于 1 m。填埋场的作业方式实行分区分单元填埋，以分区分单元填埋为前提，然后再来考虑分层填埋作业。为最大限度地防止污染扩散，填埋作业过程中，正在进行填埋作业的子填埋区是裸露的，日覆盖采用膜覆盖，其他的区域均为中间覆盖或临时封场。首先进行作业的是整平后的一区填埋库区底部，在实际进行填埋作业的过程中，要考虑是和填埋作业库区临时作业道路结合起来实施。第一次到达填埋作业达到绝对标高 2 m 而后开始第二层填埋作业单元。随着填埋作业高度增加，可利用的填埋作业有效面积也在增加，这时为气体利用提供了方便，已经经过临时封场的填埋单元可以通过导气石笼中间的垂直气井，将导气管和周围的移动式集气站连接起来，就可以对气体进行再利用了。

整个填埋区的作业顺序是：先一区、二区、再三区，然后开始二期工程。填埋二期工程作业时，和填埋一区形成新的水平面积，继续向上填埋，形成堆体后临时封场，填埋三期作业。其填埋作业工艺流程如图 23-7 所示。

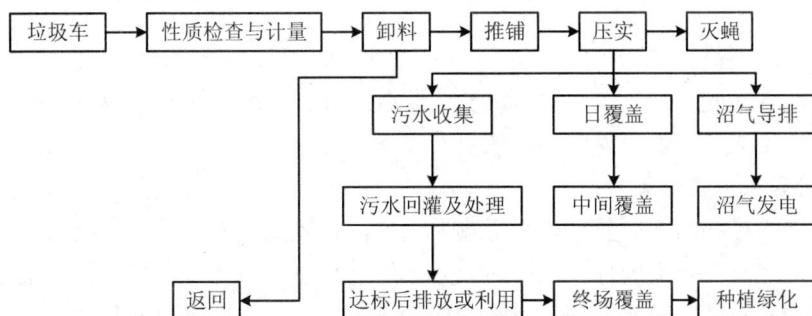

图 23-7　填埋作业工艺流程

第五节 防渗工程与渗滤液处理设计

一、渗滤液的产生

垃圾渗滤液是指垃圾在填埋和堆放过程中由于垃圾中有机物质分解产生的水和垃圾中的游离水、雨水以及入渗的地下水，通过淋溶作用形成的污水。垃圾渗滤液是一种成分复杂的高浓度有机废水，水质和水量在现场受多方面因素影响，如降水量、蒸发量、地面流失、地下水渗入、垃圾的特性、下层排水设施等。

渗滤液的产生来源主要有 5 个方面：①降水入渗，降雨的淋溶作用是渗滤液产生的主要来源；②外部地表水入渗，包括地表径流和地表灌溉；③地下水入渗，当填埋场内渗滤液水位低于场外地下水水位，且没有设置防渗系统时，地下水就有可能入渗；④垃圾自身水分，这包括垃圾本身携带的水分以及其从大气和雨水中吸附的水；⑤垃圾填埋后，有机组分经微生物厌氧分解产生水分。

二、渗滤液的组成和特征

（一）渗滤液的组成

由于填埋场内垃圾组分复杂，因此产生的渗滤液的组分也特别复杂，其中含有大量的有机污染物、重金属物质以及氮磷等成分。渗滤液中污染物质可分成 3 类：第一类有机污染物，包括脂肪酸类、芳香族碳氢化合物等；第二类重金属离子，包括 Mn^{2+}、Cd^{2+}、Cr^{6+}、Pb^{2+} 等；第三类可溶性无机盐，包括 Ca^{2+}、Mg^{2+}、Na^+、K^+、SO_4^{2-}、Cl^- 等。

（二）渗滤液的特征

渗滤液的水质受当地气候、地质水文、垃圾组分、填埋时间及填埋方式等因素的影响而产生明显的不同，一般来说，渗滤液具有以下特征：

1. 组分复杂，毒性高

填埋场中污染物质成分复杂，有毒物质较多，且渗滤液浓度较高，流动缓慢，渗透时间较长，除了能被表层土壤有效阻留的成分之外，其他污染物质会渗透到土壤之中，甚至进入含水层的饱和区，对周围的地下水造成严重污染，污染延续时间长达数百年之久。

2. 有机物浓度高且水质变化大

由于填埋场废物组分复杂，有机物含量高，会发生一系列的分解、溶出、发酵等反应，因此渗滤液中会含有大量的有机物质，其 BOD_5、COD_{Cr} 可高达数万毫克/升，远高于城市污水有机物含量。但随着填埋场使用年份的增加，垃圾层日趋稳定，相应的有机物降解速度减慢，产生渗滤液时间增长且渗滤液中有机物质含量降低，从而 BOD_5、COD_{Cr} 的数值也会相应地降低。渗滤液的水质也会随着降水量的变化而变化，季节性降雨直接影响渗滤液的水质，但变化规律很难确定。

3．营养物质严重失调

渗滤液中氨氮、BOD$_5$、TOC 含量较高，而相应的微生物生长所需的磷元素浓度很低，磷元素的缺乏会导致渗滤液中氮磷比例严重失调，不利于渗滤液的微生物降解。

4．重金属含量低

重金属离子易与大分子有机物、无机盐离子等发生络合、交换、沉淀、吸附等作用，从而形成有机络合物、无机络合物以及游离态金属，主要以有机络合物和无机络合物为主，以游离态存在的金属所占比例很低。因此，一般渗滤液中重金属含量较其他污染物低得多。渗滤液的这种特点给渗滤液处理系统的设计和运行带来困难，在选择渗滤液处理工艺时，需仔细考虑渗滤液的水质特点，提出合理的解决方案。

三、渗滤液的产生量

渗滤液的产生量通常由以下因素决定：区域降水及气候条件、场地地形地貌及水文地质条件、填埋垃圾性质与组分、填埋场的构造、操作条件，同时也会受其他一些因素的制约。渗滤液产生量的预测是设计渗滤液处理系统的重要前提，根据国家环保部门出台的一项关于生活垃圾填埋处理场渗滤液处理工程技术规范的意见稿，渗滤液的产生量可按下式估算：

$$Q = \frac{I \times (C_1 A_1 + C_2 A_2 + C_3 A_3)}{1\,000} \tag{23-3}$$

式中，Q——垃圾渗滤液平均产生量，m^3/d；

　　I——多年平均降雨量的最大月份降雨量的日平均值，mm/d；

　　A_1——填埋场作业单元集水面积，m^2；

　　C_1——作业单元浸出系数，m^3/m^3，与填埋场、填埋方式、填埋时有关，一般 C=0.2～0.8，即渗滤液产生量为降水量的30%～80%，当降雨量等于蒸发量时取 0.5，当降雨量小于蒸发量时取 0.3，降雨量大于蒸发量时取 0.8；

　　A_2——填埋场中间覆盖单元集水面积，m^2；

　　C_2——中间覆盖单元浸出系数，宜取 $0.6C_1$；

　　A_3——填埋场终场覆盖单元集水面积，m^2；

　　C_3——终场覆盖单元浸出系数，宜$\leqslant$0.1；

　　A_1、A_2、A_3——分别为按照设计填埋顺序给出的不同填埋时期的数值，以此计算不同填埋时期的渗滤液产生量，选择最大值作为渗滤液处理设施的设计用渗滤液产生量。

四、渗滤液的控制

（一）防渗材料

目前，从国内外的实践实用来看，垃圾卫生填埋场应用最广泛、最成功的防渗材料是高密度聚乙烯（HDPE）复合膜，与其他防渗材料相比，它具有最好的耐久性。从防渗性能和经济实用角度考虑，此工程采用 1.5 mm 厚度的高密度聚乙烯膜较为适当。从摩擦性能和安全性的角度出发，在坡面上采用毛面 HDPE 膜较好，但设计中由于有足够的黏土层，所以此工程防渗主体结构全部采用 1.5 mm 厚的光面 HDPE 膜。

（二）防渗结构

在垃圾填埋区场底、侧坡和调节池内都安装严密的防渗系统，使其密不透水，以防止渗滤液污染地下水。核心部分是双层高密度聚乙烯膜，此外还设置收集层。场底结构从上到下依次为：过滤层、主滤液收集层、保护层、主防渗层、次要滤液防渗层、次防渗层、保护层、构建底面。其相应的防渗材料设置依次为：轻型工布土、厚度为 600 mm 的碎石导流层、500 g/m^2 的无纺土工布层、1.5 mm 的光面高密度 HDPE 膜、500 g/m^2 的无纺土工布层、1.5 mm 的光面高密度 HDPE 膜、500 g/m^2 的无纺土工布层、地基土，见表 23-1 和图 23-8。边坡和调节池的防渗结构与场底的都相同，这是从最安全的角度出发考虑的。

表 23-1　场底和边坡防渗结构

结构	防渗材料
过滤层	轻型工布土
主滤液收集层	厚度为 600 mm 的碎石导流层
保护层	500 g/m^2 的无纺土工布层
主防渗层	1.5 mm 的光面高密度 HDPE 膜
次要滤液防渗层	500 g/m^2 的无纺土工布层
次防渗层	1.5 mm 的光面高密度 HDPE 膜
保护层	500 g/m^2 的无纺土工布层
构建底面	地基土

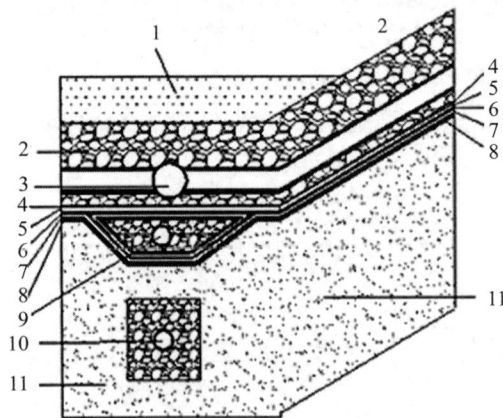

图 23-8　场底和边坡防渗结构示意图

1. 垃圾层；2. 600 mm 的碎石导流层；3. 渗滤液主导流管；4. 渗滤液次导流管；
5. 500 g/m^2 的无纺土工布；6. 1.5 mm 的 HDPE；7. 500 g/m^2 的无纺土工布；8. 1.5 mm 的 HDPE；
9. 500 g/m^2 的无纺土工布；10. 地下水排水管；11. 基底

（三）渗滤液收集导排系统

1. 渗滤液收集系统

渗滤液收集系统包括：①渗滤液主收集层：在无纺土工布保护层上铺设 600 mm 的碎石层，要求粒径 20~40 mm，按上粗下细进行铺设，防止填埋的垃圾堵塞砾石缝从而影响渗滤液导流效果；②渗滤液次收集层：直接安装于主防渗层之下，目的是监测主防渗层是否渗漏，若有渗漏，则可在次盲沟中发现并收集起来；③渗滤液导渗盲沟：负责渗滤液的最终排放，将其从场区内排往渗滤液沉淀池和调节池进行处理。为了便于渗滤液的收集排放，在各区分别设置纵向盲沟，其中主收集层铺设直径为 250 mm 的穿孔花管，由导流层形成盲沟断面，并用 150 g/m² 的织质土工布包裹。次盲沟由透水和受垃圾沉降影响小的透水软管组成。当次盲沟铺好之后再开始进行中间覆盖。

2. 渗滤液排水系统

①排水管的结构：典型的渗滤液排水管结构为管道向下开孔以减少堵塞。②排水管种类：常用的排水管为有孔钢筋混凝土管、有孔合成树脂管等，要根据填埋垃圾质量、填埋层厚度和地形状况选择合适的管材，管材种类如表 23-2 所示。

表 23-2　渗滤液集排水管种类

管材种类		标准管径/mm	底部集排水管		斜面集排水管	竖行集排水管	特点
			干线	支线			
有孔钢筋混凝土管		15~300	√			√	刚性好，适合需要，避免管变形的要求
有孔合成树脂管	增强塑料管	50~150	√			√	高强度、耐腐蚀，适合填埋层厚度的要求
	硬质聚乙烯管	10~40		√	√		可动性大，耐腐蚀性高，适合应用小管的场合
	硬质聚氯乙烯管	10~80	√		√	√	强度高，抗热性能较差
混凝土透水管		10~70		√			可动性小，需注意堵塞
高分子透水管		10~60		√	√		可动性大，应注意堵塞
铁系石笼管				√	√	√	适合短期使用，需注意堵塞

3. 集排水管的配置

填埋场底部的集排水管配置分为直线型、分支型和梯形，如表 23-3 所示，通常分支型和梯形使用较多，支管间距为 10~20 cm。

表 23-3　填埋场底部集排水管设置

方法	应用及特点
直线型	应用：规模小，用于地面坡度大的地点； 特点：工程费用低，空气流通面少，底部领域小，集水效率不高
分支型	应用：广泛应用于横竖断面倾斜度比较宽裕的地方； 特点：可确保空气流通，集水效率高
梯形	应用：适用于平地填埋或横断倾斜度较小的地形； 特点：空气流通性、集水效率与分支型相同，在一条干线系统中可设置多数，因此出现预想不到的事故时也能很快排水

4. 地下水导排系统

填埋场的工艺设计必须考虑对填埋库区底部可能存在的地下水进行导排。地下水导排沟位于渗滤液主导排沟下约 2 m 处。先在沟内铺设反滤 150 g/m² 土工布，然后再铺设直径 200mm 的 HDPE 穿孔花管，最后回填级配碎石到地下水导排沟沟顶。

五、渗滤液的处理工程

（一）渗滤液性质

垃圾渗滤液呈淡茶色或暗褐色，色度为 2 000～4 000。有浓烈的腐化臭味，成分复杂，毒性强烈，有机物含量较多，被列入我国优先污染控制物"黑名单"的就有 5 种以上；氯氮浓度高，BOD_5 和 COD 浓度也远超一般污水。

垃圾在填埋场产生渗滤液可分为以下几个阶段：

①调整期：在填埋初期，垃圾体中的水分逐渐积累且有氧气存在，厌氧发酵作用及微生物作用缓慢，此阶段渗滤液量较少；②过渡期：本阶段渗滤液中的微生物由好氧性逐渐转变为兼性或厌氧性，开始形成渗滤液，可测到挥发性有机酸的存在；③酸形成期：滤液中挥发性有机酸占大多数，pH 下降，COD 浓度极高，BOD_5/COD 为 0.4～0.6，可生化性好，颜色很深，属于初期渗滤液；④甲烷形成期：此阶段有机物经甲烷菌转化为 CH_4 和 CO_2，pH 上升，COD 浓度急剧降低，BOD_5/COD 为 0.1～0.01，可生化性较差，属于后期渗滤液；⑤成熟期：此时渗滤液中的可利用成分大大减少，细菌的生物稳定作用趋于停止，并停止产生气体，系统由无氧态转为有氧态，自然环境得到恢复。

（二）垃圾渗滤液处理工艺方案

国内外渗滤液水质监测资料分析表明，开始时填埋场的渗滤液生化性较好，但随着时间的推移，其生化性将逐渐降低。城市生活垃圾卫生填埋场渗滤液属于含氮量高、有机物浓度高的污水，其流量和负荷在不断变化。故此工程拟采用生物处理与物化处理相结合的方法，并辅以深度处理，使其扬长避短，互相补充，相辅相成，将处理效果发挥到最大限度。采用的设备有 EGSB 反应器和微滤装置（CMF）等。其污水处理工程拟采用 EGSB 反应器+CASS 反应池+微滤装置（CMF）+生物滤池+反渗透（RO）的联合工艺，如图 23-9 所示。

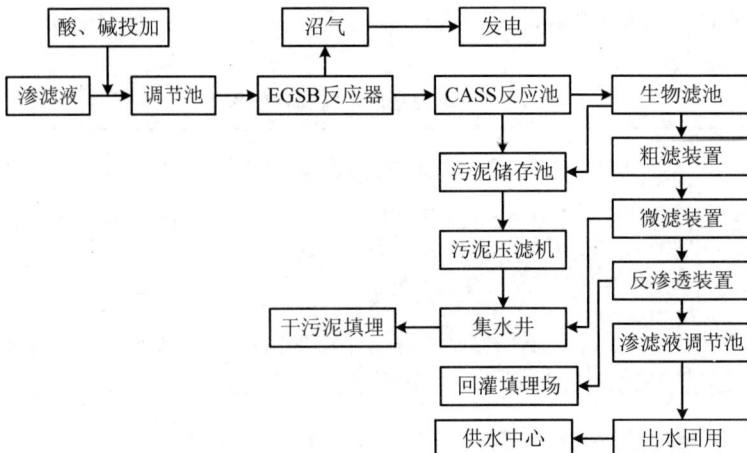

图 23-9 垃圾渗滤液处理工艺流程

（三）垃圾渗滤液处理工艺设计

1. 调节池

调节池容量为 2.0 万 m^3，污水进入调节池前通过加酸或碱调节 pH 值，使其处于厌氧微碱性阶段，从而为其下一步的厌氧反应提供稳定的条件。

2. EGSB 反应器

EGSB（图 23-10）即为膨胀式颗粒污泥床，是在 UASB 反应器的基础上发展起来的，继承了 UASB 的几乎所有优点，技术上则更为先进。作为一种高效厌氧生物反应器，它具有很高的污泥浓度和容积负荷，能适应一定水质水量波动，具有较强的抗冲击负荷能力。此外它还可将难生物降解的高分子有机物分解成小分子，有助于提高有机物的可降解性，大大降低了后续单元处理负荷。经 EGSB 反应器产生的沼气输送到沼气发电区进行发电。其特点如下：以颗粒化污泥为技术核心；EGSB 的高度可达 15 m 而 UASB 只有 5.5 m，在同体积的情况下，EGSB 的面积更小，进水分布会更均匀，传质效果更好；因 EGSB 的颗粒化污泥呈悬浮态，与水的接触效果更好，有机物去除率更高；EGSB 反应器的污泥量可达 50 000～60 000 mg/L，而 UASB 则只有其一半的处理量。因此 EGSB 能承受更高的进水浓度，抗冲击能力更强，负荷更高；在处理高浓度有机废水时，处理出水不循环，可进一步节省能耗，降低运行成本。

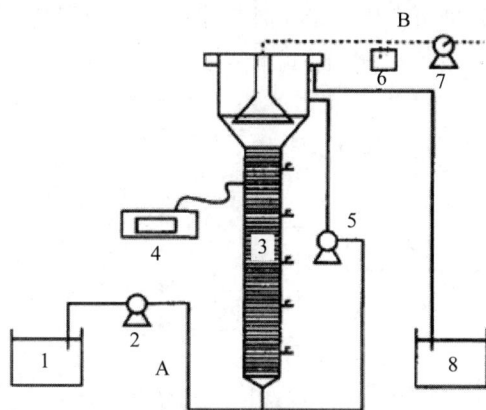

图 23-10　EGSB 反应器

1. 配水箱；2. 进水泵；3. EGSB 反应器；4. 温控仪；5. 回流泵；
6. 水封瓶；7. 气体流量计；8. 出水计量水箱；A. 水管；B. 气管

3. CASS 反应池

即循环活性污泥系统，它是在序批式活性污泥法基础上发展起来的，在反应池的前端设置了缺氧生物选择区。其优点在于：不需要二沉池，节省了基建投资，占地面积小；反应池由缺氧预反应区和好氧主反应区组成，对难降解有机物的去除效果较好，出水水质好，不产生污泥膨胀；具有很好的脱氮除磷效果；自动化程度高，操作运行简单；CASS 池进水经过稀释后浓度降低，有机污染的浓度梯度变小，因此有利于提高生物处理效果。

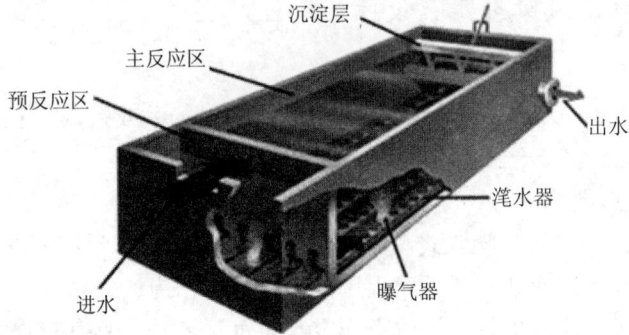

图 23-11　CASS 反应池

4．生物滤池

紧接着 CASS 反应池出来的污水非常有利于生物处理，故生物滤池能很好去除剩余的有机物，其剩余污泥排到污泥储存池经压滤机处理后回填。

5．微滤装置

CMF 是以中空纤维微滤膜为中心处理单元，并配以特殊设计的管路、阀门、自清洗单元、加药单元和 PLC 自控单元形成的闭路连续操作系统。当待处理水在一定压力下通过微滤膜过滤后，便达到了物理分离的目的，使大部分残余有机物被有效去除，达到物理生物处理的结合，相互弥补，发挥更大的去除作用。

CMF 装置主要包括预过滤系统、微滤主机、供水系统、反冲洗系统、压缩空气系统、化学清洗系统以及 PLC 自控系统等，CMF 装置见图 23-12。

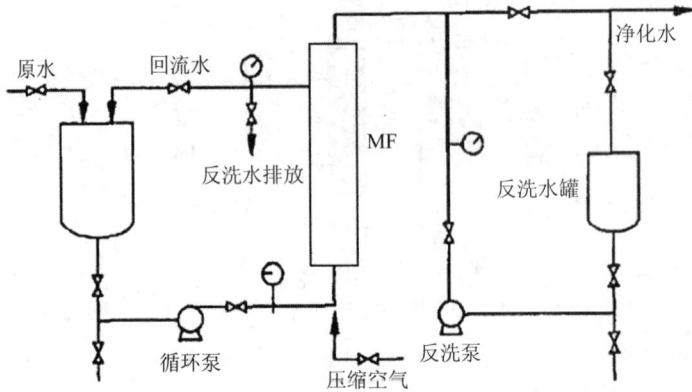

图 23-12　CMF 装置

6．反渗透装置

渗滤液后处理通常采用反渗透工艺，以去除中等分子量的溶解性有机物和绝大部分的溶解性盐类。因为经过了一系列的处理后，污水的有机物浓度大大降低，适合于去除剩余的溶解性物质。这样污水得到进一步净化，其出水经过调节池调节流量送到供水中心或回用。

第六节　填埋气体收集与利用设计

一、填埋场气体的产生与组成

（一）填埋气的产生机理

填埋气的产生是一个复杂的生物化学过程，对于厌氧填埋场系统来说，填埋气体的产生过程就是微生物的厌氧发酵过程。通过综合国内外对填埋各时期填埋气组分的变化规律研究，可知填埋气的产生可以分为五个阶段，如图 23-13 所示。

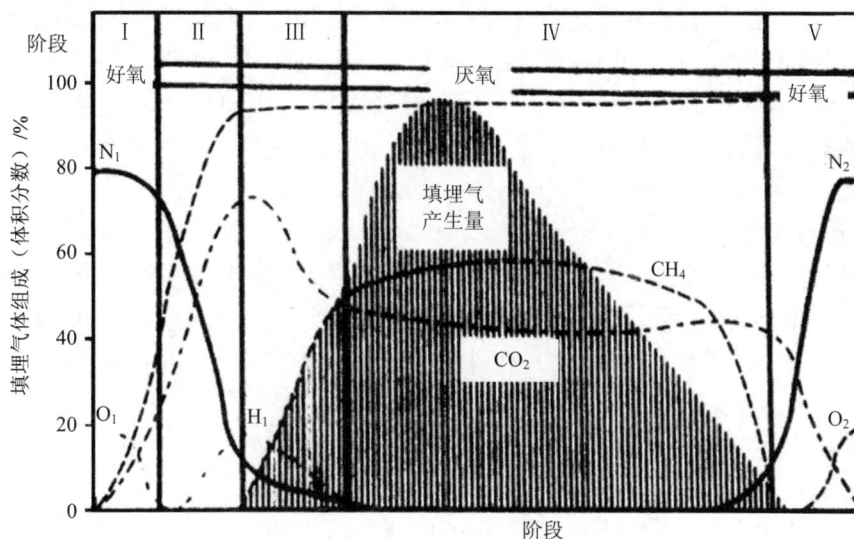

图 23-13　填埋降解各阶段的主要气体产物及组成

1. 初期调整阶段（好氧阶段）

垃圾一旦被填入填埋场中就进入初始调整阶段。在此阶段微生物的胞外酶将复杂有机物分解成简单有机物，简单有机物通过好氧分解转化成小分子物质和 CO_2。好氧阶段往往在较短的时间内就能完成，在此阶段内微生物进行好氧呼吸，生成 CO_2 和 H_2O，同时释放一定的热量，垃圾温度明显升高。此阶段的主要化学反应如下：

碳水化合物：

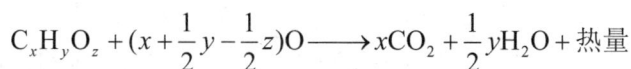

$$C_xH_yO_z + (x + \frac{1}{2}y - \frac{1}{2}z)O \longrightarrow xCO_2 + \frac{1}{2}yH_2O + 热量$$

含氮有机物：

$$C_xH_yO_zN_v \cdot aH_2O + bO_2 \longrightarrow C_sH_tO_u + eNH_3 + dH_2O + fCO_2 + 热量$$

在此阶段的初期，除了微生物的生化反应外，还包括许多昆虫和无脊椎动物（螨、倍足纲节肢动物、等足类动物、线虫）对易降解组分的分解作用。

2. 过渡阶段（水解阶段）

第一阶段氧气被完全耗尽后，场内厌氧环境开始形成。复杂有机物如多糖、蛋白质等在微生物作用下被水解、发酵，由不溶物质变为可溶性物质，并迅速生成挥发性脂肪酸（Volatile Fatty Acids，VFA）、CO_2 和少量 H_2。此阶段的主要特征是：填埋气体组分较好氧阶段复杂，含少量 H_2、N_2 和高分子有机气体，但仍以 CO_2 为主，基本上不含 CH_4；有机酸的产生使渗滤液 pH 降低，同时水溶性物质（DOM）的产生使 COD_{Cr} 升高。

3. 产酸阶段

在此阶段，产酸菌等微生物活动明显加快，产生大量的有机酸和少量氢气，高相对分子质量的化合物（如类脂物、多糖、蛋白质和核酸）的中间酶转化（水解）为适于微生物用做能源和脱硫源的化合物，此时化合物被微生物转化为低相对分子量的有机化合物，典型的中间产物有甲酸、富里酸或其他更复杂的有机酸。二氧化碳是此阶段产生的主要气体，少量的氢气也会在此阶段产生。此阶段的主要特征是：填埋场气体以 CO_2 为主，前半段呈上升趋势，后半段上升趋势变慢或逐渐减少，也会产生少量 H_2；由于大量有机酸的出现和积累，导致渗滤液 pH 值很低（可能低于 5），同时 COD_{Cr}、BOD_5 和 VFA 急剧升高，并且渗滤液的酸性使无机物质（特别是重金属）溶解，造成金属离子浓度急剧上升，这些参数在中期达到最大值后，浓度开始逐渐下降。

4. 产甲烷阶段

当填埋气中 H_2 含量下降至很低时，填埋场稳定化即进入甲烷发酵阶段，此时产甲烷菌将醋酸和其他有机酸以及 H_2 转化为 CH_4。此阶段专性厌氧细菌缓慢却有效地分解所有可降解垃圾为稳定的矿化物或简单的无机物。这一过程的主要生化反应如下：

$$nCH_3COOH \longrightarrow (CH_2O)_n + nCO_2 + 热量$$

此阶段的主要特征是：在此阶段前期，填埋场 CH_4 含量上升至 50% 左右，有机酸的消耗速率远大于产生速率，pH 值逐渐升高至 6.8～8.0，渗滤液的 COD_{Cr}、BOD_5、金属离子浓度和电导率迅速下降。此后，填埋气 COD_{Cr} 浓度、BOD_5 浓度、金属离子浓度和电导率缓慢下降。

5. 成熟阶段

在垃圾中大部分可降解有机物转化成 CH_4 和 CO_2 后，填埋气产生速率显著减小，随着大气复氧的进行，填埋场系统缓慢转换成有氧状态，填埋场进入相对稳定阶段。该阶段主要特征是：填埋气的主要组分依然是 CH_4 和 CO_2，但其产率显著降低，渗滤液常常含有一定量的难以降解的腐殖酸和富里酸。

（二）填埋气体的组成

城市垃圾填埋气体的主要成分为 CH_4 和 CO_2，但由于垃圾成分的复杂性以及垃圾内部变化过程的多样性造成填埋气体成分也较为复杂。通常根据填埋气体中各成分的含量及存在的普遍性将其组成成分划分为 3 类。

1. 主要成分

填埋气主要成分是 CH_4 和 CO_2，二者体积占填埋气体总体积的 95%～99%。其中 CH_4

占 45%～60%，CO_2 占 40%～60%。

2．常见成分

主要指除 CH_4 和 CO_2 外的其他常见气体，包括 H_2S、NH_3 和 H_2 等，其体积分数之和不足 5%。

3．微量成分

填埋气体中还含有一些体积总量低于 1%的气体，这些微量气体虽然含量很少，但其中一部分可能有毒，且种类多、成分复杂。主要包括烷烃、环烷烃、芳烃、卤代化合物等在内的挥发性有机物（VOC）。

（三）填埋气体产生量和产生速率的估算

1．填埋气体产生量估算

填埋气体的产生量和垃圾中可生物降解的有机物含量有关，理论上能达到的最大产气量取决于填埋垃圾的总量和垃圾中可生物降解的有机物含量。同时，填埋场实际产气量还受其他因素影响。

由于影响填埋气体产生量的因素很复杂，精确的填埋气体产生量很难估算。为此，国外从 1970 年初就发展了许多不同的理论或实际估算填埋场产气量案例。填埋垃圾的理论产气量，可根据填埋垃圾的化学分子式计算，也可以根据垃圾的化学需氧量计算。以下是几种常见的填埋气理论产量计算方法。

（1）化学计量法。

有机垃圾厌氧分解中，假设垃圾中的碳均为可降解有机碳，可生化降解的有机物用一般的化学分子式 $C_aH_bO_cN_d$ 表示，降解后完全转化为 CH_4 和 CO_2：

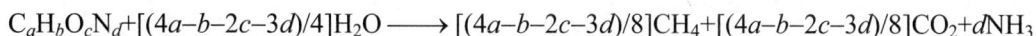

$$C_aH_bO_cN_d+[(4a-b-2c-3d)/4]H_2O \longrightarrow [(4a-b-2c-3d)/8]CH_4+[(4a-b-2c-3d)/8]CO_2+dNH_3$$

（2）化学需氧量法。

假如填埋场释放气体过程中无能量损失，有机物全部被降解，生成 CH_4 和 CO_2。则根据能量守恒定律有机物所含能量全部转化为 CH_4 所含的能量。而物质所含能量与该物质完全燃烧的需氧量（COD）成比例，因而有：根据甲烷燃烧化学计量式，$CH_4+2CO_2=CO_2+2H_2O$，得 1 g COD 有机物相当于 0.35L CH_4（0℃，$1.01×10^5Pa$）。据此可计算填埋场的理论产量。由于在填埋气中 CH_4 约占 50%，可得：1 g COD 有机物相当于 0.7 L CH_4 混合气体（0℃，$1.01×10^5Pa$）。这样，可根据填埋垃圾总量和单位质量填埋垃圾的 COD，用式（23-4）估算理论产气量：

$$L_0 = W(1-w)n_{有机物}C_{COD}V_{COD} \qquad (23-4)$$

式中，L_0——填埋垃圾理论产气量；

　　　　W——废物质量，kg；

　　　　w——垃圾含水率（质量占比），%；

　　　　n——垃圾的有机物含量（质量占比），%；

　　　　C_{COD}——单位质量垃圾的化学需氧量，kg/kg；

　　　　V_{COD}——单位 COD 相当的填埋气产量，kg。

（3）利用垃圾中的有机物可生物降解的特性进行计算。

利用有机物可生物降解特性预测单位质量垃圾中的甲烷最高产量。计算公式如下：

$$C_i = KP_i(1-M_i)V_iE_i \qquad (23\text{-}5)$$

$$C = \sum C_i \qquad (23\text{-}6)$$

式中，C_i——单位质量垃圾中某种成分所产生的甲烷的质量体积，L/kg 湿垃圾；

  K——经验常数，单位质量的挥发性固体物质标准气体状态下所产生的甲烷体积，

   K=526.5 L/kg 挥发性固体物质；

  P_i——某种有机成分占单位质量垃圾的湿重，%；

  M_i——某种有机成分的含水率，%；

  V_i——某种有机成分的挥发性固体物含量（干态质量），%；

  E_i——某种有机成分的可生物降解物质的含量，%；

  C——单位质量垃圾所产生的 CH_4 最高产量，L/kg 湿垃圾。

2．填埋气体产生速率估算

在填埋气体的回收利用过程中，产气速率是决定填埋气回收利用设施的建设规模和使用年限的主要因素。影响填埋气体产生速率的因素很多，包括垃圾组分、垃圾含水率、垃圾体内温度等，其中最主要的是影响甲烷生成菌株活性的因素。

目前应用最多的是美国国家环保局于 1998 年提出的简单经验公式：

$$G = L_0R(e^{-kc} - e^{-kt}) \qquad (23\text{-}7)$$

式中，G——当年的产生量，m^3/a；

  L_0——最大理论产气量，m^3/t；

  R——垃圾填埋场的平均处理能力，t/a；

  c——垃圾填埋场使用年限，a；

  t——垃圾填埋场运行以来的时间，a；

  k——CH_4 产生速率常数。

根据在我国城市生活垃圾填埋场的工程实践经验，选取 L_0=50 m^3/t 是较为合适的。CH_4 产生速率常数 k 决定填埋场的 CH_4 的产生率。k 值与垃圾含水率、CH_4 生成的营养基体状况、pH 值和温度等因素有关，取值范围为 0.003～0.21。在我国，由于城市生活垃圾中易腐有机质含量高，k 值一般为 0.15 左右。

二、填埋场气体的收集与导排

气体从填埋场内向外流动，通常有对流和扩散两种方式。对流是由于气体对周围透水性很小或者完全饱和的土层形成压力梯度引起的，也可能是由于甲烷比二氧化碳或空气轻而产生浮力引起的。扩散则是由于气体浓度之间的差别引起的。为了使填埋气体有组织地排放，现代卫生填埋场通常装设有气体收集管路和相关设备的填埋气体导排收集系统，主要有被动控制系统和主动控制系统两种类型。

1. 被动控制系统

被动控制系统让气体通过自身产生的压力和浓度梯度向预设收集管路中迁移排出，系统中无耗能抽吸设备的使用，适用于小型填埋场和垃圾填埋深度较小的填埋场。其特点是：①无机械抽气设备，只靠气体本身的压力排气，因此排气效率低，有一部分气体仍可能无序迁移；②系统排出的气体无法利用，也不利于火炬排放，因此对环境的污染较大。③建设及运行费用较低，维护保养简单。图 23-14 是一种典型的被动排气方式。

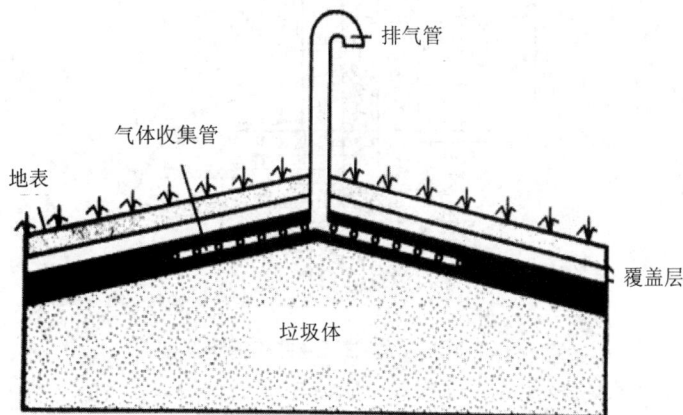

图 23-14　一种典型的被动排气系统示意图

2. 主动控制系统

由于被动控制系统不能有效地处理填埋场气体，现代卫生填埋场通常采用主动气体控制系统。主动控制系统利用耗能设备形成真空或产生负压，强迫气体从填埋场中向收集管路迁移。填埋气体主动控制系统主要由抽气井、集气管、冷凝水收集井、泵站、真空源、气体处理站以及气体监测设备等组成。主动控制系统主要有以下特点：①抽气流量和负压可以随产气速率的变化进行调整，可最大限度地将填埋气体导排出来。②抽出的气体可直接利用，因此通常与气体利用系统连用，具有一定的经济效益。③由于利用机械抽气，因此运行成本较大。

主动控制系统在形式上可分为垂直竖井收集系统和水平横管收集系统。

（1）垂直竖井收集系统。垂直抽气井是填埋场采用的最普遍的气体导排方式。竖井收集通常用于已经封顶的填埋场或填埋场已完工的部分，为避免受渗滤液水位的影响，抽气井常见井深为填埋场深度的 50%～90%，对于具有人工防渗薄膜混合覆盖层的填埋场，各井点间距离常用 45～60 m，而使用黏土等天然土壤作为覆盖材料的填埋场井距常取 30 m 左右，见图 23-15。

（2）水平横管收集系统。横管收集常用于正处于填埋阶段的填埋场，通常随着垃圾层的铺设间隔一定高度安装，各横向收集管在水平和垂直方向的间距随着填埋场的具体情况而定。通常水平间距取为 30～120 m，垂直间距取 2.4～18 m 或 1～2 层垃圾的高度，见图 23-16。

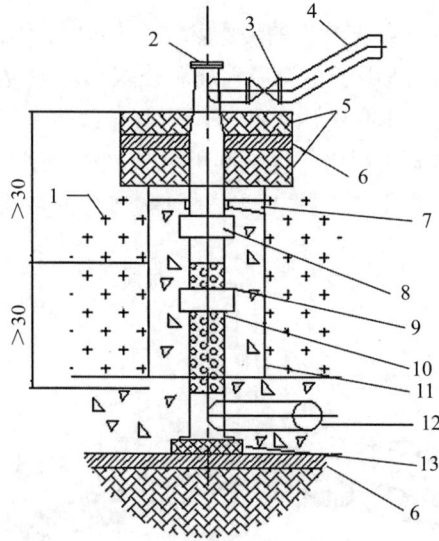

图 23-15   典型抽气竖井构造示意图

1. 垃圾；2. 接点火燃烧器；3. 阀门；4. 柔性管；5. 膨润土；6. HDPE 膜；7. 导向块；
8. 管接头；9. 外套管；10. 多孔管；11. 砾石；12. 渗滤液收集管；13. 基座

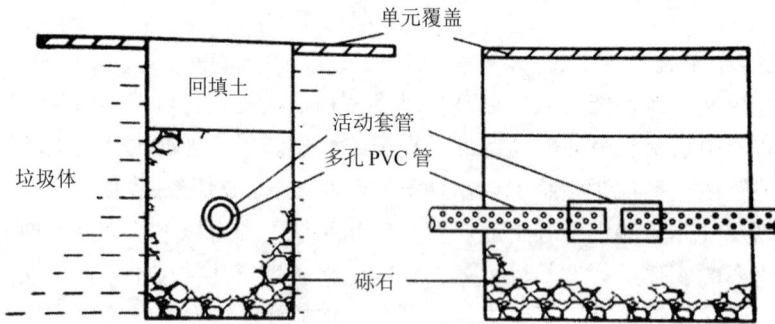

图 23-16   气体横管收集系统

三、填埋气体的收集与处理设计

填埋工程采用主动控制系统，即在填埋场内铺设一些垂直的导气井或水平的盲沟，用管道将这些导气井和盲沟连接至抽气设备，利用抽气设备对导气井和盲沟抽气，将填埋气抽出来。由于本垃圾填埋场面积大、填埋量大，采用水平收集盲沟易使空气进入抽气系统，故此工程采用垂直抽气井抽气。考虑到填埋厚度和填埋规模等因素，选择采用垃圾单元封闭后钻井下管统一收集填埋气体。

通常，填埋气体主动控制系统又分为内部填埋气体收集系统和边缘填埋气体收集系统两类。内部填埋气体收集系统常用来回收填埋气体、控制臭味和地表排放。边缘填埋气体收集系统主要是回收并控制填埋气体的横向地表迁移。采用周边抽气井抽气。填埋气体在输送过程中，会逐渐变凉而产生含有多种有机和无机化学物质及具有腐蚀性的冷凝液。这些冷凝液能引起管道振动，限制气流，增加压力差，阻碍系统运行。为此要设置冷凝液收集系统，一般冷凝液收集井安装在气体收集管道的最低处，避免增大压差和产生振动。收集的气体最终汇集到总干管，经鼓风机将其输送到燃气发电厂，其输送管道材料采用 PE。

因填埋场工程较大，处理的垃圾量也较大，产生的沼气数量可观，持续的时间较长，所以本工程主要把填埋气体用作发电。其总的气体处理与利用工艺流程如图 23-17 所示。

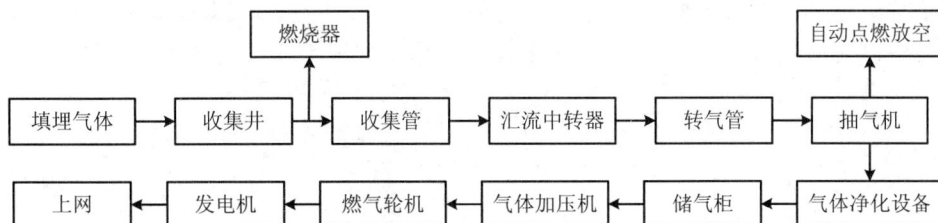

图 23-17　填埋气体的处理与利用工艺流程

第七节　填埋场的环境监测设计

一、监测项目

填埋场管理必须进行环境监测，它是垃圾处理设施运行状况的评价依据，监测内容涉及大气、地下水、地表水、渗滤液、填埋气体、堆体沉降、苍蝇密度、填埋垃圾等方面，监测项目见表 23-4。

表 23-4　监测项目

	监测项目	执行标准	说明
地面水	pH、SS、BOD$_5$、COD$_{Cr}$、NH$_3$-N、NO$_2$、Cl$^-$、TP 等		填埋场本底监测 3 次，启用后在枯、丰、平水期各监测 1 次，高峰月 2 次
地下水	pH、总硬度、氯化物、COD$_{Cr}$、水位、氨氮、挥发酚、氢化物、大肠杆菌等	《生活垃圾填埋场污染控制》（GB 16889—1997）	监测井取样前 3 天洗井，洗井时取出水量为井中存水的 3~5 倍，监测指标必要时进行调整。监测点为各个地下水监测井、生活用水井。每年监测 3 次，取样时间分别在 4 月、8 月和 11 月（图 23-19）
渗滤液	pH、SS、BOD$_5$、COD$_{Cr}$、NH$_3$-N、大肠杆菌等		监测点为：渗滤液收集井、渗滤液处理设施排放口，每年监测 3 次，取样时间分别在 4 月、8 月、11 月
大气	TSP、臭氧强度、氨、硫化氢、甲硫醇等		监测点在上、下风向各 1 个，风向不固定时可适当增加，每年监测 2 次，取样时间分别在 4 月、8 月
填埋气	CH$_4$、CO$_2$、CO、N$_2$、O$_2$、H$_2$、H$_2$S 等		监测点为沼气收集管口，可监测 1 个点。每年监测 1 次，要求在 8 月进行
苍蝇密度		《生活垃圾填埋场环境监测技术标准污染控制标准》	填埋场启用后 1~3 年内，每年监测 4 次，最好在 7—9 月测定
噪声	场界噪声	《工业企业场界噪声测量方法》	

二、地下水监测井构造

垃圾填埋场监测井构造见图 23-18，首先在填埋场需布设监测井的地点打 1 个大孔，深度与垃圾埋深相当，将直径约 10 cm 的 PVC 圆管（管的下端有盖，下部管壁四周交错布满直径为 0.3 cm 的小孔）埋入大孔内，下部管壁的四周填上可透气的物质（小石块、砂等），上部管壁的四周填上黏土并压实。在黏土与砂石之间有一薄层的混凝土层以防黏土进入可透气层，最后在监测井的上端加上盖子并用水泥板盖住。

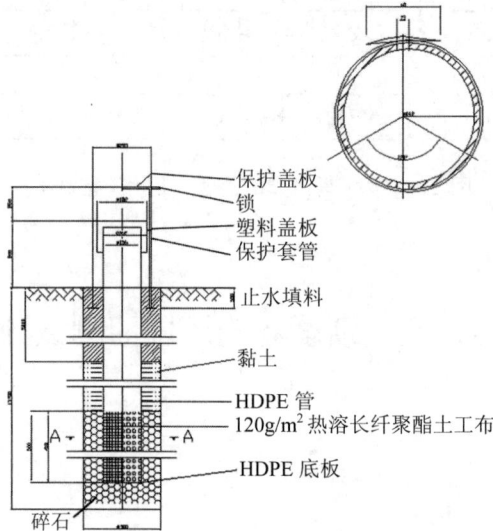

图 23-18　地下水监测井构造

第八节　辅助工程与封场工程

一、辅助工程

填埋场的辅助工程包括土建工程、道路工程、给水与排水工程、消防工程、供配电设计、自控仪表设计、垃圾计量、通讯、节能、绿化等。

（一）土建工程

生活区以综合楼为主体建筑，它由办公楼和职工食堂、值班人员宿舍组成。综合楼建筑造型与中心广场融合为一个完整厂前区空间，具有强烈动感，起到引导视线和人流作用。

（二）道路工程

道路设计当圆曲线小于 150 m 时，在曲线半径施作 5%～6% 的超高，并设置路基加宽缓和段。其附属工程主要包括道路排水边沟与涵洞、边坡的防护、挡土墩、标志牌等。

（三）给水与排水工程

其用水量设计包括道路喷洒、绿化用水、生活用水、消防用水、汽车冲洗用水、未预见用水等用水量之和。

（四）消防工程

工程消防设计包括生活区和填埋作业区。工程要求安装可燃气检测、报警仪，平时注意仪器校准和维护。

（五）供配电设计

本工程全厂设备装机容量 453.97 kW，所有用电设备均为 380/220V 低压设备。

（六）自控仪表设计

包括统计汇总、状态监控、环保在线监测、办公自动化等。垃圾计量因本工程处理量为 600～1 200 t/d，每日有 200～400 辆垃圾车进场，即平均约 30 辆/h 进入场区，即每 2 min 约有 1 辆车进入厂区并过磅计量，设置两台地磅进行计量。

（七）通讯

架设电话通讯线一条，小型电话交换机一台，整个场区配备 4 部直拨电话，分别设在总经理室、副经理室、总调度室和管理科，另配备一部传真电话，设在办公室。

（八）节能

选用能耗低的车辆进行填埋作业；选用效率高的渗滤液输送泵等。

（九）绿化

绿化带采用点、线、面相结合，包括广场、湖、喷泉和花架等。在填埋区和生活区之间用 10～15 m 宽的绿化带分隔，采集不同的树种相互融合，布置出一个不同颜色、不同高度、不同形式的有层次的绿化景观。

二、封场工程

填埋场最终覆盖系统主要由表土层、保护层、排水层、屏障层和基础层/气体收集层 5 层组成。采用的终场覆盖材料为压实黏土、土工膜、土工合成黏土层，三者联合使用以达到最好的经济效益和环境效益。本填埋场的封场结构见图 23-19。

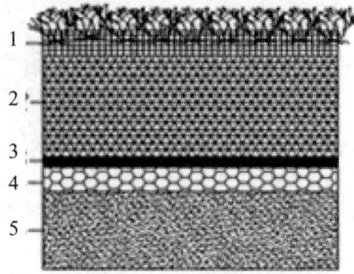

图 23-19　封场结构

1. 带有植被黏土层；2. 排水层；3. HDPE 土工膜；4. 60 cm 保护层；5. 45 cm 压实层

封场系统有以下几个填埋层构成：①15 cm 带有浅根植被的表土层：其作用为促进植物生长并保护屏障层，提供一定的持水能力。②60 cm 保护层：其作用为将渗入覆盖层的水分贮存起来直到通过植物蒸腾作用散失；将垃圾和掘地动物以及植物根系隔离开来；使人和垃圾接触的可能性减少；保护覆盖系统中下面各层免受过度干湿交替和冰冻的影响而导致覆盖材料破裂损坏；侧向排水。③HDPE 土工膜：采用与基础衬垫系统防渗材料一致的 1.5 mm 光面高密度 HDPE 膜，使其与上下方的黏土层结合形成复合防渗结构。④土工网排水层：采用有土工布滤层的土工网，其作用为降低其下面屏障层的水头，从而使渗过覆盖系统的水分最小化；降低覆盖材料中孔隙水的压力，提高边坡的稳定性。⑤45 cm 压实黏土层：压实黏土层还具有一定的防渗作用，与 HDPE 土工膜结合使用，既经济又方便。

封场后还必须对场地进行维护，包括场地维护和污染治理的继续运行和监测。具体为：渗滤液处理系统运行和监测、渗滤液调节池臭气处理系统运行和监测、填埋气体导排与利用系统运行和监测、地下水监测、地表水监测、地面沉降监测、场地维护等。

第九节　经济评估

一、案例概况

垃圾处理规模：21.9 万 t/a，填埋场总容量：619.32 万 m³，使用年限为：21 年。劳动定员：50 人，工程总投资：9 473.06 万元，单位经营成本：12.99 元/t，财务内部收益率 6.03%，投资回收期：12.95 年。

二、财务分析

（一）费用效益估算

①计算期：按 21 年计算，包括建设期 12 个月；②项目总投资：9 473.06 万元；③资

金来源：申请国家补助 5 000 万元，其余由该市自款；④固定资产、无形资产和其他资产的形成：固定资产由工程费用、工程其他费用中除生产、职工培训费外的全部费用、预备费、建设期利息以及固定资产投资方向调节税组成；⑤运营成本费用估算：按要素估算成本费用，包括：外购材料、燃料、动力、工资及福利费、检修费、折旧费、管理费及财务费等。这样单位总成本费用为 34.41 元/t。经营成本指总成本扣除固定资产折旧费、无形及其他资产费和财务支出后的全部费用。本项目的年均单位经营成本为 12.99 元/t；⑥收入估算：按垃圾处理费每吨收取 48 元计算，则年收入为 1 050.8 万元；⑦税金：本工程为社会公益事业项目，不以盈利为目的。无营业税；⑧贷款：无银行贷款；⑨利润估算：投资利润率为 4.08%，投资利率税为 4.08%。

（二）财务评价

盈利能力分析：财务内部收益率 6.03%，投资回收期：12.95 年，财务净现值 25.79 万元。

三、经济分析

本项目实施后，能很好地改善该市的环境质量，使垃圾达到无害化处理的要求，具有巨大的环境效益；总体环境质量的改善有益于人们的身心健康，减少疾病的发生，降低医疗费用；垃圾填埋场的建设与投资增加了就业机会，产生良好的社会效益；城市环境质量的提高将会吸引更多投资，并促进旅游产业和其他第三产业的发展，其所带来的其他社会经济效益十分巨大。

第十节　安全土地填埋

安全填埋是危险废物集中处置必不可少的手段之一，由于危险废物的管理起步较晚，目前我国的危险废物管理法规、处理技术的研究、处理处置设施的建设等方面都处于较低的水平。国家对危险废物的处理越来越重视，根据《国家危险废物和医疗废物处置设施建设规划》提出的目标，我国将于未来几年内在全国建起若干个危险废物集中处置工程，因此，加大安全填埋设计工作总结和研究力度显得日益重要。土地安全填埋主要用于危险废物的处置，因此对场地建设的要求更加严格，土地安全填埋与土地卫生填埋的主要区别在于：土地安全填埋必须设置人造或天然衬里，下层土壤或衬里相结合的渗透速度应小于 8～10 cm/s；最下层的土地填埋场要位于地下水之上；要配备浸出液收集、处理及监测系统。

一、安全土地填埋处置的对象

如果对处置前的废物进行稳态化预处理，则安全土地填埋可以处置大部分有害废物和无害废物。从环境保护的要求来看，实际上安全土地填埋场应尽量避免处置易燃性、反应性、挥发性等废物，除非经过特别的处理，采用严格的防渗措施，认为不会发生爆炸、释出有毒、有害气体或烟雾方可进行安全土地填埋处置。

二、安全土地填埋的处置技术

安全土地填埋场按渗滤液是否隔绝于场地周围环境，可分为隔绝封闭型填埋场和衰减扩散型填埋场。前者渗滤液与周围环境完全隔绝；而后者允许渗滤液在场地周围地层中扩散或衰减。但扩散到一定范围后，要求污染物衰减到一定程度。对于某些污染物衰减缓慢或衰减机理尚不清楚的有害废物，要根据废物组分的特点采用如下的处置技术。

（一）共处置

将有害组分同生活垃圾或类同废物一起处置。主要目标是维持废物输入平衡以保证衰减过程正常进行。为此，必须始终控制有害废物的输入量，对准备进行共处置的有害废物进行严格评估，保证废物之间的相容性。

（二）单组分处置

处置物理、化学形态相同废物成为单组分处置，经过处置后废物不必保持原来的物理状态。

（三）多组分处置

把性质各异的几种废物混合在一起进行处置。其目标是将被处置的混合废物转化为单一的无毒废物。在进行多组分处置时，应确保废物之间不能反应或不产生严重的污染和毒性更大的物质，也不产生高浓度气体或蒸汽。所以，采用多组分处置技术之前应对各种废物的化学性质和反应作系统、详细的评价。

（四）前处理处置

某些废物由于其物理化学性质而不适合直接填埋处理，否则将对人类或环境造成危害。对这样的废物必须在填埋处置之前进行预处理，处理的方法有：减容（如将污泥脱水）、采用化学方法改变废物的性质、固化处理等。

三、安全土地填埋的设计原则

安全土地填埋设计原则如下：①处置系统应是一种辅助性设施，不应妨碍工厂的正常生产。②处置场的容量应足够大，至少容纳一个工厂（或地区）产生的全部废物，并应考虑到场地将来的发展和利用。③要有容量波动和平衡措施，以适应生产和工艺变化所造成的废物性质和数量的变化。④系统要满足全天候操作要求。⑤处置场所在地区的地质结构合理，环境适宜，可以长期使用。⑥处置系统符合现行法律和制度上的规定，满足有害废物的土地填埋处置标准。

四、衬垫系统设计

衬垫系统包括上衬层和下覆黏土层。

（一）衬垫材料的基本要求

衬垫材料是保证填埋场安全的关键，其具体要求是：必须能承受恶劣气候的、设备作用力和日常操作产生作用力的影响；必须用具有相容化学性质、足够强度和厚度的材料制造；具有较强防渗能力，且不易和一般污染物发生化学反应；易于焊接和修补，以利于铺设和维护；经久耐用，确保长期使用不会裂解或消融。

（二）衬垫材料类型和标准

适用于做填埋场衬里的材料主要有两类：一类是无机材料，另一类是有机材料。常用的无机材料有黏土、水泥等；常用的有机材料则有沥青、橡胶、聚乙烯、聚氯乙烯等。

1. 化学合成品衬里

国内选用过的化学合成衬垫的种类很多，如聚氯乙烯，它是常见的一种塑料，优点是耐无机物性能好，延伸性、刺穿性、磨损性好，易于黏结，产品有多种宽度和厚度等，缺点是易受碳氢化合物和石油等的腐蚀，也不宜曝晒。人工合成有机衬里的选择标准有：①与废物的浸出液相容；②渗透系数小于 10^{-12} cm/s；③厚度不小于 0.5 mm；④便于施工；⑤抗臭氧、紫外线及土壤细菌的侵蚀；⑥具有适当的耐受不同气候的特性；⑦具有足够的机械强度；⑧厚度均匀，无薄点、裂缝、磨损、气泡和外来的颗粒；⑨便于维修；⑩应为同一厂家同种产品。

2. 天然黏土衬里

土壤衬垫一般为第二层衬垫，同时起支撑化学衬垫和防渗的作用。黏土衬垫的渗透系数要求小于等于 10^{-7} cm/s，一般要求测试土壤的孔隙率、孔径、颗粒形状和大小、矿物成分及渗透特性等。土壤的相容性实验是必不可少的，衬垫材料与废物的相容性程度会影响其抗渗透性能。例如，一些黏土与高浓度有机物，尤其是 pH 值很高或很低的有机物接触时，就会表现出很高的渗透性。天然黏土衬里的选择标准有：①黏土与预计的浸出液相容；②渗透系数小于等于 10^{-7} cm/s；③30%的土粒能通过 200 目的筛子；④液性限度大于 30%；⑤塑性限度大于 15；⑥pH 大于等于 7。

五、入场废物要求

（一）可直接填埋废物

根据 GB 5086 和 GB/T 15555 中 1-11 测得的废物浸出液中有 1 种或 1 种以上有害成分浓度超过 GB 5085.3 中的标准值并低于表 23-5 中的允许进入填埋区控制限制的废物。

表 23-5　危险废物允许进入填埋区的控制限值

序号	项目	稳定化控制限制/（mg/L）
1	有机汞	0.001
2	汞及其化合物（以总汞计）	0.25
3	铅（以总铅计）	5
4	镉（以总镉计）	0.5
5	总铬	12
6	六价铬	2.5
7	铜及其化合物（以总铜计）	75
8	锌及其化合物（以总锌计）	75
9	铍及其化合物（以总铍计）	0.2
10	钡及其化合物（以总钡计）	150
11	镍及其化合物（以总镍计）	15
12	砷及其化合物（以总砷计）	2.5
13	无机氟化物（不包括氟化钙）	100
14	氰化物（以 CN 计）	5

（二）需预处理的废物

根据 GB 5083 和 GB/T 1555 中 1-11 测得废物浸出液中任何一种有害成分浓度超过表 23-5 中允许进入填埋区的控制限值的废物；根据 GB 5086 和 GB/T 15555.12 测得的废物浸出液 pH 为 7.0～12.0 的废物；本身具有反应性、易燃性的废物；含水率高于 85%的废物；液体废物。

（三）禁止填埋的废物

严格禁止填埋医疗废物、与衬层具有不相容性反应的废物。从理论上讲，安全填埋场可以处置所有的固体废物，但基于保护环境的考虑，操作时必须对处置废物依有关法规和标准加以限制。对于易燃性废物、化学性强的废物、挥发性废物和大多数液体、半固体和污泥，一般不要采用土地填埋法。安全填埋场也不应处置互不相容的废物，以免混合后发生爆炸，产生或释放出有毒有害气体，最好是接收经过固化/稳定化处理的废物。

思考题

1. 城市垃圾卫生填埋系统包括哪些内容？每个系统设计的依据是什么？

2. 城市垃圾填若干年后其中可生物降解的大部分物质会完全降解，有人建议打开填埋场重新注入新垃圾进行填埋，你认为可行吗？如果有困难，需要采取哪些措施以达到你的目的？

3. 一个城市 2 000 万人，人均进入填埋场的垃圾 1 kg/d，垃圾的性质需要同学根据北京市或上海市垃圾产生现状进行预测，填埋场容量 50 年，采用最先进的填埋技术进行填埋，请计算填埋气体产生总量，如果填埋气 99%用于发电，能产生多少电？

4．说明安全填埋与卫生填埋的异同点，安全填埋对填埋对象的要求有哪些？

5．垃圾渗滤液达标排放工艺有哪些？

6．卫生填埋包括哪些工程？

7．某地拟建一大型生活垃圾填埋场，集中填埋城市的各类生活垃圾，拟选场址有表 23-6 三处，并配套建设生活垃圾焚烧设施，焚烧炉日处理垃圾 200 t 左右。

表 23-6　填埋场场址

场址条件	场址一	场址二	场址三
地质条件	山谷型填埋场	废弃矿井塌陷区填埋场	山谷型填埋场
与敏感点距离	距离下风向村庄 1 km	距离下风向村庄 6 km	周边 5 km 内没有村庄
交通运输便利性	需新修理 5 km 道路	需新修 3 km 道路	需新修 7 km 道路
与水库距离	在规划水库淹没区之外	在规划水库保护区之外	不涉及对水库的影响
地下水水位	基础层底部与地下水最高水位距离大于 1 m	基础层底部与地下水最高水位距离大于 1 m	基础层底部与地下水最高水位距离约 0.95 m
洪水位条件	选址标高重现期小于 50 年一遇洪水位之上	选址标高重现期小于 50 年一遇洪水位之上	选址标高重现期小于 50 年一遇洪水位之下，但有可靠的防洪设施

根据题意，回答以下问题：

（1）请确定哪个场址更为合理，指出其他场址不合理的原因。

（2）指出本工程应关注的主要环境影响有哪些？

（3）本工程焚烧炉烟囱高度不应低于多少？

（4）哪些生活垃圾可以直接进入填埋场？

8．计算题

（1）计算一个接纳填埋 5 万人城市居民所排生活垃圾的卫生土地填埋场的面积和容量。已知每人每天产生垃圾 2.0 kg，覆土与垃圾之比为 1∶4，废物填埋密度为 600 kg/m³，填埋高度 7 m，填埋场设计运营 10 年。

（2）某填埋场总面积为 10.0 hm²，分四个区进行填埋。目前已有三个区填埋完毕，其面积为 A_2=7.5 hm²，浸出系数 C_2=0.25。另有一个区正在进行填埋施工，填埋面积 A_1=2.5 hm²，浸出系数 C_1=0.5。当地的平均降雨量为 3.0 mm/d，最大月降雨量的日换算值为 6.8 mm/d。求渗滤液产生量。

（3）某填埋场底部衬层为膨润土改性黏土，厚度为 1.0 m，K_s=5×10⁻⁹ cm/s。计算渗滤液穿透防渗层所需的时间。设防渗层的有效孔隙率为 6%，场内积水厚度足够低。

9．垃圾填埋系统包括哪些工程？填埋气和渗滤液收集及处理系统有哪些？

主要参考文献

[1]　郭军. 固体废物处理与处置[M]. 北京：中国劳动社会保障出版社，2010.

[2]　何品晶. 固体废物处理与处置资源化技术[M]. 北京：高等教育出版社，2011.

[3]　Christensen T H. Solid waste technology and management[M]. New York：Wiley，2010.

[4]　宁平. 固体废物处理与处置[M]. 北京：高等教育出版社，2009.

[5]　周立祥. 固体废物处理处置与资源化[M]. 北京：中国农业出版社，2007.

[6]　李国学. 固体废物处理与资源化[M]. 北京：中国环境科学出版社，2005.

[7]　钱光人. 国际城市固体废物立法管理与实践[M]. 北京：化学工业出版社，2009.